기출이 답이다
Answer

산업보건지도사 1차
10개년 기출문제집

시대에듀

2026 기출이답이다
산업보건지도사 1차 10개년 기출문제집

편·저·자·약·력

최신애

現 대한산업보건협회

[자격]
산업보건지도사(직업환경의학)
산업전문간호사
산업위생관리기사

신성일

現 대한산업보건협회

[자격]
산업보건지도사(산업위생공학)
산업위생관리기술사
산업안전기사
인간공학기사
정보처리기사

[산업안전보건법령의 잦은 개정으로 도서의 내용이 달라질 수 있습니다.
최신 법령은 법제처 국가법령정보센터 사이트를 통해서 확인하시기 바랍니다.]

끝까지 책임진다! 시대에듀!
QR코드를 통해 도서 출간 이후 발견된 오류나 개정법령, 변경된 시험 정보, 최신기출문제, 도서 업데이트 자료 등이 있는지 확인해 보세요! 시대에듀 합격 스마트 앱을 통해서도 알려 드리고 있으니 구글 플레이나 앱 스토어에서 다운받아 사용하세요.
또한, 파본 도서인 경우에는 구입하신 곳에서 교환해 드립니다.

편집진행 윤진영·오현석 | **표지디자인** 권은경·길전홍선 | **본문디자인** 정경일

머리말

산업보건지도사는 산업현장에서 근로자의 건강을 보호하고 산업재해를 예방하기 위한 전문 인력으로, 작업환경 유해요인 평가, 보건관리체계 진단, 산업안전보건법령에 따른 자문과 개선방안 제시 등 다양한 역할을 수행합니다.

본 교재는 산업보건지도사 자격시험을 준비하는 수험생을 위해 최근 10년간 출제된 기출문제를 집중분석한 해설서입니다.

문제마다 선택지별 자세한 해설은 물론, 관련 이론, 법령 조항, 실제 적용 사례를 함께 정리하였습니다. 또한 반복적으로 출제되는 핵심 내용을 정리하여 실전에서 자주 다뤄지는 쟁점들을 한눈에 볼 수 있도록 하였습니다.

부족한 점은 꾸준히 보완하고 개선하여 더 나은 수험서가 되도록 노력하겠습니다. 수험생 여러분의 합격을 진심으로 기원합니다.

끝으로 본 도서가 출간되기까지 힘써 주신 시대에듀 임직원 여러분께 깊은 감사를 드립니다.

최신애, 신성일 올림

자격증 · 공무원 · 금융/보험 · 면허증 · 언어/외국어 · 검정고시/독학사 · 기업체/취업
이 시대의 모든 합격! 시대에듀에서 합격하세요!
www.youtube.com ➔ 시대에듀 ➔ 구독

시험안내 INFORMATION

※ 다음 내용은 2025년 자격시험 공고문을 기준으로 작성된 것으로 세부내용이 변경될 수 있습니다.
　반드시 큐넷 산업보건지도사 홈페이지에서 최신 공고문을 확인하시기 바랍니다.

자격종목

자격명	관련 부처	시행기관
산업보건지도사	고용노동부	한국산업인력공단

시험과목 및 방법

구 분	시험과목	문항수	시험시간	시험방법
제1차 시험	• 공통필수Ⅰ(산업안전보건법령) • 공통필수Ⅱ(산업위생일반) • 공통필수Ⅲ(기업진단·지도)	과목당 25문항(총 75문항)	90분	객관식 5지 택일형
제2차 시험 (전공필수 - 택1)	• 직업환경의학 • 산업위생공학	• 논술형 4문항 　(3문항 작성, 필수2/택1) • 단답형 5문항(전항 작성)	100분	주관식 논술형 및 단답형
제3차 시험	• 전문지식과 응용능력 • 산업안전·보건제도에 대한 이해 및 인식 정도 • 상담·지도 능력		1인당 20분 내외	면접

※ 시험과 관련하여 법률 등을 적용해 정답을 구하여야 하는 문제는 <u>시험시행일 현재 시행 중인 법률</u> 등을 적용하여야 함

합격기준

구 분	합격결정기준
제1, 2차 시험	매 과목 100점을 만점으로 하여 과목당 40점 이상, 전 과목 평균 60점 이상 득점한 자
제3차 시험	평점요소별 평가하되, 10점 만점에 6점 이상 득점한 자

응시자격

제한 없음 (단, 지도사 시험에서 부정행위를 한 응시자에 대해서는 그 시험을 무효로 하고, 그 처분을 한 날부터 5년간 시험응시자격을 정지한다)

지도사 등록 결격사유(산업안전보건법 제145조 제3항)

다음 각 호의 어느 하나에 해당하는 사람

1. 피성년후견인 또는 피한정후견인
2. 파산선고를 받고 복권되지 아니한 사람
3. 금고 이상의 실형을 선고받고 그 집행이 끝나거나(집행이 끝난 것으로 보는 경우를 포함한다) 집행이 면제된 날부터 2년이 지나지 아니한 사람
4. 금고 이상의 형의 집행유예를 선고받고 그 유예기간 중에 있는 사람
5. 산업안전보건법을 위반하여 벌금형을 선고받고 1년이 지나지 아니한 사람
6. 산업안전보건법 제154조에 따라 등록이 취소(제1호 또는 제2호에 해당하여 등록이 취소된 경우는 제외한다)된 후 2년이 지나지 아니한 사람

검정현황(1차)

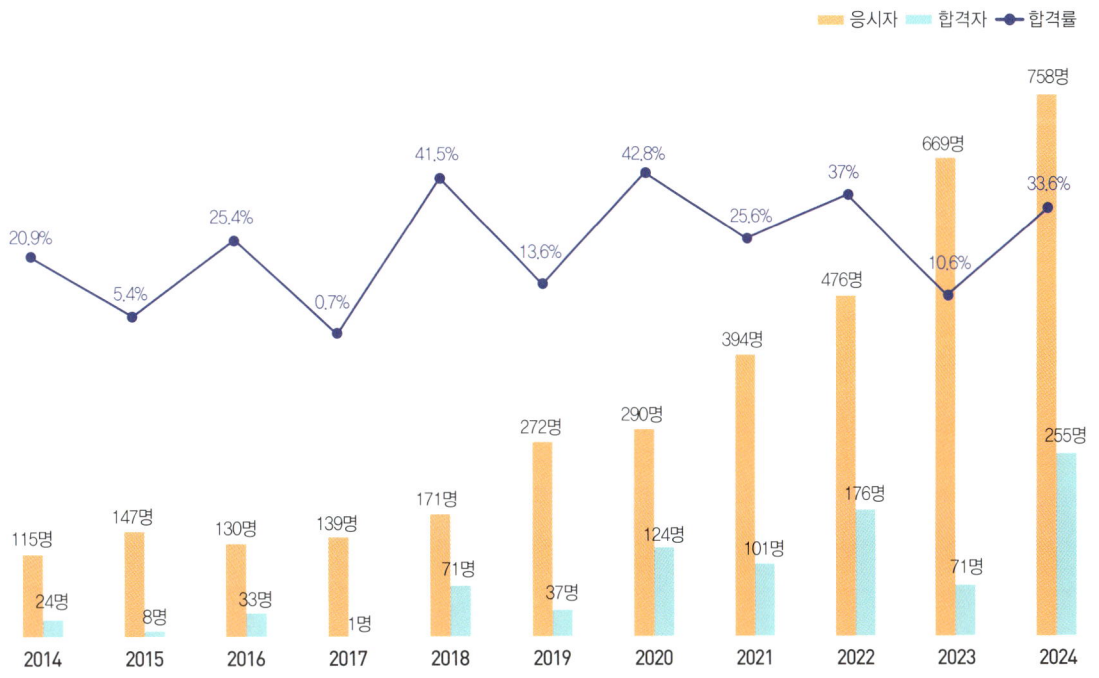

시험안내 INFORMATION

출제기준(1차)

과목명	주요항목	세부항목
산업안전보건법령	산업안전보건법령	• 산업안전보건법 • 산업안전보건법 시행령 • 산업안전보건법 시행규칙 • 산업안전보건기준에 관한 규칙
산업위생일반	산업위생개론	• 산업위생의 정의, 목적 및 역사 • 작업환경노출기준 • 산업위생통계 • 작업환경측정 및 평가 • 산업환기 • 물리적(온열조건 이상기압, 소음진동 등) 유해인자의 관리 • 입자상 물질의 종류, 발생, 성질 및 인체 영향 • 유해화학물질의 종류, 발생, 성질 및 인체 영향 • 중금속의 종류, 발생, 성질 및 인체 영향
	작업관리	• 업무적합성 평가방법 • 근로자의 적정배치 및 교대제 등 작업시간 관리 • 근골격계 질환 예방관리 • 작업개선 및 작업환경관리
	산업위생보호구	• 보호구의 개념 이해 및 구조 • 보호구의 종류 및 선정방법
	건강관리	• 인체 해부학적 구조와 기능 • 순환계, 호흡계 및 청각기관구조와 기능 • 유해물질의 대사 및 생물학적 모니터링 • 직무스트레스 등 뇌심혈관질환 예방 및 관리 • 건강진단 및 사후관리
	산업재해 조사 및 원인 분석	• 재해조사의 목적 • 재해의 원인분석 및 조사기법 • 재해사례 분석절차 • 산재분류 및 통계분석 • 역학조사 종류 및 방법

과목명	주요항목	세부항목
기업진단 · 지도	경영학 (인적자원관리, 조직관리, 생산관리)	• 인적자원관리의 개념 및 관리방안에 관한 사항 • 노사관계관리에 관한 사항 • 조직관리의 개념에 관한 사항 • 조직행동론에 관한 사항 • 생산관리의 개념에 관한 사항 • 생산시스템의 설계, 운영에 관한 사항 • 생산관리 최신 이론에 관한 사항
	산업심리학	• 산업심리 개념 및 요소 • 직무수행과 평가 • 직무태도 및 동기 • 작업집단의 특성 • 산업재해와 행동특성 • 인간의 특성과 직무환경 • 직무환경과 건강 • 인간의 특성과 인간의 관계
	산업안전개론	• 안전관리 개념 및 이론 • 기계, 화학설비의 위험관리 개요개념 • 전기, 건설작업의 위험관리 개요 • 안전보건 경영시스템 개요 • 위험성 평가 등 안전활동기법 • 안전보호구 및 방호장치

목 차 CONTENTS

PART 01 | 핵심이론

CHAPTER 01	산업안전보건법령	003
CHAPTER 02	산업위생일반	025
CHAPTER 03	기업진단·지도	042

PART 02 | 과년도 + 최근 기출문제

2016년	과년도 기출문제	67
2017년	과년도 기출문제	117
2018년	과년도 기출문제	165
2019년	과년도 기출문제	213
2020년	과년도 기출문제	261
2021년	과년도 기출문제	310
2022년	과년도 기출문제	358
2023년	과년도 기출문제	413
2024년	과년도 기출문제	459
2025년	최근 기출문제	517

PART 01

핵심이론

CHAPTER 01 산업안전보건법령

CHAPTER 02 산업위생일반

CHAPTER 03 기업진단·지도

합격의 공식 **시대에듀** www.sdedu.co.kr

알림

산업안전보건법령의 잦은 개정으로 도서의 내용이 달라질 수 있습니다. 최신 법령은 법제처 국가법령정보센터(www.law.go.kr) 사이트를 통해서 확인하시기 바랍니다.

CHAPTER 01 산업안전보건법령

| 산업안전보건법 용어 정의

① **산업재해** : 노무를 제공하는 사람이 업무에 관계되는 건설물·설비·원재료·가스·증기·분진 등에 의하거나 작업 또는 그 밖의 업무로 인하여 사망 또는 부상하거나 질병에 걸리는 것을 말한다.

② **중대재해** : 산업재해 중 사망 등 재해 정도가 심하거나 다수의 재해자가 발생한 경우로서 다음의 재해를 말한다.
  ㉠ 사망자가 1명 이상 발생한 재해
  ㉡ 3개월 이상의 요양이 필요한 부상자가 동시에 2명 이상 발생한 재해
  ㉢ 부상자 또는 직업성 질병자가 동시에 10명 이상 발생한 재해

③ **근로자** : 직업의 종류와 관계없이 임금을 목적으로 사업이나 사업장에 근로를 제공하는 사람을 말한다.

④ **근로자대표** : 근로자의 과반수로 조직된 노동조합이 있는 경우에는 그 노동조합을, 근로자의 과반수로 조직된 노동조합이 없는 경우에는 근로자의 과반수를 대표하는 자를 말한다.

⑤ **도급** : 명칭에 관계없이 물건의 제조·건설·수리 또는 서비스의 제공, 그 밖의 업무를 타인에게 맡기는 계약을 말한다.

⑥ **도급인** : 물건의 제조·건설·수리 또는 서비스의 제공, 그 밖의 업무를 도급하는 사업주를 말한다. 다만, 건설공사발주자는 제외한다.

⑦ **수급인** : 도급인으로부터 물건의 제조·건설·수리 또는 서비스의 제공, 그 밖의 업무를 도급받은 사업주를 말한다.

⑧ **관계수급인** : 도급이 여러 단계에 걸쳐 체결된 경우에 각 단계별로 도급받은 사업주 전부를 말한다.

⑨ **도급인의 안전조치 및 보건조치** : 도급인은 관계수급인 근로자가 도급인의 사업장에서 작업을 하는 경우에 자신의 근로자와 관계수급인 근로자의 산업재해를 예방하기 위하여 안전 및 보건 시설의 설치 등 필요한 안전조치 및 보건조치를 하여야 한다. 다만, 보호구 착용의 지시 등 관계수급인 근로자의 작업행동에 관한 직접적인 조치는 제외한다.

⑩ **특수형태근로종사자** : 계약의 형식에 관계없이 근로자와 유사하게 노무를 제공하여 업무상의 재해로부터 보호할 필요가 있음에도 근로기준법 등이 적용되지 아니하는 사람을 말한다.

⑪ **안전보건진단** : 산업재해를 예방하기 위하여 잠재적 위험성을 발견하고 그 개선대책을 수립할 목적으로 조사·평가하는 것을 말한다.

⑫ **안전보건평가** : 사업장의 유해・위험작업 도급 시, 건강장해 및 재해 예방을 위한 안전보건조치를 취하기 전에 시행해야 하는 사업장 안전 및 보건에 대한 평가를 말한다.

⑬ **작업환경측정** : 작업환경 실태를 파악하기 위하여 해당 근로자 또는 작업장에 대하여 사업주가 유해인자에 대한 측정계획을 수립한 후 시료(試料)를 채취하고 분석・평가하는 것을 말한다.

⑭ **안전보건관리책임자** : 사업주에게 권한을 위임받아 산업안전보건업무를 실질적으로 총괄・관리하는 자로서 산업안전보건법(이하 법) 제36조에 따른 위험성평가의 실시에 관한 사항과 산업안전보건기준에 관한 규칙(이하 안전보건규칙)에서 정하는 근로자의 위험 또는 건강장해의 방지에 관한 업무를 수행한다.

⑮ **관리감독자** : 사업장의 생산과 관련되는 업무와 그 소속 직원을 직접 지휘・감독하는 직위에 있는 사람으로 산업 안전 및 보건에 관한 업무를 수행한다.

⑯ **안전보건총괄책임자** : 도급인의 근로자와 관계수급인 근로자의 산업재해를 예방하기 위한 업무를 총괄하여 관리하는 자로 도급인이 지정한다. 안전보건관리책임자를 두지 않아도 되는 사업장에서는 사업을 총괄하여 관리하는 사람을 안전보건총괄책임자로 지정해야 한다.

⑰ **안전보건조정자** : 2개 이상의 건설공사를 도급한 건설공사발주자는 그 2개 이상의 건설공사가 같은 장소에서 행해지는 경우에 작업의 혼재로 인하여 발생할 수 있는 산업재해를 예방하기 위하여 건설공사 현장에 안전보건조정자를 두어야 한다.

⑱ **보건관리자** : 보건에 관한 기술적인 사항에 관하여 사업주 또는 안전보건관리책임자를 보좌하고 관리감독자에게 지도・조언하는 업무를 수행하는 사람을 말한다.

⑲ **산업보건의** : 사업장 내 근로자의 건강관리 및 보건관리자의 업무지도를 위해 사업주가 선임한 의사를 말한다.

⑳ **안전보건관리담당자** : 상시근로자 20명 이상 50명 미만인 사업장에서 안전보건에 관하여 사업주를 보좌하고 관리감독자에게 조언・지도하는 업무를 수행하는 사람을 말한다(다만, 안전관리자 또는 보건관리자가 있거나 이를 두어야 하는 경우 제외).

㉑ **산업안전보건위원회** : 사업장의 안전 및 보건에 관한 중요 사항을 심의・의결하기 위해 사업장에 근로자위원과 사용자위원이 같은 수로 구성되는 위원회를 말한다.

㉒ **안전보건표지** : 유해하거나 위험한 장소・시설・물질에 대한 경고, 비상시에 대처하기 위한 지시・안내 또는 그 밖에 근로자의 안전 및 보건 의식을 고취하기 위한 사항 등을 그림, 기호 및 글자 등으로 나타낸 표지를 말한다.

㉓ **안전보건관리규정** : 해당 사업장의 업종, 기계설비, 생산공정 등의 실태에 상응하는 산업재해 예방을 추진하기 위해 안전보건관리에 관한 기본적인 사항을 정한 것으로서 근로기준법에 의한 취업규칙과 동등한 가치의 사내 규범이다.

㉔ **특별교육** : 유해・위험작업에 채용할 때와 그 작업으로 작업내용을 변경할 때 추가로 실시해야 하는 유해・위험작업에 필요한 안전보건교육을 말한다.

※ 현장실습생도 안전보건교육 의무 부여(산업안전보건법 제166조의2)

㉕ 물질안전보건자료(MSDS ; Material Safety Data Sheet) : 화학물질의 안전한 사용을 위한 설명서로서 화학물질의 유해성·위험성 정보, 응급조치요령, 취급방법 등을 비롯한 16가지 항목들로 구성된다.

㉖ 공정안전보고서 : 사업장에 유해하거나 위험한 설비가 있는 경우 그 설비로부터의 위험물질 누출, 화재 및 폭발 등으로 인한 근로자의 중대산업사고를 예방하기 위하여 사업주가 작성하는 보고서를 말한다.

㉗ 자율검사 : 유해하거나 위험한 기계·기구·설비를 대상으로 사업주가 근로자대표와 협의하여 검사기준, 주기, 검사합격 표시방법 등을 충족하는 검사프로그램을 정하여 고용노동부장관의 인정을 받은 사람으로부터 실시하는 검사를 말한다.

㉘ 특별관리물질 : 산업안전보건법 시행규칙(이하 시행규칙) 별표 18 제1호 나목에 따른 발암성 물질, 생식세포 변이원성 물질, 생식독성(生殖毒性) 물질 등 근로자에게 중대한 건강장해를 일으킬 우려가 있는 물질로서 산업안전보건기준에 관한 규칙 별표 12에서 특별관리물질로 표기된 물질을 말한다.

㉙ 특수건강진단 : 산업안전보건법 시행규칙 별표 22에서 정한 유해인자에 노출되는 근로자의 건강관리를 위하여 실시하는 건강진단을 말한다.

㉚ 근골격계부담작업 유해요인 : 작업방법, 작업자세 및 작업환경으로 인해 근골격계에 부담을 줄 수 있는 반복적이고 부자연스럽거나 취하기 어려운 자세, 과도한 힘, 접촉 스트레스, 진동 등을 말한다.

㉛ 위험성평가(risk assessment) : 사업주가 스스로 유해·위험요인을 파악하고 해당 유해·위험요인의 위험성 수준을 결정하여, 위험성을 낮추기 위한 적절한 조치를 마련하고 실행하는 과정을 말한다.

㉜ 일반건강진단 : 상시 사용하는 근로자의 건강관리를 위하여 실시하는 건강진단으로, 사무직에 종사하는 근로자에 대해서는 2년에 1회 이상, 그 밖의 근로자에 대해서는 1년에 1회 이상 일반건강진단을 실시해야 한다.

㉝ 특수건강진단 : 특수건강진단 대상업무에 종사하는 근로자의 건강관리를 위하여 실시하는 건강진단을 말한다.

㉞ 배치 전 건강진단 : 특수건강진단 대상업무에 종사할 근로자의 배치 예정 업무에 대한 적합성 평가를 위하여 실시하는 건강진단을 말한다.

㉟ 수시건강진단 : 특수건강진단 대상업무에 따른 유해인자로 인한 것이라고 의심되는 건강장해 증상(직업성 천식, 직업성 피부염, 그 밖에 건강장해 증상을 보이거나 의학적 소견이 있는 근로자)을 보이거나 의학적 소견이 있는 근로자 중 보건관리자 등이 사업주에게 건강진단 실시를 건의하는 등의 사유로 사업주가 실시하는 건강진단을 말한다.

㊱ 임시건강진단 : 고용노동부장관은 같은 유해인자에 노출되는 근로자들에게 유사한 질병의 증상이 발생하는(특수건강진단 대상 유해인자 또는 그 밖의 유해인자에 의한 중독 여부, 질병에 걸렸는지 여부 또는 질병의 발생 원인 등을 확인하기 위하여 필요하다고 인정되는 경우) 등의 경우에 근로자의 건강을 보호하기 위하여 사업주에게 특정 근로자에 대하여 실시하는 건강진단을 말한다.

정부의 책무(산업안전보건법 제4조)

정부는 이 법의 목적을 달성하기 위하여 다음 사항을 성실히 이행할 책무를 진다.
① 산업 안전 및 보건 정책의 수립 및 집행
② 산업재해 예방 지원 및 지도
③ 근로기준법 제76조의2에 따른 직장 내 괴롭힘 예방을 위한 조치기준 마련, 지도 및 지원
④ 사업주의 자율적인 산업 안전 및 보건 경영체제 확립을 위한 지원
⑤ 산업 안전 및 보건에 관한 의식을 북돋우기 위한 홍보·교육 등 안전문화 확산 추진
⑥ 산업 안전 및 보건에 관한 기술의 연구·개발 및 시설의 설치·운영
⑦ 산업재해에 관한 조사 및 통계의 유지·관리
⑧ 산업 안전 및 보건 관련 단체 등에 대한 지원 및 지도·감독
⑨ 그 밖에 노무를 제공하는 사람의 안전 및 건강의 보호·증진

사업주 등의 의무(산업안전보건법 제5조)

① 이 법과 이 법에 따른 명령으로 정하는 산업재해 예방을 위한 기준
② 근로자의 신체적 피로와 정신적 스트레스 등을 줄일 수 있는 쾌적한 작업환경의 조성 및 근로조건 개선
③ 해당 사업장의 안전 및 보건에 관한 정보를 근로자에게 제공

산업재해 발생건수 등의 공표대상 사업장(산업안전보건법 시행령 제10조)

① 산업재해로 인한 사망자(이하 사망재해자)가 연간 2명 이상 발생한 사업장
② 사망만인율(死亡萬人率 : 연간 상시근로자 1만 명당 발생하는 사망재해자 수의 비율을 말한다)이 규모별 같은 업종의 평균 사망만인율 이상인 사업장
③ 중대산업사고가 발생한 사업장
④ 산업재해 발생 사실을 은폐한 사업장
⑤ 산업재해의 발생에 관한 보고를 최근 3년 이내 2회 이상 하지 않은 사업장

안전보건관리책임자의 업무(산업안전보건법 제15조)

① 사업장의 산업재해 예방계획의 수립에 관한 사항
② 제25조 및 제26조에 따른 안전보건관리규정의 작성 및 변경에 관한 사항
③ 제29조에 따른 안전보건교육에 관한 사항
④ 작업환경측정 등 작업환경의 점검 및 개선에 관한 사항
⑤ 제129조부터 제132조까지에 따른 근로자의 건강진단 등 건강관리에 관한 사항
⑥ 산업재해의 원인 조사 및 재발 방지대책 수립에 관한 사항
⑦ 산업재해에 관한 통계의 기록 및 유지에 관한 사항
⑧ 안전장치 및 보호구 구입 시 적격품 여부 확인에 관한 사항
⑨ 그 밖에 근로자의 유해·위험 방지조치에 관한 사항으로서 고용노동부령으로 정하는 사항

관리감독자의 업무(산업안전보건법 시행령 제15조)

① 사업장 내 관리감독자가 지휘·감독하는 작업(이하 해당 작업)과 관련된 기계·기구 또는 설비의 안전·보건 점검 및 이상 유무의 확인
② 관리감독자에게 소속된 근로자의 작업복·보호구 및 방호장치의 점검과 그 착용·사용에 관한 교육·지도
③ 해당 작업에서 발생한 산업재해에 관한 보고 및 이에 대한 응급조치
④ 해당 작업의 작업장 정리·정돈 및 통로 확보에 대한 확인·감독
⑤ 사업장의 다음의 어느 하나에 해당하는 사람의 지도·조언에 대한 협조
　　㉠ 안전관리자 또는 안전관리전문기관의 해당 사업장 담당자
　　㉡ 보건관리자 또는 보건관리전문기관의 해당 사업장 담당자
　　㉢ 안전보건관리담당자 또는 안전관리전문기관 또는 보건관리전문기관의 해당 사업장 담당자
　　㉣ 산업보건의
⑥ 법 제36조에 따라 실시되는 위험성평가에 관한 다음의 업무
　　㉠ 유해·위험요인의 파악에 대한 참여
　　㉡ 개선조치의 시행에 대한 참여
⑦ 그 밖에 해당 작업의 안전 및 보건에 관한 사항으로서 고용노동부령으로 정하는 사항

안전관리자의 업무(산업안전보건법 시행령 제18조)

① 산업안전보건위원회 또는 안전 및 보건에 관한 노사협의체에서 심의·의결한 업무와 해당 사업장의 법 제25조 제1항에 따른 안전보건관리규정 및 취업규칙에서 정한 업무
② 법 제36조에 따른 위험성평가에 관한 보좌 및 지도·조언
③ 안전인증대상기계 등과 자율안전확인대상기계 등 구입 시 적격품의 선정에 관한 보좌 및 지도·조언
④ 해당 사업장 안전교육계획의 수립 및 안전교육 실시에 관한 보좌 및 지도·조언
⑤ 사업장 순회점검, 지도 및 조치 건의
⑥ 산업재해 발생의 원인 조사·분석 및 재발 방지를 위한 기술적 보좌 및 지도·조언
⑦ 산업재해에 관한 통계의 유지·관리·분석을 위한 보좌 및 지도·조언
⑧ 법 또는 법에 따른 명령으로 정한 안전에 관한 사항의 이행에 관한 보좌 및 지도·조언
⑨ 업무 수행 내용의 기록·유지

보건관리자의 업무(산업안전보건법 시행령 제22조)

① 산업안전보건위원회 또는 노사협의체에서 심의·의결한 업무와 안전보건관리규정 및 취업규칙에서 정한 업무
② 안전인증대상기계 등과 자율안전확인대상기계 등 중 보건과 관련된 보호구(保護具) 구입 시 적격품 선정에 관한 보좌 및 지도·조언
③ 법 제36조에 따른 위험성평가에 관한 보좌 및 지도·조언
④ 법 제110조에 따라 작성된 물질안전보건자료의 게시 또는 비치에 관한 보좌 및 지도·조언
⑤ 제31조 제1항에 따른 산업보건의의 직무[보건관리자가 별표 6 제2호(의료법에 따른 의사)에 해당하는 사람인 경우로 한정한다]
⑥ 해당 사업장 보건교육계획의 수립 및 보건교육 실시에 관한 보좌 및 지도·조언
⑦ 해당 사업장의 근로자를 보호하기 위한 다음 조치에 해당하는 의료행위[보건관리자가 별표 6 제2호(의료법에 따른 의사) 또는 제3호(간호법에 따른 간호사)에 해당하는 경우로 한정한다]
　㉠ 자주 발생하는 가벼운 부상에 대한 치료
　㉡ 응급처치가 필요한 사람에 대한 처치
　㉢ 부상·질병의 악화를 방지하기 위한 처치
　㉣ 건강진단 결과 발견된 질병자의 요양 지도 및 관리
　㉤ ㉠부터 ㉣까지의 의료행위에 따르는 의약품의 투여

⑧ 작업장 내에서 사용되는 전체환기장치 및 국소배기장치 등에 관한 설비의 점검과 작업방법의 공학적 개선에 관한 보좌 및 지도·조언
⑨ 사업장 순회점검, 지도 및 조치 건의
⑩ 산업재해 발생의 원인 조사·분석 및 재발 방지를 위한 기술적 보좌 및 지도·조언
⑪ 산업재해에 관한 통계의 유지·관리·분석을 위한 보좌 및 지도·조언
⑫ 법 또는 법에 따른 명령으로 정한 보건에 관한 사항의 이행에 관한 보좌 및 지도·조언
⑬ 업무 수행 내용의 기록·유지
⑭ 그 밖에 보건과 관련된 작업관리 및 작업환경관리에 관한 사항으로서 고용노동부장관이 정하는 사항

산업안전보건위원회 심의·의결 사항(산업안전보건법 제24조)

① 사업장의 산업재해 예방계획의 수립에 관한 사항
② 제25조 및 제26조에 따른 안전보건관리규정의 작성 및 변경에 관한 사항
③ 제29조에 따른 안전보건교육에 관한 사항
④ 작업환경측정 등 작업환경의 점검 및 개선에 관한 사항
⑤ 제129조부터 제132조까지에 따른 근로자의 건강진단 등 건강관리에 관한 사항
⑥ 산업재해에 관한 통계의 기록 및 유지에 관한 사항
⑦ 산업재해의 원인 조사 및 재발 방지대책 수립에 관한 사항 중 중대재해에 관한 사항
⑧ 유해하거나 위험한 기계·기구·설비를 도입한 경우 안전 및 보건 관련 조치에 관한 사항
⑨ 그 밖에 해당 사업장 근로자의 안전 및 보건을 유지·증진시키기 위하여 필요한 사항

안전보건관리규정 작성 시 포함사항(산업안전보건법 제25조)

① 안전 및 보건에 관한 관리조직과 그 직무에 관한 사항
② 안전보건교육에 관한 사항
③ 작업장의 안전 및 보건 관리에 관한 사항
④ 사고 조사 및 대책 수립에 관한 사항

⑤ 그 밖에 안전 및 보건에 관한 사항

※ 사업주는 안전보건관리규정을 작성해야 할 사유가 발생한 날부터 30일 이내에 시행규칙 별표 3의 내용을 포함한 안전보건관리규정을 작성해야 한다. 이를 변경할 사유가 발생한 경우에도 또한 같다. 또한 안전보건관리규정을 작성할 때에는 소방·가스·전기·교통 분야 등의 다른 법령에서 정하는 안전관리에 관한 규정과 통합하여 작성할 수 있다.

안전보건관리규정의 작성·변경 절차(산업안전보건법 제26조)

사업주는 안전보건관리규정을 작성하거나 변경할 때에는 산업안전보건위원회의 심의·의결을 거쳐야 한다. 다만, 산업안전보건위원회가 설치되어 있지 아니한 사업장의 경우에는 근로자대표의 동의를 받아야 한다.

법령 요지 등의 게시 등(산업안전보건법 제34조)

사업주는 이 법과 이 법에 따른 명령의 요지 및 안전보건관리규정을 각 사업장의 근로자가 쉽게 볼 수 있는 장소에 게시하거나 갖추어 두어 근로자에게 널리 알려야 한다.

안전조치(산업안전보건법 제38조)

① 사업주는 다음 어느 하나에 해당하는 위험으로 인한 산업재해를 예방하기 위하여 필요한 조치를 하여야 한다.
  ㉠ 기계·기구, 그 밖의 설비에 의한 위험
  ㉡ 폭발성, 발화성 및 인화성 물질 등에 의한 위험
  ㉢ 전기, 열, 그 밖의 에너지에 의한 위험
  ㉣ 굴착, 채석, 하역, 벌목, 운송, 조작, 운반, 해체, 중량물 취급, 그 밖의 작업을 할 때 불량한 작업방법 등에 의한 위험
② 사업주는 근로자가 다음 장소에서 작업을 할 때 발생할 수 있는 산업재해를 예방하기 위하여 필요한 조치를 하여야 한다.
  ㉠ 근로자가 추락할 위험이 있는 장소
  ㉡ 토사·구축물 등이 붕괴할 우려가 있는 장소
  ㉢ 물체가 떨어지거나 날아올 위험이 있는 장소
  ㉣ 천재지변으로 인한 위험이 발생할 우려가 있는 장소

보건조치(산업안전보건법 제39조)

① 원재료·가스·증기·분진·흄(fume, 열이나 화학반응에 의하여 형성된 고체증기가 응축되어 생긴 미세입자를 말한다)·미스트(mist, 공기 중에 떠다니는 작은 액체방울을 말한다)·산소결핍·병원체 등에 의한 건강장해
② 방사선·유해광선·고열·한랭·초음파·소음·진동·이상기압 등에 의한 건강장해
③ 사업장에서 배출되는 기체·액체 또는 찌꺼기 등에 의한 건강장해
④ 계측감시(計測監視), 컴퓨터 단말기 조작, 정밀공작(精密工作) 등의 작업에 의한 건강장해
⑤ 단순반복작업 또는 인체에 과도한 부담을 주는 작업에 의한 건강장해
⑥ 환기·채광·조명·보온·방습·청결 등의 적정기준을 유지하지 아니하여 발생하는 건강장해
⑦ 폭염·한파에 장시간 작업함에 따라 발생하는 건강장해

중대재해 발생 시 보고(산업안전보건법 시행규칙 제67조)

사업주는 중대재해가 발생한 사실을 알게 된 경우에는 지체 없이 다음 사항을 사업장 소재지를 관할하는 지방고용노동관서의 장에게 전화·팩스 또는 그 밖의 적절한 방법으로 보고해야 한다.
① 발생 개요 및 피해 상황
② 조치 및 전망
③ 그 밖의 중요한 사항

산업재해 발생 은폐 금지 및 보고 등(산업안전보건법 제57조)

① 사업주는 산업재해가 발생한 때에는 다음 사항을 기록·보존해야 한다. 다만, 산업재해조사표의 사본을 보존하거나 요양신청서의 사본에 재해 재발방지 계획을 첨부하여 보존한 경우에는 그렇지 않다.
  ㉠ 사업장의 개요 및 근로자의 인적사항
  ㉡ 재해 발생의 일시 및 장소
  ㉢ 재해 발생의 원인 및 과정
  ㉣ 재해 재발방지 계획
② 사업주는 산업재해로 사망자가 발생하거나 3일 이상의 휴업이 필요한 부상을 입거나 질병에 걸린 사람이 발생한 경우에는 해당 산업재해가 발생한 날부터 1개월 이내에 산업재해조사표를 작성하여 관할 지방고용노동관서의 장에게 제출해야 한다.

유해한 작업의 도급금지(산업안전보건법 제58조)

① 사업주는 근로자의 안전 및 보건에 유해하거나 위험한 작업으로서 다음 어느 하나에 해당하는 작업을 도급하여 자신의 사업장에서 수급인의 근로자가 그 작업을 하도록 해서는 아니 된다.
  ㉠ 도금작업
  ㉡ 수은, 납 또는 카드뮴을 제련, 주입, 가공 및 가열하는 작업
  ㉢ 허가대상물질을 제조하거나 사용하는 작업
② 사업주는 ①에도 불구하고 다음 어느 하나에 해당하는 경우에는 ①의 각 호에 따른 작업을 도급하여 자신의 사업장에서 수급인의 근로자가 그 작업을 하도록 할 수 있다.
  ㉠ 일시·간헐적으로 하는 작업을 도급하는 경우
  ㉡ 수급인이 보유한 기술이 전문적이고 사업주(수급인에게 도급을 한 도급인으로서의 사업주를 말한다)의 사업 운영에 필수 불가결한 경우로서 고용노동부장관의 승인을 받은 경우

도급의 승인(산업안전보건법 제59조)

사업주는 자신의 사업장에서 안전 및 보건에 유해하거나 위험한 작업 중 급성 독성, 피부 부식성 등이 있는 물질의 취급 등 대통령령으로 정하는 작업을 도급하려는 경우에는 고용노동부장관의 승인을 받아야 한다. 이 경우 사업주는 고용노동부령으로 정하는 바에 따라 안전 및 보건에 관한 평가를 받아야 한다.

안전보건총괄책임자의 직무(산업안전보건법 시행령 제53조)

① 위험성평가의 실시에 관한 사항
② 작업의 중지
③ 도급 시 산업재해 예방조치
④ 산업안전보건관리비의 관계수급인 간의 사용에 관한 협의·조정 및 그 집행의 감독
⑤ 안전인증대상기계 등과 자율안전확인대상기계 등의 사용 여부 확인

도급에 따른 산업재해 예방조치(산업안전보건법 제64조)

도급인은 관계수급인 근로자가 도급인의 사업장에서 작업을 하는 경우 다음 사항을 이행하여야 한다.
① 도급인과 수급인을 구성원으로 하는 안전 및 보건에 관한 협의체의 구성 및 운영
② 작업장 순회점검
③ 관계수급인이 근로자에게 하는 제29조 제1항부터 제3항까지의 규정에 따른 안전보건교육을 위한 장소 및 자료의 제공 등 지원
④ 관계수급인이 근로자에게 하는 제29조 제3항에 따른 안전보건교육의 실시 확인
⑤ 다음 어느 하나의 경우에 대비한 경보체계 운영과 대피방법 등 훈련
　㉠ 작업장소에서 발파작업을 하는 경우
　㉡ 작업장소에서 화재·폭발, 토사·구축물 등의 붕괴 또는 지진 등이 발생한 경우
⑥ 위생시설 등 고용노동부령으로 정하는 시설의 설치 등을 위하여 필요한 장소의 제공 또는 도급인이 설치한 위생시설 이용의 협조
⑦ 같은 장소에서 이루어지는 도급인과 관계수급인 등의 작업에 있어서 관계수급인 등의 작업시기·내용, 안전조치 및 보건조치 등의 확인
⑧ ⑦에 따른 확인 결과 관계수급인 등의 작업 혼재로 인하여 화재·폭발 등 대통령령으로 정하는 위험이 발생할 우려가 있는 경우 관계수급인 등의 작업시기·내용 등의 조정

협의체의 구성 및 운영(산업안전보건법 시행규칙 제79조)

협의체는 다음 사항을 협의해야 한다.
① 작업의 시작 시간
② 작업 또는 작업장 간의 연락방법
③ 재해발생 위험이 있는 경우 대피방법
④ 작업장에서의 법 제36조에 따른 위험성평가의 실시에 관한 사항
⑤ 사업주와 수급인 또는 수급인 상호 간의 연락 방법 및 작업공정의 조정

방호조치를 해야 하는 유해하거나 위험한 기계·기구 및 해당 방호장치 (산업안전보건법 시행령 제70조, 시행규칙 제98조)

① 예초기 : 날접촉 예방장치
② 원심기 : 회전체 접촉 예방장치
③ 공기압축기 : 압력방출장치
④ 금속절단기 : 날접촉 예방장치
⑤ 지게차 : 헤드 가드, 백레스트(backrest), 전조등, 후미등, 안전벨트
⑥ 포장기계(진공포장기, 래핑기로 한정한다) : 구동부 방호 연동장치

안전인증대상기계 등(산업안전보건법 시행령 제74조)

다음 어느 하나에 해당하는 기계 또는 설비
① 프레스
② 전단기 및 절곡기(折曲機)
③ 크레인
④ 리프트
⑤ 압력용기
⑥ 롤러기
⑦ 사출성형기(射出成形機)
⑧ 고소(高所) 작업대
⑨ 곤돌라

자율안전확인대상기계 등(산업안전보건법 시행령 제77조)

다음 어느 하나에 해당하는 기계 또는 설비
① 연삭기(研削機) 또는 연마기(휴대형은 제외한다)
② 산업용 로봇
③ 혼합기
④ 파쇄기 또는 분쇄기

⑤ 식품가공용 기계(파쇄·절단·혼합·제면기만 해당한다)
⑥ 컨베이어
⑦ 자동차정비용 리프트
⑧ 공작기계(선반, 드릴기, 평삭·형삭기, 밀링만 해당한다)
⑨ 고정형 목재가공용 기계(둥근톱, 대패, 루타기, 띠톱, 모떼기 기계만 해당한다)
⑩ 인쇄기

안전검사대상기계 등(산업안전보건법 시행령 제78조)

① 프레스
② 전단기
③ 크레인(정격 하중이 2ton 미만인 것은 제외한다)
④ 리프트
⑤ 압력용기
⑥ 곤돌라
⑦ 국소 배기장치(이동식은 제외한다)
⑧ 원심기(산업용만 해당한다)
⑨ 롤러기(밀폐형 구조는 제외한다)
⑩ 사출성형기[형 체결력(型 締結力) 294킬로뉴턴(KN) 미만은 제외한다]
⑪ 고소작업대(자동차관리법 제3조 제3호 또는 제4호에 따른 화물자동차 또는 특수자동차에 탑재한 고소작업대로 한정한다)
⑫ 컨베이어
⑬ 산업용 로봇
⑭ 혼합기(시행일 26.6.26)
⑮ 파쇄기 또는 분쇄기(시행일 26.6.26)

안전검사의 주기(산업안전보건법 시행규칙 제126조)

① 크레인(이동식 크레인은 제외한다), 리프트(이삿짐운반용 리프트는 제외한다) 및 곤돌라 : 사업장에 설치가 끝난 날부터 3년 이내에 최초 안전검사를 실시하되, 그 이후부터 2년마다(건설현장에서 사용하는 것은 최초로 설치한 날부터 6개월마다)
② 이동식 크레인, 이삿짐운반용 리프트 및 고소작업대 : 자동차관리법 제8조에 따른 신규등록 이후 3년 이내에 최초 안전검사를 실시하되, 그 이후부터 2년마다
③ 프레스, 전단기, 압력용기, 국소배기장치, 원심기, 롤러기, 사출성형기, 컨베이어, 산업용 로봇, 혼합기, 파쇄기 또는 분쇄기 : 사업장에 설치가 끝난 날부터 3년 이내에 최초 안전검사를 실시하되, 그 이후부터 2년마다(공정안전보고서를 제출하여 확인을 받은 압력용기는 4년마다)
※ '혼합기, 파쇄기 또는 분쇄기'는 개정에 따라 2026년 6월 26일부로 추가되어 시행된다.

유해성·위험성 조사 제외 화학물질(산업안전보건법 시행령 제85조)

① 원소
② 천연으로 산출된 화학물질
③ 건강기능식품에 관한 법률 제3조 제1호에 따른 건강기능식품
④ 군수품관리법 제2조 및 방위사업법 제3조 제2호에 따른 군수품[군수품관리법 제3조에 따른 통상품(痛常品)은 제외한다]
⑤ 농약관리법 제2조 제1호 및 제3호에 따른 농약 및 원제
⑥ 마약류 관리에 관한 법률 제2조 제1호에 따른 마약류
⑦ 비료관리법 제2조 제1호에 따른 비료
⑧ 사료관리법 제2조 제1호에 따른 사료
⑨ 생활화학제품 및 살생물제의 안전관리에 관한 법률 제3조 제7호 및 제8호에 따른 살생물물질 및 살생물제품
⑩ 식품위생법 제2조 제1호 및 제2호에 따른 식품 및 식품첨가물
⑪ 약사법 제2조 제4호 및 제7호에 따른 의약품 및 의약외품(醫藥外品)
⑫ 원자력안전법 제2조 제5호에 따른 방사성물질
⑬ 위생용품 관리법 제2조 제1호에 따른 위생용품
⑭ 의료기기법 제2조 제1항에 따른 의료기기
⑮ 총포·도검·화약류 등의 안전관리에 관한 법률 제2조 제3항에 따른 화약류
⑯ 화장품법 제2조 제1호에 따른 화장품과 화장품에 사용하는 원료

⑰ 법 제108조 제3항에 따라 고용노동부장관이 명칭, 유해성·위험성, 근로자의 건강장해 예방을 위한 조치 사항 및 연간 제조량·수입량을 공표한 물질로서 공표된 연간 제조량·수입량 이하로 제조하거나 수입한 물질
⑱ 고용노동부장관이 환경부장관과 협의하여 고시하는 화학물질 목록에 기록되어 있는 물질

물질안전보건자료의 작성·제출 제외 대상 화학물질 등(산업안전보건법 시행령 제86조)

① 건강기능식품에 관한 법률 제3조 제1호에 따른 건강기능식품
② 농약관리법 제2조 제1호에 따른 농약
③ 마약류 관리에 관한 법률 제2조 제2호 및 제3호에 따른 마약 및 향정신성의약품
④ 비료관리법 제2조 제1호에 따른 비료
⑤ 사료관리법 제2조 제1호에 따른 사료
⑥ 생활주변방사선 안전관리법 제2조 제2호에 따른 원료물질
⑦ 생활화학제품 및 살생물제의 안전관리에 관한 법률 제3조 제4호 및 제8호에 따른 안전확인대상생활화학제품 및 살생물제품 중 일반소비자의 생활용으로 제공되는 제품
⑧ 식품위생법 제2조 제1호 및 제2호에 따른 식품 및 식품첨가물
⑨ 약사법 제2조 제4호 및 제7호에 따른 의약품 및 의약외품
⑩ 원자력안전법 제2조 제5호에 따른 방사성물질
⑪ 위생용품 관리법 제2조 제1호에 따른 위생용품
⑫ 의료기기법 제2조 제1항에 따른 의료기기
⑬ 첨단재생의료 및 첨단바이오의약품 안전 및 지원에 관한 법률 제2조 제5호에 따른 첨단바이오의약품
⑭ 총포·도검·화약류 등의 안전관리에 관한 법률 제2조 제3항에 따른 화약류
⑮ 폐기물관리법 제2조 제1호에 따른 폐기물
⑯ 화장품법 제2조 제1호에 따른 화장품
⑰ ①부터 ⑯까지의 규정 외의 화학물질 또는 혼합물로서 일반소비자의 생활용으로 제공되는 것(일반소비자의 생활용으로 제공되는 화학물질 또는 혼합물이 사업장 내에서 취급되는 경우를 포함한다)
⑱ 고용노동부장관이 정하여 고시하는 연구·개발용 화학물질 또는 화학제품. 이 경우 법 제110조 제1항부터 제3항까지의 규정에 따른 자료의 제출만 제외된다.
⑲ 그 밖에 고용노동부장관이 독성·폭발성 등으로 인한 위해의 정도가 적다고 인정하여 고시하는 화학물질

작업환경측정기관의 평가 기준(산업안전보건법 시행규칙 제191조)

① 인력·시설 및 장비의 보유 수준과 그에 대한 관리능력
② 작업환경측정 및 시료분석 능력과 그 결과의 신뢰도
③ 작업환경측정 대상 사업장의 만족도

작업환경측정 신뢰성평가의 대상(산업안전보건법 시행규칙 제194조)

① 작업환경측정 결과가 노출기준 미만인데도 직업병 유소견자가 발생한 경우
② 공정설비, 작업방법 또는 사용 화학물질의 변경 등 작업 조건의 변화가 없는 데도 유해인자 노출수준이 현저히 달라진 경우
③ 작업환경측정방법을 위반하여 작업환경측정을 한 경우 등 신뢰성평가의 필요성이 인정되는 경우

질병자의 근로금지(산업안전보건법 시행규칙 제220조)

① 전염될 우려가 있는 질병에 걸린 사람(다만, 전염을 예방하기 위한 조치를 한 경우는 제외)
② 조현병, 마비성 치매에 걸린 사람
③ 심장·신장·폐 등의 질환이 있는 사람으로서 근로에 의하여 병세가 악화될 우려가 있는 사람
④ ①부터 ③까지의 규정에 준하는 질병으로서 고용노동부장관이 정하는 질병에 걸린 사람

유해·위험작업에 대한 근로시간 제한 등(산업안전보건법 제139조)

① 사업주는 유해하거나 위험한 작업으로서 '높은 기압에서 하는 작업 등 대통령령으로 정하는 작업'에 종사하는 근로자에게는 1일 6시간, 1주 34시간을 초과하여 근로하게 해서는 아니 된다.
② 사업주는 '대통령령으로 정하는 유해하거나 위험한 작업'에 종사하는 근로자에게 필요한 안전조치 및 보건조치 외에 작업과 휴식의 적정한 배분 및 근로시간과 관련된 근로조건의 개선을 통하여 근로자의 건강 보호를 위한 조치를 하여야 한다.

산업안전보건법 제139조에 따른 작업(산업안전보건법 시행령 제99조)

① 법 제139조 ①에서 '높은 기압에서 하는 작업 등 대통령령으로 정하는 작업'이란 잠함(潛函) 또는 잠수 작업 등 높은 기압에서 하는 작업을 말한다.

② 법 제139조 ②에서 '대통령령으로 정하는 유해하거나 위험한 작업'이란 다음 어느 하나에 해당하는 작업을 말한다.
  ㉠ 갱(坑) 내에서 하는 작업
  ㉡ 다량의 고열물체를 취급하는 작업과 현저히 덥고 뜨거운 장소에서 하는 작업
  ㉢ 다량의 저온물체를 취급하는 작업과 현저히 춥고 차가운 장소에서 하는 작업
  ㉣ 라듐방사선이나 엑스선, 그 밖의 유해 방사선을 취급하는 작업
  ㉤ 유리·흙·돌·광물의 먼지가 심하게 날리는 장소에서 하는 작업
  ㉥ 강렬한 소음이 발생하는 장소에서 하는 작업
  ㉦ 착암기(바위에 구멍을 뚫는 기계) 등에 의하여 신체에 강렬한 진동을 주는 작업
  ㉧ 인력(人力)으로 중량물을 취급하는 작업
  ㉨ 납·수은·크롬·망간·카드뮴 등의 중금속 또는 이황화탄소·유기용제, 그 밖에 고용노동부령으로 정하는 특정 화학물질의 먼지·증기 또는 가스가 많이 발생하는 장소에서 하는 작업

고기압 업무 종사 제한 질병(산업안전보건법 시행규칙 제221조)

① 감압증이나 그 밖에 고기압에 의한 장해 또는 그 후유증
② 결핵, 급성상기도감염, 진폐, 폐기종, 그 밖의 호흡기계의 질병
③ 빈혈증, 심장판막증, 관상동맥경화증, 고혈압증, 그 밖의 혈액 또는 순환기계의 질병
④ 정신신경증, 알코올중독, 신경통, 그 밖의 정신신경계의 질병
⑤ 메니에르씨병, 중이염, 그 밖의 이관(耳管)협착을 수반하는 귀 질환
⑥ 관절염, 류마티스, 그 밖의 운동기계의 질병
⑦ 천식, 비만증, 바세도우씨병, 그 밖에 알레르기성·내분비계·물질대사 또는 영양장해 등과 관련된 질병

산업안전지도사의 직무(산업안전보건법 제142조)

① 공정상의 안전에 관한 평가·지도
② 유해·위험의 방지대책에 관한 평가·지도
③ ① 및 ②의 사항과 관련된 계획서 및 보고서의 작성
④ 그 밖에 산업안전에 관한 사항으로서 대통령령으로 정하는 사항

산업보건지도사의 직무(산업안전보건법 제142조)

① 작업환경의 평가 및 개선 지도
② 작업환경 개선과 관련된 계획서 및 보고서의 작성
③ 근로자 건강진단에 따른 사후관리 지도
④ 직업성 질병 진단(의료법 제2조에 따른 의사인 산업보건지도사만 해당한다) 및 예방 지도
⑤ 산업보건에 관한 조사·연구
⑥ 그 밖에 산업보건에 관한 사항으로서 대통령령으로 정하는 사항

지도사의 교육(산업안전보건법 제146조)

지도사 자격이 있는 사람(산업안전 또는 산업보건 분야에서 5년 이상 실무에 종사한 경력이 있는 사람은 제외한다)이 직무를 수행하려면 제145조에 따른 등록을 하기 전 1년의 범위에서 고용노동부령으로 정하는 연수교육을 받아야 한다.

지도사 연수교육(산업안전보건법 시행규칙 제232조)

① 연수교육이란 업무교육과 실무수습을 말한다.
② ①에 따른 연수교육의 기간은 업무교육 및 실무수습 기간을 합산하여 3개월 이상으로 한다.
③ 공단이 연수교육을 실시하였을 때에는 그 결과를 연수교육이 끝난 날부터 10일 이내에 고용노동부장관에게 보고해야 하며, 다음 서류를 3년간 보존해야 한다.
  ㉠ 연수교육 이수자 명단
  ㉡ 이수자의 교육 이수를 확인할 수 있는 서류
④ 공단은 연수교육을 받은 지도사에게 별지 제96호 서식의 지도사 연수교육 이수증을 발급해야 한다.

서류의 보존(산업안전보건법 제164조)

사업주는 다음 서류를 3년(②의 경우 2년을 말한다) 동안 보존하여야 한다. 다만, 고용노동부령으로 정하는 바에 따라 보존기간을 연장할 수 있다.
① 3년 보존 서류
　㉠ 안전보건관리책임자・안전관리자・보건관리자・안전보건관리담당자 및 산업보건의의 선임에 관한 서류
　㉡ 안전조치 및 보건조치에 관한 사항으로서 고용노동부령으로 정하는 사항을 적은 서류
　㉢ 제57조 제2항에 따른 산업재해의 발생원인 등 기록
　㉣ 제108조 제1항 본문 및 제109조 제1항에 따른 화학물질의 유해성・위험성 조사에 관한 서류
　㉤ 제125조에 따른 작업환경측정에 관한 서류
　㉥ 제129조부터 제131조까지의 규정에 따른 건강진단에 관한 서류
② 2년 보존 서류 : 산업안전보건위원회 회의록 및 노사협의체 회의록

안전보건교육 교육과정별 교육시간(산업안전보건법 시행규칙 별표 4)

① 근로자 안전보건교육

교육과정	교육대상		교육시간
정기교육	사무직 종사 근로자		매 반기 6시간 이상
	그 밖의 근로자	판매업무에 직접 종사하는 근로자	매 반기 6시간 이상
		판매업무에 직접 종사하는 근로자 외의 근로자	매 반기 12시간 이상
채용 시 교육	일용근로자 및 근로계약기간이 1주일 이하인 기간제근로자		1시간 이상
	근로계약기간이 1주일 초과 1개월 이하인 기간제근로자		4시간 이상
	그 밖의 근로자		8시간 이상
작업내용 변경 시 교육	일용근로자 및 근로계약기간이 1주일 이하인 기간제근로자		1시간 이상
	그 밖의 근로자		2시간 이상
특별교육	일용근로자 및 근로계약기간이 1주일 이하인 기간제근로자 : 별표 5 제1호 라목(제39호는 제외한다)에 해당하는 작업에 종사하는 근로자에 한정한다.		2시간 이상
	일용근로자 및 근로계약기간이 1주일 이하인 기간제근로자 : 별표 5 제1호 라목 제39호에 해당하는 작업에 종사하는 근로자에 한정한다.		8시간 이상
	일용근로자 및 근로계약기간이 1주일 이하인 기간제근로자를 제외한 근로자 : 별표 5 제1호 라목에 해당하는 작업에 종사하는 근로자에 한정한다.		• 16시간 이상(최초 작업에 종사하기 전 4시간 이상 실시하고 12시간은 3개월 이내에서 분할하여 실시 가능) • 단기간 작업 또는 간헐적 작업인 경우에는 2시간 이상
건설업 기초안전・보건교육	건설 일용근로자		4시간 이상

② 관리감독자 안전보건교육

교육과정	교육시간
정기교육	연간 16시간 이상
채용 시 교육	8시간 이상
작업내용 변경 시 교육	2시간 이상
특별교육	16시간 이상(최초 작업에 종사하기 전 4시간 이상 실시하고, 12시간은 3개월 이내에서 분할하여 실시 가능)
	단기간 작업 또는 간헐적 작업인 경우에는 2시간 이상

③ 안전보건관리책임자 등에 대한 교육

교육대상	교육시간	
	신규교육	보수교육
안전보건관리책임자	6시간 이상	6시간 이상
안전관리자, 안전관리전문기관의 종사자	34시간 이상	24시간 이상
보건관리자, 보건관리전문기관의 종사자		
건설재해예방전문지도기관의 종사자		
석면조사기관의 종사자		
안전보건관리담당자	–	8시간 이상
안전검사기관, 자율안전검사기관의 종사자	34시간 이상	24시간 이상

유해인자의 유해성·위험성 분류기준(산업안전보건법 시행규칙 별표 18)

① 화학물질의 분류기준
  ㉠ 물리적 위험성 분류기준
   - 폭발성 물질 : 자체의 화학반응에 따라 주위환경에 손상을 줄 수 있는 정도의 온도·압력 및 속도를 가진 가스를 발생시키는 고체·액체 또는 혼합물
   - 인화성 가스 : 20℃, 표준압력(101.3kPa)에서 공기와 혼합하여 인화되는 범위에 있는 가스와 54℃ 이하 공기 중에서 자연발화하는 가스를 말한다(혼합물을 포함한다).
   - 인화성 액체 : 표준압력(101.3kPa)에서 인화점이 93℃ 이하인 액체
   - 인화성 고체 : 쉽게 연소되거나 마찰에 의하여 화재를 일으키거나 촉진할 수 있는 물질
   - 에어로졸 : 재충전이 불가능한 금속·유리 또는 플라스틱 용기에 압축가스·액화가스 또는 용해가스를 충전하고 내용물을 가스에 현탁시킨 고체나 액상입자로, 액상 또는 가스상에서 폼·페이스트·분말상으로 배출되는 분사장치를 갖춘 것
   - 물반응성 물질 : 물과 상호작용을 하여 자연발화되거나 인화성 가스를 발생시키는 고체·액체 또는 혼합물
   - 산화성 가스 : 일반적으로 산소를 공급함으로써 공기보다 다른 물질의 연소를 더 잘 일으키거나 촉진하는 가스

- 산화성 액체 : 그 자체로는 연소하지 않더라도, 일반적으로 산소를 발생시켜 다른 물질을 연소시키거나 연소를 촉진하는 액체
- 산화성 고체 : 그 자체로는 연소하지 않더라도 일반적으로 산소를 발생시켜 다른 물질을 연소시키거나 연소를 촉진하는 고체
- 고압가스 : 20℃, 200kPa 이상의 압력하에서 용기에 충전되어 있는 가스 또는 냉동액화가스 형태로 용기에 충전되어 있는 가스(압축가스, 액화가스, 냉동액화가스, 용해가스로 구분한다)
- 자기반응성 물질 : 열적(熱的)인 면에서 불안정하여 산소가 공급되지 않아도 강렬하게 발열·분해하기 쉬운 액체·고체 또는 혼합물
- 자연발화성 액체 : 적은 양으로도 공기와 접촉하여 5분 안에 발화할 수 있는 액체
- 자연발화성 고체 : 적은 양으로도 공기와 접촉하여 5분 안에 발화할 수 있는 고체
- 자기발열성 물질 : 주위의 에너지 공급 없이 공기와 반응하여 스스로 발열하는 물질(자기발화성 물질은 제외한다)
- 유기과산화물 : 2가의 -○-○- 구조를 가지고 1개 또는 2개의 수소 원자가 유기라디칼에 의하여 치환된 과산화수소의 유도체를 포함한 액체 또는 고체 유기물질
- 금속 부식성 물질 : 화학적인 작용으로 금속에 손상 또는 부식을 일으키는 물질

ⓒ 건강 및 환경 유해성 분류기준
- 급성 독성 물질 : 입 또는 피부를 통하여 1회 투여 또는 24시간 이내에 여러 차례로 나누어 투여하거나 호흡기를 통하여 4시간 동안 흡입하는 경우 유해한 영향을 일으키는 물질
- 피부 부식성 또는 자극성 물질 : 접촉 시 피부조직을 파괴하거나 자극을 일으키는 물질(피부 부식성 물질 및 피부 자극성 물질로 구분한다)
- 심한 눈 손상성 또는 자극성 물질 : 접촉 시 눈 조직의 손상 또는 시력의 저하 등을 일으키는 물질(눈 손상성 물질 및 눈 자극성 물질로 구분한다)
- 호흡기 과민성 물질 : 호흡기를 통하여 흡입되는 경우 기도에 과민반응을 일으키는 물질
- 피부 과민성 물질 : 피부에 접촉되는 경우 피부 알레르기 반응을 일으키는 물질
- 발암성 물질 : 암을 일으키거나 그 발생을 증가시키는 물질
- 생식세포 변이원성 물질 : 자손에게 유전될 수 있는 사람의 생식세포에 돌연변이를 일으킬 수 있는 물질
- 생식독성 물질 : 생식기능, 생식능력 또는 태아의 발생·발육에 유해한 영향을 주는 물질
- 특정 표적장기 독성 물질(1회 노출) : 1회 노출로 특정 표적장기 또는 전신에 독성을 일으키는 물질
- 특정 표적장기 독성 물질(반복 노출) : 반복적인 노출로 특정 표적장기 또는 전신에 독성을 일으키는 물질
- 흡인 유해성 물질 : 액체 또는 고체 화학물질이 입이나 코를 통하여 직접적으로 또는 구토로 인하여 간접적으로, 기관 및 더 깊은 호흡기관으로 유입되어 화학적 폐렴, 다양한 폐 손상이나 사망과 같은 심각한 급성 영향을 일으키는 물질

- 수생 환경 유해성 물질 : 단기간 또는 장기간의 노출로 수생생물에 유해한 영향을 일으키는 물질
- 오존층 유해성 물질 : 오존층 보호 등을 위한 특정물질의 관리에 관한 법률 제2조 제1호에 따른 특정물질

② 물리적 인자의 분류기준
  ㉠ 소음 : 소음성난청을 유발할 수 있는 85dB(A) 이상의 시끄러운 소리
  ㉡ 진동 : 착암기, 손망치 등의 공구를 사용함으로써 발생되는 백랍병·레이노 현상·말초순환장애 등의 국소 진동 및 차량 등을 이용함으로써 발생되는 관절통·디스크·소화장애 등의 전신 진동
  ㉢ 방사선 : 직접·간접으로 공기 또는 세포를 전리하는 능력을 가진 알파선·베타선·감마선·엑스선·중성자선 등의 전자파나 입자선
  ㉣ 이상기압 : 게이지 압력이 cm^2당 1kg 초과 또는 미만인 기압
  ㉤ 이상기온 : 고열·한랭·다습으로 인하여 열사병·동상·피부질환 등을 일으킬 수 있는 기온

③ 생물학적 인자의 분류기준
  ㉠ 혈액매개 감염인자 : 인간면역결핍바이러스, B형·C형간염바이러스, 매독바이러스 등 혈액을 매개로 다른 사람에게 전염되어 질병을 유발하는 인자
  ㉡ 공기매개 감염인자 : 결핵·수두·홍역 등 공기 또는 비말감염 등을 매개로 호흡기를 통하여 전염되는 인자
  ㉢ 곤충 및 동물매개 감염인자 : 쯔쯔가무시증, 렙토스피라증, 유행성출혈열 등 동물의 배설물 등에 의하여 전염되는 인자 및 탄저병, 브루셀라병 등 가축 또는 야생동물로부터 사람에게 감염되는 인자

※ 비고 : ①에 따른 화학물질의 분류기준 중 ㉠에 따른 물리적 위험성 분류기준별 세부 구분기준과 ㉡에 따른 건강 및 환경 유해성 분류기준의 단일물질 분류기준별 세부 구분기준 및 혼합물질의 분류기준은 고용노동부장관이 정하여 고시한다.

CHAPTER 02 산업위생일반

용어 정의

① **산업위생** : 근로자와 일반대중에게 질병, 건강장애와 안녕방해, 심각한 불쾌감 및 능률 저하 등을 초래하는 작업환경 요인과 스트레스를 예측, 인지, 평가, 관리하는 과학과 기술이다.
② **화학적 인자** : 가스, 증기, 미스트, 먼지, 흄 등을 호흡기를 통하여 흡입했을 때, 피부에 접촉했을 때, 소화기를 통하여 체내로 흡수됐을 때 독성을 나타내는 물질을 말한다.
③ **물리적 인자** : 소음, 전자기장, 고열, 이상기압, 전리 및 비전리방사선, 진동 등과 같은 유해인자를 말한다.
④ **생물학적 인자** : 바이러스, 박테리아, 곰팡이 등 감염성 미생물, 알레르기, 원생동물, 꽃가루, 기생충 등과 같은 유해인자를 말한다.
⑤ **인간공학적 인자** : 요통, 반복 누적 외상성장애, 근골격계 질환, 교대작업 에너지 소요량, 휴식시간, 피로 등에 의한 유해인자를 말한다.
⑥ **사회심리적 인자** : 직장동료와의 관계에서 발생되는 스트레스 등 과로나 적응의 문제로 생겨나는 다양한 형태의 신체적·정신적·행동적·정서적인 병적 반응 양상을 유발하는 유해인자를 말한다.

노출기준의 종류

① **시간가중 평균노출기준(TLV-TWA ; Time Weighted Average)** : 1일 8시간 및 1주일 40시간 동안의 평균농도로서 거의 모든 근로자가 나쁜 영향을 받지 않고 노출될 수 있는 농도이다. 대부분의 허용농도가 여기에 속한다.
② **단기간 노출기준(TLV-STEL ; Short Term Exposure Limit)** : 근로자가 자극, 만성 또는 비가역적 조직장애, 사고유발, 응급 시 대처능력의 저하 및 작업능률 저하 등을 초래할 정도의 마취를 일으키지 않고 단기간 동안 노출될 수 있는 농도이다. 이 노출기준은 TLV-TWA에 대한 보완 기준이며, 유해작용물이 주로 만성중독이고 고농도에서 급성 중독을 일으키는 물질일 때 적용된다. 그러므로 작업환경측정 시에는 8시간 평균농도와 단기간 농도를 동시에 측정해야 하며 평균치가 TLV-TWA와 TLV-STEL 사이에 있다면 노출시간이 15분 이하이어야 하고 이러한 농도가 60분 이상 간격으로 1일 4회 이하여야 한다.
③ **천장값 노출기준(TLV-C ; Ceiling)** : 작업기간 중 잠시라도 초과되어서는 안 되는 농도이다. 실제로 순간농도 측정은 불가능하므로 보통 15분간 측정된다. 이 노출기준은 자극성 가스나 독작용이 빠른 물질에 적용된다.

④ 노출기준 상한치(excursion limits) : TLV-TWA가 설정되어 있는 유해물질 중 독성자료가 부족하여 TLV-STEL이 설정되어 있지 않은 물질이 많다. 이러한 물질에 대하여 8시간 평균농도에 대한 기준인 TLV-TWA 외에 적절한 상한치를 설정하여야 한다. ACGIH에서는 근로자 노출의 상한치와 노출시간을 다음과 같이 권고하고 있다.
　㉠ TLV-TWA의 3배 : 30분 이하
　㉡ TLV-TWA의 5배 : 잠시라도 초과되어서는 안 됨

피부흡수

손이나 팔에 의한 흡수가 몸 전체 흡수에서 많은 부분을 차지하는 물질(특히 허용농도가 낮은 물질이 여기에 속함)을 말한다.
① 동물을 이용한 급성중독 실험결과 피부흡수에 의한 치사량이 비교적 낮은 물질
② 반복하여 피부에 도포했을 때 전신작용을 일으키는 물질
③ 옥탄올-물 분배계수가 높아서 피부 흡수가 용이하고 다른 노출 경로에 비하여 피부흡수가 전신작용에 중요한 역할을 하는 물질

허용기준 적용상의 주의사항

TLV는 산업장의 유해조건을 평가하고 개선하기 위한 지침으로만 사용되어야 하며 다음 사항에 주의하여야 한다.
① 대기오염 평가 관리에 적용될 수 없다.
② 24시간 노출 또는 정상 작업시간을 초과한 노출에 대한 독성평가에 적용될 수 없다.
③ 기존의 질병이나 육체적 조건을 판단하기 위한 척도로 사용될 수 없다.
④ 작업조건이 미국과 다른 나라에서는 ACGIH TLV를 그대로 적용할 수 없다.
⑤ 안전농도와 위험농도를 정확히 구분하는 경계선이 아니다.
⑥ 독성의 강도를 비교할 수 있는 지표가 아니다.
⑦ 반드시 산업위생전문가에 의하여 적용되어야 한다.

| 호흡보호구 용어의 정의(호흡보호구의 선정·사용 및 관리에 관한 지침)

① **호흡보호구** : 산소결핍공기의 흡입으로 인한 건강장해예방 또는 유해물질로 오염된 공기 등을 흡입함으로써 발생할 수 있는 건강장해를 예방하기 위한 보호구
② **방독마스크** : 흡입공기 중 가스·증기상 유해물질을 막아주기 위해 착용하는 호흡보호구
③ **방진마스크** : 흡입공기 중 입자상(분진, 흄, 미스트 등) 유해물질을 막아주기 위해 착용하는 호흡보호구
④ **송기식 마스크** : 작업장이 아닌 장소의 공기를 호스 등을 통하여 공급하여 흡입할 수 있도록 만들어진 호흡보호구
⑤ **자급식 마스크** : 착용자의 몸에 지닌 압력공기실린더, 압력산소실린더 또는 산소발생장치가 작동되어 호흡용 공기가 공급되도록 만들어진 호흡보호구
⑥ **밀착도 검사(fit test)** : 착용자의 얼굴에 호흡보호구가 효과적으로 밀착되는지 확인하기 위한 검사
⑦ **보호계수(PF ; Protection Factor)** : 호흡보호구 바깥쪽에서의 공기 중 오염물질 농도와 안쪽에서의 오염물질 농도비로 착용자 보호의 정도를 나타내는 척도
⑧ **할당보호계수(APF ; Assigned Protection Factor)** : 잘 훈련된 착용자가 보호구를 착용했을 때 각 호흡보호구가 제공할 수 있는 보호계수의 기대치
⑨ **즉시위험건강농도(IDLH ; Immediately Dangerous to Life or Health)** : 생명 또는 건강에 즉각적으로 위험을 초래하는 농도로서 그 이상의 농도에서 30분간 노출되면 사망 또는 회복 불가능한 건강장해를 일으킬 수 있는 농도
⑩ **밀착형 호흡보호구** : 호흡보호구의 안면부가 얼굴이나 두부에 직접 닿는 호흡보호구
⑪ **유해비** : 공기 중 오염물질 농도와 노출기준과의 비로 호흡보호구 착용장소의 오염 정도를 나타내는 척도

| 청력보호구 용어의 정의(청력보호구의 착용방법 및 관리에 관한 지침)

① **청력보호구** : 청력을 보호하기 위하여 사용하는 귀마개와 귀덮개
② **귀마개** : 외이도에 삽입 또는 외이 내부·외이도 입구에 반 삽입함으로서 차음효과를 나타내는 일회용 또는 재사용 가능한 청력보호용 귀마개
③ **귀덮개** : 간단한 착용교육으로 사용 가능하며 소음에 대해 우수하게 보호받을 수 있는 양쪽 귀 전체를 완전히 감싸는 형태의 덮개형 청력보호구
④ **밀착도검사(fit test)** : 청력보호구가 착용할 개인에게 얼마나 적절하게 밀착되는지를 검사하여 개인에게 가장 잘 맞는 청력보호구를 올바르게 지정할 수 있도록 평가하는 검사
⑤ **소음작업** : 1일 8시간 작업을 기준으로 85dB(A) 이상의 소음이 발생하는 작업

| NRR(Noise Reduction Rating)

차음효과 계산
① NRR이 29인 경우 : (NRR − 7) × 0.5 = (29 − 7) × 0.5 = 22 × 0.5 = 11dB
② 작업환경의 음압수준이 100dB인 경우 : 100dB − 11dB = 89dB
∴ 차음효과는 11dB, 근로자가 노출되는 음압수준은 89dB이다.

| 방음용 귀마개 또는 귀덮개의 성능기준(보호구 안전인증 고시 별표 12)

종류	등급	기호	성능	비고
귀마개	1종	EP-1	저음부터 고음까지 차음하는 것	귀마개의 경우 재사용 여부를 제조특성으로 표기
	2종	EP-2	주로 고음을 차음하고 저음(회화음영역)은 차음하지 않는 것	
귀덮개	−	EM	−	

| 암 발생의 단계

일반적으로 개시 → 촉진 → 진행 순서로 이루어진다. 이 세 단계가 차례로 진행되면서 암이 발생하게 된다.
① 개시(initiation) : 유해인자에 의해 세포의 DNA에 돌연변이가 발생하는 초기 단계
② 촉진(promotion) : 돌연변이 세포가 증식하여 암세포로 변형될 가능성이 높아지는 단계
③ 진행(progression) : 암세포가 빠르게 증식하고 전이되는 단계

| 발암성, 생식세포 변이원성 및 생식독성 정보(화학물질 및 물리적 인자의 노출기준 제5조)

① 발암성은 국제암연구소(IARC ; International Agency for Research on Cancer), 미국산업위생전문가협회 (ACGIH ; American Conference of Governmental Industrial Hygienists), 미국독성프로그램(NTP ; National Toxicology Program), 유럽연합의 분류·표시에 관한 규칙(EU CLP ; EUropean regulation on the Classification, Labelling and Packaging of substances and mixtures) 또는 미국산업안전보건청(OSHA ; American Occupational Safety & Health Administration)의 분류를 기준으로 표시한다.
② 생식세포 변이원성 및 생식독성은 유럽연합의 분류·표시에 관한 규칙(EU CLP ; EUropean regulation on the Classification, Labelling and Packaging of substances and mixtures)을 기준으로 화학물질의 분류·표시 및 물질안전보건자료에 관한 기준에 따라 분류한다.
※ 법상 규제목적이 아닌 정보제공목적으로 표시하는 것이다.

산업위생 역사(외국)

① 히포크라테스(Hippocrates)
  ㉠ 직업과 질병 사이의 상관관계를 기술(광산의 납 중독)하였다.
  ㉡ 질병과 환경 사이에 공기와 물이 큰 영향을 끼친다고 보았다.
② 플리니(Pliny the Elder)
  ㉠ 유해분진을 막기 위해 방진마스크를 사용하였다.
  ㉡ 납을 제거하기 위해 방광막을 보호마스크로 사용할 것을 주장하였으며, 아연·황의 유해성을 기술하였다.
③ 갈렌(Galen)
  ㉠ 납 중독의 증세를 관찰하고, 특정한 직업에 종사하는 사람에게서 특이한 질병이 생긴다고 지적하였다.
  ㉡ 구리 탄광에서 산미스트를 관찰하였다.
④ 파라셀수스(Paracelsus)
  ㉠ 모든 물질은 독성을 가지고 있으며 중독을 일으키는 것은 단지 그 양(dose)에 달려 있다고 주장하였다.
  ㉡ 독성학의 아버지이며, 금속중독과 수은중독을 예견하였다.
⑤ 아그리콜라(Georgius Agricola)
  ㉠ 「De Re Metallica(광물에 대하여)」를 발간하였다(광업의 유해성 언급).
  ㉡ 광부들의 호흡기 질환, 특히 천식증과 소모성 증세에 대하여 상세히 기술하였다.
⑥ 라마치니(Bernardino Ramazzini)
  ㉠ 산업보건의 시조이며, 「De Morbis Artificum Diatriba(노동자의 질병)」을 발간하였다(최초로 직업병 언급).
  ㉡ 직업병의 원인을 작업장에서 사용하는 유해물질, 근로자들의 불안전한 작업자세 및 과격한 동작으로 구분하였다.
  ㉢ 수공업 직업별 특유 질병을 14권에 기술하였다.
⑦ 퍼시벌 포트(Percivall Pott) : 세계 최초로 직업성 암인 음낭암을 10세 이하의 연통 청소부에게서 발견하였다[원인 물질 – PAHs(검댕 중 다환방향족 탄화수소)].
⑧ 베이커 경(Sir George Baker) : 사이다 공장에서 납에 의한 복통을 발견하여 발표하였다.
⑨ 토머스 퍼시벌(Thomas Percival) : 산업보건을 위한 최초의 공장의사이다(영국 맨체스터).
⑩ 로버트 필(Robert Peel)
  ㉠ 산업위생의 원리를 적용한 최초의 법률로 인정받는 '도제건강 및 도덕법'을 제정하였다.
  ㉡ 1833년 영국에서 산업보건에 관한 효과를 거둔 최초의 법인 공장법(factories act)을 제정하였다.
⑪ 로리가(Loriga)
  ㉠ 진동공구에 의한 수지의 레이노(Raynaud) 증상을 보고하였다.
  ㉡ 영국 성냥공장에서 황린의 사용금지 : 영국에서 사용금지된 최초의 물질이다.

⑫ 해밀턴(Alice Hamilton)
  ㉠ 미국 하버드대 교수이며, 산업보건 분야 선구자이다. 40년간 직업병의 발견과 작업환경 개선을 위해 노력하였다.
  ㉡ 납, 이황화탄소, 수은중독, 규폐증 등을 조사하였다.

산업위생 역사(한국)

① 1954년 광산에서 진폐증이 발견되었다.
② 1981년 노동청이 노동부로 승격되었으며, 산업안전보건법이 공포되었다.
③ 1982년 산업안전보건법 시행령 및 시행규칙이 제정되었다.
④ 1987년 한국산업안전공단, 한국산업안전교육원이 설립되었다.
⑤ 1988년 문송면 군이 수은중독으로 사망하여 직업병이 사회적 이슈로 등장하였다.
⑥ 1990년 한국산업위생학회가 창립되었다.
⑦ 1992년 한국산업안전공단에 산업보건연구원이 개원하였다.
⑧ 1994년 전자제품 공장에서 2-bromopropane에 의한 생식장애와 재생 불량성 빈혈이 발생하였다.
⑨ 2000년 전면적으로 산업안전보건법이 개정되었다.
⑩ 2004년 노말헥산에 의한 외국인 근로자들의 하지마비사건이 발생하였다.
⑪ 2006년 DMF에 의한 급성 간염으로 중국인 동포 사망사건이 발생하였다.

분진(입자상 물질)의 크기와 인체 호흡기 내 침착 위치

① 흡입성 분진 : 평균 입경 100μm의 입자, 상기도 부위 침착 시 독성(비후두 영역)
② 흉곽성 분진 : 평균 입경 10μm의 입자, 폐포나 폐기도 침착 시 독성(기관지 영역)
③ 호흡성 분진 : 평균 입경 4μm의 입자, 폐포에 침착 시 독성(폐포 영역)
④ 0.5μm 이하인 입자 : 호흡배기 영역, 브라운 운동으로 배출

TWA(시간가중 평균노출기준)

① 1일 8시간, 주 40시간 동안의 평균농도를 의미한다.
② $TWA = \dfrac{C_1 T_1 + C_2 T_2 + \cdots + C_N T_N}{8}$

여기서, C : 유해인자의 측정농도(단위 : ppm 또는 mg/m³)
T : 유해인자의 발생시간(단위 : hr)

| 혼합물질의 허용농도

① 노출지수(EI) : 노출지수가 1을 초과하면 노출기준 초과로 평가한다.

② $EI = \dfrac{C_1}{TLV_1} + \dfrac{C_2}{TLV_2} + \cdots + \dfrac{C_N}{TLV_N}$

③ 혼합물의 허용농도 = $\dfrac{혼합물의\ 공기\ 중\ 농도}{노출지수(EI)}$

④ 혼합물의 공기 중 농도 = $C_1 + C_2 + C_3 + \cdots$

| 체내흡수량(안전흡수량, 안전폭로량 : SHD)

체내흡수량(mg) = $C \times T \times V \times R$(안전계수와 체중을 고려한 것)

여기서, C : 공기 중 유해물질농도(mg/m³)
T : 노출시간(hr)
V : 폐환기율, 호흡률(m³/hr)
R : 체내잔류율(자료 없는 경우 : 1.0)

| NIOSH 중량물 취급지수(들기지수 : LI)

① $LI = \dfrac{W}{RWL}$

여기서, LI(Lifting Index) : 들기지수
W : 물체무게(kg)
RWL(Recommended Weight Limit) : 권장하중한계(kg), NIOSH(미국 국립산업안전보건연구원)가 제시한 권장 최대 무게

② $LI \leq 1.0$: 권장 범위 내, 대부분 근로자가 안전하게 작업 가능
③ $LI > 1.0$: 권장 한계를 초과, 근골격계 부담 위험이 증가
④ $LI \geq 3.0$: 심각한 근골격계 질환 위험, 작업 재설계 필요

| 재해율, 도수율, 연천인율

① 재해율 : 근로자 100명당 발생하는 재해건수
② 도수율 : 연 근로시간 100만 시간당 산업재해가 몇 건 일어났는지 알아보는 척도

$$도수율 = \frac{재해건수}{연\ 근로시간\ 수} \times 1,000,000$$

③ 연천인율 : 근로자 1,000명이 1년간 작업할 때, 몇 명의 비율로 산업재해가 발생하는지 나타내는 지표

$$연천인율 = \frac{연간\ 재해건수}{연\ 평균\ 근로자\ 수} \times 1,000$$

④ 도수율과 연천인율의 관계

㉠ $도수율 = \dfrac{연천인율}{2.4}$

㉡ 연천인율 = 도수율 × 2.4

| 강도율

① 근로시간 1,000시간 중에 재해에 의해서 근로를 하지 못하게 된 근로손실일수

$$강도율 = \frac{근로손실일수}{연\ 근로시간\ 수} \times 1,000$$

② 사망 및 1, 2, 3급(신체장해등급)의 근로손실일수 : 7,500일

③ 근로손실일수 산정기준(입원, 휴업, 휴직, 요양 경우) : 총휴업일수 × $\dfrac{300}{365}$

| 환산재해율, 환산도수율, 환산강도율

① 환산재해율 : 사망재해에 가중치를 부여해서 산정한 재해율로, 산업재해 통계 및 PQ심사 등에서 공정한 비교와 평가를 위해 사용

$$환산재해율 = \frac{환산재해자\ 수}{상시근로자\ 수} \times 100$$

② 환산도수율 : 근로자 1인당 평생 동안 경험할 수 있는 재해 발생 빈도를 추정한 척도

$$환산도수율(F) = \frac{도수율}{10}$$

③ 환산강도율(S) : 근로자 1인당 평생 동안 경험하는 근로손실일수를 추정한 값

환산강도율 = 강도율 × 100

| 종합재해지수(FSI)

도수율과 강도율을 동시에 반영하는 재해의 빈도와 심각성을 종합적으로 평가하는 지표

종합재해지수 = $\sqrt{도수율 \times 강도율}$

| 필요송풍량(Q)

① $Q = 60 \times A \times V$

여기서, Q : 필요송풍량(m^3/min)
A : 후드개구면적(m^2)
V : 제어속도(m/sec)

② 전압(TP) = 동압(VP) + 정압(SP)

여기서, 속도압(동압, VP)

③ 차음효과 = (NRR − 7) × 0.5

여기서, 노출되는 음압수준 = 작업장 음압수준 − 차음효과

| 습구흑구온도지수(WBGT, ℃)

① 옥외(태양광선이 내리쬐는 장소) : WBGT(℃) = 0.7 × 자연습구온도 + 0.2 × 흑구온도 + 0.1 × 건구온도
② 옥내 또는 태양광선이 내리쬐지 않는 옥외 : WBGT(℃) = 0.7 × 자연습구온도 + 0.3 × 흑구온도

| 특수건강진단의 시기 및 주기(산업안전보건법 시행규칙 별표 23)

구분	대상 유해인자	시기(배치 후 첫 번째 특수건강진단)	주기
1	N,N-디메틸아세트아미드 디메틸포름아미드	1개월 이내	6개월
2	벤젠	2개월 이내	6개월

구분	대상 유해인자	시기(배치 후 첫 번째 특수건강진단)	주기
3	1,1,2,2-테트라클로로에탄 사염화탄소 아크릴로니트릴 염화비닐	3개월 이내	6개월
4	석면, 면 분진	12개월 이내	12개월
5	광물성 분진 목재 분진 소음 및 충격소음	12개월 이내	24개월
6	1.부터 5.까지의 대상 유해인자를 제외한 별표 22의 모든 대상 유해인자	6개월 이내	12개월

건강관리구분, 사후관리내용 및 업무수행 적합여부 판정(근로자 건강진단 실시기준 별표 4)

① 건강관리구분 판정

건강관리구분		내용	
A		건강한 근로자	건강관리상 사후관리가 필요 없는 근로자
C	C_1	직업병 요관찰자	직업성 질병으로 진전될 우려가 있어 추적검사 등 관찰이 필요한 근로자
	C_2	일반질병 요관찰자	일반질병으로 진전될 우려가 있어 추적관찰이 필요한 근로자
D_1		직업병 유소견자	직업성 질병의 소견을 보여 사후관리가 필요한 근로자
D_2		일반질병 유소견자	일반 질병의 소견을 보여 사후관리가 필요한 근로자
R		제2차 건강진단 대상자	건강진단 1차 검사결과 건강수준의 평가가 곤란하거나 질병이 의심되는 근로자

※ "U"는 2차 건강진단 대상임을 통보하고 30일을 경과하여 해당 검사가 이루어지지 않아 건강관리구분을 판정할 수 없는 근로자 "U"로 분류한 경우에는 해당 근로자의 퇴직, 기한 내 미실시 등 2차 건강진단의 해당 검사가 이루어지지 않은 사유를 시행규칙 제209조 제3항에 따른 건강진단결과표의 사후관리소견서 검진소견란에 기재하여야 함

② 야간작업 특수건강진단 건강관리구분 판정

건강관리구분	내용	
A	건강한 근로자	건강관리상 사후관리가 필요 없는 근로자
C_N	질병 요관찰자	질병으로 진전될 우려가 있어 야간작업 시 추적관찰이 필요한 근로자
D_N	질병 유소견자	질병의 소견을 보여 야간작업 시 사후관리가 필요한 근로자
R	제2차 건강진단 대상자	건강진단 1차 검사결과 건강수준의 평가가 곤란하거나 질병이 의심되는 근로자

※ "U"는 2차 건강진단 대상임을 통보하고 30일을 경과하여 해당 검사가 이루어지지 않아 건강관리구분을 판정할 수 없는 근로자 "U"로 분류한 경우에는 해당 근로자의 퇴직, 기한 내 미실시 등 2차 건강진단의 해당 검사가 이루어지지 않은 사유를 규칙 제209조 제3항에 따른 건강진단결과표의 사후관리소견서 검진소견란에 기재하여야 함

생물학적 노출지표물질의 종류(근로자건강진단 실무지침)

① 유기화합물 생물학적 노출지표의 노출기준값 및 검사방법

구분	유해물질명		시료채취		지표물질명	권장분석법*	검사값 노출기준	표시단위*	비고
			종류	시기					
1차	p-니트로아닐린		혈액	수시	메트헤모글로빈	혈액가스분석	1.5	%	
	p-니트로클로로벤젠		혈액	수시	메트헤모글로빈	혈액가스분석	1.5	%	
	디니트로톨루엔		혈액	수시	메트헤모글로빈	혈액가스분석	1.5	%	
	N,N-디메틸아닐린		혈액	수시	메트헤모글로빈	혈액가스분석	1.5	%	
	N,N-디메틸아세트아미드		소변	당일	N-메틸아세트아미드	GC-NPD	30	mg/g crea	피부
	디메틸포름아미드		소변	당일	N-메틸포름아미드	GC-NPD	15	mg/L	피부
	1,2-디클로로프로판		소변	당일	1,2-디클로로프로판	GC-MSD	180	μg/L	
	메틸클로로포름		소변	주말	삼염화초산	GC-ECD	10	mg/L	
			소변	주말	총삼염화에탄올	GC-ECD	30	mg/L	
	아닐린 및 그 동족체		혈액	수시	메트헤모글로빈	혈액가스분석	1.5	%	
	에틸렌 글리콜 디니트레이트		혈액	수시	메트헤모글로빈	혈액가스분석	1.5	%	
	크실렌		소변	당일	메틸마뇨산	HPLC-UVD, GC-FID	1.5	g/g crea	
	톨루엔		소변	당일	o-크레졸	HS GC-FID	0.8	mg/g crea	피부
	트리클로로에틸렌		소변	주말	삼염화초산	GC-ECD	15	mg/L	
	퍼클로로에틸렌		소변	주말	삼염화초산	GC-ECD	3.5	mg/L	
	n-헥산		소변	당일	2,5-헥산디온	GC-FID	5	mg/L	
2차	p-디메틸 아미노아조벤젠		혈액	수시	메트헤모글로빈	혈액가스분석	1.5	%	
	디클로로메탄		혈액	당일	카복시헤모글로빈	혈액가스분석	3.5	%	
	메탄올		소변	당일	메탄올	HS GC-FID	15	mg/L	
	메틸 n-부틸 케톤		소변	당일	2, 5-헥산디온	GC-FID	5	mg/L	
	메틸 에틸 케톤		소변	당일	메틸에틸케톤	HS GC-FID	2	mg/L	
	메틸 이소부틸 케톤		소변	당일	메틸이소부틸케톤	HS GC-FID	2	mg/g crea	
	벤젠	0.5ppm 기준	소변	당일	뮤콘산	HPLC-UVD	500	μg/g crea	피부
			혈액	당일	벤젠	HS GC-MSD	5	μg/L	
		10ppm 기준[1]	소변	당일	페놀	GC-FID	50	mg/g crea	
	아세톤		소변	당일	아세톤	HS GC-FID	80	mg/L	
	2-에톡시에탄올		소변	주말	2-에톡시초산	GC-FID	100	mg/g crea	피부
	이소프로필 알코올		혈액	당일	아세톤	HS GC-FID	50	mg/L	
			소변	당일		HS GC-FID	50	mg/L	
	콜타르		소변	당일	1-하이드록시파이렌	HPLC-FD	4.6	μg/L	
	클로로벤젠		소변	당일	총클로로카테콜	HPLC-UVD	150	mg/g crea	
	페놀		소변	당일	페놀	GC-FID	250	mg/g crea	피부
	펜타클로로페놀		혈액	당일	유리펜타클로로페놀	HPLC-UVD	5	mg/L	

구분	유해물질명	시료채취 종류	시료채취 시기	지표물질명	권장분석법*	검사값 노출기준	표시단위*	비고
권장	벤젠(1ppm 기준)	소변	당일	S-페닐머캅토산	GC-MSD	25	μg/g crea	피부
	스티렌	소변	당일	만델릭산+페닐글리옥실산	HPLC-UVD, GC-FID	600	mg/g crea	피부
		소변	당일	스티렌	HS GC-FID	40	μg/L	
	이황화탄소	소변	당일	TTCA	HPLC-UVD	0.5	mg/g crea	
	톨루엔(50ppm 기준)	혈액	당일	톨루엔	HS GC-FID	0.05	mg/L	
	퍼클로로에틸렌	혈액	주말	퍼클로로에틸렌	HS GC-FID	0.5	mg/L	

1) 작업환경 노출기준 10ppm(1999)이 0.5ppm으로 강화되어 10ppm 기준의 벤젠노출지표인 소변 중 페놀은 사용하지 않으려는 경향이 있다.

② 금속류 생물학적 노출지표의 노출기준값 및 검사방법

구분	유해물질명	시료채취 종류	시료채취 시기	지표물질명	권장분석법*	검사값 노출기준	표시단위*	비고
1차	납 및 그 무기화합물	혈액	수시	납	AAS	30	μg/dL	
	사알킬납	혈액	수시	납	AAS	30	μg/dL	
	수은 및 그 화합물	소변	작업 전	수은	AAS	50	μg/g crea	
	인듐	혈청	수시	인듐	ICP-MS	1.2	μg/L	
	카드뮴과 그 화합물	혈액	수시	카드뮴	AAS	5	μg/L	
2차	납 및 그 무기화합물	소변	수시	납	AAS	150	μg/L	
		혈액	수시	ZPP	hematofluorometer	100	μg/dL	
		소변	수시	δ-ALA	HPLC·UV	5	mg/L	
	니켈 및 그 화합물, 니켈카르보닐	소변	주말	니켈	AAS	80	μg/L	
	사알킬납	소변	수시	납	AAS	150	μg/L	
		혈액	수시 (근무 1개월 후)	ZPP	hematofluorometer	100	μg/dL	
		소변	수시	δ-ALA	HPLC·UV	5	mg/L	
	삼산화비소	소변	주말	비소	AAS	총비소 150μg/L (초과 시 종분류: 무기비소+메틸화대사물질 35μg/L)	μg/L	
	수은 및 그 화합물	혈액	주말	수은	AAS	15	μg/L	
	오산화바나듐 (분진, 흄)	소변	주말	바나듐	AAS	50	μg/g crea	
	카드뮴 및 그 화합물	소변	수시	카드뮴	AAS	5	μg/g crea	
	크롬 및 그 화합물	소변	주말	크롬	AAS	25	μg/L	
		소변	당일***	크롬	AAS	10	μg/L	
권장	망간 및 그 무기화합물	혈액	당일	망간	AAS	36	μg/L	

③ 산 및 알칼리류의 생물학적 노출지표의 노출기준값 및 검사방법

구분	유해물질명	시료채취 종류	시료채취 시기	지표물질명	권장분석법*	검사값 / 노출기준	표시단위*	비고
1차					–			
2차	불화수소	소변	당일***	불화물	이온선택전극법	10	mg/g crea	
권장	질산	혈액	수시	메트헤모글로빈	혈액가스분석	1.5	%	

④ 가스 상태 물질류의 생물학적 노출지표의 노출기준값 및 검사방법

구분	유해물질명	시료채취 종류	시료채취 시기	지표물질명	권장분석법*	검사값 / 노출기준	표시단위*	비고
2차	일산화탄소	혈액	당일***	카복시 헤모글로빈	혈액가스분석	3.5	%	
		호기		일산화탄소	일산화탄소측정기	20	ppm	
	삼수소화 비소	소변	주말	비소	AAS	총비소 150μg/L (초과 시 종분류 : 무기비소 + 메틸화 대사물질 35μg/L)	μg/L	
권장					–			

⑤ 산업안전보건법 시행령 제88조에 따른 허가 대상 유해물질 생물학적 노출지표의 노출기준값 및 검사방법

구분	유해물질명	시료채취 종류	시료채취 시기	지표물질명	권장분석법*	검사값 / 노출기준	표시단위*	비고
1차					–			
2차	비소 및 그 무기화합물	소변	주말	비소	AAS	총비소 150μg/L (초과 시 종분류 : 무기비소 + 메틸화 대사물질 35μg/L)	μg/L	
	콜타르피치 휘발물 (코크스 제조 또는 취급업무)	소변	당일	1-하이드록시 파이렌	HPLC-UVD	2.5	μg/L	
	황화니켈류	소변	주말	니켈	AAS	80	μg/L	
권장	크롬광 가공	소변	주말	크롬	AAS	25	μg/L	
		소변	당일***	크롬	AAS	10	μg/L	
	크롬산 아연	소변	주말	크롬	AAS	25	μg/L	
		소변	당일***	크롬	AAS	10	μg/L	

※ 참고

　GC ; Gas Chromatography, HPLC ; High Performance Liquid Chromatography, UV ; Ultra Violet-visible spectrometry, AAS ; Atomic Absorption Spectrometry, UVD ; Ultra Violet-visible Detection, FD ; Fluorescence Detection, FID ; Flame Ionization Detection, ECD ; Electron Capture Detection, MSD ; Mass Selective Detection, HS ; HeadSpace, ICP-MS ; Inductively Coupled Plasma-Mass Spectrometry

** 혈액 : 작업 종료 후 10~15분 이내에 채취, 호기 : 작업 종료 후 10~15분 이내, 마지막 호기 채취

*** 작업 전-후 측정하여 그 차이를 비교

관리대상 유해물질 관련 국소배기장치 후드의 제어풍속(산업안전보건기준에 관한 규칙 별표 13)

물질의 상태	후드형식	제어풍속(m/sec)
가스상태	포위식 포위형	0.4
	외부식 측방흡인형	0.5
	외부식 하방흡인형	0.5
	외부식 상방흡인형	1.0
입자상태	포위식 포위형	0.7
	외부식 측방흡인형	1.0
	외부식 하방흡인형	1.0
	외부식 상방흡인형	1.2

※ 비고
- 가스상태란 관리대상 유해물질이 후드로 빨아들여질 때의 상태가 가스 또는 증기인 경우를 말한다.
- 입자상태란 관리대상 유해물질이 후드로 빨아들여질 때의 상태가 흄, 분진 또는 미스트인 경우를 말한다.
- 제어풍속이란 국소배기장치의 모든 후드를 개방한 경우의 제어풍속으로서 다음에 따른 위치에서의 풍속을 말한다.
  - 포위식 후드에서는 후드 개구면에서의 풍속
  - 외부식 후드에서는 해당 후드에 의하여 관리대상 유해물질을 빨아들이려는 범위 내에서 해당 후드 개구면으로부터 가장 먼 거리의 작업위치에서의 풍속

분진작업장소에 설치하는 국소배기장치의 제어풍속(산업안전보건기준에 관한 규칙 별표 17)

제607조 및 제617조 제1항 단서에 따라 설치하는 국소배기장치[연삭기, 드럼 샌더(drum sander) 등의 회전체를 가지는 기계에 관련되어 분진작업을 하는 장소에 설치하는 것은 제외한다]의 제어풍속

분진작업장소	제어풍속(미터/초)			
	포위식 후드의 경우	외부식 후드의 경우		
		측방 흡인형	하방 흡인형	상방 흡인형
암석 등 탄소원료 또는 알루미늄박을 체로 거르는 장소	0.7	–	–	–
주물모래를 재생하는 장소	0.7	–	–	–
주형을 부수고 모래를 터는 장소	0.7	1.3	1.3	–
그 밖의 분진작업장소	0.7	1.0	1.0	1.2

※ 비고 : 제어풍속이란 국소배기장치의 모든 후드를 개방한 경우의 제어풍속으로서 다음 위치에서 측정한다.
- 포위식 후드에서는 후드 개구면
- 외부식 후드에서는 해당 후드에 의하여 분진을 빨아들이려는 범위에서 그 후드 개구면으로부터 가장 먼 거리의 작업위치

| 허가대상 유해물질 및 석면취급장소에 설치하는 국소배기장치의 성능 기준

물질의 상태	제어풍속(미터/초)
가스상태	0.5
입자상태	1.0

※ 비고
- 이 표에서 제어풍속이란 국소배기장치의 모든 후드를 개방한 경우의 제어 풍속을 말한다.
- 이 표에서 제어풍속은 후드의 형식에 따라 다음에서 정한 위치에서의 풍속을 말한다.
  - 포위식 또는 부스식 후드에서는 후드의 개구면에서의 풍속
  - 외부식 또는 리시버식 후드에서는 유해물질의 가스·증기 또는 분진이 빨려 들어가는 범위에서 해당 개구면으로부터 가장 먼 작업 위치에서의 풍속

| 교대작업자의 작업을 설계할 때 고려해야 할 권장사항(교대작업자의 보건관리 지침)

① 야간작업은 연속하여 3일을 넘기지 않도록 한다.
② 야간반 근무를 모두 마친 후 아침반 근무에 들어가기 전 최소한 24시간 이상 휴식을 하도록 한다.
③ 가정생활이나 사회생활을 배려할 때 주중에 쉬는 것보다는 주말에 쉬도록 하는 것이 좋으며 하루씩 띄어 쉬는 것보다는 주말에 이틀 연이어 쉬도록 한다.
④ 교대작업자 특히 야간작업자는 주간작업자보다 연간 쉬는 날이 더 많아야 한다.
⑤ 근무반 교대방향은 아침반 → 저녁반 → 야간반으로 정방향 순환이 되게 한다.
⑥ 아침반 작업은 너무 일찍 시작하지 않도록 한다.
⑦ 야간반 작업은 잠을 조금이라도 더 오래 잘 수 있도록 가능한 한 일찍 작업을 끝내도록 한다.
⑧ 교대작업일정을 계획할 때 가급적 근로자 개인이 원하는 바를 고려하도록 한다.
⑨ 교대작업일정은 근로자들에게 미리 통보되어 예측할 수 있도록 한다.

방진마스크의 성능기준(보호구 안전인증 고시 별표 4)

① 방진마스크의 등급

등급	특급	1급	2급
사용장소	• 베릴륨 등과 같이 독성이 강한 물질들을 함유한 분진 등 발생장소 • 석면취급장소	• 특급마스크 착용장소를 제외한 분진 등 발생장소 • 금속흄 등과 같이 열적으로 생기는 분진 등 발생장소 • 기계적으로 생기는 분진 등 발생장소(규소 등과 같이 2급 방진마스크를 착용하여도 무방한 경우는 제외한다)	특급 및 1급 마스크 착용장소를 제외한 분진 등 발생장소
	배기밸브가 없는 안면부여과식 마스크는 특급 및 1급 장소에 사용해서는 안 된다.		

② 여과재분진 등 포집효율

형태 및 등급		염화나트륨(NaCl) 및 파라핀 오일(paraffin oil) 시험(%)
분리식	특급	99.95 이상
	1급	94.0 이상
	2급	80.0 이상
안면부 여과식	특급	99.0 이상
	1급	94.0 이상
	2급	80.0 이상

근골격계부담작업(근골격계부담작업의 범위 및 유해요인조사 방법에 관한 고시 제3조)

① 하루에 4시간 이상 집중적으로 자료입력 등을 위해 키보드 또는 마우스를 조작하는 작업

② 하루에 총 2시간 이상 목, 어깨, 팔꿈치, 손목 또는 손을 사용하여 같은 동작을 반복하는 작업

③ 하루에 총 2시간 이상 머리 위에 손이 있거나, 팔꿈치가 어깨 위에 있거나, 팔꿈치를 몸통으로부터 들거나, 팔꿈치를 몸통 뒤쪽에 위치하도록 하는 상태에서 이루어지는 작업

④ 지지되지 않은 상태이거나 임의로 자세를 바꿀 수 없는 조건에서, 하루에 총 2시간 이상 목이나 허리를 구부리거나 트는 상태에서 이루어지는 작업

⑤ 하루에 총 2시간 이상 쪼그리고 앉거나 무릎을 굽힌 자세에서 이루어지는 작업

⑥ 하루에 총 2시간 이상 지지되지 않은 상태에서 1kg 이상의 물건을 한 손의 손가락으로 집어 옮기거나, 2kg 이상에 상응하는 힘을 가하여 한 손의 손가락으로 물건을 쥐는 작업

⑦ 하루에 총 2시간 이상 지지되지 않은 상태에서 4.5kg 이상의 물건을 한 손으로 들거나 동일한 힘으로 쥐는 작업

⑧ 하루에 10회 이상 25kg 이상의 물체를 드는 작업

⑨ 하루에 25회 이상 10kg 이상의 물체를 무릎 아래에서 들거나, 어깨 위에서 들거나, 팔을 뻗은 상태에서 드는 작업
⑩ 하루에 총 2시간 이상, 분당 2회 이상 4.5kg 이상의 물체를 드는 작업
⑪ 하루에 총 2시간 이상 시간당 10회 이상 손 또는 무릎을 사용하여 반복적으로 충격을 가하는 작업

역학 관련 용어

분야	용어	의미
질병 빈도/측정	발생률	• 일정 기간 동안 인구집단에서 새롭게 발생한 질병(사건)의 비율(rate) • 신규 환자 수를 반영함
	유병률	• 특정 시점 또는 기간에 인구집단 내에 존재하는 질병 환자의 비율(분율 ; proportion) • 전체 환자 수를 반영함
진단 평가	위음성률	• 실제로 질병이 있음에도 검사에서 음성으로 나올 확률 • 민감도의 보완적 개념
	위양성률	• 실제로 질병이 없는데 검사에서 양성으로 나올 확률 • 특이도의 보완적 개념
	특이도	• 질병이 없는 사람 중 검사에서 음성으로 올바르게 판정된 비율 • 위양성률과 반대 개념
위험도/분석	기여위험도	특정 요인에 노출된 집단에서 그 요인이 질병 발생에 기여한 정도(위험 차이)
	비교위험도	노출군과 비노출군의 질병 발생률을 비교한 값(상대위험도, risk ratio)
연구 설계	단면 연구	• 특정 시점에 질병 유무와 위험요인 노출 상태를 동시에 조사하는 연구 • 유병률 산출에 적합함
	환자군 연구	질병이 있는 집단(환자)과 없는 집단(대조군)의 과거 노출력을 비교하는 관찰연구(환자-대조군 연구)
	코호트 연구	• 노출군과 비노출군을 일정 기간 추적하여 질병 발생률을 비교하는 관찰연구 • 인과성 평가에 유리함

CHAPTER 03 기업진단 · 지도

▎조직이론

① 시대별 흐름

전통적 관리론	인간관계론	근대적 조직론	현대적 이론
• 테일러(Taylor) • 포드(Ford) • 페이욜(H. Fayol) • 베버(M. Weber)	메이요(A. Mayo)	• 버나드(C. Barnard) • 사이먼과 마치(Simon & March)	• 버틀란피(L. von Bertalanffy) • 로렌스(P. Lawrence) & 로쉬(J. Lorsch), 우드워드(J. Woodward)
• 생산성의 시대 • 경제인 가설 • 인간 없는 조직	• 인간성의 시대 • 사회인 가설 • 조직 없는 인간	• 합리성의 시대 • 관리인 가설 • 인간 있는 조직	• 시스템이론 : 조직을 개방체계로 이해 • 상황이론 : 환경에 적합한 관리기법 강조

② 테일러의 과학적 관리론 특징

㉠ 과업관리(과업을 과학적으로 설정하여 노동자의 태업을 방지)
㉡ 작업량에 따른 차별적 성과급제
㉢ 고임금·저노무비 달성
㉣ 시간연구와 동작연구(작업의 표준화)
㉤ 직능식 직장제도
㉥ 과학적 인사관리

③ 포드 시스템 특징

㉠ 이동조립법
㉡ 고임금·저가격 원리
㉢ 봉사주의
㉣ 3S 적용 : 전문화(Specialization), 단순화(Simplification), 표준화(Standardization)
㉤ 비숙련공의 활용

④ 페이욜의 일반관리론 특징

㉠ 6가지 관리활동 : 기술활동(생산, 가공), 상업활동(판매, 구매), 재무활동(자본조달, 자금운용)
㉡ 회계활동(대차대조표 작성, 손익계산, 재산평가)
㉢ 보전활동(자산보전, 종업원 보호)
㉣ 관리활동(계획, 조직, 지휘, 조정, 통제)

ⓜ 14가지 경영원칙 : 분업화, 권한과 책임, 규율, 명령통일, 지휘통일, 조직목표 우선, 공정보상, 집권화, 계층화, 질서와 순서, 공정, 고용보장, 자율권 부여, 협동심 부여
⑤ 베버의 관료제론 특징
　　㉠ 계층제(권한과 책임의 정도에 따라 직무를 등급화)
　　㉡ 규칙·법규에 의한 행정
　　㉢ 문서주의
　　㉣ 업무영역의 전문성
⑥ 메이요의 인간관계론 특징
　　㉠ 조직 내에서 비공식 집단과 집단적 관계를 중시한다.
　　㉡ 민주적이고 참여적인 관리를 통하여 조직 내의 인간적 요소를 중시한다.
　　㉢ 호손실험 : 미국의 웨스턴 일렉트릭 회사의 호손공장에서 행한 사회심리학 실험
　　　• 조명실험 : 조명도와 같은 작업조건은 작업능률에 별다른 영향을 미치지 않는다.
　　　• 계전기 조립실험 : 작업조건의 개선(임금인상, 휴식 등)보다는 심리적 조건이 생산성 향상에 중요한 영향을 미친다.
　　　• 면접실험 : 작업장의 사회적 조건(상사의 감독방법, 작업환경 등)과 근로자의 심리적 조건이 생산성에 영향을 미친다.
⑦ 버나드의 협동체계적 조직론 특징
　　㉠ 조직목표와 개인목표 간의 상호균형을 추구한다.
　　㉡ 조직구성원 간 협동을 통해 만족을 증진시킨다.
　　㉢ 내부적 커뮤니케이션을 중시한다.
　　㉣ 협동시스템의 전제요건 3가지 : 공헌의욕, 공통목적, 의사소통
⑧ 사이먼과 마치의 의사결정론 특징
　　㉠ 버나드의 이론을 계승하였다.
　　㉡ 인간의 조직행동을 설명하기 위해 의사결정과정에 초점을 둔다.
　　㉢ 의사결정론에서 바라보는 인간은 경제인도 사회인도 아닌 관리인이다.
⑨ 버틀란피의 시스템이론 특징
　　㉠ 부분과 전체의 상호관련성 : 시스템이란 하위시스템들이 상호 연관되고 종속되어 있는 실체이며 이 시스템은 보다 큰 상위 시스템의 구성요소라고 할 수 있다.
　　㉡ 목표 지향적 행동실체 : 하나의 시스템과 그 하위시스템은 공통의 목표를 가지고 있다.
　　㉢ 개방시스템 : 외부환경과 끊임없이 상호작용
　　㉣ 변환상자의 역할 : 외부에서의 투입을 받아들여 변환상자에 의해 변환되어 다시 환경으로 산출
　　ⓜ 엔트로피 : 폐쇄시스템은 엔트로피가 항상 증가, 개방시스템은 자원이나 에너지를 외부로부터 받아들일 수 있기 때문에 엔트로피가 증가하거나 감소

ⓑ 피드백 : 시스템의 투입물과 산출물을 계속해서 분석하고 조정
⑩ 로렌스(P. Lawrence) & 로쉬(J. Lorsch), 우드워드(J. Woodward)의 상황이론 특징 : 조직은 시간의 흐름에 따라 변하고 새로운 상황에 직면하게 된다. 따라서 관리기법도 새로운 상황에 적합한 관리기법이 적용되어야 한다는 이론이다.

최신경영 기법의 종류

① 아웃소싱(outsourcing) : 기업의 활동 중에서 특정영역을 외부기업에 대행시키는 것을 아웃소싱이라고 한다. 최근 기업들이 경영집중도를 높이기 위하여 경영의 핵심 업무영역까지도 아웃소싱하는 사례가 증가하고 있다.
② 비즈니스 프로세스 리엔지니어링(BPR ; Business Process Reengineering) : 기업의 기존 업무수행방식을 재구축, 재설계하여 고객만족과 생산성 향상을 위한 경영전략이다.
③ 리스트럭처링(restructuring) : 기업의 경쟁우위를 확보하기 위하여 사업구조를 재구축하는 것이다. 리스트럭처링은 리엔지니어링보다 더 확대된 개념이다.
④ 6시그마 : 통계학의 시그마 개념을 경영학에 도입한 기법으로 제품설계, 제조, 서비스 품질의 분산 정도를 최소화하여 규격의 상한과 하한이 목표로 정한 품질 중심으로부터 6시그마 거리에 있도록 하는 기법이다.
⑤ 크레비즈(창조경영) : 크레비즈(crebiz)란 크리에이티브 비즈니스(creative business)의 줄임말로 창조사업 또는 창조경영을 말한다. 기존 사업의 지식과 전문기술에 최신의 기술과 지식을 결합하여 새로운 사업을 창출하는 고부가가치 사업 기법이다.
⑥ 가치창조경영(VBM ; Value Based Management) : 기업의 의사결정기준을 경제적 이익에 근거한 기업가치 중심으로 하는 사업관리 기법이다.
⑦ 경제적 부가가치(EVA ; Economic Value Added) : 기업의 이익 중 가장 중요하게 여기는 영업이익은 법인세, 금융비용, 자본비용, 투자비용 등을 제외한, 실제로 이익을 얼마나 냈는가를 보여 주는 경영지표이다. 기업의 재무적 가치와 경영자의 업적을 평가하는 데 있어 순이익이나 경상이익보다 많이 활용되고 있다.

하인리히(H. Heinrich)의 재해예방이론 4원칙과 사고예방원리 5단계

① 재해예방이론 4원칙
  ㉠ 손실우연의 원칙 : 재해로 인해 손실이 발생할 가능성은 항상 존재한다.
  ㉡ 원인계기의 원칙 : 재해는 항상 원인이 있으며 이를 제거하면 예방이 가능하다.
  ㉢ 예방가능의 원칙 : 적절한 대책을 통해 재해를 예방할 수 있다.
  ㉣ 대책선정의 원칙 : 올바른 대책의 수립과 적용이 재해 예방의 핵심이다.

② 사고예방원리 5단계
  ㉠ 1단계(안전관리조직) : 사고를 예방하기 위해 체계적인 안전조직을 구성한다.
  ㉡ 2단계(사실의 발견) : 사고에 대한 원인과 문제를 탐색한다.
  ㉢ 3단계(분석·평가) : 발견된 사실을 통해 위험요소를 식별하고 평가한다.
  ㉣ 4단계(시정책의 선정) : 적절한 대책을 결정한다.
  ㉤ 5단계(시정책의 적용) : 선정된 대책을 실행한다.

착시현상

① 티치너(Titchener) 착시현상 : 에빙하우스 착시(Ebbinghaus illusion)라고도 불리는 티치너 원(Titchener circles)은 상대적 크기 인식의 착시다. 동일한 크기의 두 개의 원이 서로 가까이 배치되고, 하나는 큰 원으로 둘러싸이고 다른 하나는 작은 원으로 둘러싸여 있다. 원의 병치 결과, 큰 원으로 둘러싸인 중심 원은 작은 원으로 둘러싸인 중심 원보다 작게 보인다.
② 뮐러리어(Müller-Lyer) 착시 : 스타일화된 화살표로 구성된 착시현상을 말한다.
③ 폰조(Ponzo) 착시 : 사다리꼴 모양에 같은 길이의 선을 수평으로 놓으면 위쪽에 있는 선이 더 길게 보이게 되는 착시현상을 말한다.
④ 포겐도르프(Poggendorff) 착시 : 평행하는 두 선분에 다른 선분(사선)을 엇갈리게 교차시킨 다음 평행선 안쪽의 사선 부분을 제거하면 평행선 바깥의 두 사선 부분이 어긋난(동일선상에 있지 않은) 것처럼 보이는 착시이다. 창문 밖의 전선이 블라인드에 가려져 있을 때, 전선의 조각들이 어긋나 보이는 데에서 비슷한 효과를 볼 수 있다.
⑤ 죌너(Zöllner) 착시 : 긴 빗금이 나란하지 않은 것처럼 보이지만 실제로는 나란하다.

티치너 착시 (에빙하우스 착시)	뮐러리어 착시	폰조 착시	포겐도르프 착시	죌너 착시

휴먼에러(행위적 에러와 원인적 에러로 분류)

① 라스무센의 행동기반오류를 기반으로 한 휴먼에러(3개 수준으로 분류)
  ㉠ 지식기반행동(knowledge-based behavior) : 무지로 발생하는 착오
  ㉡ 규칙기반행동(rule-based behavior) : 규칙을 알지 못해 발생하는 착오
  ㉢ 숙련기반행동(skill-based behavior) : 숙련되지 못해 발생하는 착오

② Swain과 Guttman의 행위에 의한 분류
  ㉠ 실행에러(commission error) : 작업 내지 단계를 수행하였으나 잘못한 에러
  ㉡ 생략에러(omission error) : 필요한 작업 내지 단계를 수행하지 않은 에러
  ㉢ 순서에러(sequential error) : 작업수행의 순서를 잘못한 에러
  ㉣ 시간에러(timing error) : 주어진 시간 내에 동작을 수행하지 못하거나 너무 빠르게 또는 너무 느리게 수행하였을 때 생긴 에러
  ㉤ 불필요한 행동에러(extraneous act error) : 해서는 안 될 불필요한 작업의 행동을 수행한 에러

③ 리전(J. Reason)의 휴먼에러 분류

불완선한 행동			
비의도적 행동		의도적 행동	
숙련기반에러(skill based error)		실책(mistake)	위반(violation)
실수(slip)	착오(lapse)	규칙기반에러(rule-based error), 지식기반에러(knowledge-based error)	-

  ㉠ 숙련기반에러 : 상황이나 자극에 자동으로 반응하여 발생함
    • 실수 : 행동의 실패, 상황이나 목표해석은 제대로 하였으나 의도와는 다르게 행동함
    • 착오 : 기억의 실패, 여러 과정이 연계적으로 일어나는 행동 중에서 일부를 잊어버림
  ㉡ 실책 : 부적합한 의도를 가지고 행동에 옮긴 것으로, 발견하기 힘들어 더 큰 위험을 초래함
    • 규칙기반에러 : 상황이나 자극에 대해서 형성된 자신만의 규칙을 사용하여 발생함
    • 지식기반에러 : 상황이나 자극에 대해서 정보가 없어 발생함
  ㉢ 위반 : 지식을 갖고 있고, 이에 알맞은 행동을 할 수 있음에도 불구하고 고의로 발생시킴

④ 원인에 의한 분류
  ㉠ primary error : 작업자 자신으로부터 발생한 오류
  ㉡ secondary error : 작업조건 중에 문제가 생겨 발생한 오류
  ㉢ command error : 작업자가 움직이려 해도 움직일 수 없어 발생한 오류(정보, 에너지, 물건 공급이 안 됨)

│ 직무평가 방법

① 서열법(ranking method)
  ㉠ 의의 : 가장 오래되고 사용하기 쉬운 방법으로 해당 직무들에 대해 기업의 목표달성 관련 중요도, 직무수행 난이도, 작업환경 등을 포괄적으로 고려하여 그 상대적 가치를 기초로 순위를 결정하는 방법이다.
  ㉡ 장점 : 신속·간편하게 직무등급을 설정할 수 있다.
  ㉢ 단점 : 직무의 수가 많고 복잡하면 적용이 어렵다.

② 분류법(job-classification method)
  ㉠ 의의 : 서열법의 발전된 방법으로 사전에 만들어 놓은 등급을 기반으로 각 직무를 적절히 판정하여 해당 등급에 맞추어 넣는 평가방법이다.
  ㉡ 장점 : 간단하고 이해가 쉬우며, 비용이 적게 든다.
  ㉢ 단점 : 직무의 수가 많고 복잡하면 적용이 어려우며, 개별 등급에 대한 정의를 내리기 어렵다.

③ 점수법(point rating method)
  ㉠ 의의 : 직무를 평가요소로 분해하고 척도에 의해 평가요소별 점수를 부여한 후 요소별 중요도에 따른 가중치를 적용함으로써 최종 점수를 통한 직무의 가치를 평가하는 방법이다. 오늘날 직무평가방법으로 가장 많이 사용되고 있다.
  ㉡ 장점 : 수량적, 분석적인 가치표현을 하게 되므로 직무의 상대적 차등을 명확하게 정할 수 있으며, 종업원들에게 평가결과에 대한 이해와 신뢰를 얻기에 용이하다.
  ㉢ 단점 : 평가요소 및 가중치 선정이 매우 어려워 고도의 숙련도가 요구되며, 많은 준비시간과 비용이 소요된다.

④ 요소비교법(factor-comparison method)
  ㉠ 의의 : 기업이나 조직에 있어서 직무내용이 표준화되어 있고 평가요소별 기준 직무와 일반 직무를 비교함으로써 모든 직무의 상대적 가치를 결정하는 방법이다.
  ㉡ 장점 : 직무평가의 결과가 바로 임금수준과 연결되어 임금의 공정성 확보에 기여할 수 있으며, 평가과정이 다른 평가방법에 비해 매우 정교하며 타당도와 신뢰도가 높다.
  ㉢ 단점 : 기준 직무의 평가에 정확성을 기하기 어려우며 기준 직무에 대한 직무평가의 정확성이 결여되면 전체 직무평가까지 영향을 미친다. 그리고 시간과 비용이 많이 든다.

평가오류

① **관대화경향** : 피고과자를 실제 능력이나 업적보다 더 높게 평가하는 경향을 말한다. 이는 부하를 좋지 않게 평가하여 서로 대립할 필요가 없고, 자기 부하가 타 부서보다 더 나쁘게 평가되는 것을 피하기 위한 것이다. 이를 피하기 위해 정규분포곡선을 이용하기도 한다.

② **논리적오류** : 서로 상관관계가 있는 요소 간에 어느 한쪽이 우수하면 다른 요소도 당연히 그럴 것이라고 판단하는 경향을 말한다. 예를 들면, 판단력과 독창력의 두 개의 요소에 대하여 어느 하나가 우수하면 다른 것도 그럴 것이라고 판단하는 경우이다.

③ **대비오류, 대조효과** : 고과자가 자신이 지닌 특성과 비교하여 피고과자를 평가하려는 경향을 말한다. 특히 고과자의 편견과 상투적 태도에서 자주 볼 수 있다.

④ **중심화경향** : 평가의 결과가 평가상의 중간으로 나타나기 쉬운 경향을 말한다. 이 경향의 원인은 관대화경향과 비슷하고 이를 해소하기 위해서는 강제할당법과 서열법 등을 활용할 수 있다.

⑤ **가혹화경향** : 관대화경향과는 정반대되는 경우로 고과자가 피고과자의 능력 및 성과를 실제보다 의도적으로 낮게 평가하는 경우를 말한다. 이러한 경향은 고과자의 가치관에 의해 수행성과에 대한 기대수준을 매우 높게 판단했을 때 나타나며, 피고과자와의 갈등관계에서 일종의 처벌적 성격이 두드러질 때 나타난다.

직무분석(job analysis) 정보수집방법

① 직무분석은 직무의 역할, 책임, 필요 기술 등을 체계적으로 분석하기 위한 과정이다. 이를 통해 얻어진 정보는 인사관리, 교육훈련, 성과평가 등 다양한 목적으로 사용된다.

② 직무분석을 위한 정보수집방법으로는 관찰법, 면접법, 질문지법, 체크리스트법, 직접 수행법 등이 있으며, 방법마다 장점과 한계가 존재한다.

    ㉠ 관찰법(observation method)
- 장점 : 실제 수행을 관찰하므로 직무가 실제로 어떻게 이루어지는지 이해할 수 있다(구체적 정보획득).
- 한계 : 충분한 정보 수집을 위해 오랜 시간 관찰이 필요(시간소요)할 수 있어 비효율적이며, 수행자가 관찰을 의식해 평소와 다른 방식으로 행동할 가능성이 있어 실제 작업과 차이가 날 수 있다(피관찰자 의식). 또한 복잡한 사고나 추상적 작업은 관찰만으로 충분히 이해하기 어렵다.

    ㉡ 면접법(interview method)
- 장점 : 직무 수행자뿐만 아니라 상사, 동료 등 다양한 이해관계자의 의견을 수집할 수 있어, 직무에 대한 포괄적 이해가 가능하다(다양한 관점 반영). 면접을 통해 구체적 상황, 어려움, 요구사항 등을 자세히 알 수 있다(심층정보 수집).

- 한계 : 시간과 비용이 발생하고, 면접자가 주관적인 답변을 할 수 있어 사실과 다르게 인식할 가능성이 있다.
ⓒ 질문지법(questionnaire method)
- 장점 : 다수의 응답자를 대상으로 정보를 손쉽게 수집할 수 있어 대규모 직무분석에 적합하다. 표준화된 형식의 질문지를 사용함으로써 분석의 일관성을 유지할 수 있다.
- 한계 : 응답자가 자신의 직무를 잘못 표현하거나 과장할 가능성이 있다. 직무가 수행되는 실제 상황을 반영하기 어려우며, 작업환경이나 문화적 요소가 배제될 수 있다. 또한 질문지로는 직무의 구체적인 세부사항을 모두 담기 어렵다.
ⓔ 체크리스트법(checklist method)
- 장점 : 간단하고 신속하게 정보수집이 가능하다. 그리고 체크리스트 형식을 통해 직무수행에 대한 간단한 일관성 있는 정보를 수집할 수 있다.
- 한계 : 직무의 깊이나 구체적인 내용을 알기 어려우며, 복잡한 직무의 모든 요소를 평가하기 어렵다.
ⓜ 직접 수행법(job performance method)
- 장점 : 직접 체험을 통한 이해. 직무의 구체적 상황과 필요 역량을 실제 경험을 통해 파악할 수 있다.
- 한계 : 시간과 비용의 문제가 있으며, 분석자가 해당 직무수행에 필요한 기술을 습득해야 하므로, 사전 훈련이 필요할 수 있다. 또한 위험한 직무의 경우 직접 수행이 어려울 수 있다.

인간공학적 동작경제원칙

① 작업 효율성을 높이고 피로를 줄이기 위해 고안된 원칙이다. 작업자는 가능한 에너지를 적게 소비하며 작업을 수행해야 하므로, 최소한의 힘과 동작으로 작업을 수행하도록 설계되어야 한다. 따라서 가장 높은 동작 등급이 아니라 최소한의 노력으로 동작이 이루어지는 범위에서 작업이 이루어져야 한다.
② 종류
  ㉠ 양손 동작의 동시성 : 양손을 효율적으로 사용
  ㉡ 자연스러운 동작 범위 : 최소한의 에너지로 작업
  ㉢ 중력 활용 : 중력을 활용한 운반 및 이동
  ㉣ 불필요한 동작 제거 : 단순화와 반복적 동작 최소화

추락 및 감전 위험방지용 안전모의 성능기준(보호구 안전인증 고시 별표 1)

① 안전모의 종류

종류(기호)	사용구분	비고
AB	물체의 낙하 또는 비래 및 추락에 의한 위험을 방지 또는 경감시키기 위한 것	
AE	물체의 낙하 또는 비래에 의한 위험을 방지 또는 경감하고, 머리 부위 감전에 의한 위험을 방지하기 위한 것	내전압성(7,000V 이하의 전압에 견디는 것)
ABE	물체의 낙하 또는 비래 및 추락에 의한 위험을 방지 또는 경감하고, 머리 부위 감전에 의한 위험을 방지하기 위한 것	내전압성

② 안전모의 시험성능기준

항목	시험성능기준
내관통성	AE, ABE종 안전모는 관통거리가 9.5mm 이하이고, AB종 안전모는 관통거리가 11.1mm 이하여야 한다.
충격흡수성	최고 전달충격력이 4,450N을 초과해서는 안 되며, 모체와 착장체의 기능이 상실되지 않아야 한다.
내전압성	AE, ABE종 안전모는 교류 20kV에서 1분간 절연파괴 없이 견뎌야 하고, 이때 누설되는 충전전류는 10mA 이하여야 한다.
내수성	AE, ABE종 안전모는 질량 증가율이 1% 미만이어야 한다.
난연성	모체가 불꽃을 내며 5초 이상 연소되지 않아야 한다.
턱끈풀림	150N 이상 250N 이하에서 턱끈이 풀려야 한다.

위험성평가

① 위험성평가 절차
 ㉠ 사전준비 : 위험성평가 실시규정을 작성하고, 위험성의 수준과 그 수준의 판단기준을 정한다. 위험성평가에 필요한 각종 자료를 수집하는 단계이다.
 ㉡ 유해·위험요인 파악 : 사업장 순회점검, 근로자들의 상시적인 제안 제도, 평상시의 아차사고 발굴 등을 통해 사업장 내의 유해·위험요인을 빠짐없이 파악하는 단계이다.
 ㉢ 위험성 결정 : 사전준비 단계에서 미리 설정한 위험성의 판단수준과 사업장에서 허용 가능한 위험성의 크기 등을 활용하여, 유해·위험요인의 위험성이 허용 가능한 수준인지를 추정·판단하고 결정하는 단계이다.
 ㉣ 위험성 감소대책 수립 및 실행 : 위험성을 결정한 결과 유해·위험요인의 위험수준이 사업장에서 허용 가능한 수준을 넘는다면, 합리적으로 실천 가능한 범위에서 유해·위험요인의 위험성을 가능한 낮은 수준으로 감소시키기 위한 대책을 수립하고 실행하는 단계이다.
 ㉤ 위험성평가 결과의 기록 및 공유 : 파악한 유해·위험요인과 각 유해·위험요인별 위험성의 수준, 그 위험성의 수준을 결정한 방법, 그에 따른 조치사항 등을 기록하고, 근로자들이 보기 쉬운 곳에 게시하며 작업 전 안전점검회의(TBM) 등을 통해 근로자들에게 위험성평가 실시 결과를 공유하는 단계이다.

② 위험성평가 기법
- ㉠ HAZOP(HAZard and OPerability study) : 프로세스 산업에서 설비, 공정, 시스템 설계 단계에서 발생할 수 있는 위험과 조작상의 문제를 체계적으로 분석하는 기법이다. 설비 또는 공정의 파라미터(예 압력, 온도, 유량 등)에 초점을 두고, 가이드워드(guide word 예 more, less, reverse 등)를 활용하여 비정상적인 상황을 예측하는 특징이 있으며, 화학 공정 및 플랜트 설계의 안전성 검토를 위해 활용할 수 있다.
- ㉡ FMEA(Failure Mode and Effects Analysis) : 제품이나 시스템의 설계 및 공정에서 발생할 수 있는 모든 잠재적 고장 모드를 식별하고, 그로 인해 발생할 수 있는 영향을 분석하는 기법이다. 고장의 원인과 영향을 사전에 분석하여 각 고장 모드의 발생 가능성(occurrence), 심각도(severity), 발견 가능성(detection)을 평가하는 기법이다.
- ㉢ FTA(Fault Tree Analysis) : 특정 사건(top event)의 발생원인을 논리적으로 추적하여 그래픽 트리 형태로 표현하는 기법이다.
- ㉣ 체크리스트(checklist) : 위험요소를 사전에 정의한 점검표에 따라 확인하는 간단한 평가방법이다.
- ㉤ PHA(Preliminary Hazard Analysis) : 시스템 설계 초기 단계에서 발생 가능한 잠재적 위험을 식별하고 이에 대한 대응 방안을 마련하는 기법이다.
- ㉥ MORT(Management Oversight and Risk Tree, 관리감독 및 위험 트리) : MORT는 FTA와 동일한 논리적 트리 구조를 사용하여 관리, 설계, 생산, 보전 등에서 발생할 수 있는 결함을 체계적으로 분석하고, 사고의 근본 원인과 개선 방안을 도출하는 위험성평가 기법이다.
- ㉦ ETA(Event Tree Analysis, 사건수 분석) : 특정 사건(초기 사건)이 발생했을 때, 그 사건이 연속적으로 진행되는 과정에서 발생할 수 있는 결과를 분석하는 기법이다. 초기 사건을 정의하고, 발생 가능한 시나리오의 흐름을 도식화하여 각 분기점에서 가능한 결과를 나열해 시나리오의 발생 확률을 계산하면 된다.
- ㉧ CCA(Cause-Consequence Analysis, 원인-결과 분석) : 특정 사건의 원인과 결과를 동시에 평가하여 위험 시나리오를 분석하는 기법이다. 원인분석(FTA)과 결과분석(ETA)을 결합하여 특정 초기 사건이 발생했을 때의 원인과 결과를 트리 구조로 도식화하면 된다.
- ㉨ THERP(Technique for Human Error Rate Prediction, 인간 오류율 예측 기법) : 인간의 오류가 시스템에 미치는 영향을 분석하고, 오류 발생 가능성을 예측하는 기법이다. 작업 단계를 분석하고, 각 단계에서 발생할 수 있는 인간 오류를 식별 및 오류 확률을 계산하여 시스템에 미치는 영향을 평가하면 된다.

제조물 책임법상 결함(제조물 책임법 제2조)

① **설계상의 결함** : 제조업자가 합리적인 대체설계(代替設計)를 채용하였더라면 피해나 위험을 줄이거나 피할 수 있었음에도 대체설계를 채용하지 아니하여 해당 제조물이 안전하지 못하게 된 경우를 말한다.
  예 기계의 보호장치 미설계
② **제조상의 결함** : 제조업자가 제조물에 대하여 제조상·가공상의 주의의무를 이행하였는지에 관계없이 제조물이 원래 의도한 설계와 다르게 제조·가공됨으로써 안전하지 못하게 된 경우를 말한다.
  예 조립 불량, 부품 결함
③ **표시상의 결함** : 제조업자가 합리적인 설명·지시·경고 또는 그 밖의 표시를 하였더라면 해당 제조물에 의하여 발생할 수 있는 피해나 위험을 줄이거나 피할 수 있었음에도 이를 하지 아니한 경우를 말한다.
  예 제품 사용 시 주의사항을 누락하거나 부정확하게 기재

적시생산시스템(JIT ; Just In Time)

① 적시생산시스템은 도요타(Toyota) 자동차회사에서 내부의 운영과정 및 협력업체와의 관계를 관리하기 위해 사용되었던 방식이다. 무재고 생산방식 또는 도요타 생산방식이라고도 하며 필요한 것을 필요한 양만큼 필요한 때에 만드는 생산방식을 말한다.
② JIT 특징
  ㉠ 적정 생산량 유지와 낭비 제거를 통해 최적의 원가 달성과 품질관리를 추구한다.
  ㉡ 재고자산회전율, 노동생산성의 향상, 재고-로트 크기 최소화, 안전재고 최소화를 추구한다.
  ㉢ 낮은 원가와 일관성을 확보한 품질을 실현한다.
  ㉣ 포지셔닝 전략으로 공정중심전략이 아닌 제품중심전략을 추구한다.
  ㉤ 공정설계는 작업준비시간 최소화와 초단위 작업준비시간을 지향한다.
③ JIT 구성요소
  ㉠ 풀 시스템(pull system) : 뒤 공정에서 필요한 때에 필요한 부품을 앞 공정에서 끌어오는 시스템이다.
  ㉡ 칸반 방식(kanban system) : 시장변화에 따른 탄력적인 생산량 관리를 위해 도입된 방식이다.
  ㉢ 생산의 평준화 : 수요변동이나 생산변동으로 발생되는 연쇄반응 등의 악순환을 방지하기 위하여 최종 조립을 지원하는 모든 작업장에 균일한 부하를 부과해 생산을 평준화한다.
  ㉣ 소로트 생산 : 소규모 로트 크기는 주기재고, 대기시간, 재공품 재고를 줄여 준다.
  ㉤ 다기능공과 U라인 : 다기능공은 생산환경 변화에 신속히 대응이 가능하고, U라인은 보행의 낭비 최소화와 산출물의 완벽한 품질확보가 가능한 생산흐름을 만들 수 있다.

ⓗ 자동화와 생산라인 정지(fool proof system) : 완벽한 품질관리를 위하여 불량품이 생산될 때 생산라인을 자동정지한다.
ⓢ 납품업자, 파트너와의 긴밀한 관계 : JIT는 무재고 시스템을 지향하므로 납품업자들은 생산라인에 하루에도 여러 번 배달해야 한다. 이를 위해 납품업자들은 모기업의 공장 근처에 입지하여 장기적인 거래 관계를 가져야 한다.

신뢰도와 타당도

① 신뢰도(reliability) : 검사가 일관된 결과를 제공하는 정도를 의미한다. 즉, 동일한 조건에서 반복적으로 검사를 실시했을 때 비슷한 결과를 얻는다면, 해당 검사는 신뢰도가 높다고 평가된다.
  ㉠ 재검사 신뢰도(test-retest reliability) : 동일한 검사를 다른 시점에서 반복했을 때 결과가 일관되는 정도
  ㉡ 내적 일관성 신뢰도(internal consistency reliability) : 검사 항목 간의 응답 일관성
  ㉢ 평가자 간 신뢰도(inter-rater reliability) : 여러 평가자가 동일한 대상을 평가했을 때 일치하는 정도
② 타당도(validity) : 검사가 측정하고자 하는 대상을 얼마나 정확히 측정하는지를 의미한다. 즉, 검사가 목적에 부합하는지, 측정하려는 내용을 제대로 측정하고 있는지를 평가한다.
  ㉠ 내용 타당도(content validity) : 검사의 문항이 측정 대상의 모든 주요 요소를 충분히 포함하고 있는지 평가
  ㉡ 구성 타당도(construct validity) : 검사가 이론적 구성 개념을 제대로 측정하고 있는지 평가
  ㉢ 기준 타당도(criterion validity) : 검사 결과가 외부 기준과 얼마나 연관이 있는지 평가
※ 신뢰도는 타당도의 전제 조건이며, 신뢰도가 낮으면 타당도를 보장할 수 없다. 신뢰도가 높아도 반드시 타당도가 높은 것은 아니지만, 타당도가 높으려면 일반적으로 신뢰도가 높아야 한다.

조직문화 7S 모델

① 파스칼(R. Pascale)과 애토스(A. Athos)가 제시한 7S 모델은 조직문화를 분석하고 관리하기 위한 체계적 프레임워크이다. 7S는 조직의 성공적인 운영과 변화를 위해 고려해야 할 7가지 핵심요소를 제시한다. 이 중 가장 핵심적인 요소는 공유 가치(Shared values)이다.
② 7S 모델의 핵심요소
  ㉠ 전략(Strategy)
  ㉡ 구조(Structure)

ⓒ 제도・절차(Systems)
② 공유 가치(Shared values)
⑩ 관리 스타일(Style)
ⓑ 구성원(Staff)
ⓢ 기술(Skills)

조직변화

① 레빈(Kurt Lewin)의 조직변화 과정은 해빙 → 변화 → 재동결의 3단계로 이루어지며, 조직변화 관리에서 가장 기본적인 모델로 널리 사용되고 있다.
② 과정
  ㉠ 해빙(unfreezing)
    - 변화에 대한 준비 단계로, 기존 행동이나 관행을 유지하고 있는 상태에서 이를 깨뜨리는 과정이다.
    - 변화의 필요성을 인식시켜 저항을 낮추며, 변화를 수용할 수 있는 환경을 조성한다.
    - 조직 내 불만족, 문제의식 등을 통해 새로운 변화의 필요성을 설득한다.
  ㉡ 변화(changing)
    - 새로운 행동, 관행, 사고방식을 도입하는 단계이다.
    - 학습과 훈련, 새로운 아이디어 도입, 시스템 변경 등이 포함된다.
    - 변화과정에서 혼란과 불확실성이 증가할 수 있어 이를 잘 관리해야 한다.
  ㉢ 재동결(refreezing)
    - 새로운 변화가 안정화되고 정착되는 단계이다.
    - 새로운 관행과 행동이 조직 내 표준이 되도록 지원한다.
    - 피드백을 제공하고 성공적인 변화를 보상하여 지속 가능성을 확보한다.

| 동기부여이론

[동기부여이론의 분류]

① **내용이론** : 사람이 행동을 일으키는 원동력에 대한 연구로, 인간의 욕구에 관한 내용이 주된 연구대상이다.
  ㉠ 매슬로(A. Maslow)의 욕구단계이론 : 인간의 욕구를 5단계(생리적 욕구, 안전욕구, 사회적 욕구, 존경욕구, 자아실현 욕구)로 구분하며, 하위욕구가 충족될수록 상위욕구로 이동한다는 이론이다. 이 이론은 조직행동에 적용하여 근로자 동기부여 및 관리 전략을 설계하는 데 활용된다.
  ㉡ 알더퍼(Alderfer)의 ERG이론 : 매슬로(A. Maslow)의 5단계 욕구이론을 수정해서 개인의 욕구 단계를 3단계(생존욕구, 관계욕구, 성장욕구)로 단순화하였다.
  ㉢ 맥클랜드(McClelland)의 성취동기이론(need for achievement theory) : 매슬로의 욕구단계이론이나 알더퍼의 ERG이론과 마찬가지로 인간의 욕구에 기초한 동기부여이론이다. 맥클랜드는 매슬로의 5가지 욕구 중에서 상위 3가지를 대상으로 성취욕구, 친화욕구, 권력욕구로 구분하여 성취동기이론을 전개하였다.

욕구	선호하는 일	적절한 업무
높은 성취욕구	• 개인적 책임감을 느끼는 일 • 피드백이 주어지는 일	보너스가 주어지는 세일즈맨
높은 친화욕구	대인접촉이 많은 일	고객업무 담당자
높은 권력욕구	다른 사람에게 영향력을 행사할 수 있는 일	감독 책임자

  ㉣ 허즈버그(F. Herzberg)의 2요인이론(two-factor theory) : 1950년대 말 미국의 경영심리학자 허즈버그에 의하여 제시된 동기부여이론으로 '동기위생이론(motivation hygiene theory)'이라고 부르기도 한다. 허즈버그는 직무 만족에 영향을 미치는 요인들을 '동기요인(motivator)', 직무 불만족에 영향을 미치는 요인들을 '위생요인(hygiene factor)'으로 호칭하고 2요인이론을 주장하였다.

② **과정이론** : 사람의 행동이 어떻게 유도되고 어떻게 진행되는지에 대한 과정에 관하여 주로 연구한다.
  ㉠ 브룸(V. Vroom)의 기대이론 : 유인가(Valence), 수단(Instrumentality), 기대(Expectancy) 세 요인으로 구성되며, 그 첫 글자를 따서 VIE 모형이라고도 한다.

> 동기부여 = 기대감 × 수단성 × 유인가

ⓒ 아담스(Adams)의 공정성(형평)이론(equity theory) : 조직 내의 개인이 자신이 업무에 투입한 것과 산출된 것이 준거 기준과 비교하여 차이가 있음을 인지하면 그 차이를 줄이기 위해 동기부여가 이루어진다는 이론이다. 여기서 투입(input)은 노력, 기술, 지식 등과 같은 생산요소이며, 산출(output)은 일한 결과로 얻게 된 보상(대가)인 임금, 승진, 인정, 지위 등을 말한다.

재해예방의 4원칙

① 예방가능의 원칙 : 모든 재해는 원인을 규명하여 이에 대한 대책을 수립하면 예방할 수 있다는 원칙이다.
② 손실우연의 원칙 : 재해로 인한 손실은 우연한 사건에서 발생하며, 이러한 우연성을 줄이기 위한 노력이 필요하다는 원칙이다.
③ 대책선정의 원칙 : 재해 예방을 위해 적합한 대책을 선정하고 실행해야 한다는 원칙이다.
④ 원인계기(연계)의 원칙 : 재해는 여러 원인(불안전 행동과 불안전 상태 등)이 복합적으로 연계되어 발생하며, 이를 체계적으로 분석하여 예방해야 한다는 원칙이다.

4M 분석

① 산업재해의 원인을 다각도로 평가하여 재발방지대책을 수립하기 위한 중요한 방법론으로 널리 사용된다.
② 항목
  ㉠ Man(인간) : 작업자의 불안전한 행동, 부주의, 숙련 부족, 피로 등
  ㉡ Machine(기계) : 기계의 고장, 설계 결함, 유지보수 부족, 보호장치 미비 등
  ㉢ Media(작업환경) : 작업환경의 위험요소 예 소음, 온도, 조명, 환기 부족 등
  ㉣ Management(관리) : 안전관리 미흡, 작업계획 부실, 감독 부족 등 조직적·관리적 문제

직무특성모델

① 해크만(Hackman)과 올드햄(Oldham)의 직무특성모델은 직무가 근로자에게 내재적 동기를 부여하는 방식과 이를 구성하는 직무의 핵심차원을 설명한다. 모델의 주요요소는 5가지 핵심직무차원(core job dimensions)과 이 차원들이 동기를 유발하는 과정을 설명하는 중간매개변수와 개인적·직무적 결과로 이루어져 있다.
② 핵심직무차원
  ㉠ 기술다양성(skill variety) : 직무수행에 요구되는 다양한 기술과 능력의 범위. 높은 기술다양성은 직무를 더 흥미롭게 만든다.

ⓒ 과업정체성(task identity) : 직무가 완전하고 전체적인 작업으로, 시작부터 끝까지 하나의 결과를 만들어내는 정도. 높은 과업정체성은 작업의 중요성과 만족도를 증가시킨다.
ⓓ 과업중요성(task significance) : 직무가 다른 사람이나 조직에 얼마나 중요한 영향을 미치는지에 대한 정도. 높은 과업중요성은 직무의 가치와 목적을 더 강하게 느끼게 한다.
ⓔ 자율성(autonomy) : 직무수행에 있어 근로자가 독립적으로 결정할 수 있는 자유와 재량권의 정도. 높은 자율성은 근로자의 책임감을 증가시킨다.
ⓕ 피드백(feedback) : 직무수행의 결과에 대해 근로자가 명확하고 직접적인 정보를 받는 정도. 효과적인 피드백은 개선과 성과 향상에 기여한다.

6시그마 경영과 과거 품질경영의 비교

구분	6시그마 경영	과거 품질경영
목적	불량률을 100만 개당 3.4개 이하 수준으로 축소하고, 비용 절감 및 경영 효율성 극대화	불량률 감소와 공정 개선
품질추구	프로세스 개선을 통한 제품 품질 및 고객 만족도 증대	제품 품질 향상이 목표
참여자	조직 전체가 참여, 특히 블랙벨트(전문가)와 그린벨트(중급 관리자)가 주요 역할	품질부서 담당자가 주도
업무체계	조직 전체가 프로세스 중심으로 업무를 수행(top-bottom 방식)	품질부서 중심의 품질 관리(bottom-top 방식)
관리방식	DMAIC(Define-Measure-Analyze-Improve-Control) 단계 활용	PDCA(Plan-Do-Check-Act) 사이클 활용

6시그마와 린의 비교

구분	6시그마	린(Lean)
목적	불량률을 100만 개당 3.4개 이하 수준으로 축소하고, 비용 절감 및 경영 효율성 극대화	낭비 제거 및 흐름 개선
품질추구	프로세스 개선을 통한 제품 품질 및 고객 만족도 증대	효율성과 가치 중심
리더역할	전문 리더(풀타임 블랙벨트 등)	현장 리더(파트타임 리더)
주요 활동	통계적 분석 및 품질 통제	낭비 제거와 프로세스 최적화
도구	DMAIC(Define-Measure-Analyze-Improve-Control), SPC, FMEA	가치흐름도, 칸반, 5S

주 경로 기법(CPM ; Critical Path Method)

① 프로젝트의 각 작업의 시작과 종료시점을 나타내고 각 작업의 종료까지 소요되는 시간을 계산한 후 가장 오랜 시간이 걸리는 공정을 찾아내서 관리하는 기법을 말한다.
② **장점** : 프로젝트의 필요시간을 비교적 정확하게 예측 가능하며 전후 작업의 연관성을 통해 어떤 작업을 특별 관리해야 하는지 한눈에 볼 수 있다.
③ **단점** : 작업이 복잡할 경우 계산상의 착오로 인해 CP선정에 오류가 발생할 수 있고 원가절감 등 다른 요소 반영 시 관리대상 작업이 변경될 수 있다.

결함수에서 사용되는 일반적인 기호(결함수 분석에 관한 기술지침)

기호	명칭	설명
○	기본사상 (basic event)	더 이상 전개할 수 없는 사건의 원인
⬭	조건부사상 (conditional event)	논리 게이트에 연결되어 사용되며, 논리에 적용되는 조건이나 제약 등을 명시(우선적 억제 게이트에 우선적으로 적용)
◇	생략사상 (undeveloped event)	사고 결과나 관련 정보가 미비하여 계속 개발될 수 없는 특정 초기사상
⌂	통상사상 (external event)	유동계통의 층 변화와 같이 일반적으로 발생이 예상되는 사상
▭	중간사상 (intermediate event)	한 개 이상의 입력사상에 의해 발생된 고장사상으로 주로 고장에 대한 설명 서술
⌒	OR 게이트 (OR gate)	한 개 이상의 입력사상이 발생하면 출력사상이 발생하는 논리 게이트
⌂	AND 게이트 (AND gate)	입력사상이 전부 발생하는 경우에만 출력사상이 발생하는 논리 게이트
	억제 게이트 (inhibit gate)	AND 게이트의 특별한 경우로서 이 게이트의 출력사상은 한 개의 입력사상에 의해 발생하며, 입력사상이 출력사상을 생성하기 전에 특정조건을 만족하여야 하는 논리 게이트
△	배타적 OR 게이트 (exclusive OR gate)	OR 게이트의 특별한 경우로서 입력사상 중 오직 한 개의 발생으로만 출력사상이 생성되는 논리 게이트
△	우선적 AND 게이트 (priority AND gate)	AND 게이트의 특별한 경우로서 입력사상이 특정 순서별로 발생한 경우에만 출력사상이 발생하는 논리 게이트
△	전이기호 (transfer symbol)	다른 부분에 있는(예 다른 페이지) 게이트와의 연결관계를 나타내기 위한 기호. 전입(transfer in)과 전출(transfer out)기호가 있음

직무스트레스 모델

① **직무 요구-자원 모델(job demands-resources model)** : 업무량과 다양한 직무 요구가 종업원의 안녕과 동기에 미치는 영향을 종단적으로 연구하는 대표적인 모델로서 직무 요구와 자원이 스트레스와 동기부여에 미치는 영향을 평가한다. 직무 요구는 스트레스와 번아웃의 원인, 직무 자원은 동기부여와 업무성과의 원인으로 작용한다고 본다.
　㉠ 직무 요구(job demands) : 업무량, 시간 압박, 정서적 요구 등
　㉡ 직무 자원(job resources) : 사회적 지원, 자율성, 피드백 등
② **요구-통제 모델(demands-control model)** : 직무스트레스는 직무 요구와 직무 통제의 상호작용으로 결정되며, 높은 요구와 낮은 통제가 스트레스를 유발한다고 설명한다.
③ **자원보존이론(conservation of resources theory)** : 개인이 자신이 소유한 자원을 보존하려고 하며, 자원이 소실되면 스트레스를 얻는다고 설명한다. 종단 설계보다는 자원 소모와 보존 간의 상호작용에 초점을 둔다.
④ **사람-환경 적합 모델(person-environment fit model)** : 개인의 특성과 직무 환경 간의 적합성이 스트레스와 안녕에 영향을 미친다고 설명한다. 직무와 사람 간의 적합성을 주로 다룬다.
⑤ **노력-보상 불균형 모델(effort-reward imbalance model)** : 개인이 들이는 노력과 그에 따른 보상이 불균형할 때 스트레스가 발생한다고 설명한다. 특정 시점에서의 균형 또는 불균형을 평가하는 데 초점을 둔다.

조도(산업안전보건기준에 관한 규칙 제8조)

사업주는 근로자가 상시 작업하는 장소의 작업면 조도(照度)를 다음 기준에 맞도록 하여야 한다. 다만, 갱내(坑內) 작업장과 감광재료(感光材料)를 취급하는 작업장은 그러하지 아니하다.
① 초정밀작업 : 750lx 이상
② 정밀작업 : 300lx 이상
③ 보통작업 : 150lx 이상
④ 그 밖의 작업 : 75lx 이상

균형성과표(BSC ; Balanced Score Card)

① 재무, 고객, 내부 프로세스, 학습과 성장의 네 가지 관점에서 조직의 성과를 균형 있게 관리하고 평가하기 위한 도구이다.

② 관점
　㉠ 재무 관점 : 조직의 재무적 성과를 평가하며, 주로 수익성, 비용 관리, 투자수익률 등 재무지표가 포함된다.
　㉡ 고객 관점 : 고객 만족도, 고객 유지율, 시장점유율 등 외부 고객을 대상으로 한 성과를 측정한다.
　㉢ 내부 프로세스 관점 : 내부 운영과 프로세스의 효율성 및 품질을 평가한다. 제품 개발, 생산, 서비스 제공과 같은 핵심 업무가 포함된다.
　㉣ 학습과 성장 관점 : 조직 구성원의 역량 개발, 기술 혁신, 조직문화 등을 측정하며, 장기적 성장 가능성을 중점적으로 평가한다.

노동조합 숍제도(shop system)

① 기본적인 형태
　㉠ 클로즈드 숍(closed shop) : 조합원만 고용 가능하며, 조합원이 아니거나 조합원의 자격을 잃으면 고용이 불가능하다.
　㉡ 유니언 숍(union shop) : 비조합원도 채용할 수 있지만, 일정 기간 내에 노동조합에 가입해야 한다.
　㉢ 오픈 숍(open shop) : 조합 가입 여부와 관계없이 고용이 가능하다. 노동조합 가입이 의무가 아니다.
② 변형적인 형태
　㉠ 에이전시 숍(agency shop) : 조합 가입은 필수가 아니지만, 조합비를 납부해야 한다.
　㉡ 프레퍼렌셜 숍(preferential shop) : 조합원에게 고용상의 우선권이 부여되지만, 비조합원도 고용이 가능하다.
　㉢ 메인티넌스 숍(maintenance shop) : 고용 후 노동조합에 가입한 근로자는 조합 자격을 유지해야 한다.

기계설비의 위험점

① 물림점(nip point) : 회전하는 두 개의 회전체가 서로 맞닿아 반대방향으로 회전할 때, 이 접점에 물체나 신체 일부가 끌려들어 가며 발생하는 위험점을 말한다.
　㉮ 롤러-롤러, 벨트-풀리, 체인-스프로킷 등의 기계 접점에서 발생
② 협착점(shear point 또는 crush point) : 두 물체 사이에서 신체가 눌리거나 끼이는 위험점을 말한다. 특히, 왕복운동을 하는 동작 부분과 움직임이 없는 고정 부분 사이에 형성되는 위험점이다.
　㉮ 금형 프레스, 인쇄기, 절단기, 성형기, 펀칭기 등에서 발생
③ 절단점(cutting point) : 날카로운 도구나 기계에 의해 신체가 절단될 위험점을 말한다.
　㉮ 밀링의 커터, 둥근톱의 톱날, 칼날이 있는 가공기계 등에서 발생

④ 끼임점(pinch point) : 두 물체가 가까워지며 사이에 신체 일부가 끼거나 눌릴 수 있는 지점을 말한다.
  예 연삭숫돌과 작업받침대, 승강기 문턱, 리프트 암 구조물 사이
⑤ 회전 말림점(entanglement point) : 회전체에 끈, 옷, 머리카락 등이 말려들어 가는 위험점을 말한다.
  예 회전축, 커플링(노출 시), 드릴, 믹서 등의 회전 부품 등에서 발생

fail-safe 설계

① fail-safe 설계는 다양한 상황에서 시스템의 신뢰성과 안전성을 확보하는 데 필수적이며, 각 분류는 적용되는 환경과 시스템의 위험 수준에 따라 선택된다.
② fail-safe의 분류

분류	동작 특징	구체적 예시
fail-active	경고가 발생하며 안전한 상태로 제한 작동 또는 정지	자동차 ABS, 엘리베이터
fail-passive	경고와 함께 일부 기능 유지, 사용자 대응 가능	항공기 자동 조종, 배터리 관리 시스템
fail-operational	고장 후에도 완전한 기능 유지, 후속 보수 가능	항공기 이중 시스템, 전자식 스티어링

신QC 7가지 도구

기법	개요	용도
연관도법 (relation diagram)	복잡하게 얽힌 원인, 결과, 목적, 수단 등 요인에 대한 인과관계의 명확화로 적절한 해결책을 유도하는 방법	QA 방침전개 결정 및 TQC 추진계획 입안
KJ법, 친화도법 (affinity diagram)	혼돈된 상태에서 수집한 언어 데이터를 상호친화성으로 통합하고 이를 그림으로 시각화하여 문제를 해결하는 방법	• 신규사업, 신제품, 신기술에 대한 QC방침 • 신시장 개척을 위한 시장조사
계통도법 (systematic diagram)	목적, 목표 달성을 위해 필요한 최적의 수단 및 방책의 계통화로 중점문제의 명확화 및 최적수단 방책을 추구하는 방법	• 신제품의 설계품질전개 및 QA의 전개 • 문제해결을 위한 아이디어 전개
매트릭스도법 (matrix diagram)	다원적 사고에 의해 문제가 되는 항목 중 결합되는 요소를 찾아 행과 열로 배치해 그 교점에서 '연관유무와 정도'를 통해 문제점을 해결하는 방법	• 시스템의 개발, 개량의 착안점 설정 • 품질평가체제의 강화 및 효율화 • 제조공정의 불량원인 탐색
매트릭스 데이터 해석법 (matrix data analysis)	매트릭스도에서 요소 간의 관련이 정량화된 경우, 이것을 계산으로 알아보기 쉽게 정리하는 방법	• 복잡하게 얽힌 요인의 공정해석 • 다량의 자료에서 산출되는 불량요인 해석 • 시장조사자료에서 요구품질파악
PDPC (Process Decision Program Chart)	사태의 진전과 더불어 여러 결과가 상정되는 문제에 대해 바람직한 결과에 이르는 과정을 결정하는 방법	• 목표관리의 실시계획 책정 • 기술개발과제의 실시계획 책정 • 시스템의 중대사고 예측과 대응책 책정
애로우 다이어그램 (arrow diagram)	• PERT/CPM에서 쓰는 일정계획을 위한 네트워크도로 최적의 일정계획 수립 및 효율적인 진도관리 방법 • 문제를 해결하는 활동에 필요한 실시사항을 시계열적인 순서에 따라 네트워크로 나타낸 화살표 그림을 이용하여 최적의 일정계획을 위한 진척도를 관리하는 방법	• 신제품개발 및 제품개량 계획과 진도관리 • 양산품의 일정계획과 진척관리 • 공장이전 및 정기보전, 공정해석과 효율화

┃ 수요예측 기법

제품이나 서비스에 대한 미래의 수요를 예측하는 것을 말하며, 미래의 수요가 얼마나 되는지 알아야 그에 맞는 생산계획을 세울 수 있고, 수요예측을 바탕으로 주 생산일정 및 자재소요계획을 세울 수 있다.

① 정성적 기법
  ㉠ 소비자조사법 : 소비자의 의견을 기초로 예측하는 방법으로 일반적으로 표본조사방법을 이용한다.
  ㉡ 중역의견법 : 조직의 중역들이 모여 집단적 토의에 집단적으로 행하는 예측기법으로 장기계획이나 신제품 개발에 이용되는데, 주관적 판단에 따른 편향으로 인해 예측 정확성이 낮을 수 있다.
  ㉢ 판매원 의견종합법 : 직접 소비자와 접촉하는 판매원들에게 각자 담당하고 있는 지역의 수요에 관하여 예측하도록 하는 방법이다.
  ㉣ 역사적 유추법 : 현재 상황에 유사한 과거 상황을 유발시킨 여러 요인에 기초를 둔 예측기법이다.
  ㉤ 델파이법 : 여러 전문가의 판단을 조직적으로 수렴시켜 일치된 의견이나 예측을 도출하는 기법이다.
  ㉥ 패널법 : 한 사람의 의견보다 더 낫다고 하는 가정하에 전문가, 담당자 및 소비자 등으로 위원회를 구성하여 여러 사람의 의견을 모아 결론을 유도하는 방법이다.

② 정량적 기법
  ㉠ 이동평균법 : 과거 일정기간 동안의 실적을 평균해서 다음 기간의 값을 예측하는 방법으로 특별한 추세변동, 계절변동, 순환변동 등의 요인이 없을 때 적용이 가능하다.
  ㉡ 지수평활법 : 가중이동평균법의 일종, 단기예측에 적합하며 가장 최근의 실적치에 가장 큰 가중치를 부여하고 오래된 데이터의 가중치는 지수함수적으로 적게 적용한다.
  ㉢ 최소자승법 : 실제치와 예측치와의 편차자승의 총합이 최소가 되는 추세선을 찾고 이를 통해 미래 수요를 예측하는 미래의 수용변동을 추세변동만으로 예측하려는 방법이다.
  ㉣ 추세분석법 : 시계열의 장기적 변동 경향(추세선)을 도출하여 미래의 수요를 예측하는 방법으로 추세선의 형태를 선정하는 것이 가장 중요하다.
  ㉤ 전기수요법 : 가장 최근 과거의 실제치를 그다음 기간의 예측치로 사용하는 방법으로 수요변동이 거의 없을 경우 사용한다.

교육은 우리 자신의 무지를 점차 발견해 가는 과정이다.

- 윌 듀란트 -

교육이란 사람이 학교에서 배운 것을 잊어버린 후에 남은 것을 말한다.

– 알버트 아인슈타인 –

PART 02

과년도 + 최근 기출문제

2016년~2024년 과년도 기출문제

2025년 최근 기출문제

합격의 공식 시대에듀 www.sdedu.co.kr

알림

산업안전보건법령의 잦은 개정으로 도서의 내용이 달라질 수 있습니다. 최신 법령은 법제처 국가법령정보센터(www.law.go.kr) 사이트를 통해서 확인하시기 바랍니다.

2016년 과년도 기출문제

산업안전보건법령

01
산업안전보건법령상 사업주가 이행하여야 할 의무에 해당하는 것은?
① 사업장에 대한 재해 예방 지원 및 지도
② 근로자의 신체적 피로와 정신적 스트레스 등을 줄일 수 있는 쾌적한 작업환경 조성 및 근로조건 개선
③ 유해하거나 위험한 기계·기구·설비 및 물질 등에 대한 안전·보건상의 조치기준 작성 및 지도·감독
④ 산업재해에 관한 조사 및 통계의 유지·관리
⑤ 안전·보건을 위한 기술의 연구·개발 및 시설의 설치·운영

해설

사업주 등의 의무(산업안전보건법 제5조)
- 사업주(제77조에 따른 특수형태근로종사자로부터 노무를 제공받는 자와 제78조에 따른 물건의 수거·배달 등을 중개하는 자를 포함한다. 이하 이 조 및 제6조에서 같다)는 다음 사항을 이행함으로써 근로자(제77조에 따른 특수형태근로종사자와 제78조에 따른 물건의 수거·배달 등을 하는 사람을 포함한다. 이하 이 조 및 제6조에서 같다)의 안전 및 건강을 유지·증진시키고 국가의 산업재해 예방정책을 따라야 한다.
  - 이 법과 이 법에 따른 명령으로 정하는 산업재해 예방을 위한 기준
  - 근로자의 신체적 피로와 정신적 스트레스 등을 줄일 수 있는 쾌적한 작업환경의 조성 및 근로조건 개선
  - 해당 사업장의 안전 및 보건에 관한 정보를 근로자에게 제공
- 다음 어느 하나에 해당하는 자는 발주·설계·제조·수입 또는 건설을 할 때 이 법과 이 법에 따른 명령으로 정하는 기준을 지켜야 하고, 발주·설계·제조·수입 또는 건설에 사용되는 물건으로 인하여 발생하는 산업재해를 방지하기 위하여 필요한 조치를 하여야 한다.
  - 기계·기구와 그 밖의 설비를 설계·제조 또는 수입하는 자
  - 원재료 등을 제조·수입하는 자
  - 건설물을 발주·설계·건설하는 자

02
산업안전보건법령상 안전·보건표지의 분류별 종류와 색채가 올바르게 연결된 것은?
① 지시표지(방독마스크 착용) – 바탕은 파란색, 관련 그림은 흰색
② 금지표지(물체이동금지) – 바탕은 흰색, 기본모형은 녹색, 관련 부호 및 그림은 흰색
③ 경고표지(폭발성물질 경고) – 바탕은 노란색, 기본모형, 관련 부호 및 그림은 흰색
④ 안내표지(비상용기구) – 바탕은 흰색, 기본모형은 빨간색, 관련 부호 및 그림은 검은색
⑤ 안내표지(응급구호표지) – 바탕은 무색, 기본모형은 검은색

정답 1 ② 2 ①

해설

안전보건표지의 종류별 용도, 설치·부착 장소, 형태 및 색채(산업안전보건법 시행규칙 별표 7)

분류	종류	색채
금지표지	출입금지, 보행금지, 차량통행금지, 사용금지, 탑승금지, 금연, 화기금지, 물체이동금지	바탕은 흰색, 기본모형은 빨간색, 관련 부호 및 그림은 검은색
경고표지	인화성물질 경고, 산화성물질 경고, 폭발성물질 경고, 급성독성물질 경고, 부식성물질 경고, 방사성물질 경고, 고압전기 경고, 매달린 물체 경고, 낙하물체 경고, 고온 경고, 저온 경고, 몸균형 상실 경고, 레이저광선 경고, 발암성·변이원성·생식독성·전신독성·호흡기과민성 물질 경고, 위험장소 경고	바탕은 노란색, 기본모형, 관련 부호 및 그림은 검은색 다만, 인화성물질 경고, 산화성물질 경고, 폭발성물질 경고, 급성독성물질 경고, 부식성물질 경고 및 발암성·변이원성·생식독성·전신독성·호흡기과민성 물질 경고의 경우 바탕은 무색, 기본모형은 빨간색(검은색도 가능)
지시표지	보안경 착용, 방독마스크 착용, 방진마스크 착용, 보안면 착용, 안전모 착용, 귀마개 착용, 안전화 착용, 안전장갑 착용, 안전복 착용	바탕은 파란색, 관련 그림은 흰색
안내표지	녹십자표지, 응급구호표지, 들것, 세안장치, 비상용기구, 비상구, 좌측비상구, 우측비상구	바탕은 흰색, 기본모형 및 관련 부호는 녹색, 바탕은 녹색, 관련 부호 및 그림은 흰색
출입금지표지	허가대상유해물질 취급, 석면취급 및 해체·제거, 금지유해물질 취급	글자는 흰색바탕에 흑색 다음 글자는 적색 • ○○○제조/사용/보관 중 • 석면취급/해체 중 • 발암물질 취급 중

03

산업안전보건법령상 산업재해 발생 보고에 관한 설명이다. ( ) 안에 들어갈 내용을 순서대로 올바르게 나열한 것은?

> 사업주는 산업재해로 사망자가 발생하거나 (ㄱ) 이상의 휴업이 필요한 부상을 입거나 질병에 걸린 사람이 발생한 경우에는 산업안전보건법 제10조 제2항에 따라 해당 산업재해가 발생한 날부터 (ㄴ) 이내에 별지 제1호 서식의 산업재해조사표를 작성하여 관할 지방고용노동청장 또는 지청장에게 제출(전자 문서에 의한 제출을 포함한다)하여야 한다.

① ㄱ : 1일, ㄴ : 1개월
② ㄱ : 2일, ㄴ : 14일
③ ㄱ : 3일, ㄴ : 1개월
④ ㄱ : 5일, ㄴ : 2개월
⑤ ㄱ : 5일, ㄴ : 3개월

해설

※ 산업안전보건법 시행규칙 개정으로 문제에 제시된 법령이 일부 수정되었음을 알립니다.

산업재해 발생 보고 등(산업안전보건법 시행규칙 제73조)

사업주는 산업재해로 사망자가 발생하거나 3일 이상의 휴업이 필요한 부상을 입거나 질병에 걸린 사람이 발생한 경우에는 법 제57조 제3항에 따라 해당 산업재해가 발생한 날부터 1개월 이내에 별지 제30호 서식의 산업재해조사표를 작성하여 관할 지방고용노동관서의 장에게 제출(전자문서로 제출하는 것을 포함한다)해야 한다.

정답 3 ③

04

산업안전보건법령상 안전관리전문기관에 대한 지정의 취소 등에 관한 설명으로 옳지 않은 것은?

① 고용노동부장관은 안전관리전문기관이 지정요건을 충족하지 못한 경우 반드시 지정을 취소하여야 한다.
② 고용노동부장관은 안전관리전문기관이 거짓이나 그 밖의 부정한 방법으로 지정을 받은 경우 지정을 취소하여야 한다.
③ 고용노동부장관은 안전관리전문기관이 지정받은 사항을 위반하여 업무를 수행한 경우 6개월 이내의 기간을 정하여 그 업무의 정지를 명할 수 있다.
④ 안전관리전문기관은 고용노동부장관으로부터 지정이 취소된 경우에 그 지정이 취소된 날부터 2년 이내에는 안전관리전문기관으로 지정받을 수 없다.
⑤ 고용노동부장관이 안전관리전문기관에 대하여 업무의 정지를 명하여야 하는 경우에 그 업무정지가 이용자에게 심한 불편을 주거나 공익을 해할 우려가 있다고 인정하면 업무정지처분에 갈음하여 1억 원 이하의 과징금을 부과할 수 있다.

해설

※ 출제 당시 정답은 ①이었으나, 산업안전보건법 개정으로 ⑤의 법령이 변경되어 ①·⑤로 정답을 수정하였습니다.

안전관리전문기관 등(산업안전보건법 제21조)

㉠ 안전관리전문기관 또는 보건관리전문기관이 되려는 자는 대통령령으로 정하는 인력·시설 및 장비 등의 요건을 갖추어 고용노동부장관의 지정을 받아야 한다.
㉡ 고용노동부장관은 안전관리전문기관 또는 보건관리전문기관에 대하여 평가하고 그 결과를 공개할 수 있다. 이 경우 평가의 기준·방법 및 결과의 공개에 필요한 사항은 고용노동부령으로 정한다.
㉢ 안전관리전문기관 또는 보건관리전문기관의 지정 절차, 업무수행에 관한 사항, 위탁받은 업무를 수행할 수 있는 지역, 그 밖에 필요한 사항은 고용노동부령으로 정한다.
㉣ 고용노동부장관은 안전관리전문기관 또는 보건관리전문기관이 다음 어느 하나에 해당할 때에는 그 지정을 취소하거나 6개월 이내의 기간을 정하여 그 업무의 정지를 명할 수 있다. 다만, 1. 또는 2.에 해당할 때에는 그 지정을 취소하여야 한다.
 1. 거짓이나 그 밖의 부정한 방법으로 지정을 받은 경우
 2. 업무정지 기간 중에 업무를 수행한 경우
 3. ㉠에 따른 지정요건을 충족하지 못한 경우
 4. 지정받은 사항을 위반하여 업무를 수행한 경우
 5. 그 밖에 대통령령으로 정하는 사유에 해당하는 경우
㉤ ㉣에 따라 지정이 취소된 자는 지정이 취소된 날부터 2년 이내에는 각각 해당 안전관리전문기관 또는 보건관리전문기관으로 지정받을 수 없다.

업무정지 처분을 대신하여 부과하는 과징금 처분(산업안전보건법 제160조)

고용노동부장관은 제21조 ㉣(제74조 제4항, 제88조 제5항, 제96조 제5항, 제126조 제5항 및 제135조 제6항에 따라 준용되는 경우를 포함한다)에 따라 업무정지를 명하여야 하는 경우에 그 업무정지가 이용자에게 심한 불편을 주거나 공익을 해칠 우려가 있다고 인정되면 업무정지처분을 대신하여 10억 원 이하의 과징금을 부과할 수 있다.

05

산업안전보건법령상 산업안전보건위원회에 관한 설명으로 옳지 않은 것은?

① 사업주는 산업안전·보건에 관한 중요 사항을 심의·의결하기 위하여 근로자와 사용자가 같은 수로 구성되는 산업안전보건위원회를 설치·운영하여야 한다.
② 사업주는 유해하거나 위험한 기계·기구와 그 밖의 설비를 도입한 경우 안전·보건조치에 관한 사항에 대하여는 산업안전보건위원회의 심의·의결을 거쳐야 한다.
③ 산업안전보건위원회의 위원장은 위원 중에서 호선(互選)한다. 이 경우 근로자위원과 사용자위원 중 각 1명을 공동위원장으로 선출할 수 있다.
④ 사업주는 안전보건관리규정을 작성하거나 변경할 때에는 산업안전보건위원회의 심의·의결을 거쳐야 한다. 다만, 산업안전보건위원회가 설치되어 있지 아니한 사업장의 경우에는 근로자대표의 동의를 받아야 한다.
⑤ 산업안전보건위원회는 산업안전·보건에 관한 중요 사항에 대하여 심의·의결을 하지만 해당 사업장 근로자의 안전과 보건을 유지·증진시키기 위하여 필요한 사항을 정할 수 없다.

해설

산업안전보건위원회(산업안전보건법 제24조)
㉠ 사업주는 사업장의 안전 및 보건에 관한 중요 사항을 심의·의결하기 위하여 사업장에 근로자위원과 사용자위원이 같은 수로 구성되는 산업안전보건위원회를 구성·운영하여야 한다.
㉡ 사업주는 다음 사항에 대해서는 ㉠에 따른 산업안전보건위원회(이하 산업안전보건위원회)의 심의·의결을 거쳐야 한다.
  1. 제15조 제1항 제1호부터 제5호까지 및 제7호에 관한 사항
  2. 제15조 제1항 제6호에 따른 사항 중 중대재해에 관한 사항
  3. 유해하거나 위험한 기계·기구·설비를 도입한 경우 안전 및 보건 관련 조치에 관한 사항
  4. 그 밖에 해당 사업장 근로자의 안전 및 보건을 유지·증진시키기 위하여 필요한 사항
㉢ 산업안전보건위원회는 대통령령으로 정하는 바에 따라 회의를 개최하고 그 결과를 회의록으로 작성하여 보존하여야 한다.
㉣ 사업주와 근로자는 ㉡에 따라 산업안전보건위원회가 심의·의결한 사항을 성실하게 이행하여야 한다.
㉤ 산업안전보건위원회는 이 법, 이 법에 따른 명령, 단체협약, 취업규칙 및 제25조에 따른 안전보건관리규정에 반하는 내용으로 심의·의결해서는 아니 된다.
㉥ 사업주는 산업안전보건위원회의 위원에게 직무수행과 관련한 사유로 불리한 처우를 해서는 아니 된다.
㉦ 산업안전보건위원회를 구성하여야 할 사업의 종류 및 사업장의 상시근로자 수, 산업안전보건위원회의 구성·운영 및 의결되지 아니한 경우의 처리방법, 그 밖에 필요한 사항은 대통령령으로 정한다.

06

산업안전보건법령상 안전보건관리규정 작성 시 포함되어야 할 사항이 아닌 것은?

① 사고 조사 및 대책 수립에 관한 사항
② 안전·보건 관리조직과 그 직무에 관한 사항
③ 작업장 안전관리에 관한 사항
④ 작업장 건설과 민원대책에 관한 사항
⑤ 작업장 보건관리에 관한 사항

> **해설**

안전보건관리규정의 작성(산업안전보건법 제25조)
㉠ 사업주는 사업장의 안전 및 보건을 유지하기 위하여 다음 사항이 포함된 안전보건관리규정을 작성하여야 한다.
  1. 안전 및 보건에 관한 관리조직과 그 직무에 관한 사항
  2. 안전보건교육에 관한 사항
  3. 작업장의 안전 및 보건 관리에 관한 사항
  4. 사고 조사 및 대책 수립에 관한 사항
  5. 그 밖에 안전 및 보건에 관한 사항
㉡ ㉠에 따른 안전보건관리규정(이하 안전보건관리규정)은 단체협약 또는 취업규칙에 반할 수 없다. 이 경우 안전보건관리규정 중 단체협약 또는 취업규칙에 반하는 부분에 관하여는 그 단체협약 또는 취업규칙으로 정한 기준에 따른다.
㉢ 안전보건관리규정을 작성하여야 할 사업의 종류, 사업장의 상시근로자 수 및 안전보건관리규정에 포함되어야 할 세부적인 내용, 그 밖에 필요한 사항은 고용노동부령으로 정한다.

07

산업안전보건법령상 작업중지 등에 관한 설명으로 옳지 않은 것은?

① 사업주는 산업재해가 발생할 급박한 위험이 있을 때 또는 중대재해가 발생하였을 때에는 즉시 작업을 중지시키고 근로자를 작업장소로부터 대피시키는 등 필요한 안전·보건상의 조치를 한 후 작업을 다시 시작하여야 한다.
② 근로자는 산업재해가 발생할 급박한 위험으로 인하여 작업을 중지하고 대피하였을 때에는 사태가 안정된 후에 그 사실을 위 상급자에게 보고하는 등 적절한 조치를 취하여야 한다.
③ 사업주는 산업재해가 발생할 급박한 위험이 있다고 믿을 만한 합리적인 근거가 있을 때에는 산업안전보건법의 규정에 따라 작업을 중지하고 대피한 근로자에 대하여 이를 이유로 해고나 그 밖의 불리한 처우를 하여서는 아니 된다.
④ 고용노동부장관은 중대재해가 발생하였을 때에는 그 원인 규명 또는 예방대책 수립을 위하여 중대재해 발생원인을 조사하고, 근로감독관과 관계 전문가로 하여금 고용노동부령으로 정하는 바에 따라 안전·보건진단이나 그 밖에 필요한 조치를 하도록 할 수 있다.
⑤ 누구든지 중대재해 발생현장을 훼손하여 중대재해 발생의 원인조사를 방해하여서는 아니 된다.

> **해설**

사업주의 작업중지(산업안전보건법 제51조)
사업주는 산업재해가 발생할 급박한 위험이 있을 때에는 즉시 작업을 중지시키고 근로자를 작업장소에서 대피시키는 등 안전 및 보건에 관하여 필요한 조치를 하여야 한다.

근로자의 작업중지(산업안전보건법 제52조)
㉠ 근로자는 산업재해가 발생할 급박한 위험이 있는 경우에는 작업을 중지하고 대피할 수 있다.
㉡ ㉠에 따라 작업을 중지하고 대피한 근로자는 지체 없이 그 사실을 관리감독자 또는 그 밖에 부서의 장(이하 관리감독자 등)에게 보고하여야 한다.
㉢ 관리감독자 등은 ㉡에 따른 보고를 받으면 안전 및 보건에 관하여 필요한 조치를 하여야 한다.
㉣ 사업주는 산업재해가 발생할 급박한 위험이 있다고 근로자가 믿을 만한 합리적인 이유가 있을 때에는 ㉠에 따라 작업을 중지하고 대피한 근로자에 대하여 해고나 그 밖의 불리한 처우를 해서는 아니 된다.

정답 7 ②

08

산업안전보건법령상 사업주가 작업 중 위험을 방지하기 위하여 필요한 안전조치를 취해야 할 장소가 아닌 것은?

① 근로자가 추락할 위험이 있는 장소
② 토사·구축물 등이 붕괴할 우려가 있는 장소
③ 방사선·유해광선·고온·저온·초음파·소음·진동·이상기압 등에 의한 건강장해의 우려가 있는 장소
④ 물체가 떨어지거나 날아올 위험이 있는 장소
⑤ 작업 시 천재지변으로 인한 위험이 발생할 우려가 있는 장소

해설

안전조치(산업안전보건법 제38조)
- 사업주는 다음 어느 하나에 해당하는 위험으로 인한 산업재해를 예방하기 위하여 필요한 조치를 하여야 한다.
    - 기계·기구, 그 밖의 설비에 의한 위험
    - 폭발성, 발화성 및 인화성 물질 등에 의한 위험
    - 전기, 열, 그 밖의 에너지에 의한 위험
- 사업주는 굴착, 채석, 하역, 벌목, 운송, 조작, 운반, 해체, 중량물 취급, 그 밖의 작업을 할 때 불량한 작업방법 등에 의한 위험으로 인한 산업재해를 예방하기 위하여 필요한 조치를 하여야 한다.
- 사업주는 근로자가 다음 어느 하나에 해당하는 장소에서 작업을 할 때 발생할 수 있는 산업재해를 예방하기 위하여 필요한 조치를 하여야 한다.
    - 근로자가 추락할 위험이 있는 장소
    - 토사·구축물 등이 붕괴할 우려가 있는 장소
    - 물체가 떨어지거나 날아올 위험이 있는 장소
    - 천재지변으로 인한 위험이 발생할 우려가 있는 장소

09

산업안전보건법령상 도급사업 시의 안전·보건조치 등을 위하여 2일에 1회 이상 순회점검하여야 하는 사업의 작업장에 해당하지 않는 것은?

① 건설업의 작업장
② 정보서비스업의 작업장
③ 제조업의 작업장
④ 토사석 광업의 작업장
⑤ 음악 및 기타 오디오물 출판업의 작업장

해설

도급사업 시의 안전·보건조치 등(산업안전보건법 시행규칙 제80조)
㉠ 도급인은 법 제64조 제1항 제2호에 따른 작업장 순회점검을 다음 구분에 따라 실시해야 한다.
  1. 건설업, 제조업, 토사석 광업, 서적·잡지 및 기타 인쇄물 출판업, 음악 및 기타 오디오물 출판업, 금속 및 비금속 원료 재생업 : 2일에 1회 이상
  2. 1.의 사업을 제외한 사업 : 1주일에 1회 이상
㉡ 관계수급인은 ㉠에 따라 도급인이 실시하는 순회점검을 거부·방해 또는 기피해서는 안 되며 점검 결과 도급인의 시정요구가 있으면 이에 따라야 한다.
㉢ 도급인은 법 제64조 제1항 제3호에 따라 관계수급인이 실시하는 근로자의 안전·보건교육에 필요한 장소 및 자료의 제공 등을 요청받은 경우 협조해야 한다.

10

산업안전보건법령상 고용노동부장관이 실시하는 안전·보건에 관한 직무교육을 받아야 할 대상자를 모두 고른 것은?

ㄱ. 안전보건관리책임자(관리책임자)	ㄴ. 관리감독자
ㄷ. 안전관리자	ㄹ. 보건관리자
ㅁ. 재해예방전문지도기관의 종사자	

① ㄱ, ㄴ
② ㄴ, ㄷ
③ ㄱ, ㄴ, ㄷ
④ ㄴ, ㄹ, ㅁ
⑤ ㄱ, ㄷ, ㄹ, ㅁ

해설

안전보건관리책임자 등에 대한 교육(산업안전보건법 시행규칙 별표 4)

교육대상	교육시간	
	신규교육	보수교육
안전보건관리책임자	6시간 이상	6시간 이상
안전관리자, 안전관리전문기관의 종사자	34시간 이상	24시간 이상
보건관리자, 보건관리전문기관의 종사자		
건설재해예방전문지도기관의 종사자		
석면조사기관의 종사자		
안전보건관리담당자	–	8시간 이상
안전검사기관, 자율안전검사기관의 종사자	34시간 이상	24시간 이상

11

산업안전보건기준에 관한 규칙상 가설통로를 설치하는 경우 준수하여야 하는 사항에 관한 설명으로 옳지 않은 것은?

① 경사는 30° 이하로 할 것. 다만, 계단을 설치하거나 높이 2m 미만의 가설통로로서 튼튼한 손잡이를 설치한 경우에는 그러하지 아니하다.
② 경사가 15°를 초과하는 경우에는 미끄러운 구조로 할 것
③ 추락할 위험이 있는 장소에는 안전난간을 설치할 것. 다만, 작업상 부득이한 경우에는 필요한 부분만 임시로 해체할 수 있다.
④ 수직갱에 가설된 통로의 길이가 15m 이상인 경우에는 10m 이내마다 계단참을 설치할 것
⑤ 건설공사에 사용하는 높이 8m 이상인 비계다리에는 7m 이내마다 계단참을 설치할 것

> [해설]

가설통로의 구조(산업안전보건기준에 관한 규칙 제23조)
사업주는 가설통로를 설치하는 경우 다음 사항을 준수하여야 한다.
- 견고한 구조로 할 것
- 경사는 30° 이하로 할 것. 다만, 계단을 설치하거나 높이 2m 미만의 가설통로로서 튼튼한 손잡이를 설치한 경우에는 그러하지 아니하다.
- 경사가 15°를 초과하는 경우에는 미끄러지지 아니하는 구조로 할 것
- 추락할 위험이 있는 장소에는 안전난간을 설치할 것. 다만, 작업상 부득이한 경우에는 필요한 부분만 임시로 해체할 수 있다.
- 수직갱에 가설된 통로의 길이가 15m 이상인 경우에는 10m 이내마다 계단참을 설치할 것
- 건설공사에 사용하는 높이 8m 이상인 비계다리에는 7m 이내마다 계단참을 설치할 것

12

산업안전보건법령상 안전관리자가 수행하여야 할 업무가 아닌 것은?

① 사업장 순회점검·지도 및 조치의 건의
② 산업재해 발생의 원인조사·분석 및 재발방지를 위한 기술적 보좌 및 조언·지도
③ 작업장 내에서 사용되는 전체환기장치 및 국소배기장치 등에 관한 설비의 점검과 작업방법의 공학적 개선에 관한 보좌 및 조언·지도
④ 산업재해에 관한 통계의 유지·관리·분석을 위한 보좌 및 조언·지도
⑤ 업무수행 내용의 기록·유지

> [해설]

③ 보건관리자의 업무이다(산업안전보건법 시행령 제22조).
안전관리자의 업무 등(산업안전보건법 시행령 제18조)
㉠ 안전관리자의 업무는 다음과 같다.
  1. 법 제24조 제1항에 따른 산업안전보건위원회(이하 산업안전보건위원회) 또는 법 제75조 제1항에 따른 안전 및 보건에 관한 노사협의체(이하 노사협의체)에서 심의·의결한 업무와 해당 사업장의 법 제25조 제1항에 따른 안전보건관리규정(이하 안전보건관리규정) 및 취업규칙에서 정한 업무
  2. 법 제36조에 따른 위험성평가에 관한 보좌 및 지도·조언
  3. 법 제84조 제1항에 따른 안전인증대상기계 등(이하 안전인증대상기계 등)과 법 제89조 제1항 각 호 외의 부분 본문에 따른 자율안전확인대상기계 등 구입 시 적격품의 선정에 관한 보좌 및 지도·조언
  4. 해당 사업장 안전교육계획의 수립 및 안전교육 실시에 관한 보좌 및 지도·조언
  5. 사업장 순회점검, 지도 및 조치 건의
  6. 산업재해 발생의 원인조사·분석 및 재발방지를 위한 기술적 보좌 및 지도·조언
  7. 산업재해에 관한 통계의 유지·관리·분석을 위한 보좌 및 지도·조언
  8. 법 또는 법에 따른 명령으로 정한 안전에 관한 사항의 이행에 관한 보좌 및 지도·조언
  9. 업무수행 내용의 기록·유지
  10. 그 밖에 안전에 관한 사항으로서 고용노동부장관이 정하는 사항
㉡ 사업주가 안전관리자를 배치할 때에는 연장근로·야간근로 또는 휴일근로 등 해당 사업장의 작업 형태를 고려해야 한다.
㉢ 사업주는 안전관리 업무의 원활한 수행을 위하여 외부전문가의 평가·지도를 받을 수 있다.
㉣ 안전관리자는 ㉠의 각 호에 따른 업무를 수행할 때에는 보건관리자와 협력해야 한다.
㉤ 안전관리자에 대한 지원에 관하여는 제14조 제2항을 준용한다. 이 경우 "안전보건관리책임자"는 "안전관리자"로, "법 제15조 제1항"은 "제1항"으로 본다.

13

산업안전보건법령상 도급사업 시의 안전·보건조치 등에 관한 설명으로 옳은 것은?

① 도급사업과 관련하여 산업재해를 예방하기 위하여 안전·보건에 관한 협의체를 구성하는 경우 도급인인 사업주 및 그의 수급인인 사업주의 일부만으로 구성할 수 있다.
② 수급인인 사업주는 도급인인 사업주가 실시하는 근로자의 해당 안전·보건·위생교육에 필요한 장소 및 자료의 제공 등 필요한 조치를 하여야 한다.
③ 안전·보건상 유해하거나 위험한 작업을 도급하는 경우 도급인은 수급인에게 자료제출을 요구하여야 한다.
④ 도급인인 사업주가 합동안전·보건점검을 할 때에는 도급인인 사업주, 수급인인 사업주, 도급인 및 수급인의 근로자 각 1명으로 점검반을 구성하여야 한다.
⑤ 안전·보건상 유해하거나 위험한 작업 중 사업장 내에서 공정의 일부분을 도급하는 도급작업은 시·도지사의 승인을 받지 아니하면 그 작업만을 분리하여 도급을 줄 수 없다.

해설

협의체의 구성 및 운영(산업안전보건법 시행규칙 제79조)

㉠ 법 제64조 제1항 제1호에 따른 안전 및 보건에 관한 협의체(이하 협의체)는 도급인 및 그의 수급인 전원으로 구성해야 한다.
㉡ 협의체는 다음 사항을 협의해야 한다.
  1. 작업의 시작 시간
  2. 작업 또는 작업장 간의 연락방법
  3. 재해발생 위험이 있는 경우 대피방법
  4. 작업장에서의 법 제36조에 따른 위험성평가의 실시에 관한 사항
  5. 사업주와 수급인 또는 수급인 상호 간의 연락 방법 및 작업공정의 조정
㉢ 협의체는 매월 1회 이상 정기적으로 회의를 개최하고 그 결과를 기록·보존해야 한다.

도급사업 시의 안전·보건조치 등(산업안전보건법 시행규칙 제80조)

㉠ 도급인은 법 제64조 제1항 제2호에 따른 작업장 순회점검을 다음 구분에 따라 실시해야 한다.
  1. 건설업, 제조업, 토사석 광업, 서적·잡지 및 기타 인쇄물 출판업, 음악 및 기타 오디오물 출판업, 금속 및 비금속 원료 재생업 : 2일에 1회 이상
  2. 1.의 사업을 제외한 사업 : 1주일에 1회 이상
㉡ 관계수급인은 ㉠에 따라 도급인이 실시하는 순회점검을 거부·방해 또는 기피해서는 안 되며 점검 결과 도급인의 시정요구가 있으면 이에 따라야 한다.
㉢ 도급인은 법 제64조 제1항 제3호에 따라 관계수급인이 실시하는 근로자의 안전·보건교육에 필요한 장소 및 자료의 제공 등을 요청받은 경우 협조해야 한다.

도급사업의 합동 안전·보건점검(산업안전보건법 시행규칙 제82조)

㉠ 법 제64조 제2항에 따라 도급인이 작업장의 안전 및 보건에 관한 점검을 할 때에는 다음의 사람으로 점검반을 구성해야 한다.
  1. 도급인(같은 사업 내에 지역을 달리하는 사업장이 있는 경우에는 그 사업장의 안전보건관리책임자)
  2. 관계수급인(같은 사업 내에 지역을 달리하는 사업장이 있는 경우에는 그 사업장의 안전보건관리책임자)
  3. 도급인 및 관계수급인의 근로자 각 1명(관계수급인의 근로자의 경우에는 해당 공정만 해당한다)
㉡ 법 제64조 제2항에 따른 정기 안전·보건점검의 실시 횟수는 다음 구분에 따른다.
  1. 건설업, 선박 및 보트 건조업 : 2개월에 1회 이상
  2. 1.의 사업을 제외한 사업 : 분기에 1회 이상

정답 13 ④

안전·보건 정보제공 등(산업안전보건법 시행규칙 제83조)
㉠ 법 제65조 제1항 각 호의 어느 하나에 해당하는 작업을 도급하는 자는 다음 사항을 적은 문서(전자문서를 포함한다)를 해당 도급작업이 시작되기 전까지 수급인에게 제공해야 한다.
  1. 안전보건규칙 별표 7에 따른 화학설비 및 그 부속설비에서 제조·사용·운반 또는 저장하는 위험물질 및 관리대상 유해물질의 명칭과 그 유해성·위험성
  2. 안전·보건상 유해하거나 위험한 작업에 대한 안전·보건상의 주의사항
  3. 안전·보건상 유해하거나 위험한 물질의 유출 등 사고가 발생한 경우에 필요한 조치의 내용
㉡ ㉠에 따른 수급인이 도급받은 작업을 하도급하는 경우에는 ㉠에 따라 제공받은 문서의 사본을 해당 하도급작업이 시작되기 전까지 하수급인에게 제공해야 한다.
㉢ ㉠ 및 ㉡에 따라 도급하는 작업에 대한 정보를 제공한 자는 수급인이 사용하는 근로자가 제공된 정보에 따라 필요한 조치를 받고 있는지 확인해야 한다. 이 경우 확인을 위하여 필요할 때에는 해당 조치와 관련된 기록 등 자료의 제출을 수급인에게 요청할 수 있다.

유해한 작업의 도급금지(산업안전보건법 제58조)
㉠ 사업주는 근로자의 안전 및 보건에 유해하거나 위험한 작업으로서 다음 어느 하나에 해당하는 작업을 도급하여 자신의 사업장에서 수급인의 근로자가 그 작업을 하도록 해서는 아니 된다.
  1. 도금작업
  2. 수은, 납 또는 카드뮴을 제련, 주입, 가공 및 가열하는 작업
  3. 제118조 제1항에 따른 허가대상물질을 제조하거나 사용하는 작업
㉡ 사업주는 ㉠에도 불구하고 다음 어느 하나에 해당하는 경우에는 ㉠의 각 호에 따른 작업을 도급하여 자신의 사업장에서 수급인의 근로자가 그 작업을 하도록 할 수 있다.
  1. 일시·간헐적으로 하는 작업을 도급하는 경우
  2. 수급인이 보유한 기술이 전문적이고 사업주(수급인에게 도급을 한 도급인으로서의 사업주를 말한다)의 사업 운영에 필수 불가결한 경우로서 고용노동부장관의 승인을 받은 경우
㉢ 사업주는 ㉡의 2.에 따라 고용노동부장관의 승인을 받으려는 경우에는 고용노동부령으로 정하는 바에 따라 고용노동부장관이 실시하는 안전 및 보건에 관한 평가를 받아야 한다.
㉣ ㉡의 2.에 따른 승인의 유효기간은 3년의 범위에서 정한다.
㉤ 고용노동부장관은 ㉣에 따른 유효기간이 만료되는 경우에 사업주가 유효기간의 연장을 신청하면 승인의 유효기간이 만료되는 날의 다음 날부터 3년의 범위에서 고용노동부령으로 정하는 바에 따라 그 기간의 연장을 승인할 수 있다. 이 경우 사업주는 ㉢에 따른 안전 및 보건에 관한 평가를 받아야 한다.
㉥ 사업주는 ㉡의 2. 또는 ㉤에 따라 승인을 받은 사항 중 고용노동부령으로 정하는 사항을 변경하려는 경우에는 고용노동부령으로 정하는 바에 따라 변경에 대한 승인을 받아야 한다.
㉦ 고용노동부장관은 ㉡의 2., ㉤ 또는 ㉥에 따라 승인, 연장승인 또는 변경승인을 받은 자가 ㉧에 따른 기준에 미달하게 된 경우에는 승인, 연장승인 또는 변경승인을 취소하여야 한다.
㉧ ㉡의 2., ㉤ 또는 ㉥에 따른 승인, 연장승인 또는 변경승인의 기준·절차 및 방법, 그 밖에 필요한 사항은 고용노동부령으로 정한다.

14
산업안전보건법령상 유해·위험 방지를 위하여 방호조치가 필요한 기계·기구 등에 해당하지 않는 것은?

① 예초기
② 원심기
③ 전단기(剪斷機) 및 절곡기(折曲機)
④ 지게차
⑤ 금속절단기

해설
유해·위험 방지를 위한 방호조치가 필요한 기계·기구(산업안전보건법 시행령 별표 20)
예초기, 원심기, 공기압축기, 금속절단기, 지게차, 포장기계(진공포장기, 래핑기로 한정한다)

15
산업안전보건법령상 기계·기구 등을 설치·이전하는 경우에 안전인증을 받아야 하는 기계·기구 등을 모두 고른 것은?

ㄱ. 크레인	ㄴ. 고소(高所)작업대
ㄷ. 리프트	ㄹ. 곤돌라
ㅁ. 기계톱	

① ㄱ, ㄴ, ㄷ
② ㄱ, ㄷ, ㄹ
③ ㄴ, ㄷ, ㅁ
④ ㄴ, ㄹ, ㅁ
⑤ ㄷ, ㄹ, ㅁ

해설
안전인증대상기계 등(산업안전보건법 시행규칙 제107조)
법 제84조 제1항에서 "고용노동부령으로 정하는 안전인증대상기계 등"이란 다음의 기계 및 설비를 말한다.
- 설치·이전하는 경우 안전인증을 받아야 하는 기계 : 크레인, 리프트, 곤돌라
- 주요 구조 부분을 변경하는 경우 안전인증을 받아야 하는 기계 및 설비 : 프레스, 전단기 및 절곡기(折曲機), 크레인, 리프트, 압력용기, 롤러기, 사출성형기(射出成形機), 고소(高所)작업대, 곤돌라

16
산업안전보건법령상 자율안전확인의 신고를 면제하는 경우에 해당하지 않는 것은?

① 품질경영 및 공산품안전관리법 제14조에 따른 안전인증을 받은 경우
② 산업표준화법 제15조에 따른 인증을 받은 경우
③ 전기용품안전관리법 제3조 및 제5조에 따른 안전인증 및 안전검사를 받은 경우
④ 농업기계화촉진법 제9조에 따른 검정을 받은 경우
⑤ 방위사업법 제28조 제1항에 따른 품질보증을 받은 경우

정답 14 ③ 15 ② 16 ③ · ⑤

해설

※ 출제 당시 정답은 ⑤였으나, 산업안전보건법 시행령 개정으로 ③의 내용이 변경되어 ③·⑤로 정답을 수정하였습니다.

신고의 면제(산업안전보건법 시행규칙 제119조)
법 제89조 제1항 제3호에서 "고용노동부령으로 정하는 경우"란 다음 어느 하나에 해당하는 경우를 말한다.
- 농업기계화촉진법 제9조에 따른 검정을 받은 경우
- 산업표준화법 제15조에 따른 인증을 받은 경우
- 전기용품 및 생활용품 안전관리법 제5조 및 제8조에 따른 안전인증 및 안전검사를 받은 경우
- 국제전기기술위원회의 국제방폭전기기계·기구 상호인정제도에 따라 인증을 받은 경우

17
산업안전보건법령상 안전검사대상이 아닌 것은?
① 전단기
② 건조설비 및 그 부속설비
③ 롤러기(밀폐형 구조)
④ 프레스
⑤ 화학설비 및 그 부속설비

해설

※ 출제 당시 정답은 ③이었으나, 산업안전보건법 시행령 개정으로 ②·③·⑤로 정답을 수정하였습니다.

안전검사대상기계 등(산업안전보건법 시행령 제78조)
법 제93조 제1항 전단에서 "대통령령으로 정하는 것"이란 다음 어느 하나에 해당하는 것을 말한다.
- 프레스
- 전단기
- 크레인(정격 하중이 2ton 미만인 것은 제외한다)
- 리프트
- 압력용기
- 곤돌라
- 국소배기장치(이동식은 제외한다)
- 원심기(산업용만 해당한다)
- 롤러기(밀폐형 구조는 제외한다)
- 사출성형기[형 체결력(型 締結力) 294킬로뉴턴(kN) 미만은 제외한다]
- 고소작업대(자동차관리법 제3조 제3호 또는 제4호에 따른 화물자동차 또는 특수자동차에 탑재한 고소작업대로 한정한다)
- 컨베이어
- 산업용 로봇
- 혼합기(시행일 26.6.26)
- 파쇄기 또는 분쇄기(시행일 26.6.26)

18
산업안전보건법령상 제조 또는 사용 허가를 받아야 하는 유해물질에 해당하는 것은?

① 황린(黃燐) 성냥
② 벤조트리클로라이드
③ 백석면
④ 폴리클로리네이티드터페닐(PCT)
⑤ 4-니트로디페닐과 그 염

해설

허가 대상 유해물질(산업안전보건법 시행령 제88조)
법 제118조 제1항 전단에서 "대체물질이 개발되지 아니한 물질 등 대통령령으로 정하는 물질"이란 다음 물질을 말한다.
1. α-나프틸아민[134-32-7] 및 그 염(α-naphthylamine and its salts)
2. 디아니시딘[119-90-4] 및 그 염(dianisidine and its salts)
3. 디클로로벤지딘[91-94-1] 및 그 염(dichlorobenzidine and its salts)
4. 베릴륨(beryllium ; 7440-41-7)
5. 벤조트리클로라이드(benzotrichloride ; 98-07-7)
6. 비소[7440-38-2] 및 그 무기화합물(arsenic and its inorganic compounds)
7. 염화비닐(vinyl chloride ; 75-01-4)
8. 콜타르피치[65996-93-2] 휘발물(coal tar pitch volatiles)
9. 크롬광 가공(열을 가하여 소성 처리하는 경우만 해당한다)(chromite ore processing)
10. 크롬산 아연(zinc chromates ; 13530-65-9 등)
11. o-톨리딘[119-93-7] 및 그 염(o-tolidine and its salts)
12. 황화니켈류(nickel sulfides ; 12035-72-2, 16812-54-7)
13. 1.부터 4.까지 또는 6.부터 12.까지의 어느 하나에 해당하는 물질을 포함한 혼합물(포함된 중량의 비율이 1% 이하인 것은 제외한다)
14. 5.의 물질을 포함한 혼합물(포함된 중량의 비율이 0.5% 이하인 것은 제외한다)
15. 그 밖에 보건상 해로운 물질로서 산업재해보상보험 및 예방심의위원회의 심의를 거쳐 고용노동부장관이 정하는 유해물질

정답 18 ②

19
산업안전보건법령상 신규화학물질의 유해성·위험성 조사 대상에서 제외되는 것은?

① 방사성물질
② 노말헥산
③ 포름알데히드
④ 카드뮴 및 그 화합물
⑤ 트리클로로에틸렌

해설

유해성·위험성 조사 제외 화학물질(산업안전보건법 시행령 제85조)
법 제108조 제1항 각 호 외의 부분 본문에서 "대통령령으로 정하는 화학물질"이란 다음 어느 하나에 해당하는 화학물질을 말한다.
- 원소
- 천연으로 산출된 화학물질
- 건강기능식품에 관한 법률 제3조 제1호에 따른 건강기능식품
- 군수품관리법 제2조 및 방위사업법 제3조 제2호에 따른 군수품[군수품관리법 제3조에 따른 통상품(痛常品)은 제외한다]
- 농약관리법 제2조 제1호 및 제3호에 따른 농약 및 원제
- 마약류 관리에 관한 법률 제2조 제1호에 따른 마약류
- 비료관리법 제2조 제1호에 따른 비료
- 사료관리법 제2조 제1호에 따른 사료
- 생활화학제품 및 살생물제의 안전관리에 관한 법률 제3조 제7호 및 제8호에 따른 살생물물질 및 살생물제품
- 식품위생법 제2조 제1호 및 제2호에 따른 식품 및 식품첨가물
- 약사법 제2조 제4호 및 제7호에 따른 의약품 및 의약외품(醫藥外品)
- 원자력안전법 제2조 제5호에 따른 방사성물질
- 위생용품 관리법 제2조 제1호에 따른 위생용품
- 의료기기법 제2조 제1항에 따른 의료기기
- 총포·도검·화약류 등의 안전관리에 관한 법률 제2조 제3항에 따른 화약류
- 화장품법 제2조 제1호에 따른 화장품과 화장품에 사용하는 원료
- 법 제108조 제3항에 따라 고용노동부장관이 명칭, 유해성·위험성, 근로자의 건강장해 예방을 위한 조치 사항 및 연간 제조량·수입량을 공표한 물질로서 공표된 연간 제조량·수입량 이하로 제조하거나 수입한 물질
- 고용노동부장관이 환경부장관과 협의하여 고시하는 화학물질 목록에 기록되어 있는 물질

20

산업안전보건법령상 근로자의 보건관리에 관한 설명으로 옳지 않은 것은?

① 사업주는 작업환경측정의 결과를 해당 작업장 근로자에게 알려야 하며, 그 결과에 따라 근로자의 건강을 보호하기 위하여 해당 시설·설비의 설치·개선 또는 건강진단의 실시 등 적절한 조치를 하여야 한다.
② 고용노동부장관은 근로자의 건강을 보호하기 위하여 필요하다고 인정할 때에는 사업주에게 특정 근로자에 대한 임시건강진단의 실시나 그 밖에 필요한 조치를 명할 수 있다.
③ 고용노동부장관이 역학조사(疫學調査)를 실시하는 경우 사업주 및 근로자는 적극 협조하여야 하며, 정당한 사유 없이 이를 거부·방해하거나 기피하여서는 아니 된다.
④ 사업주는 잠함(潛艦) 또는 잠수작업 등 높은 기압에서 하는 위험한 작업에 종사하는 근로자에게는 1일 6시간, 1주 34시간을 초과하여 근로하게 하여서는 아니 된다.
⑤ 사업주는 산업안전보건위원회 또는 근로자대표가 요구하면 작업환경측정 결과에 대한 설명회를 직접 개최하여야 하며, 작업환경측정을 한 기관으로 하여금 개최하도록 하여서는 아니 된다.

해설

작업환경측정(산업안전보건법 제125조)
㉠ 사업주는 유해인자로부터 근로자의 건강을 보호하고 쾌적한 작업환경을 조성하기 위하여 인체에 해로운 작업을 하는 작업장으로서 고용노동부령으로 정하는 작업장에 대하여 고용노동부령으로 정하는 자격을 가진 자로 하여금 작업환경측정을 하도록 하여야 한다.
㉡ ㉠에도 불구하고 도급인의 사업장에서 관계수급인 또는 관계수급인의 근로자가 작업을 하는 경우에는 도급인이 ㉠에 따른 자격을 가진 자로 하여금 작업환경측정을 하도록 하여야 한다.
㉢ 사업주(㉡에 따른 도급인을 포함한다. 이하 같다)는 ㉠에 따른 작업환경측정을 제126조에 따라 지정받은 기관(이하 작업환경측정기관)에 위탁할 수 있다. 이 경우 필요한 때에는 작업환경측정 중 시료의 분석만을 위탁할 수 있다.
㉣ 사업주는 근로자대표(관계수급인의 근로자대표를 포함한다. 이하 같다)가 요구하면 작업환경측정 시 근로자대표를 참석시켜야 한다.
㉤ 사업주는 작업환경측정 결과를 기록하여 보존하고 고용노동부령으로 정하는 바에 따라 고용노동부장관에게 보고하여야 한다. 다만, ㉢에 따라 사업주로부터 작업환경측정을 위탁받은 작업환경측정기관이 작업환경측정을 한 후 그 결과를 고용노동부령으로 정하는 바에 따라 고용노동부장관에게 제출한 경우에는 작업환경측정 결과를 보고한 것으로 본다.
㉥ 사업주는 작업환경측정 결과를 해당 작업장의 근로자(관계수급인 및 관계수급인 근로자를 포함한다. 이하 이 항, 제127조 및 제175조 제5항 제15호에서 같다)에게 알려야 하며, 그 결과에 따라 근로자의 건강을 보호하기 위하여 해당 시설·설비의 설치·개선 또는 건강진단의 실시 등의 조치를 하여야 한다.
㉦ 사업주는 산업안전보건위원회 또는 근로자대표가 요구하면 작업환경측정 결과에 대한 설명회 등을 개최하여야 한다. 이 경우 ㉢에 따라 작업환경측정을 위탁하여 실시한 경우에는 작업환경측정기관에 작업환경측정 결과에 대하여 설명하도록 할 수 있다.
㉧ ㉠ 및 ㉡에 따른 작업환경측정의 방법·횟수, 그 밖에 필요한 사항은 고용노동부령으로 정한다.

21

산업안전보건법령상 사업주가 근로를 금지시켜야 하는 질병자에 해당하지 않는 것은?

① 정신분열증에 걸린 사람
② 마비성 치매에 걸린 사람
③ 심장·신장·폐 등의 질환이 있는 사람으로서 근로에 의하여 병세가 악화될 우려가 있는 사람
④ 결핵, 급성상기도감염, 진폐, 폐기종의 질병에 걸린 사람
⑤ 전염을 예방하기 위한 조치를 하지 않은 상태에서 전염될 우려가 있는 질병에 걸린 사람

해설

※ 산업안전보건법 시행규칙 개정으로 정신분열증이 조현병으로 변경되었음을 알려드립니다.

질병자의 근로금지(산업안전보건법 시행규칙 제220조)

㉠ 법 제138조 제1항에 따라 사업주는 다음 어느 하나에 해당하는 사람에 대해서는 근로를 금지해야 한다.
  1. 전염될 우려가 있는 질병에 걸린 사람. 다만, 전염을 예방하기 위한 조치를 한 경우는 제외한다.
  2. 조현병, 마비성 치매에 걸린 사람
  3. 심장·신장·폐 등의 질환이 있는 사람으로서 근로에 의하여 병세가 악화될 우려가 있는 사람
  4. 1.부터 3.까지의 규정에 준하는 질병으로서 고용노동부장관이 정하는 질병에 걸린 사람

㉡ 사업주는 ㉠에 따라 근로를 금지하거나 근로를 다시 시작하도록 하는 경우에는 미리 보건관리자(의사인 보건관리자만 해당한다), 산업보건의 또는 건강진단을 실시한 의사의 의견을 들어야 한다.

질병자 등의 근로 제한(산업안전보건법 시행규칙 제221조)

㉠ 사업주는 법 제129조부터 제130조에 따른 건강진단 결과 유기화합물·금속류 등의 유해물질에 중독된 사람, 해당 유해물질에 중독될 우려가 있다고 의사가 인정하는 사람, 진폐의 소견이 있는 사람 또는 방사선에 피폭된 사람을 해당 유해물질 또는 방사선을 취급하거나 해당 유해물질의 분진·증기 또는 가스가 발산되는 업무 또는 해당 업무로 인하여 근로자의 건강을 악화시킬 우려가 있는 업무에 종사하도록 해서는 안 된다.

㉡ 사업주는 다음 어느 하나에 해당하는 질병이 있는 근로자를 고기압 업무에 종사하도록 해서는 안 된다.
  1. 감압증이나 그 밖에 고기압에 의한 장해 또는 그 후유증
  2. 결핵, 급성상기도감염, 진폐, 폐기종, 그 밖의 호흡기계의 질병
  3. 빈혈증, 심장판막증, 관상동맥경화증, 고혈압증, 그 밖의 혈액 또는 순환기계의 질병
  4. 정신신경증, 알코올중독, 신경통, 그 밖의 정신신경계의 질병
  5. 메니에르씨병, 중이염, 그 밖의 이관(耳管)협착을 수반하는 귀 질환
  6. 관절염, 류마티스, 그 밖의 운동기계의 질병
  7. 천식, 비만증, 바세도우씨병, 그 밖에 알레르기성·내분비계·물질대사 또는 영양장해 등과 관련된 질병

㉢ 사업주는 다음 어느 하나에 해당하는 경우에는 미리 보건관리자(의사인 보건관리자만 해당한다), 산업보건의 또는 건강진단을 실시한 의사의 의견을 들어야 한다.
  1. ㉠ 또는 ㉡에 따라 근로를 제한하려는 경우
  2. ㉠ 또는 ㉡에 따라 근로가 제한된 근로자 중 건강이 회복된 근로자를 다시 근로하게 하려는 경우

정답 21 ④

22

산업안전보건법령상 고용노동부장관이 사업주에게 수립·시행을 명할 수 있는 계획에 관한 설명이다. (   ) 안에 들어갈 내용으로 옳은 것은?

> 고용노동부장관은 사업주가 안전보건조치의무를 이행하지 아니하여 중대재해가 발생한 사업장으로서 산업재해 예방을 위하여 종합적인 개선조치를 할 필요가 있다고 인정할 때에는 고용노동부령으로 정하는 바에 따라 사업주에게 그 사업장, 시설, 그 밖의 사항에 관한 (   )의 수립·시행을 명할 수 있다.

① 유해·위험방지계획
② 안전교육계획
③ 보건교육계획
④ 비상조치계획
⑤ 안전보건개선계획

해설

안전보건개선계획의 수립·시행 명령(산업안전보건법 제49조)
- 고용노동부장관은 다음 어느 하나에 해당하는 사업장으로서 산업재해 예방을 위하여 종합적인 개선조치를 할 필요가 있다고 인정되는 사업장의 사업주에게 고용노동부령으로 정하는 바에 따라 그 사업장, 시설, 그 밖의 사항에 관한 안전 및 보건에 관한 개선계획(이하 안전보건개선계획)을 수립하여 시행할 것을 명할 수 있다. 이 경우 대통령령으로 정하는 사업장의 사업주에게는 제47조에 따라 안전보건진단을 받아 안전보건개선계획을 수립하여 시행할 것을 명할 수 있다.
  - 산업재해율이 같은 업종의 규모별 평균 산업재해율보다 높은 사업장
  - 사업주가 필요한 안전조치 또는 보건조치를 이행하지 아니하여 중대재해가 발생한 사업장
  - 대통령령으로 정하는 수 이상의 직업성 질병자가 발생한 사업장
  - 제106조에 따른 유해인자의 노출기준을 초과한 사업장
- 사업주는 안전보건개선계획을 수립할 때에는 산업안전보건위원회의 심의를 거쳐야 한다. 다만, 산업안전보건위원회가 설치되어 있지 아니한 사업장의 경우에는 근로자대표의 의견을 들어야 한다.

23

산업안전보건법령상 산업안전지도사 및 산업보건지도사(이하 "지도사"라 함)에 관한 설명으로 옳지 않은 것은?

① 지도사가 그 직무를 시작할 때에는 고용노동부장관에게 신고하여야 한다.
② 지도사는 그 직무상 알게 된 비밀을 누설하거나 도용하여서는 아니 된다.
③ 지도사는 항상 품위를 유지하고 신의와 성실로써 공정하게 직무를 수행하여야 한다.
④ 지도사는 법령에 위반되는 행위에 관한 지도·상담을 하여서는 아니 된다.
⑤ 지도사는 다른 사람에게 자기의 성명이나 사무소의 명칭을 사용하여 지도사의 직무를 수행하게 하거나 그 자격증을 대여하여서는 아니 된다.

정답 22 ⑤ 23 ①

해설

지도사의 등록(산업안전보건법 제145조)
㉠ 지도사가 그 직무를 수행하려는 경우에는 고용노동부령으로 정하는 바에 따라 고용노동부장관에게 등록하여야 한다.
㉡ ㉠에 따라 등록한 지도사는 그 직무를 조직적·전문적으로 수행하기 위하여 법인을 설립할 수 있다.
㉢ 다음 어느 하나에 해당하는 사람은 ㉠에 따른 등록을 할 수 없다.
  1. 피성년후견인 또는 피한정후견인
  2. 파산선고를 받고 복권되지 아니한 사람
  3. 금고 이상의 실형을 선고받고 그 집행이 끝나거나(집행이 끝난 것으로 보는 경우를 포함한다) 집행이 면제된 날부터 2년이 지나지 아니한 사람
  4. 금고 이상의 형의 집행유예를 선고받고 그 유예기간 중에 있는 사람
  5. 이 법을 위반하여 벌금형을 선고받고 1년이 지나지 아니한 사람
  6. 제154조에 따라 등록이 취소(1. 또는 2.에 해당하여 등록이 취소된 경우는 제외한다)된 후 2년이 지나지 아니한 사람
㉣ ㉠에 따라 등록을 한 지도사는 고용노동부령으로 정하는 바에 따라 5년마다 등록을 갱신하여야 한다.
㉤ 고용노동부령으로 정하는 지도실적이 있는 지도사만이 ㉣에 따른 갱신등록을 할 수 있다. 다만, 지도실적이 기준에 못 미치는 지도사는 고용노동부령으로 정하는 보수교육을 받은 경우 갱신등록을 할 수 있다.
㉥ ㉡에 따른 법인에 관하여는 상법 중 합명회사에 관한 규정을 적용한다.

24

산업안전보건법령상 위험성평가 실시내용 및 결과의 기록·보존에 관한 설명으로 옳지 않은 것은?

① 위험성평가 대상의 유해·위험요인이 포함되어야 한다.
② 위험성 결정의 내용이 포함되어야 한다.
③ 위험성 결정에 따른 조치의 내용이 포함되어야 한다.
④ 위험성평가의 실시내용을 확인하기 위하여 필요한 사항으로서 고용노동부장관이 정하여 고시하는 사항이 포함되어야 한다.
⑤ 사업주는 위험성평가 실시내용 및 결과의 기록·보존에 따른 자료를 5년간 보존하여야 한다.

해설

위험성평가 실시내용 및 결과의 기록·보존(산업안전보건법 시행규칙 제37조)
㉠ 사업주가 법 제36조 제3항에 따라 위험성평가의 결과와 조치사항을 기록·보존할 때에는 다음 사항이 포함되어야 한다.
  1. 위험성평가 대상의 유해·위험요인
  2. 위험성 결정의 내용
  3. 위험성 결정에 따른 조치의 내용
  4. 그 밖에 위험성평가의 실시내용을 확인하기 위하여 필요한 사항으로서 고용노동부장관이 정하여 고시하는 사항
㉡ 사업주는 ㉠에 따른 자료를 3년간 보존해야 한다.

25
산업안전보건법령상 산업보건지도사의 직무에 해당하지 않는 것은?

① 작업환경의 평가 및 개선 지도
② 산업보건에 관한 조사·연구
③ 근로자 건강진단에 따른 사후관리 지도
④ 유해·위험의 방지대책에 관한 평가·지도
⑤ 작업환경 개선과 관련된 계획서 및 보고서의 작성

해설

④ 산업안전지도사의 직무이다.
산업안전지도사 등의 직무(산업안전보건법 제142조)
㉠ 산업안전지도사는 다음 직무를 수행한다.
  1. 공정상의 안전에 관한 평가·지도
  2. 유해·위험의 방지대책에 관한 평가·지도
  3. 1. 및 2.의 사항과 관련된 계획서 및 보고서의 작성
  4. 그 밖에 산업안전에 관한 사항으로서 대통령령으로 정하는 사항
㉡ 산업보건지도사는 다음 직무를 수행한다.
  1. 작업환경의 평가 및 개선 지도
  2. 작업환경 개선과 관련된 계획서 및 보고서의 작성
  3. 근로자 건강진단에 따른 사후관리 지도
  4. 직업성 질병 진단(의료법 제2조에 따른 의사인 산업보건지도사만 해당한다) 및 예방 지도
  5. 산업보건에 관한 조사·연구
  6. 그 밖에 산업보건에 관한 사항으로서 대통령령으로 정하는 사항
㉢ 산업안전지도사 또는 산업보건지도사의 업무 영역별 종류 및 업무 범위, 그 밖에 필요한 사항은 대통령령으로 정한다.

산업위생일반

26
다음은 자동차 공장에서 5개의 근로자 그룹별 공기 중 금속가공유 노출농도의 대표치와 변이를 나타낸 것이다. 금속가공유 노출이 상대적으로 가장 비슷한 근로자 그룹은?

① 근로자 1그룹 : GM=0.2mg/m³, GSD=1.1
② 근로자 2그룹 : GM=0.5mg/m³, GSD=2.1
③ 근로자 3그룹 : GM=1.0mg/m³, GSD=3.5
④ 근로자 4그룹 : GM=0.4mg/m³, GSD=4.0
⑤ 근로자 5그룹 : GM=0.8mg/m³, GSD=2.9

해설

노출이 가장 비슷한 그룹은 기하표준편차(GSD)값이 가장 낮은 그룹이다. GSD는 노출변이를 나타내며, GSD가 작을수록 개별 측정값이 기하평균(GM) 주변에 밀집해 있어 노출이 균일함을 의미한다.
근로자 1그룹의 GSD는 1.1로, 다른 그룹에 비해 가장 낮다. 이는 이 그룹의 근로자들이 공기 중 금속가공유 노출농도가 상대적으로 가장 비슷함을 나타낸다.

27
후향적 코호트(retrospective cohort) 역학연구에서 사례군(환자군, case)과 대조군(control)을 비교하는 변수로 옳은 것은?

① 유병률
② 사망률
③ 유해인자 노출 비율
④ 질병 발생률
⑤ 증상 호소율

해설

후향적 코호트 연구

과거의 특정 유해인자에 노출된 비율을 비교하여, 그 노출이 질병 발생과 어떤 연관이 있는지를 분석하는 연구이다. 사례군(질병이 발생한 군)과 대조군(질병이 발생하지 않은 군)을 선정한 후, 두 군 간의 유해인자에 대한 노출 비율을 비교함으로써 노출과 질병 간의 연관성을 평가한다.

28

도장 공정에서 일하는 3개 직종(감독, 운전, 정비)별로 분진 평균 노출 농도를 통계적으로 비교하고자 할 경우 사용해야 할 자료분석방법은?(단, 그룹별 분진 농도는 모두 정규분포한다고 가정한다)

① 자기상관(autocorrelation)
② 분산분석(ANOVA)
③ 상관(correlation)
④ 회귀분석(regression)
⑤ 박스 플롯(box plot)

해설

분산분석(ANOVA)
3개 이상의 그룹 간 평균을 비교할 때 사용되는 통계적 방법이다. 도장 공정의 감독, 운전, 정비 직종별 분진 평균 노출 농도를 비교하기 위해서는 세 그룹의 평균 농도 차이가 통계적으로 유의한지 확인해야 하므로, ANOVA가 적합하다.

29

체적 $15m^3$인 작업장에서 톨루엔이 포함된 신너(thinner)를 취급하는 과정에서 공기 중으로 증발된 톨루엔 부피가 0.1L/min이었다. 이 작업장에서 시간당 공기교환은 5회 일어난다고 가정할 때 공기 중 톨루엔 농도(ppm)는?

① 0.008
② 0.08
③ 0.8
④ 8
⑤ 80

해설

| 주어진 정보 |
- 작업장 체적 : $15m^3$
- 톨루엔 증발량 : 0.1L/min
- 시간당 공기교환 횟수 : 5회

1. 1시간 동안 증발한 톨루엔의 총부피 : 톨루엔 증발량은 0.1L/min이므로, 1시간 동안 증발한 톨루엔의 총부피는 0.1L/min × 60min = 6L

2. 작업장 내 톨루엔 농도 계산(환기 고려 전) : 작업장 체적이 $15m^3$(=15,000L)이므로, 톨루엔 농도는 $\frac{6L}{15,000L} = 0.00040$이다. 이를 ppm으로 변환하면 $0.0004 \times 10^6 = 400ppm$이다.

3. 환기 고려한 농도 계산 : 시간당 5회 환기이고 환기에 의해 농도는 감소한다. 톨루엔 농도는 환기 효과를 반영하여 약 $\frac{1}{5}$로 줄어든다.

$$\frac{400ppm}{5} = 80ppm$$

∴ 공기 중 톨루엔 농도는 약 80ppm이다.

정답 28 ② 29 ⑤

30

다음 중 밀폐 공간(confined space)이라고 볼 수 없는 작업환경은?

① 기름 탱크 내부 도장
② 디젤 차량 하부 도장
③ 집진설비 내부 용접
④ 지하 정화조 정비
⑤ 가스 저장 탱크 내부 도장

해설

밀폐 공간(confined space)
일반적으로 출입이 제한되고 통풍이 불충분하여 산소결핍이나 유해물질 축적 위험이 있는 공간을 의미한다. 기름 탱크 내부, 집진설비 내부, 지하 정화조, 가스 저장 탱크 내부 등은 모두 밀폐 공간으로 간주될 수 있는 환경이다. 하지만, 디젤 차량 하부는 일반적으로 출입이 가능하고 통풍이 상대적으로 잘 이루어질 수 있는 공간으로 밀폐 공간에 해당하지 않는다.

31

작업환경 노출기준(occupational exposure limit)에 관한 설명으로 옳은 것은?

① 노출기준 이하 노출에서는 안전하다.
② 법적 노출기준은 질병 예방만을 목적으로 설정되었다.
③ 질병 보상기준으로도 활용될 수 있다.
④ 노출기준은 항상 변화될 수 있다.
⑤ 대부분 유해인자들의 노출기준은 인체실험 결과에 근거해서 설정되었다.

해설

④ 작업환경 노출기준은 새로운 과학적 연구 결과나 역학적 증거가 나오면 수정될 수 있다. 노출기준은 위험성을 최소화하고 근로자의 건강을 보호하기 위해 지속적으로 검토되고 갱신된다.
① 노출기준 이하의 노출이 반드시 안전하다는 보장은 없으며, 일부 민감한 개인에게는 여전히 건강 위험이 있을 수 있다.
② 노출기준은 질병 예방뿐 아니라, 작업환경에서 실현 가능한 기술적, 경제적 요인 등을 함께 고려하여 설정된다.
③ 노출기준은 질병 보상기준이 아닌 예방적 차원에서 설정된다.
⑤ 대부분의 노출기준은 동물실험, 역학 연구, 인체 관찰 연구 등의 데이터를 종합하여 설정되며, 인체실험 결과만으로 설정되지 않는다.

32
유해인자 노출에 따른 암 발생 단계로 옳은 것은?

① 진행(progression) → 개시(initiation) → 촉진(promotion)
② 촉진 → 개시 → 진행
③ 개시 → 촉진 → 진행
④ 개시 → 진행 → 촉진
⑤ 촉진 → 진행 → 개시

해설

암 발생의 단계
일반적으로 개시 → 촉진 → 진행 순서로 암이 발생하게 된다.
- 개시(initiation) : 유해인자에 의해 세포의 DNA에 돌연변이가 발생하는 초기 단계
- 촉진(promotion) : 돌연변이 세포가 증식하여 암세포로 변형될 가능성이 높아지는 단계
- 진행(progression) : 암세포가 빠르게 증식하고 전이하는 단계

33
직무노출매트릭스(Job Exposure Matrix)를 활용할 수 있는 사례가 아닌 것은?

① 건강 영향 분류
② 근로자 유해인자 노출 분류
③ 과거 유해인자 노출 추정
④ 유사 노출 그룹 분류
⑤ 유해인자 노출 근로자 코호트 구축

해설

직무노출매트릭스(JEM ; Job Exposure Matrix)
직무와 유해인자 노출 간의 관계를 체계적으로 파악하기 위해 설계된 도구로, 주로 근로자 유해인자 노출 분류, 과거 유해인자 노출 추정, 유사 노출 그룹 분류, 유해인자 노출 근로자 코호트 구축 등에 활용된다. 건강 영향 분류는 JEM의 직접적인 활용 목적이 아니며, JEM은 노출 정보를 파악하는 데 중점을 두고 있다.

34
생물학적 유해인자 노출이 주요 위험인 환경(또는 직무)이 아닌 것은?

① 정화조
② 샌드블라스팅(sand blasting)
③ 환경미화원
④ 절삭가공 공정
⑤ 폐수처리장

해설

샌드블라스팅(sand blasting)
주로 분진, 특히 실리카 분진 노출이 주요 위험요소로 작용하는 작업으로, 생물학적 유해인자 노출과는 관련이 적다. 반면에 정화조, 환경미화원, 절삭가공 공정, 폐수처리장 등은 세균, 곰팡이, 바이러스 등의 생물학적 유해인자에 노출될 가능성이 높은 환경이다.

35
다음 중 산업안전보건법령상 발암물질이 아닌 유해인자는?

① 6가 크롬
② 비소
③ 벤젠
④ 수은
⑤ PAHs(다핵방향족탄화수소화합물)

해설

④ 수은은 산업안전보건법령상 유해물질로 분류되지만, 발암물질로 지정되지는 않는다. 반면에 6가 크롬, 비소, 벤젠, PAHs(다핵방향족탄화수소화합물) 등은 발암성 물질로 분류되어 있으며, 이들 물질에 대한 노출은 암 발생 위험을 증가시킬 수 있다.

36

근로자 유해인자 노출평가에서 예비조사를 실시하는 주요 목적이 아닌 것은?

① 작업환경측정 전략을 수립하기 위해
② 유사노출그룹을 설정하기 위해
③ 작업 공정과 특성을 파악하기 위해
④ 특수건강진단 대상자를 선정하기 위해
⑤ 근로자가 노출되는 유해인자를 파악하기 위해

해설

예비조사

예비조사는 작업환경측정 전략 수립, 유사노출그룹 설정, 작업 공정 및 특성 파악, 근로자가 노출되는 유해인자 파악 등을 목적으로 실시된다. 그러나 특수건강진단 대상자 선정은 주로 작업환경측정 결과나 직무 특성에 따른 건강 위험을 평가한 후에 이루어지는 과정으로, 예비조사의 주요 목적이 아니다.

37

공기 중 금속을 정량하기 위한 일반적인 분석 장비는?

① 원자흡광광도계(AA), 유도결합플라즈마(ICP)
② 분광광도계, 이온크로마토그래피(IC)
③ 위상차현미경, 원자흡광광도계(AA)
④ 흑연로장치, 가스크로마토그래피(GC)
⑤ 유도결합플라즈마(ICP), 액체크로마토그래피(LC)

해설

① 공기 중 금속 성분을 정량하기 위한 일반적인 분석 장비는 원자흡광광도계(AA)와 유도결합플라즈마(ICP)이다. 이 장비들은 금속 성분의 미량 분석에 적합하며, 정확성과 정밀도가 높아 널리 사용된다.
② 분광광도계는 특정 파장의 빛을 이용해 화합물을 정량하는 장비지만, 금속 분석에서는 민감도가 낮아 잘 사용되지 않는다. 이온크로마토그래피(IC)는 주로 음이온 및 양이온 화합물 분석에 활용된다.
③ 위상차현미경은 미세구조 관찰용으로, 금속의 정량 분석에는 적합하지 않다. 원자흡광광도계(AA)는 금속 분석에 적합하지만, 위상차현미경과 함께 금속 정량에 사용되지 않는다.
④ 흑연로장치는 원자흡광광도계(AA)와 함께 금속 분석에 사용할 수 있으나, 가스크로마토그래피(GC)는 휘발성 유기 화합물 분석에 주로 사용되어 금속 정량에는 적합하지 않다.
⑤ 유도결합플라즈마(ICP)는 금속 분석에 적합하지만, 액체크로마토그래피(LC)는 주로 유기 화합물 분석에 사용되어 금속 정량에 적합하지 않다.

정답 36 ④ 37 ①

38

최근 발생한 메탄올 중독 사건에 관한 설명으로 옳지 않은 것은?

① 주요 중독 건강영향은 시각손상이었다.
② 메탄올은 CNC 가공공정에서 사용되었다.
③ 건강영향은 5년 이상 만성 노출로 발생되었다.
④ 특수건강진단을 실행한 적이 없었다.
⑤ 작업환경 중 메탄올 농도는 노출기준을 훨씬 초과하였다.

해설

메탄올 중독
메탄올 중독은 일반적으로 단기간의 급성 노출로도 시각손상 등의 심각한 건강영향을 일으킬 수 있다. 또한, 장기 노출이 아니더라도 단시간 내에 중독 증상이 나타난다.

39

이온화(전리) 방사선에 노출될 수 있는 직종이 아닌 것은?

① 지하철 정비 종사자
② 금속가공 작업자
③ 비파괴 검사자
④ 탄광 근로자
⑤ 원자력 발전소 종사자

해설

금속가공 작업자는 일반적으로 이온화(전리) 방사선에 노출될 가능성이 적다. 반면에 비파괴 검사자, 원자력 발전소 종사자 등은 방사선을 이용한 작업을 수행할 수 있어 방사선 노출 가능성이 있다. 지하철 정비 종사자와 탄광 근로자도 자연 방사선(라돈 등)에 노출될 가능성이 존재한다.

40

고체흡착관(활성탄관)을 이황화탄소 1mL로 추출하여 가스크로마토그래피로 정량한 톨루엔의 농도는 5ppm이었다. 0.2L/min 펌프로 4시간 채취하였다. 탈착률은 98%이었고 공시료에서 검출된 양은 없었다. 이때 공기 중 톨루엔의 농도($\mu g/m^3$)는 약 얼마인가?

① 66
② 86
③ 106
④ 126
⑤ 146

해설

주어진 정보
• 톨루엔 농도(추출 후) : 5ppm • 추출 용매 : 1mL(이황화탄소)   • 펌프 속도 : 0.2L/min • 채취 시간 : 4hours = 240minutes   • 탈착률 : 98% = 0.98 • 공시료에서 검출된 양 : 없음

1. 추출된 농도를 μg로 변환 : ppm은 용매 부피에 따른 질량으로 변환된다.

   질량(μg) = 농도(ppm) × 추출 용매 부피(mL)

   질량(μg) = 5ppm × 1mL = 5μg

2. 탈착률 적용 : 탈착률을 적용하여 실제 추출된 톨루엔의 질량을 보정한다.

$$실제질량(\mu g) = \frac{질량(\mu g)}{탈착률}$$

$$= \frac{5}{0.98}$$

$$\approx 5.1 \mu g$$

3. 채취된 공기량 계산 : 펌프 속도와 채취 시간을 바탕으로 공기량을 계산한다.

$$채취공기량(m^3) = \frac{펌프\ 속도(L/min) \times 채취\ 시간(min)}{1,000}$$

$$= \frac{0.2 \times 240}{1,000}$$

$$= 0.048 m^3$$

4. 공기 중 톨루엔 농도 계산

$$공기\ 중\ 톨루엔\ 농도(\mu g/m^3) = \frac{실제질량(\mu g)}{채취공기량(m^3)}$$

$$= \frac{5.1}{0.048}$$

$$\approx 106.25 \mu g/m^3$$

∴ 공기 중 톨루엔의 농도는 약 106$\mu g/m^3$이다.

41

산업안전보건법령상 허용기준이 설정되어 있는 물질은?

① 라돈 ② 트리클로로메탄
③ 포름알데히드 ④ 수은
⑤ 극저주파

해설

※ 출제 당시 정답은 ③으로, 산업안전보건법 시행규칙 개정으로 허용기준이 설정되어 있는 물질이 포름알데히드만 해당되었으나, 현재는 트리클로로메탄과 수은도 허용기준이 설정된 물질에 포함되어 ②·③·④로 정답을 수정하였습니다.

유해인자별 노출 농도의 허용기준(산업안전보건법 시행규칙 별표 19)

유해인자		허용기준			
		시간가중평균값(TWA)		단시간 노출값(STEL)	
		ppm	mg/m³	ppm	mg/m³
1. 6가 크롬[18540-29-9] 화합물(chromium VI compounds)	불용성		0.01		
	수용성		0.05		
2. 납[7439-92-1] 및 그 무기화합물(lead and its inorganic compounds)			0.05		
3. 니켈[7440-02-0] 화합물(불용성 무기화합물로 한정한다) (nickel and its insoluble inorganic compounds)			0.2		
4. 니켈카르보닐(nickel carbonyl ; 13463-39-3)		0.001			
5. 디메틸포름아미드(dimethylformamide ; 68-12-2)		10			
6. 디클로로메탄(dichloromethane ; 75-09-2)		50			
7. 1,2-디클로로프로판(1,2-dichloro propane ; 78-87-5)		10		110	
8. 망간[7439-96-5] 및 그 무기화합물(manganese and its inorganic compounds)			1		
9. 메탄올(methanol ; 67-56-1)		200		250	
10. 메틸렌 비스(페닐 이소시아네이트)[methylene bis(phenyl isocyanate) ; 101-68-8 등]		0.005			
11. 베릴륨[7440-41-7] 및 그 화합물(beryllium and its compounds)			0.002		0.01
12. 벤젠(benzene ; 71-43-2)		0.5		2.5	
13. 1,3-부타디엔(1,3-butadiene ; 106-99-0)		2		10	
14. 2-브로모프로판(2-bromopropane ; 75-26-3)		1			
15. 브롬화 메틸(methyl bromide ; 74-83-9)		1			
16. 산화에틸렌(ethylene oxide ; 75-21-8)		1			
17. 석면(제조·사용하는 경우만 해당한다) (asbestos ; 1332-21-4 등)			0.1개/cm³		
18. 수은[7439-97-6] 및 그 무기화합물(mercury and its inorganic compounds)			0.025		
19. 스티렌(styrene ; 100-42-5)		20		40	
20. 시클로헥사논(cyclohexanone ; 108-94-1)		25		50	
21. 아닐린(aniline ; 62-53-3)		2			
22. 아크릴로니트릴(acrylonitrile ; 107-13-1)		2			
23. 암모니아(ammonia ; 7664-41-7 등)		25		35	

유해인자	허용기준			
	시간가중평균값(TWA)		단시간 노출값(STEL)	
	ppm	mg/m³	ppm	mg/m³
24. 염소(chlorine ; 7782-50-5)	0.5		1	
25. 염화비닐(vinyl chloride ; 75-01-4)	1			
26. 이황화탄소(carbon disulfide ; 75-15-0)	1			
27. 일산화탄소(carbon monoxide ; 630-08-0)	30		200	
28. 카드뮴[7440-43-9] 및 그 화합물(cadmium and its compounds)		0.01 (호흡성 분진인 경우 0.002)		
29. 코발트[7440-48-4] 및 그 무기화합물(cobalt and its inorganic compounds)		0.02		
30. 콜타르피치[65996-93-2] 휘발물(coal tar pitch volatiles)		0.2		
31. 톨루엔(toluene ; 108-88-3)	50		150	
32. 톨루엔-2,4-디이소시아네이트 (toluene-2,4-diisocyanate ; 584-84-9 등)	0.005		0.02	
33. 톨루엔-2,6-디이소시아네이트 (toluene-2,6-diisocyanate ; 91-08-7 등)	0.005		0.02	
34. 트리클로로메탄(trichloromethane ; 67-66-3)	10			
35. 트리클로로에틸렌(trichloroethylene ; 79-01-6)	10		25	
36. 포름알데히드(formaldehyde ; 50-00-0)	0.3			
37. n-헥산(n-hexane ; 110-54-3)	50			
38. 황산(sulfuric acid ; 7664-93-9)		0.2		0.6

42

화학물질을 취급하는 작업 공정에서 중독사고 예방을 위해 게시해야 할 항목이 아닌 것은?

① 유해성·위험성
② 취급상의 주의사항
③ 적절한 보호구 착용
④ 작업환경 측정방법
⑤ 응급조치 요령

해설

④ 작업환경 측정방법은 근로자에게 실질적인 예방 정보를 제공하기보다는 전문가가 작업환경 모니터링을 위해 사용하는 기술적 방법이므로, 게시 항목으로는 적절하지 않다.

화학물질 취급 작업 공정에서 중독사고 예방을 위해 게시해야 할 항목(산업안전보건법 시행규칙 제168조)
작업공정별 관리 요령에 포함되어야 할 사항은 다음과 같다.
- 제품명
- 건강 및 환경에 대한 유해성, 물리적 위험성
- 안전 및 보건상의 취급주의 사항
- 적절한 보호구
- 응급조치 요령 및 사고 시 대처방법

43

직업성 암 등 만성질병을 초래하는 직무 또는 원인을 규명하기 어려운 이유가 아닌 것은?

① 질병 진단이 어렵기 때문
② 작업기간 동안 노출된 정보가 부족하기 때문
③ 직무나 환경에 의한 순수 영향 규명이 어렵기 때문
④ 작업 공정이 없거나 변경되었기 때문
⑤ 작업환경 중 노출된 물질이나 함량에 대한 정보가 부족하기 때문

해설

직업성 암과 만성질병의 원인을 규명하는 데 어려움이 있는 주된 이유는 노출 정보의 부족, 직무나 환경에 의한 영향 규명의 어려움, 작업 공정의 변경, 노출된 물질과 함량 정보의 부족 등이다. 그러나 질병 진단의 어려움은 원인을 규명하는 것과 직접적인 관련이 없으며, 진단은 일반적으로 병리학적 또는 임상적 방법으로 수행된다.

44

산업안전보건법령상 사업주가 실시해야 할 위험성평가(risk assessment)에 관한 설명으로 옳은 것은?

① 위험성평가는 허용기준 설정 인자에 대해서만 실시한다.
② 위험성은 유해인자의 독성(toxicity)과 유해성(hazard)만을 근거로 평가한다.
③ 작업환경측정을 실시하면 위험성평가를 생략할 수 있다.
④ 기계·기구, 설비, 원재료 등의 신규 도입 또는 변경하는 경우에도 위험성평가를 실시해야 한다.
⑤ 서비스 업종은 위험성평가에서 제외된다.

해설

④ 산업안전보건법령에 따라 사업주는 기계·기구, 설비, 원재료 등의 신규 도입이나 변경 시에도 위험성평가를 실시하여 잠재적인 위험요소를 파악하고 관리해야 한다. 이는 작업환경의 변화가 새로운 위험을 초래할 수 있기 때문이다(사업장 위험성평가에 관한 지침 제15조).
① 위험성평가는 허용기준 설정 인자에만 국한되지 않으며, 모든 유해 요소에 대해 실시한다.
② 위험성은 독성 외에도 작업환경과 노출 상황 등을 고려해 종합적으로 평가한다.
③ 작업환경측정만으로는 위험성평가를 대신할 수 없다.
⑤ 서비스 업종도 위험성평가 대상이다.

45

생물학적 모니터링에 관한 설명으로 옳지 않은 것은?

① 시료 채취 대상자에게 동의를 받지 않아도 되는 장점이 있다.
② 바이오마커(biomarker)로 유해물질 또는 대사산물을 측정한다.
③ 건강 영향을 추정할 수 있는 적정 바이오마커를 찾는 것이 중요하다.
④ 시료 보관, 처치, 분석에 주의를 요하는 방법이다.
⑤ 시료 채취 시 근로자에게 부담을 주는 방법이다.

해설

생물학적 모니터링에서 시료 채취 대상자의 동의는 필수적이며, 이는 근로자의 권리와 사생활을 보호하기 위한 기본적인 절차이다.

46

사무실 실내공기질(indoor air quality) 관리에 관한 설명으로 옳은 것은?

① 실내공기오염 지표로 사용하는 인자는 분진이다.
② 현재 PM_{10} 기준치는 $10\mu g/m^3$이다.
③ ACH(시간당 공기교환 횟수)는 공간 체적과 공기 유속으로 산정한다.
④ 일반적으로 음압 시설을 설치해야 한다.
⑤ 실내공기오염에 의해 호흡기 자극 및 과민성 질환이 발생될 수 있다.

해설

⑤ 실내공기오염은 호흡기 자극과 과민성 질환을 유발할 수 있다. 실내공기질이 좋지 않을 경우, 미세먼지(PM), 휘발성 유기화합물(VOCs), 이산화탄소 등의 오염물질이 호흡기 및 면역 반응을 자극하여 건강에 악영향을 줄 수 있다.
① 분진 외에도 휘발성 유기화합물, 이산화탄소(CO_2) 등 다양한 인자가 실내공기오염 지표로 사용된다.
② PM_{10} 기준치는 일반적으로 $10\mu g/m^3$보다 높다.
③ ACH는 공기 교환 횟수로 산정되며, 공간 체적과 환기 시스템에 의해 결정된다.
④ 일반적으로 음압 시설은 특정한 음압이 요구되는 의료기관이나 실험실 등에서 설치된다.

47

유해중금속의 인체 노출 및 흡수, 독성에 관한 설명으로 옳지 않은 것은?

① 작업장에서 망간의 주요 노출 경로는 호흡기다.
② 납의 주요 표적기관은 중추신경계와 조혈기계이다.
③ 유기수은은 무기수은 화합물보다 독성이 상대적으로 강하다.
④ 6가 크롬은 세포막을 통과한 뒤 세포 내에서 3가 크롬으로 산화되어 폐섬유화를 초래한다.
⑤ 카드뮴은 폐렴, 폐수종, 신장질환 등을 일으킨다.

해설
6가 크롬은 세포 내로 들어가면 3가 크롬으로 환원되며, 주로 발암성을 나타내는 독성을 가진다. 폐섬유화보다는 호흡기계 암 및 기타 세포 손상에 더 큰 영향을 미친다.

48

산업안전보건기준에 관한 규칙상 근골격계부담작업에 해당되지 않는 것은?

① 하루에 4시간 이상 집중적으로 자료입력 등을 위해 키보드 또는 마우스를 조작하는 작업
② 하루에 10회 이상 25kg 이상의 물체를 드는 작업
③ 하루에 총 2시간 이상 목, 어깨, 팔꿈치, 손목 또는 손을 사용하여 같은 동작을 반복하는 작업
④ 하루에 총 2시간 이상 쪼그리고 앉거나 무릎을 굽힌 자세에서 이루어지는 작업
⑤ 하루에 총 2시간 이상, 분당 1회 미만 4.5kg 이상의 물체를 양손으로 드는 작업

해설
산업안전보건기준에 따른 근골격계부담작업은 반복적이고 일정 강도의 동작이 지속되는 작업으로, '하루에 총 2시간 이상, 분당 2회 이상 4.5kg 이상의 물체를 드는 작업'이 해당된다(근골격계부담작업의 범위 및 유해요인조사 방법에 관한 고시 제3조).

49

고열작업에 관한 설명으로 옳은 것은?

① 흑구온도와 기온과의 차이를 실효복사온도라 하고 이는 감각온도와 상관이 없다.
② WBGT 측정기로 옥내 작업장을 측정할 때에는 자연습구온도와 흑구온도를 고려한다.
③ 고열작업을 평가하는 데 있어서 각 습구흑구온도지수를 측정하고 작업강도를 고려하지 않는다.
④ WBGT 30℃ 되는 중등작업을 하는 경우 휴식시간 없이 계속 작업을 해도 무방하다.
⑤ 복사열은 열선풍속계로 측정한다.

해설

② WBGT(습구흑구온도)지수는 작업환경의 고열 상황을 평가하기 위해 사용되는 지수로, 옥내 작업장에서는 자연습구온도와 흑구온도를 측정하여 지수를 산정하고, 옥외 작업장의 경우는 기온, 습도, 복사열을 함께 고려한다.
① 실효복사온도는 감각온도와 관련 있으며, 흑구온도와 기온의 차이만으로 결정되지 않는다.
③ 고열작업 평가 시 작업강도를 고려하여야 한다.
④ WBGT가 30℃ 이상일 경우 휴식시간을 반드시 고려해야 한다.
⑤ 복사열은 열선풍속계가 아닌 흑구온도계로 측정해야 한다.

50

프레스 소음수준이 100dB인 작업환경에서 근로자는 NRR(Noise Reduction Rating)이 "29"인 귀덮개를 착용하고 있다. 차음효과와 근로자가 노출되는 음압수준을 순서대로 옳게 나열한 것은?

① 18dB, 89dB
② 11dB, 78dB
③ 9dB, 91dB
④ 18dB, 92dB
⑤ 11dB, 89dB

해설

NRR(Noise Reduction Rating)을 적용할 때는 실제 차음효과를 계산하기 위해 NRR에서 7dB을 차감한 후 50%를 적용하는 방식이 일반적이다.
- 차음효과 : (NRR − 7) × 0.5 = (29 − 7) × 0.5 = 22 × 0.5 = 11dB
- 근로자가 노출되는 음압수준 : 100dB − 11dB = 89dB
∴ 차음효과는 11dB, 근로자가 노출되는 음압수준은 89dB이다.

I 기업진단·지도

51

인간관계론의 호손실험에 관한 설명으로 옳지 않은 것은?

① 종업원의 작업능률에 영향을 미치는 요인을 연구하였다.
② 조명실험은 실험집단과 통제집단을 나누어 진행하였다.
③ 작업능률 향상은 작업장에서 물리적 작업조건 변화가 가장 중요하다는 것을 확인하였다.
④ 면접조사를 통해 종업원의 감정이 작업에 어떻게 작용하는가를 파악하였다.
⑤ 작업능률은 비공식 조직과 밀접한 관련이 있다는 것을 발견하였다.

해설

호손실험의 결론은 작업장에서의 물리적 조건보다는 사회적·심리적 요인이 작업 능률에 큰 영향을 미친다는 점이다.

52

노사관계에 관한 설명으로 옳은 것은?

① 숍(shop) 제도는 노동조합의 규모와 통제력을 좌우할 수 있다.
② 체크오프(check off) 제도는 노동조합비의 개별 납부제도를 의미한다.
③ 경영참가방법 중 종업원 지주제도는 의사결정 참가의 한 방법이다.
④ 준법투쟁은 사용자 측 쟁위 행위의 한 방법이다.
⑤ 우리나라 노동조합의 주요 형태는 직종별 노동조합이다.

해설

① 숍 제도(shop system)는 노동조합 가입 여부와 고용의 연계성을 결정하는 방식이다. 그중 유니언 숍(union shop)은 근로자가 일정기간 내에 노동조합에 가입해야 하며, 클로즈드 숍(closed shop)은 노동조합 가입이 고용의 조건이 된다. 따라서 이러한 제도는 노동조합의 규모와 영향력을 크게 좌우할 수 있다.
② 체크오프(check off)는 사용자가 근로자의 임금에서 노동조합비를 직접 공제하여 조합에 전달하는 제도이다. 개별 납부가 아니라 집단적 공제 방식이다.
③ 종업원 지주제(ESOP ; Employee Stock Ownership Plan)는 종업원이 기업의 주식을 소유하는 방식으로 경영참가의 한 형태이지만, 이는 이익분배 참여에 해당하며 의사결정 참여로 보기 어렵다.
④ 준법투쟁(lawful strike)은 노동자가 법적 규정을 철저히 준수하여 작업 속도를 늦추거나 생산성을 저하시키는 투쟁방법으로, 노동조합 측의 쟁의 행위이다.
⑤ 우리나라 노동조합의 주요 형태는 기업별 노동조합이며, 직종별 노동조합은 상대적으로 드문 형태이다.

53

조직문화에 관한 설명으로 옳지 않은 것은?

① 조직사회화란 신입사원이 회사에 대하여 학습하고 조직문화를 이해하기 위한 다양한 활동이다.
② 조직의 핵심가치가 더 강조되고 공유되고 있는 강한 문화(strong culture)가 조직에 끼치는 잠재적 역기능을 무시해서는 안 된다.
③ 조직문화는 하루아침에 갑자기 형성된 것이 아니고 한 번 생기면 쉽게 없어지지 않는다.
④ 창업자의 행동이 역할 모델로 작용하여 구성원들이 그런 행동을 받아들이고 창업자의 신념, 가치를 외부화(externalization)한다.
⑤ 구성원 모두가 공동으로 소유하고 있는 가치관과 이념, 조직의 기본목적 등 조직체 전반에 관한 믿음과 신념을 공유가치라 한다.

해설

창업자의 신념과 가치는 구성원들이 학습하고 내재화(internalization)하는 과정에서 조직문화의 일부로 형성된다. 외부화(externalization)는 내재화와 반대되는 개념으로, 창업자의 신념이 조직 외부로 전달되는 것을 의미한다. 하지만, 조직문화 형성에서는 내재화가 더 적합한 표현이다.

54

기술과 조직구조에 관한 설명으로 옳은 것을 모두 고른 것은?

> ㄱ. 모든 조직은 한 가지 이상의 기술을 가지고 있다.
> ㄴ. 비일상적 활동에 관여하는 조직은 기계적 구조를, 일상적 활동에 관여하는 조직은 유기적 구조를 선호한다.
> ㄷ. 조직구조의 영향요인으로 기술에 대하여 최초로 관심을 가진 학자는 우드워드(J. Woodward)이다.
> ㄹ. 톰슨(J. Thompson)은 기술유형을 체계적으로 분류한 학자로 중개형 기술, 연속형 기술, 집중형 기술로 유형화했다.
> ㅁ. 여러 가지 기술을 구별하는 공통적인 주제는 일상성의 정도(degree of routineness)이다.

① ㄱ, ㄴ
② ㄷ, ㄹ
③ ㄴ, ㄷ, ㄹ
④ ㄷ, ㄹ, ㅁ
⑤ ㄱ, ㄷ, ㄹ, ㅁ

정답 53 ④ 54 ⑤

해설

ㄴ. 비일상적 활동에 관여하는 조직은 유기적 구조를, 일상적 활동에 관여하는 조직은 기계적 구조를 선호한다.

조직의 기술유형론

- 우드워드(J. Woodward)의 기술유형
  - 소량 생산기술 : 제품생산 과정이 복잡하고 장시간 소요되며, 대체적으로 복잡한 공정 과정과 기술이 결합된 제품에 적용되는 기술로서 개별주문에 따라 한두 개씩만 생산하는 경우이다(선박, 우주선, 항공기 등).
  - 대량 생산기술 : 단위 생산기술이면서 동일 생산품을 대량으로 생산하는 경우의 기술이다(칫솔, 라디오 등 대부분의 일반 공산품 등).
  - 복합적(연속공정) 생산기술 : 여러 생산 과정을 거치는 연속적 공정생산기술을 필요로 하는 경우이다(화학제품, 의약품 등 대부분의 연구개발품).
- 페로우(C. Perrow)의 기술유형
  - 일상적 기술 : 작업 과정상 분석이 가능한 탐색과 예측이 가능한 경우에 소수의 예외가 결합된 기술을 말한다.
  - 비일상적 기술 : 분석이 불가능한 탐색과 예측이 용이하지 않으며, 다수의 예외가 결합된 기술이다.
  - 기능(장인적) 기술 : 일상적 기술과 비일상적 기술이 공존해 있는 기술로서 분석 불가능한 탐색과 소수의 예외가 결합된 기술에 관련되며, 고급유리그릇과 공예품 같은 제품생산이 해당된다.
  - 공학적 기술 : 분석 가능한 탐색과 다수의 예외가 결합된 기술로서 공학적 기술을 사용하는 부서의 경우 과제의 다양성과 문제의 분석 가능성이 모두 높게 나타나 직무수행이 복잡하다.

구분	예외성 적음	예외성 많음
분석 가능성 높음	일상적 기술	공학적 기술
분석 가능성 낮음	기능 기술	비일상적 기술

- 톰슨(J. Thompson)의 기술유형
  - 길게 연계된 기술(연속형 기술) : 상호의존관계에 있는 여러 가지 기술이 순차적으로 연계된 기술로서 표준화된 상품을 반복적으로 대량생산할 때 유용하며, 부서 간의 연계성과 상호의존성은 연속적으로 이루어진다.
  - 중개형 기술 : 상호의존관계에 있는 고객들과 연결되는 표준화 기술로서 부서 간 상호의존성은 연속적이 아닌 연합성을 띤다.
  - 집약형(집중형) 기술 : 다양한 기술의 집합체로서 다양한 기술이 개별적인 고객의 특성과 상태에 따라 다르게 배합되므로 표준화가 곤란하고 기술 및 부서 간 갈등이 수반되며 고비용을 수반하는 기술이다. 따라서 부서 간 상호의존성은 상반되는 특성을 가지고 있다.

55

생산시스템은 투입, 변환, 산출, 통제, 피드백의 5가지 구성요소로 설명할 수 있다. 생산시스템에 관한 설명으로 옳지 않은 것은?

① 변환은 제조공정의 경우 고정비와 관련성이 크다.
② 투입은 생산시스템에서 재화나 서비스를 창출하기 위해 여러 가지 요소를 입력하는 것이다.
③ 변환은 여러 생산자원들을 효용성 있는 제품 또는 서비스로 바꾸는 것이다.
④ 산출에서는 유형의 재화 또는 무형의 서비스가 창출된다.
⑤ 피드백은 산출의 결과가 초기에 설정한 목표와 차이가 있는지를 비교하고 또한 목표를 달성할 수 있도록 배려하는 것이다.

해설

⑤ 피드백은 산출된 결과와 초기에 설정한 목표를 비교하여 차이를 분석하고, 시스템을 개선하거나 조정하는 데 사용하는 과정이다. 하지만 '목표를 달성할 수 있도록 배려한다'는 표현은 부적절하며, 피드백은 단순히 비교와 조정의 기능을 수행한다.

56

ERP 시스템의 특징에 관한 설명으로 옳지 않은 것은?

① 수주에서 출하까지의 공급망과 생산, 마케팅, 인사, 재무 등 기업의 모든 기간 업무를 지원하는 통합시스템이다.
② 하나의 시스템으로 하나의 생산·재고거점을 관리하므로 정보의 분석과 피드백 기능의 최적화를 실현한다.
③ EDI(Electronic Data Interchange), CALS(Commerce At Light Speed), 인터넷 등으로 연결시스템을 확립하여 기업 간 자원 활용의 최적화를 추구한다.
④ 대부분의 ERP 시스템은 특정 하드웨어 업체에 의존하지 않는 오픈 클라이언트 서버시스템 형태를 채택하고 있다.
⑤ 단위별 응용프로그램이 서로 통합, 연결되어 중복업무를 배제하고 실시간 정보관리체계를 구축할 수 있다.

해설
② ERP 시스템은 여러 생산·재고거점을 통합적으로 관리한다. 따라서 하나의 거점만 관리하는 시스템이 아니다.

57

6시그마 품질혁신 활동에 관한 설명으로 옳지 않은 것은?

① 모토로라사의 빌 스미스(Bill Smith)라는 경영간부의 착상으로 시작되었다.
② 6시그마 활동을 도입하는 조직은 규격 공차가 표준편차(시그마)의 6배라는 우수한 품질수준을 추구한다.
③ DPMO란 100만 기회당 부적합이 발생되는 건수를 뜻하는 용어로 시그마 수준과 1 대 1로 대응되는 값으로 변환될 수 있다.
④ 6시그마 수준의 공정이란 치우침이 없을 경우 부적합품률이 10억 개에 2개 정도로 추정되는 품질수준이란 뜻이다.
⑤ 6시그마 활동을 효과적으로 실행하기 위해 블랙벨트(BB) 등의 조직원을 육성하여 프로젝트 활동을 수행하게 한다.

해설
② 6시그마의 핵심은 '결함이 거의 없는 품질'이라는 뜻이지, 단순히 공차가 표준편차의 6배라는 숫자 관계를 말하는 것이 아니다.

| 참고 |
- 표준편차(σ, 시그마) : 데이터가 평균으로부터 얼마나 퍼져 있는지를 나타낸다.
- 공차(tolerance) : 제품이 허용되는 오차 범위이다. 예) 부품은 ±1mm 안에서만 만들어야 함
- 6시그마 : 불량률을 아주 낮게(100만 개 중 약 3~4개만 불량) 만들겠다는 품질 목표이다.

58

JIT(Just In Time) 시스템의 특징에 관한 설명으로 옳은 것은?

① 수요예측을 통해 생산의 평준화를 실현한다.
② 팔리는 만큼만 만드는 push 생산방식이다.
③ 숙련공을 육성하기 위해 작업자의 전문화를 추구한다.
④ fool proof 시스템을 활용하여 오류를 방지한다.
⑤ 설비 배치를 U라인으로 구성하여 준비교체 횟수를 최소화한다.

해설

적시생산시스템(JIT ; Just In Time)
- 도요타(Toyota) 자동차회사에서 내부의 운영과정 및 협력업체와의 관계를 관리하기 위해 사용되었던 방식이다. 무재고 생산방식 또는 도요타 생산방식이라고도 하며 필요한 것을 필요한 양만큼 필요한 때에 만드는 생산방식이다.
- JIT 특징
  - 적정 생산량 유지와 낭비 제거를 통해 최적의 원가 달성과 품질관리를 추구한다.
  - 재고자산회전율, 노동생산성의 향상, 재고-로트 크기 최소화, 안전재고 최소화를 추구한다.
  - 낮은 원가와 일관성을 확보한 품질을 실현한다.
  - 포지셔닝 전략으로 공정중심전략이 아닌 제품중심전략을 추구한다.
  - 공정설계는 작업준비시간 최소화와 초단위 작업준비시간을 지향한다.
- JIT 구성요소
  - 풀 시스템(pull system) : 뒤 공정에서 필요한 때에 필요한 부품을 앞 공정에서 끌어오는 시스템이다.
  - 칸반 방식(kanban system) : 시장변화에 따른 탄력적인 생산량 관리를 위해 도입된 방식이다.
  - 생산의 평준화 : 수요변동이나 생산변동으로 발생되는 연쇄반응 등의 악순환을 방지하기 위하여 최종 조립을 지원하는 모든 작업장에 균일한 부하를 부과해 생산을 평준화한다.
  - 소로트 생산 : 소규모 로트 크기는 주기재고, 대기시간, 재공품 재고를 줄여 준다.
  - 다기능공과 U라인 : 다기능공은 생산환경 변화에 신속히 대응이 가능하고, U라인은 보행의 낭비 최소화와 산출물의 완벽한 품질확보가 가능한 생산흐름을 만들 수 있다.
  - 자동화와 생산라인 정지(fool proof system) : 완벽한 품질관리를 위하여 불량품이 생산될 때 생산라인을 자동정지한다.
  - 납품업자, 파트너와의 긴밀한 관계 : JIT는 무재고 시스템을 지향하므로 납품업자들은 생산라인에 하루에도 여러 번 배달해야 한다. 이를 위해 납품업자들은 모기업의 공장 근처에 입지하여 장기적인 거래 관계를 가져야 한다.

정답 ④

59

카플란(R. Kaplan)과 노턴(D. Norton)이 주창한 BSC(Balance Score Card)에 관한 설명으로 옳은 것은?

① 균형성과표로 생산, 영업, 설계, 관리부문의 균형적 성장을 추구하기 위한 목적으로 활용된다.
② 객관적인 성과 측정이 중요하므로 정성적 지표는 사용하지 않는다.
③ 핵심성과지표(KPI)는 비재무적 요소를 배제하여 책임소재의 인과관계가 명확한 평가가 이루어지도록 한다.
④ 기업문화와 비전에 입각하여 BSC를 설정하므로 최고경영자가 교체되어도 지속적으로 유지된다.
⑤ BSC의 실행을 위해서는 관리자들이 조직에서 어느 개인, 어느 부서가 어떤 지표의 달성에 책임을 지는지 확인하여야 한다.

해설

① 균형성과표(BSC)는 재무, 고객, 내부 프로세스, 학습과 성장의 네 가지 관점에서 조직의 성과를 균형 있게 관리하고 평가하기 위한 도구이다.
② BSC는 정량적 지표뿐만 아니라 정성적 지표도 활용한다. 이는 조직의 비전과 전략을 측정하기 위해 재무적 요소와 비재무적 요소를 모두 아우르기 때문이다.
③ 핵심성과지표(KPI)는 BSC에서 재무적 요소와 비재무적 요소를 모두 포함하며, 비재무적 요소를 배제하는 것은 BSC의 개념에 맞지 않는다. BSC는 재무적 지표뿐 아니라 고객 만족도, 내부 프로세스 효율성, 학습과 성장 등을 평가하여 균형 잡힌 성과 측정을 목표로 한다.
④ BSC는 기업문화와 비전에 기반하지만, 최고경영자의 교체와 같은 조직 변화가 있으면 BSC의 전략과 실행 방식이 달라질 수 있다. BSC가 경영자의 교체와 무관하게 지속 유지된다는 보장은 없다.

60

심리평가에서 검사의 신뢰도와 타당도의 상호관계에 관한 설명으로 옳은 것은?

① 타당도가 높으면 신뢰도는 반드시 높다.
② 타당도가 낮으면 신뢰도는 반드시 낮다.
③ 신뢰도가 낮아도 타당도는 높을 수 있다.
④ 신뢰도가 높아야 타당도가 높게 나온다.
⑤ 신뢰도와 타당도는 직접적인 상호관계가 없다.

해설

① 신뢰도는 타당도의 전제 조건이며, 신뢰도가 낮으면 타당도를 보장할 수 없다. 신뢰도가 높아도 반드시 타당도가 높은 것은 아니지만, 타당도가 높으려면 일반적으로 신뢰도가 높아야 한다.

신뢰도와 타당도

- 신뢰도(reliability) : 검사가 일관된 결과를 제공하는 정도를 의미한다. 즉, 동일한 조건에서 반복적으로 검사를 실시했을 때 비슷한 결과를 얻는다면, 해당 검사는 신뢰도가 높다고 평가된다.
  - 재검사 신뢰도(test-retest reliability) : 동일한 검사를 다른 시점에서 반복했을 때 결과가 일관되는 정도
  - 내적 일관성 신뢰도(internal consistency reliability) : 검사항목 간의 응답 일관성
  - 평가자 간 신뢰도(inter-rater reliability) : 여러 평가자가 동일한 대상을 평가했을 때 일치하는 정도
- 타당도(validity) : 검사가 측정하고자 하는 대상을 얼마나 정확히 측정하는지를 의미한다. 즉, 검사가 목적에 부합하는지, 측정하려는 내용을 제대로 측정하고 있는지를 평가한다.
  - 내용 타당도(content validity) : 검사의 문항이 측정 대상의 모든 주요 요소를 충분히 포함하고 있는지 평가
  - 구성 타당도(construct validity) : 검사가 이론적 구성 개념을 제대로 측정하고 있는지 평가
  - 기준 타당도(criterion validity) : 검사 결과가 외부 기준과 얼마나 연관이 있는지 평가

61

종업원은 흔히 투입과 이로부터 얻게 되는 성과를 다른 종업원과 비교하게 된다. 그 결과, 과소보상으로 인한 불형평 상태가 지각되었을 때, 아담스의 형평이론에서 예측하는 종업원의 후속 반응에 관한 설명으로 옳지 않은 것은?

① 현재의 상황을 형평 상태로 되돌리기 위하여 자신의 투입을 낮출 것이다.
② 자신의 성과를 높이기 위하여 조직의 원칙에 반하는 비윤리적 행동도 불사할 수 있다.
③ 자신과 타인의 투입-성과 간 불형평 상태에 어떤 요인이 영향을 주었을 거라는 등 해당 상황을 왜곡하여 해석하기도 한다.
④ 애초에 비교 대상이 되었던 타인을 다른 비교 대상으로 교체할 수 있다.
⑤ 개인의 '형평 민감성'이 높고 낮음에 관계없이 형평 상태로 되돌리려는 행동에서 차이가 없다.

해설

⑤ 형평이론에 따르면, 형평 민감성의 정도에 따라 불형평 상태에 대한 반응이 달라질 수 있다. 따라서 형평 민감성에 관계없이 동일하게 행동한다는 설명은 옳지 않다.

아담스의 형평이론(Adams equity theory)

- 1963년 존 스테이시 아담스(John Stacey Adams)가 제안한 동기부여이론으로, 개인이 자신의 노력(투입)과 결과(성과)를 타인과 비교하여 형평성을 판단하고, 불형평 상태를 해결하기 위해 행동을 조정한다는 것이다. 이는 조직 내 종업원의 만족과 동기부여를 이해하는 데 중요한 심리학적 모델이다.
  - 투입(input) : 개인이 조직이나 업무에 기여한 모든 것을 의미한다.
    예 노력, 시간, 기술, 경험, 교육 수준 등
  - 성과(output) : 개인이 조직으로부터 얻는 보상을 의미한다.
    예 급여, 승진, 인정, 복리후생 등
  - 투입-성과 비율 : 개인은 자신의 투입 대비 성과 비율이 타인의 비율과 같을 때 형평성을 느낀다.

  > 투입 / 성과 = 타인의 투입 / 성과

  - 비교 대상 : 개인은 스스로 설정한 타인(동료, 과거의 자신, 조직 외부의 사람 등)과 자신의 투입-성과 비율을 비교한다.
  - 형평성(equity) : 개인이 자신의 투입과 성과를 타인의 투입과 성과와 비교했을 때 균형이 맞다고 느끼는 상태이다.
  - 형평 민감성 : 형평이론에서 사람마다 형평 상태에 대한 반응이 다를 수 있다. 이는 형평 민감성이라는 개념으로 설명된다.
    ⓐ 형평 민감성이 높은 사람 : 불형평 상태를 매우 민감하게 느끼며, 이를 빠르게 해결하려고 한다.
    ⓑ 형평 민감성이 낮은 사람 : 불형평 상태에 덜 민감하며, 형평성을 회복하려는 행동도 덜하다.
    ⓒ 과대보상 민감자 : 과대보상 상태에서도 심리적 불편함을 느끼며, 형평성을 회복하려고 노력한다.
  - 불형평 상태(inequity) : 비교 결과 자신의 투입-성과 비율이 타인의 비율과 다르다고 느껴 심리적 불편함을 겪는 상태
    ⓐ 과소보상(under-reward) : 자신의 성과가 적다고 느끼는 경우
    ⓑ 과대보상(over-reward) : 자신의 성과가 많다고 느끼는 경우
  - 불형평 상태에 대한 반응 : 투입 조정, 성과 조정, 비교 대상 변경, 상황 재해석, 이직 또는 조직 이탈 등으로 나타낼 수 있다.

62

조직 내 종업원들에게 요구되는 바람직한 특성이나 성공적인 수행을 예측해 주는 '인적 특성이나 자질'을 찾아내는 과정은?

① 작업자 지향 절차
② 기능적 직무분석
③ 역량모델링
④ 과업 지향적 절차
⑤ 연관분석

해설

① 작업자 지향 절차 : 직무분석의 방법 중 하나로, 작업자가 수행하는 과업보다는 작업자가 가져야 할 지식, 기술, 능력(KSA)을 중점적으로 분석한다.
② 기능적 직무분석(function-oriented job analysis) : 직무를 구성하는 요소를 사람, 데이터, 사물의 기능적 관계로 분석하는 방법이다.
④ 과업 지향적 절차(task-oriented procedure) : 직무분석에서 특정 직무의 구체적 과업이나 활동을 분석하는 방법이다.
⑤ 연관분석(correlation analysis) : 두 변수 간의 상관관계를 분석하는 통계기법이다.

역량모델링(competency modeling)
- 정의 : 조직 내에서 종업원들에게 요구되는 바람직한 특성이나 성공적인 수행을 예측할 수 있는 자질과 역량을 체계적으로 정의하고, 이를 통해 직무수행의 기준을 정립하는 과정을 뜻한다.
- 목적 : 직무 성과를 향상시키기 위해 필요한 기술, 능력, 행동, 태도 등을 명확히 하여 채용, 교육, 평가, 승진 등에 활용한다.
- 적용 사례 : 판매직원의 경우 고객 커뮤니케이션 능력, 문제 해결 능력, 팀워크 등이 역량모델링의 요소로 포함될 수 있다.

63

영업 1팀의 A 팀장은 팀원들의 직무수행을 긍정적으로 평가하는 것으로 유명하다. 영업 1팀의 팀원들은 실제 직무수행 수준보다 언제나 높은 평가를 받는다. 한편 영업 2팀의 B 팀장은 대부분 팀원을 보통 수준으로 평가한다. 특히 B 팀장 자신이 잘 모르는 영역 평가에서 이러한 현상이 두드러진다. 직무수행 평가 패턴에서 A와 B 팀장이 각각 범하고 있는 오류(또는 편향)를 순서대로(A, B) 옳게 나열한 것은?

ㄱ. 후광오류
ㄴ. 관대화오류
ㄷ. 엄격화오류
ㄹ. 중앙집중오류
ㅁ. 자기본위적 편향

① ㄱ, ㄷ
② ㄱ, ㄹ
③ ㄴ, ㄷ
④ ㄴ, ㄹ
⑤ ㄴ, ㅁ

해설
ㄴ. 관대화오류 : 피고과자를 실제 능력이나 업적보다 더 높게 평가하는 경향을 말한다. 자신의 부하를 좋지 않게 평가하여 서로 대립할 필요가 없고, 자기부하가 타 부서보다 더 나쁘게 평가되는 것을 피하기 위한 것이다. 이를 피하기 위해 정규분포곡선을 이용하기도 한다.
ㄹ. 중앙집중오류(중심화경향) : 평가의 결과가 평가상의 중간으로 나타나기 쉬운 경향을 말한다. 이 경향의 원인은 관대화경향과 비슷하고 이를 해소하기 위해서는 강제할당법과 서열법 등을 활용할 수 있다.
ㄱ. 후광오류 : 고과자가 피고과자의 어떤 면을 기준으로 다른 것까지 함께 평가해 버리는 경향을 말한다. 즉 피고과자의 한 가지 장점에 현혹되어 모든 것을 다 좋거나 나쁘다고 평가하는 것이다.
ㄷ. 엄격화오류(가혹화경향) : 관대화경향과는 정반대되는 경우로, 고과자가 피고과자의 능력 및 성과를 실제보다 의도적으로 낮게 평가하는 경우를 말한다. 이러한 경향은 고과자의 가치관에 의해 수행성과에 대한 기대수준을 매우 높게 판단했을 때 나타나며, 피고과자와의 갈등관계에서 일종의 처벌적 성격이 두드러질 때 나타난다.
ㅁ. 자기본위적 편향 : 자신의 부정적 행동은 외부적 요인으로, 자신의 긍정적 행동은 내부적 요인으로 돌리는 경향을 말한다.

64
다음을 설명하는 용어는?

> 대부분의 중요한 의사결정은 집단적 토의를 거치기 마련이다. 이 과정에서 구성원들은 타인의 영향을 받거나 상황 압력 등에 따라 본인의 원래 태도에 비하여 더욱 모험적이거나 보수적인 방향으로 변화될 가능성이 있다.

① 집단사고
② 집단극화
③ 동조
④ 사회적 촉진
⑤ 복종

해설
② 집단극화 : 집단 의사결정 과정에서 개인이 집단의 영향을 받아 원래의 태도보다 더 극단적인(모험적이거나 보수적인) 입장을 취하게 되는 현상을 의미한다.
① 집단사고(groupthink) : 집단의 응집력이 지나치게 높을 경우, 비판적 사고 없이 집단의 합의를 따르게 되는 현상을 말한다.
③ 동조(conformity) : 개인이 집단의 규범이나 행동에 맞추어 자신의 행동을 변화시키는 현상을 말한다.
④ 사회적 촉진(social facilitation) : 집단이 존재할 때 개인의 수행능력이 향상되는 현상을 말한다.
⑤ 복종(obedience) : 권위 있는 사람의 지시에 따르는 행동을 말한다.

65
산업현장에서 운영되고 있는 팀(team)의 유형에 관한 설명으로 옳지 않은 것은?

① 전술적 팀(tactical team) : 수행절차가 명확히 정의된 계획을 수행할 목적으로 하며, 경찰특공대 팀이 대표적이다.
② 문제해결 팀(problem-solving team) : 특별한 문제나 이슈를 해결할 목적으로 구성되며, 질병통제센터의 진단 팀이 대표적이다.
③ 창의적 팀(creative team) : 포괄적 목표를 가지고 가능성과 대안을 탐색할 목적으로 구성되며, IBM의 PC 설계 팀이 대표적이다.
④ 특수 팀(ad hoc team) : 조직에서 일상적이지 않고 비전형적인 문제를 해결할 목적으로 구성되며, 팀의 임무를 완수한 후 해체된다.
⑤ 다중 팀(multi team) : 개인과 조직시스템 사이를 조정(moderating)하는 메타(meta)적 성격을 갖고 있다.

해설
다중 팀(multi team)
- 여러 팀이 협력하여 복잡한 목표를 달성하기 위해 구성된 팀 체계이다.
- 상호 독립적인 여러 팀이 조정과 협력을 통해 하나의 시스템으로 작동한다.
- 개인과 조직 사이를 조정하는 메타적 성격보다는 여러 팀 간의 협력을 강조한다.

66
인사선발에서 활발하게 사용되는 성격측정 분야의 하나로 5요인(Big 5) 성격 모델이 있다. 성격의 5요인에 해당되지 않는 것은?

① 성실성(conscientiousness)
② 외향성(extraversion)
③ 신경성(neuroticism)
④ 직관성(immediacy)
⑤ 경험에 대한 개방성(openness to experience)

해설
Big 5 성격 모델
- 인간의 성격을 다섯 가지 주요 요인으로 분류하여 설명하는 성격 심리학의 대표적인 이론이며, 인사선발과 조직관리에서 종종 활용된다.
- Big 5 성격 모델의 다섯 가지 요인은 성실성, 외향성, 신경성, 친화성(agreeableness), 경험에 대한 개방성이다.

정답 65 ⑤ 66 ④

67

소음에 관한 설명으로 옳은 것을 모두 고른 것은?

> ㄱ. 소음의 크기 지각은 소음의 주파수와 관련이 없다.
> ㄴ. 8시간 근무를 기준으로 작업장 평균 소음 크기가 60dB이면 청력손실의 위험이 있다.
> ㄷ. 큰 소음에 반복적으로 노출되면 일시적으로 청지각의 임계값이 변할 수 있다.
> ㄹ. 소음원과 작업자 사이에 차단벽을 설치하는 것은 효과적인 소음 통제방법이다.
> ㅁ. 한여름에는 전동 공구 작업자에게 귀마개를 착용하지 않도록 한다.

① ㄱ, ㄴ
② ㄴ, ㄷ
③ ㄷ, ㄹ
④ ㄱ, ㄹ, ㅁ
⑤ ㄴ, ㄷ, ㄹ

해설

ㄱ. 사람의 귀는 특정 주파수 대역(특히 2,000~5,000Hz)에서 더 민감하게 반응하며, 저주파수나 고주파수에서는 동일한 음압이라도 소음을 덜 크게 느낀다.
ㄴ. 작업장 소음의 허용기준은 일반적으로 85dB(A) 이하(8시간 기준)이며, 이를 초과하면 청력손실 위험이 증가한다.
ㅁ. 높은 온도와 관계없이, 소음이 허용기준을 초과하면 귀마개 착용은 반드시 권장된다. 여름철에도 적절한 보호 장비를 착용하도록 해야 한다.

68

주의(attention)에 관한 설명으로 옳은 것은?

① 용량의 제한이 없기 때문에 한 번에 여러 과제를 동시에 수행할 수 있다.
② 많은 사람들 가운데 오직 한 사람의 목소리에만 주의를 기울일 수 있는 것은 선택주의(selective attention) 덕분이다.
③ 선택된 자극의 여러 속성을 통합하고 처리하기 위해 분할주의(divided attention)가 필요하다.
④ 운전하면서 친구와 대화하기처럼 두 과제 모두를 성공적으로 수행하기 위해서는 초점주의(focused attention)가 필요하다.
⑤ 무덤덤한 여러 얼굴 가운데 유일하게 화난 얼굴은 의식하지 않아도 쉽게 눈에 띄는데, 이는 무주의 맹시(inattentional blindness) 때문이다.

해설

② 선택주의(selective attention)는 여러 자극 중 특정 자극에만 주의를 기울이는 능력을 의미한다. 예를 들면, 시끄러운 파티에서 특정 대화에만 집중할 수 있는 '칵테일 파티 효과'가 있다.
① 주의는 한정된 용량(capacity)을 가지며, 동시에 여러 과제를 수행할 때는 주의 용량이 분산되어 성과가 저하된다. 따라서, 주의의 한계로 인해 병목현상(bottleneck effect)이 발생한다.
③ 선택된 자극의 여러 속성을 통합하는 과정은 집중주의(focused attention)와 관련이 있다. 분할주의는 여러 과제나 자극에 주의를 나누는 과정과 관련된다.
④ 두 과제를 동시에 성공적으로 수행하려면 분할주의(divided attention)가 필요하다. 초점주의는 한 가지 과제에만 집중하는 경우에 해당한다.
⑤ 특정 자극(예 화난 얼굴)이 의식하지 않아도 눈에 띄는 현상은 주의적 편향(attentional bias)이나 자극의 생물학적 중요성 때문이다. 무주의 맹시는 주의를 기울이지 않으면 명확히 보이는 자극도 인식하지 못하는 현상을 의미한다.

69

안전보건경영시스템에서 성공을 거두기 위해 필요한 5가지 요소가 아닌 것은?

① 안전보건경영 추진을 위한 최고경영자의 리더십 개발
② 안전보건경영 추진을 위한 조직의 개발
③ 효율적인 안전보건경영정책 개발
④ 안전보건정책의 계획수립, 측정 및 기술개발
⑤ 안전보건정책의 성과검토

해설

① 안전보건경영시스템은 최고경영자가 안전보건방침에 안전보건정책을 선언하고 이에 대한 실행계획을 수립(P), 그에 필요한 자원을 지원(S)하여 실행 및 운영(D), 점검 및 시정조치(C)하며 그 결과를 최고경영자가 검토(A)하는 P-S-D-C-A 순환과정의 체계적인 안전보건활동을 말한다. 안전보건경영시스템에서 최고경영자의 리더십과 근로자의 참여가 중요하다.

정답 68 ② 69 ①

70
제조물 책임법이 미치는 영향 중 부정적인 영향이 아닌 것은?

① 기업의 이미지 저하
② 신제품 개발의 지연
③ 기업의 책임 분산
④ 소송 증가에 따른 기업 경영 악화 초래
⑤ 제조 원가의 상승

해설

제조물 책임법(PL법 ; Product Liability Law)
- 제조물의 결함으로 인해 발생한 소비자의 생명, 신체 또는 재산상의 손해에 대해 제조업자 또는 판매자가 책임을 지도록 규정한 법이다. 이 법은 소비자를 보호하고 제조업체가 품질에 책임을 다하도록 촉구하기 위해 도입되었다. 하지만 법 적용에 따른 영향은 긍정적인 측면과 부정적인 측면이 혼재되어 있다.
- 제조물 책임법이 미치는 부정적인 영향
  - 기업의 이미지 저하 : 결함 제품으로 인해 소비자 신뢰가 감소하고 기업 이미지가 훼손될 수 있다.
  - 신제품 개발의 지연 : 안전성 검증 과정이 까다로워지고 비용이 증가하면서 신제품 출시가 지연될 가능성이 높아진다.
  - 소송 증가에 따른 기업 경영 악화 : 소비자 소송 증가로 인해 법적 비용과 보상금 부담이 커져 기업 경영에 악영향을 미칠 수 있다.
  - 제조 원가의 상승 : 제품 안전성을 높이기 위해 추가적인 품질 관리 및 검사 비용이 발생하여 원가가 상승한다.

정답 70 ③

71

산업안전보건법령상 위험한 작업을 필요로 하는 기계·기구 및 설비를 설치·이전하는 경우에 사업주가 유해위험방지계획서를 작성하여 고용노동부장관에게 제출하여야 하는 기계·기구 및 설비에 해당하지 않는 것은?

① 금속이나 그 밖의 광물의 용해로
② 고압 송전 및 배선 설비
③ 화학설비
④ 건조설비
⑤ 가스집합 용접장치

해설

유해위험방지계획서 제출 대상(산업안전보건법 시행령 제42조)

- 법 제42조 제1항 제1호에서 "대통령령으로 정하는 사업의 종류 및 규모에 해당하는 사업"이란 다음 어느 하나에 해당하는 사업으로서 전기 계약용량이 300kW 이상인 경우를 말한다.

  > 금속가공제품 제조업(기계 및 가구 제외), 비금속 광물제품 제조업, 기타 기계 및 장비 제조업, 자동차 및 트레일러 제조업, 식료품 제조업, 고무제품 및 플라스틱제품 제조업, 목재 및 나무제품 제조업, 기타 제품 제조업, 1차 금속 제조업, 가구 제조업, 화학물질 및 화학제품 제조업, 반도체 제조업, 전자부품 제조업

- 법 제42조 제1항 제2호에서 "대통령령으로 정하는 기계·기구 및 설비"란 다음 어느 하나에 해당하는 기계·기구 및 설비를 말한다. 이 경우 다음 해당하는 기계·기구 및 설비의 구체적인 범위는 고용노동부장관이 정하여 고시한다.

  > 금속이나 그 밖의 광물의 용해로, 화학설비, 건조설비, 가스집합 용접장치, 근로자의 건강에 상당한 장해를 일으킬 우려가 있는 물질로서 고용노동부령으로 정하는 물질의 밀폐·환기·배기를 위한 설비

정답 71 ②

72

안전관리의 PDCA cycle에 관한 설명으로 옳지 않은 것은?

① P단계는 추진방법을 계획하고 교육·훈련을 하는 단계이다.
② D단계는 계획에 대한 준비와 실행을 하는 단계이다.
③ C단계는 실행 결과를 목표와 비교하여 실행 결과를 평가하는 단계이다.
④ A단계는 평가 결과에 대한 보완을 통해 목표를 달성하는 단계이다.
⑤ PDCA cycle은 지속적으로 되풀이하는 유지개선의 사고방식이다.

해설

PDCA cycle
- 안전관리의 PDCA cycle은 품질경영에서 유래된 지속적인 개선 방법론으로, 안전관리 체계를 체계적으로 실행하고 개선하기 위한 프로세스를 제공한다.
- PDCA cycle의 각 단계
  - P(Plan), 계획 단계 : 목표를 설정하고 이를 달성하기 위한 세부계획을 수립하는 단계이다.
  - D(Do), 실행 단계 : 계획한 내용을 실행하는 단계이다. 이 단계에서는 교육·훈련 및 작업 실행이 이루어진다.
  - C(Check), 점검 단계 : 실행 결과를 측정하고 계획된 목표와 비교하여 성과를 평가하는 단계이며, 실행 단계에서의 문제점과 차이를 분석한다.
  - A(Act), 조치 단계 : 점검 결과를 바탕으로 개선사항을 반영하여 조치를 취하는 단계이며, 다음 사이클의 계획 단계로 이어지도록 피드백을 제공한다.

73

다음에서 설명하는 기법은?

> 공장의 운전과 유지절차가 설계목적과 기준에 부합되는지를 확인하는 기법으로서 전문적인 지식과 책임을 가진 조직에 의해 행하여진다. 이 기법은 운전원, 관리책임자, 현장기술자, 안전관리자 등과의 인터뷰를 포함하여 정상 운전 중인 공장의 운전조건, 운전절차, 유지상태 및 제반사항을 검토조직에서 여러 각도로 철저하게 검사하는 방법이다.

① 위험과 운전분석 기법
② 예비위험 분석 기법
③ 상대위험 순위결정 기법
④ 안정성 검토 기법
⑤ 인간오류 분석 기법

해설

④ 안정성 검토 기법(safety review techniques)은 작업장, 공정, 설비의 안전성을 평가하고 잠재적인 위험을 사전에 확인하여 이를 통제하기 위한 조직적이고 체계적인 접근 방식이다. 이는 설계, 운전, 유지보수, 비상상황 대응 등을 포함한 다양한 단계에서 활용된다.

※ 기법의 비교

기법	초점	주요 활동 단계	장점	한계
위험과 운전분석 기법(HAZOP ; HAZard and OPerability study)	설계와 운전 문제	설계/운전 단계	체계적 위험 분석	시간과 비용 소요
예비위험 분석 기법(PHA ; Preliminary Hazard Analysis)	초기 위험 식별	설계 초기	간단하고 신속	세부 위험 분석 미흡
상대위험 순위결정 기법	위험의 우선순위 결정	위험 평가 단계	효율적인 자원 배분	주관적 요소 개입 가능
안정성 검토 기법(safety review techniques)	종합적인 안전성 평가	운영 단계	전반적인 안전성 확보	초기 위험 분석 어려움
인간오류 분석 기법	인간의 작업 오류	모든 단계	인간 오류 예방	복잡한 공정에서 한계

74

위험성평가를 시행하는 방법에 관한 설명으로 옳지 않은 것은?

① 정성적 방법은 위험요소가 존재하는지를 찾아낸다.
② 정량적 방법은 위험요소를 확률적으로 분석·평가한다.
③ 정성적 평가는 비교적 쉽고, 빠른 결과를 도출할 수 있다.
④ 정성적 평가는 기술수준지식 및 경험에 따라 주관적인 평가로 치우치기 쉬운 단점이 있다.
⑤ 정량적 평가는 주관적이고 정량화된 결과를 도출할 수 있고 신뢰성도 확보된다.

해설

⑤ 정량적 평가는 객관적 데이터를 바탕으로 결과를 도출하며, 신뢰성과 정확성을 높이는 것이 특징이다. 주관적이라는 표현은 정성적 평가와 관련이 있다.

정성적 평가와 정량적 평가

- 정성적 평가(qualitative assessment) : 위험요소를 주관적인 경험, 지식, 판단 등을 통해 분석하고, 주로 위험의 존재 여부를 판단하는 데 중점을 둔다. 위험요소의 심각성이나 우선순위를 질적 표현(예 높음, 중간, 낮음)으로 평가한다.
- 정량적 평가(quantitative assessment) : 위험요소의 발생 가능성과 결과를 수치로 계산하여 평가하며, 위험을 객관적으로 계량화하는 데 중점을 둔다. 위험을 확률적 분석과 수치적 데이터를 활용하여 표현한다.

75

추락 및 감전 위험방지용 안전모의 성능시험항목으로 옳지 않은 것은?

① 내관통성 시험
② 충격흡수성 시험
③ 내전압성 시험
④ 내수성 시험
⑤ 내화성 시험

해설

추락 및 감전 위험방지용 안전모의 성능기준(보호구 안전인증 고시 별표 1)

안전모의 시험성능기준

항목	시험성능기준
내관통성	AE, ABE종 안전모는 관통거리가 9.5mm 이하이고, AB종 안전모는 관통거리가 11.1mm 이하이어야 한다.
충격흡수성	최고전달충격력이 4,450N을 초과해서는 안 되며, 모체와 착장체의 기능이 상실되지 않아야 한다.
내전압성	AE, ABE종 안전모는 교류 20kV에서 1분간 절연파괴 없이 견뎌야 하고, 이때 누설되는 충전 전류는 10mA 이하이어야 한다.
내수성	AE, ABE종 안전모는 질량증가율이 1% 미만이어야 한다.
난연성	모체가 불꽃을 내며 5초 이상 연소되지 않아야 한다.
턱끈풀림	150N 이상 250N 이하에서 턱끈이 풀려야 한다.

2017년 과년도 기출문제

산업안전보건법령

01
산업안전보건법령상 용어에 관한 설명으로 옳지 않은 것은?
① "산업재해"란 근로자가 업무에 관계되는 건설물·설비·원재료·가스·증기·분진 등에 의하거나 작업 또는 그 밖의 업무로 인하여 사망 또는 부상하거나 질병에 걸리는 것을 말한다.
② "근로자"란 직업의 종류와 관계없이 임금을 목적으로 사업이나 사업장에 근로를 제공하는 자를 말한다.
③ "사업주"란 근로자를 사용하여 사업을 하는 자를 말한다.
④ "작업환경측정"이란 작업환경 실태를 파악하기 위하여 해당 근로자 또는 작업장에 대하여 사업주가 측정계획을 수립한 후 시료(試料)를 채취하고 분석·평가하는 것을 말한다.
⑤ "중대재해"란 산업재해 중 재해 정도가 심한 것으로서 직업성 질병자가 동시에 5명 이상 발생한 재해를 말한다.

해설

정의(산업안전보건법 제2조)
중대재해란 산업재해 중 사망 등 재해 정도가 심하거나 다수의 재해자가 발생한 경우로서 다음 어느 하나에 해당하는 재해를 말한다.
• 사망자가 1명 이상 발생한 재해
• 3개월 이상의 요양이 필요한 부상자가 동시에 2명 이상 발생한 재해
• 부상자 또는 직업성 질병자가 동시에 10명 이상 발생한 재해

02
산업안전보건법령상 산업재해 발생 기록 및 보고 등에 관한 설명으로 옳은 것은?
① 사업주는 중대재해가 발생한 사실을 알게 된 경우에는 지체 없이 발생 개요 및 피해상황 등을 관할 지방고용노동관서의 장에게 전화·팩스 또는 그 밖에 적절한 방법으로 보고하여야 한다.
② 사업주는 4일 이상의 요양을 요하는 부상자가 발생한 산업재해에 대하여는 그 발생 개요·원인 및 신고 시기, 재발방지 계획 등을 고용노동부장관에게 신고하여야 한다.
③ 건설업의 경우 사업주는 산업재해조사표에 근로자대표의 동의를 받아야 하며, 그 기재 내용에 대하여 근로자대표의 이견이 있는 경우에는 그 내용을 첨부하여야 한다.
④ 사업주는 산업재해로 3일 이상의 휴업이 필요한 부상자가 발생한 경우에는 해당 산업재해가 발생한 날부터 3개월 이내에 산업재해조사표를 작성하여 관할 지방고용노동관서의 장에게 제출하여야 한다.
⑤ 사업주는 산업재해 발생기록에 관한 서류를 2년간 보존하여야 한다.

정답 1 ⑤ 2 ①

해설

중대재해 발생 시 보고(산업안전보건법 시행규칙 제67조)
사업주는 중대재해가 발생한 사실을 알게 된 경우에는 법 제54조 제2항에 따라 지체 없이 다음 사항을 사업장 소재지를 관할하는 지방고용노동관서의 장에게 전화·팩스 또는 그 밖의 적절한 방법으로 보고해야 한다.
1. 발생 개요 및 피해상황
2. 조치 및 전망
3. 그 밖의 중요한 사항

산업재해 발생 은폐 금지 및 보고 등(산업안전보건법 제57조 제3항)
사업주는 산업재해로 사망자가 발생하거나 3일 이상의 휴업이 필요한 부상을 입거나 질병에 걸린 사람이 발생한 경우에 대해서는 그 발생 개요·원인 및 보고 시기, 재발방지 계획 등을 고용노동부령으로 정하는 바에 따라 고용노동부장관에게 보고하여야 한다.

산업재해 발생 보고 등(산업안전보건법 시행규칙 제73조)
㉠ 사업주는 산업재해로 사망자가 발생하거나 3일 이상의 휴업이 필요한 부상을 입거나 질병에 걸린 사람이 발생한 경우에는 법 제57조 제3항에 따라 해당 산업재해가 발생한 날부터 1개월 이내에 별지 제30호 서식의 산업재해조사표를 작성하여 관할 지방고용노동관서의 장에게 제출(전자문서로 제출하는 것을 포함한다)해야 한다.
㉡ 사업주는 ㉠에 따른 산업재해조사표에 근로자대표의 확인을 받아야 하며, 그 기재 내용에 대하여 근로자대표의 의견이 있는 경우에는 그 내용을 첨부해야 한다. 다만, 근로자대표가 없는 경우에는 재해자 본인의 확인을 받아 산업재해조사표를 제출할 수 있다.

서류의 보존(산업안전보건법 제164조)
산업재해의 발생 원인 등 기록의 서류를 3년 동안 보존하여야 한다. 다만, 고용노동부령으로 정하는 바에 따라 보존기간을 연장할 수 있다.

03

산업안전보건법령상 법령 요지의 게시 및 안전·보건표지의 부착 등에 관한 설명으로 옳지 않은 것은?

① 사업주는 이 법에 따른 명령의 요지를 상시 각 작업장 내에 근로자가 쉽게 볼 수 있는 장소에 게시하거나 갖추어 두어 근로자로 하여금 알게 하여야 한다.
② 근로자대표는 안전·보건진단 결과를 통지할 것을 사업주에게 요청할 수 있고 사업주는 이에 성실히 응하여야 한다.
③ 사업주는 사업장의 유해하거나 위험한 시설 및 장소에 대한 경고를 위하여 안전·보건표지를 설치하거나 부착하여야 한다.
④ 안전·보건표지 속의 그림 또는 부호의 크기는 안전·보건표지의 크기와 비례하여야 하며, 안전·보건표지 전체 규격의 20% 이상이 되어야 한다.
⑤ 안전·보건표지의 성질상 설치하거나 부착하는 것이 곤란한 경우에는 해당 물체에 직접 도장(塗裝)할 수 있다.

해설

안전보건표지의 제작(산업안전보건법 시행규칙 제40조)
안전보건표지 속의 그림 또는 부호의 크기는 안전보건표지의 크기와 비례해야 하며, 안전보건표지 전체 규격의 30% 이상이 되어야 한다.

04

산업안전보건법령상 안전보건관리책임자의 업무 내용에 해당하는 것을 모두 고른 것은?

> ㄱ. 산업재해 예방계획의 수립에 관한 사항
> ㄴ. 근로자의 안전·보건교육에 관한 사항
> ㄷ. 산업재해의 원인조사 및 재발방지대책 수립에 관한 사항
> ㄹ. 안전·보건과 관련된 안전장치 및 보호구 구입 시의 적격품 여부 확인에 관한 사항

① ㄱ, ㄴ
② ㄷ, ㄹ
③ ㄱ, ㄴ, ㄷ
④ ㄴ, ㄷ, ㄹ
⑤ ㄱ, ㄴ, ㄷ, ㄹ

해설

안전보건관리책임자(산업안전보건법 제15조)
- 사업장의 산업재해 예방계획의 수립에 관한 사항
- 제25조 및 제26조에 따른 안전보건관리규정의 작성 및 변경에 관한 사항
- 제29조에 따른 안전보건교육에 관한 사항
- 작업환경측정 등 작업환경의 점검 및 개선에 관한 사항
- 제129조부터 제132조까지에 따른 근로자의 건강진단 등 건강관리에 관한 사항
- 산업재해의 원인조사 및 재발방지대책 수립에 관한 사항
- 산업재해에 관한 통계의 기록 및 유지에 관한 사항
- 안전장치 및 보호구 구입 시 적격품 여부 확인에 관한 사항
- 그 밖에 근로자의 유해·위험 방지조치에 관한 사항으로서 고용노동부령으로 정하는 사항

05

산업안전보건법령상 안전보건관리규정에 관한 설명으로 옳지 않은 것은?

① 안전보건관리규정은 해당 사업장에 적용되는 단체협약 및 취업규칙에 반할 수 없다.
② 상시근로자 100명을 사용하는 정보서비스업 사업주는 안전보건관리규정을 작성하여야 한다.
③ 안전보건관리규정에 관하여는 이 법에서 규정한 것을 제외하고는 그 성질에 반하지 아니하는 범위에서 근로기준법의 취업규칙에 관한 규정을 준용한다.
④ 안전보건관리규정을 작성할 경우에는 안전·보건교육에 관한 사항이 포함되어야 한다.
⑤ 산업안전보건위원회가 설치되어 있지 아니한 사업장의 경우 사업주는 안전보건관리규정을 작성하거나 변경할 때에는 근로자대표의 동의를 받아야 한다.

해설

안전보건관리규정을 작성해야 할 사업의 종류 및 상시근로자 수(산업안전보건법 시행규칙 별표 2)
정보서비스업은 상시근로자의 수가 300명 이상일 때 안전보건관리규정을 작성해야 한다.

06
산업안전보건법령상 유해하거나 위험한 작업의 도급에 관한 설명으로 옳지 않은 것은?

① 도금작업의 도급을 받으려는 자는 고용노동부장관의 인가를 받아야 한다.
② 지방고용노동관서의 장은 도급인가 신청서가 접수된 때에는 접수된 날부터 10일 이내에 신청서를 반려하거나 인가증을 신청자에게 발급하여야 한다.
③ 수은, 납, 카드뮴 등 중금속을 제련, 주입, 가공 및 가열하는 작업은 도급인가의 대상이다.
④ 지방고용노동관서의 장은 도급인가 신청의 내용 및 한국산업안전보건공단의 확인 결과가 이 법령의 기준에 적합하지 아니하면 이를 인가하여서는 아니 된다.
⑤ 유해한 작업의 도급에 대한 인가를 받으려는 자는 도급인가 신청서를 제출할 때 도급대상 작업의 공정도와 도급계획서를 첨부하여야 한다.

해설

※ 출제 당시 정답은 ①이었으나, 산업안전보건법 개정으로 정답 없음 처리하였습니다.

유해한 작업의 도급금지(산업안전보건법 제58조)
㉠ 사업주는 근로자의 안전 및 보건에 유해하거나 위험한 작업으로서 다음 어느 하나에 해당하는 작업을 도급하여 자신의 사업장에서 수급인의 근로자가 그 작업을 하도록 해서는 아니 된다.
  1. 도금작업
  2. 수은, 납 또는 카드뮴을 제련, 주입, 가공 및 가열하는 작업
  3. 제118조 제1항에 따른 허가대상물질을 제조하거나 사용하는 작업
㉡ 사업주는 ㉠에도 불구하고 다음 어느 하나에 해당하는 경우에는 ㉠ 각 호에 따른 작업을 도급하여 자신의 사업장에서 수급인의 근로자가 그 작업을 하도록 할 수 있다.
  1. 일시·간헐적으로 하는 작업을 도급하는 경우
  2. 수급인이 보유한 기술이 전문적이고 사업주(수급인에게 도급을 한 도급인으로서의 사업주를 말한다)의 사업 운영에 필수 불가결한 경우로서 고용노동부장관의 승인을 받은 경우

07

산업안전보건법령상 안전관리전문기관의 지정의 취소 등에 관한 규정의 일부이다. ( ) 안에 들어갈 숫자의 연결이 옳은 것은?

> - 고용노동부장관은 안전관리전문기관이 지정 요건을 충족하지 못한 경우에 해당할 때에는 그 지정을 취소하거나 (ㄱ)개월 이내의 기간을 정하여 그 업무의 정지를 명할 수 있다.
> - 지정이 취소된 자는 지정이 취소된 날부터 (ㄴ)년 이내에는 안전관리전문기관으로 지정받을 수 없다.

① ㄱ : 1, ㄴ : 1
② ㄱ : 3, ㄴ : 1
③ ㄱ : 3, ㄴ : 2
④ ㄱ : 6, ㄴ : 1
⑤ ㄱ : 6, ㄴ : 2

해설

안전관리전문기관 등(산업안전보건법 제21조)
㉠ 고용노동부장관은 안전관리전문기관 또는 보건관리전문기관이 다음 어느 하나에 해당할 때에는 그 지정을 취소하거나 6개월 이내의 기간을 정하여 그 업무의 정지를 명할 수 있다. 다만, 1. 또는 2.에 해당할 때에는 그 지정을 취소하여야 한다.
  1. 거짓이나 그 밖의 부정한 방법으로 지정을 받은 경우
  2. 업무정지 기간 중에 업무를 수행한 경우
  3. 지정 요건을 충족하지 못한 경우
  4. 지정받은 사항을 위반하여 업무를 수행한 경우
  5. 그 밖에 대통령령으로 정하는 사유에 해당하는 경우
㉡ ㉠에 따라 지정이 취소된 자는 지정이 취소된 날부터 2년 이내에는 각각 해당 안전관리전문기관 또는 보건관리전문기관으로 지정받을 수 없다.

08

산업안전보건법령상 안전·보건 관리체제에 관한 설명으로 옳지 않은 것은?

① 안전보건관리책임자는 안전관리자와 보건관리자를 지휘·감독한다.
② 안전보건관리책임자는 해당 사업에서 그 사업을 실질적으로 총괄 관리하는 사람이어야 한다.
③ 안전관리자는 산업재해에 관한 통계의 유지·관리·분석을 위한 보좌 및 조언·지도 등의 업무를 수행하여야 한다.
④ 고용노동부장관은 안전관리전문기관의 업무정지를 명하여야 하는 경우에 그 업무정지가 공익을 해칠 우려가 있다고 인정하면 업무정지 처분을 갈음하여 2억 원 이하의 과징금을 부과할 수 있다.
⑤ 상시근로자 수가 500명 이상인 식료품 제조업의 경우 안전관리자를 2명 이상 선임하여야 한다.

해설

업무정지 처분을 대신하여 부과하는 과징금 처분(산업안전보건법 제160조)
고용노동부장관은 제21조 제4항(제74조 제4항, 제88조 제5항, 제96조 제5항, 제126조 제5항 및 제135조 제6항에 따라 준용되는 경우를 포함한다)에 따라 업무정지를 명하여야 하는 경우에 그 업무정지가 이용자에게 심한 불편을 주거나 공익을 해칠 우려가 있다고 인정되면 업무정지 처분을 대신하여 10억 원 이하의 과징금을 부과할 수 있다.

09

산업안전보건법령상 도급사업 시 구성하는 안전·보건에 관한 협의체의 협의사항에 포함되지 않는 것은?

① 작업장 간의 연락방법
② 재해발생 위험 시의 대피방법
③ 작업장의 순회점검에 관한 사항
④ 작업장에서의 위험성평가의 실시에 관한 사항
⑤ 수급인 상호 간의 작업공정의 조정

해설

협의체의 구성 및 운영(산업안전보건법 시행규칙 제79조)
협의체(안전 및 보건에 관한 협의체)는 다음 사항을 협의해야 한다.
• 작업의 시작 시간
• 작업 또는 작업장 간의 연락방법
• 재해발생 위험이 있는 경우 대피방법
• 작업장에서의 법 제36조에 따른 위험성평가의 실시에 관한 사항
• 사업주와 수급인 또는 수급인 상호 간의 연락 방법 및 작업공정의 조정

10

산업안전보건법령상 안전인증에 관한 설명으로 옳은 것은?

① 연구·개발을 목적으로 안전인증대상 기계·기구 등을 제조하는 경우에도 안전인증을 받아야 한다.
② 고용노동부장관은 안전인증을 받은 자가 안전인증기준을 지키고 있는지를 5년을 주기로 확인하여야 한다.
③ 곤돌라를 설치·이전하는 경우뿐만 아니라 그 주요 구조 부분을 변경하는 경우에도 안전인증을 받아야 한다.
④ 서면심사와 기술능력 및 생산체계 심사 결과가 안전인증기준에 적합할 경우에 유해·위험한 기계·기구·설비 등의 표본을 추출하여 하는 심사를 개별 제품심사라고 한다.
⑤ 예비심사의 경우 안전인증 신청서를 제출받은 안전인증기관은 7일 이내에 심사하여야 하며 부득이한 사유가 있을 때에는 15일의 범위에서 심사기간을 연장할 수 있다.

해설

③ 산업안전보건법 시행규칙 제107조
① 연구·개발을 목적으로 제조·수입하거나 수출을 목적으로 제조하는 경우 고용노동부령으로 정하는 바에 따라 안전인증의 전부 또는 일부를 면제할 수 있다(산업안전보건법 제84조).
② 고용노동부장관은 안전인증을 받은 자가 안전인증기준을 지키고 있는지를 3년 이하의 범위에서 고용노동부령으로 정하는 주기마다 확인하여야 한다(산업안전보건법 제84조).
④ 형식별 제품심사 : 서면심사와 기술능력 및 생산체계 심사 결과가 안전인증기준에 적합할 경우에 유해·위험기계 등의 형식별로 표본을 추출하여 하는 심사(안전인증을 받으려는 자가 서면심사, 기술능력 및 생산체계 심사와 형식별 제품심사를 동시에 할 것을 요청하는 경우 병행할 수 있다)
　※ 산업안전보건법 시행규칙 제110조
⑤ 안전인증기관은 안전인증 신청서를 제출받으면 예비심사는 7일 내에 심사해야 한다. 다만, 제품심사의 경우 처리기간 내에 심사를 끝낼 수 없는 부득이한 사유가 있을 때에는 15일의 범위에서 심사기간을 연장할 수 있다(산업안전보건법 시행규칙 제110조).

11
산업안전보건법령상 도급인인 사업주가 작업장의 안전·보건조치 등을 위하여 2일에 1회 이상 순회점검하여야 하는 사업을 모두 고른 것은?

ㄱ. 건설업	ㄴ. 자동차 전문 수리업
ㄷ. 토사석 광업	ㄹ. 금속 및 비금속 원료 재생업
ㅁ. 음악 및 기타 오디오물 출판업	

① ㄱ, ㄴ, ㅁ
② ㄱ, ㄷ, ㄹ
③ ㄴ, ㄷ, ㅁ
④ ㄱ, ㄴ, ㄷ, ㄹ
⑤ ㄱ, ㄷ, ㄹ, ㅁ

해설

도급사업 시의 안전·보건조치 등(산업안전보건법 시행규칙 제80조)
도급인은 법 제64조 제1항 제2호에 따른 작업장 순회점검을 다음 구분에 따라 실시해야 한다.
1. 건설업, 제조업, 토사석 광업, 서적·잡지 및 기타 인쇄물 출판업, 음악 및 기타 오디오물 출판업, 금속 및 비금속 원료 재생업 : 2일에 1회 이상
2. 1.의 사업을 제외한 사업 : 1주일에 1회 이상

12
산업안전보건기준에 관한 규칙상 니트로화합물을 제조하는 작업장의 비상구 설치에 관한 설명으로 옳지 않은 것은?

① 출입구 외에 안전한 장소로 대피할 수 있는 비상구 1개 이상을 설치할 것
② 비상구의 문은 피난 방향으로 열리도록 하고, 실내에서 항상 열 수 있는 구조로 할 것
③ 비상구의 너비는 0.75m 이상으로 하고, 높이는 1.5m 이상으로 할 것
④ 비상구는 출입구와 같은 방향에 있으며 출입구로부터 3m 이상 떨어져 있을 것
⑤ 작업장의 각 부분으로부터 하나의 비상구 또는 출입구까지의 수평거리가 50m 이하가 되도록 할 것

해설

④ 비상구는 출입구와 같은 방향에 있지 아니하고, 출입구로부터 3m 이상 떨어져 있을 것

비상구의 설치(산업안전보건기준에 관한 규칙 제17조)
사업주는 별표 1에 규정된 위험물질을 제조·취급하는 작업장(이하 작업장)과 그 작업장이 있는 건축물에 제11조에 따른 출입구 외에 안전한 장소로 대피할 수 있는 비상구 1개 이상을 다음 기준을 모두 충족하는 구조로 설치해야 한다. 다만, 작업장 바닥면의 가로 및 세로가 각 3m 미만인 경우에는 그렇지 않다.
- 출입구와 같은 방향에 있지 아니하고, 출입구로부터 3m 이상 떨어져 있을 것
- 작업장의 각 부분으로부터 하나의 비상구 또는 출입구까지의 수평거리가 50m 이하가 되도록 할 것. 다만, 작업장이 있는 층에 건축법 시행령 제34조 제1항에 따라 피난층(직접 지상으로 통하는 출입구가 있는 층과 건축법 시행령 제34조 제3항 및 제4항에 따른 피난안전구역을 말한다) 또는 지상으로 통하는 직통계단(경사로를 포함한다)을 설치한 경우에는 그 부분에 한정하여 본문에 따른 기준을 충족한 것으로 본다.
- 비상구의 너비는 0.75m 이상으로 하고, 높이는 1.5m 이상으로 할 것
- 비상구의 문은 피난 방향으로 열리도록 하고, 실내에서 항상 열 수 있는 구조로 할 것

13

산업안전보건법령상 자율안전확인대상 기계·기구 등에 해당하지 않는 것은?

① 휴대형 연삭기
② 혼합기
③ 파쇄기
④ 자동차정비용 리프트
⑤ 기압조절실(chamber)

해설

※ 출제 당시 정답은 ①이었으나, 산업안전보건법 시행령 개정으로 기압조절실이 삭제되어 ①·⑤로 정답을 수정하였습니다.

자율안전확인대상 기계 또는 설비(산업안전보건법 시행령 제77조)
- 연삭기(研削機) 또는 연마기. 이 경우 휴대형은 제외한다.
- 산업용 로봇
- 혼합기
- 파쇄기 또는 분쇄기
- 식품가공용 기계(파쇄·절단·혼합·제면기만 해당한다)
- 컨베이어
- 자동차정비용 리프트
- 공작기계(선반, 드릴기, 평삭·형삭기, 밀링만 해당한다)
- 고정형 목재가공용 기계(둥근톱, 대패, 루타기, 띠톱, 모떼기 기계만 해당한다)
- 인쇄기

14

산업안전보건법령상 안전검사대상에 해당하는 것을 모두 고른 것은?

ㄱ. 프레스
ㄴ. 압력용기
ㄷ. 산업용 원심기
ㄹ. 이동식 국소배기장치
ㅁ. 정격 하중이 1ton인 크레인
ㅂ. 특수자동차에 탑재한 고소작업대

① ㄱ, ㄹ, ㅂ
② ㄴ, ㅁ, ㅂ
③ ㄱ, ㄴ, ㄷ, ㅂ
④ ㄴ, ㄷ, ㄹ, ㅁ
⑤ ㄱ, ㄴ, ㄷ, ㄹ, ㅁ

> **해설**

안전검사대상기계 등(산업안전보건법 시행령 제78조)
- 프레스
- 전단기
- 크레인(정격 하중이 2ton 미만인 것은 제외한다)
- 리프트
- 압력용기
- 곤돌라
- 국소배기장치(이동식은 제외한다)
- 원심기(산업용만 해당한다)
- 롤러기(밀폐형 구조는 제외한다)
- 사출성형기[형 체결력(型 締結力) 294킬로뉴턴(kN) 미만은 제외한다]
- 고소작업대(자동차관리법 제3조 제3호 또는 제4호에 따른 화물자동차 또는 특수자동차에 탑재한 고소작업대로 한정한다)
- 컨베이어
- 산업용 로봇
- 혼합기(시행일 26.6.26)
- 파쇄기 또는 분쇄기(시행일 26.6.26)

15

산업안전보건법령상 유해·위험 방지를 위하여 방호조치가 필요한 기계·기구 등과 이에 설치하여야 할 방호장치를 옳게 연결한 것은?

① 예초기 - 회전체 접촉 예방장치
② 진공포장기 - 압력방출장치
③ 금속절단기 - 구동부 방호 연동장치
④ 원심기 - 날접촉 예방장치
⑤ 공기압축기 - 압력방출장치

> **해설**

방호조치(산업안전보건법 시행규칙 제98조)
- 예초기 : 날접촉 예방장치
- 원심기 : 회전체 접촉 예방장치
- 공기압축기 : 압력방출장치
- 금속절단기 : 날접촉 예방장치
- 지게차 : 헤드 가드, 백레스트(backrest), 전조등, 후미등, 안전벨트
- 포장기계 : 구동부 방호 연동장치

정답 15 ⑤

16

산업안전보건법령상 3년 이하의 징역 또는 2,000만 원 이하의 벌금에 처하게 될 수 있는 자는?

① 중대재해 발생현장을 훼손한 자
② 공정안전보고서의 내용이 중대산업사고를 예방하기 위하여 적합하다고 통보받기 전에 관련 설비를 가동한 자
③ 동력으로 작동하는 기계·기구로서 작동 부분의 돌기 부분을 묻힘형으로 하지 않거나 덮개를 부착하지 않고 양도한 자
④ 안전인증을 받지 않은 유해·위험한 기계·기구·설비 등에 안전인증표시를 한 자
⑤ 작업환경측정 결과에 따라 근로자의 건강을 보호하기 위하여 해당 시설·설비의 설치·개선 또는 건강진단의 실시 등의 조치를 하지 아니한 자

해설

※ 출제 당시 정답은 ②였으나, 산업안전보건법 개정으로 문제의 '3년 이하의 징역 또는 2,000만 원 이하의 벌금'이 '3년 이하의 징역 또는 3,000만 원 이하의 벌금'으로 수정되어 정답 없음 처리하였습니다.
② 제44조 제1항 후단(공정안전보고서의 내용이 중대산업사고를 예방하기 위하여 적합하다고 통보받기 전에 관련된 유해하거나 위험한 설비를 가동한 자)을 위반한 자 : 3년 이하의 징역 또는 3,000만 원 이하의 벌금(산업안전보건법 제169조)
①·③ 1년 이하의 징역 또는 1,000만 원 이하의 벌금(산업안전보건법 제170조)
④ 1,000만 원 이하의 과태료(산업안전보건법 제175조)
⑤ 1,000만 원 이하의 벌금(산업안전보건법 제171조)

17

산업안전보건기준에 관한 규칙상 통로를 설치하는 사업주가 준수하여야 하는 사항으로 옳지 않은 것은?

① 통로의 주요 부분에 통로표시를 하고, 근로자가 안전하게 통행할 수 있도록 하여야 한다.
② 통로면으로부터 높이 2m 이내의 장애물을 제거하는 것이 곤란하다고 고용노동부장관이 인정하는 경우에는 근로자에게 발생할 수 있는 부상 등의 위험을 방지하기 위한 안전조치를 하여야 한다.
③ 가설통로를 설치하는 경우, 건설공사에 사용하는 높이 8m 이상인 비계다리에는 7m 이내마다 계단참을 설치하여야 한다.
④ 잠함(潛函) 내 사다리식 통로를 설치하는 경우 그 폭은 30cm 이상으로 설치하여야 한다.
⑤ 계단 및 계단참을 설치하는 경우 매 m^2당 500kg 이상의 하중에 견딜 수 있는 강도를 가진 구조로 설치하여야 한다.

해설

사다리식 통로 등의 구조(산업안전보건기준에 관한 규칙 제24조)
㉠ 사업주는 사다리식 통로 등을 설치하는 경우 다음 사항을 준수하여야 한다.
  1. 견고한 구조로 할 것
  2. 심한 손상·부식 등이 없는 재료를 사용할 것
  3. 발판의 간격은 일정하게 할 것
  4. 발판과 벽과의 사이는 15cm 이상의 간격을 유지할 것
  5. 폭은 30cm 이상으로 할 것
  6. 사다리가 넘어지거나 미끄러지는 것을 방지하기 위한 조치를 할 것
  7. 사다리의 상단은 걸쳐놓은 지점으로부터 60cm 이상 올라가도록 할 것
  8. 사다리식 통로의 길이가 10m 이상인 경우에는 5m 이내마다 계단참을 설치할 것
  9. 사다리식 통로의 기울기는 75° 이하로 할 것. 다만, 고정식 사다리식 통로의 기울기는 90° 이하로 하고, 그 높이가 7m 이상인 경우에는 다음의 구분에 따른 조치를 할 것
    가. 등받이울이 있어도 근로자 이동에 지장이 없는 경우 : 바닥으로부터 높이가 2.5m 되는 지점부터 등받이울을 설치할 것
    나. 등받이울이 있으면 근로자가 이동이 곤란한 경우 : 한국산업표준에서 정하는 기준에 적합한 개인용 추락 방지 시스템을 설치하고 근로자로 하여금 한국산업표준에서 정하는 기준에 적합한 전신안전대를 사용하도록 할 것
  10. 접이식 사다리 기둥은 사용 시 접혀지거나 펼쳐지지 않도록 철물 등을 사용하여 견고하게 조치할 것
㉡ 잠함(潛函) 내 사다리식 통로와 건조·수리 중인 선박의 구명줄이 설치된 사다리식 통로(건조·수리작업을 위하여 임시로 설치한 사다리식 통로는 제외한다)에 대해서는 ㉠의 5.부터 10.까지의 규정을 적용하지 아니한다.

18

산업안전보건법령상 화학물질의 유해성·위험성을 조사하고 그 조사보고서를 고용노동부장관에게 제출하여야 하는 것은?

① 방사성물질
② 천연으로 산출된 화학물질
③ 연간 수입량이 1,000kg 미만인 경우로서 고용노동부장관의 확인을 받은 신규화학물질
④ 전량 수출하기 위하여 연간 10ton 이하로 제조하거나 수입하는 경우로서 고용노동부장관의 확인을 받은 신규화학물질
⑤ 일반 소비자의 생활용으로 직접 소비자에게 제공되고 국내의 사업장에서 사용되지 않는 경우로서 고용노동부장관의 확인을 받은 신규화학물질

해설

③ 신규화학물질의 수입량이 소량이어서 유해성·위험성 조사보고서를 제출하지 않는 경우란 신규화학물질의 연간 수입량이 100kg 미만인 경우로서 고용노동부장관의 확인을 받은 경우를 말한다(산업안전보건법 시행규칙 제149조).
①·② 유해성·위험성 조사 제외 화학물질(산업안전보건법 시행령 제85조)
④ 그 밖의 신규화학물질의 유해성·위험성 조사 제외(산업안전보건법 시행규칙 제150조)
⑤ 일반 소비자 생활용 신규화학물질의 유해성·위험성 조사 제외(산업안전보건법 시행규칙 제148조)

정답 18 ③

19

산업안전보건법령상 건강진단에 관한 설명으로 옳은 것은?

① 건강진단의 종류에는 일반건강진단, 특수건강진단, 채용 시 건강진단, 수시건강진단, 임시건강진단이 있다.
② 6개월간 밤 12시부터 오전 5시까지의 시간을 포함하여 계속되는 8시간 작업을 월 평균 4회 이상 수행하는 야간작업 근로자도 특수건강진단을 받아야 한다.
③ 벤젠에 노출되는 업무에 종사하는 근로자는 배치 후 3개월 이내에 첫 번째 특수건강진단을 받고, 이후 6개월마다 주기적으로 특수건강진단을 받아야 한다.
④ 다른 사업장에서 해당 유해인자에 대하여 배치 전 건강진단을 받고 9개월이 지난 근로자로서 건강진단결과를 적은 서류를 제출한 근로자는 배치 전 건강진단을 실시하지 아니할 수 있다.
⑤ 특수건강진단 대상업무로 인하여 해당 유해인자에 의한 건강장해를 의심하게 하는 증상을 보이는 근로자에 대하여 사업주가 실시하는 건강진단을 임시건강진단이라 한다.

해설

② 산업안전보건법 시행규칙 별표 22
① 건강진단의 종류에는 일반건강진단, 특수건강진단, 배치 전 건강진단, 수시건강진단, 임시건강진단이 있다(산업안전보건법 제129조, 제130조, 제131조).
③ 벤젠에 노출되는 업무에 종사하는 근로자는 배치 후 **2개월** 이내에 첫 번째 특수건강진단을 받고, 이후 6개월마다 주기적으로 특수건강진단을 받아야 한다(산업안전보건법 시행규칙 별표 23).
④ 다른 사업장에서 해당 유해인자에 대하여 배치 전 건강진단을 받고 **6개월**이 지난 근로자로서 건강진단결과를 적은 서류를 제출한 근로자는 배치 전 건강진단을 실시하지 아니할 수 있다(산업안전보건법 제130조, 시행규칙 제203조).
⑤ 사업주는 특수건강진단 대상업무에 따른 유해인자로 인한 것이라고 의심되는 건강장해 증상을 보이거나 의학적 소견이 있는 근로자 중 보건관리자 등이 사업주에게 건강진단 실시를 건의하는 등 고용노동부령으로 정하는 근로자에 대하여 건강진단(**수시건강진단**)을 실시하여야 한다(산업안전보건법 제130조).

특수건강진단의 시기 및 주기(산업안전보건법 시행규칙 별표 23)

구분	대상 유해인자	시기 (배치 후 첫 번째 특수 건강진단)	주기
1	N,N-디메틸아세트아미드 디메틸포름아미드	1개월 이내	6개월
2	벤젠	2개월 이내	6개월
3	1,1,2,2-테트라클로로에탄 사염화탄소 아크릴로니트릴 염화비닐	3개월 이내	6개월
4	석면, 면 분진	12개월 이내	12개월
5	광물성 분진 목재 분진 소음 및 충격소음	12개월 이내	24개월
6	1부터 5까지의 대상 유해인자를 제외한 별표 22의 모든 대상 유해인자	6개월 이내	12개월

20

산업안전보건법령상 질병자의 근로 금지·제한에 관한 설명으로 옳지 않은 것은?

① 사업주는 심장 등의 질환이 있는 사람으로서 근로에 의하여 병세가 악화될 우려가 있는 사람에 대해서는 의사의 진단에 따라 근로를 금지하여야 한다.
② 사업주는 발암성 물질을 취급하는 작업에 종사하는 근로자에게는 1일 6시간, 1주 34시간을 초과하여 근로하게 하여서는 아니 된다.
③ 사업주는 착암기 등에 의하여 신체에 강력한 진동을 주는 작업에서 유해·위험 예방조치 외에 작업과 휴식의 적정한 배분 등 근로자의 건강 보호를 위한 조치를 하여야 한다.
④ 사업주는 심장판막증이 있는 근로자를 고기압 업무에 종사하도록 하여서는 아니 된다.
⑤ 사업주는 근로가 금지되거나 제한된 근로자가 건강을 회복하였을 때에는 지체 없이 취업하게 하여야 한다.

해설

② 사업주는 유해하거나 위험한 작업으로서 높은 기압에서 하는 작업 등 대통령령으로 정하는 작업(잠함 또는 잠수 작업 등 높은 기압에서 하는 작업)에 종사하는 근로자에게는 1일 6시간, 1주 34시간을 초과하여 근로하게 해서는 아니 된다(산업안전보건법 제139조).

유해·위험작업에 대한 근로시간 제한 등(산업안전보건법 제139조)
사업주는 다음의 유해하거나 위험한 작업에 종사하는 근로자에게 필요한 안전조치 및 보건조치 외에 작업과 휴식의 적정한 배분 및 근로시간과 관련된 근로조건의 개선을 통하여 근로자의 건강 보호를 위한 조치를 하여야 한다.
• 갱(坑) 내에서 하는 작업
• 다량의 고열물체를 취급하는 작업과 현저히 덥고 뜨거운 장소에서 하는 작업
• 다량의 저온물체를 취급하는 작업과 현저히 춥고 차가운 장소에서 하는 작업
• 라듐방사선이나 엑스선, 그 밖의 유해 방사선을 취급하는 작업
• 유리·흙·돌·광물의 먼지가 심하게 날리는 장소에서 하는 작업
• 강렬한 소음이 발생하는 장소에서 하는 작업
• 착암기(바위에 구멍을 뚫는 기계) 등에 의하여 신체에 강렬한 진동을 주는 작업
• 인력(人力)으로 중량물을 취급하는 작업
• 납·수은·크롬·망간·카드뮴 등의 중금속 또는 이황화탄소·유기용제, 그 밖에 고용노동부령으로 정하는 특정 화학물질의 먼지·증기 또는 가스가 많이 발생하는 장소에서 하는 작업

21

산업안전보건법령상 유해·위험방지계획서의 제출 대상 업종에 해당하지 않는 것은?(단, 전기 계약용량이 300kW 이상인 사업에 한함)

① 전기장비 제조업
② 식료품 제조업
③ 가구 제조업
④ 목재 및 나무제품 제조업
⑤ 전자부품 제조업

해설

유해위험방지계획서 제출 대상(산업안전보건법 시행령 제42조)
법 제42조 제1항 제1호에서 "대통령령으로 정하는 사업의 종류 및 규모에 해당하는 사업"이란 다음 어느 하나에 해당하는 사업으로서 전기 계약용량이 300kW 이상인 경우를 말한다.

> 금속가공제품 제조업(기계 및 가구 제외), 비금속 광물제품 제조업, 기타 기계 및 장비 제조업, 자동차 및 트레일러 제조업, 식료품 제조업, 고무제품 및 플라스틱제품 제조업, 목재 및 나무제품 제조업, 기타 제품 제조업, 1차 금속 제조업, 가구 제조업, 화학물질 및 화학제품 제조업, 반도체 제조업, 전자부품 제조업

22

산업안전보건법령상 지도사에 관한 설명으로 옳은 것은?

① 지도사 시험에 합격하여 고용노동부장관에게 등록하여야만 지도사의 자격을 가진다.
② 이 법을 위반하여 벌금형을 선고받고 6개월이 된 자는 지도사의 등록을 할 수 있다.
③ 지도사는 3년마다 갱신등록을 하여야 하며, 갱신등록은 지도실적이 없어도 가능하다.
④ 지도사 등록의 갱신기간 동안 지도실적이 2년 이상인 지도사의 보수교육시간은 10시간 이상으로 한다.
⑤ 산업안전 및 산업보건 분야에서 3년간 실무에 종사한 지도사가 직무를 개시하려는 경우에는 등록을 하기 전 연수교육이 면제된다.

해설

① 고용노동부장관이 시행하는 지도사 자격시험에 합격한 사람은 지도사의 자격을 가진다(산업안전보건법 제143조).
② 이 법을 위반하여 벌금형을 선고받고 1년이 지나지 아니한 사람은 지도사의 등록을 할 수 없다(산업안전보건법 제145조).
③ 등록을 한 지도사는 고용노동부령으로 정하는 바에 따라 5년마다 등록을 갱신하여야 하며, 고용노동부령으로 정하는 지도실적이 있는 지도사만이 갱신등록을 할 수 있다. 다만, 지도실적이 기준에 못 미치는 지도사는 고용노동부령으로 정하는 보수교육을 받은 경우 갱신등록을 할 수 있다(산업안전보건법 제145조).
④ 지도사 등록의 갱신기간 동안 지도실적이 2년 이상인 지도사의 보수교육시간은 10시간 이상으로 한다(산업안전보건법 시행규칙 제231조).
⑤ 산업안전 또는 산업보건 분야에서 5년 이상 실무에 종사한 경력이 있는 사람은 연수교육 제외 대상이다(산업안전보건법 시행령 제107조).

23

산업안전보건법령상 서류의 보존기간에 관한 설명으로 옳지 않은 것은?

① 기관석면조사를 한 건축물이나 설비의 소유주 등과 석면조사기관은 그 결과에 관한 서류를 5년간 보존하여야 한다.
② 지정측정기관은 작업환경측정에 관한 사항으로서 측정대상 사업장의 명칭 및 소재지 등을 기재한 서류를 3년간 보존하여야 한다.
③ 사업주는 노사협의체 회의록을 2년간 보존하여야 한다.
④ 자율안전확인대상 기계·기구 등을 제조하거나 수입하려는 자는 자율안전기준에 맞는 것임을 증명하는 서류를 2년간 보존하여야 한다.
⑤ 사업주는 화학물질의 유해성·위험성 조사에 관한 서류를 3년간 보존하여야 한다.

해설

① 일반석면조사를 한 건축물·설비소유주 등은 그 결과에 관한 서류를 그 건축물이나 설비에 대한 해체·제거작업이 종료될 때까지 보존하여야 하고, 기관석면조사를 한 건축물·설비소유주 등과 석면조사기관은 그 결과에 관한 서류를 3년 동안 보존하여야 한다(산업안전보건법 제164조).

24

산업안전보건기준에 관한 규칙상 근골격계 부담작업으로 인한 건강장해 예방에 관한 설명으로 옳지 않은 것은?

① 신설되는 사업장의 사업주는 근로자가 근골격계부담작업을 하는 경우에 신설일부터 1년 이내에 최초의 유해요인 조사를 하여야 한다.
② 유해요인조사에는 작업장 상황, 작업조건, 작업과 관련된 근골격계질환 징후와 증상 유무 등이 포함된다.
③ 유해요인조사는 근로자와의 면담, 증상 설문조사, 인간공학적 측면을 고려한 조사 등 적절한 방법으로 하여야 한다.
④ 근로자는 근골격계부담작업으로 인하여 운동범위의 축소 등의 징후가 나타나는 경우 그 사실을 사업주에게 통지할 수 있다.
⑤ 연간 7명이 근골격계질환으로 인한 업무상 질병으로 인정받은 상시근로자 수 85명을 고용하고 있는 사업주는 근골격계질환 예방관리 프로그램을 시행하여야 한다.

해설

⑤ 상시근로자 수 85명을 고용하고 있는 사업주의 경우 연간 9명 이상 근골격계질환으로 인한 업무상 질병으로 인정받은 경우 근골격계질환 예방관리 프로그램 시행 대상이 된다.
근골격계질환 예방관리 프로그램 시행(산업안전보건기준에 관한 규칙 제662조)
근골격계질환으로 산업재해보상보험법 시행령 별표 3 제2호 가목·마목 및 제12호 라목에 따라 업무상 질병으로 인정받은 근로자가 연간 10명 이상 발생한 사업장 또는 5명 이상 발생한 사업장으로서 발생 비율이 그 사업장 근로자 수의 10% 이상인 경우 근골격계질환 예방관리 프로그램을 수립하여 시행하여야 한다.

정답 23 ① 24 ⑤

25

산업안전보건법령상 건강관리수첩 발급대상 업무 및 대상요건에 해당하지 않는 것은?

① 니켈 또는 그 화합물을 광석으로부터 추출하여 제조하거나 취급하는 업무에 5년 이상 종사한 사람
② 염화비닐을 제조하거나 사용하는 석유화학설비를 유지·보수하는 업무에 4년 이상 종사한 사람
③ 비파괴검사 업무에 3년 이상 종사한 사람
④ 석면 또는 석면방직제품을 제조하는 업무에 3개월 이상 종사한 사람
⑤ 비스-(클로로메틸)에테르를 제조하거나 취급하는 업무에 3년 이상 종사한 사람

해설

건강관리카드의 발급 대상(산업안전보건법 시행규칙 별표 25)

건강장해가 발생할 우려가 있는 업무	대상 요건
비파괴검사(방사선) 업무	1년 이상 종사한 사람 또는 연간 누적선량이 20mSv 이상이었던 사람
니켈(니켈카보닐을 포함한다) 또는 그 화합물을 광석으로부터 추출하여 제조하거나 취급하는 업무	5년 이상 종사한 사람
• 염화비닐을 중합(결합 화합물화)하는 업무 또는 밀폐되어 있지 않은 원심분리기를 사용하여 폴리염화비닐(염화비닐의 중합체를 말한다)의 현탁액(懸濁液)에서 물을 분리시키는 업무 • 염화비닐을 제조하거나 사용하는 석유화학설비를 유지·보수하는 업무	4년 이상 종사한 사람
석면 또는 석면방직제품을 제조하는 업무	3개월 이상 종사한 사람
비스-(클로로메틸)에테르(같은 물질이 함유된 화합물의 중량 비율이 1%를 초과하는 제제를 포함한다)를 제조하거나 취급하는 업무	3년 이상 종사한 사람

산업위생일반

26
산업피로에 관한 설명으로 옳지 않은 것은?
① 근육 내 에너지원의 부족은 피로발생의 생리적 원인에 해당된다.
② 체내 대사물질인 젖산, 암모니아, 시스틴, 잔여질소는 피로물질이라 한다.
③ 국소피로의 측정은 피로의 주관적 측정이다.
④ 산업피로는 정신적 피로와 육체적 피로로 구분할 수 있다.
⑤ 전신피로는 심박수를 측정한 후 산출하여 판정한다.

해설
국소피로는 특정 부위의 근육이나 조직에 피로가 집중된 상태를 의미하며, 주로 '근전도 등(객관적 방법)'으로 측정한다. 주관적 측정은 일반적으로 피로감 설문조사나 자기 보고 방식으로 이루어지며, 이는 전신피로나 정신적 피로를 평가하는 데 사용될 수 있다.

27
화학물질의 분류·표시 및 물질안전보건자료에 관한 기준에 따른 물질안전보건자료의 작성항목으로 옳지 않은 것은?
① 유해성·위험성
② 누출 사고 시 대처방법
③ 취급 및 저장방법
④ 환경에 미치는 영향
⑤ 안정성 및 폭발성

해설
물질안전보건자료(MSDS)는 화학물질의 유해성과 안전성을 이해하고 적절히 취급하기 위한 정보 제공을 목적으로 작성된다. 필수 작성항목에는 유해성·위험성, 누출 사고 시 대처방법, 취급 및 저장방법, 환경에 미치는 영향 등이 포함된다. 하지만 '안정성 및 폭발성'은 작성항목 중 하나가 아니며, 대신 안정성 및 반응성이라는 항목이 포함된다. '폭발성'은 별도로 분리된 작성항목이 아니다.

정답 26 ③ 27 ⑤

28

산업안전보건기준에 관한 규칙상 밀폐공간과 관련된 내용으로 옳지 않은 것은?

① 사업주는 근로자가 밀폐공간에서 작업을 하는 경우에 그 작업장과 외부의 감시인 간에 상시 연락을 취할 수 있는 설비를 설치하여야 한다.
② 사업주는 근로자가 밀폐공간에서 작업을 하는 경우에 작업을 시작하기 전과 작업 중에 해당 작업장을 적정공기 상태가 유지되도록 환기하여야 한다.
③ '유해가스'란 밀폐공간에서 탄산가스·황화수소 등의 유해물질이 가스상태로 공기 중에 발생하는 것을 말한다.
④ '적정공기'란 산소농도의 범위가 18% 이상, 23.5% 미만, 탄산가스의 농도가 1.5% 미만, 황화수소의 농도가 20ppm 미만인 수준의 공기를 말한다.
⑤ 사업주는 근로자가 밀폐공간에서 작업을 하는 경우에 그 장소에 근로자를 입장시킬 때와 퇴장시킬 때마다 인원을 점검하여야 한다.

해설

※ 출제 당시 정답은 ④였으나, 산업안전보건기준에 관한 규칙 개정으로 ③의 유해가스 정의가 '이산화탄소·일산화탄소·황화수소 등의 기체로서 인체에 유해한 영향을 미치는 물질'로 변경되어 ③·④로 정답을 수정하였습니다.
④ 산업안전보건기준에 관한 규칙에서 적정공기는 산소농도의 범위가 18% 이상 23.5% 미만, 이산화탄소의 농도가 1.5% 미만, 일산화탄소의 농도가 30ppm 미만, 황화수소의 농도가 10ppm 미만인 수준의 공기를 말한다.

29

산업보건의 역사에 관한 설명으로 옳은 것은?

① 라마치니(B. Ramazzini)는 「직업인의 질병」을 저술하였다.
② 히포크라테스는 구리광산에서 산 증기의 위험성을 보고하였다.
③ 원진레이온에서 발생한 직업병의 원인물질은 황화수소이다.
④ 우리나라는 1991년에 산업안전보건법을 제정하였다.
⑤ 우리나라는 1995년에 작업환경측정실시규정을 제정하였다.

해설

① 라마치니는 1700년대 초에 「De Morbis Artificum Diatriba(직업인의 질병)」를 저술하여 직업병 연구의 선구자로 알려져 있다.
② 히포크라테스는 구리광산이 아닌, 다른 환경적 요인에 의한 건강 영향을 언급하였다. 구리광산에서 산 증기의 위험성을 보고한 사람은 Galen이다.
③ 원진레이온 사건의 원인물질은 이황화탄소(CS_2)이다.
④ 우리나라의 산업안전보건법은 1981년에 제정되었다.
⑤ 작업환경측정실시규정은 1990년대 이전에 시행되었으며, 1995년은 해당되지 않는다.

30

근로자 건강진단 실시기준에서 건강진단 실시결과에 따라 건강상담, 보호구지급 및 착용지도, 추적검사, 근무 중 치료 등의 조치를 시행할 수 있는 기관 또는 자격자에 해당하지 않는 것은?

① 건강진단기관
② 산업보건의
③ 보건관리자
④ 보건진단기관
⑤ 한국산업안전보건공단 근로자 건강센터

해설

건강진단 결과에 따른 조치를 시행할 수 있는 기관 및 자격자로는 건강진단기관, 산업보건의, 보건관리자, 한국산업안전보건공단 근로자 건강센터가 포함되며, 보건진단기관은 이 범주에 속하지 않는다.

31

작업환경측정 및 지정측정기관 평가 등에 관한 고시에서 정한 6가 크롬 화합물의 측정과 분석방법에 관한 설명으로 옳은 것은?

① 시료채취기는 유리섬유여과지와 패드가 장착된 3단 카세트를 사용한다.
② 시료채취용 펌프는 작업자의 정상적인 작업 상황에서 작업자에게 부착 가능해야 하며, 적정유량(1~4L/min)에서 6시간 동안 연속적으로 작동이 가능해야 한다.
③ 시료채취량은 여과지에 채취된 먼지의 무게가 10mg을 초과하지 않도록 펌프의 유량 및 시료채취 시간을 조절하여 시료채취를 한다.
④ 현장공시료의 개수는 채취된 총시료 수의 5% 이상 또는 시료 세트당 1~10개를 준비한다.
⑤ 분석기기는 전도도 또는 분광 검출기가 장착된 이온크로마토그래피이어야 한다.

해설

⑤ 6가 크롬 화합물의 분석은 주로 이온크로마토그래피(IC)를 사용하며, 전도도 검출기 또는 분광 검출기가 장착된 기기로 측정한다. 이는 옳은 내용이지만, 2020년 해당 고시 개정으로 허용기준 설정물질의 세부 분석방법 등이 삭제되어 현재는 안전보건공단 기술지침(KOSHA GUIDE)을 따르고 있다.
① 유리섬유여과지는 6가 크롬 화합물의 시료채취에 적합하지 않다. 일반적으로 PVC여과지가 사용된다.
② 펌프 유량은 1~4L/min이 맞으나, 연속 작동 시간 6시간은 일반적인 고시에 명시된 조건과 일치하지 않는다.
③ 여과지 먼지 무게 10mg 초과 제한은 다른 물질의 기준에 해당하며, 6가 크롬과는 관련이 적다.
④ 현장공시료의 개수는 5시료 세트당 2~10개 또는 시료 수의 10% 이상으로 한다.

32

산업안전보건법령상 유해물질 또는 작업장소에 따른 포위식 후드의 제어풍속이 옳지 않은 것은?

① 메틸알코올(가스상태) - 0.4m/sec
② 망간 및 그 화합물(입자상태) - 0.6m/sec
③ 염화비닐(가스상태) - 0.5m/sec
④ 주물모래를 재생하는 장소 - 0.7m/sec
⑤ 암석 등 탄소원료 또는 알루미늄박을 체로 거르는 장소 - 0.7m/sec

해설

- 관리대상 유해물질
  - 메틸알코올(가스상태) : 0.4m/sec
  - 망간 및 그 화합물(입자상태) : 0.7m/sec
- 허가대상 유해물질
  - 염화비닐(가스상태) : 0.5m/sec
- 분진작업장소
  - 주물모래를 재생하는 장소 : 0.7m/sec
  - 암석 등 탄소원료 또는 알루미늄박을 체로 거르는 장소 : 0.7m/sec

관리대상 유해물질 관련 국소배기장치 후드의 제어풍속(산업안전보건기준에 관한 규칙 별표 13)

물질의 상태	후드 형식	제어풍속(m/sec)
가스상태	포위식 포위형	0.4
	외부식 측방흡인형	0.5
	외부식 하방흡인형	0.5
	외부식 상방흡인형	1.0
입자상태	포위식 포위형	0.7
	외부식 측방흡인형	1.0
	외부식 하방흡인형	1.0
	외부식 상방흡인형	1.2

※ 비고
- 가스상태란 관리대상 유해물질이 후드로 빨아들여질 때의 상태가 가스 또는 증기인 경우를 말한다.
- 입자상태란 관리대상 유해물질이 후드로 빨아들여질 때의 상태가 흄, 분진 또는 미스트인 경우를 말한다.
- 제어풍속이란 국소배기장치의 모든 후드를 개방한 경우의 제어풍속으로서 다음에 따른 위치에서의 풍속을 말한다.
  - 포위식 후드에서는 후드 개구면에서의 풍속
  - 외부식 후드에서는 해당 후드에 의하여 관리대상 유해물질을 빨아들이려는 범위 내에서 해당 후드 개구면으로부터 가장 먼 거리의 작업위치에서의 풍속

정답 32 ②

허가대상 유해물질 및 석면 취급장소에 설치하는 국소배기장치의 성능 기준(산업안전보건기준에 관한 규칙 제454조)

물질의 상태	제어풍속(m/sec)
가스상태	0.5
입자상태	1.0

※ 비고
- 이 표에서 제어풍속이란 국소배기장치의 모든 후드를 개방한 경우의 제어풍속을 말한다.
- 이 표에서 제어풍속은 후드의 형식에 따라 다음에서 정한 위치에서의 풍속을 말한다.
  - 포위식 또는 부스식 후드에서는 후드의 개구면에서의 풍속
  - 외부식 또는 리시버식 후드에서는 유해물질의 가스·증기 또는 분진이 빨려 들어가는 범위에서 해당 개구면으로부터 가장 먼 작업 위치에서의 풍속

분진작업장소에 설치하는 국소배기장치의 제어풍속(산업안전보건기준에 관한 규칙 별표 17)

제607조 및 제617조 제1항 단서에 따라 설치하는 국소배기장치[연삭기, 드럼 샌더(drum sander) 등의 회전체를 가지는 기계에 관련되어 분진작업을 하는 장소에 설치하는 것은 제외한다]의 제어풍속

분진작업장소	제어풍속(m/sec)			
	포위식 후드의 경우	외부식 후드의 경우		
		측방 흡인형	하방 흡인형	상방 흡인형
암석 등 탄소원료 또는 알루미늄박을 체로 거르는 장소	0.7	-	-	-
주물모래를 재생하는 장소	0.7	-	-	-
주형을 부수고 모래를 터는 장소	0.7	1.3	1.3	-
그 밖의 분진작업장소	0.7	1.0	1.0	1.2

※ 비고

제어풍속이란 국소배기장치의 모든 후드를 개방한 경우의 제어풍속으로서 다음 위치에서 측정한다.
- 포위식 후드에서는 후드 개구면
- 외부식 후드에서는 해당 후드에 의하여 분진을 빨아들이려는 범위에서 그 후드 개구면으로부터 가장 먼 거리의 작업위치

33
상이한 반응을 보이는 집단의 중심경향을 파악하고자 할 때 유용하게 이용되는 대푯값은?
① 산술평균
② 가중평균
③ 기하평균
④ 조화평균
⑤ 중앙값

해설

④ 조화평균 : 주로 비율 데이터나 상이한 크기의 값이 혼재된 경우에 유용하게 사용된다. 특히 상이한 반응이 나타나는 데이터에서 중심경향을 파악할 때, 작은 값에 상대적으로 더 큰 가중치를 두어 평균을 계산한다는 특징이 있다.
① 산술평균 : 모든 데이터를 단순히 더한 뒤 평균을 구하는 방식으로 극단값(outliers)에 민감하므로, 상이한 반응이 있는 데이터에서는 왜곡될 가능성이 크다.
② 가중평균 : 데이터 값에 가중치를 적용해 평균을 계산하는 방식이다. 데이터 집합이 각기 다른 중요도를 가진 경우 적합하지만, 상이한 반응을 보이는 데이터를 대표하기에는 한계가 있다.
③ 기하평균 : 곱셈적 관계(비율 변화)를 반영하는 평균으로 데이터가 모두 양수이며 비율이 중요한 경우 적합하나, 상이한 반응을 대표하기에는 적합하지 않다.
⑤ 중앙값 : 데이터의 순서상 중앙에 위치한 값으로 극단값에 민감하지 않다. 하지만 데이터의 분포에서 상이한 반응을 나타내는 특성을 정확히 반영하지 못할 수 있다.

34
근로자 건강증진활동 지침에 따라 사업주가 건강증진활동계획을 수립할 때 포함해야 할 사항은?
① 작업환경측정결과 사후관리조치
② 건강진단결과 사후관리조치
③ 위험성평가결과 사후관리조치
④ 화학물질의 유해성·위험성 평가결과 사후관리조치
⑤ 직무스트레스 평가결과 사후관리조치

해설

② 근로자 건강증진활동계획은 근로자의 건강증진과 질병예방을 위해 수립되며, 건강진단결과를 기반으로 한 사후관리조치는 필수적인 요소이다. 이는 건강 이상 소견이 발견된 근로자에 대한 적절한 후속조치를 포함한다.
① 작업환경측정결과 사후관리조치는 작업환경 개선과 관련되며, 건강증진활동계획에 직접 포함되지 않는다.
③ 위험성평가결과 사후관리조치는 주로 작업환경 및 작업방법 개선과 관련된다.
④ 화학물질 유해성·위험성 평가결과 사후관리조치는 화학물질 관리와 관련된다.
⑤ 직무스트레스 평가결과 사후관리조치는 정신건강 관리와 관련되지만, ②번 문항이 정답에 더 가깝다.
건강증진활동계획을 수립할 때 포함사항(근로자 건강증진활동 지침 제4조)
• 건강진단결과 사후관리조치
• 근골격계질환 징후가 나타난 근로자에 대한 사후조치
• 직무스트레스에 의한 건강장해 예방조치

35
화학물질 및 물리적 인자의 노출기준에 따른 화학물질의 생식독성 분류 기준은?

① 국제암연구소의 분류
② 미국산업위생전문가협회의 분류
③ 미국국립산업안전보건연구원의 분류
④ 미국독성프로그램의 분류
⑤ 유럽연합의 분류·표시에 관한 규칙의 분류

해설

⑤ 화학물질의 생식독성 분류 기준은 유럽연합의 분류·표시에 관한 규칙(EU CLP ; European Regulation on the Classification, Labelling and Packaging of substances and mixtures) 따라 설정된다. 이는 화학물질의 생식독성을 포함한 유해성 분류 기준을 명확히 규정하여, 작업장 내 안전을 도모한다.
① 국제암연구소(IARC) : 발암성 물질의 분류에 중점을 두고 있다.
② 미국산업위생전문가협회(ACGIH) : 노출기준(TLV) 설정
③ 미국국립산업안전보건연구원(NIOSH) : 작업장 내 노출한계와 가이드라인 제정에 관여한다.
④ 미국독성프로그램(NTP) : 독성학 연구 및 발암성 물질 평가에 중점
따라서 화학물질의 생식독성 분류는 유럽연합의 EU CLP 규칙이 기준으로 활용된다.

화학물질(화학물질 및 물리적 인자의 노출기준 제5조)
발암성, 생식세포 변이원성 및 생식독성 정보는 법상 규제 목적이 아닌 정보제공 목적으로 표시하는 것이다.
- 발암성은 국제암연구소(IARC ; International Agency for Research on Cancer), 미국산업위생전문가협회(ACGIH ; American Conference of Governmental Industrial Hygienists), 미국독성프로그램(NTP ; National Toxicology Program), 유럽연합의 분류·표시에 관한 규칙(EU CLP ; European Regulation on the Classification, Labelling and Packaging of substances and mixtures) 또는 미국산업안전보건청(OSHA ; American Occupational Safety & Health Administration)의 분류를 기준으로 표시한다.
- 생식세포 변이원성 및 생식독성은 유럽연합의 분류·표시에 관한 규칙(EU CLP ; European Regulation on the Classification, Labelling and Packaging of substances and mixtures)을 기준으로 화학물질의 분류·표시 및 물질안전보건자료에 관한 기준에 따라 분류한다.

36
직업에 대한 개인의 동기와 환경이 제공해 주는 여러 여건들이 조화를 이루지 못할 때, 혹은 직장에서의 요구와 그 요구에 대처할 수 있는 인간의 능력에 차이가 존재할 때 긴장이 발생하게 된다고 보는 직무스트레스 모델은?

① 인간 – 환경 적합 모델
② ISR 모델
③ 노력 – 보상 불균형 모델
④ Newman의 요소 모델
⑤ 요구 – 통제 모델

해설

① 인간 – 환경 적합(person–environment fit) 모델 : 직무스트레스가 개인의 동기, 능력 등과 직업 환경이 제공하는 여건들이 조화를 이루지 못할 때 발생한다. 이는 개인과 환경 간의 적합성이 스트레스 발생의 주요 원인임을 강조하는 모델이며, 개인의 특성과 직업 환경의 적합성을 중심으로 스트레스를 설명하는 대표적인 이론이다.
② ISR(Input–Storage–Response) 모델 : 사회적 역할 및 책임과 관련된 스트레스를 다룬다.
③ 노력 – 보상 불균형 모델 : 근로자가 들인 노력에 비해 받는 보상이 적을 때 스트레스가 발생한다고 설명한다.
④ Newman의 요소 모델 : 직무스트레스의 원인을 개인적, 조직적, 환경적 요소로 구분해 분석한다.
⑤ 요구 – 통제 모델 : 직무의 요구와 이를 통제할 수 있는 자율성 간의 관계를 강조한다.

정답 35 ⑤ 36 ①

37

폐환기 및 폐기능에 관한 설명으로 옳은 것을 모두 고른 것은?

> ㄱ. 안정 시 호흡에서 폐로 들어가는 공기의 양을 1회 호흡량(TV)이라 한다.
> ㄴ. 안정 시 호기 후에 노력하여 최대한 호기할 수 있는 공기의 양을 예비호기량(ERV)이라 한다.
> ㄷ. 안정 시 흡기 후에 노력하여 최대한 들이 마실 수 있는 공기의 양을 예비흡기량(IRV)이라 한다.
> ㄹ. 1회 호흡량, 예비흡기량, 예비호기량을 모두 더한 양을 전폐용량(Total Lung Capacity)이라 한다.
> ㅁ. 최대한 공기를 다 내쉰 후에도 기도에 남아 있는 공기가 있는데 이를 잔기량(RV)이라고 하며, 1,200mL 정도가 된다.

① ㄱ, ㄷ
② ㄴ, ㄹ, ㅁ
③ ㄱ, ㄴ, ㄷ, ㅁ
④ ㄱ, ㄴ, ㄹ, ㅁ
⑤ ㄴ, ㄷ, ㄹ, ㅁ

해설

ㄹ. 1회 호흡량(TV), 예비흡기량(IRV), 예비호기량(ERV)을 모두 더한 것은 폐활량(VC ; Vital Capacity)으로, 전폐용량(TLC ; Total Lung Capacity)과는 다르다.
※ 전폐용량 : 폐가 최대한 팽창할 때의 총공기용적 VC에 RV까지 더해진 값

38

금속의 체내대사에 관한 설명으로 옳지 않은 것은?

① 무기연 화합물은 주로 호흡기와 소화기를 통하여 인체 내에 들어온다.
② 금속수은의 표적장기는 심장과 근육이고, 무기수은염의 표적장기는 뇌이다.
③ 체내에 흡수된 카드뮴은 혈액을 거쳐 2/3 정도 간과 신장으로 이동하고, 물질대사를 통해 메탈로티오네인(metallothionein)이 합성되어 혈액을 통하여 다른 장기로 이동한다.
④ 체내에 흡수된 망간은 10~30% 정도 간에 축적되며, 뇌혈관막을 통과하기도 한다.
⑤ 베릴륨의 주된 흡수 경로는 호흡기이고, 위장관계나 피부를 통하여 흡수될 수도 있다.

해설

② 금속수은(Hg)은 주로 신경계와 신장에 영향을 미치며, 심장과 근육이 주요 표적장기로 작용하지 않는다. 무기수은염은 주로 신장에 영향을 미치며, 뇌는 유기수은(예 메틸수은)의 주요 표적장기이다.
①·③·④·⑤ 금속의 체내대사와 주요 흡수 및 축적 경로에 대한 설명이다.

39
하인리히(H. Heinrich)의 사고 발생과정 5단계에 관한 설명으로 옳지 않은 것은?

① 사고예방 중심은 1단계이다.
② 도미노이론이라고도 한다.
③ 불안전한 행동 및 상태는 3단계에 해당된다.
④ 낙하·비래와 같은 사고는 4단계에 해당된다.
⑤ 사고 결과로 발생하는 상해는 5단계에 해당된다.

해설

① 하인리히의 사고 발생과정 5단계는 도미노이론으로 불리며, 각 단계는 사고 원인과 결과를 설명한다. '사고예방의 중심'은 3단계(불안전한 행동 및 상태)에 있다. 이 단계에서 원인을 제거하면 후속 단계를 막을 수 있다는 것이 핵심이다.

하인리히의 사고 발생과정 5단계
- 1단계 : 사회적 환경과 유전적 요소(원인)
- 2단계 : 개인적 결함(사고 원인을 유발하는 성격적 문제)
- 3단계 : 불안전한 행동 및 상태(직접적인 사고 원인)
- 4단계 : 사고(예 낙하, 충돌)
- 5단계 : 상해(결과)

40
우리나라 산업재해 발생형태의 분류 항목이 아닌 것은?

① 전도
② 붕괴·도괴
③ 협착
④ 유해물질접촉
⑤ 절단

해설

우리나라 산업재해 발생형태 분류 항목은 산업재해의 유형을 체계적으로 분류하기 위해 정의된 기준이다. 주요 항목에는 전도, 붕괴·도괴, 협착, 유해물질접촉 등이 포함되며, 절단은 산업재해 발생형태의 분류 항목에 포함되지 않는다. 절단은 발생원인 또는 결과로 간주될 수 있지만, 분류체계의 항목은 아니다.

41

하이드라진(hydrazine)의 증기압은 10mmHg, 노출기준은 0.05ppm이며, 노말헥산의 증기압은 124mmHg, 노출기준은 50ppm이다. 다음 중 옳은 것을 모두 고른 것은?[단, 증기유해지수(VHI) = $\dfrac{\text{포화농도}}{\text{노출기준}}$]

ㄱ. 하이드라진의 포화농도는 약 1.3%이다.	ㄴ. 노말헥산의 포화농도는 약 26.3%이다.
ㄷ. 하이드라진의 VHI는 약 263,0000이다.	ㄹ. 노말헥산의 VHI는 약 53,0000이다.

① ㄱ, ㄷ
② ㄱ, ㄹ
③ ㄱ, ㄴ, ㄷ
④ ㄴ, ㄷ, ㄹ
⑤ ㄱ, ㄴ, ㄷ, ㄹ

해설

ㄴ. 노말헥산의 포화농도 계산

$$\text{포화농도(ppm)} = \dfrac{\text{증기압(mmHg)}}{\text{대기압(760mmHg)}} \times 10^6$$

$$= \dfrac{124}{760} \times 10^6 \approx 163{,}158\text{ppm}$$

이를 백분율로 변환하면, 포화농도(%) = $\dfrac{163{,}158}{10^4} \approx 16.3\%$

∴ 노말헥산의 포화농도는 약 26.3%가 아니라 16.3%이다.

ㄹ. 노말헥산의 VHI 계산

$$\text{VHI} = \dfrac{\text{포화농도(ppm)}}{\text{노출기준(ppm)}}$$

$$= \dfrac{163{,}158}{50} \approx 3{,}263$$

∴ 노말헥산의 VHI는 약 53,0000이 아니라 3,2630이다.

ㄱ. 하이드라진의 포화농도 계산

$$\text{포화농도(ppm)} = \dfrac{\text{증기압(mmHg)}}{\text{대기압(760mmHg)}} \times 10^6$$

$$= \dfrac{10}{760} \times 10^6 \approx 13{,}158\text{ppm}$$

이를 백분율로 변환하면, 포화농도(%) = $\dfrac{13{,}158}{10^4} \approx 1.3\%$

∴ 하이드라진의 포화농도는 약 1.3%이다.

ㄷ. 하이드라진의 VHI 계산

$$\text{VHI} = \dfrac{\text{포화농도(ppm)}}{\text{노출기준(ppm)}}$$

$$= \dfrac{13{,}158}{0.05} \approx 263{,}000$$

∴ 하이드라진의 VHI는 약 263,0000이다.

정답 41 ①

42
사실을 확인하여 미리 정해 둔 판정기준에 근거해서 재해요소를 찾고 그 중요도를 평가하는 재해요인의 분석 기법은?

① 특성요인도 분석
② 문답방식 분석
③ 일반적인 재해원인분석
④ 4M 기법
⑤ 3E 기법

해설
③ 일반적인 재해원인분석 : 사실에 근거하여 재해 요소를 찾아내고, 미리 정해진 기준에 따라 그 중요도를 평가하는 재해 요인 분석 방법이다. 이 기법은 재해 발생 시 기본적인 원인을 체계적으로 조사하고, 재해 방지를 위한 근본적인 대책을 마련하는 데 활용된다.
① 특성요인도 분석 : 주로 원인과 결과의 관계를 시각적으로 나타내는 데 사용된다.
② 문답방식 분석 : 작업자와의 대화를 통해 정보를 수집하는 방식으로 정량적 기준보다는 정성적인 정보 수집에 초점을 둔다.
④ 4M 기법 : 사람(Man), 기계(Machine), 매체(Media), 관리(Management)를 분석하여 사고의 원인을 체계적으로 파악한다.
⑤ 3E 기법 : Engineering(기술), Education(교육), Enforcement(규율)을 활용해 재해를 예방하는 접근법이다.

43
재해율에 관한 설명으로 옳은 것은?

① 천인율은 산출이 용이하며 근로시간 수나 근로일수에 변동이 많은 사업장에 적합하다.
② 종합재해지수(FSI)의 계산식은 $\sqrt{2.4 \times 도수율 \times 강도율}$ 이다.
③ 사망 및 장해등급 1~3급 상해자의 손실일수는 6,500일이다.
④ 일시 전근로불능상해 또는 일시 부분근로불능상해는 휴식일수에 $\frac{250}{360}$ 을 곱하여 산정한다.
⑤ 작업기록을 근거로 근로시간의 산출이 불가능할 때는 근로자 1인당 연간 근로시간은 2,400시간으로 계산한다.

해설
① 천인율은 근로시간 수나 근로일수에 변동이 많은 사업장에 적합하지 않다. 천인율은 근로자 1,000명당 재해건수를 나타내며, 근로시간을 고려하지 않아 정밀도가 떨어진다.
② 종합재해지수(FSI)는 일반적으로 $\sqrt{도수율 \times 강도율}$ 로 계산된다.
③ 사망 및 장해등급 1~3급 상해자의 손실일수는 7,500일이다.
④ 일시 전근로불능상해 또는 일시 부분근로불능상해는 휴업일수를 기준으로 산정하며, $\frac{300}{365}$ 을 곱하여 계산한다.

44

환경역학연구에 관한 설명으로 옳지 않은 것은?

① 개인단위가 아닌 인구집단 또는 특정집단을 분석의 단위로 하는 연구를 생태학적 연구라 한다.
② 참여하는 대상을 알고자 하는 결과변수(질병 또는 특정 건강상태)의 유무를 기반으로 정해지는 것은 환자 - 대조군 연구이다.
③ 환자 - 대조군 연구에서 교차비(OR)가 1보다 크다는 것은 요인노출과 결과변수가 양의 관계에 있다는 것을 의미한다.
④ 코호트연구에서 연관성은 환자군에서의 질병발생률과 대조군에서의 질병발생률의 비인 상대위험도(RR)로 나타낸다.
⑤ 패널연구는 반복측정연구라고도 하며, 단면연구와 코호트연구의 혼합형태이다.

해설

④ 코호트연구에서 질병발생률을 비교할 때, 환자군과 대조군의 질병발생률이 아니라, 노출군과 비노출군의 질병발생률을 비교한다. 따라서 '환자군과 대조군'이라는 표현이 부적절하다.
　※ 상대위험도(RR ; Relative Risk)는 노출군과 비노출군에서의 질병발생률을 비율로 나타낸 지표이다.
① 생태학적 연구 : 개인단위가 아닌 집단단위를 연구의 분석 단위로 삼는 환경역학 연구방법이다.
② 환자 - 대조군 연구 : 결과(질병 유무)를 기준으로 대상을 구분하고, 그들의 과거노출을 조사하는 연구설계이다.
③ 교차비(OR) : 환자-대조군 연구에서 교차비가 1보다 크면, 노출이 질병발생에 양의 연관이 있음을 의미한다.
⑤ 패널연구 : 동일한 집단을 반복적으로 추적조사하는 연구이며, 반복측정연구로 불린다.

45

트리클로로에틸렌에 관한 설명으로 옳지 않은 것은?

① 무색의 불연성 액체로 달콤한 냄새가 난다.
② 휘발성이 강해 주로 호흡기로 흡입되며 피부흡수는 드물다.
③ 화학물질 및 물리적 인자의 노출기준에서 발암성을 1B로 구분한다.
④ 주로 금속가공 공장에서 기계 세척용이나 금속부품의 증기탈지 작업에 사용된다.
⑤ 주로 간, 콩팥, 심혈관계, 중추신경계, 피부에 건강상 악영향을 미친다.

해설

③ 화학물질 및 물리적 인자의 노출기준에서 트리클로로에틸렌은 발암성 1A(사람에게 충분한 발암성 증거가 있는 물질)에 해당한다.
① 무색의 불연성 액체로 달콤한 냄새가 난다는 것은 트리클로로에틸렌의 물리적 특성이다.
② 휘발성이 강하며, 호흡기로의 흡입이 주된 노출 경로이다.
④ 금속가공 작업에서 흔히 사용되며, 용제 및 탈지제로 널리 활용된다.
⑤ 트리클로로에틸렌은 간 독성, 신독성, 심혈관계 독성, 신경계 영향 및 피부자극을 유발할 수 있다.

46
다음에서 설명하는 금속은?

- 화학물질 및 물리적 인자의 노출기준에서 발암성 구분은 1A이며, 노출기준(TWA)은 $0.01mg/m^3$이다.
- 무기물질의 경우 장관계에서 매우 잘 흡수된다.
- 무기물질에 만성적으로 노출되는 경우 피부 색소침착, 피부각화 등의 피부증상이 가장 흔하게 나타난다.

① 비소
② 납
③ 수은
④ 망간
⑤ 크롬

해설

② 납 : 주로 신경계와 조혈계에 영향을 미치며, 피부증상은 주된 특징이 아니다.
③ 수은 : 신경계와 신장에 영향을 주며, 피부각화와 색소침착은 관련성이 낮다.
④ 망간 : 주로 신경계에 영향을 주며, 피부증상은 나타나지 않는다.
⑤ 크롬 : 주로 호흡기, 피부염, 천식 등을 유발하며, 색소침착은 드물다.

비소
- 발암성 1A 및 노출기준(TWA $0.01mg/m^3$) : 비소는 고용노동부에서 발암성 1A로 분류된 물질이며, 작업환경 노출기준이 TWA $0.01mg/m^3$로 설정되어 있다.
- 장관계 흡수 : 무기비소는 장관계에서 흡수율이 높아 체내로 잘 흡수된다.
- 피부증상 : 무기비소에 만성적으로 노출되면 피부 색소침착(멜라닌 과다 생성)과 피부각화증(두꺼워진 피부)이 흔히 나타난다.

정답 46 ①

47

방독마스크에 관한 설명으로 옳지 않은 것은?

① 일산화탄소용 정화통의 색깔은 흑색이다.
② 방독마스크의 흡착제로 가장 많이 쓰는 것은 활성탄이다.
③ 사용 중에 조금이라도 가스냄새가 나는 경우에는 새로운 정화통으로 교환한다.
④ 정화통은 온도나 습도에 영향을 받으므로 건냉소에 보관한다.
⑤ 공기 중 사염화탄소 농도가 2,500ppm이며, 정화통의 정화능력이 사염화탄소 0.4%에서 150분간 사용가능하다면 유효시간은 240분이다.

해설
① 일산화탄소용 정화통의 색깔은 적색이다.
② 활성탄은 유해가스를 흡착하는 데 효과적인 흡착제로 널리 사용된다.
③ 냄새가 나는 경우 정화효율이 떨어진 상태로, 정화통 교체가 필요하다.
④ 온도와 습도가 높으면 흡착제의 성능이 저하되므로 건조하고 서늘한 곳에 보관해야 한다.
⑤ 공기 중 사염화탄소 농도와 유효시간 계산 : 정화능력이 0.4%(4,000ppm)에서 150분인 경우, 공기 중 농도가 2,500ppm이면 유효시간은

$$\frac{\text{정화능력 농도}}{\text{현재 농도}} \times \text{시간} = \frac{4,000}{2,500} \times 150 = 240분이다.$$

48

제철소의 작업환경에서 발생하는 코크스오븐배출물질(COE)의 시료 채취에 사용하는 매체는?

① 은막 여과지
② MCE 여과지
③ PVC 여과지
④ 활성탄관
⑤ 실리카겔관

해설
① 은막 여과지 : 코크스오븐배출물질(COE)은 고온 환경에서도 안정적이며, 중금속 성분 분석에 적합한 은막 여과지를 사용한다.
② MCE 여과지 : 미세입자 및 입자상 물질 중 금속 채취에 가장 적합한 매체이다.
③ PVC 여과지 : 대부분의 일반 분진 채취에 사용되지만, COE와 같은 특수 물질에는 적합하지 않다.
④ 활성탄관 : 휘발성 유기화합물(VOCs) 시료 채취에 적합하며, 입자상 물질 분석에는 적합하지 않다.
⑤ 실리카겔관 : 습기와 휘발성 물질(예 특정 유기화합물) 시료 채취에 사용되며, COE와는 관련이 없다.

49

소변 또는 혈액을 이용한 생물학적 모니터링에 관한 설명으로 옳지 않은 것은?

① 혈액을 이용한 생물학적 모니터링은 혈액 구성성분에 개인 간 차이가 적다.
② 혈액을 이용한 생물학적 모니터링은 소변에 비해 약물동력학적 변이 요인들의 영향을 적게 받는다.
③ 소변을 이용한 생물학적 모니터링은 소변 배설량의 변화로 농도보정이 필요하다.
④ 생물학적 모니터링을 위한 혈액 채취는 정맥혈을 기준으로 한다.
⑤ 소변은 많은 양의 시료 확보가 가능하다.

해설

② 혈액은 신체 내 약물의 흡수, 분포, 대사, 배설 과정(약물동력학)의 영향을 크게 받는다. 반면, 소변은 일정 시간 동안 축적된 대사물질이나 배설 산물을 측정하므로 변동성이 상대적으로 적다.
① 혈액은 개인 간 생리적 차이가 존재하지만, 주요 구성성분(예 혈액 내 대사물질)은 상대적으로 일정하게 유지된다.
③ 소변의 농도는 체액 상태, 수분 섭취량 등 외부 요인에 영향을 받으므로 농도보정이 필수적이다.
④ 생물학적 모니터링은 대개 정맥에서 채취한 혈액을 분석 대상으로 한다.
⑤ 소변은 혈액보다 더 많은 양을 쉽게 채취할 수 있어 생물학적 모니터링에 유리하다.

50

입자상물질에 관한 설명으로 옳지 않은 것은?

① 호흡기계의 어느 부위에 침착하더라도 독성을 나타내는 입자상물질을 흡입성분진(IPM)이라 한다.
② 흄은 금속의 증기화, 증기물의 산화, 증기물의 가공에 의하여 발생한다.
③ 호흡성분진(RPM)의 평균 입자 크기는 $4\mu m$이다.
④ 가스교환지역인 폐포나 폐기도에 침착되었을 때 독성을 나타내는 입자상물질을 흉곽성분진(TPM)이라 한다.
⑤ 스모크는 유기물질의 불완전 연소에 의하여 생성된다.

해설

흄(fume)
- 흄은 금속의 고온 증기화 → 증기물의 산화 → 산화물의 응축이라는 3단계 과정을 통해 생성된다.
- 금속이나 화합물이 고온에서 증발하여 증기 형태가 되고, 이 증기가 산화되어 초미세입자로 응축된다.
- 용접 작업, 금속 주조 과정에서 흔히 발생한다.

기업진단 · 지도

51

파스칼(R. Pascale)과 애토스(A. Athos)의 7S 조직문화 구성요소 중 가장 핵심적인 요소는?

① 전략
② 공유가치
③ 구성원
④ 제도 · 절차
⑤ 관리스타일

해설

7S 모델
- 파스칼(R. Pascale)과 애토스(A. Athos)가 제시한 7S 모델은 조직문화를 분석하고 관리하기 위한 체계적 프레임워크이다. 7S는 조직의 성공적인 운영과 변화를 위해 고려해야 할 7가지 핵심 요소를 제시한다. 이 중 가장 핵심적인 요소는 공유가치(Shared values)이다.
- 7S 모델의 구성요소
  - 전략(Strategy)
  - 구조(Structure)
  - 제도 · 절차(Systems)
  - 공유가치(Shared values)
  - 관리스타일(Style)
  - 구성원(Staff)
  - 기술(Skills)

52

상황적합적 조직구조이론에 관한 설명으로 옳지 않은 것은?

① 우드워드(J. Woodward)는 기술을 단위 생산기술, 대량 생산기술, 연속 공정기술로 나누었는데, 대량생산에는 기계적 조직구조가 적합하고, 연속공정에는 유기적 조직구조가 적합하다고 주장하였다.
② 번즈(T. Burns)와 스탈커(G. Stalker)는 안정적인 환경에서는 기계적인 조직이, 불확실한 환경에서는 유기적인 조직이 효과적이라고 주장하였다.
③ 톰슨(J. Thompson)은 기술을 단위작업 간의 상호의존성에 따라 중개형, 장치형, 집약형으로 유형화하고, 이에 적합한 조직구조와 조정형태를 제시하였다.
④ 페로우(C. Perrow)는 기술을 다양성 차원과 분석 가능성 차원을 기준으로 일상적 기술, 공학적 기술, 장인기술, 비일상적 기술로 유형화하였다.
⑤ 블라우(P. Blau), 차일드(J. Child)는 환경의 불확실성을 상황변수로 연구하였다.

해설

⑤ 블라우(P. Blau), 차일드(J. Child)는 규모가 증대됨에 따라 복잡성, 공식화는 높아지나, 집권화 수준은 낮아짐을 밝혔다.
※ 2016년 54번 문제 해설 참고

53

인사고과에 관한 설명으로 옳은 것을 모두 고른 것은?

ㄱ. 캐플란(R. Kaplan)과 노턴(D. Norton)이 주장한 균형성과표(BSC)의 4가지 핵심 관점은 재무 관점, 고객 관점, 외부 환경 관점, 학습・성장 관점이다.
ㄴ. 목표관리법(MBO)의 단점 중 하나는 권한위임이 이루어지기 어렵다는 것이다.
ㄷ. 체크리스트법(대조법)은 평가자로 하여금 피평가자의 성과, 능력, 태도 등을 구체적으로 기술한 단어나 문장을 선택하게 하는 인사고과법이다.
ㄹ. 대부분의 전통적인 인사고과법과는 달리, 종합평가법 혹은 평가센터법(ACM)은 미래의 잠재능력을 파악할 수 있는 인사고과법이다.
ㅁ. 행동기준평가법(BARS)은 척도설정 및 기준행동의 기술 – 중요과업의 선정 – 과업행동의 평가 순으로 이루어진다.

① ㄱ, ㅁ
② ㄷ, ㄹ
③ ㄱ, ㄴ, ㄷ
④ ㄷ, ㄹ, ㅁ
⑤ ㄱ, ㄷ, ㄹ, ㅁ

해설

ㄱ. 균형성과표(BSC)의 4가지 핵심 관점은 재무 관점, 고객 관점, 내부 프로세스 관점, 학습・성장 관점이다. '외부 환경 관점'은 포함되지 않는다.
ㄴ. 목표관리법(MBO)은 상사와 부하 간 목표를 설정하고 달성 여부를 평가하는 방식으로, 권한위임을 촉진하는 도구이다.
ㅁ. 행동기준평가법(BARS)의 설계과정 : 중요한 직무 과업 선정 → 행동사례 수집 → 기준행동 개발 → 평가척도 설계 → 평가도구 완성 및 적용

※ 행동기준평가법(BARS)은 명확한 행동 척도를 사용하여 평가의 객관성과 신뢰성을 높이는 인사고과 방법이며, 이를 통해 피평가자와 평가자가 모두 평가결과를 명확히 이해하고, 개선 방향을 설정할 수 있는 체계적인 방법이다.

정답 53 ②

54

프로젝트 활동의 단축비용이 단축일수에 따라 비례적으로 증가한다고 할 때, 정상활동으로 가능한 프로젝트 완료일을 최소의 비용으로 하루 앞당기기 위해 속성으로 진행되어야 할 활동은?

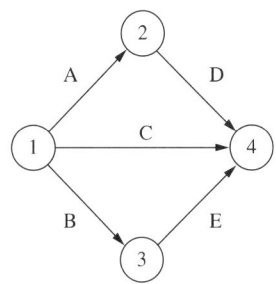

활동	직전 선행활동	활동시간(일)		활동비용(만 원)	
		정상	속성	정상	속성
A	–	7	5	100	130
B	–	5	4	100	130
C	–	12	10	100	140
D	A	6	5	100	150
E	B	9	7	100	150

① A ② B
③ C ④ D
⑤ E

해설

1. 주 경로(critical path) 식별 : 프로젝트 네트워크에서 가장 긴 경로를 찾는다. 이 경로에 속한 활동들이 프로젝트 완료 일정을 결정한다. 주 경로상의 모든 활동이 완료되어야 프로젝트가 종료되므로, 주 경로에 속하지 않은 활동을 단축해도 전체 프로젝트 일정에는 영향을 미치지 않는다.

   - 경로 1 : A → D = 7 + 6 = 13일
   - 경로 2 : C = 12일
   - 경로 3 : B → E = 5 + 9 = 14일 → 가장 긴 경로로 주 경로에 해당된다.

2. 활동의 단축비용 계산 : 단축비용 = $\dfrac{\text{속성비용} - \text{정상비용}}{\text{최대단축가능일수}}$

   - A : (130 – 100) / (7 – 5) = 15만 원
   - B : (130 – 100) / (5 – 4) = 30만 원
   - C : (140 – 100) / (12 – 10) = 20만 원
   - D : (150 – 100) / (6 – 5) = 50만 원
   - E : (150 – 100) / (9 – 7) = 25만 원

3. 속성활동 선택 : 주 경로상의 활동 중 단축비용이 가장 적은 활동을 우선적으로 선택한다. 단축비용이 동일하다면, 단축가능일수가 가장 많은 활동을 선택하여 유연성을 확보한다.
4. 속성 진행 후 재평가 : 활동을 속성한 후, 새로운 주 경로를 확인한다. 주 경로가 변경되었거나 병렬로 여러 주 경로가 발생할 경우, 각 경로에서 비용 효과적인 활동을 추가로 단축한다.

∴ 주 경로에 속한 활동 중 E의 단축비용(25만 원/일)이 B의 단축비용(30만 원/일)보다 더 저렴하다. 따라서, 활동 E를 단축하는 것이 최소 비용으로 프로젝트 완료일을 하루 단축하는 방법이다.

55

경력개발에 관한 설명으로 옳은 것은?

① 경력 정체기에 접어들은 종업원들이 보여주는 반응유형은 방어형, 절망형, 성과미달형, 이상형으로 구분된다.
② 샤인(E. Schein)은 개인의 경력욕구 유형을 관리지향, 기술-기능지향, 안전지향 등 세 가지로 구분하였다.
③ 홀(D. Hall)의 경력단계 모델에서 중년의 위기가 나타나는 단계는 확립단계이다.
④ 이중 경력경로(dual-career path)는 개인이 조직에서 경험하는 직무들이 수평적뿐만 아니라 수직적으로 배열되어 있는 경우이다.
⑤ 경력욕구는 조직이 개인에게 기대하는 행동인 경력역할과 개인 자신이 추구하려고 하는 경력방향에 의해 결정된다.

해설

② 샤인의 경력 닻(career anchors) 이론에서는 개인의 경력욕구를 8가지로 분류한다. 주요 경력욕구는 관리지향, 기술-기능지향, 안전-안정성 지향, 창의-기업가지향, 자율-독립지향, 봉사지향, 도전지향, 생활통합지향으로 이루어진다.
③ 홀(D. Hall)의 경력단계 모델은 개인의 경력을 4단계로 구분한다.
- 탐색단계(exploration stage) : 초기 경력 단계로, 직업 선택과 적응 과정이 이루어진다.
- 확립단계(establishment stage) : 중견 직업인으로서 자리 잡고 성과를 발휘하려는 단계이다.
- 유지단계(maintenance stage) : 경력을 유지하고, 기존 위치에서 최적의 성과를 내기 위해 노력하는 단계이다.
- 쇠퇴단계(decline stage) : 경력의 마무리 단계로, 직무에서 물러나거나 은퇴를 준비한다.

④ 이중 경력경로(dual-career path)는 일반적으로 전문가 경로(technical path)와 관리 경로(managerial path)로 나뉘어, 직원이 자신의 경력을 관리 경로나 기술적 전문 경로 중 하나를 선택할 수 있도록 하는 체계를 말한다. 문제에서 설명된 '수평적 및 수직적 배열'은 경력경로의 일반적 특성을 설명한 것이다.
⑤ 경력욕구는 개인의 가치, 목표, 동기 등 개인적 요인에 의해 결정된다. 조직의 기대(경력역할)는 개인의 경력욕구에 영향을 미칠 수는 있으나, 이를 결정짓는 주요 요인은 아니다.

56

경영참가제도에 관한 설명으로 옳지 않은 것은?

① 경영참가제도는 단체교섭과 더불어 노사관계의 양대 축을 형성하고 있다.
② 독일은 노사공동결정제를 실시하고 있다.
③ 스캔론플랜(scanlon plan)은 경영참가제도 중 자본참가의 한 유형이다.
④ 종업원지주제(ESOP)는 원래 안정주주의 확보라는 기업방어적인 측면에서 시작되었다.
⑤ 정치적인 측면에서 볼 때 경영참가제도의 목적은 산업민주주의를 실현하는 데 있다.

해설

③ 스캔론플랜(scanlon plan)은 성과참가 또는 이익분배(profit-sharing)제도의 한 유형이다. 근로자가 기업의 생산성 향상이나 비용 절감에 기여한 부분을 금전적 보상으로 받는 제도로, 자본참가와는 구분된다. 자본참가제는 종업원지주제(ESOP)처럼 근로자가 회사의 주식을 소유하는 형태를 말한다.

57

동기부여이론에 관한 설명으로 옳지 않은 것은?

① 동기부여이론을 내용이론과 과정이론으로 구분할 때 알더퍼(C. Alderfer)의 ERG이론은 내용이론이다.
② 맥클랜드(D. McClelland)의 성취동기이론에서 성취욕구를 측정하기에 가장 적합한 것은 TAT(주제통각검사)이다.
③ 허즈버그(F. Herzberg)의 2요인이론에 따르면, 동기유발이 되기 위해서는 동기요인은 충족시키고, 위생요인은 제거해 주어야 한다.
④ 브룸(V. Vroom)의 기대이론은 기대감, 수단성, 유의성에 의해 노력의 강도가 결정되는데 이들 중 하나라도 0이면 동기부여가 안 된다고 한다.
⑤ 아담스(J. Adams)는 페스팅거(L. Festinger)의 인지부조화이론을 동기유발과 연관시켜서 공정성이론을 체계화하였다.

해설

③ 허즈버그의 2요인이론에서 **위생요인**은 불만을 막아줄 뿐 동기를 유발하지는 못하고, **동기요인**이 충족되어야만 동기부여가 이루어진다.

동기부여이론

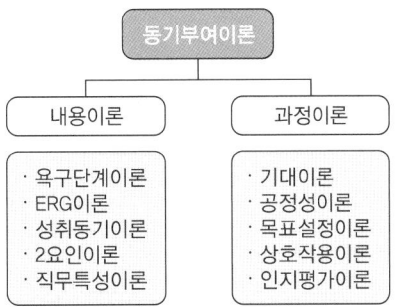

- 내용이론 : 사람이 행동을 일으키는 원동력에 대한 연구로, 인간의 욕구에 관한 내용이 주된 연구대상이다.
  - 알더퍼(Alderfer)의 ERG이론 : 매슬로(A. Maslow)의 5단계 욕구이론을 수정해서 개인의 욕구 단계를 3단계(생존욕구, 관계욕구, 성장욕구)로 단순화하였다. ERG이론은 욕구가 충족되면 상위욕구로 진행되는 '충족-진행의 원리'와 욕구가 좌절되면 하위욕구로 퇴행하는 '좌절-퇴행의 원리'에 기초하고 있다.
  - 맥클랜드(McClelland)의 성취동기이론(need for achievement theory) : 매슬로의 욕구단계이론이나 알더퍼의 ERG이론과 마찬가지로 인간의 욕구에 기초한 동기부여이론이다. 맥클랜드는 매슬로의 5가지 욕구 중에서 상위 3가지를 대상으로 성취욕구, 친화욕구, 권력욕구로 구분하여 성취동기이론을 전개하였다. 이들 3가지 욕구는 조직행동에서 특히 중요하다.

욕구	선호하는 일	적절한 업무
높은 성취욕구	• 개인적 책임감을 느끼는 일 • 피드백이 주어지는 일	보너스가 주어지는 세일즈맨
높은 친화욕구	대인접촉이 많은 일	고객업무 담당자
높은 권력욕구	다른 사람에게 영향력을 행사할 수 있는 일	감독 책임자

  - 허즈버그(F. Herzberg)의 2요인이론(two-factor theory) : 1950년대 말 미국의 경영심리학자 허즈버그에 의하여 제시된 동기부여이론으로 '동기위생이론(motivation hygiene theory)'이라고 부르기도 한다. 허즈버그는 직무 만족에 영향을 미치는 요인들을 '동기요인(motivator)', 직무 불만족에 영향을 미치는 요인들을 '위생요인(hygiene factor)'으로 호칭하고 2요인이론을 주장하였다.

- 과정이론 : 사람의 행동이 어떻게 유도되고 또한 어떻게 진행되는지 그 과정에 관하여 주로 연구한다.
  - 브룸(V. Vroom)의 기대이론 : 유인가(Valence), 수단(Instrumentality), 기대(Expectancy) 세 요인으로 구성되며, 그 첫 글자를 따서 VIE 모형이라고도 한다.

> 동기부여 = 기대감 × 수단성 × 유인가

  ⓐ 기대감 : 노력했을 때 성과가 나타날 가능성에 대한 주관적인 인식으로 정의된다. 기대감은 노력과 성과 간의 관계이며, 전혀 성과가 나타나지 않는 기대치 0과 확실히 성과가 얻어지는 기대치 1 사이의 값으로 정해진다.
  ⓑ 수단성 : 성과가 있을 때 보상이 주어질 가능성에 대한 주관적 인식을 말한다. 수단성은 성과로부터 보상을 얻을 수 있는 주관적인 확률로, 전혀 가능성이 없는 0의 값으로부터 확실하게 보상받을 수 있는 1의 값 사이에서 결정된다.
  ⓒ 유인가(가치성) : 보상에 대한 욕구의 정도를 가리키는 것으로 개인에게 있어서 제공되는 보상의 중요성이나 가치를 의미한다. 따라서 가치성은 음의 값, 0, 양의 값을 모두 가질 수 있으며, -1에서 +1까지의 범위를 갖는다. 가치성이 양의 값을 가지는 경우는 보상을 좋아한다는 의미이고, 가치성이 0의 값인 경우는 보상에 관심이 없다는 뜻이다. 가치성이 음의 값인 경우는 보상을 싫어한다는 의미를 갖는다.
  - 아담스(Adams)의 공정성(형평)이론(equity theory) : 조직 내의 개인이 자신이 업무에서 투입한 것과 산출된 것이 준거 기준과 비교하여 차이가 있음을 인지하면 그 차이를 줄이기 위해 동기부여가 이루어진다는 이론이다. 여기서 투입(input)은 노력, 기술, 지식 등과 같은 생산요소이며, 산출(output)은 일한 결과로 얻게 된 보상(대가)인 임금, 승진, 인정, 지위 등을 말한다.

58

수요예측을 위한 시계열분석에 관한 설명으로 옳지 않은 것은?

① 시계열분석은 장래의 수요를 예측하는 방법으로, 종속변수인 수요의 과거 패턴이 미래에도 그대로 지속된다는 가정에 근거를 두고 있다.
② 전기수요법은 가장 최근의 수요로 다음 기간의 수요를 예측하는 기법으로, 수요가 안정적일 경우 효율적으로 사용할 수 있다.
③ 이동평균법은 우연변동만이 크게 작용하는 경우 유용한 기법으로, 가장 최근 n기간 데이터를 산술평균하거나 가중평균하여 다음 기간의 수요를 예측할 수 있다.
④ 추세분석법은 과거 자료에 뚜렷한 증가 또는 감소의 추세가 있는 경우, 과거 수요와 추세선상 예측치 간 오차의 합을 최소화하는 직선 추세선을 구하여 미래의 수요를 예측할 수 있다.
⑤ 지수평활법은 추세나 계절변동을 모두 포함하여 분석할 수 있으나, 평활상수를 작게 하여도 최근 수요 데이터의 가중치를 과거 수요 데이터의 가중치보다 작게 부과할 수 없다.

해설

수요예측

- 제품이나 서비스에 대한 미래의 수요를 예측하는 것을 말하며, 미래의 수요가 얼마나 되는지 알아야 그에 맞는 생산계획을 세울 수 있고, 수요예측을 바탕으로 주 생산일정 및 자재소요계획을 세울 수 있다.
- 중요성 : 기업운영지침과 함께 제조예산편성을 가능하게 하고 재고손실을 줄일 수 있다.
- 기법 : 과거의 자료를 이용하여 미래를 예측하는 데 쓰이는 계량적(정량적) 기법과 관련 분야의 전문가나 경험자의 의견을 토대로 하여 예측하고자 하는 주관적(정성적) 기법으로 나눌 수 있다.
  - 정량적 기법
    ⓐ 이동평균법 : 과거 일정기간 동안의 실적을 평균해서 다음 기간의 값을 예측하는 방법으로 특별한 추세변동, 계절변동, 순환변동 등의 요인이 없을 때 적용 가능하다.
    ⓑ 지수평활법 : 가중이동평균법의 일종, 단기예측에 적합하며 가장 최근의 실적치에 가장 큰 가중치를 부여하고 오래된 데이터의 가중치는 지수함수적으로 적게 적용한다.
    ⓒ 최소자승법 : 실제치와 예측치와의 편차자승의 총합이 최소가 되는 추세선을 찾고 이를 통해 미래 수요를 예측하는 미래의 수용변동을 추세변동만으로 예측하려는 방법이다.
    ⓓ 추세분석법 : 시계열의 장기적 변동 경향(추세선)을 도출하여 미래의 수요를 예측하는 방법으로 추세선의 형태를 선정하는 것이 가장 중요하다. 시계열분석법의 4가지 변동요소는 추세(trend), 주기(cycle), 계절성(seasonality), 불규칙성(randomness)이다.
    ⓔ 전기수요법 : 가장 최근 과거의 실제치를 그다음 기간의 예측치로 사용하는 방법으로 수요변동이 거의 없을 경우 사용한다.
  - 정성적 기법
    ⓐ 소비자조사법 : 소비자의 의견을 기초로 예측하는 방법으로 일반적으로 표본조사방법을 이용한다.
    ⓑ 중역의견법 : 조직의 중역들이 모여 집단적 토의에 집단적으로 행하는 예측 기법으로 장기계획이나 신제품 개발에 이용되는데, 주관적 판단에 따른 편향으로 인해 예측 정확성이 낮을 수 있다.
    ⓒ 판매원 의견종합법 : 직접 소비자와 접촉하는 판매원들에게 각자 담당하고 있는 지역의 수요에 관하여 예측하도록 하는 방법이다.
    ⓓ 역사적 유추법 : 현재 상황에 유사한 과거 상황을 유발시킨 여러 요인에 기초를 둔 예측 기법이다.
    ⓔ 델파이법 : 여러 전문가의 판단을 조직적으로 수렴시켜 일치된 의견이나 예측을 도출하는 기법이다.
    ⓕ 패널법 : 한 사람의 의견보다는 더 낫다고 하는 가정하에 전문가, 담당자 및 소비자 등으로 위원회를 구성하여 여러 사람의 의견을 모아 결론을 유도하는 방법이다.

59

하우 리(H. Lee)가 제안한 공급사슬 전략 중 수요의 불확실성이 낮고 공급의 불확실성이 높은 경우 필요한 전략은?

① 효율적 공급사슬
② 반응적 공급사슬
③ 민첩한 공급사슬
④ 위험회피 공급사슬
⑤ 지속가능 공급사슬

해설

④ 위험회피 공급사슬 : 수요의 불확실성은 낮고, 공급의 불확실성이 높은 경우
① 효율적 공급사슬 : 수요와 공급이 모두 안정적인 경우
② 반응적 공급사슬 : 수요의 불확실성이 높고 공급은 안정적인 경우
③ 민첩한 공급사슬 : 수요와 공급 모두 불확실성이 높은 경우
⑤ 지속가능 공급사슬 : 장기적으로 환경적·사회적 지속 가능성을 추구하는 공급사슬로, 문제와 관련이 없음

하우 리(H. Lee)의 공급사슬 전략

하우 리는 수요의 불확실성과 공급의 불확실성을 기준으로 공급사슬 전략을 제안하였다. 이를 통해 공급사슬의 복잡성과 환경적 변화를 효과적으로 관리할 수 있도록 전략을 선택해야 한다.

- 수요의 불확실성 : 제품에 대한 고객의 요구가 얼마나 예측 가능한가.
- 공급의 불확실성 : 제품을 공급하는 과정에서 얼마나 안정적으로 공급이 이루어지는가.

60

심리평가에서 신뢰도와 타당도에 관한 설명으로 옳은 것은?

① 내적일치 신뢰도(internal consistency reliability)를 알아보기 위해서는 동일한 속성을 측정하기 위한 검사를 두 가지 다른 형태로 만들어 사람들에게 두 가지 형 모두를 실시한다.
② 다양한 신뢰도 측정방법들은 모두 유사한 의미를 지니고 있기 때문에 서로 바꾸어서 사용해도 된다.
③ 검사-재검사 신뢰도(test-retest reliability)는 두 번의 검사 시간 간격이 길수록 높아진다.
④ 준거 관련 타당도 중 동시 타당도(concurrent validity)와 예측 타당도(predictive validity) 간의 중요한 차이는 예측변인과 준거자료를 수집하는 시점 간 시간 간격이다.
⑤ 검사가 학문적으로 받아들여지기 위해 바람직한 신뢰도 계수와 타당도 계수는 .70~.80의 범위에 존재한다.

해설

① 내적일치 신뢰도는 검사 문항 간의 일관성을 평가하는 것으로, 보통 한 번의 검사로 계산된다. 지문에서 설명한 방식은 동형검사 신뢰도(parallel forms reliability)에 해당한다.
② 신뢰도의 다양한 측정방법(예 검사-재검사 신뢰도, 내적일치 신뢰도, 동형검사 신뢰도)은 서로 다른 특성을 평가하므로 상호 대체적으로 사용할 수 없다. 각 방법은 검사 목적과 특성에 따라 적합성이 다르다.
③ 검사-재검사 신뢰도는 두 번의 검사 사이 시간 간격이 짧을수록 신뢰도가 높아질 가능성이 크다. 간격이 길어질수록 외부 요인(예 학습, 환경 변화, 피로 등)이 영향을 미쳐 신뢰도가 낮아질 수 있다.
⑤ 신뢰도는 일반적으로 0.70 이상을 바람직한 수준으로 간주하지만, 타당도는 0.70~0.80처럼 높은 수준을 요구하지 않는다. 타당도 계수는 0.30~0.50 정도여야 의미 있는 검사로 받아들여질 수 있다.

정답 59 ④ 60 ④

61

개인의 수행을 판단하기 위해 사용되는 준거의 특성 중 실제준거가 개념준거 전체를 나타내지 못하는 정도를 의미하는 것은?

① 준거 결핍(criterion deficiency)
② 준거 오염(criterion contamination)
③ 준거 불일치(criterion discordance)
④ 준거 적절성(criterion relevance)
⑤ 준거 복잡성(criterion composite)

해설

② 준거 오염 : 실제준거에 측정하려는 개념준거와 상관없는 요소가 포함되는 경우로, 외부 요인이나 편견, 주관적 요소 등으로 인해 발생한다.
③ 준거 불일치 : 두 가지 이상의 준거를 사용할 때 각 준거 간 상호 일관성이 부족하거나 모순이 있는 상태를 의미한다.
④ 준거 적절성 : 실제준거가 개념준거를 얼마나 잘 반영하고 있는지를 나타낸다.
⑤ 준거 복잡성 : 여러 준거를 결합하여 하나의 종합 점수로 나타내는 방법을 의미한다.

62

직업스트레스 모델 중 다양한 직무 요구에 대해 종업원들의 외적 요인(조직의 지원, 의사결정과정에 대한 참여)과 내적 요인(자신의 업무요구에 대한 종업원의 정신적 접근방법)이 개인적으로 직면하는 스트레스 요인에 완충 역할을 한다는 것은?

① 자원보존(COR ; Conservation Of Resources)이론
② 요구-통제 모델(demands-control model)
③ 요구-자원 모델(demands-resources model)
④ 사람-환경 적합 모델(person-environment fit model)
⑤ 노력-보상 불균형 모델(effort-reward imbalance model)

해설

① 자원보존이론 : 스트레스는 개인이 자신의 자원을 잃었거나, 잃을 위기에 처했거나, 자원 회복이 어려울 때 발생한다고 본다.
② 요구-통제 모델 : 직무 요구와 직무 통제 간의 관계를 설명하는 이론으로 직무 요구가 높더라도 직무 통제(의사결정 권한, 작업 조절 능력)가 높으면 스트레스가 완화된다.
④ 사람-환경 적합 모델 : 개인의 능력, 가치, 성격 등이 직무 환경과 얼마나 잘 맞는지를 설명하는 이론으로 개인-환경의 부적합성에서 스트레스가 발생한다고 본다.
⑤ 노력-보상 불균형 모델 : 개인이 들이는 노력과 보상이 균형을 이루지 못할 때 스트레스가 발생한다고 본다.

요구-자원 모델(demands-resources model)
직무스트레스와 관련된 주요 이론으로, 직무 요구와 직무 자원이 어떻게 스트레스와 직무 만족에 영향을 미치는지 설명한다.
- 직무 요구(job demands) : 업무수행 시 에너지를 소모하게 하는 심리적·신체적 요구 예 과도한 작업량, 시간 압박, 복잡한 업무
- 직무 자원(job resources) : 직무 요구를 관리하거나 심리적 성장 및 동기를 촉진하는 자원
  - 외적 자원 : 조직의 지원, 의사결정 참여, 상사의 피드백
  - 내적 자원 : 종업원의 심리적 대응 방식, 자기 효능감
- 완충 역할 : 직무 자원이 스트레스 요인(직무 요구)으로 인한 부정적 영향 감소와 개인의 동기·직무수행력을 향상시키는 완충 효과를 제공한다.

63

작업동기이론에 관한 설명으로 옳지 않은 것은?

① 기대이론(expectancy theory)은 다른 사람들 간의 동기의 정도를 예측하는 것보다는 한 사람이 서로 다양한 과업에 기울이는 노력의 수준을 예측하는 데 유용하다.
② 형평이론(equity theory)에 따르면 개인마다 형평에 대한 선호도에 차이가 있으며, 이러한 형평 민감성은 사람들이 불형평에 직면하였을 때 어떤 행동을 취할지를 예측한다.
③ 목표설정이론(goal-setting theory)에 따르면 목표가 어려울수록 수행은 더욱 좋아질 가능성이 크지만, 직무가 복잡하고 목표의 수가 다수인 경우에는 수행이 낮아진다.
④ 자기조절이론(self-regulation theory)에서는 개인이 행위의 주체로서 목표를 달성하기 위하여 주도적인 역할을 한다고 주장한다.
⑤ 자기결정이론(self-determination theory)은 자기효능감이 긍정적인 결과를 초래할지 아니면 부정적인 결과를 초래할지에 대한 문제를 이해하는 데 도움을 주는 이론이다.

해설

⑤ 라이언(Ryan)과 데시(Deci)의 자기결정이론(self-determination theory) : 자기결정성이론은 사람들의 타고난 성장경향과 심리적 욕구에 대한 사람들의 동기부여와 성격에 대해 설명해 주는 이론으로 사람들이 외부의 영향과 간섭 없이 선택하는 것에 대한 동기부여와 관련되어 있는 것으로 본다. 따라서, 자기결정성이론은 개인의 행동에 스스로 동기부여되고 스스로 결정된다는 것에 초점을 둔다. 1970년대에 자기결정성이론은 내재적 및 외재적 동기를 비교한 연구 그리고 개인의 행동에서 지배적인 역할을 하는 주체적 동기부여에 대한 이해 증진으로부터 발전했다.

① 브룸(V. Vroom)의 기대이론 : 유인가(Valence), 수단(Instrumentality), 기대(Expectancy) 세 요인으로 구성되며, 그 첫 글자를 따서 VIE 모형이라고도 한다.

> 동기부여 = 기대감 × 수단성 × 유인가

② 아담스(Adams)의 형평이론(equity theory) : 공정성이론이라고도 부르며 조직 내의 개인이 자신이 업무에 투입한 것과 산출된 것이 준거기준과 비교하여 차이가 있음을 인지하면 그 차이를 줄이기 위해 동기부여가 이루어진다는 이론이다. 여기서 투입(input)은 노력, 기술, 지식 등과 같은 생산요소이며, 산출(output)은 일한 결과로 얻게 된 보상(대가)인 임금, 승진, 인정, 지위 등을 말한다.

③ 로크(Locke)의 목표설정이론(goal-setting theory) : 1968년 로크에 의하여 개념화된 인지과정이론의 일종으로 목표를 실제행위나 성과를 결정하는 요인으로 보는 이론을 말한다. 인간은 두 가지 인지, 즉 가치와 의도에 의해 결정된다고 주장하고 목표 그 자체의 특성과 성과에 영향을 주는 상황변수들을 제시하였다. 실무적으로는 목표에 의한 관리(MBO)의 이론적 토대가 되고 있다.

④ 자기조절이론(self-regulation theory) : 앨버트 반두라(Albert Bandura)는 자기 관찰은 스스로의 생각이나 감정을 판단하여 목표를 성취할 수 있게 동기를 부여하여 행동을 개선하게 하는 과정이다. 자기 판단은 자신의 행동이 자신의 기준에 부합하는지 비교하는 과정이다. 마지막으로 자가 반응은 그 기준에 부합하는지 아닌지에 따라 스스로 보상이나 처벌을 하는 것을 말한다. 예를 들어, 시험을 잘 보았을 때 자신에게 주는 선물 같은 것들이 자가 반응의 예이다.

정답 63 ⑤

64

조직 내 팀에 관한 설명으로 옳지 않은 것을 모두 고른 것은?

> ㄱ. 터크만(B. Tuckman)의 팀 생애주기는 형성(forming) → 규범형성(norming) → 격동(storming) → 수행(performing) → 해체(adjourning)의 순이다.
> ㄴ. 집단사고는 효과적인 팀 수행을 위하여 공유된 정신모델을 구축할 때 잠재적으로 나타나는 부정적인 면이다.
> ㄷ. 집단극화는 개별 구성원의 생각으로는 좋지 않다고 생각하는 결정을 집단이 선택할 때 나타나는 현상이다.
> ㄹ. 무임승차(free riding)나 무용성 지각(felt dispensability)은 팀에서 개인에게 개별적인 인센티브를 주지 않음으로써 일어날 수 있는 사회적 태만이다.
> ㅁ. 마크(M. Marks)가 제안한 팀 과정의 3요인 모형은 전환과정, 실행과정, 대인과정으로 구성되어 있다.

① ㄱ, ㄴ
② ㄱ, ㄷ
③ ㄱ, ㄷ, ㅁ
④ ㄷ, ㄹ, ㅁ
⑤ ㄱ, ㄴ, ㄷ, ㄹ

해설

ㄱ. 터크만(B. Tuckman)의 팀 생애주기 : 형성(forming) → 격동(storming) → 규범형성(norming) → 수행(performing) → 해체(adjourning)
ㄷ. 집단극화(group polarization)는 집단 토의 후 구성원들의 의견이 더욱 극단적인 방향으로 치우치는 현상을 의미한다.

65

반생산적 업무행동(CWB)에 관한 설명으로 옳지 않은 것은?

① 반생산적 업무행동의 사람 기반 원인에는 성실성(conscientiousness), 특성 분노(trait anger), 자기통제력(self control), 자기애적 성향(narcissism) 등이 있다.
② 반생산적 업무행동의 주된 상황기반 원인에는 규범, 스트레스에 대한 정서적 반응, 외적 통제소재, 불공정성 등이 있다.
③ 조직의 재산이나 조직 성원의 일을 의도적으로 파괴하거나 손상을 입히는 반생산적 업무행동은 심각성, 반복가능성, 가시성에 따라 구분되어진다.
④ 사회적 폄하(social undermining)는 버릇없거나 의욕을 떨어뜨리는 행동으로 직장에서 용수철 효과(spiraling effect)처럼 작용하는 반생산적 업무행동이다.
⑤ 직장폭력과 공격을 유발하는 중요한 예측치는 조직에서 일어난 일이 얼마나 중요하게 인식되는가를 의미하는 유발성 지각(perceived provocation)이다.

해설

④ 용수철 효과는 건드리면 튀어 오르는 것처럼 사소한 모욕이 강압적인 행동으로 발전하는 것을 말하며 사회적 폄하는 용수철 효과와 관계없다.
- 반생산적 행동(CWB ; Counterproductive Work Behavior) : 조직의 목표달성에 방해가 되는 조직 구성원들의 일탈행동이나 규범을 어기는 행동이다. 개인에 대한 반생산적 행동 CWB-I(동료를 괴롭히거나 방해하는 행동)과 조직에 대한 반생산적 행동 CWB-O(조직에 피해를 주는 행동, 즉 지각, 무단결근, 조직자산 훼손 등)으로 분류할 수 있다.
- 사회적 폄하(social undermining) : 반생산적 업무행동의 한 유형으로서 구성원들 간에 서로 양호한 관계를 발전시키지 못하게 하고 업무에서 성공적이지 못하도록 함은 물론 양호한 명성을 발전시키지 못하게 하려는 의도로 행해지는 여러 가지 행동을 말한다. 예를 들면 회사 내 활동 배제시키기, 상대방 심하게 비판하기, 다른 사람 명성을 떨어뜨리는 부정적 소문 퍼뜨리기 등이 있다.

66

인간지각 특성에 관한 설명으로 옳지 않은 것은?

① 평행한 직선들이 평행하게 보이지 않는 방향착시는 가현운동에 의한 착시의 일종이다.
② 선택, 조직, 해석의 세 가지 지각과정 중 게슈탈트 지각 원리들이 나타나는 것은 조직과정이다.
③ 전체적인 맥락에서 문자나 그림 등의 빠진 부분을 채워서 보는 지각 원리는 폐쇄성(closure)이다.
④ 일반적으로 감시하는 대상이 많아지면 주의의 폭은 넓어지고 깊이는 얕아진다.
⑤ 주의력의 특성으로는 선택성, 방향성, 변동성이 있다.

해설

① 평행한 직선들이 평행하게 보이지 않는 현상은 방향착시(geometrical illusion)의 일종으로, 가현운동(apparent motion)과는 관련이 없다.
※ 가현운동 : 실제로 움직임이 없는 자극이 일정한 간격으로 연속적으로 제시될 때, 마치 움직이는 것처럼 보이는 착각을 의미한다.
※ 평행착시(예 쾨니그 착시, 층계 착시 등)는 기하학적 착시에 해당한다.

67

휴먼에러(human error)에 관한 설명으로 옳은 것은?

① 리전(J. Reason)의 휴먼에러 분류는 행위의 결과만을 보고 분류하므로 에러 분류가 비교적 쉽고 빠른 장점이 있다.
② 지식기반 착오(knowledge based mistake)는 무의식적 행동 관례 및 저장된 행동 양상에 의해 제어되는 것이다.
③ 라스무센(J. Rasmussen)은 인간의 불완전한 행동을 의도적인 경우와 비의도적인 경우로 구분하여 에러 유형을 분류하였다.
④ 누락오류, 작위오류, 시간오류, 순서오류는 원인적 분류에 해당하는 휴먼에러이다.
⑤ 스웨인(A. Swain)은 휴먼에러를 작업 완수에 필요한 행동과 불필요한 행동을 하는 과정에서 나타나는 에러로 나누었다.

해설

⑤ 휴먼에러는 행위적 에러와 원인적 에러로 분류할 수 있다.
① 리전의 분류는 '행위의 결과'가 아니라 인지·행동 과정에 근거하여 오류를 가르는 접근이다. 의도적 행위와 비의도적 행동의 오류로 구분하였다.
② 지식기반 착오는 새롭고 규정화되지 않은 문제를 일반 원리·추론으로 풀다가 생기는 의사결정 오류이다. '무의식적·저장된 행동 양상'에 의해 제어되는 것이 아니라, 오히려 저장된 규칙이나 습관이 부족한 상황에서 발생한다. 즉 무지로 발생하는 착오에 해당된다. 저장된 행동 양상에 의해 통제되는 것은 규칙기반(rule-based) 또는 숙련기반(skill-based) 수행에 가깝다.
③ 라스무센은 지식기반행동, 규칙기반행동, 숙련기반행동의 3개 수준으로 분류하였다. 의도적 행동과 비의도적 행동의 오류의 구분은 리전이 분류한 유형이다.
④ 누락오류, 작위오류, 시간오류, 순서오류 등은 Swain과 Guttman의 행위에 의한 분류에 해당되는 휴먼에러이다.

Swain과 Guttman의 행위에 의한 분류
- 실행에러(commission error) : 작업 내지 단계는 수행하였으나 잘못한 에러
- 생략에러(omission error) : 필요한 작업 내지 단계를 수행하지 않은 에러
- 순서에러(sequential error) : 작업수행의 순서를 잘못한 에러
- 시간에러(timing error) : 주어진 시간 내에 동작을 수행하지 못하거나 너무 빠르게 또는 너무 느리게 수행하였을 때 생긴 에러
- 불필요한 행동에러(extraneous act error) : 해서는 안 될 불필요한 작업의 행동을 수행한 에러

68
작업환경과 건강에 관한 설명으로 옳은 것을 모두 고른 것은?

> ㄱ. 안전한 절차, 실행, 행동을 관리자가 장려하고 보상한다는 종업원의 공유된 지각을 조직지지 지각(Perceived Organizational Support)이라 한다.
> ㄴ. 레이노 증후군(Raynaud's syndrome)이란 진동이나 추위, 심리적 변화 등으로 인해 나타나는 말초혈관 운동의 장애로 손가락이 창백해지고 통증을 느끼는 증상을 말한다.
> ㄷ. 눈부심의 불쾌감은 배경의 휘도가 클수록, 광원의 크기가 작을수록 감소하게 된다.
> ㄹ. VDT(Visual Display Terminal) 증후군은 컴퓨터의 키보드나 마우스를 오래 사용하는 작업자에게 발생하는 반복긴장성 손상의 대표적인 질환이다.

① ㄱ, ㄴ
② ㄴ, ㄷ
③ ㄱ, ㄷ, ㄹ
④ ㄴ, ㄷ, ㄹ
⑤ ㄱ, ㄴ, ㄷ, ㄹ

해설

※ 저자의견 : 출제 당시 전항 정답 처리되었으나, 저자의견으로 옳은 답은 ㄴ, ㄹ이므로 정답 없음 처리하였습니다.
ㄱ. '조직지지 지각(POS ; Perceived Organizational Support)'은 조직이 자신을 얼마나 가치 있게 여기고 배려해 주는지를 종업원이 인식하는 정도를 말한다. 이 개념은 주로 심리사회적 요인이며, 안전한 절차나 행동을 장려하는 관리자 행동 자체와는 직접적인 관련은 없다.
ㄷ. 눈부심(glare)은 배경 휘도가 낮고 광원의 크기가 작을수록 불쾌감이 증가한다. 광원의 휘도가 배경 휘도와 큰 차이가 나거나 광원이 작고 강렬한 경우 눈부심이 더욱 심해진다.
ㄴ. 레이노 증후군은 진동, 추위, 스트레스 등 외부 요인으로 인해 말초혈관의 과도한 수축이 발생해 손가락이나 발가락이 창백해지고, 저림이나 통증이 동반되는 증상이다. 이는 작업환경에서 진동 공구 사용과 관련된 직업병으로 잘 알려져 있다.
ㄹ. VDT 증후군은 장시간 컴퓨터 작업으로 인해 발생하는 증상으로, 눈의 피로, 손목 통증(터널 증후군), 어깨 결림, 목 통증 등이 포함된다. 이는 반복적인 긴장성 움직임이 주요 원인이다.

69

전기화재의 발생원인이 아닌 것은?

① 누전
② 과전류
③ 단열압축
④ 절연파괴
⑤ 전기스파크

해설

단열압축은 공기가 급격히 압축되면서 온도가 상승하는 현상으로, 기계적 에너지로 인해 발생하는 열에 관련된 현상이다. 이는 전기적 요인과는 관계가 없다.

70

산업안전보건기준에 관한 규칙상 안전난간의 구조 및 설치요건에 관한 설명으로 옳지 않은 것은?

① 상부 난간대는 바닥면·발판 또는 경사로의 표면(이하 바닥면 등)으로부터 90cm 이상 지점에 설치할 것
② 상부 난간대와 중간 난간대는 난간 길이 전체에 걸쳐 바닥면 등과 평행을 유지할 것
③ 안전난간은 구조적으로 가장 취약한 지점에서 가장 취약한 방향으로 작용하는 100kg 이상의 하중에 견딜 수 있는 튼튼한 구조일 것
④ 발끝막이판은 바닥면 등으로부터 5cm 높이를 유지할 것. 다만, 물체가 떨어지거나 날아올 위험이 없거나 그 위험을 방지할 수 있는 망을 설치하는 등 필요한 예방 조치를 한 장소는 제외할 것
⑤ 난간대는 지름 2.7cm 이상의 금속제 파이프나 그 이상의 강도가 있는 재료일 것

해설

안전난간의 구조 및 설치요건(산업안전보건기준에 관한 규칙 제13조)
사업주는 근로자의 추락 등의 위험을 방지하기 위하여 안전난간을 설치하는 경우 다음 기준에 맞는 구조로 설치해야 한다.
• 상부 난간대, 중간 난간대, 발끝막이판 및 난간기둥으로 구성할 것. 다만, 중간 난간대, 발끝막이판 및 난간기둥은 이와 비슷한 구조와 성능을 가진 것으로 대체할 수 있다.
• 상부 난간대는 바닥면·발판 또는 경사로의 표면(이하 바닥면 등)으로부터 90cm 이상 지점에 설치하고, 상부 난간대를 120cm 이하에 설치하는 경우에는 중간 난간대는 상부 난간대와 바닥면 등의 중간에 설치해야 하며, 120cm 이상 지점에 설치하는 경우에는 중간 난간대를 2단 이상으로 균등하게 설치하고 난간의 상하 간격은 60cm 이하가 되도록 할 것. 다만, 난간기둥 간의 간격이 25cm 이하인 경우에는 중간 난간대를 설치하지 않을 수 있다.
• 발끝막이판은 바닥면 등으로부터 10cm 이상의 높이를 유지할 것. 다만, 물체가 떨어지거나 날아올 위험이 없거나 그 위험을 방지할 수 있는 망을 설치하는 등 필요한 예방 조치를 한 장소는 제외한다.
• 난간기둥은 상부 난간대와 중간 난간대를 견고하게 떠받칠 수 있도록 적정한 간격을 유지할 것
• 상부 난간대와 중간 난간대는 난간 길이 전체에 걸쳐 바닥면 등과 평행을 유지할 것
• 난간대는 지름 2.7cm 이상의 금속제 파이프나 그 이상의 강도가 있는 재료일 것
• 안전난간은 구조적으로 가장 취약한 지점에서 가장 취약한 방향으로 작용하는 100kg 이상의 하중에 견딜 수 있는 튼튼한 구조일 것

71

재해예방의 4원칙에 해당하지 않는 것은?

① 시행착오의 원칙
② 예방가능의 원칙
③ 손실우연의 원칙
④ 대책선정의 원칙
⑤ 원인계기(연계)의 원칙

해설

재해예방의 4원칙
- 예방가능의 원칙 : 모든 재해는 원인을 규명하고 이에 대한 대책을 수립하면 예방할 수 있다는 원칙이다.
- 손실우연의 원칙 : 재해로 인한 손실은 우연한 사건에서 발생하며, 이러한 우연성을 줄이기 위한 노력이 필요하다는 원칙이다.
- 대책선정의 원칙 : 재해예방을 위해 적합한 대책을 선정하고 실행해야 한다는 원칙이다.
- 원인계기(연계)의 원칙 : 재해는 여러 원인(불안전 행동과 불안전 상태 등)이 복합적으로 연계되어 발생하며, 이를 체계적으로 분석하여 예방해야 한다는 원칙이다.

72

산업안전보건법령상 유해인자별 노출농도의 허용기준으로 옳지 않은 것은?

① 디메틸포름아미드 : 시간가중평균값(TWA) 10ppm
② 2-브로모프로판 : 시간가중평균값(TWA) 5ppm
③ 이황화탄소 : 시간가중평균값(TWA) 1ppm
④ 포름알데히드 : 시간가중평균값(TWA) 0.3ppm
⑤ 노말헥산 : 시간가중평균값(TWA) 50ppm

해설

② 2-브로모프로판 : 시간가중평균값(TWA) 1ppm
※ 2016년 41번 문제 해설 참고

73
다음에서 설명하는 것은?

> 옥외의 가스 저장탱크 지역의 화재발생 시 저장탱크가 가열되어 탱크 내 액체 부분은 급격히 증발하고 가스 부분은 온도 상승과 비례하여 탱크 내 압력의 급격한 상승을 초래하게 된다. 탱크가 계속 가열되면 용기 강도는 저하되고 내부압력은 상승하여 어느 시점이 되면 저장탱크의 설계압력을 초과하게 되고 탱크가 파괴되어 급격한 폭발현상을 일으킨다.

① 보일오버
② 슬롭오버
③ 증기운폭발
④ 블레비
⑤ 백드래프트

해설

④ 블레비(BLEVE) : 액체 상태의 가연성 또는 비가연성 물질이 고압하에 저장된 용기가 화재 등으로 인해 가열되었을 때 발생하는 폭발현상을 말한다. 가열로 인해 용기 내부압력이 급격히 상승하고, 특정 임계점에서 용기가 파열되면서 내부의 액체와 증기가 순간적으로 폭발적으로 방출된다.

① 보일오버(boil over) : 저장탱크나 대형 저장조에서 화재로 인해 물과 유류층이 가열되면서 발생하는 폭발적인 현상이다. 유류층 아래에 존재하던 물이 화재로 인해 끓어오르면, 증기로 급격히 팽창하여 유류와 함께 폭발적으로 방출된다.

② 슬롭오버(slop over) : 소화 과정 중 화재가 발생한 유류 표면에 물을 직접 뿌렸을 때 발생하는 현상으로, 물이 급격히 기화하면서 불붙은 유류를 넘쳐흘러 퍼지게 만든다.

③ 증기운폭발(VCE ; Vapor Cloud Explosion) : 가연성 물질이 공기 중에 퍼져 폭발한계 내의 농도를 형성하고, 점화원이 있을 때 발생하는 폭발현상이다.

⑤ 백드래프트(backdraft) : 밀폐된 공간에서 산소가 부족한 상태로 연소가 지속되다가, 갑작스럽게 산소(공기)가 공급될 때 발생하는 폭발적인 연소현상이다.

74

산업안전보건기준에 관한 규칙상 가설통로의 구조에 관한 설명으로 옳지 않은 것은?

① 경사는 30° 이하로 할 것. 다만, 계단을 설치하거나 높이 2m 미만의 가설통로로서 튼튼한 손잡이를 설치한 경우에는 그러하지 아니하다.
② 경사가 15°를 초과하는 경우에는 미끄러지지 아니하는 구조로 할 것
③ 수직갱에 가설된 통로의 길이가 15m 이상인 경우에는 15m마다 계단참을 설치할 것
④ 견고한 구조로 할 것
⑤ 추락할 위험이 있는 장소에는 안전난간을 설치할 것. 다만, 작업상 부득이한 경우에는 필요한 부분만 임시로 해체할 수 있다.

해설

가설통로의 구조(산업안전보건기준에 관한 규칙 제23조)
사업주는 가설통로를 설치하는 경우 다음 사항을 준수하여야 한다.
- 견고한 구조로 할 것
- 경사는 30° 이하로 할 것. 다만, 계단을 설치하거나 높이 2m 미만의 가설통로로서 튼튼한 손잡이를 설치한 경우에는 그러하지 아니하다.
- 경사가 15°를 초과하는 경우에는 미끄러지지 아니하는 구조로 할 것
- 추락할 위험이 있는 장소에는 안전난간을 설치할 것. 다만, 작업상 부득이한 경우에는 필요한 부분만 임시로 해체할 수 있다.
- 수직갱에 가설된 통로의 길이가 15m 이상인 경우에는 10m 이내마다 계단참을 설치할 것
- 건설공사에 사용하는 높이 8m 이상인 비계다리에는 7m 이내마다 계단참을 설치할 것

75

방진마스크에 관한 설명으로 옳지 않은 것은?

① "전면형 방진마스크"란 분진 등으로부터 안면부 전체(입, 코, 눈)를 덮을 수 있는 구조의 방진마스크를 말한다.
② 산소농도 18% 이상인 장소에서 사용하여야 한다.
③ "반면형 방진마스크"란 분진 등으로부터 안면부의 입과 코를 덮을 수 있는 구조의 방진마스크를 말한다.
④ 방진마스크는 쉽게 착용되어야 하고 착용하였을 때 안면부가 안면에 밀착되어 공기가 새지 않아야 한다.
⑤ 석면취급장소에서는 2급 방진마스크를 사용해야 한다.

해설

⑤ 석면취급장소에서는 특급 방진마스크를 사용해야 한다.
방진마스크 등급에 따른 사용장소(보호구 안전인증 고시 별표 4)
- 특급 : 베릴륨 등과 같이 독성이 강한 물질들을 함유한 분진 등 발생장소, 석면취급장소
- 1급 : 금속흄 등과 같이 열적으로 생기는 분진 등 발생장소, 기계적으로 생기는 분진 등 발생장소(규소 등과 같이 2급 방진마스크를 착용하여도 무방한 경우는 제외) 등
- 2급 : 특급 및 1급 마스크 착용장소를 제외한 분진 등 발생장소

2018년 과년도 기출문제

| 산업안전보건법령

01
산업안전보건법령상 근로를 금지시켜야 하는 사람에 해당하지 않는 것은?

① 정신분열증에 걸린 사람
② 감압증에 걸린 사람
③ 폐 질환이 있는 사람으로서 근로에 의하여 병세가 악화될 우려가 있는 사람
④ 심장 질환이 있는 사람으로서 근로에 의하여 병세가 악화될 우려가 있는 사람
⑤ 신장 질환이 있는 사람으로서 근로에 의하여 병세가 악화될 우려가 있는 사람

해설

※ 출제 당시 정답은 ②였으나, 산업안전보건법 시행규칙 개정으로 정신분열증이 조현병으로 변경되어 정답 없음 처리하였습니다.

질병자의 근로금지(산업안전보건법 시행규칙 제220조)
㉠ 법 제138조 제1항에 따라 사업주는 다음 어느 하나에 해당하는 사람에 대해서는 근로를 금지해야 한다.
 1. 전염될 우려가 있는 질병에 걸린 사람. 다만, 전염을 예방하기 위한 조치를 한 경우는 제외한다.
 2. 조현병, 마비성 치매에 걸린 사람
 3. 심장·신장·폐 등의 질환이 있는 사람으로서 근로에 의하여 병세가 악화될 우려가 있는 사람
 4. 1.부터 3.까지의 규정에 준하는 질병으로서 고용노동부장관이 정하는 질병에 걸린 사람
㉡ 사업주는 ㉠에 따라 근로를 금지하거나 근로를 다시 시작하도록 하는 경우에는 미리 보건관리자(의사인 보건관리자만 해당한다), 산업보건의 또는 건강진단을 실시한 의사의 의견을 들어야 한다.

질병자 등의 근로 제한(산업안전보건법 시행규칙 제221조)
㉠ 사업주는 법 제129조부터 제130조에 따른 건강진단 결과 유기화합물·금속류 등의 유해물질에 중독된 사람, 해당 유해물질에 중독될 우려가 있다고 의사가 인정하는 사람, 진폐의 소견이 있는 사람 또는 방사선에 피폭된 사람을 해당 유해물질 또는 방사선을 취급하거나 해당 유해물질의 분진·증기 또는 가스가 발산되는 업무 또는 해당 업무로 인하여 근로자의 건강을 악화시킬 우려가 있는 업무에 종사하도록 해서는 안 된다.
㉡ 사업주는 다음 어느 하나에 해당하는 질병이 있는 근로자를 고기압 업무에 종사하도록 해서는 안 된다.
 1. 감압증이나 그 밖에 고기압에 의한 장해 또는 그 후유증
 2. 결핵, 급성상기도감염, 진폐, 폐기종, 그 밖의 호흡기계의 질병
 3. 빈혈증, 심장판막증, 관상동맥경화증, 고혈압증, 그 밖의 혈액 또는 순환기계의 질병
 4. 정신신경증, 알코올중독, 신경통, 그 밖의 정신신경계의 질병
 5. 메니에르씨병, 중이염, 그 밖의 이관(耳管)협착을 수반하는 귀 질환
 6. 관절염, 류마티스, 그 밖의 운동기계의 질병
 7. 천식, 비만증, 바세도우씨병, 그 밖에 알레르기성·내분비계·물질대사 또는 영양장해 등과 관련된 질병
㉢ 사업주는 다음 어느 하나에 해당하는 경우에는 미리 보건관리자(의사인 보건관리자만 해당한다), 산업보건의 또는 건강진단을 실시한 의사의 의견을 들어야 한다.
 1. ㉠ 또는 ㉡에 따라 근로를 제한하려는 경우
 2. ㉠ 또는 ㉡에 따라 근로가 제한된 근로자 중 건강이 회복된 근로자를 다시 근로하게 하려는 경우

정답 1 정답 없음

02

산업안전보건법령상 사업장의 산업재해 발생건수 등 공표에 관한 설명이다. ( ) 안에 들어갈 내용을 순서대로 바르게 나열한 것은?

> 고용노동부장관은 산업재해를 예방하기 위하여 산업안전보건법 제10조 제2항에 따른 산업재해의 발생에 관한 보고를 최근 (ㄱ) 이내 (ㄴ) 이상 하지 않은 사업장의 산업재해 발생건수, 재해율 또는 그 순위 등을 공표하여야 한다.

① ㄱ : 1년, ㄴ : 1회
② ㄱ : 2년, ㄴ : 2회
③ ㄱ : 3년, ㄴ : 2회
④ ㄱ : 5년, ㄴ : 3회
⑤ ㄱ : 5년, ㄴ : 5회

해설

공표대상 사업장(산업안전보건법 시행령 제10조)

㉠ 고용노동부장관은 산업재해를 예방하기 위하여 다음의 대통령령으로 정하는 사업장의 근로자 산업재해 발생건수, 재해율 또는 그 순위 등(이하 산업재해 발생건수 등)을 공표하여야 한다.
  1. 산업재해로 인한 사망자(이하 사망재해자)가 연간 2명 이상 발생한 사업장
  2. 사망만인율(死亡萬人率 : 연간 상시근로자 1만 명당 발생하는 사망재해자 수의 비율을 말한다)이 규모별 같은 업종의 평균 사망만인율 이상인 사업장
  3. 법 제44조 제1항 전단에 따른 중대산업사고가 발생한 사업장
  4. 법 제57조 제1항을 위반하여 산업재해 발생 사실을 은폐한 사업장
  5. 법 제57조 제3항에 따른 산업재해의 발생에 관한 보고를 최근 3년 이내 2회 이상 하지 않은 사업장
㉡ ㉠의 1.부터 3.까지의 규정에 해당하는 사업장은 해당 사업장이 관계수급인의 사업장으로서 법 제63조에 따른 도급인이 관계수급인 근로자의 산업재해 예방을 위한 조치의무를 위반하여 관계수급인 근로자가 산업재해를 입은 경우에는 도급인의 사업장(도급인이 제공하거나 지정한 경우로서 도급인이 지배·관리하는 제11조 각 호에 해당하는 장소를 포함한다. 이하 같다)의 법 제10조 제1항에 따른 산업재해 발생건수 등을 함께 공표한다.

03

산업안전보건법령상 '일반석면조사'를 해야 하는 경우 그 조사사항에 해당하지 않는 것은?

① 해당 건축물이나 설비에 석면이 함유되어 있는지 여부
② 해당 건축물이나 설비 중 석면이 함유된 자재의 종류
③ 해당 건축물이나 설비 중 석면이 함유된 자재의 위치
④ 해당 건축물이나 설비 중 석면이 함유된 자재의 면적
⑤ 해당 건축물이나 설비에 함유된 석면의 종류 및 함유량

해설

석면조사(산업안전보건법 제119조)

㉠ 건축물이나 설비를 철거하거나 해체하려는 경우에 해당 건축물이나 설비의 소유주 또는 임차인 등(이하 건축물·설비소유주 등)은 다음 사항을 고용노동부령으로 정하는 바에 따라 조사(이하 일반석면조사)한 후 그 결과를 기록하여 보존하여야 한다.
 1. 해당 건축물이나 설비에 석면이 포함되어 있는지 여부
 2. 해당 건축물이나 설비 중 석면이 포함된 자재의 종류, 위치 및 면적
㉡ ㉠에 따른 건축물이나 설비 중 대통령령으로 정하는 규모 이상의 건축물·설비소유주 등은 제120조에 따라 지정받은 기관(이하 석면조사기관)에 다음 사항을 조사(이하 기관석면조사)하도록 한 후 그 결과를 기록하여 보존하여야 한다. 다만, 석면함유 여부가 명백한 경우 등 대통령령으로 정하는 사유에 해당하여 고용노동부령으로 정하는 절차에 따라 확인을 받은 경우에는 기관석면조사를 생략할 수 있다.
 1. ㉠ 각 호의 사항
 2. 해당 건축물이나 설비에 포함된 석면의 종류 및 함유량

04

甲은 산업안전보건법령상 산업안전지도사로서 활동을 하려고 한다. 이에 관한 설명으로 옳은 것은?

① 甲은 고용노동부장관이 시행하는 산업안전지도사시험에 합격하여야만 산업안전지도사의 자격을 가질 수 있다.
② 甲은 산업안전지도사로서 그 직무를 시작하기 전에 광역지방자치단체의 장에게 등록을 하여야 한다.
③ 甲이 파산선고를 받은 경우라면 복권되더라도 산업안전지도사로서 등록할 수 없다.
④ 甲은 3년마다 산업안전지도사 등록을 갱신하여야 한다.
⑤ 甲이 산업안전지도사의 직무를 조직적·전문적으로 수행하기 위하여 법인을 설립하려고 하는 경우에는 상법 중 주식회사에 관한 규정을 적용한다.

해설

지도사의 등록(산업안전보건법 제145조)

㉠ 지도사가 그 직무를 수행하려는 경우에는 고용노동부령으로 정하는 바에 따라 고용노동부장관에게 등록하여야 한다.
㉡ ㉠에 따라 등록한 지도사는 그 직무를 조직적·전문적으로 수행하기 위하여 법인을 설립할 수 있다.
㉢ 다음 어느 하나에 해당하는 사람은 ㉠에 따른 등록을 할 수 없다.
 1. 피성년후견인 또는 피한정후견인
 2. 파산선고를 받고 복권되지 아니한 사람
 3. 금고 이상의 실형을 선고받고 그 집행이 끝나거나(집행이 끝난 것으로 보는 경우를 포함한다) 집행이 면제된 날부터 2년이 지나지 아니한 사람
 4. 금고 이상의 형의 집행유예를 선고받고 그 유예기간 중에 있는 사람
 5. 이 법을 위반하여 벌금형을 선고받고 1년이 지나지 아니한 사람
 6. 제154조에 따라 등록이 취소(이 항 1. 또는 2.에 해당하여 등록이 취소된 경우는 제외한다)된 후 2년이 지나지 아니한 사람
㉣ ㉠에 따라 등록을 한 지도사는 고용노동부령으로 정하는 바에 따라 5년마다 등록을 갱신하여야 한다.
㉤ 고용노동부령으로 정하는 지도실적이 있는 지도사만이 ㉣에 따른 갱신등록을 할 수 있다. 다만, 지도실적이 기준에 못 미치는 지도사는 고용노동부령으로 정하는 보수교육을 받은 경우 갱신등록을 할 수 있다.
㉥ ㉡에 따른 법인에 관하여는 상법 중 합명회사에 관한 규정을 적용한다.

정답 4 ①

05

산업안전보건법령상 안전관리전문기관 지정의 취소 또는 과징금에 관한 설명으로 옳은 것은?

① 고용노동부장관은 안전관리전문기관이 업무정지 기간 중에 업무를 수행한 경우에는 그 지정을 취소하거나 6개월 이내의 기간을 정하여 그 업무의 정지를 명할 수 있다.
② 고용노동부장관은 안전관리전문기관이 위탁받은 안전관리 업무에 차질이 생기게 한 경우에는 그 지정을 취소하거나 6개월 이내의 기간을 정하여 그 업무의 정지를 명할 수 있다.
③ 과징금은 분할하여 납부할 수 있다.
④ 안전관리전문기관의 지정이 취소된 자는 3년 이내에는 안전관리전문기관으로 지정받을 수 없다.
⑤ 고용노동부장관은 위반행위의 동기, 내용 및 횟수 등을 고려하여 과징금 부과금액의 2분의 1 범위에서 과징금을 늘리거나 줄일 수 있으며, 늘리는 경우 과징금 부과금액의 총액은 1억 원을 넘을 수 있다.

해설

※ 출제 당시 정답은 ②였으나, 산업안전보건법 시행령 개정으로 ③·⑤의 내용이 변경되어 정답 없음 처리하였습니다.
② 고용노동부장관은 안전관리전문기관 또는 보건관리전문기관이 위탁받은 안전관리 또는 보건관리 업무에 차질을 일으키거나 업무를 게을리한 경우 그 지정을 취소하거나 6개월 이내의 기간을 정하여 그 업무의 정지를 명할 수 있다(산업안전보건법 제21조, 시행령 제28조).
③ 고용노동부장관이 행정기본법 제29조 단서에 따라 과징금의 납부기한을 연기하거나 분할 납부하게 하는 경우 납부기한의 연기는 그 납부기한의 다음 날부터 1년을 초과할 수 없고, 각 분할된 납부기한 간의 간격은 4개월 이내로 하며, 분할 납부의 횟수는 3회 이내로 한다(산업안전보건법 시행령 제112조).
⑤ 고용노동부장관은 위반행위의 동기, 내용 및 횟수 등을 고려하여 과징금 부과금액의 2분의 1 범위에서 과징금을 늘리거나 줄일 수 있다. 다만, 늘리는 경우에도 과징금 부과금액의 총액은 10억 원을 넘을 수 없다(산업안전보건법 시행령 별표 33).
① 고용노동부장관은 안전관리전문기관 또는 보건관리전문기관이 업무정지 기간 중에 업무를 수행한 경우 그 지정을 취소하여야 한다(산업안전보건법 제21조).
④ 지정이 취소된 자는 지정이 취소된 날부터 2년 이내에는 각각 해당 안전관리전문기관 또는 보건관리전문기관으로 지정받을 수 없다(산업안전보건법 제21조).

06

산업안전보건기준에 관한 규칙상 통로 등에 관한 설명으로 옳지 않은 것은?

① 사업주는 계단 및 승강구 바닥을 구멍이 있는 재료로 만드는 경우 렌치나 그 밖의 공구 등이 낙하할 위험이 없는 구조로 하여야 한다.
② 사업주는 급유용·보수용·비상용 계단 및 나선형 계단을 설치하는 경우 그 폭을 1m 이상으로 하여야 한다.
③ 사업주는 높이가 3m를 초과하는 계단에 높이 3m 이내마다 너비 1.2m 이상의 계단참을 설치하여야 한다.
④ 사업주는 갱내에 설치한 통로 또는 사다리식 통로에 권상장치(卷上裝置)가 설치된 경우 권상장치와 근로자의 접촉에 의한 위험이 있는 장소에 판자벽이나 그 밖에 위험 방지를 위한 격벽(隔壁)을 설치하여야 한다.
⑤ 사업주는 높이 1m 이상인 계단의 개방된 측면에 안전난간을 설치하여야 한다.

> [해설]

계단의 폭(산업안전보건기준에 관한 규칙 제27조)
- 사업주는 계단을 설치하는 경우 그 폭을 1m 이상으로 하여야 한다. 다만, 급유용·보수용·비상용 계단 및 나선형 계단이거나 높이 1m 미만의 이동식 계단인 경우에는 그러하지 아니하다.
- 사업주는 계단에 손잡이 외의 다른 물건 등을 설치하거나 쌓아 두어서는 아니 된다.

07
산업안전보건법령상 정부의 책무 또는 사업주 등의 의무에 관한 설명으로 옳지 않은 것은?

① 사업주는 안전·보건의식을 북돋우기 위하여 산업안전·보건 강조기간의 설정 및 그 시행과 관련된 시책을 마련하여야 한다.
② 정부는 산업재해에 관한 조사 및 통계의 유지·관리를 성실히 이행할 책무를 진다.
③ 사업주는 해당 사업장의 안전·보건에 관한 정보를 근로자에게 제공하여야 한다.
④ 근로자는 사업주 또는 근로감독관, 한국산업안전보건공단 등 관계자가 실시하는 산업재해 방지에 관한 조치에 따라야 한다.
⑤ 원재료 등을 제조·수입하는 자는 그 원재료 등을 제조·수입할 때 산업안전보건법령으로 정하는 기준을 지켜야 한다.

> [해설]

정부의 책무(산업안전보건법 제4조)
㉠ 정부는 이 법의 목적을 달성하기 위하여 다음 사항을 성실히 이행할 책무를 진다.
  1. 산업 안전 및 보건 정책의 수립 및 집행
  2. 산업재해 예방 지원 및 지도
  3. 근로기준법 제76조의2에 따른 직장 내 괴롭힘 예방을 위한 조치기준 마련, 지도 및 지원
  4. 사업주의 자율적인 산업 안전 및 보건 경영체제 확립을 위한 지원
  5. 산업 안전 및 보건에 관한 의식을 북돋우기 위한 홍보·교육 등 안전문화 확산 추진
  6. 산업 안전 및 보건에 관한 기술의 연구·개발 및 시설의 설치·운영
  7. 산업재해에 관한 조사 및 통계의 유지·관리
  8. 산업 안전 및 보건 관련 단체 등에 대한 지원 및 지도·감독
  9. 그 밖에 노무를 제공하는 사람의 안전 및 건강의 보호·증진
㉡ 정부는 ㉠ 각 호의 사항을 효율적으로 수행하기 위하여 한국산업안전보건공단법에 따른 한국산업안전보건공단, 그 밖의 관련 단체 및 연구기관에 행정적·재정적 지원을 할 수 있다.

정답 7 ①

08

산업안전보건법령상 유해인자인 벤젠의 노출 농도의 허용기준을 옳게 연결한 것은?

	시간가중평균값(TWA)	단시간 노출값(STEL)
①	0.5ppm	2.0ppm
②	0.5ppm	2.5ppm
③	0.5ppm	3.0ppm
④	1.0ppm	2.5ppm
⑤	1.0ppm	3.0ppm

해설

유해인자별 노출 농도의 허용기준(산업안전보건법 시행규칙 별표 19)

유해인자	허용기준			
	시간가중평균값(TWA)		단시간 노출값(STEL)	
	ppm	mg/m^3	ppm	mg/m^3
12. 벤젠(benzene ; 71-43-2)	0.5		2.5	

09

산업안전보건법령상 건강진단에 관한 설명으로 옳지 않은 것은?

① 사업주가 실시하여야 하는 근로자 건강진단에는 일반건강진단, 특수건강진단, 배치 전 건강진단, 수시건강진단 및 임시건강진단이 있다.
② 건강진단기관이 건강진단을 실시한 때에는 그 결과를 근로자 및 사업주에게 통보하고 고용노동부장관에게 보고하여야 한다.
③ 사업주는 근로자대표가 요구할 때에는 해당 근로자 본인의 동의 없이도 그 근로자의 건강진단결과를 공개할 수 있다.
④ 사업주는 특수건강진단, 배치 전 건강진단 및 수시건강진단을 지방고용노동관서의 장이 지정하는 의료기관에서 실시하여야 한다.
⑤ 사업주가 항공법에 따른 신체검사를 실시하여 그 건강진단을 받은 근로자는 일반건강진단을 실시한 것으로 본다.

해설

건강진단에 관한 사업주의 의무(산업안전보건법 제132조)
㉠ 사업주는 제129조부터 제131조까지의 규정에 따른 건강진단을 실시하는 경우 근로자대표가 요구하면 근로자대표를 참석시켜야 한다.
㉡ 사업주는 산업안전보건위원회 또는 근로자대표가 요구할 때에는 직접 또는 제129조부터 제131조까지의 규정에 따른 건강진단을 한 건강진단기관에 건강진단 결과에 대하여 설명하도록 하여야 한다. 다만, 개별 근로자의 건강진단 결과는 본인의 동의 없이 공개해서는 아니 된다.
㉢ 사업주는 제129조부터 제131조까지의 규정에 따른 건강진단의 결과를 근로자의 건강 보호 및 유지 외의 목적으로 사용해서는 아니 된다.
㉣ 사업주는 제129조부터 제131조까지의 규정 또는 다른 법령에 따른 건강진단의 결과 근로자의 건강을 유지하기 위하여 필요하다고 인정할 때에는 작업장소 변경, 작업 전환, 근로시간 단축, 야간근로(오후 10시부터 다음 날 오전 6시까지 사이의 근로를 말한다)의 제한, 작업환경측정 또는 시설·설비의 설치·개선 등 고용노동부령으로 정하는 바에 따라 적절한 조치를 하여야 한다.
㉤ ㉣에 따라 적절한 조치를 하여야 하는 사업주로서 고용노동부령으로 정하는 사업주는 그 조치 결과를 고용노동부령으로 정하는 바에 따라 고용노동부장관에게 제출하여야 한다.

10
산업안전보건법령상 산업안전지도사와 산업보건지도사의 업무범위에 공통적으로 해당하는 것을 모두 고른 것은?

ㄱ. 유해·위험방지계획서의 작성 지도
ㄴ. 안전보건개선계획서의 작성 지도
ㄷ. 공정안전보고서의 작성 지도
ㄹ. 직업병 예방을 위한 작업관리에 필요한 지도
ㅁ. 보건진단 결과에 따른 개선에 필요한 기술 지도

① ㄱ
② ㄱ, ㄴ
③ ㄱ, ㄴ, ㄷ
④ ㄱ, ㄴ, ㄷ, ㄹ
⑤ ㄱ, ㄴ, ㄷ, ㄹ, ㅁ

해설

산업안전지도사 등의 직무(산업안전보건법 제142조, 시행령 제101조)
㉠ 산업안전지도사는 다음 직무를 수행한다.
 1. 공정상의 안전에 관한 평가·지도
 2. 유해·위험의 방지대책에 관한 평가·지도
 3. 1. 및 2.의 사항과 관련된 계획서 및 보고서의 작성
 4. 법 제36조에 따른 위험성평가의 지도
 5. 법 제49조에 따른 안전보건개선계획서의 작성
 6. 그 밖에 산업안전에 관한 사항의 자문에 대한 응답 및 조언
㉡ 산업보건지도사는 다음 직무를 수행한다.
 1. 작업환경의 평가 및 개선 지도
 2. 작업환경 개선과 관련된 계획서 및 보고서의 작성
 3. 근로자 건강진단에 따른 사후관리 지도
 4. 직업성 질병 진단(의료법 제2조에 따른 의사인 산업보건지도사만 해당한다) 및 예방 지도
 5. 산업보건에 관한 조사·연구
 6. 법 제36조에 따른 위험성평가의 지도
 7. 법 제49조에 따른 안전보건개선계획서의 작성
 8. 그 밖에 산업보건에 관한 사항의 자문에 대한 응답 및 조언
㉢ 산업안전지도사 또는 산업보건지도사의 업무 영역별 종류 및 업무 범위, 그 밖에 필요한 사항은 대통령령으로 정한다.

정답 10 ②

지도사의 업무 영역별 업무 범위(산업안전보건법 시행령 별표 31)
- 법 제145조 제1항에 따라 등록한 산업안전지도사(기계안전·전기안전·화공안전 분야)
  - 유해위험방지계획서, 안전보건개선계획서, 공정안전보고서, 기계·기구·설비의 작업계획서 및 물질안전보건자료 작성 지도
  - 다음의 사항에 대한 설계·시공·배치·보수·유지에 관한 안전성 평가 및 기술 지도
    1) 전기
    2) 기계·기구·설비
    3) 화학설비 및 공정
  - 정전기·전자파로 인한 재해의 예방, 자동화설비, 자동제어, 방폭전기설비 및 전력시스템 등에 대한 기술 지도
  - 인화성 가스, 인화성 액체, 폭발성 물질, 급성독성 물질 및 방폭설비 등에 관한 안전성 평가 및 기술 지도
  - 크레인 등 기계·기구, 전기작업의 안전성 평가
  - 그 밖에 기계, 전기, 화공 등에 관한 교육 또는 기술 지도
- 법 제145조 제1항에 따라 등록한 산업안전지도사(건설안전 분야)
  - 유해위험방지계획서, 안전보건개선계획서, 건축·토목 작업계획서 작성 지도
  - 가설구조물, 시공 중인 구축물, 해체공사, 건설공사 현장의 붕괴우려 장소 등의 안전성 평가
  - 가설시설, 가설도로 등의 안전성 평가
  - 굴착공사의 안전시설, 지반붕괴, 매설물 파손 예방의 기술 지도
  - 그 밖에 토목, 건축 등에 관한 교육 또는 기술 지도
- 법 제145조 제1항에 따라 등록한 산업보건지도사(산업위생 분야)
  - 유해위험방지계획서, 안전보건개선계획서, 물질안전보건자료 작성 지도
  - 작업환경측정 결과에 대한 공학적 개선대책 기술 지도
  - 작업장 환기시설의 설계 및 시공에 필요한 기술 지도
  - 보건진단결과에 따른 작업환경 개선에 필요한 직업환경의학적 지도
  - 석면 해체·제거 작업 기술 지도
  - 갱내, 터널 또는 밀폐공간의 환기·배기시설의 안전성 평가 및 기술 지도
  - 그 밖에 산업보건에 관한 교육 또는 기술 지도
- 법 제145조 제1항에 따라 등록한 산업보건지도사(직업환경의학 분야)
  - 유해위험방지계획서, 안전보건개선계획서 작성 지도
  - 건강진단 결과에 따른 근로자 건강관리 지도
  - 직업병 예방을 위한 작업관리, 건강관리에 필요한 지도
  - 보건진단 결과에 따른 개선에 필요한 기술 지도
  - 그 밖에 직업환경의학, 건강관리에 관한 교육 또는 기술 지도

11
산업안전보건법령상 건설 일용근로자가 건설업 기초안전·보건교육을 이수하여야 하는 경우 그 교육시간은?

① 1시간
② 2시간
③ 3시간
④ 4시간
⑤ 5시간

해설

※ 저자의견 : 출제 당시 정답은 ④였으나, 법령상 '4시간 이상'으로 제시되어 있어 ④·⑤로 정답을 수정하였습니다.

안전보건교육 교육과정별 교육시간 – 근로자 안전보건교육(산업안전보건법 시행규칙 별표 4)

교육과정	교육대상	교육시간
마. 건설업 기초안전·보건교육	건설 일용근로자	4시간 이상

12

산업안전보건법령상 유해·위험설비에 해당하는 것은?

① 원자력 설비
② 군사시설
③ 차량 등의 운송설비
④ 도시가스사업법에 따른 가스공급시설
⑤ 화약 및 불꽃제품 제조업 사업장의 보유설비

해설

공정안전보고서의 제출 대상(산업안전보건법 시행령 제43조)

㉠ 법 제44조 제1항 전단에서 "대통령령으로 정하는 유해하거나 위험한 설비"란 다음 어느 하나에 해당하는 사업을 하는 사업장의 경우에는 그 보유설비를 말하고, 그 외의 사업을 하는 사업장의 경우에는 별표 13에 따른 유해·위험물질 중 하나 이상의 물질을 같은 표에 따른 규정량 이상 제조·취급·저장하는 설비 및 그 설비의 운영과 관련된 모든 공정설비를 말한다.
 1. 원유 정제 처리업
 2. 기타 석유정제물 재처리업
 3. 석유화학계 기초화학물질 제조업 또는 합성수지 및 기타 플라스틱물질 제조업. 다만, 합성수지 및 기타 플라스틱물질 제조업은 별표 13 제1호 또는 제2호에 해당하는 경우로 한정한다.
 4. 질소 화합물, 질소·인산 및 칼리질 화학비료 제조업 중 질소질 비료 제조
 5. 복합비료 및 기타 화학비료 제조업 중 복합비료 제조(단순혼합 또는 배합에 의한 경우는 제외한다)
 6. 화학 살균·살충제 및 농업용 약제 제조업[농약 원제(原劑) 제조만 해당한다]
 7. 화약 및 불꽃제품 제조업
㉡ ㉠에도 불구하고 다음 설비는 유해하거나 위험한 설비로 보지 않는다.
 1. 원자력 설비
 2. 군사시설
 3. 사업주가 해당 사업장 내에서 직접 사용하기 위한 난방용 연료의 저장설비 및 사용설비
 4. 도매·소매시설
 5. 차량 등의 운송설비
 6. 액화석유가스의 안전관리 및 사업법에 따른 액화석유가스의 충전·저장시설
 7. 도시가스사업법에 따른 가스공급시설
 8. 그 밖에 고용노동부장관이 누출·화재·폭발 등의 사고가 있더라도 그에 따른 피해의 정도가 크지 않다고 인정하여 고시하는 설비
㉢ 법 제44조 제1항 전단에서 "대통령령으로 정하는 사고"란 다음 어느 하나에 해당하는 사고를 말한다.
 1. 근로자가 사망하거나 부상을 입을 수 있는 ㉠에 따른 설비(㉡에 따른 설비는 제외한다. 이하 2.에서 같다)에서의 누출·화재·폭발 사고
 2. 인근 지역의 주민이 인적 피해를 입을 수 있는 ㉠에 따른 설비에서의 누출·화재·폭발 사고

13

산업안전보건법령상 동일 사업장 내에서 공정의 일부분을 도급하는 경우, 고용노동부장관의 인가를 받으면 그 작업만을 분리하여 도급(하도급을 포함한다)을 줄 수 있는 작업을 모두 고른 것은?

> ㄱ. 도금작업
> ㄴ. 카드뮴 등 중금속을 제련, 주입, 가공 및 가열하는 작업
> ㄷ. 크롬산 아연을 제조하는 작업
> ㄹ. 황화니켈을 사용하는 작업
> ㅁ. 휘발성 콜타르피치를 사용하는 작업

① ㄱ, ㄴ
② ㄱ, ㄹ
③ ㄴ, ㄷ, ㅁ
④ ㄷ, ㄹ, ㅁ
⑤ ㄱ, ㄴ, ㄷ, ㄹ, ㅁ

해설

유해한 작업의 도급금지(산업안전보건법 제58조)

㉠ 사업주는 근로자의 안전 및 보건에 유해하거나 위험한 작업으로서 다음 어느 하나에 해당하는 작업을 도급하여 자신의 사업장에서 수급인의 근로자가 그 작업을 하도록 해서는 아니 된다.
  1. 도금작업
  2. 수은, 납 또는 카드뮴을 제련, 주입, 가공 및 가열하는 작업
  3. 제118조 제1항에 따른 허가대상물질을 제조하거나 사용하는 작업
㉡ 사업주는 ㉠에도 불구하고 다음 어느 하나에 해당하는 경우에는 ㉠의 각 호에 따른 작업을 도급하여 자신의 사업장에서 수급인의 근로자가 그 작업을 하도록 할 수 있다.
  1. 일시·간헐적으로 하는 작업을 도급하는 경우
  2. 수급인이 보유한 기술이 전문적이고 사업주(수급인에게 도급을 한 도급인으로서의 사업주를 말한다)의 사업 운영에 필수 불가결한 경우로서 고용노동부장관의 승인을 받은 경우
㉢ 사업주는 ㉡의 2.에 따라 고용노동부장관의 승인을 받으려는 경우에는 고용노동부령으로 정하는 바에 따라 고용노동부장관이 실시하는 안전 및 보건에 관한 평가를 받아야 한다.
㉣ ㉡의 2.에 따른 승인의 유효기간은 3년의 범위에서 정한다.
㉤ 고용노동부장관은 ㉣에 따른 유효기간이 만료되는 경우에 사업주가 유효기간의 연장을 신청하면 승인의 유효기간이 만료되는 날의 다음 날부터 3년의 범위에서 고용노동부령으로 정하는 바에 따라 그 기간의 연장을 승인할 수 있다. 이 경우 사업주는 ㉢에 따른 안전 및 보건에 관한 평가를 받아야 한다.
㉥ 사업주는 ㉡의 2. 또는 ㉤에 따라 승인을 받은 사항 중 고용노동부령으로 정하는 사항을 변경하려는 경우에는 고용노동부령으로 정하는 바에 따라 변경에 대한 승인을 받아야 한다.
㉦ 고용노동부장관은 ㉡의 2., ㉤ 또는 ㉥에 따라 승인, 연장승인 또는 변경승인을 받은 자가 ㉧에 따른 기준에 미달하게 된 경우에는 승인, 연장승인 또는 변경승인을 취소하여야 한다.
㉧ ㉡의 2., ㉤ 또는 ㉥에 따른 승인, 연장승인 또는 변경승인의 기준·절차 및 방법, 그 밖에 필요한 사항은 고용노동부령으로 정한다.

유해·위험물질의 제조 등 허가(산업안전보건법 제118조 제1항)

제117조 제1항 각 호의 어느 하나에 해당하는 물질로서 '대체물질이 개발되지 아니한 물질 등 대통령령으로 정하는 물질(이하 허가대상물질)'을 제조하거나 사용하려는 자는 고용노동부장관의 허가를 받아야 한다. 허가받은 사항을 변경할 때에도 또한 같다.

허가 대상 유해물질(산업안전보건법 시행령 제88조)

법 제118조 제1항 전단에서 "대체물질이 개발되지 아니한 물질 등 대통령령으로 정하는 물질"이란 다음 물질을 말한다.

1. α-나프틸아민[134-32-7] 및 그 염(α-naphthylamine and its salts)
2. 디아니시딘[119-90-4] 및 그 염(dianisidine and its salts)
3. 디클로로벤지딘[91-94-1] 및 그 염(dichlorobenzidine and its salts)
4. 베릴륨(beryllium ; 7440-41-7)
5. 벤조트리클로라이드(benzotrichloride ; 98-07-7)
6. 비소[7440-38-2] 및 그 무기화합물(arsenic and its inorganic compounds)
7. 염화비닐(vinyl chloride ; 75-01-4)
8. 콜타르피치[65996-93-2] 휘발물(coal tar pitch volatiles)
9. 크롬광 가공(열을 가하여 소성 처리하는 경우만 해당한다)(chromite ore processing)
10. 크롬산 아연(zinc chromates ; 13530-65-9 등)
11. o-톨리딘[119-93-7] 및 그 염(o-tolidine and its salts)
12. 황화니켈류(nickel sulfides ; 12035-72-2, 16812-54-7)
13. 1.부터 4.까지 또는 6.부터 12.까지의 어느 하나에 해당하는 물질을 포함한 혼합물(포함된 중량의 비율이 1% 이하인 것은 제외한다)
14. 5.의 물질을 포함한 혼합물(포함된 중량의 비율이 0.5% 이하인 것은 제외한다)
15. 그 밖에 보건상 해로운 물질로서 산업재해보상보험 및 예방심의위원회의 심의를 거쳐 고용노동부장관이 정하는 유해물질

14

산업안전보건법령상 제조 또는 사용허가를 받아야 하는 유해물질에 해당하지 않는 것은?

① 디클로로벤지딘과 그 염
② 오르토-톨리딘과 그 염
③ 디아니시딘과 그 염
④ 비소 및 그 무기화합물
⑤ 베타-나프틸아민과 그 염

해설

※ 2018년 13번 문제 해설의 시행령 제88조 참고

15

산업안전보건법령상 유해·위험방지계획서에 관한 설명으로 옳지 않은 것은?

① 산업재해발생률 등을 고려하여 고용노동부령으로 정하는 기준에 적합한 건설업체의 경우는 고용노동부령으로 정하는 자격을 갖춘 자의 의견을 생략하고 유해·위험방지계획서를 작성한 후 이를 스스로 심사하여야 한다.
② 유해·위험방지계획서는 고용노동부장관에게 제출하여야 한다.
③ 유해·위험방지계획서를 제출한 사업주는 고용노동부장관의 확인을 받아야 한다.
④ 고용노동부장관은 유해·위험방지계획서를 심사한 후 근로자의 안전과 보건을 위하여 필요하다고 인정할 때에는 공사계획을 변경할 것을 명령할 수는 있으나, 공사중지명령을 내릴 수는 없다.
⑤ 깊이 10m 이상인 굴착공사를 착공하려는 사업주는 유해·위험방지계획서를 작성하여야 한다.

해설

유해위험방지계획서의 작성·제출 등(산업안전보건법 제42조)

㉠ 사업주는 다음 어느 하나에 해당하는 경우에는 이 법 또는 이 법에 따른 명령에서 정하는 유해·위험 방지에 관한 사항을 적은 계획서(이하 유해위험방지계획서)를 작성하여 고용노동부령으로 정하는 바에 따라 고용노동부장관에게 제출하고 심사를 받아야 한다. 다만, 3.에 해당하는 사업주 중 산업재해발생률 등을 고려하여 고용노동부령으로 정하는 기준에 해당하는 사업주는 유해위험방지계획서를 스스로 심사하고, 그 심사결과서를 작성하여 고용노동부장관에게 제출하여야 한다.
  1. 대통령령으로 정하는 사업의 종류 및 규모에 해당하는 사업으로서 해당 제품의 생산 공정과 직접적으로 관련된 건설물·기계·기구 및 설비 등 전부를 설치·이전하거나 그 주요 구조 부분을 변경하려는 경우
  2. 유해하거나 위험한 작업 또는 장소에서 사용하거나 건강장해를 방지하기 위하여 사용하는 기계·기구 및 설비로서 대통령령으로 정하는 기계·기구 및 설비를 설치·이전하거나 그 주요 구조 부분을 변경하려는 경우
  3. 대통령령으로 정하는 크기, 높이 등에 해당하는 건설공사(깊이 10m 이상인 굴착공사 등)를 착공하려는 경우
㉡ ㉠의 3.에 따른 건설공사를 착공하려는 사업주(㉠의 각 호 외의 부분 단서에 따른 사업주는 제외한다)는 유해위험방지계획서를 작성할 때 건설안전 분야의 자격 등 고용노동부령으로 정하는 자격을 갖춘 자의 의견을 들어야 한다.
㉢ ㉠에도 불구하고 사업주가 제44조 제1항에 따라 공정안전보고서를 고용노동부장관에게 제출한 경우에는 해당 유해·위험설비에 대해서는 유해위험방지계획서를 제출한 것으로 본다.
㉣ 고용노동부장관은 ㉠의 각 호 외의 부분 본문에 따라 제출된 유해위험방지계획서를 고용노동부령으로 정하는 바에 따라 심사하여 그 결과를 사업주에게 서면으로 알려 주어야 한다. 이 경우 근로자의 안전 및 보건의 유지·증진을 위하여 필요하다고 인정하는 경우에는 해당 작업 또는 건설공사를 중지하거나 유해위험방지계획서를 변경할 것을 명할 수 있다.
㉤ ㉠에 따른 사업주는 같은 항 각 호 외의 부분 단서에 따라 스스로 심사하거나 ㉣에 따라 고용노동부장관이 심사한 유해위험방지계획서와 그 심사결과서를 사업장에 갖추어 두어야 한다.
㉥ ㉠의 3.에 따른 건설공사를 착공하려는 사업주로서 ㉤에 따라 유해위험방지계획서 및 그 심사결과서를 사업장에 갖추어 둔 사업주는 해당 건설공사의 공법의 변경 등으로 인하여 그 유해위험방지계획서를 변경할 필요가 있는 경우에는 이를 변경하여 갖추어 두어야 한다.

16
산업안전보건법령상 안전·보건표지의 부착 등에 관한 설명으로 옳지 않은 것은?

① 외국인근로자의 고용 등에 관한 법률 제2조에 따른 외국인근로자를 채용한 사업주는 고용노동부장관이 정하는 바에 따라 외국어로 된 안전·보건표지와 작업안전수칙을 부착하도록 노력하여야 한다.
② 안전·보건표지의 표시를 명백히 하기 위하여 필요한 경우에는 그 안전·보건표지의 주위에 표시사항을 글자로 덧붙여 적을 수 있다.
③ 안전·보건표지 속의 그림 또는 부호의 크기는 안전·보건표지의 크기와 비례하여야 하며, 안전·보건표지 전체 규격의 30% 이상이 되어야 한다.
④ 안전·보건표지의 성질상 설치하거나 부착하는 것이 곤란한 경우에는 해당 물체에 직접 도장(塗裝)할 수 있다.
⑤ 안전모 착용 지시표지의 경우 바탕은 노란색, 관련 그림은 검은색으로 한다.

해설
안전보건표지의 종류별 용도, 설치·부착 장소, 형태 및 색채(산업안전보건법 시행규칙 별표 7)

분류	종류	색채
지시표지	보안경 착용, 방독마스크 착용, 방진마스크 착용, 보안면 착용, 안전모 착용, 귀마개 착용, 안전화 착용, 안전장갑 착용, 안전복 착용	바탕은 파란색, 관련 그림은 흰색

17
산업안전보건법령상 안전보건총괄책임자의 직무에 해당하지 않는 것은?

① 산업안전보건법 제41조의2에 따른 위험성평가의 실시에 관한 사항
② 안전인증대상 기계·기구 등과 자율안전확인대상 기계·기구 등의 사용 여부 확인
③ 근로자의 건강장해의 원인조사와 재발방지를 위한 의학적 조치
④ 산업안전보건법 제29조 제2항에 따른 도급사업 시의 안전·보건 조치
⑤ 산업안전보건법 제30조에 따른 수급인의 산업안전보건관리비의 집행감독 및 그 사용에 관한 수급인 간의 협의·조정

해설
※ 출제 당시 정답은 ③이었으나, 산업안전보건법 시행령 개정으로 문제가 성립되지 않아 정답 없음 처리하였습니다.

안전보건총괄책임자의 직무 등(산업안전보건법 시행령 제53조)
㉠ 안전보건총괄책임자의 직무는 다음과 같다.
  1. 법 제36조에 따른 위험성평가의 실시에 관한 사항
  2. 법 제51조 및 제54조에 따른 작업의 중지
  3. 법 제64조에 따른 도급 시 산업재해 예방조치
  4. 법 제72조 제1항에 따른 산업안전보건관리비의 관계수급인 간의 사용에 관한 협의·조정 및 그 집행의 감독
  5. 안전인증대상기계 등과 자율안전확인대상기계 등의 사용 여부 확인
㉡ 안전보건총괄책임자에 대한 지원에 관하여는 제14조 제2항을 준용한다. 이 경우 "안전보건관리책임자"는 "안전보건총괄책임자"로, "법 제15조 제1항"은 "제1항"으로 본다.
㉢ 사업주는 안전보건총괄책임자를 선임했을 때에는 그 선임 사실 및 ㉠의 각 호 직무의 수행내용을 증명할 수 있는 서류를 갖추어 두어야 한다.

정답 16 ⑤ 17 정답 없음

18

산업안전보건기준에 관한 규칙상 석면의 제조·사용 작업, 해체·제거 작업 및 유지·관리 등의 조치기준에 관한 설명으로 옳지 않은 것은?

① 사업주는 분말 상태의 석면을 혼합하거나 용기에 넣거나 꺼내는 작업, 절단·천공 또는 연마하는 작업 등 석면분진이 흩날리는 작업에 근로자를 종사하도록 하는 경우에 석면의 부스러기 등을 넣어두기 위하여 해당 장소에 뚜껑이 있는 용기를 갖추어 두어야 한다.
② 사업주는 석면으로 인한 직업성 질병의 발생원인, 재발방지방법 등을 석면을 취급하는 근로자에게 알려야 한다.
③ 사업주는 석면에 오염된 장비, 보호구 또는 작업복 등을 처리하는 경우에 압축공기를 불어서 석면오염을 제거해야 한다.
④ 사업주는 석면해체·제거작업에서 발생된 석면을 함유한 잔재물은 습식으로 청소하거나 고성능필터가 장착된 진공청소기를 사용하여 청소하는 등 석면분진이 흩날리지 않도록 하여야 한다.
⑤ 사업주는 석면해체·제거작업장과 연결되거나 인접한 장소에 탈의실·샤워실 및 작업복 갱의실 등의 위생설비를 설치하고 필요한 용품 및 용구를 갖추어 두어야 한다.

해설

※ 출제 당시 정답은 ③이었으나, 산업안전보건기준에 관한 규칙 개정으로 ①·③의 문항이 삭제되어 정답 없음 처리하였습니다.

직업성 질병의 주지(산업안전보건기준에 관한 규칙 제486조)
사업주는 석면으로 인한 직업성 질병의 발생원인, 재발방지방법 등을 석면을 취급하는 근로자에게 알려야 한다.

잔재물의 흩날림 방지(산업안전보건기준에 관한 규칙 제497조)
사업주는 석면해체·제거작업에서 발생된 석면을 함유한 잔재물은 습식으로 청소하거나 고성능필터가 장착된 진공청소기를 사용하여 청소하는 등 석면분진이 흩날리지 않도록 하여야 한다.

위생설비의 설치(산업안전보건기준에 관한 규칙 제494조)
㉠ 사업주는 석면해체·제거작업장과 연결되거나 인접한 장소에 평상복 탈의실, 샤워실 및 작업복 탈의실 등의 위생설비를 설치하고 필요한 용품 및 용구를 갖추어 두어야 한다.
㉡ 사업주는 석면해체·제거작업에 종사한 근로자에게 제491조 제1항 각 호의 개인보호구를 작업복 탈의실에서 벗어 밀폐용기에 보관하도록 하여야 한다.
㉢ 사업주는 석면해체·제거작업을 하는 근로자가 작업 도중 일시적으로 작업장 밖으로 나가는 경우에는 고성능 필터가 장착된 진공청소기를 사용하는 방법 등으로 제491조 제2항에 따라 착용한 개인보호구에 부착된 석면분진을 제거한 후 나가도록 하여야 한다.
㉣ 사업주는 ㉡에 따라 보관 중인 개인보호구를 폐기하거나 세척하는 등 석면분진을 제거하기 위하여 필요한 조치를 하여야 한다.

19

산업안전보건법령상 작업 중 근로자가 추락할 위험이 있는 장소임에도 불구하고 사업주가 그 위험을 방지하기 위하여 필요한 조치를 취하지 않아 근로자가 사망한 경우, 사업주에게 과해지는 벌칙의 내용으로 옳은 것은?

① 7년 이하의 징역 또는 1억 원 이하의 벌금
② 5년 이하의 징역 또는 5,000만 원 이하의 벌금
③ 3년 이하의 징역 또는 3,000만 원 이하의 벌금
④ 3년 이상의 징역 또는 10억 원 이하의 과징금
⑤ 1년 이상의 징역 또는 5억 원 이하의 과징금

해설

벌칙(산업안전보건법 제167조)
㉠ 제38조 제1항부터 제3항까지(제166조의2에서 준용하는 경우를 포함한다), 제39조 제1항(제166조의2에서 준용하는 경우를 포함한다) 또는 제63조(제166조의2에서 준용하는 경우를 포함한다)를 위반하여 근로자를 사망에 이르게 한 자는 7년 이하의 징역 또는 1억 원 이하의 벌금에 처한다.
㉡ ㉠의 죄로 형을 선고받고 그 형이 확정된 후 5년 이내에 다시 ㉠의 죄를 저지른 자는 그 형의 2분의 1까지 가중한다.

20

산업안전보건법령상 안전보건관리책임자(이하 관리책임자)에 관한 설명으로 옳지 않은 것은?

① 산업안전보건기준에 관한 규칙에서 정하는 근로자의 위험 또는 건강장해의 방지에 관한 사항은 관리책임자의 업무에 해당한다.
② 사업주는 관리책임자에게 그 업무를 수행하는 데 필요한 권한을 주어야 한다.
③ 사업지원 서비스업의 경우에는 상시근로자 50명 이상인 경우에 관리책임자를 두어야 한다.
④ 관리책임자는 해당 사업에서 그 사업을 실질적으로 총괄 관리하는 사람이어야 한다.
⑤ 건설업의 경우에는 공사금액 20억 원 이상인 경우에 관리책임자를 두어야 한다.

해설

③ 사업지원 서비스업의 경우에는 상시근로자 300명 이상인 경우에 안전보건관리책임자를 두어야 한다(산업안전보건법 시행령 별표 2).

안전보건관리책임자(산업안전보건법 제15조)
㉠ 사업주는 사업장을 실질적으로 총괄하여 관리하는 사람에게 해당 사업장의 다음 업무를 총괄하여 관리하도록 하여야 한다.
  1. 사업장의 산업재해 예방계획의 수립에 관한 사항
  2. 제25조 및 제26조에 따른 안전보건관리규정의 작성 및 변경에 관한 사항
  3. 제29조에 따른 안전보건교육에 관한 사항
  4. 작업환경측정 등 작업환경의 점검 및 개선에 관한 사항
  5. 제129조부터 제132조까지에 따른 근로자의 건강진단 등 건강관리에 관한 사항
  6. 산업재해의 원인조사 및 재발방지대책 수립에 관한 사항
  7. 산업재해에 관한 통계의 기록 및 유지에 관한 사항
  8. 안전장치 및 보호구 구입 시 적격품 여부 확인에 관한 사항
  9. 그 밖에 근로자의 유해·위험 방지조치에 관한 사항으로서 고용노동부령으로 정하는 사항
㉡ ㉠의 각 호 업무를 총괄하여 관리하는 사람(이하 안전보건관리책임자)은 제17조에 따른 안전관리자와 제18조에 따른 보건관리자를 지휘·감독한다.
㉢ 안전보건관리책임자를 두어야 하는 사업의 종류와 사업장의 상시근로자 수, 그 밖에 필요한 사항은 대통령령으로 정한다.

21

산업안전보건법령상 도급인인 사업주가 작업장의 안전·보건관리조치를 위하여 2일에 1회 이상 작업장을 순회점검하여야 하는 사업에 해당하는 것은?

① 음악 및 기타 오디오물 출판업
② 사회복지 서비스업
③ 금융 및 보험업
④ 소프트웨어 개발 및 공급업
⑤ 정보서비스업

해설

도급사업 시의 안전·보건조치 등(산업안전보건법 시행규칙 제80조)
㉠ 도급인은 법 제64조 제1항 제2호에 따른 작업장 순회점검을 다음 구분에 따라 실시해야 한다.
  1. 건설업, 제조업, 토사석 광업, 서적·잡지 및 기타 인쇄물 출판업, 음악 및 기타 오디오물 출판업, 금속 및 비금속 원료 재생업 : 2일에 1회 이상
  2. 1.의 사업을 제외한 사업 : 1주일에 1회 이상
㉡ 관계수급인은 ㉠에 따라 도급인이 실시하는 순회점검을 거부·방해 또는 기피해서는 안 되며 점검 결과 도급인의 시정요구가 있으면 이에 따라야 한다.
㉢ 도급인은 법 제64조 제1항 제3호에 따라 관계수급인이 실시하는 근로자의 안전·보건교육에 필요한 장소 및 자료의 제공 등을 요청받은 경우 협조해야 한다.

22

산업안전보건법령상 고용노동부장관의 확인을 받은 경우로서 화학물질의 유해성·위험성 조사에서 제외되는 것을 모두 고른 것은?

ㄱ. 신규화학물질을 전량 수출하기 위하여 연간 100ton 이하로 제조하는 경우
ㄴ. 신규화학물질의 연간 수입량이 100kg 미만인 경우
ㄷ. 해당 신규화학물질의 용기를 국내에서 변경하지 아니하는 경우
ㄹ. 해당 신규화학물질이 완성된 제품으로서 국내에서 가공하지 아니하는 경우

① ㄱ, ㄹ
② ㄴ, ㄷ
③ ㄱ, ㄴ, ㄷ
④ ㄴ, ㄷ, ㄹ
⑤ ㄱ, ㄴ, ㄷ, ㄹ

해설

일반소비자 생활용 신규화학물질의 유해성·위험성 조사 제외(산업안전보건법 시행규칙 제148조)

㉠ 법 제108조 제1항 제1호에서 "고용노동부령으로 정하는 경우"란 다음 어느 하나에 해당하는 경우로서 고용노동부장관의 확인을 받은 경우를 말한다.
  1. 해당 신규화학물질이 완성된 제품으로서 국내에서 가공하지 않는 경우
  2. 해당 신규화학물질의 포장 또는 용기를 국내에서 변경하지 않거나 국내에서 포장하거나 용기에 담지 않는 경우
  3. 해당 신규화학물질이 직접 소비자에게 제공되고 국내의 사업장에서 사용되지 않는 경우

㉡ ㉠에 따른 확인을 받으려는 자는 최초로 신규화학물질을 수입하려는 날 7일 전까지 별지 제60호 서식의 신청서에 ㉠의 각 호 어느 하나에 해당하는 사실을 증명하는 서류를 첨부하여 고용노동부장관에게 제출해야 한다.

소량 신규화학물질의 유해성·위험성 조사 제외(산업안전보건법 시행규칙 제149조)

㉠ 법 제108조 제1항 제2호에 따른 신규화학물질의 수입량이 소량이어서 유해성·위험성 조사보고서를 제출하지 않는 경우란 신규화학물질의 연간 수입량이 100kg 미만인 경우로서 고용노동부장관의 확인을 받은 경우를 말한다.

㉡ ㉠에 따른 확인을 받은 자가 같은 항에서 정한 수량 이상의 신규화학물질을 수입하였거나 수입하려는 경우에는 그 사유가 발생한 날부터 30일 이내에 유해성·위험성 조사보고서를 고용노동부장관에게 제출해야 한다.

㉢ ㉠에 따른 확인의 신청에 관하여는 제148조 제2항을 준용한다.

㉣ ㉠에 따른 확인의 유효기간은 1년으로 한다. 다만, 신규화학물질의 연간 수입량이 100kg 미만인 경우로서 제151조 제2항에 따라 확인을 받은 것으로 보는 경우에는 그 확인은 계속 유효한 것으로 본다.

그 밖의 신규화학물질의 유해성·위험성 조사 제외(산업안전보건법 시행규칙 제150조)

㉠ 법 제108조 제1항 제2호에서 "위해의 정도가 적다고 인정되는 경우로서 고용노동부령으로 정하는 경우"란 다음 어느 하나에 해당하는 경우로서 고용노동부장관의 확인을 받은 경우를 말한다.
  1. 제조하거나 수입하려는 신규화학물질이 시험·연구를 위하여 사용되는 경우
  2. 신규화학물질을 전량 수출하기 위하여 연간 10ton 이하로 제조하거나 수입하는 경우
  3. 신규화학물질이 아닌 화학물질로만 구성된 고분자화합물로서 고용노동부장관이 정하여 고시하는 경우

㉡ ㉠에 따른 확인의 신청에 관하여는 제148조 제2항을 준용한다.

23

산업안전보건법령상 안전보건관리규정의 작성 등에 관한 설명으로 옳은 것은?

① 안전보건관리규정을 작성하여야 할 사업의 사업주는 안전보건관리규정을 변경할 사유가 발생한 경우에는 그 사유가 발생한 날부터 60일 이내에 안전보건관리규정을 변경하여야 한다.

② 농업의 경우 상시근로자 100명 이상을 사용하는 사업장에는 안전보건관리규정을 작성하여야 한다.

③ 사업주가 안전보건관리규정을 작성하는 경우에는 소방·가스·전기·교통 분야 등의 다른 법령에서 정하는 안전관리에 관한 규정과 통합하여 작성할 수 없다.

④ 사업주는 안전보건관리규정을 작성하거나 변경할 때에는 산업안전보건위원회의 심의·의결을 거쳐야 하며, 산업안전보건위원회가 설치되어 있지 아니한 사업장의 경우에는 근로자대표의 동의를 받아야 한다.

⑤ 해당 사업장에 적용되는 단체협약 및 취업규칙은 안전보건관리규정에 반할 수 없으며, 단체협약 또는 취업규칙 중 안전보건관리규정에 반하는 부분에 관하여는 안전보건관리규정으로 정한 기준에 따른다.

정답 23 ④

해설

안전보건관리규정의 작성(산업안전보건법 제25조)
㉠ 사업주는 사업장의 안전 및 보건을 유지하기 위하여 다음 사항이 포함된 안전보건관리규정을 작성하여야 한다.
   1. 안전 및 보건에 관한 관리조직과 그 직무에 관한 사항
   2. 안전보건교육에 관한 사항
   3. 작업장의 안전 및 보건 관리에 관한 사항
   4. 사고 조사 및 대책 수립에 관한 사항
   5. 그 밖에 안전 및 보건에 관한 사항
㉡ ㉠에 따른 안전보건관리규정(이하 안전보건관리규정)은 단체협약 또는 취업규칙에 반할 수 없다. 이 경우 안전보건관리규정 중 단체협약 또는 취업규칙에 반하는 부분에 관하여는 그 단체협약 또는 취업규칙으로 정한 기준에 따른다.
㉢ 안전보건관리규정을 작성하여야 할 사업의 종류, 사업장의 상시근로자 수 및 안전보건관리규정에 포함되어야 할 세부적인 내용, 그 밖에 필요한 사항은 고용노동부령으로 정한다.

안전보건관리규정의 작성·변경 절차(산업안전보건법 제26조)
사업주는 안전보건관리규정을 작성하거나 변경할 때에는 산업안전보건위원회의 심의·의결을 거쳐야 한다. 다만, 산업안전보건위원회가 설치되어 있지 아니한 사업장의 경우에는 근로자대표의 동의를 받아야 한다.

안전보건관리규정의 작성(산업안전보건법 시행규칙 제25조)
㉠ 법 제25조 ㉢에 따라 안전보건관리규정을 작성해야 할 사업의 종류 및 상시근로자 수는 별표 2와 같다.
㉡ ㉠에 따른 사업의 사업주는 안전보건관리규정을 작성해야 할 사유가 발생한 날부터 30일 이내에 별표 3의 내용을 포함한 안전보건관리규정을 작성해야 한다. 이를 변경할 사유가 발생한 경우에도 또한 같다.
㉢ 사업주가 ㉡에 따라 안전보건관리규정을 작성할 때에는 소방·가스·전기·교통 분야 등의 다른 법령에서 정하는 안전관리에 관한 규정과 통합하여 작성할 수 있다.

안전보건관리규정을 작성해야 할 사업의 종류 및 상시근로자 수(산업안전보건법 시행규칙 별표 2)

사업의 종류	상시근로자 수
1. 농업 2. 어업 3. 소프트웨어 개발 및 공급업 4. 컴퓨터 프로그래밍, 시스템 통합 및 관리업 4의2. 영상·오디오물 제공 서비스업 5. 정보서비스업 6. 금융 및 보험업 7. 임대업 ; 부동산 제외 8. 전문, 과학 및 기술 서비스업(연구개발업은 제외한다) 9. 사업지원 서비스업 10. 사회복지 서비스	300명 이상
11. 1.부터 10.까지의 사업을 제외한 사업	100명 이상

24

산업안전보건법령상 노사협의체에 관한 설명으로 옳지 않은 것은?

① 노사협의체의 회의는 근로자위원 및 사용자위원 각 과반수의 출석으로 시작하고 출석위원 과반수의 찬성으로 의결한다.
② 노사협의체의 위원장은 직권으로 노사협의체에 공사금액이 20억 원 미만인 도급 또는 하도급 사업의 사업주 및 근로자대표를 위원으로 위촉할 수 있다.
③ 노사협의체의 위원장은 위원 중에서 호선(互選)한다. 이 경우 근로자위원과 사용자위원 중 각 1명을 공동위원장으로 선출할 수 있다.
④ 노사협의체의 위원장은 노사협의체에서 심의·의결된 내용 등 회의 결과와 중재 결정된 내용 등을 사내방송이나 사내보, 게시 또는 자체 정례조회, 그 밖의 적절한 방법으로 근로자에게 신속히 알려야 한다.
⑤ 노사협의체의 회의는 정기회의와 임시회의로 구분하되, 정기회의는 2개월마다 노사협의체의 위원장이 소집하며, 임시회의는 위원장이 필요하다고 인정할 때에 소집한다.

해설

노사협의체의 구성(산업안전보건법 시행령 제64조)
- 노사협의체는 다음에 따라 근로자위원과 사용자위원으로 구성한다.
  - 근로자위원
    ⓐ 도급 또는 하도급 사업을 포함한 전체 사업의 근로자대표
    ⓑ 근로자대표가 지명하는 명예산업안전감독관 1명. 다만, 명예산업안전감독관이 위촉되어 있지 않은 경우에는 근로자대표가 지명하는 해당 사업장 근로자 1명
    ⓒ 공사금액이 20억 원 이상인 공사의 관계수급인의 각 근로자대표
  - 사용자위원
    ⓐ 도급 또는 하도급 사업을 포함한 전체 사업의 대표자
    ⓑ 안전관리자 1명
    ⓒ 보건관리자 1명(별표 5 제44호에 따른 보건관리자 선임대상 건설업으로 한정한다)
    ⓓ 공사금액이 20억 원 이상인 공사의 관계수급인의 각 대표자
- 노사협의체의 근로자위원과 사용자위원은 합의하여 노사협의체에 공사금액이 20억 원 미만인 공사의 관계수급인 및 관계수급인 근로자대표를 위원으로 위촉할 수 있다.
- 노사협의체의 근로자위원과 사용자위원은 합의하여 제67조 제2호에 따른 사람을 노사협의체에 참여하도록 할 수 있다.

노사협의체의 운영 등(산업안전보건법 시행령 제65조)
- 노사협의체의 회의는 정기회의와 임시회의로 구분하여 개최하되, 정기회의는 2개월마다 노사협의체의 위원장이 소집하며, 임시회의는 위원장이 필요하다고 인정할 때에 소집한다.
- 노사협의체 위원장의 선출, 노사협의체의 회의, 노사협의체에서 의결되지 않은 사항에 대한 처리방법 및 회의 결과 등의 공지에 관하여는 각각 제36조, 제37조 제2항부터 제4항까지, 제38조 및 제39조를 준용한다. 이 경우 "산업안전보건위원회"는 "노사협의체"로 본다.

정답 24 ②

25

산업안전보건법령상 안전검사에 관한 설명으로 옳지 않은 것은?

① 유해·위험기계 등을 사용하는 사업주와 소유자가 다른 경우에는 유해·위험기계 등을 사용하는 사업주가 안전검사를 받아야 한다.
② 이삿짐운반용 리프트의 최초 안전검사는 자동차관리법 제8조에 따른 신규등록 이후 3년 이내에 실시하여야 한다.
③ 안전검사 신청을 받은 안전검사기관은 30일 이내에 해당 기계·기구 및 설비별로 안전검사를 하여야 한다.
④ 안전검사에 합격한 유해·위험기계 등을 사용하는 사업주는 그 유해·위험기계 등이 안전검사에 합격한 것임을 나타내는 표시를 하여야 한다.
⑤ 안전검사를 받아야 하는 자가 자율검사프로그램을 정하고 고용노동부장관의 인정을 받아 그에 따라 유해·위험기계 등의 안전에 관한 성능검사를 하면 안전검사를 받은 것으로 보며, 이 경우 자율검사프로그램의 유효기간은 2년으로 한다.

해설

안전검사(산업안전보건법 제93조)
㉠ 유해하거나 위험한 기계·기구·설비로서 대통령령으로 정하는 것(이하 안전검사대상기계 등)을 사용하는 사업주(근로자를 사용하지 아니하고 사업을 하는 자를 포함한다. 이하 이 조, 제94조, 제95조 및 제98조에서 같다)는 안전검사대상기계 등의 안전에 관한 성능이 고용노동부장관이 정하여 고시하는 검사기준에 맞는지에 대하여 고용노동부장관이 실시하는 검사(이하 안전검사)를 받아야 한다. 이 경우 안전검사대상기계 등을 사용하는 사업주와 소유자가 다른 경우에는 안전검사대상기계 등의 소유자가 안전검사를 받아야 한다.
㉡ ㉠에도 불구하고 안전검사대상기계 등이 다른 법령에 따라 안전성에 관한 검사나 인증을 받은 경우로서 고용노동부령으로 정하는 경우에는 안전검사를 면제할 수 있다.
㉢ 안전검사의 신청, 검사 주기 및 검사합격 표시방법, 그 밖에 필요한 사항은 고용노동부령으로 정한다. 이 경우 검사 주기는 안전검사대상기계 등의 종류, 사용연한(使用年限) 및 위험성을 고려하여 정한다.

안전검사합격증명서 발급 등(산업안전보건법 제94조)
㉠ 고용노동부장관은 제93조 제1항에 따라 안전검사에 합격한 사업주에게 고용노동부령으로 정하는 바에 따라 안전검사합격증명서를 발급하여야 한다.
㉡ ㉠에 따라 안전검사합격증명서를 발급받은 사업주는 그 증명서를 안전검사대상기계 등에 붙여야 한다

자율검사프로그램에 따른 안전검사(산업안전보건법 제98조)
㉠ 제93조 제1항에도 불구하고 같은 항에 따라 안전검사를 받아야 하는 사업주가 근로자대표와 협의(근로자를 사용하지 아니하는 경우는 제외한다)하여 같은 항 전단에 따른 검사기준, 같은 조 제3항에 따른 검사 주기 등을 충족하는 검사프로그램(이하 자율검사프로그램)을 정하고 고용노동부장관의 인정을 받아 다음 어느 하나에 해당하는 사람으로부터 자율검사프로그램에 따라 안전검사대상기계 등에 대하여 안전에 관한 성능검사(자율안전검사)를 받으면 안전검사를 받은 것으로 본다.
1. 고용노동부령으로 정하는 안전에 관한 성능검사와 관련된 자격 및 경험을 가진 사람
2. 고용노동부령으로 정하는 바에 따라 안전에 관한 성능검사 교육을 이수하고 해당 분야의 실무 경험이 있는 사람
㉡ 자율검사프로그램의 유효기간은 2년으로 한다.

| 산업위생일반

26
활성탄관으로 채취한 벤젠을 1mL 이황화탄소로 추출하여 정량한 결과가 다음과 같을 때, 벤젠양(μg)은?

- 시료(앞층 10ppm, 뒷층 0.1ppm)
- 공시료(앞층 0.1ppm, 뒷층 검출되지 않음)

① 9.9
② 10
③ 99
④ 100
⑤ 파과현상 때문에 시료로 쓰지 못함

해설

|주어진 정보|
- 시료
  - 앞층 : 10ppm
  - 뒷층 : 0.1ppm
- 공시료
  - 앞층 : 0.1ppm
  - 뒷층 : 검출되지 않음
- 추출 용매 : 이황화탄소 1mL

1. 공시료를 기준으로 배경값 제거
   - 앞층 : 순수 시료 농도(앞층) = 10ppm − 0.1ppm = 9.9ppm
   - 뒷층 : 순수 시료 농도(뒷층) = 0.1ppm − 0ppm = 0.1ppm
2. ppm을 μg로 변환 : ppm은 용액의 밀도와 추출 용매의 부피를 활용하여 질량으로 변환할 수 있다.

$$\text{농도(ppm)} = \frac{\text{질량}(\mu g)}{\text{추출 용매 부피(mL)}}$$

따라서, 질량(μg) = 농도(ppm) × 추출 용매 부피(mL)
   - 앞층 : 질량(앞층, μg) = 9.9ppm × 1mL = 9.9μg
   - 뒷층 : 질량(뒷층, μg) = 0.1ppm × 1mL = 0.1μg
3. 총벤젠양 계산 : 총벤젠양(μg) = 앞층(μg) + 뒷층(μg)
   = 9.9μg + 0.1μg = 10.0μg

∴ 활성탄관으로 채취한 벤젠의 총량은 10.0μg이다.

정답 26 ②

27
유해인자 노출기준에 관한 설명으로 옳은 것은?

① 노출기준 초과여부로 건강영향을 진단할 수 있다.
② 모든 근로자의 건강영향을 진단하기 위한 법적기준이다.
③ 개인 시료(personal sample) 측정 결과로 호흡기, 피부, 소화기 등 종합적인 인체 노출수준을 추정할 수 있다.
④ 동물실험에 근거해서 설정된 노출기준은 역학조사보다 불확실성이 낮아 신뢰성이 높다.
⑤ 생물학적 노출기준(BEI)이 설정된 화학물질 수가 적은 이유는 건강영향을 추정할 수 있는 바이오마커가 드물기 때문이다.

해설
⑤ 많은 화학물질에 대해 노출을 추정할 수 있는 적절한 바이오마커가 부족하여 BEI가 설정된 물질 수가 제한적이다.
① 노출기준은 작업장의 유해인자 관리 기준일 뿐, 초과여부만으로 건강영향을 진단할 수 없다.
② 노출기준은 모든 근로자의 건강을 완전히 보호하고 진단하는 기준이 아니라, 대부분의 근로자가 건강 문제없이 작업할 수 있도록 설정된 작업환경 관리기준이다.
③ 개인 시료 측정 결과는 주로 호흡기를 통한 노출수준만을 평가하며, 피부와 소화기를 통한 노출은 별도의 평가가 필요하다.
④ 동물실험은 인체 적용에 한계가 있기 때문에 역학조사보다 불확실성이 높아질 수 있다.

28
생물학적 유해인자가 주로 발생되는 공정 또는 작업이 아닌 것은?

① 사료 저장
② 농작업
③ 제빵
④ 주물
⑤ 수용성 금속가공

해설
④ 주물 작업에서는 금속분진, 흄, 열 스트레스 등이 주요 유해인자로 작용하지만, 생물학적 유해인자는 거의 발생하지 않는다.
① 사료 저장 과정에서는 곰팡이, 미코톡신(mycotoxin) 등의 생물학적 유해인자가 발생할 수 있다.
② 농작업 중에는 곰팡이, 세균, 바이러스, 진드기 등 생물학적 유해인자가 흔히 발생한다.
③ 제빵 과정에서는 곰팡이 포자와 밀가루 먼지 등 생물학적 유해인자가 공기 중에 퍼질 수 있다.
⑤ 수용성 금속가공 과정에서는 냉각수와 윤활유에서 세균, 곰팡이 등이 번식하여 생물학적 유해인자가 발생할 수 있다.

29

국내외 산업위생 역사에 관한 설명으로 옳은 것은?

① 중세 노동자 사고와 질병은 의학적 인과관계에 의해서 규명되었다.
② 산업혁명 초창기 어린이 장시간 노동은 일반적이었다.
③ 1963년 산업안전보건법에 이어 1981년 산업재해보상보험법이 제정되었다.
④ 2015년 메탄올 시각 손상이 발생한 공정은 도장(painting)이었다.
⑤ 우리나라 반도체 공장 직업병 문제는 화학물질 급성 중독 사례로 시작되었다.

해설

② 산업혁명 초창기에는 어린이와 여성을 포함한 장시간 노동이 매우 흔했다. 이후 점진적으로 노동환경 개선을 위한 법규와 규제가 도입되었다.
① 중세에는 과학적이고 체계적인 의학적 인과관계 규명이 이루어지지 않았다. 사고와 질병은 주로 미신적, 종교적 해석에 의존했다.
③ 실제로는 1963년 산업재해보상보험법이 먼저 제정되었고, 이후 1981년에 산업안전보건법이 제정되었다.
④ 메탄올 시각 손상은 전자제품 렌즈 세척 작업에서 발생한 사례이다.
⑤ 반도체 공장 직업병 문제는 주로 만성적 건강장해(암 및 기타 질환)로 제기되었으며, 급성 중독 사례로 시작된 것은 아니다.

30

유해인자 측정결과 자료에 관한 해석으로 옳은 것은?

① 근로자가 노출되는 유해인자 측정자료는 일반적으로 정규분포(normal distribution)를 나타낸다.
② 기하표준편차(GSD)값이 클수록 유해인자 노출특성은 유사한 것으로 평가한다.
③ 동일 자료에 대한 기하평균(GM)값은 산술평균(AM)값보다 크다.
④ 정규분포하지 않은 자료를 대수로 변환했을 때 정규분포하면 대수정규분포한다고 평가한다.
⑤ 기하표준편차(GSD) 단위는 ppm 또는 $\mu g/m^3$이다.

해설

① 작업환경에서 유해인자 농도 측정자료는 일반적으로 대수정규분포(log-normal distribution)를 따르며, 정규분포를 따르지 않는다.
② GSD값이 클수록 데이터의 변동성이 크다는 의미이며, 노출특성은 유사하지 않다.
③ 기하평균(GM)은 일반적으로 산술평균(AM)보다 작다. 이는 대수정규분포에서 AM은 오른쪽으로 치우친 자료의 영향을 더 많이 받기 때문이다.
⑤ GSD는 분산의 척도로, 단위를 가지지 않는다. 따라서 ppm 또는 $\mu g/m^3$와 같은 단위는 부적절하다.

31

작업장 환기에 관한 설명으로 옳은 것은?

① HVACs(공조시설)에서 공급하는 공기량은 국소배기장치 후드로 들어가는 공기량의 0.5배로 설계해야 한다.
② 국소배기장치에서 실외로 배기된 공기속도는 반송속도의 50%를 유지해야 한다.
③ 먼지가 발생되는 공정에서 국소배기 공기정화장치는 송풍기 뒤에 설치하는 것이 좋다.
④ 1면이 개방된 포위식 후드에서 소요 풍량(Q)은 1면이 완전히 닫혔을 때를 가정하고 설계하는 것이 좋다.
⑤ 외부식 원형후드에서 등속도 면적은 제어거리와 후드 면적을 고려하여 설계한다.

해설

⑤ 외부식 원형후드는 등속도 면적 설계 시 제어거리와 후드 면적을 반드시 고려하며, 이는 일반적인 설계 원칙에 부합한다.
① HVACs의 공기 공급량은 국소배기장치 배기량과 균형을 이루어야 하며, 0.5배는 적절하지 않다.
② 배기된 공기속도는 덕트 내 반송속도 이상을 유지해야 한다. 50%는 불충분하여 먼지가 퇴적될 가능성이 있다.
③ 공기정화장치는 일반적으로 송풍기 앞에 설치하여 먼지가 송풍기를 손상시키는 것을 방지해야 한다.
④ 포위식 후드는 개방된 상태를 기준으로 설계해야 한다. 닫힌 상태를 기준으로 하면 개방 시 충분한 성능을 발휘하지 못한다.

32

일반적으로 알려진 내분비계 교란물질(endocrine disruptors)이 아닌 것은?

① DDT
② diethylstilbestrol(DES)
③ 프탈레이트
④ 다이옥신
⑤ 메틸에틸케톤(MEK)

해설

⑤ 메틸에틸케톤(MEK) : 유기용제로 널리 사용되며, 신경계에 영향을 미칠 수 있지만, 내분비계 교란물질로 분류되지는 않는다.
① DDT(디클로로디페닐트리클로로에탄) : 살충제로 사용되던 화합물로, 내분비계 교란물질로 널리 알려져 있다. 환경 잔류성이 높고 생체 내 축적 가능성이 있다.
② diethylstilbestrol(디에틸스틸베스트롤, DES) : 합성 에스트로겐으로, 과거 임신 관련 치료제로 사용되었으나 심각한 내분비계 교란 효과가 확인되었다.
③ 프탈레이트(phthalates) : 플라스틱 가소제에 사용되며, 내분비계 교란 효과가 보고되었다.
④ 다이옥신(dioxin) : 환경오염 물질로, 내분비계에 영향을 미치며 발암성도 있다.
※ 내분비계 교란물질 : 내분비계 교란물질은 생체 내 호르몬의 생성, 분비, 이동, 결합, 작용, 배출 등을 방해하여 내분비계 기능에 부정적인 영향을 미치는 화학물질이다. 이러한 물질들은 생식기능, 발달, 면역계 등에 영향을 줄 수 있다.

33

다음은 자동차 산업 노동자를 대상으로 수행한 역학연구에서 얻은 SMR(표준화사망비)값과 95% 신뢰구간이다. 건강근로자 영향(healthy worker effect)을 의심할 수 있는 결과는?

① 0.6(0.4-0.8)
② 1.1(0.9-1.5)
③ 1.2(0.9-1.9)
④ 1.5(1.2-1.9)
⑤ 3.0(1.5-9.2)

해설

① 0.6(0.4-0.8) : SMR이 1보다 작고 신뢰구간도 1을 포함하지 않으므로, 일반 인구보다 사망률이 낮은 결과이다. 이는 건강근로자 효과를 강하게 의심할 수 있다.
② 1.1(0.9-1.5) : SMR이 1에 근접하며 신뢰구간에 1을 포함하므로 사망률이 일반 인구와 유사하다고 볼 수 있다.
③ 1.2(0.9-1.9) : SMR이 1보다 크지만 신뢰구간에 1을 포함하여 통계적으로 유의미하지 않다.
④ 1.5(1.2-1.9) : SMR이 1보다 크고 신뢰구간이 1을 포함하지 않아, 사망률이 일반 인구보다 유의미하게 높음을 나타낸다.
⑤ 3.0(1.5-9.2) : SMR이 매우 높고 신뢰구간도 넓지만, 사망 위험이 일반 인구보다 유의미하게 높다는 결과이다.

SMR(표준화사망비) : SMR은 특정 집단(예 노동자)의 사망률을 일반 인구의 사망률과 비교한 값이다.
- SMR > 1 : 해당 집단에서 사망 위험이 일반 인구보다 높음을 의미한다.
- SMR < 1 : 해당 집단에서 사망 위험이 일반 인구보다 낮음을 의미한다.
※ 건강근로자 효과(healthy worker effect) : 직장에 근무 중인 노동자들은 일반 인구에 비해 상대적으로 건강한 경우가 많다. 이로 인해 SMR이 일반 인구보다 낮은 값(< 1)을 보이는 경향이 있다.

34

중간대사산물(metabolite)이 암을 일으키는 물질은?

① 다핵방향족탄화수소화합물(PAHs)
② 비소
③ 석면
④ 베릴륨
⑤ 라돈

해설

① 다핵방향족탄화수소화합물(PAHs)은 대사 과정에서 중간대사산물(metabolite)이 형성되며, 이 중 일부는 DNA에 결합해 돌연변이를 유발하여 암을 발생시킬 수 있다. 예를 들어, 벤조[a]피렌(benzo[a]pyrene)은 활성 대사체로 전환되어 발암성이 있다.
② 비소는 직접적인 발암성을 가지며, 대사산물이 암을 유발하는 중간 역할을 하지는 않는다.
③ 석면은 물리적 형태로 인해 발암성이 있으며, 중간대사산물과는 관련이 없다. 폐암 및 중피종을 유발할 수 있다.
④ 베릴륨은 물리적 특성으로 인해 발암성을 가지며, 대사산물로 인한 발암 기전은 아니다.
⑤ 라돈은 방사성 붕괴 과정에서 알파입자를 방출하며 암을 유발하지만, 중간대사산물과는 관련이 없다.

35
중금속별로 노출될 수 있는 공정을 연결한 것으로 옳지 않은 것은?

① 크롬 - 도금
② 납 - PVC 압출 혼합
③ 유기수은 - 형광등 제조
④ 비소 - 반도체 이온주입
⑤ 카드뮴 - 축전지 제조

해설

③ 유기수은 - 형광등 제조 : 형광등 제조 과정에서는 주로 무기수은이 사용되며, 유기수은은 형광등 제조와 관련이 없다. 유기수은은 주로 농약이나 살균제에서 발견된다.
① 크롬 - 도금 : 크롬은 도금 작업에서 흔히 사용되며, 작업 중 크롬산 안개에 노출될 수 있다.
② 납 - PVC 압출 혼합 : 납 화합물은 PVC 제조 과정에서 열안정제로 사용되며, 압출 혼합 공정에서 노출될 가능성이 있다.
④ 비소 - 반도체 이온주입 : 비소는 반도체 제조 공정에서 도핑(doping) 물질로 사용되며, 이온주입 공정에서 노출 가능성이 있다.
⑤ 카드뮴 - 축전지 제조 : 카드뮴은 니켈-카드뮴(Ni-Cd) 배터리 제조 공정에서 흔히 사용된다.

36
건강영향을 일으킬 수 있는 직접적인 직무스트레스 요인이 아닌 것은?

① 책임감이 높은 일의 연속
② 상사 및 동료와의 갈등
③ 불규칙한 작업형태
④ 영양부족
⑤ 열악한 작업환경

해설

④ 영양부족은 직무스트레스의 직접적인 요인이 아니다. 이는 개인의 건강상태에 영향을 미칠 수는 있으나 직무나 작업환경에서 비롯된 스트레스 요인으로 간주되지 않는다.
① 직무스트레스의 주요 요인으로, 업무의 과도한 책임감은 스트레스를 유발할 수 있다.
② 직장 내 인간관계 문제는 대표적인 직무스트레스 요인이다.
③ 교대근무나 불규칙한 작업시간은 직무스트레스를 증가시키는 요인으로 작용한다.
⑤ 불편하거나 위험한 작업환경은 직무스트레스를 유발하는 물리적 요인이다.

37

밀폐공간에서 안전한 작업을 위한 일반적인 대책으로 옳지 않은 것은?

① 냉각탑 내부를 교체할 때 불활성 기체를 주입하는 배관 장치는 잠근다.
② 출입 전 산소 및 유해가스 농도를 측정한다.
③ 작업하는 동안 감시인을 밀폐공간 밖에 배치한다.
④ 불활성기체가 고농도일 경우 방독마스크를 착용한다.
⑤ 신선한 공기를 공급하기 곤란한 경우 공기호흡기 또는 송기마스크를 착용한다.

해설

④ 불활성기체가 고농도인 환경에서는 방독마스크가 아닌 공기호흡기 또는 송기마스크와 같은 적절한 호흡보호구를 착용해야 한다. 방독마스크는 유해가스나 증기를 여과하는 역할을 하지만, 산소결핍 환경에서는 효과가 없다.
① 밀폐공간 작업 중 불활성 기체의 누출을 방지하기 위해 배관 장치를 잠그는 것은 적절한 대책이다.
② 밀폐공간 작업의 기본 안전 대책으로, 산소 부족이나 유해가스 농도를 확인하는 절차는 필수적이다.
③ 밀폐공간에서 작업하는 동안 작업자를 보호하기 위해 외부 감시인을 배치하는 것은 중요하다.
⑤ 산소결핍이나 유해가스 농도가 높은 환경에서는 공기호흡기 또는 송기마스크를 착용해야 한다.

38

질병의 업무 관련 역학조사에 관한 설명으로 옳지 않은 것은?

① 담당한 공정과 직무 등 원인인자를 파악한다.
② 개인 기호 및 과거 질환 여부는 고려하지 않는다.
③ 질병 원인 유해인자에 대한 연구결과를 고찰한다.
④ 국내외 유사한 질병 사례를 조사한다.
⑤ 동료 근로자를 대상으로 과거 작업 상황을 조사한다.

해설

② 역학조사에서는 개인의 생활습관(예 흡연, 음주 등)과 과거 질병 이력을 포함하여 질병의 원인에 영향을 미칠 수 있는 모든 요인을 고려한다.
① 직업병의 역학조사에서 해당 근로자가 담당했던 공정과 직무에서의 유해인자를 파악하는 것은 기본적인 과정이다.
③ 질병과 관련된 유해인자에 대한 기존 연구결과를 검토하는 것은 중요한 단계이다.
④ 국내외의 유사 사례를 조사하여 비교하는 과정은 원인 파악과 대책 마련에 필수적이다.
⑤ 동료 근로자들의 작업환경과 과거 상황을 조사하면 원인 규명에 도움이 된다.

정답 37 ④ 38 ②

39

화학물질에 대한 노출수준을 추정하는 데 활용될 수 없는 것은?

① 하루 평균 화학물질 취급 빈도(frequency)
② 하루 평균 화학물질 취급 시간
③ 하루 평균 화학물질 취급량
④ 화학물질 제거 환기 효율
⑤ 화학물질의 독성(toxicity)

해설

⑤ 독성은 물질이 얼마나 해로운지를 나타내는 정보이지만, 이는 노출수준 추정이 아니라 노출된 후의 건강영향을 평가하는 데 사용된다. 독성은 노출량과 상관없는 독립적인 요소로, 노출수준 추정에는 활용되지 않는다.
① 노출 빈도는 총노출수준에 영향을 미치는 주요 변수 중 하나이다.
② 작업자가 얼마나 오랜 시간 동안 물질에 노출되는지도 노출수준 계산에 중요하다.
③ 취급량이 많을수록 노출 가능성도 증가하기 때문에 중요한 요소이다.
④ 환기 시스템의 효과는 공기 중 유해물질 농도를 줄이는 데 결정적이며, 노출수준에 큰 영향을 준다.
※ 화학물질의 노출수준 추정은 물질의 실제 노출 강도와 빈도를 계산하는 과정이다. 노출수준 추정은 환경 및 작업 조건에 따라 달라진다.

40

산업현장에서 일반재해가 발생했을 때 조치 순서로 옳은 것은?

① 재해발생 → 긴급처리 → 재해조사 → 원인분석 → 대책수립 → 평가
② 재해발생 → 재해조사 → 긴급처리 → 원인분석 → 대책수립 → 평가
③ 재해발생 → 긴급처리 → 원인분석 → 재해조사 → 대책수립 → 평가
④ 재해발생 → 원인분석 → 재해조사 → 긴급처리 → 대책수립 → 평가
⑤ 재해발생 → 긴급처리 → 원인분석 → 대책수립 → 재해조사 → 평가

해설

① 재해발생 직후에는 부상자 구호 및 상황 통제를 우선으로 하며, 이후 재해조사 및 원인분석이 이루어진다.
일반재해 시 조치
- 재해발생 : 재해가 발생하면 즉시 이를 인지하고 상황을 파악한다.
- 긴급처리 : 재해 현장에서 부상자의 구조, 응급조치 및 추가 피해 방지조치를 최우선적으로 시행한다.
- 재해조사 : 재해의 발생원인을 체계적으로 조사하기 위해 현장을 기록하고 관련 정보를 수집한다.
- 원인분석 : 재해 발생원인에 대해 분석하여 근본적인 요인을 파악한다.
- 대책수립 : 조사 및 분석 결과를 바탕으로 재해방지대책을 수립한다.
- 평가 : 수립된 대책의 효과를 점검하고 재발방지를 위해 지속적인 관리 및 개선 방안을 평가한다.

41

미국 NIOSH의 중량물 들기 최대 허용기준(MPL ; Maximum Permissible Limit)에 관한 설명으로 옳지 않은 것은?

① MPL을 초과하면 대부분의 근로자에게 근육 및 골격장애를 유발한다.
② 5번 요추와 1번 천추(L5/S1)에 미치는 압력이 6,400N의 부하에 해당된다.
③ 감시기준(action limit)의 5배에 해당된다.
④ 작업강도, 즉 에너지 소비량은 5.0kcal/min을 초과한다.
⑤ 남자의 25%, 여자의 1%가 작업 가능하다.

해설
③ MPL은 감시기준(action limit)의 3배에 해당하며, 5배는 잘못된 정보이다.
① MPL은 근육 및 골격계 손상을 예방하기 위해 설정된 기준이며, 초과 시 부상을 초래할 가능성이 높다.
② NIOSH 기준에서 MPL은 L5/S1 부위에 가해지는 최대 허용 압력으로 설정된다.
④ MPL을 초과하는 작업은 고강도로 분류되며, 에너지 소비량이 5.0kcal/min을 초과할 가능성이 높다.
⑤ MPL 수준에서는 근로자의 신체능력 차이에 따라 일부만 작업 가능하다.

42

주요 국가에서 설정한 노출기준 용어로 옳지 않은 것은?

① 미국(OSHA) - PEL
② 미국(NIOSH) - REL
③ 미국(ACGIH) - WEEL
④ 영국(HSE) - WEL
⑤ 독일 - MAK

해설
③ 미국(ACGIH) - WEEL(Workplace Environmental Exposure Level) : ACGIH는 TLV(Threshold Limit Value)를 사용한다. WEEL은 AIHA(American Industrial Hygiene Association)에서 사용하는 용어이다.
① 미국(OSHA) - PEL(Permissible Exposure Limit) : OSHA에서 설정한 허용 노출 한계를 의미한다.
② 미국(NIOSH) - REL(Recommended Exposure Limit) : NIOSH에서 제안한 권고 노출 한계를 의미한다.
④ 영국(HSE) - WEL(Workplace Exposure Limit) : HSE에서 설정한 작업장 노출 한계를 의미한다.
⑤ 독일 - MAK(Maximale Arbeitsplatz-Konzentration) : 독일에서 설정한 작업장 최대 허용 농도를 의미한다.

정답 41 ③ 42 ③

43

청각의 등감곡선에 관한 설명으로 옳지 않은 것은?

① 정상적인 청력을 가진 사람들을 대상으로 음의 크기(loudness)를 실험한 결과에 근거한다.
② 동일한 크기를 듣기 위해서 고주파에서는 저주파보다 물리적으로 더 높은 음압 수준을 필요로 한다.
③ 1,000Hz에서 40dB은 100Hz에서 약 50dB과 비슷한 크기로 느껴진다.
④ 고주파 음압 수준에 노출되면 주로 직업성 소음성 난청이 발생한다.
⑤ 1,000Hz에서 음압 수준을 기준으로 등감곡선을 나타내는 단위를 'phon'이라고 한다.

해설

② 저주파에서는 고주파보다 물리적으로 더 높은 음압 수준을 필요로 한다. 이는 인간의 귀가 저주파에 대한 민감도가 낮기 때문이다.
① 정상적인 청력을 가진 사람들을 대상으로 실험한 결과에 근거하여 등감곡선(equal-loudness contour)이 도출되었다.
③ 1,000Hz에서 40dB은 100Hz에서 약 50dB과 비슷한 크기로 느껴진다는 설명은 등감곡선에 의해 확인된 사실이다.
④ 고주파 음압 수준에 장시간 노출되면 직업성 소음성 난청이 주로 발생한다.
⑤ 1,000Hz에서 음압 수준을 기준으로 'phon' 단위를 사용해 등감곡선을 나타낸다.

44

가축 분뇨 정화조를 청소하는 동안 착용해야 할 호흡 보호구는?

① 방진마스크
② 면마스크
③ 송기마스크
④ 반면형 방독마스크
⑤ 전면형 방독마스크

해설

③ 가축 분뇨 정화조는 밀폐공간으로 산소결핍과 유해가스(예 황화수소, 메탄 등)가 발생할 위험이 높다. 이러한 환경에서는 산소 부족 및 유해가스 노출로 인한 질식 위험이 있으므로, 외부에서 공기를 공급하는 송기마스크를 착용해야 한다.

각 보호구의 적합성

- 방진마스크 : 입자상 물질(먼지, 미세먼지) 차단에 적합하며, 유해가스에는 효과가 없으므로 정화조에서 사용할 수 없다.
- 면마스크 : 비말 차단 등 간단한 목적에만 사용되며, 유해 환경에서는 효과가 전혀 없다.
- 송기마스크 : 외부 공기를 공급받아 호흡하기 때문에 산소결핍 및 유해가스 환경에서 적합하다. 정화조 작업에 필수적이다.
- 반면형 방독마스크 : 유해가스를 차단하는 정화통이 포함되지만, 산소결핍 환경에서는 사용할 수 없다.
- 전면형 방독마스크 : 얼굴 전체를 보호하며 유해가스를 차단하지만, 산소결핍 환경에서는 사용할 수 없다.

45

방사선 유효선량(effective dose)의 단위는?

① 시버트(Sv)
② 라드(rad)
③ 그레이(Gy)
④ 렌트겐(R)
⑤ 베크렐(Bq)

해설

① 방사선 유효선량은 방사선이 인체에 미치는 영향을 평가하기 위해 사용되는 단위로, 방사선의 종류와 조직의 민감도를 고려한 선량이다. 단위는 시버트(Sv)를 사용한다.

각 단위 설명
- 시버트(Sv) : 방사선의 생물학적 효과를 나타내는 단위이다. 유효선량이나 등가선량을 표현할 때 사용한다.
- 라드(rad) : 흡수선량의 단위로, 1rad는 0.01Gy에 해당한다. 생물학적 효과를 고려하지 않는다.
- 그레이(Gy) : 흡수선량의 국제단위계(SI) 단위이다. 물질이 흡수한 방사선 에너지의 양(1Gy=1J/kg)을 의미한다.
- 렌트겐(R) : 방사선 노출량의 단위로, X선이나 γ선이 공기에서 생성한 이온화 정도를 나타낸다.
- 베크렐(Bq) : 방사능의 단위로, 1초당 1번의 핵붕괴를 의미한다.

46

호흡기 상기도 점막을 주로 자극하는 물질이 아닌 것은?

① 암모니아
② 이산화질소
③ 염화수소
④ 아황산가스
⑤ 불화수소

해설

② 이산화질소(NO_2)는 물에 잘 용해되지 않아 상기도보다 폐포나 하기도에 더 큰 영향을 미친다. 이는 호흡기 하부에서의 염증 및 부종을 유발할 가능성이 높다.

호흡기 상기도 점막 자극물질 : 호흡기 상기도 점막은 주로 자극성이 강한 물질에 의해 영향을 받는다. 이러한 물질들은 주로 물에 잘 용해되어 상기도 점막에 즉각적인 자극을 줄 수 있다.
- 암모니아 : 물에 잘 용해되어 상기도 점막에 자극을 준다.
- 염화수소 : 강한 자극성을 가지며, 상기도 점막에 직접 영향을 미친다.
- 아황산가스 : 물에 용해되어 상기도 점막에 자극을 준다.
- 불화수소 : 강한 자극성과 독성을 가지고 있으며, 상기도를 포함한 점막에 손상을 줄 수 있다.

47

동물실험 결과에 근거해서 설정된 노출기준들의 한계점에 관한 설명으로 옳지 않은 것은?

① 무관찰작용량(No Observed Effect Level)을 알아내는 것이 어렵다.
② 다양한 화학물질의 노출상황에 따른 독성을 알아내기 어렵다.
③ 동물과 사람의 종(species) 차이에 따른 독성의 불확실성이 있다.
④ 수십 년 동안 낮은 농도의 화학물질 노출에 따른 건강영향을 알아내기 어렵다.
⑤ 기저질환을 갖고 있는 질환자들의 건강영향을 규명하기 어렵다.

해설

① 동물실험에서 무관찰작용량(NOEL)은 잘 설계된 실험으로 도출 가능하다. 특정 화학물질의 영향을 관찰하고 효과가 나타나지 않는 최대 용량을 확인하는 것이 동물실험의 주요 목표 중 하나이다.
② 동물실험은 다양한 화학물질의 노출 상황을 평가할 수 있지만, 실험 설계와 범위의 한계로 인해 모든 경우를 다룰 수는 없다는 점이 한계로 인정된다.
③ 동물실험의 결과는 사람에게 동일하게 적용되지 않을 수 있다. 생리적, 대사적 차이로 인해 독성의 표현이 다를 가능성이 있다.
④ 동물실험은 일반적으로 단기 또는 중기 실험이 많아, 장기간 저농도 노출에 대한 데이터를 수집하기 어렵다.
⑤ 동물실험은 일반적으로 건강한 개체를 대상으로 하므로, 기저질환이 있는 사람들에게 미치는 영향을 직접적으로 평가하기 어렵다.

48

양압(positive pressure)을 유지해야 하는 공정 또는 장소는?

① 감염환자 병실
② 석면해체 실내작업
③ 전자부품 제조 공장
④ 실험실 흄 후드 안
⑤ 생물안전(biosafety) 실험실

해설

③ 전자부품 제조 공장 : 양압을 유지해야 한다. 외부 먼지나 오염물이 공장 내부로 들어오는 것을 방지하기 위해 양압을 유지해야 한다.
① 감염환자 병실 : 음압(negative pressure)을 유지해야 한다. 감염된 공기가 병실 밖으로 나가지 않도록 하기 위한 조치이다.
② 석면해체 실내작업 : 음압을 유지해야 한다. 석면이 외부로 퍼지지 않도록 방지하기 위함이다.
④ 실험실 흄 후드 안 : 음압을 유지해야 한다. 흄 후드 내부의 유해한 화학물질이 실험실 내부로 퍼지지 않도록 하기 위함이다.
⑤ 생물안전(biosafety) 실험실 : 일반적으로 음압을 유지해야 한다. 유해한 미생물이 실험실 밖으로 유출되는 것을 방지하기 위함이다.

49

근로자의 만성질병과 직무 또는 업무 연관성을 규명하기 어려운 이유로 옳지 않은 것은?

① 과거 담당했던 직무 기록의 미흡
② 과거 일했던 공정이 존재하지 않음
③ 과거 유해인자 노출수준 추정의 어려움
④ 과거 작업 상황 조사의 어려움
⑤ 만성 질병 분류(classification)의 어려움

해설

⑤ 만성 질환의 분류는 의학적으로 표준화된 기준(예 ICD-10)에 따라 이루어지며, 이는 직무 연관성 규명과 직접적인 관련이 없다. 문제는 과거 직무 및 작업환경에 대한 자료 부족이지 질병 분류 자체의 어려움은 아니다.
① 과거 직무 기록이 부족하면 어떤 작업과 관련이 있는지 파악하기 어렵다.
② 과거 일했던 공정이 없거나 변형되면 해당 공정의 유해인자 노출을 추적하기 어렵다.
③ 만성질환은 오랜 시간 동안 축적된 노출로 인해 발생하므로 과거 유해인자 농도와 노출 수준을 정확히 추정하기 어려운 경우가 많다.
④ 작업 상황이 변화했거나 기록이 없는 경우, 당시 환경을 재현하여 조사하기에는 어려움이 있다.

50

고압환경에서 2차성 압력현상과 이로 인한 건강영향으로 옳지 않은 것은?

① 고압환경에서 대기 가스 때문에 나타나는 현상이다.
② 흉곽이 잔기량보다 적은 용량까지 압축되면 폐 압박 현상이 나타날 수 있다.
③ 질소 마취에 의해 작업력의 저하와 다행증이 발생할 수 있다.
④ 산소 중독 증세가 나타날 수 있다.
⑤ 이산화탄소 분압의 증가로 관절 장해가 발생할 수 있다.

해설

※ 저자의견 : 출제 당시 정답은 ②였으나, 저자의견으로는 ②·⑤ 둘 다 옳지 않은 문항으로 정답을 수정하였습니다.
② 흉곽은 잔기량보다 더 적은 용량까지 압축되지 않으며, 폐 압박 현상은 고압에서 발생하는 문제와 무관하다. 대신 폐의 과팽창 또는 압력에 의한 장기 손상이 주요 문제로 나타난다.
⑤ 관절 장해는 주로 감압병(decompression sickness)으로 인해 발생하며, 이는 불활성 가스(예 질소)가 조직에 과포화되어 제거되는 과정에서 발생한다. 이산화탄소 분압 증가와는 직접적 연관이 없다.
① 고압환경에서 질소, 산소, 이산화탄소 등 대기 가스의 압력이 증가하면서 다양한 생리적 반응이 발생한다.
③ 고압환경에서 질소가 중추신경계에 영향을 미쳐 작업 능력 저하와 다행증(euphoria)이 나타날 수 있다.
④ 산소의 고압 노출은 중추신경계에 독성을 유발하여 경련 등의 산소 중독 증상을 유발할 수 있다.

| 기업진단 · 지도

51

해크만(J. Hackman)과 올드햄(G. Oldham)이 제시한 직무특성 모델(job characteristic model)에서 5가지 핵심직무 차원(core job dimensions)에 포함되지 않는 것은?

① 기술다양성(skill variety)
② 성장욕구(growth need)
③ 과업정체성(task identity)
④ 자율성(autonomy)
⑤ 피드백(feedback)

해설

해크만과 올드햄의 직무특성 모델 : 직무가 근로자에게 내재적 동기를 부여하는 방식과 이를 구성하는 직무의 핵심 차원을 설명한다. 모델의 주요 요소는 5가지 핵심직무차원(core job dimensions), 이들 차원이 동기를 유발하는 과정을 설명하는 중간 매개 변수와 개인적·직무적 결과로 이루어져 있다.

- 기술다양성(skill variety) : 직무수행에 요구되는 다양한 기술과 능력의 범위, 높은 기술다양성은 직무를 더 흥미롭게 만든다.
- 과업정체성(task identity) : 직무가 완전하고 전체적인 작업으로, 시작부터 끝까지 하나의 결과를 만들어내는 정도, 높은 과업정체성은 작업의 중요성과 만족도를 증가시킨다.
- 과업중요성(task significance) : 직무가 다른 사람이나 조직에 얼마나 중요한 영향을 미치는지에 대한 정도, 높은 과업중요성은 직무의 가치와 목적을 더 강하게 느끼게 한다.
- 자율성(autonomy) : 직무수행에 있어 근로자가 독립적으로 결정할 수 있는 자유와 재량권의 정도, 높은 자율성은 근로자의 책임감을 증가시킨다.
- 피드백(feedback) : 직무수행의 결과에 대해 근로자가 명확하고 직접적인 정보를 받는 정도, 효과적인 피드백은 개선과 성과 향상에 기여한다.

52

직무급(job-based pay)에 관한 설명으로 옳은 것을 모두 고른 것은?

ㄱ. 동일노동 동일임금의 원칙(equal pay for equal work)이 적용된다.
ㄴ. 직무를 평가하고 임금을 산정하는 절차가 간단하다.
ㄷ. 유능한 인력을 확보하고 활용하는 것이 가능하다.
ㄹ. 직무의 상대적 가치를 기준으로 하여 임금을 결정한다.
ㅁ. 직무를 중심으로 한 합리적인 인적자원관리가 가능하게 됨으로써 인건비의 효율성을 증대시킬 수 있다.

① ㄱ, ㄴ, ㄷ
② ㄷ, ㄹ, ㅁ
③ ㄱ, ㄴ, ㄹ, ㅁ
④ ㄱ, ㄷ, ㄹ, ㅁ
⑤ ㄱ, ㄴ, ㄷ, ㄹ, ㅁ

해설

직무급(job-based pay) : 직무의 상대적 가치와 중요도를 기준으로 임금을 책정하는 제도로, 각 직무의 평가결과에 따라 임금이 결정된다. 이는 직무 중심으로 임금체계를 구축하여 공정성과 합리성을 확보하는 데 중점을 둔다. 직무급 체계를 설계하려면 직무분석, 직무평가, 직무분류 등의 복잡한 절차가 필요하며, 이를 실행하는 데 많은 시간과 비용이 소요된다. 따라서 절차가 간단하다고 보기 어렵다.

- 직무급 vs 성과급 : 직무급은 직무 자체의 가치를 기준으로 하지만, 성과급은 개인의 성과를 기준으로 한다.
- 직무급 vs 직능급 : 직능급은 개인의 능력(예 기술 수준, 전문성)에 따라 임금을 책정한다는 점에서 직무급과 다르다.

53

홍길동이 A 회사에 입사한 후 3년이 지났다. 홍길동이 그동안 있었던 승진자들을 살펴보니 모두 뛰어난 업적을 보인 사람들이었다. 이에 홍길동은 자신도 뛰어난 성과를 보여 승진하겠다는 결심을 하고 지속적으로 열심히 노력하였다. 이 경우 홍길동과 관련된 학습이론은?

① 사회적 학습(social learning)
② 조직적 학습(organizational learning)
③ 고전적 조건화(classical conditioning)
④ 작동적 조건화(operant conditioning)
⑤ 액션 러닝(action learning)

> 해설

① 사회적 학습(social learning) : 사람들은 다른 사람의 행동을 관찰하고 그 행동의 결과(보상 또는 처벌)를 통해 학습한다. 이 학습은 반드시 직접 경험하지 않아도 가능하며, 타인의 행동과 그 결과를 관찰하여 모방하거나 교훈을 얻는다.
② 조직적 학습(organizational learning) : 조직 차원에서 경험과 지식을 축적하고 공유하며, 이를 통해 조직 전체가 학습하고 발전하는 과정을 의미한다.
③ 고전적 조건화(classical conditioning) : 파블로프(Pavlov)의 조건 반사 실험에서 나타난 것처럼, 특정 자극(조건 자극)에 대한 반응(조건 반응)을 학습하는 과정으로 자극-반응 관계를 통해 학습이 이루어진다.
④ 작동적 조건화(operant conditioning) : 스키너(Skinner)가 제안한 이론으로, 행동의 결과에 따라 행동이 강화(증가)되거나 약화(감소)되는 학습 과정을 의미한다. 보상과 처벌을 통해 행동이 조정된다.
⑤ 액션 러닝(action learning) : 실제로 직면한 문제를 해결하는 과정을 통해 학습하는 방법으로, 학습과 문제해결을 동시에 이루는 접근법이다. 팀 단위로 진행되는 경우가 많다.

54

허즈버그(F. Herzberg)가 제시한 2요인이론(two factor theory)에서 동기부여요인(motivators)에 포함되지 않는 것은?

① 성취(achievement)
② 임금(wage)
③ 책임(responsibility)
④ 성장(growth)
⑤ 인정(recognition)

> 해설

2요인이론(two factor theory) : 1950년대 말 미국의 경영심리학자 허즈버그(F. Herzberg)에 의하여 제시된 동기부여이론으로 '동기위생이론(motivation hygiene theory)'이라고 부르기도 한다. 허즈버그는 직무 만족에 영향을 미치는 요인들을 '동기요인', 직무 불만족에 영향을 미치는 요인들을 '위생요인'으로 호칭하고 2요인이론을 주장하였다.
- 동기요인(motivator) : 직무내용에 관련한 성취감, 인정, 도전감, 책임감, 성장발전 등
- 위생요인(hygiene factor) : 직무환경과 관련된 회사의 정책과 관리, 감독, 작업조건, 개인 상호 간의 관계, 임금, 보수, 지위, 안전 등

정답 53 ① 54 ②

55

사업부제 조직구조(divisional structure)에 관한 설명으로 옳지 않은 것은?

① 각 사업부는 사업영역에 대해 독자적인 권한과 책임을 보유하고 있어 독립적인 이익센터(profit center)로서 기능할 수 있다.
② 각 사업부들이 경영상의 책임단위가 됨으로써 본사의 최고경영층은 일상적인 업무로부터 벗어나 전사적인 차원의 문제에 집중할 수 있다.
③ 각 사업부 간에 기능의 중복현상이 발생하지 않는다.
④ 각 사업부마다 시장특성에 적합한 제품과 서비스를 생산하고 판매할 수 있게 됨으로써 시장세분화에 따른 제품차별화가 용이하다.
⑤ 각 사업부의 이해관계를 중시하는 사업부 이기주의로 인하여 사업부 간의 협조가 원활하지 못할 수 있다.

해설

사업부제 조직구조(divisional structure)는 조직을 특정 제품, 서비스, 지역 또는 고객별로 구분하여 독립적인 사업부로 운영하는 구조이다. 이 구조는 각 사업부가 독자적인 권한과 책임을 가지며, 시장 특성에 맞는 경영 활동을 수행할 수 있는 장점이 있지만, 기능의 중복과 사업부 간 이기주의 같은 단점도 존재한다.

56

6시그마 경영은 모토로라(Motorola)사에서 혁신적인 품질개선의 목적으로 시작된 기업경영전략이다. 6시그마 경영과 과거의 품질경영을 비교 설명한 것으로 옳은 것은?

① 과거의 품질경영 방식은 전체 최적화였으나 6시그마 경영은 부분 최적화라고 할 수 있다.
② 과거의 품질경영 계획대상은 공장 내 모든 프로세스였으나 6시그마 경영은 문제점이 발생한 곳 중심이라고 할 수 있다.
③ 과거의 품질경영 교육은 체계적이고 의무적이었으나 6시그마 경영은 자발적 참여를 중시한다.
④ 과거의 품질경영 관리단계는 DMAIC를 사용하였으나 6시그마 경영은 PDCA cycle을 사용한다.
⑤ 과거의 품질경영 방침결정은 하의상달 방식이었으나 6시그마 경영은 상의하달 방식으로 이루어진다.

해설

6시그마 경영과 과거 품질경영의 비교

구분	6시그마 경영	과거 품질경영
목적	불량률을 100만 개당 3.4개 이하 수준으로 축소하고, 비용 절감 및 경영 효율성 극대화	불량률 감소와 공정 개선
품질추구	프로세스 개선을 통한 제품 품질 및 고객 만족도 증대	제품 품질 향상을 목표로 함
참여자	조직 전체가 참여, 특히 블랙벨트(전문가)와 그린벨트(중급 관리자)가 주요 역할	품질부서 담당자가 주도
업무체계	조직 전체가 프로세스 중심으로 업무를 수행(top-bottom 방식)	품질부서 중심의 품질 관리(bottom-top 방식)
관리방식	DMAIC(Define-Measure-Analyze-Improve-Control) 단계 활용	PDCA(Plan-Do-Check-Act) 사이클 활용

57
ABC 재고관리에 관한 설명으로 옳지 않은 것은?

① 자재 및 재고자산의 차별 관리방법이며, A등급, B등급, C등급으로 구분된다.
② 품목의 중요도를 결정하고, 품목의 상대적 중요도에 따라 통제를 달리하는 재고관리시스템이다.
③ 파레토 분석(pareto analysis) 결과에 따라 품목을 등급으로 나누어 분류한다.
④ 일반적으로 A등급에 속하는 품목의 수가 C등급에 속하는 품목의 수보다 많다.
⑤ 각 등급별 재고 통제수준은 A등급은 엄격하게, B등급은 중간 정도로, C등급은 느슨하게 한다.

해설

④ 파레토 법칙에 따르면 A등급 품목은 수는 적지만, 이 품목들이 전체 재고 가치의 70~80%를 차지한다. 반면, C등급 품목은 수는 많지만, 재고 가치의 비중은 낮다.
  예) A등급 품목 = 20%, 재고 가치 = 80%
     C등급 품목 = 50%, 재고 가치 = 5%

ABC 재고관리
파레토 법칙(80/20법칙)에 기반하여 재고 품목을 A, B, C등급으로 나누어 중요도에 따라 차별적으로 관리하는 재고관리시스템이다. 이 방법은 중요도에 따라 통제를 달리함으로써 효율적인 재고 관리를 목표로 한다.

58
수요예측을 위한 시계열 분석에서 변동에 해당하지 않는 것은?

① 추세변동(trend variation) : 자료의 추이가 점진적, 장기적으로 증가 또는 감소하는 변동
② 계절변동(seasonal variation) : 월, 계절에 따라 증가 또는 감소하는 변동
③ 위치변동(locational variation) : 지역의 차이에 따라 증가 또는 감소하는 변동
④ 순환변동(cyclical variation) : 경기순환과 같은 요인으로 인한 변동
⑤ 불규칙변동(irregular variation) : 돌발사건, 전쟁 등으로 인한 변동

해설

수요예측의 시계열 분석에서 변동 요소는 데이터를 구성하는 패턴과 변화를 나타내는 주요 구성 요소를 의미한다. 시계열 데이터는 일반적으로 추세변동(trend), 계절변동(seasonal), 순환변동(cyclical), 불규칙변동(irregular)으로 분류되며, 각 변동 요소는 특정한 시간적 특성을 반영한다.

59
설비 배치계획의 일반적 단계에 해당하지 않는 것은?

① 구성계획(construct plan)
② 세부 배치계획(detailed layout plan)
③ 전반 배치(general overall layout)
④ 설치(installation)
⑤ 위치(location) 결정

해설

① 구성계획(construct plan)은 일반적인 설비 배치계획 단계로 사용되지 않는 용어이다.
설비 배치계획의 일반적 단계 : 설비의 효율적 배치를 위해 체계적으로 진행되는 과정으로, 각 단계는 설비의 위치와 상호작용을 최적화하는 데 초점이 맞춰져 있다.
- 위치 결정(location decision) : 설비 배치의 대상과 필요성을 정의하고, 구체적인 위치를 결정하는 초기 단계이다.
- 전반 배치(general overall layout) : 공장 또는 시설의 전반적인 배치를 설계하여, 설비 간 관계와 흐름을 고려한 개요를 작성한다.
- 세부 배치계획(detailed layout plan) : 전반 배치계획을 기반으로 설비의 세부 위치를 결정하며, 각 설비 간의 상호작용과 공간 활용을 구체화한다.
- 설치(installation) : 배치계획이 완료된 후, 실제로 설비를 설치하는 실행 단계이다. 계획 이후의 실행 단계이므로 논란의 여지가 있지만, 일반적으로 배치계획의 후속 작업으로 구분된다.

60
심리평가에서 평가센터(assessment center)에 관한 설명으로 옳지 않은 것은?

① 신규채용을 위하여 입사 지원자들을 평가하거나 또는 승진 결정 등을 위하여 현재 종업원들을 평가하는 데 사용할 수 있다.
② 관리 직무에 요구되는 단일 수행차원에 대해 피평가자들을 평가한다.
③ 기본적인 평가방식은 집단 내 다른 사람들의 수행과 비교하여 개인의 수행을 평가하는 것이다.
④ 평가 도구로는 구두발표, 서류함 기법, 역할수행 등이 있다.
⑤ 다수의 평가자들이 피평가자들을 평가한다.

해설

평가센터(assessment center)
직무에 필요한 다양한 수행차원을 평가하기 위해 설계된 다면적 평가 방식으로, 신규채용, 승진 평가, 인재 개발 등의 목적으로 사용된다. 평가센터는 단일 차원이 아니라 다양한 차원에서 피평가자의 능력을 측정하며, 이를 통해 피평가자의 직무 적합성과 잠재력을 다각도로 분석한다. 또한, 집단 비교와 다수의 평가자 및 다양한 평가 도구를 사용하는 특징이 있다.

61
목표설정이론(goal setting theory)에서 종업원의 직무수행을 향상시킬 수 있는 요인들을 모두 고른 것은?

> ㄱ. 도전적인 목표
> ㄴ. 구체적인 목표
> ㄷ. 종업원의 목표 수용
> ㄹ. 목표 달성 과정에 대한 피드백

① ㄱ, ㄹ
② ㄴ, ㄷ
③ ㄱ, ㄴ, ㄹ
④ ㄴ, ㄷ, ㄹ
⑤ ㄱ, ㄴ, ㄷ, ㄹ

해설

목표설정이론(goal setting theory) : 에드윈 로크(Edwin Locke)에 의해 제안된 이론으로, 목표의 명확성과 난이도가 직무수행에 미치는 영향을 설명한다. 이 이론에 따르면, 명확하고 도전적인 목표가 종업원의 동기와 직무수행을 향상시키는 데 중요한 역할을 한다.
- 쉬운 목표보다 도전적인 목표는 종업원의 동기를 더 강하게 자극하며, 더 높은 수준의 성과를 유도한다.
- 구체적이고 명확한 목표는 종업원이 해야 할 일을 명확히 이해하도록 돕는다. 추상적이거나 애매한 목표는 혼란을 초래하고 동기부여를 저하시킬 수 있다.
- 목표는 종업원이 동의하고 받아들일 때 가장 효과적으로 작용한다. 목표가 종업원의 가치와 일치할 때, 더 강한 내재적 동기를 유발할 수 있다.
- 목표 달성 여부에 대한 정기적인 피드백은 종업원이 자신의 진행 상황을 이해하고 필요한 조정을 할 수 있도록 돕는다. 피드백은 학습과 자기 통제력을 강화하여 성과 향상에 기여한다.

62

인사선발에 관한 설명으로 옳은 것은?

① 올바른 합격자(true positive)란 검사에서 합격점을 받아서 채용되었지만 채용된 후에는 불만족스러운 직무수행을 나타내는 사람이다.
② 잘못된 합격자(false positive)란 검사에서 불합격점을 받아서 떨어뜨렸지만 채용하였다면 만족스러운 직무수행을 나타냈을 사람이다.
③ 올바른 불합격자(true negative)란 검사에서 불합격점을 받아서 떨어뜨렸고 채용하였더라도 불만족스러운 직무수행을 나타냈을 사람이다.
④ 잘못된 불합격자(false negative)란 검사에서 합격점을 받아서 채용되었고 채용된 후에도 만족스러운 직무수행을 나타내는 사람이다.
⑤ 인사선발 과정의 궁극적인 목적은 올바른 합격자와 잘못된 불합격자를 최대한 늘리고 올바른 불합격자와 잘못된 합격자를 줄이는 것이다.

해설

인사선발
- 선발의 개념 : 선발이란 모집과정을 거쳐 특정 기준에 의해 그 조건을 갖춘 인재를 선택하는 채용의 마지막 과정이다. 기업에서 유능한 인력확보는 기업의 생존에 직결되는 중요한 조직활동이다.
- 올바른 합격자(true positive) : 선발시험에서 합격점을 받아서 채용되었고 채용된 후에도 만족스러운 직무수행을 나타내는 사람이다. 그 반대는 잘못된 합격자(false positive)이다.
- 잘못된 불합격자(false negative) : 선발시험의 성적은 합격점수에 미달했지만, 선발되었다면 높은 직무성과를 올릴 수 있었던 지원자를 탈락시킨 경우를 말한다. 그 반대는 올바른 불합격자(true negative)이다.

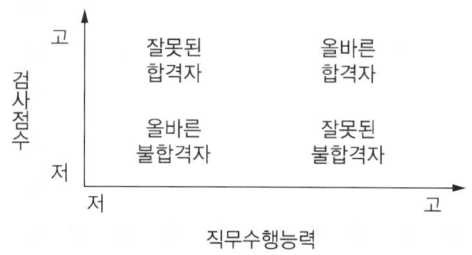

- 선발도구의 조건
  - 동일 자격의 모든 지원자들에게 동일한 기회를 부여해야 한다.
  - 타당성 : 시험의 측정목적을 실제로 측정할 수 있어야 한다.
  - 신뢰성 : 시험이 측정도구로서 일관성이 있어야 한다.
  - 객관성 : 누구에게나 공정한 기준으로 평가되어야 한다.
  - 난이도 : 지원자들의 우열을 가려 주어야 한다.
  - 실용성 : 시험과정에서 경제성을 고려하여야 한다.
  - 직위분류에 따른 시험과목이 적절하게 선택되어야 한다.
  - 임용 후 개인의 직무수행능력과 근무태도 등을 검증해 줄 수 있어야 하며, 장래 발전 가능성을 예측하는 수단이 되어야 한다.

63

심리평가에서 타당도와 신뢰도에 관한 설명으로 옳지 않은 것은?

① 구성 타당도(construct validity)는 검사문항들이 검사용도에 적절한지에 대하여 검사를 받는 사람들이 느끼는 정도다.
② 내용 타당도(content validity)는 검사의 문항들이 측정해야 할 내용들을 충분히 반영한 정도다.
③ 검사-재검사 신뢰도(test-retest reliability)는 검사를 반복해서 실시했을 때 얻어지는 검사 점수의 안정성을 나타내는 정도다.
④ 평가자 간 신뢰도(inter-rater reliability)는 두 명 이상의 평가자들로부터의 평가가 일치하는 정도다.
⑤ 내적 일치 신뢰도(internal-consistency reliability)는 검사 내 문항들 간의 동질성을 나타내는 정도다.

해설

① 구성 타당도는 검사가 측정하려는 심리적 구성개념을 얼마나 잘 측정하는지를 평가하는 것이다. 검사를 받는 사람들이 느끼는 정도는 타당도와 관련된 주관적 평가인 표면 타당도(face validity)에 해당한다.

타당도와 신뢰도
- 타당도(validity) : 검사가 측정하려는 내용을 얼마나 잘 측정하는지의 정도
  - 구성 타당도(construct validity) : 검사가 측정하고자 하는 심리적 구성개념(예 지능, 우울감)을 얼마나 잘 측정하는지의 정도
  - 내용 타당도(content validity) : 검사문항들이 측정하고자 하는 내용을 충분히 반영하고 있는지의 정도
  - 준거 타당도(criterion validity) : 검사 결과가 외부의 준거(예 실제 성과)와 얼마나 관련성이 있는지의 정도
- 신뢰도(reliability) : 검사가 일관성 있고 안정적으로 결과를 측정하는 정도
  - 검사-재검사 신뢰도(test-retest reliability) : 동일한 검사를 반복 실시했을 때 점수가 얼마나 일치하는지의 정도
  - 평가자 간 신뢰도(inter-rater reliability) : 여러 평가자가 동일한 대상을 평가했을 때 평가결과가 얼마나 일치하는지의 정도
  - 내적 일치 신뢰도(internal-consistency reliability) : 검사 내 문항들 간의 동질성과 일관성을 나타내는 정도

정답 63 ①

64

인사평가 시기가 되자 홍길동 부장은 매우 우수한 성과를 보인 이순신 사원을 평가하고, 다음 차례로 이몽룡 사원을 평가하였다. 이때 이몽룡 사원은 평균적인 성과를 보였음에도 불구하고, 평균 이하의 평가를 받았다. 홍길동 부장의 평가에서 발생한 오류는?

① 후광오류
② 관대화오류
③ 중앙집중화오류
④ 대비오류
⑤ 엄격화오류

해설

④ 대비오류, 대조효과 : 고과자가 자신이 지닌 특성과 비교하여 피고과자를 평가하려는 경향을 말한다. 특히 고과자의 편견과 상투적 태도에서 자주 볼 수 있다.
① 후광오류 : 고과자가 피고과자의 어떤 면을 기준으로 해서 다른 것까지 함께 평가해 버리는 경향을 말한다. 즉 피고과자의 한 가지 장점에 현혹되어 모든 것을 다 좋거나 나쁘다고 평가하는 것이다.
② 관대화오류 : 피고과자를 실제 능력이나 업적보다 더 높게 평가하는 경향을 말한다. 이는 부하를 좋지 않게 평가하여 서로 대립할 필요가 없고, 자기부하가 타 부서의 부하보다 더 나쁘게 평가되는 것을 피하기 위한 것이다. 이를 피하기 위해 정규분포곡선을 이용하기도 한다.
③ 중앙집중오류(중심화경향) : 평가의 결과가 평가상의 중간으로 나타나기 쉬운 경향을 말한다. 이 경향의 원인은 관대화경향과 비슷하고 이를 해소하기 위해서는 강제할당법과 서열법 등을 활용할 수 있다.
⑤ 엄격화오류(가혹화경향) : 관대화경향과는 정반대되는 경우로, 고과자가 피고과자의 능력 및 성과를 실제보다 의도적으로 낮게 평가하는 경우를 말한다. 이러한 경향은 고과자의 가치관에 의해 수행성과에 대한 기대수준을 매우 높게 설정했을 때 나타나며, 피고과자와의 갈등관계에서 일종의 처벌적 성격이 두드러질 때 나타난다.

65

인간정보처리(human information processing)이론에서 정보량과 관련된 설명이다. 다음 중 옳지 않은 것은?

① 인간정보처리이론에서 사용하는 정보 측정단위는 비트(bit)다.
② 힉-하이만 법칙(Hick-Hyman law)은 선택반응시간과 자극 정보량 사이의 선형함수 관계로 나타난다.
③ 자극-반응 실험에서 인간에게 입력되는 정보량(자극 정보량)과 출력되는 정보량(반응 정보량)은 동일하다고 가정한다.
④ 정보란 불확실성을 감소시켜 주는 지식이나 소식을 의미한다.
⑤ 자극-반응 실험에서 전달된(transmitted) 정보량을 계산하기 위해서는 소음(noise) 정보량과 손실(loss) 정보량도 고려해야 한다.

해설

인간정보처리(human information processing)이론은 인간이 정보를 입력(자극)받아 이를 처리하고 출력(반응)하는 과정을 설명한다. 정보량은 비트(bit) 단위로 측정되며, 입력과 출력 간에는 손실이나 노이즈가 발생할 수 있기 때문에 정보량이 반드시 동일하지는 않다.

66

하인리히(H. Heinrich)의 연쇄성이론에 관한 설명으로 옳지 않은 것은?

① 연쇄성이론은 도미노이론이라고 불리기도 한다.
② 사고를 예방하는 방법은 연쇄적으로 발생하는 사고원인들 중에서 어떤 원인을 제거하여 연쇄적인 반응을 막는 것이다.
③ 연쇄성이론에 의하면 5개의 도미노가 있다.
④ 사고 발생의 직접적인 원인은 불안전한 행동과 불안전한 상태다.
⑤ 연쇄성이론에서 첫 번째 도미노는 개인적 결함이다.

해설

하인리히(H. Heinrich)의 연쇄성이론(chain of accident theory) 또는 도미노이론(domino theory) : 사고의 원인을 다섯 가지 요소로 구분하고, 이 중 하나를 제거하면 연쇄적인 사고를 막을 수 있다고 설명한다.

- 첫 번째 도미노 - 사회적 환경과 유전적 요인(social environment and ancestry) : 사고의 근본적인 원인으로, 잘못된 사회적 환경이나 유전적 요인이 개인의 행동과 성격 형성에 영향을 미친다.
- 두 번째 도미노 - 개인적 결함(fault of the person) : 첫 번째 도미노의 영향을 받아 형성된 개인의 신체적, 정신적 결함. 이러한 결함이 사고의 가능성을 높인다.
- 세 번째 도미노 - 불안전한 행동 및 상태(unsafe acts and unsafe conditions) : 사고의 직접적인 원인으로, 개인의 결함이 잘못된 행동(불안전한 행동)과 환경적 요인(불안전한 상태)을 초래한다.
- 네 번째 도미노 - 사고(accident) : 불안전한 행동과 상태가 결합하여 사고가 발생한다.
- 다섯 번째 도미노 - 상해(loss) : 사고로 인해 발생하는 인적, 물적 피해를 의미한다.

67

작업장의 적절한 조명수준을 결정하려고 한다. 다음 중 옳은 것을 모두 고른 것은?

> ㄱ. 직접조명은 간접조명보다 조도는 높으나 눈부심이 일어나기 쉽다.
> ㄴ. 정밀 조립작업을 수행할 경우에는 일반 사무작업을 할 때보다 권장조도가 높다.
> ㄷ. 40세 이하의 작업자보다 55세 이상의 작업자가 작업할 때 권장조도가 높다.
> ㄹ. 작업환경에서 조명의 색상은 작업자의 건강이나 생산성과 무관하다.
> ㅁ. 표면 반사율이 높을수록 조도를 높여야 한다.

① ㄱ, ㄴ
② ㄱ, ㄴ, ㄷ
③ ㄱ, ㄷ, ㅁ
④ ㄴ, ㄷ, ㄹ
⑤ ㄱ, ㄴ, ㄷ, ㄹ, ㅁ

해설

ㄹ. 조명의 색상은 작업자의 건강과 생산성에 영향을 미친다. 차가운 색온도(블루톤)는 주의력을 높이는 데 기여하며, 따뜻한 색온도(레드톤)는 긴장감을 낮추고 편안한 환경을 제공한다.
ㅁ. 표면 반사율이 높을수록 빛이 더 잘 반사되므로 조도를 낮춰도 충분한 밝기를 유지할 수 있다. 반대로, 반사율이 낮으면 조도를 높여야 한다.
※ 작업장의 적절한 조명수준은 작업 특성, 작업자의 연령, 작업환경의 색상 및 반사율 등에 따라 다르게 설정된다.

정답 66 ⑤ 67 ②

68

소리와 소음에 관한 설명으로 옳은 것은?

① 인간의 가청주파수 영역은 20,000~30,000Hz다.
② 인간이 지각한(perceived) 음의 크기는 음의 세기(dB)와 항상 정비례한다.
③ 강력한 소음에 노출된 직후에 발생하는 일시적 청력손실은 휴식을 취하더라도 회복되지 않는다.
④ 우리나라 소음노출기준은 소음강도 90dB(A)에 8시간 노출될 때를 허용기준선으로 정하고 있다.
⑤ 소음노출지수가 100% 이상이어야 소음으로부터 안전한 작업장이다.

해설

① 인간의 가청주파수는 일반적으로 20~20,000Hz이다.
② 인간이 지각하는 음의 크기(음압 레벨)는 음의 세기(dB)와 비례하지 않는다. 음의 크기 지각은 비선형적이며, 음의 주파수와 강도에 따라 달라지기 때문이다(예 저주파 소리는 더 크게 느껴질 수 있음).
③ 일시적 청력손실(TTS ; Temporary Threshold Shift)은 강한 소음 노출 후 청력이 일시적으로 저하되지만 휴식을 통해 회복될 수 있다. 회복되지 않는 경우는 영구적 청력손실(PTS ; Permanent Threshold Shift)이다.
⑤ 소음노출지수 100%는 노출 기준을 초과했음을 의미하며, 이 경우 소음으로부터 안전하지 않다.

69

일반적으로 재해가 발생하였을 때 재해조사를 실시하게 된다. 재해조사를 할 때 유의사항으로 옳지 않은 것은?

① 재해발생 현장의 사실을 수집한다.
② 사람과 기계설비 양면의 재해요인을 모두 도출한다.
③ 2차 재해의 예방을 위해 보호구를 착용한다.
④ 목격자의 증언을 배제하고 주관적으로 조사에 임한다.
⑤ 조사는 신속하게 실시하고, 피재 설비를 정지시켜 2차 재해의 방지를 도모한다.

해설

재해조사는 재해의 원인을 정확히 파악하고, 유사한 재해의 재발을 방지하기 위해 매우 중요한 절차이다. 조사 과정에서 반드시 객관적이고 체계적인 접근이 필요하며, 목격자의 증언은 중요한 정보 제공원으로 활용된다.

70
전기설비기술기준상 대지전압이 220V일 경우 저압 절연전선의 절연저항값은 최소 몇 MΩ 이상으로 하여야 하는가?

① 0.1
② 0.2
③ 0.3
④ 0.4
⑤ 0.5

해설

※ 출제 당시 정답은 ②였으나, 전기설비기술기준 개정으로 문제가 성립되지 않아 정답 없음 처리하였습니다.

저압전로의 절연성능(전기설비기술기준 제52조)

전로의 사용전압(V)	DC시험전압(V)	절연저항(MΩ)
SELV 및 PELV	250	0.5
FELV를 포함한 500V 이하	500	1.0
500V 초과	1,000	1.0

71
위험성평가에 사용되는 용어의 설명이다. 제시된 내용과 일치하는 용어에 해당하는 것은?

> 유해·위험별로 추정한 위험성의 크기가 허용 가능한 범위인지 여부를 판단하는 것

① 위험성
② 위험성 추정
③ 위험성 결정
④ 유해·위험요인 파악
⑤ 위험성 감소대책 수립 및 실행

해설

2023년 새로운 위험성평가에 의한 위험성평가 절차

- 사전준비 : 위험성평가 실시규정 작성 및 위험성의 수준과 그 수준의 판단기준을 정하고, 위험성평가에 필요한 각종 자료를 수집하는 단계이다.
- 유해·위험요인 파악 : 사업장 순회점검, 근로자들의 상시적인 제안 제도, 평상시 아차사고 발굴 등을 통해 사업장 내의 유해·위험요인을 빠짐없이 파악하는 단계이다.
- 위험성 결정 : 사전준비 단계에서 미리 설정한 위험성의 판단 수준과 사업장에서 허용 가능한 위험성의 크기 등을 활용하여, 유해·위험요인의 위험성이 허용 가능한 수준인지를 추정·판단하고 결정하는 단계이다.
- 위험성 감소대책 수립 및 실행 : 위험성을 결정한 결과 유해·위험요인의 위험수준이 사업장에서 허용 가능한 수준을 넘는다면, 합리적으로 실천 가능한 범위에서 유해·위험요인의 위험성을 가능한 낮은 수준으로 감소시키기 위한 대책을 수립하고 실행하는 단계이다.
- 위험성평가 결과의 기록 및 공유 : 파악한 유해·위험요인과 각 유해·위험요인별 위험성의 수준, 그 위험성의 수준을 결정한 방법, 그에 따른 조치사항 등을 기록하고, 근로자들이 보기 쉬운 곳에 게시하며 작업 전 안전점검회의(TBM) 등을 통해 근로자들에게 위험성평가 실시 결과를 공유하는 단계이다.

72

K사는 세계 곳곳에 생산 공장을 두고 있는 글로벌 기업이다. 각 생산공장에 적용 가능한 안전보건경영시스템을 조사하고자 한다. 국내·외에 존재하는 안전보건경영시스템 관련 규격명과 제정한 국가의 연결이 옳지 않은 것은?

① ISRS(International Safety Rating System) – 노르웨이
② KOSHA(Korea Occupational Safety & Health Agency) 18001 – 한국
③ HS(G)65(Successful Health and Safety Management) – 영국
④ VPP(Voluntary Protection Program) – 미국
⑤ work safe plan – 독일

해설

⑤ work safe plan은 호주에서 개발된 안전보건 프로그램이다. 독일의 대표적인 안전보건 관련 시스템은 BG(독일 산업안전보건조합)의 가이드라인 또는 ISO 45001 등이 주로 언급된다.

73

ABE형 안전모의 성능 시험항목에 해당되는 것을 모두 고른 것은?

ㄱ. 내수성 시험	ㄴ. 내관통성 시험
ㄷ. 내열성 시험	ㄹ. 충격흡수성 시험
ㅁ. 내전압성 시험	ㅂ. 내약품성 시험

① ㄱ, ㄴ, ㄷ
② ㄴ, ㄹ, ㅂ
③ ㄱ, ㄴ, ㄹ, ㅁ
④ ㄱ, ㄹ, ㅁ, ㅂ
⑤ ㄴ, ㄷ, ㄹ, ㅁ

해설

추락 및 감전 위험방지용 안전모의 성능기준 – 안전모의 시험성능기준(보호구 안전인증 고시 별표 1)

항목	시험성능기준
내관통성	AE, ABE종 안전모는 관통거리가 9.5mm 이하이고, AB종 안전모는 관통거리가 11.1mm 이하이어야 한다.
충격흡수성	최고전달충격력이 4,450N을 초과해서는 안 되며, 모체와 착장체의 기능이 상실되지 않아야 한다.
내전압성	AE, ABE종 안전모는 교류 20kV에서 1분간 절연파괴 없이 견뎌야 하고, 이때 누설되는 충전전류는 10mA 이하이어야 한다.
내수성	AE, ABE종 안전모는 질량증가율이 1% 미만이어야 한다.
난연성	모체가 불꽃을 내며 5초 이상 연소되지 않아야 한다.
턱끈풀림	150N 이상 250N 이하에서 턱끈이 풀려야 한다.

74

위험성평가의 방법과 절차에 관한 설명으로 옳지 않은 것은?

① 상시근로자 수 20명 미만 사업장(총공사금액 20억 원 미만의 건설공사)의 경우 위험성평가 절차 중 위험성 추정을 생략할 수 있다.
② 위험성평가를 수행한 기록물은 3년 이상 보존하고, 최초평가 기록은 영구보존하는 것을 권장한다.
③ 위험성평가는 사업장의 작업·공정에 대하여 지속적·정기적으로 실시하고, 공정·설비 변경 등 새로운 위험이 발생할 경우에도 실시한다.
④ 위험성평가는 최초평가, 특별평가, 수시평가로 나누며, 최초평가는 위험성평가를 사업장에 도입하여 처음 실시하는 것이다.
⑤ 정상작업뿐 아니라 비정상작업의 경우(계획적 비정상작업, 예측 가능한 긴급 작업)에도 위험성평가를 실시할 필요가 있다.

해설

※ 출제 당시 보기 ④의 경우 사업장 위험성평가에 관한 지침 제13조 제1항에서 '위험성평가는 최초평가 및 수시평가, 정기평가로 구분하여 실시하여야 한다. 이 경우 최초평가 및 정기평가는 전체 작업을 대상으로 한다'라고 되어 있었지만, 이후 사업장 위험성평가에 관한 지침이 전체적으로 개정되었으므로 다음 해설을 참고하여 학습하시길 바랍니다.

위험성평가의 절차(사업장 위험성평가에 관한 지침 제8조)
사업주는 위험성평가를 다음의 절차에 따라 실시하여야 한다. 다만, 상시근로자 5인 미만 사업장(건설공사의 경우 1억 원 미만)의 경우 1.의 절차를 생략할 수 있다.

> 1. 사전준비, 2. 유해·위험요인 파악, 3. 위험성 결정, 4. 위험성 감소대책 수립 및 실행, 5. 위험성평가 실시내용 및 결과에 관한 기록 및 보존

위험성평가 실시내용 및 결과의 기록·보존(산업안전보건법 시행규칙 제37조)
㉠ 사업주가 법 제36조 제3항에 따라 위험성평가의 결과와 조치사항을 기록·보존할 때에는 다음 사항이 포함되어야 한다.

> 1. 위험성평가 대상의 유해·위험요인, 2. 위험성 결정의 내용, 3. 위험성 결정에 따른 조치의 내용, 4. 그 밖에 위험성평가의 실시내용을 확인하기 위하여 필요한 사항으로서 고용노동부장관이 정하여 고시하는 사항

㉡ 사업주는 ㉠에 따른 자료를 3년간 보존해야 한다.

위험성평가의 실시 시기(사업장 위험성평가에 관한 지침 제15조)
㉠ 사업주는 사업이 성립된 날(사업 개시일을 말하며, 건설업의 경우 실착공일을 말한다)로부터 1개월이 되는 날까지 제5조의2 제1항에 따라 위험성평가의 대상이 되는 유해·위험요인에 대한 최초 위험성평가의 실시에 착수하여야 한다. 다만, 1개월 미만의 기간 동안 이루어지는 작업 또는 공사의 경우에는 특별한 사정이 없는 한 작업 또는 공사 개시 후 지체 없이 최초 위험성평가를 실시하여야 한다.
㉡ 사업주는 다음 어느 하나에 해당하여 추가적인 유해·위험요인이 생기는 경우에는 해당 유해·위험요인에 대한 수시 위험성평가를 실시하여야 한다. 다만, 5.에 해당하는 경우에는 재해발생 작업을 대상으로 작업을 재개하기 전에 실시하여야 한다.
 1. 사업장 건설물의 설치·이전·변경 또는 해체
 2. 기계·기구, 설비, 원재료 등의 신규 도입 또는 변경
 3. 건물물, 기계·기구, 설비 등의 정비 또는 보수(주기적·반복적 작업으로서 이미 위험성평가를 실시한 경우에는 제외)
 4. 작업방법 또는 작업절차의 신규 도입 또는 변경
 5. 중대산업사고 또는 산업재해(휴업 이상의 요양을 요하는 경우에 한정한다) 발생
 6. 그 밖에 사업주가 필요하다고 판단한 경우

ⓒ 사업주는 다음 사항을 고려하여 ㉠에 따라 실시한 위험성평가의 결과에 대한 적정성을 1년마다 정기적으로 재검토(이때, 해당 기간 내 ㉡에 따라 실시한 위험성평가의 결과가 있는 경우 함께 적정성을 재검토하여야 한다)하여야 한다. 재검토 결과 허용 가능한 위험성 수준이 아니라고 검토된 유해·위험요인에 대해서는 제12조에 따라 위험성 감소대책을 수립하여 실행하여야 한다.
  1. 기계·기구, 설비 등의 기간 경과에 의한 성능 저하
  2. 근로자의 교체 등에 수반하는 안전·보건과 관련되는 지식 또는 경험의 변화
  3. 안전·보건과 관련되는 새로운 지식의 습득
  4. 현재 수립되어 있는 위험성 감소대책의 유효성 등
ⓔ 사업주가 사업장의 상시적인 위험성평가를 위해 다음 사항을 이행하는 경우 ㉡과 ㉢의 수시평가와 정기평가를 실시한 것으로 본다.
  1. 매월 1회 이상 근로자 제안제도 활용, 아차사고 확인, 작업과 관련된 근로자를 포함한 사업장 순회점검 등을 통해 사업장 내 유해·위험요인을 발굴하여 제11조의 위험성결정 및 제12조의 위험성 감소대책 수립·실행을 할 것
  2. 매주 안전보건관리책임자, 안전관리자, 보건관리자, 관리감독자 등(도급사업주의 경우 수급사업장의 안전·보건 관련 관리자 등을 포함한다)을 중심으로 1.의 결과 등을 논의·공유하고 이행상황을 점검할 것
  3. 매 작업일마다 1.과 2.의 실시결과에 따라 근로자가 준수하여야 할 사항 및 주의하여야 할 사항을 작업 전 안전점검회의 등을 통해 공유·주지할 것

75

안전장치에 관한 설명으로 옳은 것을 모두 고른 것은?

> ㄱ. 고전압용 기계 설비의 플러그 모양이 일반 제품과 다른 것은 트립(trip)기구 안전장치에 해당된다.
> ㄴ. 정전이 되어도 일정 시간 긴급 발전을 해서 제어기가 작동하도록 하는 장치는 페일-패시브(fail-passive) 안전장치에 해당된다.
> ㄷ. 회전부 덮개가 완전히 닫히지 않으면 정상 작동하지 않는 장치는 인터로크(interlock) 안전장치에 해당된다.

① ㄱ
② ㄷ
③ ㄱ, ㄴ
④ ㄴ, ㄷ
⑤ ㄱ, ㄴ, ㄷ

해설

ㄱ. 고전압용 기계 설비의 플러그 모양이 다른 것은 전기적 연결을 오용하지 않도록 설계된 구조적 안전장치로, 트립(trip)기구가 아닌 구조적 설계(special design) 안전장치에 해당한다.
  ※ 트립(trip)기구는 전기설비나 기계 장치에서 과부하, 단락, 이상 상태 등으로 인해 장치가 손상되거나 위험 상황이 발생할 가능성이 있을 때, 자동으로 전류를 차단하거나 장치의 작동을 멈추게 하는 안전기구를 말한다. 이를 통해 장치의 손상을 방지하고 작업자의 안전을 확보할 수 있다.
ㄴ. 긴급 발전 장치는 페일-오퍼레이셔널(fail-operational) 안전장치에 해당한다. 페일-패시브는 고장이 발생해도 경고만 하거나 일정 시간 동안 제한적으로 운전이 가능한 상태를 유지하는 방식이다.

2019년 과년도 기출문제

| 산업안전보건법령

01
산업안전보건법령상 법령 요지의 게시 등과 안전·보건표지의 부착 등에 관한 설명으로 옳지 않은 것은?

① 근로자대표는 작업환경측정의 결과를 통지할 것을 사업주에게 요청할 수 있고, 사업주는 이에 성실히 응하여야 한다.
② 야간에 필요한 안전·보건표지는 야광물질을 사용하는 등 쉽게 알아볼 수 있도록 제작하여야 한다.
③ 안전·보건표지의 표시를 명백히 하기 위하여 필요한 경우에는 안전·보건표지의 주위에 표시사항을 글자로 덧붙여 적을 수 있으며, 이 경우 글자는 노란색 바탕에 검은색 한글고딕체로 표기하여야 한다.
④ 안전·보건표지의 성질상 설치하거나 부착하는 것이 곤란한 경우에는 해당 물체에 직접 도장(塗裝)할 수 있다.
⑤ 사업주는 산업안전보건법과 산업안전보건법에 따른 명령의 요지를 상시 각 작업장 내에 근로자가 쉽게 볼 수 있는 장소에 게시하거나 갖추어 두어 근로자로 하여금 알게 하여야 한다.

해설

③ 안전보건표지의 표시를 명확히 하기 위하여 필요한 경우에는 그 안전보건표지의 주위에 표시사항을 글자로 덧붙여 적을 수 있다. 이 경우 글자는 흰색 바탕에 검은색 한글고딕체로 표기해야 한다(산업안전보건법 시행규칙 제38조).
① 근로자대표는 사업주에게 다음 사항을 통지하여 줄 것을 요청할 수 있고, 사업주는 이에 성실히 따라야 한다(산업안전보건법 제35조).
  1. 산업안전보건위원회(제75조에 따라 노사협의체를 구성·운영하는 경우에는 노사협의체를 말한다)가 의결한 사항
  2. 제47조에 따른 안전보건진단 결과에 관한 사항
  3. 제49조에 따른 안전보건개선계획의 수립·시행에 관한 사항
  4. 제64조 제1항 각 호에 따른 도급인의 이행 사항
  5. 제110조 제1항에 따른 물질안전보건자료에 관한 사항
  6. 제125조 제1항에 따른 작업환경측정에 관한 사항
  7. 그 밖에 고용노동부령으로 정하는 안전 및 보건에 관한 사항
② 야간에 필요한 안전보건표지는 야광물질을 사용하는 등 쉽게 알아볼 수 있도록 제작해야 한다(산업안전보건법 시행규칙 제40조).
④ 안전보건표지의 성질상 설치하거나 부착하는 것이 곤란한 경우에는 해당 물체에 직접 도색할 수 있다(산업안전보건법 시행규칙 제39조).
⑤ 사업주는 이 법과 이 법에 따른 명령의 요지 및 안전보건관리규정을 각 사업장의 근로자가 쉽게 볼 수 있는 장소에 게시하거나 갖추어 두어 근로자에게 널리 알려야 한다(산업안전보건법 제34조).

정답 1 ③

02

산업안전보건법령상 용어에 관한 설명으로 옳은 것을 모두 고른 것은?

> ㄱ. 근로자란 직업의 종류와 관계없이 임금, 급료 기타 이에 준하는 수입에 의하여 생활하는 자를 말한다.
> ㄴ. 작업환경측정이란 작업환경 실태를 파악하기 위하여 해당 근로자 또는 작업장에 대하여 사업주가 측정계획을 수립한 후 시료(試料)를 채취하고 분석·평가하는 것을 말한다.
> ㄷ. 안전·보건진단이란 산업재해를 예방하기 위하여 잠재적 위험성을 발견하고 그 개선대책을 수립할 목적으로 고용노동부장관이 지정하는 자가 하는 조사·평가를 말한다.
> ㄹ. 중대재해는 3개월 이상의 요양이 필요한 부상자가 동시에 2명 이상 발생한 재해를 포함한다.

① ㄱ, ㄴ ② ㄱ, ㄹ
③ ㄴ, ㄷ ④ ㄷ, ㄹ
⑤ ㄴ, ㄷ, ㄹ

해설

ㄱ. 근로자란 직업의 종류와 관계없이 임금을 목적으로 사업이나 사업장에 근로를 제공하는 사람을 말한다(산업안전보건법 제2조).

03

사업주 갑(甲)의 사업장에 산업재해가 발생하였다. 이 경우 갑(甲)이 기록·보존해야 할 사항으로 산업안전보건법령상 명시되지 않은 것은?(다만, 법령에 따른 산업재해조사표 사본을 보존하거나 요양신청서의 사본에 재해 재발방지 계획을 첨부하여 보존한 경우에 해당하지 아니 한다)

① 사업장의 개요
② 근로자의 인적사항 및 재산 보유현황
③ 재해 발생의 일시 및 장소
④ 재해 발생의 원인 및 과정
⑤ 재해 재발방지 계획

해설

산업재해 기록 등(산업안전보건법 시행규칙 제72조)
사업주는 산업재해가 발생한 때에는 법 제57조 제2항에 따라 다음 사항을 기록·보존해야 한다. 다만, 제73조 제1항에 따른 산업재해조사표의 사본을 보존하거나 제73조 제5항에 따른 요양신청서의 사본에 재해 재발방지 계획을 첨부하여 보존한 경우에는 그렇지 않다.
• 사업장의 개요 및 근로자의 인적사항
• 재해 발생의 일시 및 장소
• 재해 발생의 원인 및 과정
• 재해 재발방지 계획

04

산업안전보건법령상 안전·보건 관리체제에 관한 설명으로 옳지 않은 것은?

① 사업주는 안전보건관리책임자를 선임하였을 때에는 그 선임 사실 및 법령에 따른 업무의 수행내용을 증명할 수 있는 서류를 갖춰 둬야 한다.
② 안전보건관리책임자는 안전관리자와 보건관리자를 지휘·감독한다.
③ 사업주는 안전보건조정자로 하여금 근로자의 건강진단 등 건강관리에 관한 업무를 총괄 관리하도록 하여야 한다.
④ 사업주는 관리감독자에게 법령에 따른 업무수행에 필요한 권한을 부여하고 시설·장비·예산, 그 밖의 업무수행에 필요한 지원을 하여야 한다.
⑤ 사업주는 안전보건관리책임자에게 법령에 따른 업무를 수행하는 데 필요한 권한을 주어야 한다.

> 해설

안전보건관리책임자(산업안전보건법 제15조)
사업주는 사업장을 실질적으로 총괄하여 관리하는 사람에게 해당 사업장의 근로자의 건강진단 등 건강관리에 관한 사항을 총괄하여 관리하도록 하여야 한다.
※ 안전보건조정자는 산업안전보건법 제68조에 의하여 2개 이상의 건설공사를 도급한 건설공사발주자는 그 2개 이상의 건설공사가 같은 장소에서 행해지는 경우에 작업의 혼재로 인하여 발생할 수 있는 산업재해를 예방하기 위하여 건설공사 현장에 안전보건조정자를 두어야 한다.

05

산업안전보건법령상 안전보건관리규정에 관한 설명으로 옳지 않은 것은?

① 소프트웨어 개발 및 공급업에서 상시근로자 100명을 사용하는 사업장은 안전보건관리규정을 작성하여야 한다.
② 안전보건관리규정의 내용에는 작업지휘자 배치 등에 관한 사항이 포함되어야 한다.
③ 안전보건관리규정은 해당 사업장에 적용되는 단체협약 및 취업규칙에 반할 수 없다.
④ 안전보건관리규정에 관하여는 산업안전보건법에서 규정한 것을 제외하고는 그 성질에 반하지 아니하는 범위에서 근로기준법의 취업규칙에 관한 규정을 준용한다.
⑤ 사업주가 법령에 따라 안전보건관리규정을 작성하거나 변경할 때에는 산업안전보건위원회가 설치되어 있지 아니한 사업장의 경우에는 근로자대표의 동의를 받아야 한다.

해설

① 안전보건관리규정을 작성해야 할 사업의 종류 및 상시근로자 수(산업안전보건법 시행규칙 별표 2)에 의하여 '소프트웨어 개발 및 공급업'은 상시근로자 300명 이상인 경우 안전보건관리규정을 작성하여야 한다.

안전보건관리규정의 작성(산업안전보건법 제25조)

㉠ 사업주는 사업장의 안전 및 보건을 유지하기 위하여 다음 사항이 포함된 안전보건관리규정을 작성하여야 한다.
  1. 안전 및 보건에 관한 관리조직과 그 직무에 관한 사항
  2. 안전보건교육에 관한 사항
  3. 작업장의 안전 및 보건 관리에 관한 사항
  4. 사고 조사 및 대책 수립에 관한 사항
  5. 그 밖에 안전 및 보건에 관한 사항

㉡ ㉠에 따른 안전보건관리규정(이하 안전보건관리규정)은 단체협약 또는 취업규칙에 반할 수 없다. 이 경우 안전보건관리규정 중 단체협약 또는 취업규칙에 반하는 부분에 관하여는 그 단체협약 또는 취업규칙으로 정한 기준에 따른다.

06

산업안전보건법령상 산업안전보건위원회의 심의·의결을 거쳐야 하는 사항에 해당하지 않는 것은?

① 유해하거나 위험한 기계·기구와 그 밖의 설비를 도입한 경우 안전·보건조치에 관한 사항
② 안전·보건과 관련된 안전장치 구입 시의 적격품 여부 확인에 관한 사항
③ 산업재해에 관한 통계의 기록 및 유지에 관한 사항
④ 산업재해 예방계획의 수립에 관한 사항
⑤ 근로자의 안전·보건교육에 관한 사항

해설

②는 해당 사항 없다.

산업안전보건위원회(산업안전보건법 제24조)

사업주는 다음 사항에 대해서는 산업안전보건위원회의 심의·의결을 거쳐야 한다.
- 사업장의 산업재해 예방계획의 수립에 관한 사항
- 제25조 및 제26조에 따른 안전보건관리규정의 작성 및 변경에 관한 사항
- 제29조에 따른 안전보건교육에 관한 사항
- 작업환경측정 등 작업환경의 점검 및 개선에 관한 사항
- 제129조부터 제132조까지에 따른 근로자의 건강진단 등 건강관리에 관한 사항
- 산업재해에 관한 통계의 기록 및 유지에 관한 사항
- 산업재해의 원인조사 및 재발방지대책 수립에 관한 사항 중 중대재해에 관한 사항
- 유해하거나 위험한 기계·기구·설비를 도입한 경우 안전 및 보건 관련 조치에 관한 사항
- 그 밖에 해당 사업장 근로자의 안전 및 보건을 유지·증진시키기 위하여 필요한 사항

07
산업안전보건법령상 안전관리자 및 보건관리자 등에 관한 설명으로 옳지 않은 것은?

① 사업주가 안전관리자를 배치할 때에는 연장근로・야간근로 또는 휴일근로 등 해당 사업장의 작업 형태를 고려하여야 한다.
② 건설업을 제외한 사업으로서 상시근로자 300명 미만을 사용하는 사업의 사업주는 안전관리자의 업무를 안전관리전문기관에 위탁할 수 있다.
③ 안전관리전문기관은 고용노동부장관이 정하는 바에 따라 안전관리 업무의 수행 내용, 점검 결과 및 조치 사항 등을 기록한 사업장관리카드를 작성하여 갖추어 두어야 한다.
④ 지방고용노동관서의 장은 중대재해가 연간 2건 이상 발생한 경우에는 사업주에게 안전관리자・보건관리자를 교체하여 임명할 것을 명할 수 있다.
⑤ 고용노동부장관은 안전관리전문기관이 업무정지 기간 중에 업무를 수행한 경우 그 지정을 취소하여야 한다.

해설

※ 출제 당시 정답은 ④였으나, 산업안전보건법 시행규칙 개정으로 ④의 내용이 변경되어 정답 없음 처리하였습니다.

안전관리자 등의 증원・교체임명 명령(산업안전보건법 시행규칙 제12조)
지방고용노동관서의 장은 다음 어느 하나에 해당하는 사유가 발생한 경우에는 법 제17조 제4항・제18조 제4항 또는 제19조 제3항에 따라 사업주에게 안전관리자・보건관리자 또는 안전보건관리담당자(이하 관리자)를 정수 이상으로 증원하게 하거나 교체하여 임명할 것을 명할 수 있다. 다만, 4.에 해당하는 경우로서 직업성 질병자 발생 당시 사업장에서 해당 화학적 인자(因子)를 사용하지 않은 경우에는 그렇지 않다.
1. 해당 사업장의 연간재해율이 같은 업종의 평균재해율의 2배 이상인 경우
2. 중대재해가 연간 2건 이상 발생한 경우. 다만, 해당 사업장의 전년도 사망만인율이 같은 업종의 평균 사망만인율 이하인 경우는 제외한다.
3. 관리자가 질병이나 그 밖의 사유로 3개월 이상 직무를 수행할 수 없게 된 경우
4. 별표 22 제1호에 따른 화학적 인자로 인한 직업성 질병자가 연간 3명 이상 발생한 경우. 이 경우 직업성 질병자의 발생일은 산업재해보상보험법 시행규칙 제21조 제1항에 따른 요양급여의 결정일로 한다.

08
산업안전보건법령상 도급금지 및 도급사업의 안전・보건에 관한 설명으로 옳지 않은 것은?

① 유해하거나 위험한 작업을 도급 줄 때 지켜야 할 안전・보건조치의 기준은 고용노동부령으로 정한다.
② 도급작업은 하도급인 경우를 제외하고는 고용노동부장관의 인가를 받지 아니하면 그 작업만을 분리하여 도급을 줄 수 없다.
③ 법령상 구성 및 운영되어야 하는 안전・보건에 관한 협의체는 도급인인 사업주 및 그의 수급인인 사업주 전원으로 구성하여야 한다.
④ 법령상 작업장의 순회점검 등 안전・보건관리를 하여야 하는 도급인인 사업주는 토사석 광업의 경우 2일에 1회 이상 작업장을 순회점검하여야 한다.
⑤ 건설공사를 타인에게 도급하는 자는 자신의 책임으로 시공이 중단된 사유로 공사가 지연되어 그의 수급인이 산업재해 예방을 위하여 공사기간 연장을 요청하는 경우 특별한 사유가 없으면 그 연장 조치를 하여야 한다.

해설

② 도금작업은 일시·간헐적으로 하는 작업을 도급하거나 고용노동부장관의 승인을 받은 경우 작업을 도급하여 사업주 자신의 사업장에서 수급인의 근로자가 작업을 하도록 할 수 있다(산업안전보건법 제58조).
①·④ 산업안전보건법 시행규칙 제80조, ③ 산업안전보건법 시행규칙 제79조, ⑤ 산업안전보건법 제70조

유해한 작업의 도급금지(산업안전보건법 제58조)

㉠ 사업주는 근로자의 안전 및 보건에 유해하거나 위험한 작업으로서 다음 어느 하나에 해당하는 작업을 도급하여 자신의 사업장에서 수급인의 근로자가 그 작업을 하도록 해서는 아니 된다.
  1. 도금작업
  2. 수은, 납 또는 카드뮴을 제련, 주입, 가공 및 가열하는 작업
  3. 제118조 제1항에 따른 허가대상물질을 제조하거나 사용하는 작업

㉡ 사업주는 ㉠에도 불구하고 다음 어느 하나에 해당하는 경우에는 ㉠의 각 호에 따른 작업을 도급하여 자신의 사업장에서 수급인의 근로자가 그 작업을 하도록 할 수 있다.
  1. 일시·간헐적으로 하는 작업을 도급하는 경우
  2. 수급인이 보유한 기술이 전문적이고 사업주(수급인에게 도급을 한 도급인으로서의 사업주를 말한다)의 사업 운영에 필수 불가결한 경우로서 고용노동부장관의 승인을 받은 경우

09
산업안전보건법령상 안전보건관리책임자 등에 대한 직무교육에 관한 설명으로 옳은 것은?

① 법령에 따른 안전보건관리책임자에 해당하는 사람이 해당 직위에 위촉된 경우에는 직무교육을 이수한 것으로 본다.
② 법령에 따른 보건관리자가 의사인 경우에는 채용된 후 6개월 이내에 직무를 수행하는 데 필요한 신규교육을 받아야 한다.
③ 법령에 따른 안전보건관리담당자에 해당하는 사람은 선임된 후 매 2년이 되는 날을 기준으로 전후 3개월 사이에 고용노동부장관이 실시하는 안전·보건에 관한 보수교육을 받아야 한다.
④ 직무교육기관의 장은 직무교육을 실시하기 30일 전까지 교육 일시 및 장소 등을 직무교육 대상자에게 알려야 한다.
⑤ 직무교육을 이수한 사람이 다른 사업장으로 전직하여 신규로 선임된 경우로서 선임신고 시 전직 전에 받은 교육이수증명서를 제출하면 해당 교육의 2분의 1을 이수한 것으로 본다.

해설

※ 출제 시 정답은 ③이었으나, 산업안전보건법 시행규칙 개정으로 ③의 조항이 변경되어 정답 없음 처리하였습니다.

안전보건관리책임자 등에 대한 직무교육(산업안전보건법 시행규칙 제29조)
법 제32조 제1항 각 호 외의 부분 본문에 따라 안전보건관리책임자, 안전보건관리담당자 등의 사람은 해당 직위에 선임(위촉의 경우를 포함한다. 이하 같다)되거나 채용된 후 3개월(보건관리자가 의사인 경우는 1년을 말한다) 이내에 직무를 수행하는 데 필요한 신규교육을 받아야 하며, 신규교육을 이수한 후 매 2년이 되는 날을 기준으로 전후 6개월 사이에 고용노동부장관이 실시하는 안전보건에 관한 보수교육을 받아야 한다.

직무교육의 신청 등(산업안전보건법 시행규칙 제35조)
- 직무교육기관의 장은 직무교육을 실시하기 15일 전까지 교육 일시 및 장소 등을 직무교육 대상자에게 알려야 한다.
- 직무교육을 이수한 사람이 다른 사업장으로 전직하여 신규로 선임되어 선임신고를 하는 경우에는 전직 전에 받은 교육이수증명서를 제출하면 해당 교육을 이수한 것으로 본다.

10

산업안전보건법령상 고객의 폭언 등으로 인한 건강장해를 예방하기 위하여 사업주가 조치하여야 하는 것으로 명시된 것은?

① 업무의 일시적 중단 또는 전환
② 고객과의 문제 상황 발생 시 대처방법 등을 포함하는 고객응대업무 매뉴얼 마련
③ 근로기준법에 따른 휴게시간의 연장
④ 폭언 등으로 인한 건강장해 관련 치료
⑤ 관할 수사기관에 증거물을 제출하는 등 고객응대근로자가 폭언 등으로 인하여 고소, 고발 등을 하는 데 필요한 지원

해설

※ 고객의 폭언 등으로 인한 건강장해 예방에 대한 조치와 건강장해 발생 등에 대한 조치를 구별하는 문제이다.
고객의 폭언 등으로 인한 건강장해 예방조치(산업안전보건법 시행규칙 제41조)
1. 법 제41조 제1항에 따른 폭언 등을 하지 않도록 요청하는 문구 게시 또는 음성 안내
2. 고객과의 문제 상황 발생 시 대처방법 등을 포함하는 고객응대업무 매뉴얼 마련
3. 2.에 따른 고객응대업무 매뉴얼의 내용 및 건강장해 예방 관련 교육 실시
4. 그 밖에 법 제41조 제1항에 따른 고객응대근로자의 건강장해 예방을 위하여 필요한 조치

참고
제3자의 폭언 등으로 인한 건강장해 발생 등에 대한 조치(산업안전보건법 시행령 제41조) 1. 업무의 일시적 중단 또는 전환 2. 근로기준법 제54조 제1항에 따른 휴게시간의 연장 3. 법 제41조 제2항에 따른 폭언 등으로 인한 건강장해 관련 치료 및 상담 지원 4. 관할 수사기관 또는 법원에 증거물·증거서류를 제출하는 등 법 제41조 제2항에 따른 폭언 등으로 인한 고소, 고발 또는 손해배상 청구 등을 하는 데 필요한 지원

11

산업안전보건법령상 사업주가 근로자에 대하여 실시하여야 하는 근로자 안전·보건교육의 내용 중 관리감독자 정기 안전·보건교육의 내용에 해당하지 않는 것은?

① 산업재해보상보험 제도에 관한 사항
② 산업보건 및 직업병 예방에 관한 사항
③ 유해·위험 작업환경 관리에 관한 사항
④ 산업안전보건법 및 일반관리에 관한 사항
⑤ 표준안전 작업방법 및 지도 요령에 관한 사항

해설

※ 출제 당시 정답은 ①이었으나, 산업안전보건법 시행규칙 개정으로 ②·④로 정답을 수정하였습니다.

안전보건교육 교육대상별 교육내용(산업안전보건법 시행규칙 별표 5)
관리감독자 정기 안전보건 교육내용
- 산업안전 및 산업재해 예방에 관한 사항(화재·폭발 사고 발생 시 대피에 관한 사항을 포함한다)
- 산업보건 및 건강장해 예방에 관한 사항(폭염·한파작업으로 인한 건강장해 발생 시 응급조치에 관한 사항을 포함한다)
- 위험성평가에 관한 사항
- 유해·위험 작업환경 관리에 관한 사항
- 산업안전보건법령 및 산업재해보상보험 제도에 관한 사항
- 직무스트레스 예방 및 관리에 관한 사항
- 직장 내 괴롭힘, 고객의 폭언 등으로 인한 건강장해 예방 및 관리에 관한 사항
- 작업공정의 유해·위험과 재해 예방대책에 관한 사항
- 사업장 내 안전보건관리체제 및 안전·보건조치 현황에 관한 사항
- 표준안전 작업방법 결정 및 지도·감독 요령에 관한 사항
- 현장근로자와의 의사소통능력 및 강의능력 등 안전보건교육 능력 배양에 관한 사항
- 비상시 또는 재해 발생 시 긴급조치에 관한 사항
- 그 밖의 관리감독자의 직무에 관한 사항

12
산업안전보건법령상 안전검사대상 유해·위험기계 등의 검사 주기가 공정안전보고서를 제출하여 확인을 받은 경우 최초 안전검사를 실시한 후 4년마다인 것은?

① 이삿짐운반용 리프트
② 고소작업대
③ 이동식 크레인
④ 압력용기
⑤ 원심기

해설

안전검사의 주기와 합격표시 및 표시방법(산업안전보건법 시행규칙 제126조)
프레스, 전단기, 압력용기, 국소배기장치, 원심기, 롤러기, 사출성형기, 컨베이어 및 산업용 로봇, 혼합기, 파쇄기 또는 분쇄기 : 사업장에 설치가 끝난 날부터 3년 이내에 최초 안전검사를 실시하되, 그 이후부터 2년마다(공정안전보고서를 제출하여 확인을 받은 압력용기는 4년마다)
※ '혼합기, 파쇄기 또는 분쇄기'의 경우 산업안전보건법 시행규칙 개정에 따라 2026년 6월 26일부터 시행되는 항목이다.

13

산업안전보건법령상 지게차에 설치하여야 할 방호장치에 해당하지 않는 것은?

① 헤드 가드
② 백레스트(backrest)
③ 전조등
④ 후미등
⑤ 구동부 방호 연동장치

해설

⑤ 구동부 방호 연동장치는 포장기계에 설치하여야 할 방호장치이다.
방호조치(산업안전보건법 시행규칙 제98조)
지게차에 설치해야 할 방호장치 : 헤드 가드, 백레스트(backrest), 전조등, 후미등, 안전벨트

14

산업안전보건법령상 불도저를 대여받는 자가 그가 사용하는 근로자가 아닌 사람에게 불도저를 조작하도록 하는 경우 조작하는 사람에게 주지시켜야 할 사항으로 명시되지 않은 것은?

① 작업의 내용
② 지휘계통
③ 연락·신호 등의 방법
④ 제한속도
⑤ 면허의 갱신

해설

⑤ 면허의 갱신은 해당 사항이 아니다.
기계 등을 대여받는 자의 조치(산업안전보건법 시행규칙 제101조)
법 제81조에 따라 기계 등을 대여받는 자는 그가 사용하는 근로자가 아닌 사람에게 해당 기계 등을 조작하도록 하는 경우에는 다음 조치를 해야 한다. 다만, 해당 기계 등을 구입할 목적으로 기종(機種)의 선정 등을 위하여 일시적으로 대여받는 경우에는 그렇지 않다.
• 해당 기계 등을 조작하는 사람이 관계 법령에서 정하는 자격이나 기능을 가진 사람인지 확인할 것
• 해당 기계 등을 조작하는 사람에게 다음 사항을 주지시킬 것
 – 작업의 내용
 – 지휘계통
 – 연락·신호 등의 방법
 – 운행경로, 제한속도, 그 밖에 해당 기계 등의 운행에 관한 사항
 – 그 밖에 해당 기계 등의 조작에 따른 산업재해를 방지하기 위하여 필요한 사항

15

산업안전보건법령상 설치·이전하는 경우 안전인증을 받아야 하는 기계·기구에 해당하는 것은?

① 프레스
② 곤돌라
③ 롤러기
④ 사출성형기(射出成形機)
⑤ 기계톱

해설

안전인증대상기계 등(산업안전보건법 시행규칙 제107조)
설치·이전하는 경우 안전인증을 받아야 하는 기계 : 크레인, 리프트, 곤돌라

16

산업안전보건법령상 자율안전확인의 신고 및 자율안전확인대상 기계·기구 등에 관한 설명으로 옳지 않은 것은?

① 휴대형 연마기는 자율안전확인대상 기계·기구 등에 해당한다.
② 연구·개발을 목적으로 산업용 로봇을 제조하는 경우에는 신고를 면제할 수 있다.
③ 파쇄·절단·혼합·제면기가 아닌 식품가공용 기계는 자율안전확인대상 기계·기구 등에 해당하지 않는다.
④ 자동차정비용 리프트에 대하여 안전인증을 받은 경우에는 그 안전인증이 취소되거나 안전인증표시의 사용 금지 명령을 받은 경우가 아니라면 신고를 면제할 수 있다.
⑤ 인쇄기에 대하여 고용노동부령으로 정하는 다른 법령에서 안전성에 관한 검사나 인증을 받은 경우에는 신고를 면제할 수 있다.

해설

① 휴대형 연마기는 자율안전확인대상 기계·기구에서 제외된다.
자율안전확인대상기계 등(산업안전보건법 시행령 제77조)
• 연삭기(硏削機) 또는 연마기. 이 경우 휴대형은 제외한다.
• 산업용 로봇
• 혼합기
• 파쇄기 또는 분쇄기
• 식품가공용 기계(파쇄·절단·혼합·제면기만 해당한다)
• 컨베이어
• 자동차정비용 리프트
• 공작기계(선반, 드릴기, 평삭·형삭기, 밀링만 해당한다)
• 고정형 목재가공용 기계(둥근톱, 대패, 루타기, 띠톱, 모떼기 기계만 해당한다)
• 인쇄기

17

산업안전보건기준에 관한 규칙상 근로자가 주사 및 채혈 작업을 하는 경우 사업주가 하여야 할 조치에 해당하지 않는 것은?

① 안정되고 편안한 자세로 주사 및 채혈을 할 수 있는 장소를 제공할 것
② 채취한 혈액을 검사 용기에 옮기는 경우에는 주사침 사용을 금지하도록 할 것
③ 사용한 주사침의 바늘을 구부리는 행위를 금지할 것
④ 사용한 주사침의 뚜껑을 부득이하게 다시 씌워야 하는 경우에는 두 손으로 씌우도록 할 것
⑤ 사용한 주사침은 안전한 전용 수거용기에 모아 튼튼한 용기를 사용하여 폐기할 것

해설

④ 두 손으로 뚜껑을 씌울 경우 손이 주사침과 가까워져 실수로 손이 찔릴 가능성이 높아진다. 이를 예방하기 위해 한 손으로 뚜껑을 씌우거나, '스쿱 방식'과 같은 안전한 방법을 사용해야 한다. '스쿱 방식'은 뚜껑을 고정된 표면에 놓고 주사침을 한 손으로 슬라이드시켜 씌우는 방법이다.

혈액노출 예방 조치(산업안전보건기준에 관한 규칙 제597조)

사업주는 근로자가 주사 및 채혈 작업을 하는 경우에 다음 조치를 하여야 한다.
- 안정되고 편안한 자세로 주사 및 채혈을 할 수 있는 장소를 제공할 것
- 채취한 혈액을 검사 용기에 옮기는 경우에는 주사침 사용을 금지하도록 할 것
- 사용한 주사침은 바늘을 구부리거나, 자르거나, 뚜껑을 다시 씌우는 등의 행위를 금지할 것(부득이하게 뚜껑을 다시 씌워야 하는 경우에는 한 손으로 씌우도록 한다)
- 사용한 주사침은 안전한 전용 수거용기에 모아 튼튼한 용기를 사용하여 폐기할 것

18

산업안전보건법령상 건강 및 환경 유해성 분류기준에 관한 설명으로 옳지 않은 것은?

① 입 또는 피부를 통하여 1회 투여 또는 8시간 이내에 여러 차례로 나누어 투여하거나 호흡기를 통하여 8시간 동안 흡입하는 경우 유해한 영향을 일으키는 물질은 급성 독성 물질이다.
② 접촉 시 피부조직을 파괴하거나 자극을 일으키는 물질은 피부 부식성 또는 자극성 물질이다.
③ 호흡기를 통하여 흡입되는 경우 기도에 과민반응을 일으키는 물질은 호흡기 과민성 물질이다.
④ 자손에게 유전될 수 있는 사람의 생식세포에 돌연변이를 일으킬 수 있는 물질은 생식세포 변이원성 물질이다.
⑤ 단기간 또는 장기간의 노출로 수생생물에 유해한 영향을 일으키는 물질은 수생 환경 유해성 물질이다.

해설

유해인자의 유해성·위험성 분류기준(산업안전보건법 시행규칙 별표 18)

급성 독성 물질 : 입 또는 피부를 통하여 1회 투여 또는 24시간 이내에 여러 차례로 나누어 투여하거나 호흡기를 통하여 4시간 동안 흡입하는 경우 유해한 영향을 일으키는 물질

19

산업안전보건법령상 건강진단에 관한 내용으로 ( )에 들어갈 내용을 순서대로 옳게 나열한 것은?

> - 사업주는 사업장의 작업환경측정 결과 노출기준 이상인 작업공정에서 해당 유해인자에 노출되는 모든 근로자에 대해서는 다음 회에 한정하여 관련 유해인자별로 특수건강진단 주기를 (ㄱ)분의 1로 단축하여야 한다.
> - 건강진단기관이 건강진단을 실시하였을 때에는 그 결과를 고용노동부장관이 정하는 건강진단개인표에 기록하고, 건강진단 실시일부터 (ㄴ)일 이내에 근로자에게 송부하여야 한다.
> - 사업주가 특수건강진단 대상업무에 근로자를 배치하려는 경우 해당 작업에 배치하기 전에 배치 전 건강진단을 실시하여야 하나, 해당 사업장에서 해당 유해인자에 대하여 배치 전 건강진단을 받고 (ㄷ)개월이 지나지 아니한 근로자에 대해서는 배치 전 건강진단을 실시하지 아니할 수 있다.

① ㄱ : 2, ㄴ : 15, ㄷ : 3
② ㄱ : 2, ㄴ : 30, ㄷ : 3
③ ㄱ : 2, ㄴ : 30, ㄷ : 6
④ ㄱ : 3, ㄴ : 30, ㄷ : 6
⑤ ㄱ : 3, ㄴ : 60, ㄷ : 9

해설

특수건강진단의 실시 시기 및 주기 등(산업안전보건법 시행규칙 제202조)
사업장의 작업환경측정 결과 또는 특수건강진단 실시 결과에 따라 다음 어느 하나에 해당하는 근로자에 대해서는 다음 회에 한정하여 관련 유해인자별로 특수건강진단 주기를 2분의 1로 단축해야 한다.
- 작업환경을 측정한 결과 노출기준 이상인 작업공정에서 해당 유해인자에 노출되는 모든 근로자
- 특수건강진단, 수시건강진단, 임시건강진단을 실시한 결과 직업병 유소견자가 발견된 작업공정에서 해당 유해인자에 노출되는 모든 근로자. 다만, 고용노동부장관이 정하는 바에 따라 특수건강진단·수시건강진단 또는 임시건강진단을 실시한 의사로부터 특수건강진단 주기를 단축하는 것이 필요하지 않다는 소견을 받은 경우는 제외한다.
- 특수건강진단 또는 임시건강진단을 실시한 결과 해당 유해인자에 대하여 특수건강진단 실시 주기를 단축해야 한다는 의사의 소견을 받은 근로자

건강진단 결과의 보고 등(산업안전보건법 시행규칙 제209조)
건강진단기관이 건강진단을 실시하였을 때에는 그 결과를 고용노동부장관이 정하는 건강진단개인표에 기록하고, 건강진단을 실시한 날부터 30일 이내에 근로자에게 송부해야 한다.

배치 전 건강진단 실시의 면제(산업안전보건법 시행규칙 제203조)
다른 사업장에서 해당 유해인자에 대하여 다음 어느 하나에 해당하는 건강진단을 받고 6개월이 지나지 않은 근로자로서 건강진단 결과를 적은 서류 또는 그 사본을 제출한 근로자
- 법 제130조 제2항에 따른 배치 전 건강진단(이하 배치 전 건강진단)
- 배치 전 건강진단의 제1차 검사항목을 포함하는 특수건강진단, 수시건강진단 또는 임시건강진단
- 배치 전 건강진단의 제1차 검사항목 및 제2차 검사항목을 포함하는 건강진단

20
산업안전보건법령상 근로의 금지 및 제한에 관한 설명으로 옳은 것은?

① 사업주는 신장 질환이 있는 근로자가 근로에 의하여 병세가 악화될 우려가 있는 경우에 근로자의 동의가 없으면 근로를 금지할 수 없다.
② 사업주는 질병자의 근로를 다시 시작하도록 하는 경우에는 미리 보건관리자(의사가 아닌 보건관리자도 포함한다), 산업보건의 또는 건강진단을 실시한 의사의 의견을 들어야 한다.
③ 사업주는 관절염에 해당하는 질병이 있는 근로자를 고기압 업무에 종사시킬 수 있다.
④ 사업주는 갱내에서 하는 작업에 종사하는 근로자에게는 1일 6시간, 1주 34시간을 초과하여 근로하게 하여서는 아니 된다.
⑤ 사업주는 인력으로 중량물을 취급하는 작업에서 유해·위험 예방조치 외에 작업과 휴식의 적정한 배분, 그 밖에 근로시간과 관련된 근로조건의 개선을 통하여 근로자의 건강 보호를 위한 조치를 하여야 한다.

해설

④ 근로시간이 1일 6시간, 1주 34시간으로 제한된 작업은 잠함 또는 잠수 작업 등 높은 기압에서 하는 작업이며 갱내에서 하는 작업은 근로시간이 제한된 작업은 아니다.

질병자의 근로금지(산업안전보건법 시행규칙 제220조)
㉠ 사업주는 다음 어느 하나에 해당하는 사람에 대해서는 근로를 금지해야 한다.
  1. 전염될 우려가 있는 질병에 걸린 사람. 다만, 전염을 예방하기 위한 조치를 한 경우는 제외한다.
  2. 조현병, 마비성 치매에 걸린 사람
  3. 심장·신장·폐 등의 질환이 있는 사람으로서 근로에 의하여 병세가 악화될 우려가 있는 사람
  4. 1.부터 3.까지의 규정에 준하는 질병으로서 고용노동부장관이 정하는 질병에 걸린 사람
㉡ 사업주는 ㉠에 따라 근로를 금지하거나 근로를 다시 시작하도록 하는 경우에는 미리 보건관리자(의사인 보건관리자만 해당한다), 산업보건의 또는 건강진단을 실시한 의사의 의견을 들어야 한다.

질병자 등의 근로 제한(산업안전보건법 시행규칙 제221조)
사업주는 다음 어느 하나에 해당하는 질병이 있는 근로자를 고기압 업무에 종사하도록 해서는 안 된다.
- 감압증이나 그 밖에 고기압에 의한 장해 또는 그 후유증
- 결핵, 급성상기도감염, 진폐, 폐기종, 그 밖의 호흡기계의 질병
- 빈혈증, 심장판막증, 관상동맥경화증, 고혈압증, 그 밖의 혈액 또는 순환기계의 질병
- 정신신경증, 알코올중독, 신경통, 그 밖의 정신신경계의 질병
- 메니에르씨병, 중이염, 그 밖의 이관(耳管)협착을 수반하는 귀 질환
- 관절염, 류마티스, 그 밖의 운동기계의 질병
- 천식, 비만증, 바세도우씨병, 그 밖에 알레르기성·내분비계·물질대사 또는 영양장해 등과 관련된 질병

정답 20 ⑤

유해·위험작업에 대한 근로시간 제한 등(산업안전보건법 제139조)
- 사업주는 유해하거나 위험한 작업으로서 높은 기압에서 하는 작업 등 대통령령으로 정하는 작업[잠함(潛函) 또는 잠수 작업 등 높은 기압에서 하는 작업]에 종사하는 근로자에게는 1일 6시간, 1주 34시간을 초과하여 근로하게 해서는 아니 된다.
- 유해하거나 위험한 작업에 종사하는 근로자에게 필요한 안전조치 및 보건조치 외에 작업과 휴식의 적정한 배분 및 근로시간과 관련된 근로조건의 개선을 통하여 근로자의 건강 보호를 위한 다음의 조치를 하여야 한다.
  - 갱(坑) 내에서 하는 작업
  - 다량의 고열물체를 취급하는 작업과 현저히 덥고 뜨거운 장소에서 하는 작업
  - 다량의 저온물체를 취급하는 작업과 현저히 춥고 차가운 장소에서 하는 작업
  - 라듐방사선이나 엑스선, 그 밖의 유해 방사선을 취급하는 작업
  - 유리·흙·돌·광물의 먼지가 심하게 날리는 장소에서 하는 작업
  - 강렬한 소음이 발생하는 장소에서 하는 작업
  - 착암기(바위에 구멍을 뚫는 기계) 등에 의하여 신체에 강렬한 진동을 주는 작업
  - 인력(人力)으로 중량물을 취급하는 작업
  - 납·수은·크롬·망간·카드뮴 등의 중금속 또는 이황화탄소·유기용제, 그 밖에 고용노동부령으로 정하는 특정 화학물질의 먼지·증기 또는 가스가 많이 발생하는 장소에서 하는 작업

21
산업안전보건법령상 안전보건개선계획 등에 관한 설명으로 옳지 않은 것은?

① 사업주는 안전보건개선계획을 수립할 때에는 산업안전보건위원회가 설치되어 있지 아니한 사업장의 경우에는 근로자대표의 의견을 들어야 한다.
② 사업주와 근로자는 안전보건개선계획을 준수하여야 한다.
③ 안전보건개선계획의 수립·시행 명령을 받은 사업주는 고용노동부장관이 정하는 바에 따라 안전보건개선계획서를 작성하여 그 명령을 받은 날부터 60일 이내에 관할 지방고용노동관서의 장에게 제출하여야 한다.
④ 직업병에 걸린 사람이 연간 1명 발생한 사업장은 안전·보건진단을 받아 안전보건개선계획을 수립·제출하도록 지방고용노동관서의 장이 명할 수 있는 사업장에 해당한다.
⑤ 안전보건개선계획서에는 시설, 안전·보건관리체제, 안전·보건교육, 산업재해 예방 및 작업환경의 개선을 위하여 필요한 사항이 포함되어야 한다.

해설

④ 직업성 질병자가 연간 2명 이상(상시근로자 1천 명 이상 사업장의 경우 3명 이상) 발생한 사업장이 해당된다.
안전보건진단을 받아 안전보건개선계획을 수립할 대상(산업안전보건법 시행령 제49조)
법 제49조 제1항 각 호 외의 부분 후단에서 "대통령령으로 정하는 사업장"이란 다음 사업장을 말한다.
1. 산업재해율이 같은 업종 평균 산업재해율의 2배 이상인 사업장
2. 법 제49조 제1항 제2호에 해당하는 사업장
3. 직업성 질병자가 연간 2명 이상(상시근로자 1천 명 이상 사업장의 경우 3명 이상) 발생한 사업장
4. 그 밖에 작업환경 불량, 화재·폭발 또는 누출 사고 등으로 사업장 주변까지 피해가 확산된 사업장으로서 고용노동부령으로 정하는 사업장

22

산업안전보건법령상 산업재해 발생 사실을 은폐하도록 교사(敎唆)하거나 공모(共謀)한 자에게 적용되는 벌칙은?

① 500만 원 이하의 벌금
② 1년 이하의 징역 또는 1,000만 원 이하의 벌금
③ 3년 이하의 징역 또는 3,000만 원 이하의 벌금
④ 5년 이하의 징역 또는 5,000만 원 이하의 벌금
⑤ 7년 이하의 징역 또는 1억 원 이하의 벌금

해설

벌칙(산업안전보건법 제170조)
산업재해 발생 사실을 은폐한 자 또는 그 발생 사실을 은폐하도록 교사(敎唆)하거나 공모(共謀)한 자 : 1년 이하의 징역 또는 1,000만 원 이하의 벌금

23

산업안전보건법령상 작업환경측정 등에 관한 설명으로 옳지 않은 것은?

① 사업주는 작업환경측정의 결과를 해당 작업장 근로자에게 알려야 하며 그 결과에 따라 근로자의 건강을 보호하기 위하여 해당 시설·설비의 설치·개선 또는 건강진단의 실시 등 적절한 조치를 하여야 한다.
② 사업주는 산업안전보건위원회 또는 근로자대표가 요구하면 작업환경측정 결과에 대한 설명회를 직접 개최하거나 작업환경측정을 한 기관으로 하여금 개최하도록 하여야 한다.
③ 고용노동부장관은 작업환경측정의 수준을 향상시키기 위하여 매년 지정측정기관을 평가한 후 그 결과를 공표하여야 한다.
④ 고용노동부장관은 작업환경측정 결과의 정확성과 정밀성을 평가하기 위하여 필요하다고 인정하는 경우에는 신뢰성평가를 할 수 있다.
⑤ 시설·장비의 성능은 고용노동부장관이 지정측정기관의 작업환경측정 수준을 평가하는 기준에 해당한다.

해설

③ 평가 주기는 정해지지 않았으며, 평가결과를 반드시 공개해야 하는 것은 아니다(공개할 수 있다).

작업환경측정(산업안전보건법 제125조)
- 사업주는 작업환경측정 결과를 해당 작업장의 근로자(관계수급인 및 관계수급인 근로자를 포함한다. 이하 이 항, 제127조 및 제175조 제5항 제15호에서 같다)에게 알려야 하며, 그 결과에 따라 근로자의 건강을 보호하기 위하여 해당 시설·설비의 설치·개선 또는 건강진단의 실시 등의 조치를 하여야 한다.
- 사업주는 산업안전보건위원회 또는 근로자대표가 요구하면 작업환경측정 결과에 대한 설명회 등을 개최하여야 한다. 이 경우 작업환경측정을 위탁하여 실시한 경우에는 작업환경측정기관에 작업환경측정 결과에 대하여 설명하도록 할 수 있다. (※ 개정에 따라 개최에서 설명으로 수정됨)

작업환경측정기관(산업안전보건법 제126조)
- 고용노동부장관은 작업환경측정기관의 측정·분석 결과에 대한 정확성과 정밀도를 확보하기 위하여 작업환경측정기관의 측정·분석능력을 확인하고, 작업환경측정기관을 지도하거나 교육할 수 있다.
- 고용노동부장관은 작업환경측정의 수준을 향상시키기 위하여 필요한 경우 작업환경측정기관을 평가하고 그 결과를 공개할 수 있다.

작업환경측정 신뢰성 평가(산업안전보건법 제127조)
고용노동부장관은 제125조 제1항 및 제2항에 따른 작업환경측정 결과에 대하여 그 신뢰성을 평가할 수 있다.

작업환경측정기관의 평가 등(산업안전보건법 시행규칙 제191조)
공단이 법 제126조 제3항에 따라 작업환경측정기관을 평가하는 기준은 다음과 같다.
- 인력·시설 및 장비의 보유 수준과 그에 대한 관리능력
- 작업환경측정 및 시료분석 능력과 그 결과의 신뢰도
- 작업환경측정 대상 사업장의 만족도

24

갑(甲)은 전국 규모의 사업주단체에 소속된 임직원으로서 해당 단체가 추천하여 법령에 따라 위촉된 명예감독관이다. 산업안전보건법령상 갑(甲)의 업무가 아닌 것을 모두 고른 것은?

> ㄱ. 법령 및 산업재해 예방정책 개선 건의
> ㄴ. 안전·보건 의식을 북돋우기 위한 활동과 무재해운동 등에 대한 참여와 지원
> ㄷ. 사업장에서 하는 자체점검 참여 및 근로감독관이 하는 사업장 감독 참여
> ㄹ. 법령을 위반한 사실이 있는 경우 사업주에 대한 개선 요청 및 감독기관에의 신고
> ㅁ. 산업재해 발생의 급박한 위험이 있는 경우 사업주에 대한 작업중지 요청

① ㄱ, ㄴ, ㄷ
② ㄱ, ㄴ, ㅁ
③ ㄱ, ㄷ, ㄹ
④ ㄴ, ㄹ, ㅁ
⑤ ㄷ, ㄹ, ㅁ

해설

※ 산업안전보건법 시행령 개정으로 문제의 '명예감독관'은 '명예산업안전감독관'을 의미함을 알려드립니다.

명예산업안전감독관 위촉 등(산업안전보건법 시행령 제32조)
명예산업안전감독관의 업무
1. 사업장에서 하는 자체점검 참여 및 근로기준법 제101조에 따른 근로감독관(이하 근로감독관)이 하는 사업장 감독 참여
2. 사업장 산업재해 예방계획 수립 참여 및 사업장에서 하는 기계·기구 자체검사 참석
3. 법령을 위반한 사실이 있는 경우 사업주에 대한 개선 요청 및 감독기관에의 신고
4. 산업재해 발생의 급박한 위험이 있는 경우 사업주에 대한 작업중지 요청
5. 작업환경측정, 근로자 건강진단 시의 참석 및 그 결과에 대한 설명회 참여
6. 직업성 질환의 증상이 있거나 질병에 걸린 근로자가 여러 명 발생한 경우 사업주에 대한 임시건강진단 실시 요청
7. 근로자에 대한 안전수칙 준수 지도
8. 법령 및 산업재해 예방정책 개선 건의
9. 안전·보건 의식을 북돋우기 위한 활동 등에 대한 참여와 지원
10. 그 밖에 산업재해 예방에 대한 홍보 등 산업재해 예방업무와 관련하여 고용노동부장관이 정하는 업무
※ 전국 규모의 사업주단체 또는 그 산하조직에 소속된 임직원 중에서 해당 단체 또는 그 산하조직이 추천하는 사람은 8.부터 10.까지의 규정에 따른 업무로 한정

25

산업안전보건법령상 산업재해 예방사업 보조·지원의 취소에 관한 설명으로 옳지 않은 것은?

① 거짓으로 보조·지원을 받은 경우 보조·지원의 전부를 취소하여야 한다.
② 보조·지원 대상을 임의매각·훼손·분실하는 등 지원 목적에 적합하게 유지·관리·사용하지 아니한 경우 보조·지원의 전부 또는 일부를 취소하여야 한다.
③ 보조·지원이 산업재해 예방사업의 목적에 맞게 사용되지 아니한 경우 보조·지원의 전부 또는 일부를 취소하여야 한다.
④ 보조·지원 대상 기간이 끝나기 전에 보조·지원 대상 시설 및 장비를 국외로 이전 설치한 경우 보조·지원의 전부 또는 일부를 취소하여야 한다.
⑤ 사업주가 보조·지원을 받은 후 5년 이내에 해당 시설 및 장비의 중대한 결함이나 관리상 중대한 과실로 인하여 근로자가 사망한 경우 보조·지원의 전부를 취소하여야 한다.

해설

산업재해 예방활동의 보조·지원(산업안전보건법 제158조)

고용노동부장관은 보조·지원을 받은 자가 다음 어느 하나에 해당하는 경우 보조·지원의 전부 또는 일부를 취소하여야 한다. 다만, 1. 및 2.의 경우에는 보조·지원의 전부를 취소하여야 한다.

1. 거짓이나 그 밖의 부정한 방법으로 보조·지원을 받은 경우
2. 보조·지원 대상자가 폐업하거나 파산한 경우
3. 보조·지원 대상을 임의매각·훼손·분실하는 등 지원 목적에 적합하게 유지·관리·사용하지 아니한 경우
4. 제1항에 따른 산업재해 예방사업의 목적에 맞게 사용되지 아니한 경우
5. 보조·지원 대상 기간이 끝나기 전에 보조·지원 대상 시설 및 장비를 국외로 이전한 경우
6. 보조·지원을 받은 사업주가 필요한 안전조치 및 보건조치 의무를 위반하여 산업재해를 발생시킨 경우로서 보조·지원을 받은 후 3년 이내에 해당 시설 및 장비의 중대한 결함이나 관리상 중대한 과실로 인하여 근로자가 사망한 경우

| 산업위생일반

26
산업보건의 역사에 관한 설명으로 옳지 않은 것은?

① 그리스의 갈레노스(Galenos, Galen, Galenus)는 구리 광산에서 광부들에 대한 산(acid) 증기의 위험성을 보고하였다.
② 독일의 아그리콜라(G. Agricola)는 「광물에 대하여(De Re Metallica)」를 통해 광업 관련 유해성을 언급하였으며, 이는 후에 Hoover 부부에 의해 번역되었다.
③ 영국의 필(R. Peel) 경은 자신의 면방직공장에서 진폐증이 집단적으로 발병하자, 그 원인에 대해 조사하였으며, 도제 건강 및 도덕법 제정에 주도적인 역할을 하였다.
④ 1825년 공장법은 대부분 어린이 노동과 관련한 내용이었으며, 1833년에 감독권과 행정명령에 관한 내용이 첨가되어 실질적인 효과를 거두게 되었다.
⑤ 하버드 의대 최초의 여교수인 해밀턴(A. Hamilton)은 「미국의 산업중독」을 발간하여 납 중독, 황린에 의한 직업병, 일산화탄소 중독 등을 기술하였다.

해설

③ 필(R. Peel) : 필 경은 면방직공장에서 진폐증에 대해 조사한 적이 없으며, 실제로 도제 건강 및 도덕법(health and morals of apprentices act) 제정에 주도적 역할을 한 인물로는 알려져 있으나, 진폐증과의 연관성은 없다.
① 갈레노스(Galenos) : 고대 그리스 의사 갈레노스는 구리 광산에서 광부들이 산(acid) 증기에 노출되어 발생할 수 있는 위험성을 보고한 것이 맞다.
② 아그리콜라(G. Agricola) : 독일의 광업 전문가로, 저서 「광물에 대하여(De Re Metallica)」에서 광업과 관련된 유해성과 안전문제를 언급하였다. 후에 Hoover 부부가 이를 영어로 번역하였다.
④ 공장법 : 1825년의 공장법은 주로 어린이 노동에 관한 내용이었고, 1833년에 감독권 및 행정명령이 포함되며 실질적인 효과를 거두기 시작한 것이 맞다.
⑤ 해밀턴(A. Hamilton) : 하버드 의대 최초의 여교수로, 「미국의 산업중독」에서 납 중독, 황린에 의한 직업병, 일산화탄소 중독 등을 기술한 것은 사실이다.

27
화학물질 및 물리적 인자의 노출기준에서 "skin" 표시가 된 화학물질로만 나열한 것은?

① 메탄올, 사염화탄소
② 트리클로로에틸렌, 아세톤
③ 트리클로로에틸렌, 사염화탄소
④ 1,1,1-트리클로로에탄, 메탄올
⑤ 1,1,1-트리클로로에탄, 아세톤

해설

'skin' 표시
'skin'은 피부를 통해 흡수될 가능성이 있는 화학물질을 나타낸다. 이는 호흡기뿐만 아니라 피부 흡수를 통해서도 인체에 영향을 미칠 수 있는 물질에 부여된다. 메탄올, 사염화탄소는 'skin' 표시가 된 화학물질이며 나머지 물질들은 해당 없다.

28
작업환경측정 자료들의 분포(distribution)는 주로 우측으로 무한히 뻗어 있는 형태(positively skewed)이다. 이에 관한 설명으로 옳은 것은?

① 평균, 중위수, 최빈수가 같은 값이다.
② 평균이 중위수보다 더 크다.
③ 이를 표준정규분포라고 한다.
④ 기하표준편차는 1 미만이다.
⑤ 최빈수가 평균보다 더 크다.

해설

② 우측으로 치우친 분포(positively skewed distribution)에서는 극단적으로 큰 값이 평균을 끌어올리기 때문에 평균 > 중위수 > 최빈수의 관계를 갖는다.
① 이는 대칭적인 정규분포(normal distribution)의 특징이다. 우측으로 치우친 분포에서는 성립하지 않는다.
③ 표준정규분포는 대칭적이며 평균이 중위수와 최빈수와 같은 값을 가진다. 우측으로 치우친 분포와는 다르다.
④ 기하표준편차는 1 이상이며, 분포의 비대칭도(skewness)가 증가할수록 더 커진다.
⑤ 우측으로 치우친 분포에서는 최빈수보다 평균이 더 크다(최빈수 < 중위수 < 평균).

정답 27 ① 28 ②

29

작업환경측정 시 관련 절차별로 다음과 같이 오차 값이 추정될 때, 누적오차(cumulative error) 값은 약 얼마인가?

- 유량측정 : ±13.5%
- 탈착효율 : ±8.5%
- 시료분석 : ±16.2%
- 시료채취시간 : ±3.6%
- 포집효율 : ±4.1%

① 3.6%
② 12.6%
③ 23.4%
④ 29.7%
⑤ 45.9%

해설

$$E_{cumulative} = \sqrt{E_1^2 + E_2^2 + E_3^2 + E_4^2 + E_5^2}$$

여기서, 각 E는 개별 오차 값

E_1 = 13.5%
E_2 = 3.6%
E_3 = 8.5%
E_4 = 4.1%
E_5 = 16.2%

1. 각 오차를 제곱한다.

    $E_1^2 = (13.5)^2 = 182.25$
    $E_2^2 = (3.6)^2 = 12.96$
    $E_3^2 = (8.5)^2 = 72.25$
    $E_4^2 = (4.1)^2 = 16.81$
    $E_5^2 = (16.2)^2 = 262.44$

2. 제곱값을 모두 더한다.

    182.25 + 12.96 + 72.25 + 16.81 + 262.44 = 546.71

3. 합의 제곱근을 구한다.

    $E_{cumulative} = \sqrt{546.71} \approx 23.38\%$

∴ 누적오차는 약 23.4%이다.

30
산업환기시스템 설계 중 덕트의 합류점에서 시스템의 효율을 극대화하기 위한 정압(SP)균형유지법에 관한 설명으로 옳지 않은 것은?

① 저항 조절을 위하여 설계 시 덕트의 직경을 조절하거나 유량을 재조정하는 방법이다.
② 최대 저항경로 선정이 잘못되어도 설계 시 쉽게 발견할 수 있다.
③ 균형이 유지되려면 설계도면에 있는 대로 덕트가 설치되어야 한다.
④ $\dfrac{SP_{lower}}{SP_{higher}}$를 계산하여 그 값이 0.8보다 작다면 정압이 낮은 덕트의 직경을 다시 설계해야 한다.
⑤ $\dfrac{SP_{lower}}{SP_{higher}}$를 계산하여 그 값이 0.8 이상일 때는 그 차를 무시하고, 높은 정압을 지배정압으로 한다.

해설
※ 저자의견 : 출제 당시 정답은 ⑤였으나, 저자의견으로는 ②·⑤ 둘 다 옳지 않은 문항으로 정답을 수정하였습니다.
② 최대 저항경로 선정이 잘못되면 설계 과정에서 오류를 발견하기 어려울 수 있다. 설계 초기부터 신중한 검토가 필요하다.
⑤ $\dfrac{SP_{lower}}{SP_{higher}}$ 값이 0.8 이상일 때 차이를 무시한다는 내용은 틀렸다. 정압 차이가 허용 범위 내에 있더라도 설계와 운영상의 최적화를 위해 반드시 검토되어야 한다. 정압 차이를 무시하면 비효율적인 시스템이 될 가능성이 크다.
① 덕트 직경을 조절하거나 유량을 재조정하는 것은 정압균형을 유지하기 위한 일반적인 설계 방법이다.
③ 덕트가 설계도면대로 설치되지 않으면 정압균형 유지가 어렵다. 도면과 실제 설치가 일치해야 한다.
④ $\dfrac{SP_{lower}}{SP_{higher}}$ 값이 0.8보다 작을 경우 정압 차이가 크므로 덕트 직경을 재설계해야 한다.

정압균형유지법 : 정압균형(SP balance)은 덕트 설계에서 각 합류점의 압력 차이를 최소화하여 시스템 효율을 극대화하는 설계원칙이다. 정압균형이 유지되지 않으면 공기 흐름이 불균형해져 시스템 성능 저하 및 에너지 낭비가 발생할 수 있다.

31
방사능 측정값 600pCi를 표준화(SI) 단위 값으로 옳게 표현한 것은?(단, 1Ci=3.7×10^{10}dps)

① 16Bq
② 22.2Bq
③ 16dps
④ 22.2dpm
⑤ 6×10^{-10}Ci

해설
|주어진 정보|
- 방사능 측정값 : 600pCi
- 1pCi = 3.7×10^{-2}dps
- 1Ci = 3.7×10^{10}dps
- 1Bq = 1dps

1. 단위변환 : 600pCi = 600 × 3.7×10^{-2}dps = 22.2dps
2. 표준화(SI) 단위로 변환 : 방사능의 SI 단위는 Bq이며, 1Bq = 1dps이므로, 22.2dps = 22.2Bq

정답 30 ②·⑤ 31 ②

32

화학물질 및 물리적 인자의 노출기준 중 발암성에 대한 분류 기준이 아닌 것은?

① 미국국립산업안전보건연구원(NIOSH)의 분류
② 미국독성프로그램(NTP)의 분류
③ 유럽연합의 분류·표시에 관한 규칙(EU CLP)의 분류
④ 국제암연구소(IARC)의 분류
⑤ 미국산업안전보건청(OSHA)의 분류

해설

① NIOSH는 직업안전 및 건강 관련 연구와 권고기준 설정에 주력하지만, 발암성 물질에 대한 자체적인 분류 체계를 따로 제공하지는 않는다. 대신, IARC나 NTP와 같은 기관의 분류를 참고하여 작업환경 권고기준을 설정한다.
② NTP는 발암성을 'known to be human carcinogens'와 'reasonably anticipated to be human carcinogens'로 분류한다.
③ EU CLP는 발암성을 1A, 1B, 2로 구분하며, 이는 글로벌 분류 체계(GHS)와 일치한다.
④ IARC는 발암성을 group 1, group 2A, group 2B, group 3, group 4로 분류한다.
⑤ 미국산업안전보건청(OSHA)의 분류 외에도 미국산업위생전문가협회(ACGIH)의 분류를 활용한다.

화학물질(화학물질 및 물리적 인자의 노출기준 제5조)
발암성, 생식세포 변이원성 및 생식독성 정보는 법상 규제 목적이 아닌 정보제공 목적으로 표시하는 것이다.
- 발암성은 국제암연구소(IARC ; International Agency for Research on Cancer), 미국산업위생전문가협회(ACGIH ; American Conference of Governmental Industrial Hygienists), 미국독성프로그램(NTP ; National Toxicology Program), 유럽연합의 분류·표시에 관한 규칙(EU CLP ; European Regulation on the Classification, Labelling and Packaging of substances and mixtures) 또는 미국산업안전보건청(OSHA ; American Occupational Safety & Health Administration)의 분류를 기준으로 표시한다.
- 생식세포 변이원성 및 생식독성은 유럽연합의 분류·표시에 관한 규칙(EU CLP ; European Regulation on the Classification, Labelling and Packaging of substances and mixtures)을 기준으로 화학물질의 분류·표시 및 물질안전보건자료에 관한 기준에 따라 분류한다.

33

생물학적 유해인자인 독소(toxin)에 관한 설명으로 옳은 것은?

① 마이코톡신(mycotoxins)은 세균이 유기물을 분해할 때 내놓는 분해산물로 종에 따라 다르다.
② 아플라톡신 B1(aflatoxin B1)은 폐암을 초래한다.
③ 글루칸(glucan)은 바이러스의 세포벽 성분으로 호흡기 점막을 자극하여 건물증후군(SBS)을 초래하는 원인으로 추정되고 있다.
④ 엔도톡신(endotoxins)은 그람양성세균이 죽을 때나 번식할 때 내놓는 독소이다.
⑤ 낮은 농도의 엔도톡신은 호흡기계 점막의 자극, 발열, 오한 등을 일으키나, 높은 농도에서는 기도와 폐포 염증, 폐기능 장해까지 초래한다.

해설

⑤ 엔도톡신(endotoxins)은 낮은 농도에서는 발열, 오한, 호흡기 점막 자극을 유발하며, 높은 농도에서는 심각한 호흡기계 염증과 폐기능 장해를 초래할 수 있다.
① 마이코톡신(mycotoxins)은 곰팡이(fungi)가 생성하는 독소로, 세균이 아닌 곰팡이가 유기물을 분해할 때 생성된다.
② 아플라톡신 B1(aflatoxin B1)은 간암(hepatocellular carcinoma)과 관련이 있다. 폐암과는 연관이 적다.
③ 글루칸(glucan)은 곰팡이의 세포벽 성분으로, 건물증후군(SBS)과는 직접적인 연관성이 확인되지 않았다.
④ 엔도톡신은 그람음성세균의 세포벽에 존재하며, 세균이 죽거나 파괴될 때 방출되는 독소이다. 따라서 그람양성세균이 아닌 그람음성세균에 해당한다.

34

다음에 해당하는 중금속은?

- 연성이 있으며, 아연광물 등을 제련할 때 부산물로 얻어지며, 합금과 전기도금 등에 이용된다.
- 경구 또는 흡입을 통한 만성 노출 시 표적 장기는 신장이며, 가장 흔한 증상은 효소뇨와 단백뇨이다.
- 화학물질 및 물리적 인자의 노출기준에 따르면 발암성 1A, 생식세포 변이원성 2, 생식독성 2, 호흡성으로 표기하고 있다.

① 납
② 크롬
③ 카드뮴
④ 수은
⑤ 망간

해설

① 납 : 연성이 있지만, 표적 장기는 주로 중추신경계와 조혈기계로 카드뮴과는 다르다.
② 크롬 : 3가 크롬은 발암성이 없고, 6가 크롬은 발암성 1A이지만, 신장이 주요 표적 장기는 아니다.
④ 수은 : 주로 신경계와 신장을 표적으로 하지만, 효소뇨와 단백뇨는 카드뮴에 더 특이적이다.
⑤ 망간 : 주요 표적 장기는 중추신경계이며, 생식독성보다는 신경독성에 중점을 둔다.

카드뮴
- 특성 : 카드뮴은 아연광물 등을 제련할 때 부산물로 얻어지며, 합금과 전기도금 등에 이용된다.
- 노출경로와 표적 장기 : 경구 또는 흡입을 통한 만성 노출 시 신장이 주요 표적 장기이다. 가장 흔한 증상으로는 효소뇨와 단백뇨가 나타난다.
- 화학물질 및 물리적 인자의 노출기준 : 발암성 1A, 생식세포 변이원성 2, 생식독성 2로 분류된다. 또한, 호흡성으로 표기된다.

정답 34 ③

35
근골격계부담작업의 범위 및 유해요인조사 방법에 관한 고시의 내용으로 옳지 않은 것은?

① 유해요인조사는 고시에서 정한 유해요인조사표 및 근골격계질환 증상조사표를 활용하여야 한다.
② 작업장 상황조사 내용에는 작업설비, 작업량, 작업속도, 업무변화가 포함된다.
③ 하루에 총 2시간 이상, 분당 2회 이상 4.5kg 이상의 물체를 드는 작업은 근골격계부담작업에 해당된다.
④ "단기간 작업"이란 2개월 이내에 종료되는 1회성 작업을 말한다.
⑤ "간헐적인 작업"이란 연간 총작업일수가 30일을 초과하지 않는 작업을 말한다.

해설
⑤ 간헐적인 작업은 연간 총작업일수가 60일을 초과하지 않는 작업을 말한다.

36
산업안전보건기준에 관한 규칙에서 정하고 있는 "밀폐공간"에 해당하지 않는 것은?

① 장기간 사용하지 않은 우물 등의 내부
② 화학물질이 들어 있던 반응기 및 탱크의 내부
③ 간장·주류·효모 그 밖에 발효하는 물품이 들어 있거나 들어 있었던 탱크·창고 또는 양조주의 내부
④ 천장·바닥 또는 벽이 건성유를 함유하는 페인트로 도장되어 그 페인트가 건조된 후의 지하실 내부
⑤ 드라이아이스를 사용하는 냉장고·냉동고·냉동화물자동차 또는 냉동컨테이너의 내부

해설
④ 페인트가 건조된 이후에는 유해가스 방출 위험이 없으므로 밀폐공간에 해당하지 않으며, 천장·바닥 또는 벽이 건성유를 함유하는 페인트로 도장되어 그 페인트가 건조되기 전에 밀폐된 지하실·창고 또는 탱크 등 통풍이 불충분한 시설의 내부가 밀폐공간이다.
① 환기가 부족하고 산소결핍 위험이 있어 밀폐공간에 해당된다.
② 유해가스 축적 가능성이 있어 밀폐공간에 해당된다.
③ 발효로 인해 유해가스(이산화탄소 등) 축적 위험이 있으므로 밀폐공간에 해당된다.
⑤ 드라이아이스가 승화하여 이산화탄소 농도가 높아질 위험이 있어 밀폐공간에 해당된다.

밀폐공간
산업안전보건기준에 관한 규칙에서 밀폐공간은 통풍이 잘 되지 않고 산소결핍이나 유해가스로 인한 질식·화재·폭발 등의 위험이 있는 장소를 말한다.

37

1기압, 25℃에서 수은(분자량 : 200)의 증기압이 0.00152mmHg라고 할 때, 이 조건의 밀폐된 작업장에서 공기 중 수은의 포화농도(mg/m³)는 약 얼마인가?

① 2.0
② 16.4
③ 27.9
④ 35.9
⑤ 156.3

해설

|주어진 정보|
- 작업장 조건 : 25℃, 1기압
- 수은의 분자량 : 200
- 수은의 증기압 : 0.00152mmHg

1. 공기 중 포화농도(ppm)

$$\frac{대상물질의 증기압}{760mmHg} \times 10^{-6}$$

$$= \frac{0.00152}{760} \times 10^{-6}$$

$$= 2ppm$$

2. ppm → mg/m³ 단위 변환

$$노출기준(mg/m^3) = \frac{노출기준(ppm) \times 분자량}{24.45(25℃, 1기압)}$$

$$= \frac{2 \times 200}{24.45}$$

$$\approx 16.359$$

$$\approx 16.4 mg/m^3$$

∴ 16.4

38

화학물질 및 물리적 인자의 노출기준에서 "호흡성"으로 표시되지 않은 화학물질은?

① 카본블랙
② 산화아연 분진
③ 인듐 및 그 화합물
④ 산화규소(결정체 석영)
⑤ 텅스텐(가용성 화합물)

해설

① 카본블랙 : 호흡성이 아닌 흡입성으로 표시된다. 일반적으로 분진 형태로 노출되며, 가루나 먼지 상태에서 작업자가 흡입할 수 있다.
② 산화아연 분진 : 호흡성 분진으로 표시되어 있다. 주로 금속 가공 및 용접 작업에서 발생한다.
③ 인듐 및 그 화합물 : 호흡성 분진으로 관리된다. 가루 형태의 노출이 폐에 영향을 줄 수 있다.
④ 산화규소(결정체 석영) : 호흡성 분진으로 관리된다. 규폐증과 같은 질병의 주요 원인 물질이다.
⑤ 텅스텐(가용성 화합물) : 호흡성 분진으로 관리된다. 텅스텐은 주로 분말 상태로 노출되며, 폐 질환 위험이 있다.

호흡성 분진(respirable dust)
호흡기계를 통해 폐포까지 침투할 수 있는 입자 크기의 분진. 평균 입경(D_{50})이 $4\mu m$ 이하인 물질에 해당된다.

39

다음 정의에 해당하는 역학 지표는?

> 유해인자에 노출된 집단과 노출되지 않은 집단을 전향적(prospectively)으로 추적하여 각 집단에서 발생하는 질병 발생률의 비

① 교차비(odd ratio)
② 기여위험도(attributable risk)
③ 상대위험도(Relative Risk)
④ 치명률(fatality rate)
⑤ 발병률(attack rate)

해설

③ 상대위험도(RR ; Relative Risk) : 유해인자 노출 집단과 비노출 집단 질병 발생률의 비율을 비교하는 역학 지표이다. 전향적 코호트 연구에서 주로 사용하며, 인과관계를 확인하거나 위험도를 비교하는 데 유용하다.

$$상대위험도 = \frac{노출\ 집단의\ 질병\ 발생률}{비노출\ 집단의\ 질병\ 발생률}$$

① 교차비(odd ratio) : 노출 여부와 질병 상태의 상관성을 후향적 연구(환자-대조군 연구)에서 분석한다. RR과 비슷하지만 연구 설계가 다르다.
② 기여위험도(attributable risk) : 노출로 인해 추가적으로 발생한 위험도를 측정한다.
  기여위험도 = 노출 집단의 발생률 - 비노출 집단의 발생률
④ 치명률(fatality rate) : 특정 질병에 걸린 사람 중 사망한 사람의 비율을 뜻한다.

$$치명률 = \frac{질병으로\ 인한\ 사망자\ 수}{질병환자\ 수} \times 100\%$$

⑤ 발병률(attack rate) : 특정 기간 동안 집단 내에서 새로운 질병 발생 비율을 뜻한다.

$$발병률 = \frac{새로운\ 질병\ 발생자\ 수}{집단\ 내\ 전체인구\ 수} \times 100\%$$

40
다음 역학연구의 설계를 인과관계의 근거(evidence) 수준이 높은 것에서 낮은 것의 순서대로 옳게 나열한 것은?

ㄱ. 사례군 연구
ㄴ. 코호트 연구
ㄷ. 환자-대조군 연구
ㄹ. 생태학적 연구

① ㄴ → ㄱ → ㄷ → ㄹ
② ㄴ → ㄷ → ㄹ → ㄱ
③ ㄷ → ㄴ → ㄱ → ㄹ
④ ㄷ → ㄴ → ㄹ → ㄱ
⑤ ㄹ → ㄴ → ㄱ → ㄷ

해설
ㄴ. 코호트 연구 : 가장 높은 수준의 근거를 제공하는 연구 설계이다. 시간 순서를 명확히 파악하며, 원인-결과 관계를 도출하는 데 적합하다.
ㄷ. 환자-대조군 연구 : 환자군(질병 존재)과 대조군(질병 없음)을 비교하여 과거 노출 요인을 분석하는 연구이다. 비교위험도(OR)를 계산하여 인과관계를 탐색한다.
ㄹ. 생태학적 연구 : 집단 수준에서 노출-결과를 분석하는 연구이다. 개인 수준의 인과관계 추론은 어렵지만, 가설 생성에 유용하다.
ㄱ. 사례군 연구 : 특정 사례를 중심으로 분석하는 기술적, 탐색적 연구 설계이다. 인과관계의 근거 수준은 낮다.

41
유해물질의 생물학적 노출지표 및 시료채취시기에 관한 내용으로 옳지 않은 것은?

① 크실렌은 소변 중 메틸마뇨산을 작업 종료 시 채취하여 분석한다.
② 반감기가 길어서 수년간 인체에 축적되는 물질에 대해서는 채취시기가 중요하지 않다.
③ 유해물질의 공기 중 농도로는 호흡기를 통한 흡수 정도를 예측할 수 있으나, 피부와 소화기를 통한 흡수는 평가할 수 없다.
④ 일산화탄소는 호기 중 카복시헤모글로빈을 작업 종료 후 10~15분 이내에 채취하여 분석한다.
⑤ 배출이 빠르고 반감기가 5분 이내인 물질에 대해서는 작업 전, 작업 중 또는 작업 종료 시 시료를 채취한다.

해설
④ 일산화탄소 노출에 대한 생물학적 모니터링은 호기 중이 아닌 혈중 카복시헤모글로빈을 측정하며, 시료는 작업 종료 후 10~15분 이내에 채취한다. 호기로 측정하는 것은 호기 중 일산화탄소 농도로 작업 종료 후 10~15분 이내, 마지막 호기 채취 방식으로 측정한다.
① 크실렌 노출 후 대사 산물인 메틸마뇨산은 소변으로 배출되므로, 작업 종료 후 채취하여 분석하는 것이 적합하다.
② 반감기가 긴 물질은 노출 후에도 오랜 기간 인체에 남아 있으므로, 채취시기가 상대적으로 중요하지 않다.
③ 공기 중 농도는 호흡기를 통한 흡수량을 평가할 수 있지만, 피부 및 소화기 흡수를 정확히 반영하지 못한다.
⑤ 반감기가 짧은 물질은 노출 직후 신속하게 시료를 채취해야 정확한 평가가 가능하다.

정답 40 ② 41 ④

42
청각기관의 구조와 소리의 전달에 관한 설명으로 옳지 않은 것은?

① 음압은 외이의 외청도(ear canal)를 거쳐 고막에 전달되어 이를 진동시킨다.
② 중이는 추골, 침골, 등골의 세 개 뼈로 구성되어 있다.
③ 고막을 통하여 들어온 음압은 중이를 거쳐 난형창을 통해 달팽이관으로 전달된다.
④ 내이액에 전달된 음압은 고막관(tympanic canal)을 거쳐 전정관(vestibular canal)으로 이동한다.
⑤ 귀는 외이, 중이, 내이로 구분할 수 있다.

해설

④ 실제로 음압은 난형창을 통해 내이에 들어가면서 전정관(vestibular canal)을 먼저 거치고, 이후 고막관(tympanic canal)을 통해 전달된다. 순서가 잘못되었다.
① 외이에서 소리를 모아 고막을 진동시키는 것으로 올바른 설명이다.
② 중이는 세 개의 뼈(추골, 침골, 등골)가 음압을 증폭시키며 소리를 내이로 전달한다.
③ 중이를 통해 증폭된 음압은 난형창으로 전달되며, 이후 달팽이관으로 전달된다.
⑤ 귀의 해부학적 구조는 외이, 중이, 내이로 나뉘며, 각각 소리를 수집, 증폭, 분석한다.

43
산업안전보건법상 유해인자와 특수 · 배치 전 · 수시 건강진단의 1차 임상검사 및 진찰에 해당하는 기관/조직을 연결한 것으로 옳지 않은 것은?

	유해인자	1차 임상검사 및 진찰의 기관/조직
①	마이크로파 및 라디오파	신경계, 생식계, 눈
②	시클로헥산	피부, 호흡기계
③	황산	호흡기계, 눈, 피부, 비강, 인두·후두, 악구강계
④	망간과 그 화합물	호흡기계, 신경계
⑤	야간작업	신경계, 심혈관계, 위장관계, 내분비계

해설

② 시클로헥산의 경우, 유해성으로 인해 주요 영향기관은 신경계이다. 피부, 호흡기계는 주요 영향을 받는 기관이 아니다.
※ 산업안전보건법 시행규칙 별표 24

44

작업환경측정 및 지정측정기관 평가 등에 관한 고시에서 명시하고 있는 화학적 인자와 시료채취 매체, 분석기기의 연결로 옳지 않은 것은?

	화학적 인자	시료채취 매체	분석기기
①	니켈(불용성 무기화합물)	막여과지	ICP, AAS
②	디메틸포름아미드	활성탄관	GC-FID
③	6가 크롬화합물	PVC여과지	IC-분광검출기
④	벤젠	활성탄관	GC-FID
⑤	2,4-TDI	1-2PP 코팅, 유리섬유여과지	HPLC-형광검출기

해설

디메틸포름아미드(dimethylformamide, DMF)는 활성탄관이 아니라 실리카겔을 사용하여 시료를 채취하며, 분석기기로는 GC-FID(가스크로마토그래피-불꽃이온화검출기)를 사용한다.

45

보호구 안전인증 고시에서 화학물질용 보호복의 구분 기준 중 "분진 등과 같은 에어로졸에 대한 차단 성능을 갖는 보호복"은?

① 1형식
② 2형식
③ 3형식
④ 4형식
⑤ 5형식

정답 44 ② 45 ⑤

해설

⑤ 5형식 : 분진 및 에어로졸 차단 성능을 갖는 보호복으로, 입자상 물질로부터 보호하기 위해 설계되었다.
① 1형식 : 기체, 액체, 고체 입자 모두를 차단할 수 있는 완전 밀폐형 보호복이다.
② 2형식 : 통기구를 가진 비밀폐형 보호복으로, 기체와 액체를 차단할 수 있다.
③ 3형식 : 액체가스나 고압 액체분사를 차단할 수 있는 보호복이다.
④ 4형식 : 에어로졸 및 액체 침투에 대해 완전 차단 성능을 갖춘 보호복이다.

화학물질용 보호복의 성능기준(보호구 안전인증 고시 별표 8의2)
화학물질용 보호복의 구분

형식		형식구분 기준
1형식	1a형식	보호복 내부에 개방형 공기호흡기와 같은 대기와 독립적인 호흡용 공기공급이 있는 가스 차단 보호복
	1a형식(긴급용)	긴급용 1a 형식 보호복
	1b형식	보호복 외부에 개방형 공기호흡기와 같은 호흡용 공기공급이 있는 가스 차단 보호복
	1b형식(긴급용)	긴급용 1b 형식 보호복
	1c형식	공기라인과 같은 양압의 호흡용 공기가 공급되는 가스 차단 보호복
2형식		공기라인과 같은 양압의 호흡용 공기가 공급되는 가스 비차단 보호복
3형식		액체 차단 성능을 갖는 보호복. 만일 후드, 장갑, 부츠, 안면창(visor) 및 호흡용 보호구가 연결되는 경우에도 액체 차단 성능을 가져야 한다.
4형식		분무 차단 성능을 갖는 보호복. 만일후드, 장갑, 부츠, 안면창(visor) 및 호흡용 보호구가 연결되는 경우에도 분무 차단 성능을 가져야 한다.
5형식		분진 등과 같은 에어로졸에 대한 차단 성능을 갖는 보호복
6형식		미스트에 대한 차단 성능을 갖는 보호복

46

CNC 공정에서 메탄올을 사용할 때, 작업자가 착용해야 하는 호흡보호구는?

① 유기화합물용 방독마스크
② 산가스용 방독마스크
③ 방진방독겸용 마스크
④ 전동식 방독마스크
⑤ 송기마스크

해설

현재 메탄올에 대하여 적절한 필터 또는 정화통이 표기되어 있지 않아 송기마스크 착용을 권고하고 있다. 또한 높은 농도로 노출될 경우 작업자의 생명과 건강에 즉각적인 위험(IDLH 상황)을 줄 수 있으므로 신선한 공기를 공급하는 송기마스크를 사용해야 안전하다.

47
고용노동부에서 발표한 2017년 산업재해 현황에 관한 설명으로 옳지 않은 것은?

① 직업병이란 작업환경 중 유해인자와 관련성이 뚜렷한 질병으로 난청, 진폐, 금속 및 중금속 중독, 유기화합물 중독, 기타 화학물질 중독 등이 있다.
② 직업관련성 질병이란 업무적 요인과 개인질병 등 업무외적 요인이 복합적으로 작용하여 발생하는 질병으로 뇌·심혈관질환, 신체부담작업, 요통 등이 있다.
③ 2017년에는 2016년 대비 업무상 질병자 중 직업병과 직업관련성 질병의 빈도수가 모두 증가하였다.
④ 업무상 질병자 중 직업병에서는 난청이 가장 높은 빈도수로 나타났다.
⑤ 업무상 질병자 중 직업관련성 질병에서는 요통이 가장 높은 빈도수로 나타났다.

해설
④ 난청 빈도수 : 2017년 업무상 질병자 중 직업병에서는 진폐가 가장 높은 빈도로 나타났으며, 난청은 그다음으로 높았다.
① 직업병 : 직업병은 작업환경 중 유해인자에 의해 발생하는 질병으로 난청, 진폐, 금속 및 중금속 중독, 유기화합물 중독 등이 포함된다.
② 직업관련성 질병 : 업무적 요인과 비업무적 요인이 복합적으로 작용하여 발생하는 질병으로 뇌·심혈관질환, 신체부담작업, 요통 등이 있다.
③ 2017년 질병 빈도수 변화 : 2017년에는 직업병과 직업관련성 질병의 빈도가 전부 전년 대비 증가하였다.
⑤ 요통 빈도수 : 직업관련성 질병에서는 요통이 가장 높은 빈도수로 나타났다.

48
다음에서 설명하는 여과지의 종류는?

> - polycarbonate로 만들어진 것으로 강도가 우수하고 화학물질과 열에 안정적이다.
> - 체(sieve)처럼 구멍이 일직선(straight-through holes)으로 되어 있다.
> - TEM 분석에 사용할 수 있다.

① MCE 막여과지
② nuclepore 여과지
③ PTFE 막여과지
④ 섬유상 여과지
⑤ PVC 막여과지

해설
① MCE 막여과지 : cellulose ester로 만들어졌으며, 일반적인 공기 중 분진 포집에 주로 사용된다. TEM 분석에는 적합하지 않다.
③ PTFE 막여과지 : polytetrafluoroethylene(테프론)으로 만들어졌으며, 화학물질과 고온 환경에 강하다. 주로 가스 및 미세입자 필터링에 사용된다.
④ 섬유상 여과지 : 유리섬유로 만들어졌으며, 주로 총부유먼지(TSP) 및 입자상 물질 채취에 사용된다.
⑤ PVC 막여과지 : polyvinyl chloride로 만들어졌으며, 작업환경 중 분진 및 금속 분석에 사용되지만 TEM 분석에는 적합하지 않다.
nuclepore 여과지
- 폴리카보네이트(polycarbonate)로 제조되며, 강도와 안정성이 우수하다.
- 구멍이 일직선으로 배열된 특징적인 구조를 가지며, 미세한 입자 분석에 적합하다.
- 투과전자현미경(TEM) 분석에 사용할 수 있는 여과지로, 주로 미세입자 및 섬유 분석에 활용된다.

정답 47 ④ 48 ②

49

표준화사망비(SMR)에 관한 설명으로 옳지 않은 것은?

① 직접표준화법으로 산출한다.
② 관찰사망 수를 기대사망 수로 나눈다.
③ 기대사망은 관찰사망 집단보다 더 큰 집단을 사용한다.
④ 1(100%)보다 크면 관찰집단에서 특정 질병에 대한 위험요인이 존재할 가능성이 있다.
⑤ 직업역학 분야에서 사용하는 주요 지표 중 하나이다.

해설

① 표준화사망비(SMR)는 간접표준화법을 사용하여 산출한다. 관찰집단의 사망 수를 더 큰 표준집단의 사망률을 기반으로 기대사망 수와 비교하여 산출한다.
② $SMR = \dfrac{관찰사망\ 수}{기대사망\ 수} \times 100$
③ 기대사망 수는 일반적으로 더 큰 집단(예 국가 인구, 산업 전체 등)을 기준으로 산출된다.
④ SMR이 1보다 크면 관찰집단의 사망률이 기대치보다 높다는 것을 의미하며, 위험요인의 존재를 시사한다.
⑤ SMR은 직업역학 및 환경역학에서 특정 집단의 사망률을 분석하기 위한 주요 지표로 사용된다.

50

한 사업장에서 다음과 같은 재해결과가 나왔을 때, 이에 관한 해석으로 옳지 않은 것은?

- 환산도수율(F) = 1.2
- 환산강도율(S) = 96

① 작업자 1인당 일평생 1.2회의 재해가 발생한다.
② 작업자 1인당 일평생 96일의 근로손실일수가 발생한다.
③ 재해 1건당 근로손실일수는 평균 80일이다.
④ 사업장의 도수율은 12이다.
⑤ 사업장의 강도율은 9.6이다.

해설

⑤ 환산강도율(S)은 작업자 1인당 일평생의 근로손실일수이며, 환산강도율 = 강도율 × 100이므로, 강도율 = $\dfrac{환산강도율}{100}$ 으로 계산된다. 따라서 강도율은 0.96이다.
① 환산도수율(F)은 작업자 1인당 일평생 발생하는 재해 횟수를 나타내므로, '1.2회의 재해가 발생한다'는 옳은 설명이다.
② 환산강도율(S)은 작업자 1인당 일평생의 근로손실일수를 나타내므로, '96일'은 옳은 설명이다.
③ 재해 1건당 근로손실일수는 환산강도율(S)을 환산도수율(F)로 나누어 계산한다.
④ 환산도수율(F)은 근로자 일평생 재해 발생 횟수이며, 환산도수율 = $\dfrac{도수율}{10}$ 이므로, 도수율 = 환산도수율 × 10으로 계산된다.

| 기업진단 · 지도

51
직무관리에 관한 설명으로 옳지 않은 것은?

① 직무분석이란 직무의 내용을 체계적으로 분석하여 인사관리에 필요한 직무정보를 제공하는 과정이다.
② 직무설계는 직무 담당자의 업무 동기 및 생산성 향상 등을 목표로 한다.
③ 직무충실화는 작업자의 권한과 책임을 확대하는 직무설계방법이다.
④ 핵심직무특성 중 과업중요성은 직무담당자가 다양한 기술과 지식 등을 활용하도록 직무설계를 해야 한다는 것을 말한다.
⑤ 직무평가는 직무의 상대적 가치를 평가하는 활동이며, 직무평가 결과는 직무급의 산정에 활용된다.

해설
④ 핵심직무특성 모델의 특성 중 과업중요성은 직무가 조직 또는 타인에게 미치는 영향의 중요성을 인식하는 것과 관련이 있으며, 다양한 기술과 지식 활용은 기술다양성에 해당한다.

해크만과 올드햄의 핵심직무특성 모델(job characteristics model) : 직무가 근로자에게 내재적 동기를 부여하는 방식과 이를 구성하는 직무의 핵심 차원을 설명한다. 모델의 주요 요소는 5가지 핵심직무차원(core job dimensions), 이들 차원이 동기를 유발하는 과정을 설명하는 중간 매개 변수와 개인적·직무적 결과로 이루어져 있다.
- 기술다양성(skill variety) : 직무수행에 요구되는 다양한 기술과 능력의 범위, 높은 기술다양성은 직무를 더 흥미롭게 만든다.
- 과업정체성(task identity) : 직무가 완전하고 전체적인 작업으로, 시작부터 끝까지 하나의 결과를 만들어내는 정도, 높은 과업정체성은 작업의 중요성과 만족도를 증가시킨다.
- 과업중요성(task significance) : 직무가 다른 사람이나 조직에 얼마나 중요한 영향을 미치는지에 대한 정도, 높은 과업중요성은 직무의 가치와 목적을 더 강하게 느끼게 한다.
- 자율성(autonomy) : 직무수행에 있어 근로자가 독립적으로 결정할 수 있는 자유와 재량권의 정도, 높은 자율성은 근로자의 책임감을 증가시킨다.
- 피드백(feedback) : 직무수행의 결과에 대해 근로자가 명확하고 직접적인 정보를 받는 정도, 효과적인 피드백은 개선과 성과 향상에 기여한다.

52

노동조합에 관한 설명으로 옳지 않은 것은?

① 직종별 노동조합은 산업이나 기업에 관계없이 같은 직업이나 직종 종사자들에 의해 결성된다.
② 산업별 노동조합은 기업과 직종을 초월하여 산업을 중심으로 결성된다.
③ 산업별 노동조합은 직종 간, 회사 간 이해의 조정이 용이하지 않다.
④ 기업별 노동조합은 동일 기업에 근무하는 근로자들에 의해 결성된다.
⑤ 기업별 노동조합에서는 근로자의 직종이나 숙련 정도를 고려하여 가입이 결정된다.

해설

⑤ 기업별 노동조합은 직종이나 숙련 정도에 관계없이 동일 기업에 근무하는 근로자들이 구성원이 된다. 가입 조건으로 직종이나 숙련 정도를 고려하지 않는다.

노동조합
조직 형태에 따라 직종별, 산업별, 기업별로 구분되며, 각 형태는 조직의 목적, 가입 기준, 그리고 구조적 특성에서 차이를 보인다.
- 직종별 노동조합(craft union) : 동일 직종이나 전문 기술을 가진 근로자들로 구성(예 전기공, 목수 등 특정 기술자 그룹)
- 산업별 노동조합(industrial union) : 동일 산업 내의 근로자를 대상으로 하며, 직종과 기업의 경계를 초월(예 자동차산업 노동조합)
- 기업별 노동조합(enterprise union) : 특정 기업 내 근로자들로 구성되며, 동일 기업 내의 다양한 직종과 숙련도를 아우름

53

조직구조 유형에 관한 설명으로 옳지 않은 것은?

① 기능별 구조는 부서 간 협력과 조정이 용이하지 않고 환경변화에 대한 대응이 느리다.
② 사업별 구조는 기능 간 조정이 용이하다.
③ 사업별 구조는 전문적인 지식과 기술의 축적이 용이하다.
④ 매트릭스 구조에서는 보고체계의 혼선이 야기될 가능성이 높다.
⑤ 매트릭스 구조는 여러 제품라인에 걸쳐 인적 자원을 유연하게 활용하거나 공유할 수 있다.

해설

조직구조
- 기능별 조직 : 이 조직의 특성은 부서 간의 교류가 많이 필요하고 상호작용이 많아야 한다. 이를 위해서 상급자들이 계획, 감독, 조정하고 표준화된 일반규정을 정해 놓기도 하고, 최고경영자 가까이에 전문가 집단을 두기도 한다. 기능별 조직은 간단한 기술, 안정적 환경, 동질적 시장상황에 있는 회사에 효과적이다.
- 사업부 조직 : 부서를 제품별, 시장별, 지역별로 만들고, 각 부서로 하여금 제조, 판매, 구매, 회계까지 독자적으로 할 수 있도록 하는 조직설계방식이다. 부서와 부서 간의 상호의존성은 별로 없으나 재정, 연구, 개발, 정보 등은 본부의 지시를 받도록 하는 것이 효과적이다.
- 매트릭스 조직(matrix organization) : 조직환경이 복잡해지면서, 기능부서의 기술적 전문성이 요구되는 동시에 사업부서의 신속한 대응성의 필요가 증대되면서 등장한 조직형태이다. 과거의 기능 중심적 구조와 현대의 업무 중심구조(프로젝트팀)의 이중적 구조를 말하며, 하나의 조직 내에서의 수직적 및 수평적 권한의 결합을 특징으로 한다.

54

JIT(Just-In-Time) 생산방식의 특징으로 옳지 않은 것은?

① 칸반(kanban)을 이용한 푸시(push) 시스템
② 생산준비시간 단축과 소(小)로트 생산
③ U자형 라인 등 유연한 설비 배치
④ 여러 설비를 다룰 수 있는 다기능 작업자 활용
⑤ 불필요한 재고와 과잉생산 배제

해설

① JIT 구성요소 : 풀 시스템(pull system), 칸반 방식(kanban system), 생산의 평준화, 소로트 생산, 자동화와 생산라인 정지(fool proof system), 납품업자, 파트너와의 긴밀한 관계

※ 2016년 58번 문제 해설 참고

55

매슬로(A. Maslow)의 욕구단계이론 중 자아실현 욕구를 조직행동에 적용한 것은?

① 도전적 과업 및 창의적 역할 부여
② 타인의 인정 및 칭찬
③ 화해와 친목분위기 조성 및 우호적인 작업팀 결성
④ 안전한 작업조건 조성 및 고용 보장
⑤ 냉난방 시설 및 사내식당 운영

정답 54 ① 55 ①

해설

매슬로(A. Maslow)의 욕구단계이론

인간의 욕구를 5단계로 구분하며, 하위 욕구가 충족될수록 상위 욕구로 이동한다. 이 이론은 조직행동에 적용하여 근로자 동기부여 및 관리 전략을 설계하는 데 활용된다.

- 생리적 욕구(physiological needs)
  - 기본적인 생존을 위한 욕구
  - 조직행동 적용 : 사내식당 운영, 냉난방 시설, 급여 제공 등
- 안전욕구(safety needs)
  - 신체적, 경제적 안정과 안전을 추구하는 욕구
  - 조직행동 적용 : 고용 안정, 안전한 작업조건 제공, 복지제도
- 사회적 욕구(social needs)
  - 소속감과 대인관계의 욕구
  - 조직행동 적용 : 팀워크, 화목한 조직문화, 우호적 분위기
- 존경욕구(esteem needs)
  - 자신감과 타인의 인정 및 칭찬을 추구하는 욕구
  - 조직행동 적용 : 성과 인정, 포상제도, 지위 부여
- 자아실현 욕구(self-actualization needs)
  - 자신의 잠재력을 최대한 발휘하려는 욕구
  - 조직행동 적용 : 도전적 과업 부여, 창의적인 역할 제공, 자기계발 기회 제공

56

품질개선 도구와 그 주된 용도의 연결로 옳지 않은 것은?

① 체크시트(check sheet) : 품질 데이터의 정리와 기록
② 히스토그램(histogram) : 중심 위치 및 분포 파악
③ 파레토도(pareto diagram) : 우연변동에 따른 공정의 관리상태 판단
④ 특성요인도(cause and effect diagram) : 결과에 영향을 미치는 다양한 원인들을 정리
⑤ 산점도(scatter plot) : 두 변수 간의 관계를 파악

해설

품질개선 도구는 품질 문제를 시각화하고 분석하여 개선하는 데 사용된다. 각 도구는 특정 목적에 맞게 설계되었으며, 이를 잘못 연결하면 품질 문제를 정확히 이해하거나 해결하기 어렵다. 파레토도(pareto diagram)는 주로 문제의 중요도 분석에 사용되며, 우연변동이나 공정의 관리상태 판단과는 관련이 없다. 공정의 관리상태 판단은 관리도(control chart)와 같은 도구를 사용한다.

57

어떤 프로젝트의 PERT(Program Evaluation and Review Technique) 네트워크와 활동 소요시간이 아래와 같을 때, 옳지 않은 설명은?

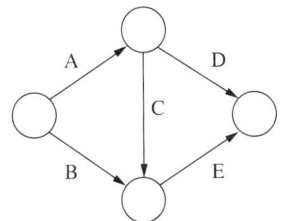

활동	소요시간(日)
A	10
B	17
C	10
D	7
E	8
계	52

① 주 경로(critical path)는 A-C-E이다.
② 프로젝트를 완료하는 데에는 적어도 28일이 필요하다.
③ 활동 D의 여유시간은 11일이다.
④ 활동 E의 소요시간이 증가해도 주 경로는 변하지 않는다.
⑤ 활동 A의 소요시간을 5일만큼 단축시킨다면 프로젝트 완료시간도 5일만큼 단축된다.

해설

1. 주 경로(critical path) 식별 : 프로젝트 네트워크에서 가장 긴 경로를 찾는다. 이 경로에 속한 활동들이 프로젝트 완료 일정을 결정한다. 주 경로상의 모든 활동이 완료되어야 프로젝트가 종료되므로, 주 경로에 속하지 않은 활동을 단축해도 전체 프로젝트 일정에는 영향을 미치지 않는다.

   - 경로 1 : A → C → E = 10 + 10 + 8 = 28일 → 가장 긴 경로로 주 경로에 해당된다.
   - 경로 2 : A → D = 10 + 7 = 17일
   - 경로 3 : B → E = 17 + 8 = 25일

2. 여유시간(free float) = 주 경로 소요시간 − (활동 시작시간 + 활동 소요시간)
   활동 D 여유시간 = 28일 − (A + D = 17일) = 11일

3. 활동 E는 주 경로의 2개 구간이 겹쳐 있기 때문에 소요시간이 증가하면 주 경로 구간도 같이 증가하므로 주 경로는 변함이 없다.

4. 활동 A가 5일 단축된다면 기존 주 경로 소요시간 28일에서 25일로 변경되면서 완료시간이 3일 단축된다.

   - 경로 1 : A → C → E = 5 + 10 + 8 = 23일
   - 경로 2 : A → D = 5 + 7 = 12일
   - 경로 3 : B → E = 17 + 8 = 25일 → 가장 긴 경로로 주 경로에 해당된다.

정답 57 ⑤

58
공장의 설비 배치에 관한 설명으로 옳은 것을 모두 고른 것은?

> ㄱ. 제품별 배치(product layout)는 연속, 대량생산에 적합한 방식이다.
> ㄴ. 제품별 배치를 적용하면 공정의 유연성이 높아진다는 장점이 있다.
> ㄷ. 공정별 배치(process layout)는 범용설비를 제품의 종류에 따라 배치한다.
> ㄹ. 고정위치형 배치(fixed position layout)는 주로 항공기 제조, 조선, 토목건축 현장에서 찾아볼 수 있다.
> ㅁ. 셀형 배치(cellular layout)는 다품종 소량생산에서 유연성과 효율성을 동시에 추구할 수 있다.

① ㄱ, ㅁ
② ㄱ, ㄹ, ㅁ
③ ㄴ, ㄷ, ㄹ
④ ㄱ, ㄴ, ㄹ, ㅁ
⑤ ㄱ, ㄷ, ㄹ, ㅁ

해설

설비 배치

설비 배치는 공정의 유형과 제품의 특성에 따라 결정되며, 제품별, 공정별, 고정위치형, 셀형 배치 등 다양한 방식이 있다.

- **제품별 배치(product layout)** : 연속적이고 대량생산에 적합한 방식으로, 제품이 생산되는 순서에 따라 설비를 직렬로 배치한다. 생산 흐름이 명확하며, 작업이 규칙적으로 생산속도와 효율성이 높으나 유연성이 낮다.
- **공정별 배치(process layout)** : 다양한 제품을 소량 생산하는 경우 적합하며, 동일한 기능을 수행하는 설비를 그룹화하여 배치한다. 예를 들어, 모든 절삭 기계를 한 곳에, 모든 용접 기계를 다른 곳에 배치하는 것을 말한다. 장점은 유연성이 높고, 생산량이 적거나 제품 변화가 잦은 경우 적합하다. 또한 각 설비가 독립적으로 작동하므로 고장이 발생해도 다른 설비에는 영향을 미치지 않는다. 단점으로는 물류 흐름이 복잡하고, 작업 간 이동 거리가 길어질 수 있다. 대량생산 시 비효율적이며, 작업자 숙련도가 높아야 한다.
- **고정위치형 배치(fixed position layout)** : 제품이 고정된 위치에 있고, 작업자와 자재, 설비가 이동하면서 작업을 수행한다. 크고 무겁거나 이동이 어려운 제품에 적합하다. 장점으로 대형 제품이나 복잡한 조립작업에 적합하고, 설비 이동이 가능하므로 유연성이 높다. 단점으로 작업자가 이동해야 하므로 시간과 비용이 많이 소요되며, 공정 관리가 어려울 수 있다.
- **셀형 배치(cellular layout)** : 셀(cell)이라는 독립된 작업 그룹으로 설비를 배치하는 방식으로 제품군(유사한 공정을 가진 제품)을 중심으로 작업 흐름을 최적화한다. 장점으로 다품종 소량생산에 적합하며, 유연성과 효율성을 동시에 추구한다. 작업 흐름이 단순해지고, 이동거리가 감소하며, 특정 제품군의 생산시간 단축이 가능하다. 단점으로는 초기 설계와 구성에 많은 시간과 비용 소요되며, 생산량이 일정하지 않은 경우 비효율적이다.

59
리더십이론의 설명으로 옳은 것을 모두 고른 것은?

> ㄱ. 블레이크(R. Blake)와 머튼(J. Mouton)의 리더십 관리격자모형에 의하면 일(생산)에 대한 관심과 사람에 대한 관심이 모두 높은 리더가 이상적 리더이다.
> ㄴ. 피들러(F. Fiedler)의 리더십 상황이론에 의하면 상황이 호의적일 때 인간중심형 리더가 과업지향형 리더보다 효과적인 리더이다.
> ㄷ. 리더-부하 교환이론(leader-member exchange theory)에 의하면 효율적인 리더는 믿을 만한 부하들을 내집단(in-group)으로 구분하여, 그들에게 더 많은 정보를 제공하고, 경력개발 지원 등의 특별한 대우를 한다.
> ㄹ. 변혁적 리더는 예외적인 사항에 대해 개입하고, 부하가 좋은 성과를 내도록 하기 위해 보상시스템을 잘 설계한다.
> ㅁ. 카리스마 리더는 강한 자기 확신, 인상관리, 매력적인 비전 제시 등을 특징으로 한다.

① ㄱ, ㄴ, ㄹ
② ㄱ, ㄷ, ㅁ
③ ㄴ, ㄷ, ㄹ
④ ㄱ, ㄴ, ㄷ, ㅁ
⑤ ㄱ, ㄷ, ㄹ, ㅁ

해설

ㄴ. 피들러의 상황이론에 따르면, 상황이 매우 호의적이거나 매우 비호의적일 때는 과업지향형 리더(task-oriented leader)가 더 효과적이다. 인간중심형 리더(relationship-oriented leader)는 중간 정도로 호의적인 상황에서 더 효과적이다.
ㄹ. 변혁적 리더는 부하들에게 영감을 주고, 비전을 제시하며, 부하의 성장을 지원하는 데 초점을 맞춘다. 예외적인 사항에 개입하고 보상시스템을 강조하는 것은 거래적 리더십(transactional leadership)의 특징이다.

60
산업심리학의 연구방법에 관한 설명으로 옳지 않은 것은?

① 관찰법 : 행동표본을 관찰하여 주요 현상들을 찾아 기술하는 방법이다.
② 사례연구법 : 한 개인이나 대상을 심층 조사하는 방법이다.
③ 설문조사법 : 설문지 혹은 질문지를 구성하여 연구하는 방법이다.
④ 실험법 : 원인이 되는 종속변인과 결과가 되는 독립변인의 인과관계를 살펴보는 방법이다.
⑤ 심리검사법 : 인간의 지능, 성격, 적성 및 성과를 측정하고 정보를 제공하는 방법이다.

해설

④ 실험법 : 독립변인(원인)을 조작하고 종속변인(결과)을 측정하여 인과관계를 분석하는 방법이다.

정답 59 ② 60 ④

61

일-가정 갈등(work-family conflict)에 관한 설명으로 옳지 않은 것은?

① 일과 가정의 요구가 서로 충돌하여 발생한다.
② 장시간 근무나 과도한 업무량은 일-가정 갈등을 유발하는 주요한 원인이 될 수 있다.
③ 적은 시간에 많은 것을 해내기를 원하는 경향이 강한 사람은 더 많은 일-가정 갈등을 경험한다.
④ 직장은 일-가정 갈등을 감소시키는 데 중요한 역할을 담당하지 않는다.
⑤ 돌봐 주어야 할 어린 자녀가 많을수록 더 많은 일-가정 갈등을 경험한다.

해설

일-가정 갈등(work-family conflict)은 개인이 일과 가정이라는 두 가지 역할을 동시에 수행하는 과정에서 요구와 기대가 충돌할 때 발생한다. 직장은 일-가정 갈등의 중요한 요인일 뿐만 아니라, 이를 줄이는 데 핵심적인 역할을 할 수 있다. 예를 들어, 유연근무제나 직장 내 지원 정책은 갈등을 줄이는 데 효과적이다.

62

인간의 정보처리 방식 중 정보의 한 가지 측면에만 초점을 맞추고 다른 측면은 무시하는 것은?

① 선택적 주의(selective attention)
② 분할 주의(divided attention)
③ 도식(schema)
④ 기능적 고착(functional fixedness)
⑤ 분위기 가설(atmosphere hypothesis)

해설

① 정보처리 방식에서 특정 정보에만 초점을 맞추고 다른 정보를 무시하는 현상은 선택적 주의(selective attention)를 설명하고 있다. 이는 우리의 주의 자원이 제한되어 있는 상황에서 중요한 정보에만 집중하기 위해 필요한 과정이다.

정보처리 방식

개념	정의	예시
선택적 주의	특정 정보에만 집중하고 다른 정보를 무시하는 주의 방식	파티에서 한 사람의 대화에 집중
분할 주의	두 가지 이상의 작업을 동시에 수행하는 주의 방식	운전하면서 음악 듣기, 요리하면서 전화받기
도식	특정 주제나 상황에 대한 기존의 지식 구조	'학교'라는 단어를 듣고 교실, 책상, 칠판을 떠올림
기능적 고착	사물의 전통적 용도에만 초점을 맞추고 다른 가능성을 간과하는 현상	클립을 열쇠고리로 사용할 수 있다는 발상을 하지 못함
분위기 가설	전제와 결론의 표현 방식이나 구조에 따라 논리적 판단이 영향을 받는 현상	'모든'이라는 전제가 반복되면 결론에도 '모든'을 사용해야 한다고 느끼는 경향

63

다음에 해당하는 갈등 해결방식은?

> 근로자가 동료나 관리자와 같은 제3자에게 갈등에 대해 언급하여, 자신과 갈등하는 대상을 직접 만나지 않고 저절로 갈등이 해결되는 것을 희망한다.

① 순응하기 방식(accommodating style)
② 협력하기 방식(collaborating style)
③ 회피하기 방식(avoiding style)
④ 강요하기 방식(forcing style)
⑤ 타협하기 방식(compromising style)

해설

③ 회피하기 방식(avoiding style) : 갈등의 존재를 무시하거나 제3자의 개입을 기다리며 갈등이 저절로 해결되기를 바라는 방식
① 순응하기 방식(accommodating style) : 상대방의 요구를 받아들이고 자신의 입장을 포기하며 갈등을 해결하는 방식
② 협력하기 방식(collaborating style) : 서로의 이익과 요구를 모두 충족시키는 방법을 찾기 위해 적극적으로 소통하고 협력하는 방식
④ 강요하기 방식(forcing style) : 자신의 요구를 강하게 주장하며, 상대방의 의견을 무시하고 자신의 목표를 달성하려는 방식
⑤ 타협하기 방식(compromising style) : 서로의 이익을 부분적으로 양보하여 중간 수준에서 갈등을 해결하는 방식

64

직무분석에 관한 설명으로 옳은 것을 모두 고른 것은?

> ㄱ. 직무분석 접근방법은 크게 과업중심(task-oriented)과 작업자중심(worker-oriented)으로 분류할 수 있다.
> ㄴ. 기업에서 필요로 하는 업무의 특성과 근로자의 자질을 파악할 수 있다.
> ㄷ. 해당 직무를 수행하는 근로자들에게 필요한 교육훈련을 계획하고 실시할 수 있다.
> ㄹ. 근로자에게 유용하고 공정한 수행평가를 실시하기 위한 준거(criterion)를 획득할 수 있다.

① ㄱ, ㄴ
② ㄴ, ㄷ
③ ㄴ, ㄹ
④ ㄱ, ㄷ, ㄹ
⑤ ㄱ, ㄴ, ㄷ, ㄹ

해설

직무분석

특정 직무의 내용, 특성, 요구사항 등을 체계적으로 조사하고 분석하는 과정이다. 이를 통해 직무에 포함된 주요 과업, 필요한 기술 및 지식, 직무수행에 요구되는 역량 등을 명확히 정의할 수 있다. 직무분석은 조직의 인사관리 전반에 필요한 기초 정보를 제공하며, 채용, 교육훈련, 성과평가, 보상체계 설계 등 다양한 분야에 활용된다.

정답 63 ③ 64 ⑤

65

조명과 직무환경에 관한 설명으로 옳지 않은 것은?

① 조도는 어떤 물체나 표면에 도달하는 빛의 양을 말한다.
② 동일한 환경에서 직접조명은 간접조명보다 더 밝게 보이도록 하며, 눈부심과 눈의 피로도를 줄여준다.
③ 눈부심은 시각 정보 처리의 효율을 떨어트리고, 눈의 피로도를 증가시킨다.
④ 작업장에 조명을 설치할 때에는 빛의 밝기뿐만 아니라 빛의 배분도 고려해야 한다.
⑤ 최적의 밝기는 작업자의 연령에 따라서 달라진다.

해설

직접조명은 빛이 직접적으로 표면에 도달하기 때문에 더 밝게 보일 수 있지만, 눈부심(glare)이 발생할 가능성이 높아 눈의 피로를 증가시킨다. 반대로, 간접조명은 빛을 표면에 반사시켜 분산되도록 하여 눈부심을 줄이고 더 편안한 시각 환경을 제공한다.

66

다음 중 인간의 정보처리와 표시장치의 양립성(compatibility)에 관한 내용으로 옳은 것을 모두 고른 것은?

> ㄱ. 양립성은 인간의 인지기능과 기계의 표시장치가 어느 정도 일치하는가를 말한다.
> ㄴ. 양립성이 향상되면 입력과 반응의 오류율이 감소한다.
> ㄷ. 양립성이 감소하면 사용자의 학습시간은 줄어들지만, 위험은 증가한다.
> ㄹ. 양립성이 향상되면 표시장치의 일관성은 감소한다.

① ㄱ, ㄴ
② ㄴ, ㄷ
③ ㄷ, ㄹ
④ ㄱ, ㄴ, ㄹ
⑤ ㄱ, ㄴ, ㄷ, ㄹ

해설

ㄷ. 양립성이 감소하면 시스템을 이해하고 사용하는 데 더 많은 학습시간이 필요하기 때문에 학습시간이 줄어드는 것이 아니라 오히려 늘어나며, 동시에 위험성도 증가한다.
ㄹ. 양립성이 향상되면 표시장치와 조작 방식의 일관성이 높아져 사용자가 더 쉽게 조작할 수 있다.

양립성(compatibility)
인간과 기계 시스템 간의 상호작용에서 중요한 개념으로, 표시장치와 사용자 행동 간의 일치성이 작업 효율성과 안전성에 미치는 영향을 다룬다.

67

아래 그림에서 평행한 두 선분은 동일한 길이임에도 불구하고 위의 선분이 더 길어 보인다. 이러한 현상을 나타내는 용어는?

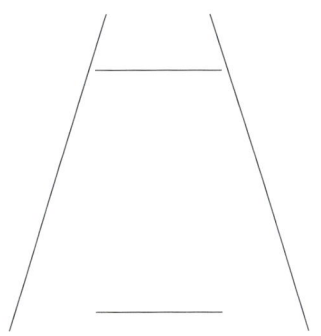

① 포겐도르프(Poggendorf) 착시현상
② 뮐러리어(Müller-Lyer) 착시현상
③ 폰조(Ponzo) 착시현상
④ 티치너(Titchener) 착시현상
⑤ 죌너(Zöllner) 착시현상

해설

③ 폰조(Ponzo) 착시 : 사다리꼴 모양에 같은 길이의 선을 수평으로 놓으면 위쪽에 있는 선이 더 길게 보이게 되는 착시현상을 말한다.
① 포겐도르프(Poggendorff) 착시 : 평행하는 두 선분에 다른 선분(사선)을 엇갈리게 교차시킨 다음 평행선 안쪽의 사선 부분을 제거하면 평행선 바깥의 두 사선 부분이 어긋난(동일선상에 있지 않은) 것처럼 보이는 착시. 창문 밖의 전선이 블라인드에 가려져 있을 때, 전선의 조각들이 어긋나 보이는 데에서 비슷한 효과를 볼 수 있다.
② 뮐러리어(Müller-Lyer) 착시 : 스타일화된 화살표로 구성된 착시현상을 말한다.
④ 티치너(Titchener) 착시현상 : 에빙하우스 착시(Ebbinghaus illusion)라고도 불리는 티치너 원(Titchener circles)은 상대적 크기 인식의 착시다. 동일한 크기의 두 개의 원이 서로 가까이 배치됐을 때 하나는 큰 원으로 둘러싸이고 다른 하나는 작은 원으로 둘러싸여 있다. 원의 병치 결과, 큰 원으로 둘러싸인 중심 원은 작은 원으로 둘러싸인 중심 원보다 작게 보인다.
⑤ 죌너(Zöllner) 착시 : 긴 빗금이 나란하지 않은 것처럼 보이지만 실제로는 나란하다.

68

다음 중 산업재해이론과 그 내용의 연결로 옳지 않은 것은?

① 하인리히(H. Heinrich)의 도미노이론 : 사고를 촉발시키는 도미노 중에서 불안전 상태와 불안전 행동을 가장 중요한 것으로 본다.
② 버드(F. Bird)의 수정된 도미노이론 : 하인리히(H. Heinrich)의 도미노이론을 수정한 이론으로, 사고 발생의 근본적 원인을 관리 부족이라고 본다.
③ 아담스(E. Adams)의 사고연쇄반응이론 : 불안전 행동과 불안전 상태를 유발하거나 방치하는 오류는 재해의 직접적인 원인이다.
④ 리전(J. Reason)의 스위스 치즈 모델 : 스위스 치즈 조각들에 뚫려 있는 구멍들이 모두 관통되는 것처럼 모든 요소의 불안전이 겹쳐져서 산업재해가 발생한다는 이론이다.
⑤ 하돈(W. Haddon)의 매트릭스 모델 : 작업자의 긴장 수준이 지나치게 높을 때 사고가 일어나기 쉽고 작업 수행의 질도 떨어지게 된다는 것이 핵심이다.

해설

하돈(W. Haddon)의 매트릭스 모델
- 하돈의 매트릭스 모델은 재해 및 사고의 발생을 예방하고 관리하기 위해 체계적인 분석 도구를 제공하는 이론이다.
- 사람, 환경, 장비 등 여러 요소가 복합적으로 상호작용하여 사고가 발생한다는 전제에서 출발하며, 시간적 요소를 포함한 종합적 접근법을 제안한다.

사고단계	사람(human)	장비(equipment)	환경(environment)
사고 이전	교육훈련, 작업 절차 준수	장비 점검 및 유지보수	안전 경고 표지 설치
사고 중	보호구 착용, 적절한 반응	안전장치 작동	비상 탈출구 활용
사고 이후	응급조치, 의료지원	사고 데이터 수집	사고 분석 및 복구

정답 68 ⑤

69

안전보건경영시스템 인증기준(KOSHA 18001)에서 사용하는 주요 용어의 정의로 옳지 않은 것은?

① 사업장 또는 조직이란 사업을 운영하는 조직과 기능을 갖추고 있는 회사, 기업, 연구소 또는 이들의 복합집단을 말한다.
② 유해·위험요인이란 유해·위험을 일으킬 잠재적 가능성이 있는 것의 고유한 특징이나 속성을 말한다.
③ 위험성이란 유해·위험요인이 부상 또는 질병으로 이어질 수 있는 가능성(빈도)과 중대성(강도)을 조합한 것을 말한다.
④ 관찰사항이란 사업장 또는 조직의 안전보건활동이 안전보건경영체제상의 기준이나 작업표준, 지침, 절차, 규정 등으로부터 벗어난 상태를 말한다.
⑤ 예방조치란 잠재적인 부적합사항, 기타 바람직하지 않은 잠재적 상황의 원인을 제거하여 발생을 방지하기 위한 조치를 말한다.

해설
※ 출제 당시 정답은 ④였으나, 안전보건경영시스템이 'KOSHA 18001'에서 'KOSHA-MS'로 개정되고, '안전보건경영시스템(KOSHA MS) 인증업무처리규칙'에서 ①·⑤의 정의가 삭제됨에 따라 정답 없음 처리하였습니다.

70

제조업 등 유해·위험방지계획서 제출·심사·확인에 관한 고시에서 규정하고 있는 유해·위험방지계획서 제출 대상으로 옳은 것은?

① 금속 또는 비금속광물을 해당물질의 녹는점 이상으로 가열하여 용해하는 노(爐)로서 용량이 3ton 이상인 것
② 열원기준으로 연료의 최대소비량이 시간당 30kg 이상인 건조설비
③ 열원기준으로 정격소비전력이 30kW 이상인 건조설비
④ 유해물질로부터 나오는 가스·증기 또는 분진의 발산원을 밀폐·제거하기 위해 배풍량이 분당 50m³인 이동식 국소배기장치
⑤ 용접·용단용으로 사용하기 위하여 2개의 인화성가스 저장 용기를 상호 간에 도관으로 연결한 이동식 가스집합장치로부터 용접 토치까지의 일관 설비로서 인화성가스 집합량이 500kg인 가스집합 용접장치

해설
② 열원기준으로 연료의 최대소비량이 시간당 50kg 이상인 건조설비
③ 열원기준으로 정격소비전력이 50kW 이상인 건조설비
④ 유해물질로부터 나오는 가스·증기 또는 분진의 발산원을 밀폐·제거하기 위해 배풍량이 분당 60m³ 이상인 국소배기장치(이동식 제외)
⑤ 용접·용단용으로 사용하기 위하여 1개 이상의 인화성가스 저장 용기를 상호 간에 도관으로 연결한 고정식 가스집합장치로부터 용접 토치까지의 일관 설비로서 인화성가스 집합량이 1,000kg인 가스집합 용접장치

71

산업안전보건기준에 관한 규칙상 악천후 및 강풍 시 작업 중지에 관한 내용이다. ( )에 들어갈 내용으로 옳은 것은?

> 사업주는 순간풍속이 초당 (ㄱ)m를 초과하는 경우 타워크레인의 설치·수리·점검 또는 해체 작업을 중지하여야 하며, 순간풍속이 초당 (ㄴ)m를 초과하는 경우에는 타워크레인의 운전작업을 중지하여야 한다.

① ㄱ : 5, ㄴ : 5
② ㄱ : 8, ㄴ : 10
③ ㄱ : 10, ㄴ : 10
④ ㄱ : 10, ㄴ : 12
⑤ ㄱ : 10, ㄴ : 15

해설

악천후 및 강풍 시 작업중지(산업안전보건기준에 관한 규칙 제37조)
- 사업주는 비·눈·바람 또는 그 밖의 기상상태의 불안정으로 인하여 근로자가 위험해질 우려가 있는 경우 작업을 중지하여야 한다. 다만, 태풍 등으로 위험이 예상되거나 발생되어 긴급 복구작업을 필요로 하는 경우에는 그러하지 아니하다.
- 사업주는 순간풍속이 초당 10m를 초과하는 경우 타워크레인의 설치·수리·점검 또는 해체 작업을 중지하여야 하며, 순간풍속이 초당 15m를 초과하는 경우에는 타워크레인의 운전작업을 중지하여야 한다.

72

제조물 책임법상 제조물의 결함에 해당하는 것을 모두 고른 것은?

> ㄱ. 제조상의 결함
> ㄴ. 설계상의 결함
> ㄷ. 표시상의 결함
> ㄹ. 원가공개 결함

① ㄱ
② ㄴ, ㄹ
③ ㄷ, ㄹ
④ ㄱ, ㄴ, ㄷ
⑤ ㄱ, ㄴ, ㄷ, ㄹ

해설

제조물 책임법상 결함(제조물 책임법 제2조)
- 설계상의 결함 : 제조업자가 합리적인 대체설계(代替設計)를 채용하였더라면 피해나 위험을 줄이거나 피할 수 있었음에도 대체설계를 채용하지 아니하여 해당 제조물이 안전하지 못하게 된 경우를 말한다.
  예 기계의 보호장치 미설계
- 제조상의 결함 : 제조업자가 제조물에 대하여 제조상·가공상의 주의의무를 이행하였는지에 관계없이 제조물이 원래 의도한 설계와 다르게 제조·가공됨으로써 안전하지 못하게 된 경우를 말한다.
  예 조립 불량, 부품 결함
- 표시상의 결함 : 제조업자가 합리적인 설명·지시·경고 또는 그 밖의 표시를 하였더라면 해당 제조물에 의하여 발생할 수 있는 피해나 위험을 줄이거나 피할 수 있었음에도 이를 하지 아니한 경우를 말한다.
  예 제품 사용 시 주의사항을 누락하거나 부정확하게 기재

73
보호구 안전인증의 추락 및 감전 위험방지용 안전모의 성능기준에 관한 내용으로 안전모의 시험성능기준의 항목이 아닌 것은?

① 내관통성
② 충격흡수성
③ 부식성
④ 내전압성
⑤ 난연성

해설
추락 및 감전 위험방지용 안전모의 성능기준 - 안전모의 시험성능기준(보호구 안전인증 고시 별표 1)

항목	시험성능기준
내관통성	AE, ABE종 안전모는 관통거리가 9.5mm 이하이고, AB종 안전모는 관통거리가 11.1mm 이하이어야 한다.
충격흡수성	최고전달충격력이 4,450N을 초과해서는 안 되며, 모체와 착장체의 기능이 상실되지 않아야 한다.
내전압성	AE, ABE종 안전모는 교류 20kV에서 1분간 절연파괴 없이 견뎌야 하고, 이때 누설되는 충전전류는 10mA 이하이어야 한다.
내수성	AE, ABE종 안전모는 질량증가율이 1% 미만이어야 한다.
난연성	모체가 불꽃을 내며 5초 이상 연소되지 않아야 한다.
턱끈풀림	150N 이상 250N 이하에서 턱끈이 풀려야 한다.

74
다음과 같은 특징을 가지고 있는 위험성평가 기법은?

- 사업장에서 위험성과 운전성을 체계적으로 분석·평가한다.
- 가이드워드에 의해 위험요소를 도출하는 것이 고유한 특성이다.
- 토론에 의해 위험요소를 도출한다.
- 공정의 설계의도에서 이탈을 찾아낸다.

① FMEA
② HAZOP
③ FTA
④ checklist
⑤ PHA

해설
② HAZOP(HAZard and OPerability study) : 프로세스 산업에서 설비, 공정, 시스템 설계 단계에서 발생할 수 있는 위험과 조작상의 문제를 체계적으로 분석하는 기법이다. 설비 또는 공정의 파라미터(예 압력, 온도, 유량 등)에 초점을 두고, 가이드워드(guide word 예 more, less, reverse 등)를 활용하여 비정상적인 상황을 예측하는 특징이 있으며, 화학 공정 및 플랜트 설계의 안전성 검토를 위해 활용할 수 있다.
① FMEA(Failure Mode and Effects Analysis) : 제품이나 시스템의 설계 및 공정에서 발생할 수 있는 모든 잠재적 고장 모드를 식별하고, 그로 인해 발생할 수 있는 영향을 분석하는 기법이다. 고장의 원인과 영향을 사전에 분석하여 각 고장 모드의 발생 가능성(occurrence), 심각도(severity), 발견 가능성(detection)을 평가하는 기법이다.
③ FTA(Fault Tree Analysis) : 특정 사건(top event)의 발생원인을 논리적으로 추적하여 그래픽 트리 형태로 표현하는 기법이다.
④ checklist : 위험요소를 사전에 정의한 점검표에 따라 확인하는 간단한 평가방법이다.
⑤ PHA(Preliminary Hazard Analysis) : 시스템 설계 초기 단계에서 발생 가능한 잠재적 위험을 식별하고 이에 대한 대응 방안을 마련하는 기법이다.

정답 73 ③ 74 ②

75

사업장 위험성평가에 관한 지침에서 명시하고 있는 위험성 감소대책 수립 시 우선적으로 고려해야 할 사항을 순서대로 옳게 나열한 것은?

> ㄱ. 개인용 보호구의 사용
> ㄴ. 사업장 작업절차서 정비 등의 관리적 대책
> ㄷ. 위험한 작업의 폐지·변경, 유해·위험물질 대체 등의 조치 또는 설계나 계획 단계에서 위험성을 제거 또는 저감하는 조치
> ㄹ. 연동장치, 환기장치 설치 등의 공학적 대책

① ㄱ → ㄴ → ㄷ → ㄹ
② ㄱ → ㄴ → ㄹ → ㄷ
③ ㄴ → ㄱ → ㄹ → ㄷ
④ ㄷ → ㄹ → ㄱ → ㄴ
⑤ ㄷ → ㄹ → ㄴ → ㄱ

해설

위험성 감소를 위한 대책은 근본적 제거 → 공학적 대책 → 관리적 대책 → 개인 보호구의 순서로 시행한다.

정답 75 ⑤

2020년 과년도 기출문제

| 산업안전보건법령

01
산업안전보건법령상 협조 요청 등에 관한 설명으로 옳지 않은 것은?

① 고용노동부장관은 산업재해 예방에 관한 기본계획을 효율적으로 시행하기 위하여 필요하다고 인정할 때에는 관계 행정기관의 장에게 필요한 협조를 요청할 수 있다.
② 고용노동부를 제외한 행정기관의 장은 사업장의 안전에 관하여 규제를 하려면 미리 고용노동부장관과 협의하여야 한다.
③ 고용노동부를 제외한 행정기관의 장은 고용노동부장관이 협의과정에서 해당 규제에 대한 변경을 요구하면 이에 따라야 하며, 고용노동부장관은 필요한 경우 국무총리에게 협의·조정 사항을 보고하여 확정할 수 있다.
④ 고용노동부장관은 산업재해 예방을 위하여 필요하다고 인정할 때에는 사업주에게 필요한 사항을 권고할 수 있다.
⑤ 고용노동부장관이 산정·통보한 산업재해발생률에 불복하는 건설업체는 통보를 받은 날부터 15일 이내에 고용노동부장관에게 이의를 제기하여야 한다.

해설

협조 요청(산업안전보건법 시행규칙 제4조)
• 고용노동부장관이 법 제8조 제1항에 따라 관계 행정기관의 장 또는 공공기관의 운영에 관한 법률 제4조에 따른 공공기관의 장에게 협조를 요청할 수 있는 사항은 다음과 같다.
  – 안전·보건 의식 정착을 위한 안전문화운동의 추진
  – 산업재해 예방을 위한 홍보 지원
  – 안전·보건과 관련된 중복규제의 정비
  – 안전·보건과 관련된 시설을 개선하는 사업장에 대한 자금융자 등 금융·세제상의 혜택 부여
  – 사업장에 대하여 관계 기관이 합동으로 하는 안전·보건점검의 실시
  – 건설산업기본법 제23조에 따른 건설업체의 시공능력 평가 시 별표 1 제1호에서 정한 건설업체의 산업재해발생률에 따른 공사 실적액의 감액(산업재해발생률의 산정 기준 및 방법은 별표 1에 따른다)
  – 국가를 당사자로 하는 계약에 관한 법률 시행령 제13조에 따른 입찰참가업체의 입찰참가자격 사전심사 시 다음 사항
    가. 별표 1 제1호에서 정한 건설업체의 산업재해발생률 및 산업재해 발생 보고의무 위반에 따른 가감점 부여(건설업체의 산업재해발생률 및 산업재해 발생 보고의무 위반건수의 산정 기준과 방법은 별표 1에 따른다)
    나. 사업주가 안전·보건 교육을 이수하는 등 별표 1 제1호에서 정한 건설업체의 산업재해 예방활동에 대하여 고용노동부장관이 정하여 고시하는 바에 따라 그 실적을 평가한 결과에 따른 가점 부여
  – 산업재해 또는 건강진단 관련 자료의 제공
  – 정부포상 수상업체 선정 시 산업재해발생률이 같은 종류 업종에 비하여 높은 업체(소속 임원을 포함한다)에 대한 포상 제한에 관한 사항

정답 1 ⑤

- 건설기계관리법 제3조 또는 자동차관리법 제5조에 따라 각각 등록한 건설기계 또는 자동차 중 법 제93조에 따라 안전검사를 받아야 하는 유해하거나 위험한 기계·기구·설비가 장착된 건설기계 또는 자동차에 관한 자료의 제공
- 119구조·구급에 관한 법률 제22조 및 같은 법 시행규칙 제18조에 따른 구급활동일지와 응급의료에 관한 법률 제49조 및 같은 법 시행규칙 제40조에 따른 출동 및 처치기록지의 제공
- 그 밖에 산업재해 예방계획을 효율적으로 시행하기 위하여 필요하다고 인정하는 사항
- 고용노동부장관은 별표 1에 따라 산정한 산업재해발생률 및 그 산정내역을 해당 건설업체에 통보해야 한다. 이 경우 산업재해발생률 및 산정내역에 불복하는 건설업체는 통보를 받은 날부터 10일 이내에 고용노동부장관에게 이의를 제기할 수 있다.

02

산업안전보건법령상 산업재해 발생건수 등의 공표에 관한 설명으로 옳지 않은 것은?

① 고용노동부장관은 산업재해를 예방하기 위하여 사망재해자가 연간 2명 이상 발생한 사업장의 산업재해 발생건수 등을 공표하여야 한다.
② 고용노동부장관은 산업재해를 예방하기 위하여 중대산업사고가 발생한 사업장의 산업재해 발생건수 등을 공표하여야 한다.
③ 고용노동부장관은 도급인의 사업장 중 대통령령으로 정하는 사업장에서 관계수급인 근로자가 작업을 하는 경우에 도급인의 산업재해 발생건수 등에 관계수급인의 산업재해 발생건수 등을 포함하여 공표하여야 한다.
④ 산업재해 발생건수 등의 공표의 절차 및 방법에 관한 사항은 대통령령으로 정한다.
⑤ 고용노동부장관은 산업재해 발생건수 등을 공표하기 위하여 도급인에게 관계수급인에 관한 자료의 제출을 요청할 수 있다.

해설

산업재해 발생건수 등의 공표(산업안전보건법 제10조)
㉠ 고용노동부장관은 산업재해를 예방하기 위하여 '대통령령으로 정하는 사업장'의 근로자 산업재해 발생건수, 재해율 또는 그 순위 등(이하 산업재해 발생건수 등)을 공표하여야 한다.
㉡ 고용노동부장관은 도급인의 사업장(도급인이 제공하거나 지정한 경우로서 도급인이 지배·관리하는 대통령령으로 정하는 장소를 포함한다. 이하 같다) 중 대통령령으로 정하는 사업장에서 관계수급인 근로자가 작업을 하는 경우에 도급인의 산업재해 발생건수 등에 관계수급인의 산업재해 발생건수 등을 포함하여 ㉠에 따라 공표하여야 한다.
㉢ 고용노동부장관은 ㉡에 따라 산업재해 발생건수 등을 공표하기 위하여 도급인에게 관계수급인에 관한 자료의 제출을 요청할 수 있다. 이 경우 요청을 받은 자는 정당한 사유가 없으면 이에 따라야 한다.
㉣ ㉠ 및 ㉡에 따른 공표의 절차 및 방법, 그 밖에 필요한 사항은 고용노동부령으로 정한다.

|참고|
공표대상 사업장(산업안전보건법 시행령 제10조)
산업안전보건법 제10조 ㉠에서 "대통령령으로 정하는 사업장"이란 다음 어느 하나에 해당하는 사업장을 말한다.
1. 산업재해로 인한 사망자(이하 사망재해자)가 연간 2명 이상 발생한 사업장
2. 사망만인율(死亡萬人率 : 연간 상시근로자 1만 명당 발생하는 사망재해자 수의 비율을 말한다)이 규모별 같은 업종의 평균 사망만인율 이상인 사업장
3. 법 제44조 제1항 전단에 따른 중대산업사고가 발생한 사업장
4. 법 제57조 제1항을 위반하여 산업재해 발생 사실을 은폐한 사업장
5. 법 제57조 제3항에 따른 산업재해의 발생에 관한 보고를 최근 3년 이내 2회 이상 하지 않은 사업장

03

산업안전보건법령상 안전보건표지에 관한 설명으로 옳지 않은 것은?

① 안전보건표지의 표시를 명확히 하기 위하여 필요한 경우에는 그 안전보건표지의 주위에 표시사항을 흰색 바탕에 검은색 한글고딕체로 표기한 글자로 덧붙여 적을 수 있다.
② 사업주는 사업장에 설치한 안전보건표지의 색도기준이 유지되도록 관리해야 한다.
③ 안전보건표지의 성질상 부착하는 것이 곤란한 경우에도 해당 물체에 직접 도색할 수 없다.
④ 안전보건표지 속의 그림의 크기는 안전보건표지 전체 규격의 30% 이상이 되어야 한다.
⑤ 안전보건표지는 쉽게 변형되지 않는 재료로 제작해야 한다.

해설

안전보건표지의 종류·형태·색채 및 용도 등(산업안전보건법 시행규칙 제38조)
- 법 제37조 제2항에 따른 안전보건표지의 종류와 형태는 별표 6과 같고, 그 용도, 설치·부착 장소, 형태 및 색채는 별표 7과 같다.
- 안전보건표지의 표시를 명확히 하기 위하여 필요한 경우에는 그 안전보건표지의 주위에 표시사항을 글자로 덧붙여 적을 수 있다. 이 경우 글자는 흰색 바탕에 검은색 한글고딕체로 표기해야 한다.
- 안전보건표지에 사용되는 색채의 색도기준 및 용도는 별표 8과 같고, 사업주는 사업장에 설치하거나 부착한 안전보건표지의 색도기준이 유지되도록 관리해야 한다.
- 안전보건표지에 관하여 법 또는 법에 따른 명령에서 규정하지 않은 사항으로서 다른 법 또는 다른 법에 따른 명령에서 규정한 사항이 있으면 그 부분에 대해서는 그 법 또는 명령을 적용한다.

안전보건표지의 설치 등(산업안전보건법 시행규칙 제39조)
- 사업주는 법 제37조에 따라 안전보건표지를 설치하거나 부착할 때에는 별표 7의 구분에 따라 근로자가 쉽게 알아볼 수 있는 장소·시설 또는 물체에 설치하거나 부착해야 한다.
- 사업주는 안전보건표지를 설치하거나 부착할 때에는 흔들리거나 쉽게 파손되지 않도록 견고하게 설치하거나 부착해야 한다.
- 안전보건표지의 성질상 설치하거나 부착하는 것이 곤란한 경우에는 해당 물체에 직접 도색할 수 있다.

안전보건표지의 제작(산업안전보건법 시행규칙 제40조)
- 안전보건표지는 그 종류별로 별표 9에 따른 기본모형에 의하여 별표 7의 구분에 따라 제작해야 한다.
- 안전보건표지는 그 표시내용을 근로자가 빠르고 쉽게 알아볼 수 있는 크기로 제작해야 한다.
- 안전보건표지 속의 그림 또는 부호의 크기는 안전보건표지의 크기와 비례해야 하며, 안전보건표지 전체 규격의 30% 이상이 되어야 한다.
- 안전보건표지는 쉽게 파손되거나 변형되지 않는 재료로 제작해야 한다.
- 야간에 필요한 안전보건표지는 야광물질을 사용하는 등 쉽게 알아볼 수 있도록 제작해야 한다.

04
산업안전보건법령상 안전보건관리책임자의 업무에 해당하는 것을 모두 고른 것은?

> ㄱ. 사업장의 산업재해 예방계획의 수립에 관한 사항
> ㄴ. 산업재해에 관한 통계의 기록에 관한 사항
> ㄷ. 작업환경측정 등 작업환경의 점검에 관한 사항
> ㄹ. 산업재해의 재발 방지대책 수립에 관한 사항

① ㄱ, ㄴ, ㄷ
② ㄱ, ㄴ, ㄹ
③ ㄱ, ㄷ, ㄹ
④ ㄴ, ㄷ, ㄹ
⑤ ㄱ, ㄴ, ㄷ, ㄹ

해설
안전보건관리책임자(산업안전보건법 제15조)
㉠ 사업주는 사업장을 실질적으로 총괄하여 관리하는 사람에게 해당 사업장의 다음 업무를 총괄하여 관리하도록 하여야 한다.
  1. 사업장의 산업재해 예방계획의 수립에 관한 사항
  2. 제25조 및 제26조에 따른 안전보건관리규정의 작성 및 변경에 관한 사항
  3. 제29조에 따른 안전보건교육에 관한 사항
  4. 작업환경측정 등 작업환경의 점검 및 개선에 관한 사항
  5. 제129조부터 제132조까지에 따른 근로자의 건강진단 등 건강관리에 관한 사항
  6. 산업재해의 원인 조사 및 재발 방지대책 수립에 관한 사항
  7. 산업재해에 관한 통계의 기록 및 유지에 관한 사항
  8. 안전장치 및 보호구 구입 시 적격품 여부 확인에 관한 사항
  9. 그 밖에 근로자의 유해·위험 방지조치에 관한 사항으로서 고용노동부령으로 정하는 사항
㉡ ㉠ 각 호의 업무를 총괄하여 관리하는 사람(이하 안전보건관리책임자)은 제17조에 따른 안전관리자와 제18조에 따른 보건관리자를 지휘·감독한다.
㉢ 안전보건관리책임자를 두어야 하는 사업의 종류와 사업장의 상시근로자 수, 그 밖에 필요한 사항은 대통령령으로 정한다.

05

산업안전보건법령상 안전관리자에 관한 설명으로 옳지 않은 것은?

① 사업의 종류가 건설업(공사금액 150억 원)인 경우, 그 사업주는 사업장에 안전관리자를 두어야 한다.
② 대통령령으로 정하는 사업의 종류 및 사업장의 상시근로자 수에 해당하는 사업장의 사업주는 안전관리전문기관에 안전관리자의 업무를 위탁할 수 있다.
③ 사업주가 안전관리자를 배치할 때에는 연장근로·야간근로 등 해당 사업장의 작업 형태를 고려해야 한다.
④ 사업주는 안전관리자를 선임한 경우에는 고용노동부령으로 정하는 바에 따라 선임한 날부터 7일 이내에 고용노동부장관에게 그 사실을 증명할 수 있는 서류를 제출해야 한다.
⑤ 고용노동부장관은 산업재해 예방을 위하여 필요한 경우로서 고용노동부령으로 정하는 사유에 해당하는 경우에는 사업주에게 안전관리자를 대통령령으로 정하는 수 이상으로 늘릴 것을 명할 수 있다.

해설

안전관리자의 선임 등(산업안전보건법 시행령 제16조)
㉠ 법 제17조 제1항에 따라 안전관리자를 두어야 하는 사업의 종류와 사업장의 상시근로자 수, 안전관리자의 수 및 선임방법은 별표 3과 같다.
㉡ 법 제17조 제3항에서 "대통령령으로 정하는 사업의 종류 및 사업장의 상시근로자 수에 해당하는 사업장"이란 ㉠에 따른 사업 중 상시근로자 300명 이상을 사용하는 사업장[건설업의 경우에는 공사금액이 120억 원(건설산업기본법 시행령 별표 1의 종합공사를 시공하는 업종의 건설업종란 제1호에 따른 토목공사업의 경우에는 150억 원) 이상인 사업장]을 말한다.
㉢ ㉠ 및 ㉡을 적용할 경우 제52조에 따른 사업으로서 도급인의 사업장에서 이루어지는 도급사업의 공사금액 또는 관계수급인의 상시근로자는 각각 해당 사업의 공사금액 또는 상시근로자로 본다. 다만, 별표 3의 기준에 해당하는 도급사업의 공사금액 또는 관계수급인의 상시근로자의 경우에는 그렇지 않다.
㉣ ㉠에도 불구하고 같은 사업주가 경영하는 둘 이상의 사업장이 다음 어느 하나에 해당하는 경우에는 그 둘 이상의 사업장에 1명의 안전관리자를 공동으로 둘 수 있다. 이 경우 해당 사업장의 상시근로자 수의 합계는 300명 이내[건설업의 경우에는 공사금액의 합계가 120억 원(건설산업기본법 시행령 별표 1의 종합공사를 시공하는 업종의 건설업종란 제1호에 따른 토목공사업의 경우에는 150억 원) 이내]이어야 한다.
  1. 같은 시·군·구(자치구를 말한다) 지역에 소재하는 경우
  2. 사업장 간의 경계를 기준으로 15km 이내에 소재하는 경우
㉤ ㉠부터 ㉢까지의 규정에도 불구하고 도급인의 사업장에서 이루어지는 도급사업에서 도급인이 고용노동부령으로 정하는 바에 따라 그 사업의 관계수급인 근로자에 대한 안전관리를 전담하는 안전관리자를 선임한 경우에는 그 사업의 관계수급인은 해당 도급사업에 대한 안전관리자를 선임하지 않을 수 있다.
㉥ 사업주는 안전관리자를 선임하거나 법 제17조 제5항에 따라 안전관리자의 업무를 안전관리전문기관에 위탁한 경우에는 고용노동부령으로 정하는 바에 따라 선임하거나 위탁한 날부터 14일 이내에 고용노동부장관에게 그 사실을 증명할 수 있는 서류를 제출해야 한다. 법 제17조 제4항에 따라 안전관리자를 늘리거나 교체한 경우에도 또한 같다.
㉦ 사업주는 안전관리자를 해임하거나 법 제17조 제5항에 따른 안전관리전문기관에 대한 업무 위탁을 해지한 경우에는 고용노동부령으로 정하는 바에 따라 안전관리자를 해임하거나 위탁을 해지한 날부터 14일 이내에 고용노동부장관에게 그 사실을 증명할 수 있는 서류를 제출해야 한다.

06

산업안전보건법령상 산업안전보건위원회에 관한 설명으로 옳지 않은 것은?

① 산업안전보건위원회는 근로자위원과 사용자위원을 같은 수로 구성·운영하여야 한다.
② 산업안전보건위원회의 위원장은 위원 중에서 고용노동부장관이 정한다.
③ 산업안전보건위원회는 단체협약, 취업규칙에 반하는 내용으로 심의·의결해서는 아니 된다.
④ 사업주는 산업안전보건위원회의 위원에게 직무수행과 관련한 사유로 불리한 처우를 해서는 아니 된다.
⑤ 산업안전보건위원회의 회의는 근로자위원 및 사용자위원 각 과반수의 출석으로 개의(開議)하고 출석위원 과반수의 찬성으로 의결한다.

해설

산업안전보건위원회의 구성(산업안전보건법 시행령 제35조)
㉠ 산업안전보건위원회의 근로자위원은 다음 사람으로 구성한다.
  1. 근로자대표
  2. 명예산업안전감독관이 위촉되어 있는 사업장의 경우 근로자대표가 지명하는 1명 이상의 명예산업안전감독관
  3. 근로자대표가 지명하는 9명(근로자인 2.의 위원이 있는 경우에는 9명에서 그 위원의 수를 제외한 수를 말한다) 이내의 해당 사업장의 근로자
㉡ 산업안전보건위원회의 사용자위원은 다음 사람으로 구성한다. 다만, 상시근로자 50명 이상 100명 미만을 사용하는 사업장에서는 5.에 해당하는 사람을 제외하고 구성할 수 있다.
  1. 해당 사업의 대표자(같은 사업으로서 다른 지역에 사업장이 있는 경우에는 그 사업장의 안전보건관리책임자를 말한다. 이하 같다)
  2. 안전관리자(제16조 제1항에 따라 안전관리자를 두어야 하는 사업장으로 한정하되, 안전관리자의 업무를 안전관리전문기관에 위탁한 사업장의 경우에는 그 안전관리전문기관의 해당 사업장 담당자를 말한다) 1명
  3. 보건관리자(제20조 제1항에 따라 보건관리자를 두어야 하는 사업장으로 한정하되, 보건관리자의 업무를 보건관리전문기관에 위탁한 사업장의 경우에는 그 보건관리전문기관의 해당 사업장 담당자를 말한다) 1명
  4. 산업보건의(해당 사업장에 선임되어 있는 경우로 한정한다)
  5. 해당 사업의 대표자가 지명하는 9명 이내의 해당 사업장 부서의 장
㉢ ㉠ 및 ㉡에도 불구하고 법 제69조 제1항에 따른 건설공사도급인(이하 건설공사도급인)이 법 제64조 제1항 제1호에 따른 안전 및 보건에 관한 협의체를 구성한 경우에는 산업안전보건위원회의 위원을 다음의 사람을 포함하여 구성할 수 있다.
  1. 근로자위원 : 도급 또는 하도급 사업을 포함한 전체 사업의 근로자대표, 명예산업안전감독관 및 근로자대표가 지명하는 해당 사업장의 근로자
  2. 사용자위원 : 도급인 대표자, 관계수급인의 각 대표자 및 안전관리자

산업안전보건위원회의 위원장(산업안전보건법 시행령 제36조)
산업안전보건위원회의 위원장은 위원 중에서 호선(互選)한다. 이 경우 근로자위원과 사용자위원 중 각 1명을 공동위원장으로 선출할 수 있다.

07

산업안전보건법령상 안전보건관리규정에 관한 설명으로 옳은 것은?

① '안전보건교육에 관한 사항'은 안전보건관리규정에 포함되지 않는다.
② 상시근로자 수가 100명인 금융업의 경우 안전보건관리규정을 작성해야 한다.
③ 사업주가 안전보건관리규정을 작성할 때에는 소방·가스·전기·교통 분야 등의 다른 법령에서 정하는 안전관리에 관한 규정과 통합하여 작성할 수 있다.
④ 산업안전보건위원회가 설치되어 있지 아니한 사업장의 사업주가 안전보건관리규정을 변경할 경우 근로자대표의 동의를 받지 않아도 된다.
⑤ 사업주는 안전보건관리규정을 작성해야 할 사유가 발생한 날부터 15일 이내에 이를 작성해야 한다.

해설

안전보건관리규정의 작성(산업안전보건법 시행규칙 제25조)
㉠ 법 제25조 제3항에 따라 안전보건관리규정을 작성해야 할 사업의 종류 및 상시근로자 수는 별표 2와 같다.
㉡ ㉠에 따른 사업의 사업주는 안전보건관리규정을 작성해야 할 사유가 발생한 날부터 30일 이내에 별표 3의 내용을 포함한 안전보건관리규정을 작성해야 한다. 이를 변경할 사유가 발생한 경우에도 또한 같다.
㉢ 사업주가 ㉡에 따라 안전보건관리규정을 작성할 때에는 소방·가스·전기·교통 분야 등의 다른 법령에서 정하는 안전관리에 관한 규정과 통합하여 작성할 수 있다.

안전보건관리규정을 작성해야 할 사업의 종류 및 상시근로자 수(산업안전보건법 시행규칙 별표 2)

사업의 종류	상시근로자 수
1. 농업 2. 어업 3. 소프트웨어 개발 및 공급업 4. 컴퓨터 프로그래밍, 시스템 통합 및 관리업 4의2. 영상·오디오물 제공 서비스업 5. 정보서비스업 6. 금융 및 보험업 7. 임대업 ; 부동산 제외 8. 전문, 과학 및 기술 서비스업(연구개발업은 제외한다) 9. 사업지원 서비스업 10. 사회복지 서비스	300명 이상
11. 1.부터 10.까지의 사업을 제외한 사업	100명 이상

안전보건관리규정의 작성·변경 절차(산업안전보건법 제26조)
사업주는 안전보건관리규정을 작성하거나 변경할 때에는 산업안전보건위원회의 심의·의결을 거쳐야 한다. 다만, 산업안전보건위원회가 설치되어 있지 아니한 사업장의 경우에는 근로자대표의 동의를 받아야 한다.

정답 7 ③

08
산업안전보건법령상 도급의 승인 등에 관한 설명으로 옳은 것을 모두 고른 것은?

> ㄱ. 고용노동부장관은 사업주가 유해한 작업의 도급금지 의무위반에 해당하는 경우에는 10억 원 이하의 과징금을 부과·징수할 수 있다.
> ㄴ. 도급승인 신청을 받은 지방고용노동관서의 장은 도급승인 기준을 충족한 경우 신청서가 접수된 날부터 30일 이내에 승인서를 신청인에게 발급해야 한다.
> ㄷ. 도급에 대한 변경승인을 받으려는 자는 안전 및 보건에 관한 평가결과의 서류를 첨부하여 관할 지방고용노동관서의 장에게 제출해야 한다.

① ㄱ
② ㄴ
③ ㄷ
④ ㄱ, ㄷ
⑤ ㄴ, ㄷ

해설

도급승인 등의 절차·방법 및 기준 등(산업안전보건법 시행규칙 제75조)
㉠ 법 제58조 제2항 제2호에 따른 승인, 같은 조 제5항 또는 제6항에 따른 연장승인 또는 변경승인을 받으려는 자는 별지 제31호 서식의 도급승인신청서, 별지 제32호 서식의 연장신청서 및 별지 제33호 서식의 변경신청서에 다음 서류를 첨부하여 관할 지방고용노동관서의 장에게 제출해야 한다.
  1. 도급대상 작업의 공정 관련 서류 일체(기계·설비의 종류 및 운전조건, 유해·위험물질의 종류·사용량, 유해·위험요인의 발생 실태 및 종사 근로자 수 등에 관한 사항이 포함되어야 한다)
  2. 도급작업 안전보건관리계획서(안전작업절차, 도급 시 안전·보건관리 및 도급작업에 대한 안전·보건시설 등에 관한 사항이 포함되어야 한다)
  3. 제74조에 따른 안전 및 보건에 관한 평가결과(법 제58조 제6항에 따른 변경승인은 해당되지 않는다)
㉡ 법 제58조 제2항 제2호에 따른 승인, 같은 조 제5항 또는 제6항에 따른 연장승인 또는 변경승인의 작업별 도급승인 기준은 다음과 같다.
  1. 공통 : 작업공정의 안전성, 안전보건관리계획 및 안전 및 보건에 관한 평가결과의 적정성
  〈2.~3. 생략〉
㉢ 지방고용노동관서의 장은 필요한 경우 법 제58조 제2항 제2호에 따른 승인, 같은 조 제5항 또는 제6항에 따른 연장승인 또는 변경승인을 신청한 사업장이 ㉡에 따른 도급승인 기준을 준수하고 있는지 공단으로 하여금 확인하게 할 수 있다.
㉣ ㉠에 따라 도급승인 신청을 받은 지방고용노동관서의 장은 ㉡에 따른 도급승인 기준을 충족한 경우 신청서가 접수된 날부터 14일 이내에 별지 제34호 서식에 따른 승인서를 신청인에게 발급해야 한다.

도급승인 등의 신청(산업안전보건법 시행규칙 제78조)
㉠ 법 제59조에 따른 안전 및 보건에 유해하거나 위험한 작업의 도급에 대한 승인, 연장승인 또는 변경승인을 받으려는 자는 도급승인 신청서, 연장신청서 및 변경신청서에 다음 서류를 첨부하여 관할 지방고용노동관서의 장에게 제출해야 한다.
  1. 도급대상 작업의 공정 관련 서류 일체(기계·설비의 종류 및 운전조건, 유해·위험물질의 종류·사용량, 유해·위험요인의 발생 실태 및 종사 근로자 수 등에 관한 사항이 포함되어야 한다)
  2. 도급작업 안전보건관리계획서(안전작업절차, 도급 시 안전·보건관리 및 도급작업에 대한 안전·보건시설 등에 관한 사항이 포함되어야 한다)
  3. 안전 및 보건에 관한 평가 결과(변경승인은 해당되지 않는다)

09
산업안전보건법령상 도급인의 안전조치 및 보건조치 등에 관한 설명으로 옳은 것은?

① 관계수급인 근로자가 도급인의 토사석 광업 사업장에서 작업을 하는 경우 도급인은 1주일에 1회 작업장 순회점검을 실시하여야 한다.
② 도급인은 관계수급인 근로자의 산업재해 예방을 위해 보호구 착용 지시 등 관계수급인 근로자의 작업행동에 관한 직접적인 조치도 포함하여 필요한 안전조치를 하여야 한다.
③ 안전 및 보건에 관한 협의체는 회의를 분기별 1회 정기적으로 개최하여야 한다.
④ 관계수급인 근로자가 도급인의 사업장에서 작업하는 경우 도급인은 위생시설 등 고용노동부령으로 정하는 시설의 설치 등을 위하여 필요한 장소의 제공 또는 도급인이 설치한 위생시설 이용의 협조를 이행하여야 한다.
⑤ 도급에 따른 산업재해 예방조치의무에 따라 도급인이 작업장의 안전 및 보건에 관한 합동점검을 할 때에는 도급인, 관계수급인, 도급인 및 관계수급인의 근로자 각 2명으로 점검반을 구성하여야 한다.

해설

도급인의 안전조치 및 보건조치(산업안전보건법 제63조)
도급인은 관계수급인 근로자가 도급인의 사업장에서 작업을 하는 경우에 자신의 근로자와 관계수급인 근로자의 산업재해를 예방하기 위하여 안전 및 보건 시설의 설치 등 필요한 안전조치 및 보건조치를 하여야 한다. 다만, 보호구 착용의 지시 등 관계수급인 근로자의 작업행동에 관한 직접적인 조치는 제외한다.

협의체의 구성 및 운영(산업안전보건법 시행규칙 제79조)
㉠ 법 제64조 제1항 제1호에 따른 안전 및 보건에 관한 협의체(이하 협의체)는 도급인 및 그의 수급인 전원으로 구성해야 한다.
㉡ 협의체는 다음 사항을 협의해야 한다.
  1. 작업의 시작 시간
  2. 작업 또는 작업장 간의 연락방법
  3. 재해발생 위험이 있는 경우 대피방법
  4. 작업장에서의 법 제36조에 따른 위험성평가의 실시에 관한 사항
  5. 사업주와 수급인 또는 수급인 상호 간의 연락 방법 및 작업공정의 조정
㉢ 협의체는 매월 1회 이상 정기적으로 회의를 개최하고 그 결과를 기록·보존해야 한다.

도급사업 시의 안전·보건조치 등(산업안전보건법 시행규칙 제80조)
㉠ 도급인은 법 제64조 제1항 제2호에 따른 작업장 순회점검을 다음 구분에 따라 실시해야 한다.
  1. 건설업, 제조업, 토사석 광업, 서적·잡지 및 기타 인쇄물 출판업, 음악 및 기타 오디오물 출판업, 금속 및 비금속 원료 재생업 : 2일에 1회 이상
  2. 1.의 사업을 제외한 사업 : 1주일에 1회 이상
㉡ 관계수급인은 ㉠에 따라 도급인이 실시하는 순회점검을 거부·방해 또는 기피해서는 안 되며 점검 결과 도급인의 시정요구가 있으면 이에 따라야 한다.
㉢ 도급인은 법 제64조 제1항 제3호에 따라 관계수급인이 실시하는 근로자의 안전·보건교육에 필요한 장소 및 자료의 제공 등을 요청받은 경우 협조해야 한다.

도급사업의 합동 안전·보건점검(산업안전보건법 시행규칙 제82조)
㉠ 법 제64조 제2항에 따라 도급인이 작업장의 안전 및 보건에 관한 점검을 할 때에는 다음 사람으로 점검반을 구성해야 한다.
　1. 도급인(같은 사업 내에 지역을 달리하는 사업장이 있는 경우에는 그 사업장의 안전보건관리책임자)
　2. 관계수급인(같은 사업 내에 지역을 달리하는 사업장이 있는 경우에는 그 사업장의 안전보건관리책임자)
　3. 도급인 및 관계수급인의 근로자 각 1명(관계수급인의 근로자의 경우에는 해당 공정만 해당한다)
㉡ 법 제64조 제2항에 따른 정기 안전·보건점검의 실시 횟수는 다음 구분에 따른다.
　1. 건설업, 선박 및 보트 건조업 : 2개월에 1회 이상
　2. 1.의 사업을 제외한 사업 : 분기에 1회 이상

10

산업안전보건법령상 안전보건관리담당자는 고용노동부장관이 실시하는 안전보건에 관한 보수교육을 최소 몇 시간 이상 받아야 하는가?(단, 보수교육의 면제사유 등은 고려하지 않음)

① 4시간
② 6시간
③ 8시간
④ 24시간
⑤ 34시간

해설

안전보건교육 교육과정별 교육시간(산업안전보건법 시행규칙 별표 4)
안전보건관리책임자 등에 대한 교육

교육대상	교육시간	
	신규교육	보수교육
안전보건관리책임자	6시간 이상	6시간 이상
안전관리자, 안전관리전문기관의 종사자	34시간 이상	24시간 이상
보건관리자, 보건관리전문기관의 종사자		
건설재해예방전문지도기관의 종사자		
석면조사기관의 종사자		
안전보건관리담당자	–	8시간 이상
안전검사기관, 자율안전검사기관의 종사자	34시간 이상	24시간 이상

11

산업안전보건법령상 관리감독자의 지위에 있는 근로자 A에 대하여 근로자 정기교육 시간을 면제할 수 있는 경우를 모두 고른 것은?

> ㄱ. A가 직무교육기관에서 실시한 전문화교육을 이수한 경우
> ㄴ. A가 직무교육기관에서 실시한 인터넷 원격교육을 이수한 경우
> ㄷ. A가 한국산업안전보건공단에서 실시한 안전보건관리담당자 양성교육을 이수한 경우

① ㄱ
② ㄱ, ㄴ
③ ㄱ, ㄷ
④ ㄴ, ㄷ
⑤ ㄱ, ㄴ, ㄷ

해설

안전보건교육의 면제(산업안전보건법 시행규칙 제27조)
법 제30조 제1항 제3호에 따라 관리감독자가 다음 어느 하나에 해당하는 교육을 이수한 경우 별표 4 제1호의2 가목의 관리감독자 정기교육 시간을 면제할 수 있다.
1. 직무교육기관(이하 직무교육기관)에서 실시한 전문화교육
2. 직무교육기관에서 실시한 인터넷 원격교육
3. 공단에서 실시한 안전보건관리담당자 양성교육
4. 검사원 성능검사 교육
5. 그 밖에 고용노동부장관이 근로자 정기교육 면제대상으로 인정하는 교육

정답 11 ⑤

12

산업안전보건법령상 유해·위험 기계 등에 대한 방호조치 등에 관한 설명으로 옳지 않은 것은?

① 금속절단기와 예초기에 설치해야 할 방호장치는 날접촉 예방장치이다.
② 작동 부분에 돌기 부분이 있는 기계는 작동 부분의 돌기 부분을 묻힘형으로 하거나 덮개를 부착하여야 한다.
③ 회전기계에 물체 등이 말려 들어갈 부분이 있는 기계는 회전기계의 물림점에 덮개 또는 방호망을 설치하여야 한다.
④ 동력전달 부분이 있는 기계는 동력전달 부분에 덮개를 부착하거나 방호망을 설치하여야 한다.
⑤ 지게차에 설치해야 할 방호장치는 헤드 가드, 백레스트(backrest), 전조등, 후미등, 안전벨트이다.

해설

방호조치(산업안전보건법 시행규칙 제98조)
㉠ 법 제80조 제1항에 따라 영 제70조 및 영 별표 20의 기계·기구에 설치해야 할 방호장치는 다음과 같다.
1. 영 별표 20 제1호에 따른 예초기 : 날접촉 예방장치
2. 영 별표 20 제2호에 따른 원심기 : 회전체 접촉 예방장치
3. 영 별표 20 제3호에 따른 공기압축기 : 압력방출장치
4. 영 별표 20 제4호에 따른 금속절단기 : 날접촉 예방장치
5. 영 별표 20 제5호에 따른 지게차 : 헤드 가드, 백레스트(backrest), 전조등, 후미등, 안전벨트
6. 영 별표 20 제6호에 따른 포장기계 : 구동부 방호 연동장치
㉡ 법 제80조 제2항에서 "고용노동부령으로 정하는 방호조치"란 다음 방호조치를 말한다.
1. 작동 부분의 돌기 부분은 묻힘형으로 하거나 덮개를 부착할 것
2. 동력전달 부분 및 속도조절 부분에는 덮개를 부착하거나 방호망을 설치할 것
3. 회전기계의 물림점(롤러나 톱니바퀴 등 반대방향의 두 회전체에 물려 들어가는 위험점)에는 덮개 또는 울을 설치할 것
㉢ ㉠ 및 ㉡에 따른 방호조치에 필요한 사항은 고용노동부장관이 정하여 고시한다.

13

산업안전보건법령상 대여 공장건축물에 대한 조치의 내용이다. ( )에 들어갈 내용이 옳은 것은?

> 공용으로 사용하는 공장건축물로서 다음 각 호의 어느 하나의 장치가 설치된 것을 대여하는 자는 해당 건축물을 대여받은 자가 2명 이상인 경우로서 다음 각 호의 어느 하나의 장치의 전부 또는 일부를 공용으로 사용하는 경우에는 그 공용 부분의 기능이 유효하게 작동되도록 하기 위하여 점검·보수 등 필요한 조치를 해야 한다.
> 1. (ㄱ)   2. (ㄴ)   3. (ㄷ)

① ㄱ : 국소배기장치, ㄴ : 국소환기장치, ㄷ : 배기처리장치
② ㄱ : 국소배기장치, ㄴ : 전체환기장치, ㄷ : 배기처리장치
③ ㄱ : 국소환기장치, ㄴ : 전체환기장치, ㄷ : 국소배기장치
④ ㄱ : 국소환기장치, ㄴ : 환기처리장치, ㄷ : 전체환기장치
⑤ ㄱ : 환기처리장치, ㄴ : 배기처리장치, ㄷ : 국소환기장치

해설

대여 공장건축물에 대한 조치(산업안전보건법 시행규칙 제104조)

공용으로 사용하는 공장건축물로서 다음 어느 하나의 장치가 설치된 것을 대여하는 자는 해당 건축물을 대여받은 자가 2명 이상인 경우로서 다음 어느 하나의 장치의 전부 또는 일부를 공용으로 사용하는 경우에는 그 공용 부분의 기능이 유효하게 작동되도록 하기 위하여 점검·보수 등 필요한 조치를 해야 한다.
- 국소배기장치
- 전체환기장치
- 배기처리장치

14

산업안전보건법령상 안전인증과 안전검사에 관한 설명으로 옳지 않은 것은?

① 화학물질관리법에 따른 수시검사를 받은 경우 안전검사를 면제한다.
② 산업용 원심기는 안전검사대상기계 등에 해당된다.
③ 프레스와 압력용기는 고용노동부장관이 실시하는 안전인증과 안전검사를 모두 받아야 한다.
④ 고용노동부장관은 안전인증을 받은 자가 안전인증기준을 지키고 있는지를 3년 이하의 범위에서 고용노동부령으로 정하는 주기마다 확인하여야 한다.
⑤ 안전검사 신청을 받은 안전검사기관은 검사 주기 만료일 전후 각각 30일 이내에 해당 기계·기구 및 설비별로 안전검사를 하여야 한다.

해설

안전검사의 면제(산업안전보건법 시행규칙 제125조)

법 제93조 제2항에서 "고용노동부령으로 정하는 경우"란 다음 어느 하나에 해당하는 경우를 말한다.
- 건설기계관리법 제13조 제1항 제1호·제2호 및 제4호에 따른 검사를 받은 경우(안전검사 주기에 해당하는 시기의 검사로 한정한다)
- 고압가스 안전관리법 제17조 제2항에 따른 검사를 받은 경우
- 광산안전법 제9조에 따른 검사 중 광업시설의 설치·변경공사 완료 후 일정한 기간이 지날 때마다 받는 검사를 받은 경우
- 선박안전법 제8조부터 제12조까지의 규정에 따른 검사를 받은 경우
- 에너지이용 합리화법 제39조 제4항에 따른 검사를 받은 경우
- 원자력안전법 제22조 제1항에 따른 검사를 받은 경우
- 위험물안전관리법 제18조에 따른 정기점검 또는 정기검사를 받은 경우
- 전기안전관리법 제11조에 따른 검사를 받은 경우
- 항만법 제33조 제1항 제3호에 따른 검사를 받은 경우
- 소방시설 설치 및 관리에 관한 법률 제22조 제1항에 따른 자체점검을 받은 경우
- 화학물질관리법 제24조 제3항 본문에 따른 정기검사를 받은 경우

정답 14 ①

15

산업안전보건기준에 관한 규칙 제662조(근골격계질환 예방관리 프로그램 시행) 제1항 규정의 일부이다. (   )에 들어갈 숫자가 옳은 것은?

> 사업주는 다음 각 호의 어느 하나에 해당하는 경우에 근골격계질환 예방관리 프로그램을 수립하여 시행하여야 한다.
> 1. 근골격계질환으로 산업재해보상보험법 시행령 별표 3 제2호 가목·마목 및 제12호 라목에 따라 업무상 질병으로 인정받은 근로자가 연간 10명 이상 발생한 사업장 또는 5명 이상 발생한 사업장으로서 발생 비율이 그 사업장 근로자 수의 (   )% 이상인 경우
> 2. 〈이하 생략〉

① 5
② 10
③ 20
④ 30
⑤ 50

해설

근골격계질환 예방관리 프로그램 시행(산업안전보건기준에 관한 규칙 제662조)
- 사업주는 다음 어느 하나에 해당하는 경우에 근골격계질환 예방관리 프로그램을 수립하여 시행하여야 한다.
  - 근골격계질환으로 산업재해보상보험법 시행령 별표 3 제2호 가목·마목 및 제12호 라목에 따라 업무상 질병으로 인정받은 근로자가 연간 10명 이상 발생한 사업장 또는 5명 이상 발생한 사업장으로서 발생 비율이 그 사업장 근로자 수의 10% 이상인 경우
  - 근골격계질환 예방과 관련하여 노사 간 이견(異見)이 지속되는 사업장으로서 고용노동부장관이 필요하다고 인정하여 근골격계질환 예방관리 프로그램을 수립하여 시행할 것을 명령한 경우
- 사업주는 근골격계질환 예방관리 프로그램을 작성·시행할 경우에 노사협의를 거쳐야 한다.
- 사업주는 근골격계질환 예방관리 프로그램을 작성·시행할 경우에 인간공학·산업의학·산업위생·산업간호 등 분야별 전문가로부터 필요한 지도·조언을 받을 수 있다.

16

산업안전보건기준에 관한 규칙의 내용으로 옳지 않은 것은?

① 사업주는 순간풍속이 초당 10m를 초과하는 바람이 불어올 우려가 있는 경우 옥외에 설치된 주행 크레인에 대하여 이탈방지를 위한 조치를 하여야 한다.
② 사업주는 순간풍속이 초당 15m를 초과하는 경우에는 타워크레인의 운전 작업을 중지하여야 한다.
③ 사업주는 높이가 3m를 초과하는 계단에 높이 3m 이내마다 너비 1.2m 이상의 계단참을 설치하여야 한다.
④ 사업주는 높이 1m 이상인 계단의 개방된 측면에 안전난간을 설치하여야 한다.
⑤ 사업주는 연면적이 400m^2 이상이거나 상시 50명 이상의 근로자가 작업하는 옥내작업장에는 비상시에 근로자에게 신속하게 알리기 위한 경보용 설비 또는 기구를 설치하여야 한다.

해설

① 사업주는 순간풍속이 초당 30m를 초과하는 바람이 불어올 우려가 있는 경우 옥외에 설치되어 있는 주행 크레인에 대하여 이탈방지장치를 작동시키는 등 이탈 방지를 위한 조치를 하여야 한다(산업안전보건기준에 관한 규칙 제140조).

17
산업안전보건법령상 유해인자의 유해성·위험성 분류기준에 관한 설명으로 옳지 않은 것은?

① 인화성 액체는 표준압력(101.3kPa)에서 인화점이 93℃ 이하인 액체이다.
② 54℃ 이하 공기 중에서 자연발화하는 가스는 인화성 가스에 해당한다.
③ 20℃, 200kPa 이상의 압력하에서 용기에 충전되어 있는 가스는 고압가스에 해당한다.
④ 유기과산화물은 2가의 -O-O- 구조를 가지고 3개의 수소원자가 유기라디칼에 의하여 치환된 과산화수소의 유도체를 포함한 액체 유기물질이다.
⑤ 자연발화성 액체는 적은 양으로도 공기와 접촉하여 5분 안에 발화할 수 있는 액체이다.

해설
④ 유기과산화물 : 2가의 -O-O- 구조를 가지고 1개 또는 2개의 수소 원자가 유기라디칼에 의하여 치환된 과산화수소의 유도체를 포함한 액체 또는 고체 유기물질(산업안전보건법 시행규칙 별표 18)

18
산업안전보건법령상 유해인자별 노출 농도의 허용기준과 관련하여 단시간 노출값의 내용이다. ( )에 들어갈 숫자가 순서대로 옳은 것은?

> "단시간 노출값(STEL)"이란 15분간의 시간가중평균값으로서 노출 농도가 시간가중평균값을 초과하고 단시간 노출값 이하인 경우에는 1회 노출 지속시간이 15분 미만이어야 하고, 이러한 상태가 1일 ( )회 이하로 발생해야 하며, 각 회의 간격은 ( )분 이상이어야 한다.

① 4, 30　　　　　　　　　　② 4, 60
③ 5, 30　　　　　　　　　　④ 5, 60
⑤ 6, 60

해설
유해인자별 노출 농도의 허용기준(산업안전보건법 시행규칙 별표 19)
• "시간가중평균값(TWA ; Time-Weighted Average)"이란 1일 8시간 작업을 기준으로 한 평균노출농도로서 산출공식은 다음과 같다.

$$TWA환산값 = \frac{C_1 \cdot T_1 + C_1 \cdot T_1 + \cdots + C_n \cdot T_n}{8}$$

　　주) C : 유해인자의 측정농도(단위 : ppm, mg/m³ 또는 개/cm³)
　　　　T : 유해인자의 발생시간(단위 : 시간)
• "단시간 노출값(STEL ; Short-Term Exposure Limit)"이란 15분간의 시간가중평균값으로서 노출 농도가 시간가중평균값을 초과하고 단시간 노출값 이하인 경우에는 ① 1회 노출 지속시간이 15분 미만이어야 하고, ② 이러한 상태가 1일 4회 이하로 발생해야 하며, ③ 각 회의 간격은 60분 이상이어야 한다.
• "등"이란 해당 화학물질에 이성질체 등 동일 속성을 가지는 2개 이상의 화합물이 존재할 수 있는 경우를 말한다.

정답 17 ④　18 ②

19

산업안전보건법령상 고용노동부장관이 작업환경측정기관에 대하여 그 지정을 취소하거나 6개월 이내의 기간을 정하여 그 업무의 정지를 명할 수 있는 경우가 아닌 것은?

① 작업환경측정 관련 서류를 거짓으로 작성한 경우
② 정당한 사유 없이 작업환경측정 업무를 거부한 경우
③ 위탁받은 작업환경측정 업무에 차질을 일으킨 경우
④ 작업환경측정 업무와 관련된 비치서류를 보존하지 않은 경우
⑤ 고용노동부장관이 실시하는 작업환경측정기관의 측정·분석능력 확인을 6개월 동안 받지 않은 경우

해설

작업환경측정기관의 지정 취소 등의 사유(산업안전보건법 시행령 제96조)

법 제126조 제5항에 따라 준용되는 법 제21조 제4항 제5호에서 "대통령령으로 정하는 사유에 해당하는 경우"란 다음 경우를 말한다.
- 작업환경측정 관련 서류를 거짓으로 작성한 경우
- 정당한 사유 없이 작업환경측정 업무를 거부한 경우
- 위탁받은 작업환경측정 업무에 차질을 일으킨 경우
- 법 제125조 제8항에 따라 고용노동부령으로 정하는 작업환경측정 방법 등을 위반한 경우
- 법 제126조 제2항에 따라 고용노동부장관이 실시하는 작업환경측정기관의 측정·분석능력 확인을 1년 이상 받지 않거나 작업환경측정기관의 측정·분석능력 확인에서 부적합 판정을 받은 경우
- 작업환경측정 업무와 관련된 비치서류를 보존하지 않은 경우
- 법에 따른 관계 공무원의 지도·감독을 거부·방해 또는 기피한 경우

20

산업안전보건법령상 일반건강진단의 주기에 관한 내용이다. (   )에 들어갈 숫자가 순서대로 옳은 것은?

> 사업주는 상시 사용하는 근로자 중 사무직에 종사하는 근로자(공장 또는 공사현장과 같은 구역에 있지 않은 사무실에서 서무·인사·경리·판매·설계 등의 사무업무에 종사하는 근로자를 말하며, 판매업무 등에 직접 종사하는 근로자는 제외한다)에 대해서 (   )년에 (   )회 이상 일반건강진단을 실시해야 한다.

① 1, 1
② 1, 2
③ 2, 1
④ 2, 2
⑤ 3, 2

해설

일반건강진단의 주기 등(산업안전보건법 시행규칙 제197조)

- 사업주는 상시 사용하는 근로자 중 사무직에 종사하는 근로자(공장 또는 공사현장과 같은 구역에 있지 않은 사무실에서 서무·인사·경리·판매·설계 등의 사무업무에 종사하는 근로자를 말하며, 판매업무 등에 직접 종사하는 근로자는 제외한다)에 대해서는 2년에 1회 이상, 그 밖의 근로자에 대해서는 1년에 1회 이상 일반건강진단을 실시해야 한다.
- 법 제129조에 따라 일반건강진단을 실시해야 할 사업주는 일반건강진단 실시 시기를 안전보건관리규정 또는 취업규칙에 규정하는 등 일반건강진단이 정기적으로 실시되도록 노력해야 한다.

21
산업안전보건법령상 사업주가 질병자의 근로를 금지해야 하는 대상에 해당하지 않는 사람은?

① 조현병에 걸린 사람
② 마비성 치매에 걸릴 우려가 있는 사람
③ 신장 질환이 있는 사람으로서 근로에 의하여 병세가 악화될 우려가 있는 사람
④ 심장 질환이 있는 사람으로서 근로에 의하여 병세가 악화될 우려가 있는 사람
⑤ 폐 질환이 있는 사람으로서 근로에 의하여 병세가 악화될 우려가 있는 사람

해설

질병자의 근로금지(산업안전보건법 시행규칙 제220조)
㉠ 법 제138조 제1항에 따라 사업주는 다음 어느 하나에 해당하는 사람에 대해서는 근로를 금지해야 한다.
  1. 전염될 우려가 있는 질병에 걸린 사람. 다만, 전염을 예방하기 위한 조치를 한 경우는 제외한다.
  2. 조현병, 마비성 치매에 걸린 사람
  3. 심장·신장·폐 등의 질환이 있는 사람으로서 근로에 의하여 병세가 악화될 우려가 있는 사람
  4. 1.부터 3.까지의 규정에 준하는 질병으로서 고용노동부장관이 정하는 질병에 걸린 사람
㉡ 사업주는 ㉠에 따라 근로를 금지하거나 근로를 다시 시작하도록 하는 경우에는 미리 보건관리자(의사인 보건관리자만 해당한다), 산업보건의 또는 건강진단을 실시한 의사의 의견을 들어야 한다.

22

산업안전보건법령상 교육기관의 지정 등에 관한 설명으로 옳지 않은 것은?

① 고용노동부장관은 유해하거나 위험한 작업으로서 상당한 지식이나 숙련도가 요구되는 고용노동부령으로 정하는 작업의 경우, 그 작업에 필요한 자격·면허의 취득 또는 근로자의 기능 습득을 위하여 교육기관을 지정할 수 있다.
② 교육기관의 지정 요건 및 지정 절차는 고용노동부령으로 정한다.
③ 고용노동부장관은 지정받은 교육기관이 거짓으로 지정을 받은 경우에는 그 지정을 취소하여야 한다.
④ 고용노동부장관은 지정받은 교육기관이 업무정지 기간 중에 업무를 수행한 경우에는 그 지정을 취소하여야 한다.
⑤ 교육기관의 지정이 취소된 자는 지정이 취소된 날부터 3년 이내에는 해당 교육기관으로 지정받을 수 없다.

해설

안전보건교육기관(산업안전보건법 제33조)
㉠ 제29조 제1항부터 제3항까지의 규정에 따른 안전보건교육, 제31조 제1항 본문에 따른 안전보건교육 또는 제32조 제1항 각 호 외의 부분 본문에 따른 안전보건교육을 하려는 자는 대통령령으로 정하는 인력·시설 및 장비 등의 요건을 갖추어 고용노동부장관에게 등록하여야 한다. 등록한 사항 중 대통령령으로 정하는 중요한 사항을 변경할 때에도 또한 같다.
㉡ 고용노동부장관은 ㉠에 따라 등록한 자(이하 안전보건교육기관)에 대하여 평가하고 그 결과를 공개할 수 있다. 이 경우 평가의 기준·방법 및 결과의 공개에 필요한 사항은 고용노동부령으로 정한다.
㉢ ㉠에 따른 등록 절차 및 업무수행에 관한 사항, 그 밖에 필요한 사항은 고용노동부령으로 정한다.
㉣ 안전보건교육기관에 대해서는 산업안전보건법 제21조 ㉠ 및 ㉡을 준용한다. 이 경우 "안전관리전문기관 또는 보건관리전문기관"은 "안전보건교육기관"으로, "지정"은 "등록"으로 본다.

안전관리전문기관 등(산업안전보건법 제21조)
㉠ 고용노동부장관은 안전관리전문기관 또는 보건관리전문기관이 다음 어느 하나에 해당할 때에는 그 지정을 취소하거나 6개월 이내의 기간을 정하여 그 업무의 정지를 명할 수 있다. 다만, 1. 또는 2.에 해당할 때에는 그 지정을 취소하여야 한다.
　1. 거짓이나 그 밖의 부정한 방법으로 지정을 받은 경우
　2. 업무정지 기간 중에 업무를 수행한 경우
　3. 지정 요건을 충족하지 못한 경우
　4. 지정받은 사항을 위반하여 업무를 수행한 경우
　5. 그 밖에 대통령령으로 정하는 사유에 해당하는 경우
㉡ ㉠에 따라 지정이 취소된 자는 지정이 취소된 날부터 2년 이내에는 각각 해당 안전관리전문기관 또는 보건관리전문기관으로 지정받을 수 없다.

23

산업안전보건법령상 근로감독관 등에 관한 설명으로 옳지 않은 것은?

① 근로감독관은 이 법을 시행하기 위하여 필요한 경우 석면해체·제거업자의 사무소에 출입하여 관계인에게 관계 서류의 제출을 요구할 수 있다.
② 근로감독관은 산업재해 발생의 급박한 위험이 있는 경우 사업장에 출입하여 관계인에게 관계 서류의 제출을 요구할 수 있다.
③ 근로감독관은 기계·설비 등에 대한 검사에 필요한 한도에서 무상으로 제품·원재료 또는 기구를 수거할 수 있다.
④ 지방고용노동관서의 장은 근로감독관이 이 법에 따른 명령의 시행을 위하여 관계인에게 출석명령을 하려는 경우, 긴급하지 않는 한 14일 이상의 기간을 주어야 한다.
⑤ 근로감독관은 이 법을 시행하기 위하여 사업장에 출입하는 경우에 그 신분을 나타내는 증표를 지니고 관계인에게 보여 주어야 한다.

해설

보고·출석기간(산업안전보건법 시행규칙 제236조)
㉠ 지방고용노동관서의 장은 법 제155조 제3항에 따라 보고 또는 출석의 명령을 하려는 경우에는 7일 이상의 기간을 주어야 한다. 다만, 긴급한 경우에는 그렇지 않다.
㉡ ㉠에 따른 보고 또는 출석의 명령은 문서로 해야 한다.

24

산업안전보건법령상 산업안전지도사로 등록한 A가 손해배상의 책임을 보장하기 위하여 보증보험에 가입해야 하는 경우, 최저 보험금액이 얼마 이상인 보증보험에 가입해야 하는가?(단, A는 법인이 아님)

① 1,000만 원
② 2,000만 원
③ 3,000만 원
④ 4,000만 원
⑤ 5,000만 원

해설

손해배상을 위한 보증보험 가입 등(산업안전보건법 시행령 제108조)
㉠ 법 제145조 제1항에 따라 등록한 지도사(같은 조 제2항에 따라 법인을 설립한 경우에는 그 법인을 말한다. 이하 이 조에서 같다)는 법 제148조 제2항에 따라 보험금액이 2,000만 원(법 제145조 제2항에 따른 법인인 경우에는 2,000만 원에 사원인 지도사의 수를 곱한 금액) 이상인 보증보험에 가입해야 한다.
㉡ 지도사는 ㉠의 보증보험금으로 손해배상을 한 경우에는 그날부터 10일 이내에 다시 보증보험에 가입해야 한다.
㉢ 손해배상을 위한 보증보험 가입 및 지급에 관한 사항은 고용노동부령으로 정한다.

25

산업안전보건법령상 산업재해 예방활동의 보조·지원을 받은 자의 폐업으로 인해 고용노동부장관이 그 보조·지원의 전부를 취소한 경우, 그 취소한 날부터 보조·지원을 제한할 수 있는 기간은?

① 1년
② 2년
③ 3년
④ 4년
⑤ 5년

해설

※ 출제 당시 정답은 ①이었으나, 산업안전보건법령 개정으로 ③으로 정답을 수정하였습니다.

산업재해 예방활동의 보조·지원(산업안전보건법 제158조)

㉠ 정부는 사업주, 사업주단체, 근로자단체, 산업재해 예방 관련 전문단체, 연구기관 등이 하는 산업재해 예방사업 중 대통령령으로 정하는 사업에 드는 경비의 전부 또는 일부를 예산의 범위에서 보조하거나 그 밖에 필요한 지원(이하 보조·지원)을 할 수 있다. 이 경우 고용노동부장관은 보조·지원이 산업재해 예방사업의 목적에 맞게 효율적으로 사용되도록 관리·감독하여야 한다.

㉡ 고용노동부장관은 보조·지원을 받은 자가 다음 어느 하나에 해당하는 경우 보조·지원의 전부 또는 일부를 취소하여야 한다. 다만, 1. 및 2.의 경우에는 보조·지원의 전부를 취소하여야 한다.
  1. 거짓이나 그 밖의 부정한 방법으로 보조·지원을 받은 경우
  2. 보조·지원 대상자가 폐업하거나 파산한 경우
  3. 보조·지원 대상을 임의매각·훼손·분실하는 등 지원 목적에 적합하게 유지·관리·사용하지 아니한 경우
  4. ㉠에 따른 산업재해 예방사업의 목적에 맞게 사용되지 아니한 경우
  5. 보조·지원 대상 기간이 끝나기 전에 보조·지원 대상 시설 및 장비를 국외로 이전한 경우
  6. 보조·지원을 받은 사업주가 필요한 안전조치 및 보건조치 의무를 위반하여 산업재해를 발생시킨 경우로서 고용노동부령으로 정하는 경우

㉢ 고용노동부장관은 ㉡에 따라 보조·지원의 전부 또는 일부를 취소한 경우, 같은 항 1. 또는 3.부터 5.까지의 어느 하나에 해당하는 경우에는 해당 금액 또는 지원에 상응하는 금액을 환수하되 대통령령으로 정하는 바에 따라 지급받은 금액의 5배 이하의 금액을 추가로 환수할 수 있고, 같은 항 2.(파산한 경우에는 환수하지 아니한다) 또는 6.에 해당하는 경우에는 해당 금액 또는 지원에 상응하는 금액을 환수한다.

㉣ ㉡에 따라 보조·지원의 전부 또는 일부가 취소된 자에 대해서는 고용노동부령으로 정하는 바에 따라 취소된 날부터 5년 이내의 기간을 정하여 보조·지원을 하지 아니할 수 있다.

㉤ 보조·지원의 대상·방법·절차, 관리 및 감독, ㉡ 및 ㉢에 따른 취소 및 환수 방법, 그 밖에 필요한 사항은 고용노동부장관이 정하여 고시한다.

보조·지원의 환수와 제한(산업안전보건법 시행규칙 제237조)

- 법 제158조 ㉡의 6.에서 "고용노동부령으로 정하는 경우"란 보조·지원을 받은 후 3년 이내에 해당 시설 및 장비의 중대한 결함이나 관리상 중대한 과실로 인하여 근로자가 사망한 경우를 말한다.
- 법 제158조 ㉣에 따라 보조·지원을 제한할 수 있는 기간은 다음과 같다.
  - 법 제158조 ㉡의 1.의 경우 : 5년
  - 법 제158조 ㉡의 2.부터 6.까지의 어느 하나의 경우 : 3년
  - 법 제158조 ㉡의 2.부터 6.까지의 어느 하나를 위반한 후 5년 이내에 같은 항 2.부터 6.까지의 어느 하나를 위반한 경우 : 5년

산업위생일반

26
산업보건위생의 역사에 관한 설명으로 옳지 않은 것은?

① 영국의 Thomas Percival은 세계 최초로 직업성 암을 보고하였다.
② 1833년 영국에서 공장법이 제정되었다.
③ 이탈리아 Ramazzini가 「직업인의 질병」을 저술하였다.
④ 스위스 Paracelsus가 물질 독성의 양-반응 관계에 대해 언급하였다.
⑤ 그리스의 Galen이 납 중독의 증세를 관찰하였다.

해설

① 세계 최초로 직업성 암(음낭암)을 보고한 사람은 퍼시벌 포트(Percivall Pott)이다. 그는 18세기에 굴뚝 청소부들에게서 발생한 음낭암이 그을음과 관련이 있음을 규명했다.
② 1833년 영국에서 공장법(factories act)이 제정되어 근로시간 제한 및 어린이 노동 규제를 도입했다.
③ 1700년 라마치니(Ramazzini)는 직업병의 원인과 예방을 다룬 「De Morbis Artificum Diatriba(직업인의 질병)」를 저술하여 산업보건의 기초를 확립했다.
④ 파라셀수스(Paracelsus)는 '모든 물질은 독이며, 용량이 독성을 결정한다'는 독성학의 기본 원리를 언급했다.
⑤ 갈렌(Galen)은 고대 로마 시대에 금속 중독, 특히 납 중독의 증세를 관찰하고 기록했다.

27
'페인트가 칠해진 철제 교량을 용접을 통해 보수하는 작업'에 대한 측정 및 분석 계획에 관한 설명으로 옳지 않은 것은?

① 철 이외에 다른 금속에 노출될 수 있다.
② 금속의 성분 분석을 위해서 셀룰로오스에스테르 막여과지를 사용해 측정한다.
③ 유도결합플라스마-원자발광분석기를 이용하면 동시에 많은 금속을 분석할 수 있다.
④ 페인트가 녹아 발생하는 유기용제의 농도가 높기 때문에 이를 측정대상에 포함한다.
⑤ 발생하는 자외선량은 전류량에 비례한다.

해설

④ 일반적으로 용접작업에서는 고온으로 인해 페인트가 열분해되어 유기용제가 방출되지만, 해당 설명은 페인트의 직접 증발량을 과대평가한 측면이 있다. 페인트의 분해에 따라 발생하는 금속산화물 흄이 주요 관심 대상이 되어야 한다.
① 페인트에는 납, 크롬, 아연 등 다양한 금속이 포함될 수 있어 철 이외의 금속 노출 가능성이 존재한다.
② 금속 성분 분석에 셀룰로오스에스테르 막여과지를 사용하는 것은 일반적인 방법이다.
③ 유도결합플라스마(ICP) 분석법은 여러 금속 성분을 동시에 효율적으로 분석할 수 있다.
⑤ 용접 시 발생하는 자외선량은 용접 전류, 아크 길이, 작업 조건에 영향을 받는다(자외선량은 전류량에 비례).

정답 26 ① 27 ④

28
국소배기장치의 점검에 사용되는 기기와 그 사용목적의 연결이 옳은 것은?

① 발연관 – 덕트 내 유량 측정
② 마노메타(manometer) – 유체 흐름에 대한 압력 측정
③ 피토관 – 송풍기의 회전속도 측정
④ 회전날개풍속계 – 개구부 주위의 난류현상 확인
⑤ 타코메타(tachometer) – 송풍기의 전류 측정

해설
② 마노메타는 유체의 압력을 측정하는 데 사용되며, 국소배기장치의 정압, 전압, 동압 등을 측정하기 위한 도구이다.
① 발연관은 연기를 발생시켜 기류의 흐름을 가시화하는 도구로, 덕트 내 유량 측정이 아니라 기류 방향 및 흐름 확인에 사용된다.
③ 피토관은 덕트 내에서 유속 측정에 사용되는 기기로, 송풍기의 회전속도 측정과는 관련이 없다.
④ 회전날개풍속계는 유속 측정에 사용되며, 난류현상을 확인하는 도구로 적합하지 않다.
⑤ 타코메타는 회전속도 측정에 사용하는 기기이며, 전류 측정과는 관련이 없다.

29
화학물질 및 물리적 인자의 노출기준에 제시된 라돈의 작업장 농도기준은?

① 4pCi/L
② 2.58×10^{-4} C/kg
③ 20mSv/yr
④ 1eV
⑤ 600Bq/m³

해설
⑤ 화학물질 및 물리적 인자의 노출기준 별표 4에 따른 라돈의 작업장 허용기준은 600Bq/m³이다. 이는 작업장에서 라돈 노출로 인해 방사선 피폭을 최소화하기 위한 기준이다.
① 라돈의 농도를 가정 내 환경 기준으로 사용할 때 흔히 사용되는 단위이지만, 작업장 기준이 아니다. 참고로 4pCi/L은 약 148Bq/m³에 해당한다.
② 방사선 단위 중 노출량을 나타내는 단위로, 라돈 농도와는 무관하다.
③ 방사선 피폭량의 연간 허용기준으로, 작업장에서의 라돈 농도를 직접 나타내는 값이 아니다.
④ 전자볼트로 에너지 단위를 나타내며, 라돈 농도와 관련이 없다.

30

공기역학적 직경에 따라 입자의 크기를 구분하는 기기가 아닌 것은?

① 사이클론(cyclone)
② 미젯임핀저(midget impinger)
③ 다단직경분립충돌기(cascade impactor)
④ 명목상충돌기(virtual impactor)
⑤ 마플 개인용 직경분립충돌기(marple personal cascade impactor)

해설

② 액체를 이용하여 입자를 포집하는 기기이며, 공기역학적 직경에 따라 입자를 분류하는 장치가 아니다. 주로 가스상 물질이나 에어로졸을 포집하는 데 사용된다.
① 공기역학적 직경에 따라 입자를 분리하는 원심력을 이용한 장치로, 주로 입자 크기에 따라 공기를 분리하는 데 사용된다.
③ 공기역학적 직경에 따라 입자를 분류하는 장치로, 다단계 충돌판을 통해 입자의 크기를 구분한다.
④ 입자의 관성에 의해 공기역학적 직경에 따라 입자를 구분하는 장치로, 충돌 분류 메커니즘을 사용한다.
⑤ 개인용으로 설계된 다단직경분립충돌기로, 공기역학적 직경에 따라 입자를 분류한다. 휴대용 입자 크기 구분 포집에 주로 사용된다.

31

고용노동부 고시에서 정하는 발암성 물질이 아닌 것은?

① 석면
② 베릴륨
③ 휘발성 콜타르피치
④ 비소
⑤ 산화철

해설

⑤ 산화철 : 산화철은 주로 분진 노출로 인해 폐질환을 유발할 수 있지만, 고용노동부 고시에서 발암성 물질로 분류되지는 않는다.
① 석면 : 발암성 1A로 분류된다.
② 베릴륨 : 발암성 1A로 분류된다.
③ 휘발성 콜타르피치 : 발암성 1A로 분류된다.
④ 비소 : 발암성 1A로 분류된다.
※ 화학물질 및 물리적 인자의 노출기준 별표 1

정답 30 ② 31 ⑤

32
사업장에서 사용하는 금속의 독성에 관한 설명으로 옳은 것은?

① 니켈, 망간은 생식독성이 있다.
② 무기수은이 유기수은보다 모든 경로에서 흡수율이 높다.
③ 5가 비소가 3가 비소에 비해 독성이 강하다.
④ 3가 크롬은 발암성이 없고, 6가 크롬은 발암성이 있다.
⑤ 6가 크롬에 노출되면 파킨슨증후군의 소견이 나타난다.

해설
④ 3가 크롬은 발암성이 없으며, 6가 크롬은 발암성 1A로 분류되어 있다.
① 니켈은 주로 발암성과 관련이 있으며, 망간은 중추신경계 독성이 주요한 문제로, 생식독성은 명확히 보고되지 않았다.
② 유기수은이 무기수은보다 흡수율이 더 높으며, 특히 지방조직에 잘 축적된다.
③ 3가 비소가 5가 비소보다 독성이 더 강하다.
⑤ 망간 노출 시 파킨슨증후군과 유사한 신경학적 증상이 나타난다(6가 크롬은 주로 발암성과 피부, 호흡기계 독성에 관련된다).

33
산업안전보건법령상 허용기준이 설정된 물질에 해당하지 않는 것은?

① 1-브로모프로판
② 1,3-부타디엔
③ 암모니아
④ 코발트 및 그 무기화합물
⑤ 톨루엔

해설
① 1-브로모프로판 : 허용기준이 설정된 물질은 2-브로모프로판이다.
② 1,3-부타디엔 : 허용기준이 설정된 물질로, 주로 합성고무 및 플라스틱 제조 공정에서 사용되며, 발암성 물질로 분류된다.
③ 암모니아 : 허용기준이 설정된 물질로, 주로 냉매제, 화학비료, 산업용 화학물질로 사용되며, 농도에 따라 건강 유해성이 있다.
④ 코발트 및 그 무기화합물 : 허용기준이 설정된 물질로, 주로 금속 가공 및 합금 제조 과정에서 발생하며, 흡입 시 건강 유해성이 있다.
⑤ 톨루엔 : 허용기준이 설정된 물질로, 주로 도장, 접착제, 세척제 등 다양한 산업 공정에서 사용되며, 신경독성 및 생식독성을 일으킬 수 있다.
※ 산업안전보건법 시행규칙 별표 19

34
근로자 건강진단 결과 판정에 따른 사후관리 조치 판정에 해당하지 않는 것은?

① 건강상담
② 추적검사
③ 작업전환
④ 근로제한 금지
⑤ 역학조사

해설

※ '④ 근로제한 금지'는 '근로제한 및 금지'로 표기되는 것이 적절하나, '근로제한 금지'로 출제됨에 따라 문제 오류로 ④·⑤ 모두 정답 처리되었습니다.
④ 근로제한·금지는 특정 작업에서 건강상태로 인해 근로를 제한하거나 금지하는 조치로, 근로자의 안전과 건강을 보호하기 위한 조치이다.
⑤ 역학조사는 집단적 건강 문제의 원인을 규명하기 위해 실시하는 조사로, 개별 근로자 건강진단 결과에 따른 사후관리 조치에는 포함되지 않는다.
① 건강상담은 건강진단 결과에 따라 근로자에게 건강상태를 상담하여, 적절한 작업환경 개선 및 생활습관 관리를 돕는 조치이다.
② 추적검사는 건강상태가 위험요소가 있을 경우, 지속적으로 상태를 확인하기 위해 추가적인 건강검진을 시행하는 조치이다.
③ 작업전환은 근로자의 건강상태에 따라 기존 작업을 변경하거나 부담이 적은 작업으로 전환하도록 권고하는 조치이다.

35
근로자 건강장해 예방에 관한 설명으로 옳지 않은 것은?

① 톨루엔 특수건강진단의 제1차 검사 시 소변 중 o-크레졸(작업 종료 시)을 채취하여 검사한다.
② 잠함(潛函) 또는 잠수작업 등 높은 기압에서 작업하는 근로자는 1일 6시간, 1주 34시간 초과하여 근로하지 않는다.
③ 한랭에 대한 순화는 고온순화보다 빠르다.
④ NIOSH 들기지수(LI)는 작업조건을 인간공학적으로 개선하기 위한 우선순위를 결정하는 데 이용된다.
⑤ 청력장해 정도는 정상적인 귀로 들을 수 있는 최소 가청치를 0dB이라 하고 그것에 대한 청력변화를 청력계로 측정하여 평가한다.

해설

③ 한랭순화는 고온순화보다 느리다. 한랭순화는 신체가 추운 환경에 적응하는 데 시간이 걸리며, 혈액순환, 열 생산, 근육의 떨림 등의 변화가 점진적으로 이루어진다. 고온순화는 대체로 4~14일 내에 완성되는 반면, 한랭순화는 더 긴 시간이 필요하다.
① 톨루엔 특수건강진단의 제1차 검사 시 톨루엔의 생물학적 노출지표는 소변 중 o-크레졸이 맞다.
② 잠함 및 잠수작업 등의 높은 기압에서 하는 작업의 근로시간 1일 6시간, 1주 34시간 초과 금지는 산업안전보건법 제139조에 명시되어 있다.
④ NIOSH 들기지수는 작업조건 개선 우선순위를 정하는 데 유용하다.
⑤ 청력장해는 0dB을 기준으로 청력계를 이용해 측정하며, 이는 정상적인 방법이다.

정답 34 ④·⑤ 35 ③

36

피로의 발생원인으로만 묶인 것이 아닌 것은?

① 작업자세, 작업강도, 긴장도
② 환기, 소음과 진동, 온열조건
③ 엄격한 작업관리, 1일 노동시간, 야간근무
④ 숙련도, 영양상태, 신체적인 조건
⑤ 혈압변화, 졸음, 체온조절 장애

해설

⑤ 혈압변화, 졸음, 체온조절 장애 : 피로의 결과로 나타나는 증상으로 원인이 아니라, 피로로 인해 나타나는 반응이다.
① 작업자세, 작업강도, 긴장도 : 피로의 주요 원인으로, 물리적·정신적 부담과 관련된 요인들이다.
② 환기, 소음과 진동, 온열조건 : 작업환경 요인으로, 피로를 유발하는 주요 원인이다.
③ 엄격한 작업관리, 1일 노동시간, 야간근무 : 작업시간 및 관리 조건은 피로를 유발하는 대표적인 원인이다.
④ 숙련도, 영양상태, 신체적인 조건 : 개인의 신체적 특성과 건강상태는 피로 발생에 큰 영향을 미친다.

37

산업안전보건법령상 밀폐공간 작업으로 인한 건강장해 예방조치로 옳지 않은 것은?

① 분뇨·오수·펄프액 및 부패하기 쉬운 장소 등에서의 황화수소 중독 방지에 필요한 지식을 가진 자를 작업지휘자로 지정 배치한다.
② "적정공기"란 산소농도 18% 이상 23.5% 미만, 탄산가스 농도 1.5ppm 미만, 황화수소 농도 25ppm 미만 수준의 공기를 말한다.
③ 긴급 구조훈련은 6개월에 1회 이상 주기적으로 실시한다.
④ 작업 시작(작업 일시중단 후 다시 시작하는 경우를 포함)하기 전 밀폐공간의 산소 및 유해가스 농도를 측정한다.
⑤ 근로자에게 공기호흡기 또는 송기마스크를 지급하여 착용하도록 한다.

해설

② "적정공기"란 산소농도의 범위가 18% 이상 23.5% 미만, 이산화탄소의 농도가 1.5% 미만, 일산화탄소의 농도가 30ppm 미만, 황화수소의 농도가 10ppm 미만인 수준의 공기를 말한다(산업안전보건기준에 관한 규칙 제618조).
① 황화수소 중독 위험이 높은 작업장에서는 해당 작업의 위험성을 이해하고 작업을 지휘할 수 있는 작업 지휘자를 지정해야 한다.
③ 밀폐공간에서의 긴급상황을 대비하기 위한 긴급 구조훈련은 정기적으로 이루어져야 하며, 주기는 6개월에 1회 이상이다.
④ 밀폐공간 작업 시작 전 후 산소 및 유해가스 농도를 측정하는 것은 필수적인 예방조치다.
⑤ 산소결핍 공간이나 유해가스가 존재하는 밀폐공간에서는 반드시 적절한 호흡보호구(공기호흡기 또는 송기마스크)를 착용해야 한다.

38
개인보호구의 선택 및 착용 등에 관한 설명으로 옳지 않은 것은?

① 순간적으로 건강이나 생명에 위험을 줄 수 있는 유해물질의 고농도 상태(IDLH)에서는 반드시 공기공급식 송기마스크를 착용해야 한다.
② 입자상 물질과 가스, 증기가 동시에 발생하는 용접작업 시 방진방독 겸용마스크를 착용한다.
③ 산소결핍 장소에서는 방독마스크를 착용토록 한다.
④ 국내 귀마개 1등급 EP-1은 저음부터 고음까지 차음하는 성능을 말한다.
⑤ 방독마스크 정화통의 수명은 흡착제의 질과 양, 온도, 상대습도, 오염물질의 농도 등에 영향을 받는다.

해설

③ 산소결핍 장소(산소농도 18% 미만)에서는 방독마스크를 사용할 수 없으며, 반드시 공기공급식 송기마스크 또는 자급식 호흡보호구(SCBA)를 사용해야 한다.
① IDLH 환경에서는 공기정화식 마스크(방독마스크)가 아닌 공기공급식 마스크를 사용해야 한다.
② 용접작업에서는 입자와 가스, 증기가 모두 발생하므로 방진방독 겸용마스크를 사용해야 한다.
④ EP-1 등급은 균등한 차음 성능을 제공한다는 것을 의미한다.
⑤ 정화통의 수명은 다양한 환경적 요인에 따라 달라진다.

39
직무스트레스 관리를 위한 집단차원에서의 관리방법은?

① 자아인식의 증대
② 신체단련
③ 긴장 이완훈련
④ 사회적 지원 시스템 가동
⑤ 작업의 변경

해설

④ 사회적 지원 시스템 가동 : 집단차원의 관리방법으로, 직장 내 상호지지 및 지원 네트워크를 활성화하여 스트레스를 줄이는 데 도움을 준다. 팀워크와 동료 간의 협력을 강화하는 방식이다.
⑤ 작업의 변경 : 집단차원의 관리방법으로, 직무 재설계나 환경 조정을 통해 스트레스 요인을 감소시키는 방법이다.
① 자아인식의 증대 : 개인차원의 관리방법으로, 자신의 스트레스 상태를 인지하고 대처하는 능력을 키우는 방식이다.
② 신체단련 : 개인차원의 관리방법으로, 운동을 통해 스트레스를 해소하고 신체적, 정신적 건강을 유지하는 방식이다.
③ 긴장 이완훈련 : 개인차원의 관리방법으로, 스트레스를 줄이기 위한 이완 기술을 배우고 실천하는 방식이다.

정답 38 ③ 39 ④ · ⑤

40

석면의 측정, 분석 등에 관한 설명으로 옳지 않은 것은?

① 석면은 폐암, 중피종을 일으키며 흡연은 석면노출에 의한 암 발생을 촉진하는 인자로 알려져 있다.
② 고형시료 분석에 있어 위상차현미경법이 간편하여 가장 많이 사용된다.
③ 공기 중 석면섬유 계수 A규정은 길이가 $5\mu m$보다 크고 길이 대 너비의 비가 3 : 1 이상인 섬유만 계수한다.
④ 석면 취급장소에서는 특급 방진마스크를 착용하여야 한다.
⑤ 위상차현미경으로는 $0.25\mu m$ 이하의 섬유는 관찰이 잘 되지 않는다.

해설
② 고형시료 분석에서는 X선회절분석(XRD), 전자현미경(TEM)이 주로 사용되며, 위상차현미경(PCM)은 공기 중 섬유 계수에 주로 활용된다.
① 흡연은 석면에 의한 폐암 발생을 유의미하게 증가시키는 인자로 알려져 있다.
③ 이는 석면섬유의 계수 기준으로 널리 사용된다.
④ 석면의 위험성을 고려해 특급 방진마스크 착용이 요구된다.
⑤ 위상차현미경의 해상도 한계로 인해 $0.25\mu m$ 이하의 미세 섬유는 관찰이 어렵다.

41

생물학적 유해인자에 관한 설명으로 옳지 않은 것은?

① 생물학적 유해인자는 생물학적 특성이 있는 유기체가 근원이 되어 발생된다.
② 유기체가 방출하는 독소로는 그람음성박테리아가 내놓는 마이코톡신(mycotoxin) 등이 있다.
③ 곰팡이의 세포벽인 글루칸(glucan)은 호흡기 점막을 자극하여 새집증후군을 초래한다.
④ 박테리아에 의한 대표적인 감염성 질환은 탄저병, 레지오넬라병, 결핵, 콜레라 등이 있다.
⑤ 공기 중의 박테리아와 곰팡이에 대한 측정 및 분석은 곰팡이와 박테리아를 살아 있는 상태로 채취, 배양한 다음, 집락수를 세어 CFU로 나타낸다.

해설
② 마이코톡신(mycotoxin)은 곰팡이(fungi)가 생성하는 독소이며, 박테리아와는 관련이 없다. 그람음성박테리아는 내독소(endotoxin)를 방출한다.
① 생물학적 유해인자는 박테리아, 바이러스, 곰팡이, 기생충 등과 같은 유기체로 인해 발생한다.
③ 글루칸은 곰팡이의 세포벽 성분으로, 호흡기 점막을 자극하여 새집증후군 등과 같은 건강 문제를 유발할 수 있다.
④ 이 질환들은 박테리아에 의해 발생한다.
⑤ 생물학적 유해인자는 공기 중에서 채취하여 집락형성단위(CFU)로 측정한다.

42

산업안전보건법령상 특수건강진단 유해인자와 생물학적 노출지표의 연결이 옳은 것은?

① 일산화탄소 : 혈중 카복시헤모글로빈
② 2-에톡시에탄올 : 소변 중 o-크레졸
③ 디클로로메탄 : 소변 중 2,5-헥산디온
④ 트리클로로에틸렌 : 소변 중 메틸에틸케톤
⑤ 메틸 n-부틸 케톤 : 혈중 메트헤모글로빈

해설

② 2-에톡시에탄올의 생물학적 노출지표는 소변 중 2-에톡시초산이다.
③ 디클로로메탄의 생물학적 노출지표는 혈중 카복시헤모글로빈이다.
④ 트리클로로에틸렌의 생물학적 노출지표는 소변 중 총삼염화물 또는 삼염화 초산이다.
⑤ 메틸 n-부틸 케톤의 생물학적 노출지표는 소변 중 2,5-헥산디온이다.
※ 산업안전보건법 시행규칙 별표 24

43

직무스트레스 요인 중 조직적 요인에 해당하지 않는 것은?

① 관계갈등
② 직무 불인정
③ 조직체계
④ 보상 부적절
⑤ 직무 요구

해설

※ 해당 문제는 보기 ②가 직무 불안정으로 제시되는 것이 옳으나, 불인정으로 제시됨으로 인해 문제 오류로 전항 정답 처리되었습니다.
직무스트레스 요인
- 조직적 요인 : 직장 내 관계에서의 갈등, 고용 불안정성, 조직 내 갈등, 보상의 부적절성, 비합리적 의사소통체계 및 비합리적 조직문화 등
- 물리적 요인 : 작업방식의 위험성이나 구조적 문제, 신체적 부담이나 공기오염 등 물리적 환경 등
- 업무의 내용 : 시간적 압박이나 과도한 직무에 대한 부담감, 직무와 관련한 의사결정 권한의 제한 등

44
생물학적 결정인자의 선택기준에 관한 설명으로 옳지 않은 것은?

① 생물학적 검사를 선택할 때는 여러 가지 방법 중 건강위험을 평가하는 유용성을 고려하지 말아야 한다.
② 적절한 민감도가 있는 결정인자여야 한다.
③ 검사에 대한 분석적, 생물학적 변이가 타당해야 한다.
④ 검체의 채취나 검사과정에서 대상자에게 거의 불편을 주지 않아야 한다.
⑤ 다른 노출인자에 의해서도 나타나는 인자가 아니어야 한다.

해설

생물학적 결정인자를 선택할 때는 건강위험을 평가하는 유용성을 반드시 고려해야 한다. 이를 통해 결정인자가 실제로 작업환경에서의 유해요소 노출과 건강영향을 적절히 반영할 수 있도록 해야 한다. 적절한 민감도, 분석적·생물학적 변이의 타당성, 대상자의 불편 최소화, 특정 노출인자에 의한 특이성 확보는 생물학적 결정인자 선택기준에 적합한 설명이다.

45
청각기관과 소음의 전달경로에 해당하지 않는 것은?

① 고막
② 달팽이관
③ 수근관
④ 외이도
⑤ 이소골

해설

③ 수근관은 손목에 있는 관으로, 손목 신경이 지나가는 통로이다. 청각과는 무관하다.
청각기관과 소음의 전달경로
소리가 외이도로 들어와 고막을 진동시키고, 그 진동이 이소골을 통해 증폭된 후 달팽이관으로 전달되어 청각신경으로 신호가 전송되는 과정이다.

46

산업안전보건기준에 관한 규칙에서 정한 장시간 야간작업을 할 때 발생할 수 있는 직무스트레스에 의한 건강장해 예방조치가 아닌 것은?

① 뇌혈관 및 심장질환 발병위험도를 평가하여 금연, 고혈압 관리 등 건강증진 프로그램을 시행한다.
② 건강진단 결과, 상담자료 등을 참고하여 적절하게 근로자를 배치하고 직무스트레스요인, 건강문제 발생가능성 및 대비책 등에 대하여 해당 근로자에게 충분히 설명한다.
③ 근로시간 외의 근로자 활동에 대한 복지 차원의 지원에 최선을 다한다.
④ 작업량·작업일정 등 작업계획 수립 시 해당 근로자의 의견을 반드시 노사협의회를 거쳐서 반영한다.
⑤ 작업환경·작업내용·근로시간 등 직무스트레스 요인에 대하여 평가하고 근로시간 단축, 장·단기 순환작업 등의 개선대책을 마련하여 시행한다.

해설

④ 노사협의회를 통한 의견 반영을 반드시 요구하는 것이 아니므로, 예방조치로서 명시된 바에 해당하지 않는다.

직무스트레스에 의한 건강장해 예방 조치(산업안전보건기준에 관한 규칙 제669조)

사업주는 근로자가 장시간 근로, 야간작업을 포함한 교대작업, 차량운전[전업(專業)으로 하는 경우에만 해당한다] 및 정밀기계 조작작업 등 신체적 피로와 정신적 스트레스 등(이하 직무스트레스)이 높은 작업을 하는 경우에 법 제5조 제1항에 따라 직무스트레스로 인한 건강장해 예방을 위하여 다음 조치를 하여야 한다.

- 작업환경·작업내용·근로시간 등 직무스트레스 요인에 대하여 평가하고 근로시간 단축, 장·단기 순환작업 등의 개선대책을 마련하여 시행할 것
- 작업량·작업일정 등 작업계획 수립 시 해당 근로자의 의견을 반영할 것
- 작업과 휴식을 적절하게 배분하는 등 근로시간과 관련된 근로조건을 개선할 것
- 근로시간 외의 근로자 활동에 대한 복지 차원의 지원에 최선을 다할 것
- 건강진단 결과, 상담자료 등을 참고하여 적절하게 근로자를 배치하고 직무스트레스 요인, 건강문제 발생가능성 및 대비책 등에 대하여 해당 근로자에게 충분히 설명할 것
- 뇌혈관 및 심장질환 발병위험도를 평가하여 금연, 고혈압 관리 등 건강증진 프로그램을 시행할 것

※ 산업안전보건기준에 관한 규칙 제669조에서 정한 장시간 야간작업에 따른 직무스트레스 예방조치는 주로 근로자의 건강관리를 위한 조치에 초점이 맞춰져 있다.

47

산업재해 중 중대재해에 관한 설명으로 옳지 않은 것은?

① 3개월 이상의 요양이 필요한 부상자가 동시에 2명 이상 발생한 산업재해는 중대재해에 속한다.
② 사망자가 1명 이상 발생한 산업재해는 중대재해에 속한다.
③ 부상자 또는 직업성 질병자가 동시에 10명 이상 발생한 산업재해는 중대재해에 속하지 않는다.
④ 중대재해가 발생한 때에는 지체 없이 발생개요 및 피해상황을 관할하는 지방고용노동관서의 장에게 전화, 팩스, 그밖의 적절한 방법으로 보고하여야 한다.
⑤ 중대재해가 발생했을 때에는 산업재해조사표 사본을 보존하거나 요양신청서 사본에 재발방지대책을 첨부해서 보존한다.

해설

③ 동시에 부상자 또는 직업성 질병자가 10명 이상 발생하면 중대재해이다.
① 산업안전보건법 시행규칙 제3조에 따르면 3개월 이상의 요양이 필요한 부상자가 동시에 2명 이상 발생한 경우 중대재해에 해당한다.
② 산업안전보건법 시행규칙 제3조에 따르면 사망자 발생은 중대재해에 해당한다.
④ 산업안전보건법 시행규칙 제67조에 따라 옳은 내용이다.
⑤ 중대재해 발생 후 산업재해조사표 또는 요양신청서와 재발방지대책을 첨부하여 보존하는 것은 의무 사항이다.

48

역학의 정의에 관한 설명으로 옳지 않은 것은?

① 인간집단 내 발생하는 모든 생리적 이상 상태의 빈도와 분포는 기술하지 않는다.
② 빈도와 분포를 결정하는 요인은 원인적 관련성 여부에 근거를 둔다.
③ 발생원인을 밝혀 상태 개선을 위하여 투입된 사업의 작동기전을 규명한다.
④ 예방법을 개발하는 학문이다.
⑤ 직업역학은 일하는 사람이 대상이다.

해설

① 역학은 인간집단 내 발생하는 모든 건강상태(질병, 부상, 생리적 이상 등)의 빈도와 분포를 기술하고, 이를 바탕으로 원인을 밝히는 학문이다. 따라서 기술하지 않는다는 표현은 옳지 않다.
② 요인의 원인적 관련성 : 역학은 건강상태의 빈도와 분포를 결정하는 요인을 분석하며, 원인적 관련성 여부를 평가한다.
③ 발생원인 및 사업의 작동기전 : 역학은 발생원인을 밝히고, 이를 바탕으로 실행된 예방 사업의 효과와 작동기전을 규명한다.
④ 예방적 학문 : 역학의 최종 목표는 질병의 예방과 건강 증진이다. 이를 위해 방법론을 개발하고 개선하는 역할을 한다.
⑤ 직업역학의 대상 : 직업역학은 일하는 사람을 대상으로 하며, 직업적 요인과 건강상태의 관계를 연구한다.

49

산업재해 통계 목적과 작성방법에 관한 설명으로 옳지 않은 것은?

① 재해통계는 주로 대상으로 하는 조직의 안전관리수준을 평가하고 차후의 재해방지에 기본이 되는 정보를 파악하기 위해 작성하는 것이다.
② 재해통계에 의해 대상집단의 경향과 특성 등을 수량적, 총괄적으로 해명할 수 있다.
③ 정보에 근거해서 조직의 대상집단에 대해 미리 효과적인 대책을 강구한다.
④ 동종재해 또는 유사재해의 재발방지를 도모한다.
⑤ 재해통계는 도형이나 숫자에 의한 표시법이 있지만, 숫자에 의한 표시법이 이해하기 쉽다.

해설

⑤ 숫자와 도형 표시법의 이해도 : 재해통계는 도형(그래프)과 숫자(표)로 표시할 수 있으나, 도형 표시법이 시각적으로 이해하기 쉽고 명확하게 전달된다. 숫자에 의한 표시법은 복잡할 수 있어 이해가 어려운 경우가 많다.
① 재해통계의 목적 : 재해통계는 안전관리수준을 평가하고, 재해방지에 필요한 정보를 제공하는 데 목적이 있다.
② 경향 및 특성 해명 : 재해통계를 통해 대상집단의 재해경향과 특성을 파악하고 이를 수량적, 총괄적으로 분석할 수 있다.
③ 효과적인 대책 강구 : 통계자료를 바탕으로 향후 발생 가능한 재해에 대한 예방대책을 효과적으로 수립할 수 있다.
④ 재해 재발방지 : 동종 및 유사재해의 재발방지를 위해 과거 통계를 활용하여 예방조치를 도모한다.

50

업무상 질병의 특성이 아닌 것은?

① 임상적, 병리적 소견이 일반 질병과 구분이 어렵다.
② 개인적 요인 또는 비직업적 요인은 상승작용을 하지 않는다.
③ 직업력을 소홀히 할 경우 판정이 어렵다.
④ 건강영향에 대한 미확인 신물질이 많아 정확한 판정이 어려운 경우가 많다.
⑤ 보상에 실익이 없을 수도 있다.

해설

② 업무상 질병은 개인적 요인(체질, 건강상태) 또는 비직업적 요인(생활습관)이 상승작용하여 질병 발생에 영향을 줄 수 있다. 이로 인해 업무와의 연관성을 판정하기 어려운 경우가 많다.
① 업무상 질병은 일반 질병과 유사한 임상적, 병리적 소견을 보여 판정이 어려운 경우가 많다.
③ 업무상 질병의 정확한 판정을 위해 근로자의 직업력(작업 내용, 노출 유해인자 등)을 면밀히 조사해야 한다. 이를 간과하면 판정이 어렵다.
④ 새로운 화학물질이나 공정에서 유발된 건강영향은 명확히 규명되지 않은 경우가 많아 판정이 까다롭다.
⑤ 업무상 질병이 인정되어도 보상의 실익이 크지 않은 경우도 발생할 수 있다.

| 기업진단 · 지도

51

인사평가 방법에 관한 설명으로 옳지 않은 것은?

① 서열(ranking)법은 등위를 부여해 평가하는 방법으로, 평가 비용과 시간을 절약할 수 있다.
② 평정척도(rating scale)법은 평가 항목에 대해 리커트(Likert) 척도 등을 이용해 평가한다.
③ BARS(Behaviorally Anchored Rating Scale) 평가법은 성과 관련 주요 행동에 대한 수행 정도로 평가한다.
④ MBO(Management By Objectives) 평가법은 상급자와 합의하여 설정한 목표 대비 실적으로 평가한다.
⑤ BSC(Balanced Score Card) 평가법은 연간 재무적 성과 결과를 중심으로 평가한다.

해설

⑤ BSC(Balanced Score Card) 평가법 : BSC는 재무적 성과뿐만 아니라 비재무적 요소(고객 만족, 내부 프로세스 효율성, 학습과 성장 등)까지 포함한 균형 잡힌 성과를 평가하는 방법이다.

52

노사관계에 관한 설명으로 옳지 않은 것은?

① 우리나라에서 단체협약은 1년을 초과하는 유효기간을 정할 수 없다.
② 1935년 미국의 와그너법(Wagner act)은 부당노동행위를 방지하기 위하여 제정되었다.
③ 유니언 숍제는 비조합원이 고용된 이후, 일정기간 이후에 조합에 가입하는 형태이다.
④ 우리나라에서 임금교섭은 조합 수 기준으로 기업별 교섭형태가 가장 많다.
⑤ 직장폐쇄는 사용자 측의 대항행위에 해당한다.

해설

단체협약 유효기간의 상한(노동조합 및 노동관계조정법 제32조)
㉠ 단체협약의 유효기간은 3년을 초과하지 않는 범위에서 노사가 합의하여 정할 수 있다.
㉡ 단체협약에 그 유효기간을 정하지 아니한 경우 또는 ㉠의 기간을 초과하는 유효기간을 정한 경우에 그 유효기간은 3년으로 한다.
㉢ 단체협약의 유효기간이 만료되는 때를 전후하여 당사자 쌍방이 새로운 단체협약을 체결하고자 단체교섭을 계속하였음에도 불구하고 새로운 단체협약이 체결되지 아니한 경우에는 별도의 약정이 있는 경우를 제외하고는 종전의 단체협약은 그 효력만료일부터 3월까지 계속 효력을 갖는다. 다만, 단체협약에 그 유효기간이 경과한 후에도 새로운 단체협약이 체결되지 아니한 때에는 새로운 단체협약이 체결될 때까지 종전 단체협약의 효력을 존속시킨다는 취지의 별도의 약정이 있는 경우에는 그에 따르되, 당사자 일방은 해지하고자 하는 날의 6월 전까지 상대방에게 통고함으로써 종전의 단체협약을 해지할 수 있다.

53

조직문화 중 안전문화에 관한 설명으로 옳은 것은?

① 안전문화 수준은 조직구성원이 느끼는 안전 분위기나 안전풍토(safety climate)에 대한 설문으로 평가할 수 있다.
② 안전문화는 TMI(Three Mile Island) 원자력발전소 사고 관련 국제원자력기구(IAEA) 보고서에 의해 그 중요성이 널리 알려졌다.
③ 브래들리 커브(Bradley curve) 모델은 기업의 안전문화 수준을 병적-수동적-계산적-능동적-생산적 5단계로 구분하고 있다.
④ Mohamed가 제시한 안전풍토의 요인들은 재해율이나 보호구 착용률과 같이 구체적이어서 안전문화 수준을 계량화하기 쉽다.
⑤ Pascale의 7S 모델은 안전문화의 구성요인으로 Safety, Strategy, Structure, System, Staff, Skill, Style을 제시하고 있다.

해설

② 안전문화(safety culture)라는 용어는 1986년 체르노빌 원자력발전소 사고 이후, 원자력 안전을 평가한 보고서에서 처음 사용되었다. 이를 통해 안전문화의 개념이 구체적으로 정의되고, 전 세계적으로 그 중요성이 강조되었다.
- TMI(Three Mile Island) 사고
  - 1979년에 발생한 미국의 원자력발전소 사고
  - 사고 이후 안전문화의 중요성이 제기되었지만, 안전문화라는 용어가 공식적으로 사용되지는 않았다.
  - TMI 사고의 주요 원인 : 기술적 결함 및 작업자 판단 실수
- 체르노빌 사고
  - 1986년 구소련에서 발생한 원자력발전소 폭발 사고
  - 사고 이후 안전문화가 공식적으로 언급되었으며, 체계적인 개념으로 자리 잡았다.
  - 체르노빌 사고의 주요 원인 : 설계 결함, 작업자의 과실, 관리적 부실 및 안전문화 부족

③ 브래들리 커브(Bradley curve) 모델은 일반적으로 기업의 안전문화 수준을 4단계로 구분하며, 단계는 병적(pathological), 반응적(reactive), 계산적(calculative), 능동적(proactive)의 4단계로 분류하였다.
④ 모하메드(Mohamed)가 제시한 안전풍토(safety climate)의 요인들은 주로 조직의 태도와 행동, 리더십, 지원 등과 같은 정성적 요소로 구성되어 있다. 재해율과 같은 지표는 안전문화 수준과의 직접적인 상관관계를 나타내기 어렵다.
⑤ 파스칼(Pascale)의 7S 모델은 조직의 일반적인 문화 및 관리 모델로, Shared value, Strategy, Structure, System, Staff, Skill, Style을 제시하고 있다.

정답 53 ①

54
동기부여이론에 관한 설명으로 옳은 것을 모두 고른 것은?

> ㄱ. 매슬로(A. Maslow)의 욕구 5단계 이론에서 가장 상위계층의 욕구는 자기가 원하는 집단에 소속되어 우의와 애정을 갖고자 하는 사회적 욕구이다.
> ㄴ. 허즈버그(F. Herzberg)의 2요인이론에서 급여와 복리후생은 동기요인에 해당한다.
> ㄷ. 맥그리거(D. McGregor)의 X이론에 의하면 사람은 엄격한 지시·명령으로 통제되어야 조직 목표를 달성할 수 있다.
> ㄹ. 맥클랜드(D. McClelland)는 주제통각시험(TAT)을 이용하여 사람의 욕구를 성취욕구, 권력욕구, 친교욕구로 구분하였다.

① ㄱ, ㄴ
② ㄱ, ㄹ
③ ㄷ, ㄹ
④ ㄱ, ㄴ, ㄷ
⑤ ㄴ, ㄷ, ㄹ

해설

동기부여이론
- 매슬로(A. Maslow)의 욕구 5단계 이론 : 인간의 욕구계층은 하위욕구(3욕구, 결핍욕구)인 생리적 욕구, 안전욕구, 사회적 욕구, 상위욕구(2욕구, 성장욕구)인 존경욕구, 자아실현 욕구로 이루어지며, '결핍-충족의 원리'에 기초하고 있다.
  - 욕구들은 낮은 단계에서 높은 단계로 순차적으로 나타난다.
  - 한순간에는 하나의 욕구만이 개인의 의식을 지배한다.
  - 개인의 행동을 일으키는 동기요인은 '결핍'이다.
  - 결핍된 욕구가 충족되면 다음 상위의 새로운 욕구가 출현된다.
  - 자아실현 욕구는 다른 욕구들과는 달리 충족될수록 욕구가 더 증가한다.
- 허즈버그(F. Herzberg)의 2요인이론(two-factor theory) : 1950년대 말 미국의 경영심리학자 허즈버그에 의하여 제시된 동기부여이론으로 '동기위생이론(motivation hygiene theory)'이라고 부르기도 한다. 허즈버그는 직무 만족에 영향을 미치는 요인들을 '동기요인(motivator)', 직무 불만족에 영향을 미치는 요인들을 '위생요인(hygiene factor)'으로 호칭하고 2요인이론을 주장하였다.
- 맥그리거(D. McGregor)의 X, Y이론 : X이론적 인간관은 인간은 천성적으로 일하기 싫어하기 때문에 지시와 통제에 의해 관리될 수 있다고 보는 반면, Y이론적 인간관은 인간은 수동적이지 않으며 자기발전을 향한 동기, 자발성, 책임감이 있으므로 개인목표와 조직목표를 통합해야 한다고 보고 있다.
- 맥클랜드(McClelland)의 성취동기이론(need for achievement theory) : 매슬로의 욕구단계이론이나 알더퍼(Alderfer)의 ERG이론과 마찬가지로 인간의 욕구에 기초한 동기부여이론이다. 맥클랜드는 매슬로의 5가지 욕구 중에서 상위 3가지를 대상으로 성취욕구, 친화욕구, 권력욕구로 구분하여 성취동기이론을 전개하였다. 이들 3가지 욕구는 조직행동에서 특히 중요하다.

욕구	선호하는 일	적절한 업무
높은 성취욕구	• 개인적 책임감을 느끼는 일 • 피드백이 주어지는 일	보너스가 주어지는 세일즈맨
높은 친화욕구	대인접촉이 많은 일	고객업무 담당자
높은 권력욕구	다른 사람에게 영향력을 행사할 수 있는 일	감독 책임자

정답 54 ③

55

리더십(leadership)에 관한 설명으로 옳은 것은?

① 리더십 행동이론에서 리더의 행동은 상황이나 조건에 의해 결정된다고 본다.
② 리더십 특성이론에서 좋은 리더는 리더십 행동에 대한 훈련에 의해 육성될 수 있다고 본다.
③ 리더십 상황이론에서 리더십은 리더와 부하직원들 간의 상호작용에 따라 달라질 수 있다고 본다.
④ 헤드십(headship)은 조직 구성원에 의해 선출된 관리자가 발휘하기 쉬운 리더십을 의미한다.
⑤ 헤드십은 최고경영자의 민주적인 리더십을 의미한다.

해설

③ 리더십 상황이론 : 리더와 부하 간의 관계, 과업 구조, 리더의 권한 수준 등 다양한 상황적 요소가 리더십 스타일의 효과성에 영향을 미친다고 본다. 리더십은 상황과 상호작용에 따라 달라질 수 있다는 점을 강조한다.
① 리더십 행동이론 : 과업 중심, 관계 중심 등에 초점을 맞추며, 리더의 행동이 리더십의 효과성을 결정한다고 본다.
② 리더십 특성이론 : 리더가 선천적으로 타고난 개인적 특성(예 지능, 카리스마, 신뢰감 등)에 초점을 맞춘다. 따라서 훈련보다는 타고난 특성이 리더십 효과를 결정한다고 본다.
④·⑤ 헤드십(headship) : 공식적 지위를 가진 리더가 그 지위로 인해 발휘하는 권위적 리더십을 의미하며, 구성원에 의해 선출된 관리자만의 특징은 아니다.

56

수요예측 방법에 관한 설명으로 옳은 것은?

① 델파이 방법은 일반 소비자를 대상으로 하는 정량적 수요예측 방법이다.
② 이동평균법은 과거 수요예측치의 평균으로 예측한다.
③ 시계열분석법의 변동요인에 추세(trend)는 포함되지 않는다.
④ 단순회귀분석법에서 수요량 예측은 최대자승법을 이용한다.
⑤ 지수평활법은 과거 실제 수요량과 예측치 간의 오차에 대해 지수적 가중치를 반영해 예측한다.

해설

① 델파이법은 여러 전문가의 판단을 조직적으로 수렴시켜 일치된 의견이나 예측을 도출하는 기법이다.
② 이동평균법은 과거 일정기간의 실적을 평균해서 다음 기간의 값을 예측하는 방법으로 특별한 추세변동, 계절변동, 순환변동 등의 요인이 없을 때 적용 가능하다.
③ 추세분석법은 시계열의 장기적 변동 경향(추세선)을 도출하여 미래의 수요를 예측하는 방법으로 추세선의 형태를 선정하는 것이 가장 중요하다.
④ 단순회귀분석법은 하나의 독립변수와 종속변수 사이의 선형 관계를 최소자승법으로 추정하여 관계를 설명하고 예측하는 통계기법이다.
※ 2017년 58번 문제 해설 참고

57
재고관리에 관한 설명으로 옳지 않은 것은?

① 경제적 주문량(EOQ) 모형에서 재고유지비용은 주문량에 비례한다.
② 신문판매원 문제(newsboy problem)는 확정적 재고모형에 해당한다.
③ 고정주문량모형은 재고수준이 미리 정해진 재주문점에 도달할 경우 일정량을 주문하는 방식이다.
④ ABC 재고관리는 재고의 품목 수와 재고 금액에 따라 중요도를 결정하고 재고관리를 차별적으로 적용하는 기법이다.
⑤ 재고로 인한 금융비용, 창고 보관료, 자재 취급비용, 보험료는 재고유지비용에 해당한다.

해설

② 신문판매원 문제는 수요가 확실하지 않은 확률적 재고모형으로, 과잉 재고와 재고 부족의 비용 간 균형을 맞추기 위한 최적 주문량을 계산한다. 확정적 재고모형은 수요가 고정적이고 예측 가능한 경우를 다룬다.

재고 주문모형
경제적 주문량(EOQ), 고정주문량모형, 고정주문주기모형, 확률적 재고모형, 신문판매원문제 등 다양한 방식으로 구성된다. 각 모형은 조직의 수요 패턴, 리드 타임, 비용 구조 등에 따라 적합하게 선택되어야 하며, 이를 통해 비용 최소화와 재고 효율성을 달성할 수 있다.

58
품질경영 기법에 관한 설명으로 옳지 않은 것은?

① SERVQUAL 모형은 서비스 품질수준을 측정하고 평가하는 데 이용될 수 있다.
② TQM은 고객의 입장에서 품질을 정의하고 조직 내의 모든 구성원이 참여하여 품질을 향상하고자 하는 기법이다.
③ HACCP은 식품의 품질 및 위생을 생산부터 유통단계를 거쳐 최종 소비될 때까지 합리적이고 철저하게 관리하기 위하여 도입되었다.
④ 6시그마 기법에서는 품질특성치가 허용한계에서 멀어질수록 품질비용이 증가하는 손실함수 개념을 도입하고 있다.
⑤ ISO 9000 시리즈는 표준화된 품질의 필요성을 인식하여 제정되었으며 제3자(인증기관)가 심사하여 인증하는 제도이다.

해설

④ 6시그마는 품질특성치를 허용범위 내에서 유지하며, 통계적 관리 기법과 문제 해결 프로세스(DMAIC)를 통해 결함을 최소화하는 데 초점을 맞춘다. 손실함수 개념(허용한계에서 멀어질수록 품질비용 증가)은 다구치 품질공학에서 사용되는 개념이다.

59

식음료 제조업체의 공급망관리팀 팀장인 홍길동은 유통단계에서 최종 소비자의 주문량 변동이 소매상, 도매상, 제조업체로 갈수록 증폭되는 현상을 발견하였다. 이에 관한 설명으로 옳지 않은 것은?

① 공급사슬 상류로 갈수록 주문의 변동이 증폭되는 현상을 채찍효과(bullwhip effect)라고 한다.
② 유통업체의 할인 이벤트 등으로 가격 변동이 클 경우 주문량 변동이 감소할 것이다.
③ 제조업체와 유통업체의 협력적 수요예측시스템은 주문량 변동이 감소하는 데 기여할 것이다.
④ 공급사슬의 정보공유가 지연될수록 주문량 변동은 증가할 것이다.
⑤ 공급사슬의 리드타임(lead time)이 길수록 주문량 변동은 증가할 것이다.

해설

② 할인 이벤트로 인해 가격 변동이 클 경우 수요의 불확실성이 커지므로 주문량 변동이 오히려 증가한다. 이는 가격 변동이 채찍효과를 유발하는 주요 원인 중 하나이다.

60

스트레스의 작용과 대응에 관한 설명으로 옳지 않은 것은?

① A 유형이 B 유형 성격의 사람에 비해 스트레스에 더 취약하다.
② Selye가 구분한 스트레스 3단계 중에서 2단계는 저항단계이다.
③ 스트레스 관련 정보수집, 시간관리, 구체적 목표의 수립은 문제중심적 대처방법이다.
④ 자신의 사건을 예측할 수 있고, 통제 가능하다고 지각하면 스트레스를 덜 받는다.
⑤ 긴장(각성) 수준이 높을수록 수행 수준은 선형적으로 감소한다.

해설

⑤ 긴장(각성)과 수행 수준의 관계는 선형이 아닌 역U자형 곡선(Yerkes-Dodson 법칙)으로 설명된다. 적정 수준의 긴장은 수행을 향상시키지만, 지나치게 낮거나 높은 긴장은 수행 수준을 감소시킨다.

스트레스

- A 유형 성격은 경쟁적이고 성취 지향적이며 성급한 특징이 있어 스트레스를 더 자주 경험하고 이에 취약하다. 반면, B유형 성격은 여유롭고 차분한 경향이 있어 스트레스에 강한 편이다.
- 한스 셀리에(Hans Selye)의 일반적응증후군(GAS)이론에 따르면 스트레스는 다음 3단계를 거친다.
  - 경고단계(alarm stage) : 스트레스에 대한 초기 반응 단계
  - 저항단계(resistance stage) : 스트레스 요인에 대해 신체가 적응하려는 단계
  - 소진단계(exhaustion stage) : 스트레스에 장기 노출 시 신체가 더 이상 저항하지 못하는 단계

정답 59 ② 60 ⑤

61

김 부장은 직원의 직무수행을 평가하기 위해 평정척도를 이용하였다. 금년부터는 평정오류를 줄이기 위한 방법으로 '종업원 비교법'을 도입하고자 한다. 이때 제거 가능한 오류(a)와 여전히 존재하는 오류(b)를 옳게 짝지은 것은?

① a : 후광오류　　　　　　　　b : 중앙집중오류
② a : 후광오류　　　　　　　　b : 관대화오류
③ a : 중앙집중오류　　　　　　b : 관대화오류
④ a : 관대화오류　　　　　　　b : 중앙집중오류
⑤ a : 중앙집중오류　　　　　　b : 후광오류

해설

평가오류
- 중앙집중오류(중심화경향) : 평가의 결과가 평가상의 중간으로 나타나기 쉬운 경향을 말한다. 이 경향의 원인은 관대화경향과 비슷하고 이를 해소하기 위해서는 강제할당법과 서열법 등을 활용할 수 있다.
- 후광오류 : 고과자가 피고과자의 어떤 면을 기준으로 해서 다른 것까지 함께 평가해 버리는 경향을 말한다. 즉 피고과자의 한 가지 장점에 현혹되어 모든 것을 다 좋거나 나쁘다고 평가한다.
- 관대화오류 : 피고과자를 실제 능력이나 업적보다 더 높게 평가하는 경향을 말한다. 이는 부하를 좋지 않게 평가하여 서로 대립할 필요가 없고, 자기부하가 타 부서보다 더 나쁘게 평가되는 것을 피하기 위한 것이다. 이를 피하기 위해 정규분포곡선을 이용하기도 한다.

62

인사 담당자인 김 부장은 신입사원 채용을 위해 적절한 심리검사를 활용하고자 한다. 심리검사에 관한 설명으로 옳지 않은 것은?

① 다른 조건이 모두 동일하다면 검사의 문항 수는 내적 일관성의 정도에 영향을 미치지 않는다.
② 반분 신뢰도(split-half reliability)는 검사의 내적 일관성 정도를 보여주는 지표이다.
③ 안면 타당도(face validity)는 검사문항들이 외관상 특정 검사의 문항으로 적절하게 보이는 정도를 의미한다.
④ 준거 타당도(criterion validity)에는 동시 타당도(concurrent validity)와 예측 타당도(predictive validity)가 있다.
⑤ 동형 검사 신뢰도(equivalent-form reliability)는 동일한 구성개념을 측정하는 두 독립적인 검사를 하나의 집단에 실시하여 측정한다.

해설

① 검사의 문항 수는 내적 일관성(internal consistency)에 직접적인 영향을 미친다. 일반적으로 문항 수가 많아질수록 내적 일관성 신뢰도(예 Cronbach's alpha)가 증가한다. 따라서 문항 수는 내적 일관성에 중요한 요소이다.

63

다음에 설명하는 용어는?

> 응집력이 높은 조직에서 모든 구성원들이 하나의 의견에 동의하려는 욕구가 매우 강해, 대안적인 행동방식을 객관적이고 타당하게 평가하지 못함으로써 궁극적으로 비합리적이고 비현실적인 의사결정을 하게 되는 현상이다.

① 집단사고(groupthink)
② 사회적 태만(social loafing)
③ 집단극화(group polarization)
④ 사회적 촉진(social facilitation)
⑤ 남만큼만 하기 효과(sucker effect)

해설

① 제니스(Janis)의 집단사고 : 집단 내 비판적 사고 없이 다수 의견에 동조하는 현상을 말한다. 집단사고의 원인으로 높은 집단 응집력, 구조적 결함(외부 의견으로부터의 단절, 지시적 리더, 대안 평가 절차 부재 등), 상황적 요인(높은 스트레스, 외부 위협, 낮은 자존감)을 들 수 있다. 제니스는 집단사고의 원인 중 가장 중요한 요소로 집단의 응집력을 꼽았다. 응집력이 강한 집단에서는 내집단 압력이 강해져 비판적 사고를 억압하기 쉽다. 내집단 압력이 강해지면 집단 구성원들은 의사 결정 과정에서 결정에 반대하는 발언을 자제하고, 언쟁을 피하며, 우호적이고 좋은 관계를 유지하려 한다(긍정적 효과). 이 경우 논쟁이나 의견 충돌이 없으므로 겉보기에는 분위기가 매우 좋고 아무런 문제도 없어 보이지만, 실상은 집단사고에 취약하기 쉽다(부정적 효과).
② 사회적 태만 : 집단에 속한 사람이 개인으로 할 때보다 노력을 덜하는 현상을 말한다.
③ 집단극화 : 집단의 의사결정이 개인의 의사결정보다 더 극단적으로 되는 현상을 말한다.
④ 사회적 촉진과 사회적 억제(social inhibition) : 사회적 촉진은 다른 사람들이 있을 때 쉬운 과제를 더 잘하는 현상을 말한다. 즉, 사람들은 이미 잘하는 일을 남들이 볼 때는 더 잘하게 된다(Strauss, 2001). 사회적 억제는 반대로 다른 사람들이 있을 때 어려운 과제의 수행 능력이 떨어지는 현상을 가리킨다.
⑤ 남만큼만 하기 효과 : 팀 구성원 중 일부가 일을 적게 하거나 게으르게 행동할 때, 나머지 구성원들도 '나만 열심히 해봐야 소용없다'는 생각으로 자신의 기여도를 낮추는 현상이다. 팀 전체의 성과가 떨어지고, 사회적 태만현상을 더욱 강화시킨다.

정답 63 ①

64

용접공이 작업 중에 보호안경을 쓰지 않으면 시력손상을 입는 산업재해가 발생한다. 용접공의 행동특성을 ABC행동이론(선행사건, 행동, 결과)에 근거하여 기술한 내용으로 옳은 것을 모두 고른 것은?

> ㄱ. 보호안경을 착용하지 않으면 편리하다는 확실한 결과를 얻을 수 있다.
> ㄴ. 보호안경 착용으로 나타나는 예방효과는 안전행동에 결정적인 영향을 미친다.
> ㄷ. 미래의 불확실한 이득(시력보호)으로 보호안경의 착용 행위를 증가시키는 것은 어렵다.
> ㄹ. 모범적인 보호안경 착용자에게 공개적인 인센티브를 제공하여 위험행동을 감소하도록 유도한다.

① ㄱ, ㄷ
② ㄴ, ㄹ
③ ㄱ, ㄷ, ㄹ
④ ㄴ, ㄷ, ㄹ
⑤ ㄱ, ㄴ, ㄷ, ㄹ

해설

※ 해당 문제는 지문과 선택지의 표현이 모호하여 복수 해석이 가능해졌고, 그 결과 단일 정답을 정할 수 없어 전항 정답 처리가 된 유형이다. ABC(Antecedent – Behavior – Consequence)원리에 비춰 보면, 출제의도상 정답은 ㄱ, ㄷ, ㄹ로 귀결되어야 한다. 그러나 ㄴ의 '결정적인 영향을 미친다'는 내용은 ABC행동이론 원리에서 결과에 근거한 내용으로 판단할 수 있다.

ABC행동이론

ABC행동이론은 행동의 원인을 분석하고, 이를 바탕으로 행동을 변화시키기 위해 고안된 이론이다. 이는 선행사건, 행동, 결과라는 세 가지 구성요소로 이루어져 있으며, 인간의 행동이 환경적 요인과 결과에 의해 영향을 받는 과정을 설명하고 있다.

- 선행사건(Antecedent) : 행동이 일어나기 전에 존재하는 환경적 조건이나 자극. 행동을 유발하거나 방아쇠 역할을 한다. 선행사건은 행동의 가능성을 높이거나 낮추는 신호로 작용한다.
  예 작업장에서 '보호안경을 착용하라'는 안전 표지판, 관리자의 구두 지시나 경고
- 행동(Behavior) : 선행사건에 의해 유발된 실제 행동. 선행사건과 결과 사이의 중심적인 부분으로, 이를 관찰하고 측정할 수 있다.
  예 보호안경을 착용하거나 착용하지 않는 행동, 작업 절차를 준수하거나 무시하는 행동
- 결과(Consequence) : 행동이 일어난 이후에 따르는 결과. 행동의 반복 여부를 결정하는 주요 요인으로 작용하며, 결과는 긍정적 또는 부정적일 수 있다. 행동을 강화(증가)하거나 약화(감소)시킨다.
  예 긍정적 결과 – 보호안경 착용 후 작업이 안전하게 완료됨
  　　부정적 결과 – 보호안경 미착용으로 인한 시력 손상

65

휴먼에러 발생원인을 설명하는 모델 중 주로 익숙하지 않은 문제를 해결할 때 사용하는 모델이며 지름길을 사용하지 않고 상황파악, 정보수집, 의사결정, 실행의 모든 단계를 순차적으로 실행하는 방법은?

① 위반 행동 모델(violation behavior model)
② 숙련기반 행동 모델(skill-based behavior model)
③ 규칙기반 행동 모델(rule-based behavior model)
④ 지식기반 행동 모델(knowledge-based behavior model)
⑤ 일반화 에러 모형(generic error modeling system)

해설

④ 지식기반 행동 모델(knowledge-based behavior model) : 익숙하지 않은 상황에서 사용자가 처음부터 상황을 이해하고 정보를 수집하여 문제를 해결하는 행동을 설명하고 있다. 지름길이나 기존 규칙이 없으며, 상황을 탐구하고 분석한 후 결정을 내린다. 문제 해결의 모든 단계를 순차적으로 실행한다.
① 위반 행동 모델(violation behavior model) : 안전 절차나 규칙을 의도적으로 무시하거나 위반하는 행동을 설명한다.
② 숙련기반 행동 모델(skill-based behavior model) : 반복적이고 익숙한 과업 수행 중에 발생하는 행동을 설명한다. 자동화된 행동과 근육 기억에 의해 작업이 이루어지며, 실수는 주로 부주의로 발생한다.
③ 규칙기반 행동 모델(rule-based behavior model) : 이미 존재하는 규칙이나 절차를 기반으로 문제를 해결하는 행동을 설명한다. 상황이 익숙하고, 정해진 규칙이나 절차가 있을 때 적합하다.
⑤ 일반화 에러 모형(generic error modeling system) : 다양한 유형의 에러(기술적, 규칙적, 지식적 에러 등)를 설명하는 종합적인 모델이다. 실수와 오류를 분류하고 이해하는 데 초점을 둔다.

66

소음의 특성과 청력손실에 관한 설명으로 옳지 않은 것은?

① 0dB 청력수준은 20대 정상 청력을 근거로 산출된 최소역치수준이다.
② 소음성 난청은 달팽이관의 유모세포 손상에 따른 영구적 청력손실이다.
③ 소음성 난청은 주로 1,000Hz 주변의 청력손실로부터 시작된다.
④ 소음작업이란 1일 8시간 작업을 기준으로 85dB(A) 이상의 소음이 발생하는 작업이다.
⑤ 중이염 등으로 고막이나 이소골이 손상된 경우 기도와 골도 청력에 차이가 발생할 수 있다.

해설

③ 소음성 난청은 일반적으로 3,000~6,000Hz의 고주파수 대역에서 청력손실이 먼저 발생한다. 이는 고주파수 영역에서 유모세포가 먼저 손상되기 때문이다. 이후 손상이 진행되면 다른 주파수 대역으로 확산될 수 있다.

67

인간의 정보처리과정에 관한 설명으로 옳은 것을 모두 고른 것은?

> ㄱ. 단기기억의 용량은 덩이 만들기(chunking)를 통해 확장할 수 있다.
> ㄴ. 감각기억에 있는 정보를 단기기억으로 이전하기 위해서는 주의가 필요하다.
> ㄷ. 신호검출이론(signal-detection theory)에서 누락(miss)은 신호가 없는 데도 있다고 잘못 판단하는 경우이다.
> ㄹ. Weber의 법칙에 따르면 10kg의 물체에 대한 무게 변화감지역(JND)이 1kg의 물체에 대한 무게 변화감지역보다 더 크다.

① ㄴ, ㄷ
② ㄱ, ㄴ, ㄹ
③ ㄱ, ㄷ, ㄹ
④ ㄴ, ㄷ, ㄹ
⑤ ㄱ, ㄴ, ㄷ, ㄹ

해설

신호검출이론
의사결정과 감지 능력의 관계를 설명하기 위한 이론이다. 이 이론은 감각적 요소와 의사결정 요소를 통합적으로 고려하며, 자극이 존재하거나 존재하지 않는 상황에서 개인이 어떻게 반응하는지 분석한다.
[자극의 존재 여부]
• 신호가 있음(signal present) : 실제로 자극이 존재하는 상황
• 신호가 없음(signal absent) : 실제로 자극이 존재하지 않는 상황
[반응 유형]
• 맞음(hit) : 신호가 있고 이를 정확히 탐지한 경우
• 누락(miss) : 신호가 있지만 이를 탐지하지 못한 경우
• 오경보(false alarm) : 신호가 없는데 있다고 잘못 탐지한 경우
• 정확 거부(correct rejection) : 신호가 없고 이를 정확히 탐지하지 않은 경우
ㄱ. 단기기억의 용량은 약 7±2개의 정보로 제한되지만, 관련된 정보를 묶어 '덩이(chunk)'로 만들면 기억 용량을 효과적으로 확장할 수 있다.
  예 '123456789'를 '123-456-789'로 묶어 기억
ㄴ. 감각기억은 짧은 시간 동안 저장된 자극을 처리하며, 주의(attention)가 없으면 정보는 단기기억으로 이전되지 않고 사라진다.
ㄹ. Weber의 법칙은 감지 가능한 변화의 비율(JND)이 일정하다는 이론으로, 자극의 강도가 클수록 변화감지역도 커야 변화를 인지할 수 있다.
  예 1kg 물체에 대한 JND가 0.1kg이라면, 10kg 물체의 JND는 1kg이다.

68

어떤 가설을 받아들이고 나면 다른 가능성은 검토하지도 않고 그 가설을 지지하는 증거만을 탐색해서 받아들이는 현상에 해당하는 것은?

① 대표성 어림법(representativeness heuristic)
② 가용성 어림법(availability heuristic)
③ 과잉확신(overconfidence)
④ 확증편향(confirmation bias)
⑤ 사후확신 편향(hindsight bias)

해설

④ 확증편향(confirmation bias) : 특정 가설이나 신념을 받아들인 이후, 그 가설을 지지하는 증거만을 탐색하고 반대 증거는 무시하거나 간과하는 경향
  예 한 사람이 특정 정치적 이념을 지지하며, 그 이념에 유리한 정보만 찾고 반대 정보를 무시
① 대표성 어림법(representativeness heuristic) : 어떤 사건이나 대상이 특정 범주에 속할 가능성을 그 대표적인 특징만으로 판단하는 사고 과정
  예 한 사람이 수줍음이 많고 책을 좋아한다는 이유로 그가 사서일 것이라고 추측
② 가용성 어림법(availability heuristic) : 머릿속에 떠오르는 정보의 가용성에 의존하여 확률이나 가능성을 판단하는 사고 과정
  예 뉴스에서 비행기 사고를 자주 본 사람은 비행기 사고가 더 흔하다고 판단
③ 과잉확신(overconfidence) : 자신의 지식, 판단, 능력을 실제보다 과대평가하는 심리적 경향
  예 시험공부를 충분히 하지 않았지만 높은 점수를 받을 것이라고 확신
⑤ 사후확신 편향(hindsight bias) : 어떤 일이 일어난 후에 그 결과를 마치 처음부터 예측할 수 있었던 것처럼 믿는 경향
  예 주식시장에서 하락 후 "하락할 것을 알았어!"라고 말함

69

안전율 결정인자가 아닌 것은?

① 기계설비의 제작비용
② 응력계산의 정확도
③ 다듬질면의 거칠기
④ 재료의 균질성에 대한 신뢰도
⑤ 불연속 부분의 존재

해설

제작비용은 안전율과 직접적인 관계가 없으며, 설계나 분석 과정에서 공학적 판단과는 별도로 고려되는 경제적 요인이다.

70

인체의 전기저항에 관한 설명으로 옳은 것을 모두 고른 것은?

> ㄱ. 인체 피부의 전기저항은 같은 크기의 전류가 흐를 때 접촉면적이 커지면 감소한다.
> ㄴ. 인체 전기저항은 전압 인가시간이 길어지면 감소한다.
> ㄷ. 인체 내부조직의 전기저항은 전압이 증가하여도 거의 일정하다.
> ㄹ. 인체 피부의 전기저항은 물에 젖은 경우 1/25 정도 감소한다.

① ㄱ, ㄴ
② ㄴ, ㄷ
③ ㄱ, ㄴ, ㄷ
④ ㄴ, ㄷ, ㄹ
⑤ ㄱ, ㄴ, ㄷ, ㄹ

정답 69 ① 70 ⑤

해설

인체의 전기저항

- 피부의 전기저항
  - 피부는 전기저항의 대부분을 차지하며, 전류의 흐름을 저항하는 주요 요소이다.
  - 접촉면적 증가 : 접촉 면적이 커지면 전류의 경로가 늘어나 저항이 감소한다.
  - 물에 젖은 경우 : 피부가 젖으면 저항이 약 1/25~1/20 정도 감소한다.
  - 전압 인가시간 : 전압이 오래 인가되면 피부 손상이나 수분 증가로 저항이 감소한다.
- 내부조직의 전기저항
  - 근육, 혈액 등 내부조직의 전기저항은 물리적 특성상 거의 일정하게 유지된다.
  - 피부와 달리 전압 변화에 민감하지 않다.
- 전기저항의 변화 요인 : 접촉면적, 습도(젖은 상태), 전압 인가 시간, 피부 상태 등이 저항 변화에 영향을 미친다.

71

하인리히(Heinrich)의 사고예방대책 기본원리 5단계에서 재해조사 분석, 안전성 진단 및 작업환경측정은 몇 단계에서 실시하는가?

① 1단계
② 2단계
③ 3단계
④ 4단계
⑤ 5단계

해설

하인리히(Heinrich)의 사고예방대책 기본원리 5단계

- 조직 구성 → 사실 발견 → 분석 → 시정책 선정 → 적용의 체계적 단계로 이루어진다.
- 사고의 원인을 체계적으로 파악하고 효과적인 대책을 실행하는 것이 목표이다.
  - 안전관리 조직(organization) : 경영자가 안전 목표를 설정하고, 안전관리 조직을 구성하여 방침과 계획을 수립한다. 전문 기술을 가진 조직이 근로자와 협력해 목표를 달성하도록 한다.
  - 사실의 발견(fact finding) : 안전사고 및 활동 기록을 검토하고 작업을 분석해 불안전 요소를 발견한다. 방법으로는 안전점검, 사고조사, 관찰 보고서 분석, 안전회의 등이 있다.
  - 평가·분석(analysis) : 발견된 불안전 요소를 토대로 사고 원인을 분석한다. 분석은 사고의 직접 및 간접 원인을 찾아내며, 현장조사, 환경조건, 작업공정, 교육과 훈련 등의 분석을 포함한다.
  - 시정책의 선정(selection of remedy) : 분석된 원인에 따라 기술적, 인사적, 교육적, 행정적 개선 방안을 선정한다. 규정 및 수칙의 개선과 이행 체제도 강화한다.
  - 시정책의 적용(application of remedy) : 선정된 개선 방안을 실행하고 결과를 재평가하여 수정 및 보완한다. 교육(Education), 기술(Engineering), 규제(Enforcement)의 '3E' 대책을 통해 시정책을 실현한다.

72
근로자 개인보호구 구비조건에 관한 설명으로 옳은 것을 모두 고른 것은?

ㄱ. 착용이 간편해야 한다.
ㄴ. 금속성 재료는 내식성이 없어야 한다.
ㄷ. 작업에 방해가 되지 않아야 한다.
ㄹ. 유해·위험에 대한 방호가 완전해야 한다.
ㅁ. 재료는 무겁고 충분한 강도를 갖추어야 한다.

① ㄱ, ㄴ, ㄷ
② ㄱ, ㄷ, ㄹ
③ ㄴ, ㄷ, ㄹ
④ ㄴ, ㄹ, ㅁ
⑤ ㄷ, ㄹ, ㅁ

해설

ㄴ. 금속성 재료는 내식성이 있어야 한다. 내식성은 금속이 부식되지 않도록 하는 성질로, 이는 보호구의 내구성과 안정성을 유지하는 데 필수적이다.
ㅁ. 보호구 재료는 가벼우면서도 충분한 강도를 갖추어야 한다. 무거운 보호구는 착용자가 불편을 느끼거나 사용을 꺼릴 수 있다.

73
위험성 추정 시 산업재해 유형별 구분으로 옳지 않은 것은?

① 화학물질의 물리적 효과에 의한 것
② 물리적 인자의 유해성에 의한 것
③ 자연환경의 물리적 효과에 의한 것
④ 화학물질의 유해성에 의한 것
⑤ 생물학적 요인에 의한 것

해설

사업장 위험성평가에 관한 지침이 일부 개정되면서 위험성 추정 중심의 위험성평가를 파악과 참여·공유 중심으로 재정의하고, 위험성 결정을 보다 쉽고 간편하게 할 수 있도록 정의하였다. 개정되기 전 '위험성 추정'에 대한 정의는 유해·위험요인별로 부상 또는 질병으로 이어질 수 있는 가능성과 중대성의 크기를 각각 추정하여 위험성의 크기를 산출하는 것을 말한다.

74

위험성평가 기법의 하나인 FTA(Fault Tree Analysis)에서 사용되는 기호의 명칭으로 옳지 않은 것은?

① ⌂ OR 게이트
② ⌂ AND 게이트
③ ○ 기본사상
④ △ 생략사상
⑤ □ 중간 또는 정상사상

해설

결함수에서 사용되는 일반적인 기호(결함수 분석에 관한 기술지침)

기호	명칭	설명
○	기본사상 (basic event)	더 이상 전개할 수 없는 사건의 원인
⬯	조건부사상 (conditional event)	논리 게이트에 연결되어 사용되며, 논리에 적용되는 조건이나 제약 등을 명시(우선적 억제 게이트에 우선적으로 적용)
◇	생략사상 (undeveloped event)	사고 결과나 관련 정보가 미비하여 계속 개발될 수 없는 특정 초기사상
⌂	통상사상 (external event)	유동계통의 층 변화와 같이 일반적으로 발생이 예상되는 사상
□	중간사상 (intermediate event)	한 개 이상의 입력사상에 의해 발생된 고장사상으로서 주로 고장에 대한 설명 서술
⌂	OR 게이트 (OR gate)	한 개 이상의 입력사상이 발생하면 출력사상이 발생하는 논리 게이트
⌂	AND 게이트 (AND gate)	입력사상이 전부 발생하는 경우에만 출력사상이 발생하는 논리 게이트
⬡-○	억제 게이트 (inhibit gate)	AND 게이트의 특별한 경우로서 이 게이트의 출력사상은 한 개의 입력사상에 의해 발생하며, 입력사상이 출력사상을 생성하기 전에 특정조건을 만족하여야 하는 논리 게이트
⌂	배타적 OR 게이트 (exclusive OR gate)	OR 게이트의 특별한 경우로서 입력사상 중 오직 한 개의 발생으로만 출력사상이 생성되는 논리 게이트
⌂	우선적 AND 게이트 (priority AND gate)	AND 게이트의 특별한 경우로서 입력사상이 특정 순서별로 발생한 경우에만 출력사상이 발생하는 논리 게이트
△	전이기호 (transfer symbol)	다른 부분에 있는(예 다른 페이지) 게이트와의 연결관계를 나타내기 위한 기호. 전입(transfer in)과 전출(transfer out)기호가 있음

75

안전보건경영시스템(KOSHA 18001) 인증에서 안전보건경영관계자 면담 시 중급 관리자가 숙지해야 할 사항으로 명시되지 않은 것은?

① 안전보건경영방침을 수행하기 위한 구체적 추진계획
② 안전보건경영시스템의 운영절차와 예상효과
③ 해당 공정의 위험성 평가방법과 내용
④ 최신 기술자료의 보관장소와 관리방법
⑤ 개인보호구 착용기준과 착용방법

해설

※ 안전보건경영시스템(KOSHA-MS) 인증업무 처리규칙이 개정됨에 따라 문제에 제시된 일부 용어가 바뀌었음을 알려드립니다.

안전보건경영관계자 면담[안전보건경영시스템(KOSHA-MS) 인증업무 처리규칙]

항목	인증기준		
	50인 이상	20인 이상~50인 미만	20인 미만
중간 관리자가 알아야 할 사항	• 회사의 안전보건경영방침을 수행하기 위한 구체적 추진계획을 알고 있어야 한다. • 안전보건경영시스템의 운영절차와 기대효과에 대해서 알고 있어야 한다. • 안전보건경영시스템 운영상의 담당자의 역할을 알고 있어야 한다. • 해당 공정의 위험성 평가방법과 내용을 알고 있어야 한다. • 해당 공정의 중요한 안전보건작업지침을 알고 있어야 한다. • 유해위험작업공정과 작업환경이 열악한 장소를 파악하고 있어야 한다. • 비상조치 사항을 알고 있어야 한다. • 최신 기술자료의 보관장소와 관리방법을 알고 있어야 한다.	• 회사의 안전보건경영방침을 수행하기 위한 구체적 추진계획을 알고 있어야 한다. • 안전보건경영시스템의 운영절차와 기대효과에 대해서 알고 있어야 한다. • 안전보건경영시스템 운영상의 담당자의 역할을 알고 있어야 한다. • 해당 공정의 위험성 평가방법과 내용을 알고 있어야 한다. • 해당 공정의 중요한 안전보건작업지침을 알고 있어야 한다. • 유해위험작업공정과 작업환경이 열악한 장소를 파악하고 있어야 한다. • 비상조치 사항을 알고 있어야 한다. • 최신 기술자료의 보관장소와 관리방법을 알고 있어야 한다.	• 회사의 안전보건경영방침을 수행하기 위한 구체적 추진계획을 알고 있어야 한다. • 안전보건경영시스템의 운영절차와 기대효과에 대해서 알고 있어야 한다. • 안전보건경영시스템 운영상의 담당자의 역할을 알고 있어야 한다. • 해당 공정의 위험성 평가방법과 내용을 알고 있어야 한다. • 해당 공정의 중요한 안전보건작업지침을 알고 있어야 한다. • 유해위험작업공정과 작업환경이 열악한 장소를 파악하고 있어야 한다. • 비상조치 사항을 알고 있어야 한다. • 최신 기술자료의 보관장소와 관리방법을 알고 있어야 한다.

정답 75 ⑤

2021년 과년도 기출문제

산업안전보건법령

01
산업안전보건법령상 안전보건관리체제에 관한 설명으로 옳지 않은 것은?
① 안전보건관리책임자는 안전관리자와 보건관리자를 지휘·감독한다.
② 사업주는 사업장을 실질적으로 총괄하여 관리하는 사람에게 해당 사업장의 작업환경측정 등 작업환경의 점검 및 개선에 관한 업무를 총괄하여 관리하도록 하여야 한다.
③ 사업주는 안전관리자에게 산업 안전 및 보건에 관한 업무로서 해당 작업에서 발생한 산업재해에 관한 보고 및 이에 대한 응급조치에 관한 업무를 수행하도록 하여야 한다.
④ 사업주는 안전보건관리책임자가 산업안전보건법에 따른 업무를 원활하게 수행할 수 있도록 권한·시설·장비·예산, 그 밖에 필요한 지원을 해야 한다.
⑤ 사업주는 안전보건관리책임자를 선임했을 때에는 그 선임 사실 및 산업안전보건법에 따른 업무의 수행내용을 증명할 수 있는 서류를 갖추어 두어야 한다.

> **해설**
> ③ 관리감독자의 업무에 해당한다.
> 안전보건관리책임자(산업안전보건법 제15조)
> ㉠ 사업주는 사업장을 실질적으로 총괄하여 관리하는 사람에게 해당 사업장의 다음의 업무를 총괄하여 관리하도록 하여야 한다.
>   1. 사업장의 산업재해 예방계획의 수립에 관한 사항
>   2. 제25조 및 제26조에 따른 안전보건관리규정의 작성 및 변경에 관한 사항
>   3. 제29조에 따른 안전보건교육에 관한 사항
>   4. **작업환경측정 등 작업환경의 점검 및 개선에 관한 사항**
>   5. 제129조부터 제132조까지에 따른 근로자의 건강진단 등 건강관리에 관한 사항
>   6. 산업재해의 원인조사 및 재발방지대책 수립에 관한 사항
>   7. 산업재해에 관한 통계의 기록 및 유지에 관한 사항
>   8. 안전장치 및 보호구 구입 시 적격품 여부 확인에 관한 사항
>   9. 그 밖에 근로자의 유해·위험 방지조치에 관한 사항으로서 고용노동부령으로 정하는 사항
> ㉡ ㉠ 각 호의 업무를 총괄하여 관리하는 사람(이하 안전보건관리책임자)은 제17조에 따른 **안전관리자와 제18조에 따른 보건관리자를 지휘·감독한다.**
> 안전보건관리책임자의 선임 등(산업안전보건법 시행령 제14조)
> • 사업주는 안전보건관리책임자가 법 제15조 제1항에 따른 업무를 원활하게 수행할 수 있도록 권한·시설·장비·예산, 그 밖에 필요한 지원을 해야 한다.
> • 사업주는 안전보건관리책임자를 선임했을 때에는 그 선임 사실 및 법 제15조 제1항 각 호에 따른 업무의 수행내용을 증명할 수 있는 서류를 갖추어 두어야 한다.

1 ③ **정답**

02

산업안전보건법령상 협조 요청 등에 관한 설명으로 옳지 않은 것은?

① 고용노동부장관은 산업재해 예방에 관한 기본계획을 효율적으로 시행하기 위하여 필요하다고 인정할 때에는 공공기관의 운영에 관한 법률에 따른 공공기관의 장에게 필요한 협조를 요청할 수 있다.
② 고용노동부를 제외한 행정기관의 장은 사업장의 안전 및 보건에 관하여 규제를 하려면 미리 고용노동부장관과 협의하여야 한다.
③ 고용노동부장관은 산업재해 예방을 위하여 필요하다고 인정할 때에는 사업주단체에게 필요한 사항을 권고하거나 협조를 요청할 수 있다.
④ 고용노동부장관은 산업재해 예방을 위하여 중앙행정기관의 장과 지방자치단체의 장 또는 공단 등 관련 기관·단체의 장에게 소득세법에 따른 납세실적에 관한 정보의 제공을 요청할 수 있다.
⑤ 고용노동부장관은 산업재해 예방을 위하여 중앙행정기관의 장과 지방자치단체의 장 또는 공단 등 관련 기관·단체의 장에게 고용보험법에 따른 근로자의 피보험자격의 취득 및 상실 등에 관한 정보의 제공을 요청할 수 있다.

해설

④ 해당 없다.

협조 요청 등(산업안전보건법 제8조)

㉠ 고용노동부장관은 제7조 제1항에 따른 기본계획을 효율적으로 시행하기 위하여 필요하다고 인정할 때에는 관계 행정기관의 장 또는 공공기관의 운영에 관한 법률 제4조에 따른 공공기관의 장에게 필요한 협조를 요청할 수 있다.
㉡ 행정기관(고용노동부는 제외한다. 이하 이 조에서 같다)의 장은 사업장의 안전 및 보건에 관하여 규제를 하려면 미리 고용노동부장관과 협의하여야 한다.
㉢ 행정기관의 장은 고용노동부장관이 ㉡에 따른 협의과정에서 해당 규제에 대한 변경을 요구하면 이에 따라야 하며, 고용노동부장관은 필요한 경우 국무총리에게 협의·조정 사항을 보고하여 확정할 수 있다.
㉣ 고용노동부장관은 산업재해 예방을 위하여 필요하다고 인정할 때에는 사업주, 사업주단체, 그 밖의 관계인에게 필요한 사항을 권고하거나 협조를 요청할 수 있다.
㉤ 고용노동부장관은 산업재해 예방을 위하여 중앙행정기관의 장과 지방자치단체의 장 또는 공단 등 관련 기관·단체의 장에게 다음의 정보 또는 자료의 제공 및 관계 전산망의 이용을 요청할 수 있다. 이 경우 요청을 받은 중앙행정기관의 장과 지방자치단체의 장 또는 관련 기관·단체의 장은 정당한 사유가 없으면 그 요청에 따라야 한다.
1. 부가가치세법 제8조 및 법인세법 제111조에 따른 사업자등록에 관한 정보
2. 고용보험법 제15조에 따른 근로자의 피보험자격의 취득 및 상실 등에 관한 정보
3. 그 밖에 산업재해 예방사업을 수행하기 위하여 필요한 정보 또는 자료로서 대통령령으로 정하는 정보 또는 자료

03

산업안전보건법령상 산업재해 발생건수 등의 공표대상 사업장에 해당하는 것은?

① 사망재해자가 연간 1명 이상 발생한 사업장
② 사망만인율(연간 상시근로자 1만 명당 발생하는 사망재해자 수의 비율)이 규모별 같은 업종의 평균 사망만인율 이상인 사업장
③ 산업안전보건법에 따른 중대재해가 발생한 사업장
④ 산업재해 발생 사실을 은폐했거나, 은폐할 우려가 있는 사업장
⑤ 산업안전보건법에 따른 산업재해의 발생에 관한 보고를 최근 3년 이내 1회 이상 하지 않은 사업장

해설

공표대상 사업장(산업안전보건법 시행령 제10조)
- 산업재해로 인한 사망자(이하 사망재해자)가 연간 2명 이상 발생한 사업장
- 사망만인율(死亡萬人率 : 연간 상시근로자 1만 명당 발생하는 사망재해자 수의 비율을 말한다)이 규모별 같은 업종의 평균 사망만인율 이상인 사업장
- 법 제44조 제1항 전단에 따른 중대산업사고가 발생한 사업장
- 법 제57조 제1항을 위반하여 산업재해 발생 사실을 은폐한 사업장
- 법 제57조 제3항에 따른 산업재해의 발생에 관한 보고를 최근 3년 이내 2회 이상 하지 않은 사업장

정답 3 ②

04

산업안전보건법령상 사업주가 산업안전보건위원회의 심의·의결을 거쳐야 하는 사항을 모두 고른 것은?

> ㄱ. 안전장치 및 보호구 구입 시 적격품 여부 확인에 관한 사항
> ㄴ. 작업환경측정 등 작업환경의 점검 및 개선에 관한 사항
> ㄷ. 산업재해의 원인조사 및 재발방지대책 수립에 관한 사항 중 중대재해에 관한 사항
> ㄹ. 유해하거나 위험한 기계·기구·설비를 도입한 경우 안전 및 보건 관련 조치에 관한 사항

① ㄱ
② ㄱ, ㄴ
③ ㄷ, ㄹ
④ ㄴ, ㄷ, ㄹ
⑤ ㄱ, ㄴ, ㄷ, ㄹ

해설

ㄱ. 안전보건관리책임자의 업무에 해당한다.

산업안전보건위원회(산업안전보건법 제24조)
사업주는 다음 사항에 대해서는 산업안전보건위원회의 심의·의결을 거쳐야 한다.
- 사업장의 산업재해 예방계획의 수립에 관한 사항
- 제25조 및 제26조에 따른 안전보건관리규정의 작성 및 변경에 관한 사항
- 제29조에 따른 안전보건교육에 관한 사항
- 작업환경측정 등 작업환경의 점검 및 개선에 관한 사항
- 제129조부터 제132조까지에 따른 근로자의 건강진단 등 건강관리에 관한 사항
- 산업재해에 관한 통계의 기록 및 유지에 관한 사항
- 산업재해의 원인조사 및 재발방지대책 수립에 관한 사항 중 중대재해에 관한 사항
- 유해하거나 위험한 기계·기구·설비를 도입한 경우 안전 및 보건 관련 조치에 관한 사항
- 그 밖에 해당 사업장 근로자의 안전 및 보건을 유지·증진시키기 위하여 필요한 사항

05

산업안전보건법령상 안전보건관리규정에 관한 설명으로 옳은 것은?

① 사업주는 안전보건관리규정을 작성해야 할 사유가 발생한 날부터 30일 이내에, 이를 변경할 사유가 발생한 경우에는 15일 이내에 안전보건관리규정을 작성해야 한다.
② 사업주가 안전보건관리규정을 작성할 때에는 소방·가스·전기·교통 분야 등의 다른 법령에서 정하는 안전관리에 관한 규정과 통합하여 작성해서는 안 된다.
③ 안전보건관리규정이 단체협약에 반하는 경우 안전보건관리규정으로 정한 기준에 따른다.
④ 산업안전보건위원회가 설치되어 있지 아니한 사업장의 경우에는 사업주가 안전보건관리규정을 작성하거나 변경할 때에 근로자대표의 동의를 받아야 한다.
⑤ 안전보건관리규정에는 안전 및 보건에 관한 관리조직에 관한 사항은 포함되지 않는다.

> **해설**

안전보건관리규정의 작성·변경 절차(산업안전보건법 제26조)
사업주는 안전보건관리규정을 작성하거나 변경할 때에는 산업안전보건위원회의 심의·의결을 거쳐야 한다. 다만, 산업안전보건위원회가 설치되어 있지 아니한 사업장의 경우에는 근로자대표의 동의를 받아야 한다.

안전보건관리규정의 작성(산업안전보건법 제25조)
㉠ 사업주는 사업장의 안전 및 보건을 유지하기 위하여 다음 사항이 포함된 안전보건관리규정을 작성하여야 한다.
  1. 안전 및 보건에 관한 관리조직과 그 직무에 관한 사항
  2. 안전보건교육에 관한 사항
  3. 작업장의 안전 및 보건 관리에 관한 사항
  4. 사고 조사 및 대책 수립에 관한 사항
  5. 그 밖에 안전 및 보건에 관한 사항
㉡ ㉠에 따른 안전보건관리규정은 단체협약 또는 취업규칙에 반할 수 없다. 이 경우 안전보건관리규정 중 단체협약 또는 취업규칙에 반하는 부분에 관하여는 그 단체협약 또는 취업규칙으로 정한 기준에 따른다.

안전보건관리규정의 작성(산업안전보건법 시행규칙 제25조)
㉠ 안전보건관리규정을 작성해야 할 사업의 종류 및 상시근로자 수는 별표 2와 같다.
㉡ ㉠에 따른 사업의 사업주는 안전보건관리규정을 작성해야 할 사유가 발생한 날부터 30일 이내에 별표 3의 내용을 포함한 안전보건관리규정을 작성해야 한다. 이를 변경할 사유가 발생한 경우에도 또한 같다.
㉢ 사업주가 ㉡에 따라 안전보건관리규정을 작성할 때에는 소방·가스·전기·교통 분야 등의 다른 법령에서 정하는 안전관리에 관한 규정과 통합하여 작성할 수 있다.

06

산업안전보건법령상 사업주의 의무 사항에 해당하는 것은?
① 산업 안전 및 보건 정책의 수립 및 집행
② 해당 사업장의 안전 및 보건에 관한 정보를 근로자에게 제공
③ 산업재해에 관한 조사 및 통계의 유지·관리
④ 산업 안전 및 보건 관련 단체 등에 대한 지원 및 지도·감독
⑤ 산업 안전 및 보건에 관한 의식을 북돋우기 위한 홍보·교육 등 안전문화 확산 추진

> **해설**

①·③·④·⑤ 정부의 책무에 해당된다.
사업주 등의 의무(산업안전보건법 제5조)
- 이 법과 이 법에 따른 명령으로 정하는 산업재해 예방을 위한 기준
- 근로자의 신체적 피로와 정신적 스트레스 등을 줄일 수 있는 쾌적한 작업환경의 조성 및 근로조건 개선
- 해당 사업장의 안전 및 보건에 관한 정보를 근로자에게 제공

정답 6 ②

07

산업안전보건법령상 용어에 관한 설명으로 옳지 않은 것은?

① 건설공사발주자는 도급인에 해당한다.
② 근로자의 과반수로 조직된 노동조합이 없는 경우에는 근로자의 과반수를 대표하는 자를 근로자대표로 한다.
③ 노무를 제공하는 사람이 업무에 관계되는 설비에 의하여 질병에 걸리는 것은 산업재해에 해당한다.
④ 명칭에 관계없이 물건의 제조·건설·수리 또는 서비스의 제공, 그 밖의 업무를 타인에게 맡기는 계약은 도급이다.
⑤ 산업재해 중 3개월 이상의 요양이 필요한 부상자가 동시에 2명 이상 발생한 재해는 중대재해에 해당한다.

해설

① 건설공사발주자는 도급인에서 제외된다.

정의(산업안전보건법 제2조)
- "도급인"이란 물건의 제조·건설·수리 또는 서비스의 제공, 그 밖의 업무를 도급하는 사업주를 말한다. 다만, 건설공사발주자는 제외한다.
- "근로자대표"란 근로자의 과반수로 조직된 노동조합이 있는 경우에는 그 노동조합을, 근로자의 과반수로 조직된 노동조합이 없는 경우에는 근로자의 과반수를 대표하는 자를 말한다.
- "산업재해"란 노무를 제공하는 사람이 업무에 관계되는 건설물·설비·원재료·가스·증기·분진 등에 의하거나 작업 또는 그 밖의 업무로 인하여 사망 또는 부상하거나 질병에 걸리는 것을 말한다.
- "도급"이란 명칭에 관계없이 물건의 제조·건설·수리 또는 서비스의 제공, 그 밖의 업무를 타인에게 맡기는 계약을 말한다.
- "중대재해"란 산업재해 중 사망 등 재해 정도가 심하거나 다수의 재해자가 발생한 경우로서 다음 어느 하나에 해당하는 재해를 말한다.
  - 사망자가 1명 이상 발생한 재해
  - 3개월 이상의 요양이 필요한 부상자가 동시에 2명 이상 발생한 재해
  - 부상자 또는 직업성 질병자가 동시에 10명 이상 발생한 재해

08

산업안전보건법령상 자율검사프로그램에 따른 안전검사를 할 수 있는 검사원의 자격을 갖추지 못한 사람은?

① 국가기술자격법에 따른 기계·전기·전자·화공 또는 산업안전 분야에서 기사 이상의 자격을 취득한 후 해당 분야의 실무경력이 4년인 사람
② 국가기술자격법에 따른 기계·전기·전자·화공 또는 산업안전 분야에서 산업기사 이상의 자격을 취득한 후 해당 분야의 실무경력이 6년인 사람
③ 초·중등교육법에 따른 고등학교·고등기술학교에서 기계·전기 또는 전자·화공 관련 학과를 졸업한 후 해당 분야의 실무경력이 6년인 사람
④ 고등교육법에 따른 학교 중 수업연한이 4년인 학교에서 기계·전기·전자·화공 또는 산업안전 분야의 관련 학과를 졸업한 후 해당 분야의 실무경력이 4년인 사람
⑤ 국가기술자격법에 따른 기계·전기·전자·화공 또는 산업안전 분야에서 기능사 이상의 자격을 취득한 후 해당 분야의 실무경력이 8년인 사람

정답 7 ① 8 ③

해설

검사원의 자격(산업안전보건법 시행규칙 제130조)
- 국가기술자격법에 따른 기계・전기・전자・화공 또는 산업안전 분야에서 기사 이상의 자격을 취득한 후 해당 분야의 실무경력이 3년 이상인 사람
- 국가기술자격법에 따른 기계・전기・전자・화공 또는 산업안전 분야에서 산업기사 이상의 자격을 취득한 후 해당 분야의 실무경력이 5년 이상인 사람
- 국가기술자격법에 따른 기계・전기・전자・화공 또는 산업안전 분야에서 기능사 이상의 자격을 취득한 후 해당 분야의 실무경력이 7년 이상인 사람
- 고등교육법 제2조에 따른 학교 중 수업연한이 4년인 학교(같은 법 및 다른 법령에 따라 이와 같은 수준 이상의 학력이 인정되는 학교를 포함한다)에서 기계・전기・전자・화공 또는 산업안전 분야의 관련 학과를 졸업한 후 해당 분야의 실무경력이 3년 이상인 사람
- 고등교육법에 따른 학교 중 제4호에 따른 학교 외의 학교(같은 법 및 다른 법령에 따라 이와 같은 수준 이상의 학력이 인정되는 학교를 포함한다)에서 기계・전기・전자・화공 또는 산업안전 분야의 관련 학과를 졸업한 후 해당 분야의 실무경력이 5년 이상인 사람
- 초・중등교육법 제2조 제3호에 따른 고등학교・고등기술학교에서 기계・전기 또는 전자・화공 관련 학과를 졸업한 후 해당 분야의 실무경력이 7년 이상인 사람
- 법 제98조 제1항에 따른 자율검사프로그램(이하 자율검사프로그램)에 따라 안전에 관한 성능검사 교육을 이수한 후 해당 분야의 실무경력이 1년 이상인 사람

09

산업안전보건법령상 안전보건관리책임자에 대한 신규교육 및 보수교육의 교육시간이 옳게 연결된 것은?(단, 다른 면제조건이나 감면조건을 고려하지 않음)

① 신규교육 : 6시간 이상, 보수교육 : 6시간 이상
② 신규교육 : 10시간 이상, 보수교육 : 6시간 이상
③ 신규교육 : 10시간 이상, 보수교육 : 10시간 이상
④ 신규교육 : 24시간 이상, 보수교육 : 10시간 이상
⑤ 신규교육 : 34시간 이상, 보수교육 : 24시간 이상

해설

안전보건교육 교육과정별 교육시간(산업안전보건법 시행규칙 별표 4)
안전보건관리책임자 등에 대한 교육

교육대상	교육시간	
	신규교육	보수교육
안전보건관리책임자	6시간 이상	6시간 이상
안전관리자, 안전관리전문기관의 종사자	34시간 이상	24시간 이상
보건관리자, 보건관리전문기관의 종사자		
건설재해예방전문지도기관의 종사자		
석면조사기관의 종사자		
안전보건관리담당자	-	8시간 이상
안전검사기관, 자율안전검사기관의 종사자	34시간 이상	24시간 이상

10

산업안전보건법령상 안전인증대상기계 등이 아닌 유해·위험기계 등으로서 자율안전확인대상기계 등에 해당하는 것이 아닌 것은?

① 휴대형이 아닌 연삭기(研削機)
② 파쇄기 또는 분쇄기
③ 용접용 보안면
④ 자동차정비용 리프트
⑤ 식품가공용 제면기

해설

③ 용접용 보안면은 자율안전확인대상기계에 해당되지 않는다.
자율안전확인대상기계 등(산업안전보건법 시행령 제77조)
다음 어느 하나에 해당하는 기계 또는 설비
- 연삭기(研削機) 또는 연마기. 이 경우 휴대형은 제외한다.
- 산업용 로봇
- 혼합기
- 파쇄기 또는 분쇄기
- 식품가공용 기계(파쇄·절단·혼합·제면기만 해당한다)
- 컨베이어
- 자동차정비용 리프트
- 공작기계(선반, 드릴기, 평삭·형삭기, 밀링만 해당한다)
- 고정형 목재가공용 기계(둥근톱, 대패, 루타기, 띠톱, 모떼기 기계만 해당한다)
- 인쇄기

정답 10 ③

11

산업안전보건법령상 물질안전보건자료의 작성·제출 제외 대상 화학물질 등에 해당하지 않는 것은?

① 마약류 관리에 관한 법률에 따른 마약 및 향정신성의약품
② 사료관리법에 따른 사료
③ 생활주변방사선 안전관리법에 따른 원료물질
④ 약사법에 따른 의약품 및 의약외품
⑤ 방위사업법에 따른 군수품

해설

⑤ 방위사업법에 따른 군수품은 유해성·위험성 조사 제외 화학물질에 해당된다.

물질안전보건자료의 작성·제출 제외 대상 화학물질 등(산업안전보건법 시행령 제86조)

1. 건강기능식품에 관한 법률 제3조 제1호에 따른 건강기능식품
2. 농약관리법 제2조 제1호에 따른 농약
3. 마약류 관리에 관한 법률 제2조 제2호 및 제3호에 따른 마약 및 향정신성의약품
4. 비료관리법 제2조 제1호에 따른 비료
5. 사료관리법 제2조 제1호에 따른 사료
6. 생활주변방사선 안전관리법 제2조 제2호에 따른 원료물질
7. 생활화학제품 및 살생물제의 안전관리에 관한 법률 제3조 제4호 및 제8호에 따른 안전확인대상생활화학제품 및 살생물제품 중 일반소비자의 생활용으로 제공되는 제품
8. 식품위생법 제2조 제1호 및 제2호에 따른 식품 및 식품첨가물
9. 약사법 제2조 제4호 및 제7호에 따른 의약품 및 의약외품
10. 원자력안전법 제2조 제5호에 따른 방사성물질
11. 위생용품 관리법 제2조 제1호에 따른 위생용품
12. 의료기기법 제2조 제1항에 따른 의료기기
12의2. 첨단재생의료 및 첨단바이오의약품 안전 및 지원에 관한 법률 제2조 제5호에 따른 첨단바이오의약품
13. 총포·도검·화약류 등의 안전관리에 관한 법률 제2조 제3항에 따른 화약류
14. 폐기물관리법 제2조 제1호에 따른 폐기물
15. 화장품법 제2조 제1호에 따른 화장품
16. 1.부터 15.까지의 규정 외의 화학물질 또는 혼합물로서 일반소비자의 생활용으로 제공되는 것(일반소비자의 생활용으로 제공되는 화학물질 또는 혼합물이 사업장 내에서 취급되는 경우를 포함한다)
17. 고용노동부장관이 정하여 고시하는 연구·개발용 화학물질 또는 화학제품. 이 경우 법 제110조 제1항부터 제3항까지의 규정에 따른 자료의 제출만 제외된다.
18. 그 밖에 고용노동부장관이 독성·폭발성 등으로 인한 위해의 정도가 적다고 인정하여 고시하는 화학물질

12

산업안전보건법령상 안전보건교육 교육대상별 교육내용 중 근로자 정기교육에 해당하지 않는 것은?

① 관리감독자의 역할과 임무에 관한 사항
② 산업보건 및 직업병 예방에 관한 사항
③ 산업안전보건법령 및 산업재해보상보험 제도에 관한 사항
④ 직무스트레스 예방 및 관리에 관한 사항
⑤ 산업안전 및 사고 예방에 관한 사항

해설

※ 출제 당시 정답은 ①이었으나, 산업안전보건법 시행규칙 개정으로 일부 보기의 내용이 바뀌어 ①·②·⑤로 정답을 수정하였습니다.

안전보건교육 교육대상별 교육내용(산업안전보건법 시행규칙 별표 5)
근로자 정기 안전보건 교육내용
- 산업안전 및 산업재해 예방에 관한 사항(화재·폭발 사고 발생 시 대피에 관한 사항을 포함한다)
- 산업보건 및 건강장해 예방에 관한 사항(폭염·한파작업으로 인한 건강장해 발생 시 응급조치에 관한 사항을 포함한다)
- 위험성평가에 관한 사항
- 건강증진 및 질병 예방에 관한 사항
- 유해·위험 작업환경 관리에 관한 사항
- 산업안전보건법령 및 산업재해보상보험 제도에 관한 사항
- 직무스트레스 예방 및 관리에 관한 사항
- 직장 내 괴롭힘, 고객의 폭언 등으로 인한 건강장해 예방 및 관리에 관한 사항

13

산업안전보건법령상 유해하거나 위험한 기계·기구·설비로서 안전검사대상기계 등에 해당하는 것은?

① 정격 하중 1ton인 크레인
② 이동식 국소배기장치
③ 밀폐형 구조의 롤러기
④ 가정용 원심기
⑤ 산업용 로봇

해설

안전검사대상기계 등(산업안전보건법 시행령 제78조)
프레스, 전단기, 크레인(정격 하중이 2ton 미만인 것은 제외한다), 리프트, 압력용기, 곤돌라, 국소배기장치(이동식은 제외한다), 원심기(산업용만 해당한다), 롤러기(밀폐형 구조는 제외한다), 사출성형기[형 체결력(型 締結力) 294킬로뉴턴(KN) 미만은 제외한다], 고소작업대(자동차관리법 제3조 제3호 또는 제4호에 따른 화물자동차 또는 특수자동차에 탑재한 고소작업대로 한정한다), 컨베이어, 산업용 로봇, 혼합기, 파쇄기 또는 분쇄기

※ '혼합기, 파쇄기 또는 분쇄기'는 산업안전보건법 시행령 개정에 따라 2026년 6월 26일부로 추가되어 시행된다.

14

산업안전보건법령상 도급인 및 그의 수급인 전원으로 구성된 안전 및 보건에 관한 협의체에서 협의해야 하는 사항이 아닌 것은?

① 작업의 시작 시간
② 작업의 종료 시간
③ 작업 또는 작업장 간의 연락방법
④ 재해발생 위험이 있는 경우 대피방법
⑤ 사업주와 수급인 또는 수급인 상호 간의 연락방법 및 작업공정의 조정

해설

협의체의 구성 및 운영(산업안전보건법 시행규칙 제79조)
협의체는 다음 사항을 협의해야 한다.
- 작업의 시작 시간
- 작업 또는 작업장 간의 연락방법
- 재해발생 위험이 있는 경우 대피방법
- 작업장에서의 법 제36조에 따른 위험성평가의 실시에 관한 사항
- 사업주와 수급인 또는 수급인 상호 간의 연락방법 및 작업공정의 조정

15

산업안전보건법령상 유해성·위험성 조사 제외 화학물질에 해당하는 것을 모두 고른 것은?

> ㄱ. 원소
> ㄴ. 천연으로 산출되는 화학물질
> ㄷ. 총포·도검·화약류 등의 안전관리에 관한 법률에 따른 화약류
> ㄹ. 생활화학제품 및 살생물제의 안전관리에 관한 법률에 따른 살생물물질 및 살생물제품
> ㅁ. 폐기물관리법에 따른 폐기물

① ㄴ
② ㄱ, ㅁ
③ ㄷ, ㄹ, ㅁ
④ ㄱ, ㄴ, ㄷ, ㄹ
⑤ ㄱ, ㄴ, ㄷ, ㄹ, ㅁ

해설

ㅁ. 폐기물관리법에 따른 폐기물은 **물질안전보건자료의 작성·제출 제외 대상 화학물질에 해당**된다.

유해성·위험성 조사 제외 화학물질(산업안전보건법 시행령 제85조)

- **원소**
- **천연으로 산출된 화학물질**
- 건강기능식품에 관한 법률 제3조 제1호에 따른 건강기능식품
- 군수품관리법 제2조 및 방위사업법 제3조 제2호에 따른 군수품[군수품관리법 제3조에 따른 통상품(痛常品)은 제외한다]
- 농약관리법 제2조 제1호 및 제3호에 따른 농약 및 원제
- 마약류 관리에 관한 법률 제2조 제1호에 따른 마약류
- 비료관리법 제2조 제1호에 따른 비료
- 사료관리법 제2조 제1호에 따른 사료
- **생활화학제품 및 살생물제의 안전관리에 관한 법률 제3조 제7호 및 제8호에 따른 살생물물질 및 살생물제품**
- 식품위생법 제2조 제1호 및 제2호에 따른 식품 및 식품첨가물
- 약사법 제2조 제4호 및 제7호에 따른 의약품 및 의약외품(醫藥外品)
- 원자력안전법 제2조 제5호에 따른 방사성물질
- 위생용품 관리법 제2조 제1호에 따른 위생용품
- 의료기기법 제2조 제1항에 따른 의료기기
- **총포·도검·화약류 등의 안전관리에 관한 법률 제2조 제3항에 따른 화약류**
- 화장품법 제2조 제1호에 따른 화장품과 화장품에 사용하는 원료
- 법 제108조 제3항에 따라 고용노동부장관이 명칭, 유해성·위험성, 근로자의 건강장해 예방을 위한 조치 사항 및 연간 제조량·수입량을 공표한 물질로서 공표된 연간 제조량·수입량 이하로 제조하거나 수입한 물질
- 고용노동부장관이 환경부장관과 협의하여 고시하는 화학물질 목록에 기록되어 있는 물질

정답 15 ④

16

산업안전보건법령상 기계 등 대여자의 유해·위험 방지 조치로서 타인에게 기계 등을 대여하는 자가 해당 기계 등을 대여받은 자에게 서면으로 발급해야 할 사항을 모두 고른 것은?

> ㄱ. 해당 기계 등의 성능 및 방호조치의 내용
> ㄴ. 해당 기계 등의 특성 및 사용 시의 주의사항
> ㄷ. 해당 기계 등의 수리·보수 및 점검 내역과 주요 부품의 제조일
> ㄹ. 해당 기계 등의 정밀진단 및 수리 후 안전점검 내역, 주요 안전부품의 교환이력 및 제조일

① ㄱ, ㄹ
② ㄴ, ㄷ
③ ㄷ, ㄹ
④ ㄱ, ㄴ, ㄷ
⑤ ㄱ, ㄴ, ㄷ, ㄹ

해설

기계 등 대여자의 조치(산업안전보건법 시행규칙 제100조)
해당 기계 등을 대여받은 자에게 다음 사항을 적은 서면을 발급할 것
- 해당 기계 등의 성능 및 방호조치의 내용
- 해당 기계 등의 특성 및 사용 시의 주의사항
- 해당 기계 등의 수리·보수 및 점검 내역과 주요 부품의 제조일
- 해당 기계 등의 정밀진단 및 수리 후 안전점검 내역, 주요 안전부품의 교환이력 및 제조일

17

산업안전보건기준에 관한 규칙상 사업주가 작업장에 비상구가 아닌 출입구를 설치하는 경우 준수해야 하는 사항으로 옳지 않은 것은?

① 출입구의 위치, 수 및 크기가 작업장의 용도와 특성에 맞도록 할 것
② 출입구에 문을 설치하는 경우에는 근로자가 쉽게 열고 닫을 수 있도록 할 것
③ 주된 목적이 하역운반기계용인 출입구에는 인접하여 보행자용 출입구를 따로 설치할 것
④ 하역운반기계의 통로와 인접하여 있는 출입구에서 접촉에 의하여 근로자에게 위험을 미칠 우려가 있는 경우에는 비상등·비상벨 등 경보장치를 할 것
⑤ 출입구에 문을 설치하지 아니한 경우로서 계단이 출입구와 바로 연결된 경우, 작업자의 안전한 통행을 위하여 그 사이에 1.5m 이상 거리를 둘 것

해설

작업장의 출입구(산업안전보건기준에 관한 규칙 제11조)
사업주는 작업장에 출입구(비상구는 제외한다. 이하 같다)를 설치하는 경우 다음 사항을 준수하여야 한다.
- 출입구의 위치, 수 및 크기가 작업장의 용도와 특성에 맞도록 할 것
- 출입구에 문을 설치하는 경우에는 근로자가 쉽게 열고 닫을 수 있도록 할 것
- 주된 목적이 하역운반기계용인 출입구에는 인접하여 보행자용 출입구를 따로 설치할 것
- 하역운반기계의 통로와 인접하여 있는 출입구에서 접촉에 의하여 근로자에게 위험을 미칠 우려가 있는 경우에는 비상등·비상벨 등 경보장치를 할 것
- 계단이 출입구와 바로 연결된 경우에는 작업자의 안전한 통행을 위하여 그 사이에 1.2m 이상 거리를 두거나 안내표지 또는 비상벨 등을 설치할 것. 다만, 출입구에 문을 설치하지 아니한 경우에는 그러하지 아니하다.

18

산업안전보건기준에 관한 규칙상 사업주가 사다리식 통로 등을 설치하는 경우 준수해야 하는 사항으로 옳지 않은 것은? (단, 잠함(潛函) 및 건조·수리 중인 선박의 경우는 아님)

① 발판과 벽과의 사이는 15cm 이상의 간격을 유지할 것
② 폭은 30cm 이상으로 할 것
③ 사다리식 통로의 길이가 10m 이상인 경우에는 5m 이내마다 계단참을 설치할 것
④ 고정식 사다리식 통로의 기울기는 75° 이하로 하고 그 높이가 5m 이상인 경우에는 바닥으로부터 높이가 2m 되는 지점부터 등받이울을 설치할 것
⑤ 사다리의 상단은 걸쳐놓은 지점으로부터 60cm 이상 올라가도록 할 것

해설

사다리식 통로 등의 구조(산업안전보건기준에 관한 규칙 제24조)
사업주는 사다리식 통로 등을 설치하는 경우 다음 사항을 준수하여야 한다.
- 견고한 구조로 할 것
- 심한 손상·부식 등이 없는 재료를 사용할 것
- 발판의 간격은 일정하게 할 것
- 발판과 벽과의 사이는 15cm 이상의 간격을 유지할 것
- 폭은 30cm 이상으로 할 것
- 사다리가 넘어지거나 미끄러지는 것을 방지하기 위한 조치를 할 것
- 사다리의 상단은 걸쳐놓은 지점으로부터 60cm 이상 올라가도록 할 것
- 사다리식 통로의 길이가 10m 이상인 경우에는 5m 이내마다 계단참을 설치할 것
- 사다리식 통로의 기울기는 75° 이하로 할 것. 다만, 고정식 사다리식 통로의 기울기는 90° 이하로 하고, 그 높이가 7m 이상인 경우에는 다음 각 목의 구분에 따른 조치를 할 것
  - 등받이울이 있어도 근로자 이동에 지장이 없는 경우 : 바닥으로부터 높이가 2.5m 되는 지점부터 등받이울을 설치할 것
  - 등받이울이 있으면 근로자가 이동이 곤란한 경우 : 한국산업표준에서 정하는 기준에 적합한 개인용 추락 방지 시스템을 설치하고 근로자로 하여금 한국산업표준에서 정하는 기준에 적합한 전신안전대를 사용하도록 할 것
- 접이식 사다리 기둥은 사용 시 접혀지거나 펼쳐지지 않도록 철물 등을 사용하여 견고하게 조치할 것

19

산업안전보건법령상 사업주가 보존해야 할 서류의 보존기간이 2년인 것은?

① 노사협의체의 회의록
② 안전보건관리책임자의 선임에 관한 서류
③ 화학물질의 유해성·위험성 조사에 관한 서류
④ 산업재해의 발생원인 등 기록
⑤ 작업환경측정에 관한 서류

해설

서류의 보존(산업안전보건법 제164조)
- 안전보건관리책임자·안전관리자·보건관리자·안전보건관리담당자 및 산업보건의의 선임에 관한 서류 : 3년
- 제24조 제3항의 산업안전보건위원회 및 제75조 제4항의 노사협의체 따른 회의록 : 2년
- 안전조치 및 보건조치에 관한 사항으로서 고용노동부령으로 정하는 사항을 적은 서류 : 3년
- 제57조 제2항에 따른 산업재해의 발생원인 등 기록 : 3년
- 제108조 제1항 본문 및 제109조 제1항에 따른 화학물질의 유해성·위험성 조사에 관한 서류 : 3년
- 제125조에 따른 작업환경측정에 관한 서류 : 3년
- 제129조부터 제131조까지의 규정에 따른 건강진단에 관한 서류 : 3년

20

산업안전보건법령상 작업환경측정기관에 관한 지정 요건을 갖추면 작업환경측정기관으로 지정받을 수 있는 자를 모두 고른 것은?

| ㄱ. 국가 또는 지방자치단체의 소속기관 | ㄴ. 의료법에 따른 종합병원 또는 병원 |
| ㄷ. 고등교육법에 따른 대학 또는 그 부속기관 | ㄹ. 작업환경측정 업무를 하려는 법인 |

① ㄱ, ㄴ
② ㄷ, ㄹ
③ ㄱ, ㄴ, ㄷ
④ ㄴ, ㄷ, ㄹ
⑤ ㄱ, ㄴ, ㄷ, ㄹ

해설

작업환경측정기관의 지정 요건(산업안전보건법 시행령 제95조)
- 국가 또는 지방자치단체의 소속기관
- 의료법에 따른 종합병원 또는 병원
- 고등교육법 제2조 제1호부터 제6호까지의 규정에 따른 대학 또는 그 부속기관
- 작업환경측정 업무를 하려는 법인
- 작업환경측정 대상 사업장의 부속기관(해당 부속기관이 소속된 사업장 등 고용노동부령으로 정하는 범위로 한정하여 지정받으려는 경우로 한정한다)

21

산업안전보건법령상 일반건강진단을 실시한 것으로 인정되는 건강진단에 해당하지 않는 것은?

① 국민건강보험법에 따른 건강검진
② 선원법에 따른 건강진단
③ 진폐의 예방과 진폐근로자의 보호 등에 관한 법률에 따른 정기 건강진단
④ 병역법에 따른 신체검사
⑤ 항공안전법에 따른 신체검사

해설

일반건강진단 실시의 인정(산업안전보건법 시행규칙 제196조)
사업주는 상시 사용하는 근로자의 건강관리를 위하여 건강진단(이하 일반건강진단)을 실시하여야 한다. 다만, 사업주가 정하는 다음의 건강진단을 실시한 경우에는 그 건강진단을 받은 근로자에 대하여 일반건강진단을 실시한 것으로 본다.
- 국민건강보험법에 따른 건강검진
- 선원법에 따른 건강진단
- 진폐의 예방과 진폐근로자의 보호 등에 관한 법률에 따른 정기 건강진단
- 학교보건법에 따른 건강검사
- 항공안전법에 따른 신체검사
- 그 밖에 제198조 제1항에서 정한 법 제129조 제1항에 따른 일반건강진단의 검사항목을 모두 포함하여 실시한 건강진단

22

산업안전보건법령상 사업주가 작성하여야 할 공정안전보고서에 포함되어야 할 내용으로 옳지 않은 것은?

① 공정안전자료
② 산업재해 예방에 관한 기본계획
③ 안전운전계획
④ 비상조치계획
⑤ 공정위험성 평가서

해설

공정안전보고서의 내용(산업안전보건법 시행령 제44조)
법 제44조 제1항 전단에 따른 공정안전보고서에는 다음 사항이 포함되어야 한다.
- 공정안전자료
- 공정위험성 평가서
- 안전운전계획
- 비상조치계획
- 그 밖에 공정상의 안전과 관련하여 고용노동부장관이 필요하다고 인정하여 고시하는 사항

정답 21 ④ 22 ②

23

산업안전보건법령상 역학조사 및 자격 등에 의한 취업 제한 등에 관한 설명으로 옳지 않은 것은?

① 사업주는 유해하거나 위험한 작업으로 상당한 지식이나 숙련도가 요구되는 고용노동부령으로 정하는 작업의 경우 그 작업에 필요한 자격·면허·경험 또는 기능을 가진 근로자가 아닌 사람에게 그 작업을 하게 해서는 아니 된다.
② 사업주 및 근로자는 고용노동부장관이 역학조사를 실시하는 경우 적극 협조하여야 하며, 정당한 사유 없이 역학조사를 거부·방해하거나 기피해서는 아니 된다.
③ 한국산업안전보건공단이 업무상 질병 여부의 결정을 위하여 역학조사를 요청하는 경우 근로복지공단은 역학조사를 실시하여야 한다.
④ 고용노동부장관은 역학조사를 위하여 필요하면 산업안전보건법에 따른 근로자의 건강진단결과, 국민건강보험법에 따른 요양급여기록 및 건강검진 결과, 고용보험법에 따른 고용정보, 암관리법에 따른 질병정보 및 사망원인 정보 등을 관련 기관에 요청할 수 있다.
⑤ 유해하거나 위험한 작업으로 상당한 지식이나 숙련도가 요구되는 고용노동부령으로 정하는 작업의 경우 고용노동부장관은 자격·면허의 취득 또는 근로자의 기능 습득을 위하여 교육기관을 지정할 수 있다.

해설

역학조사의 대상 및 절차 등(산업안전보건법 시행규칙 제222조)
근로복지공단이 고용노동부장관이 정하는 바에 따라 업무상 질병 여부의 결정을 위하여 역학조사를 요청하는 경우

자격 등에 의한 취업 제한 등(산업안전보건법 제140조)
㉠ 사업주는 유해하거나 위험한 작업으로서 상당한 지식이나 숙련도가 요구되는 고용노동부령으로 정하는 작업의 경우 그 작업에 필요한 자격·면허·경험 또는 기능을 가진 근로자가 아닌 사람에게 그 작업을 하게 해서는 아니 된다.
㉡ 고용노동부장관은 ㉠에 따른 자격·면허의 취득 또는 근로자의 기능 습득을 위하여 교육기관을 지정할 수 있다.

역학조사(산업안전보건법 제141조)
- 사업주 및 근로자는 고용노동부장관이 역학조사를 실시하는 경우 적극 협조하여야 하며, 정당한 사유 없이 역학조사를 거부·방해하거나 기피해서는 아니 된다.
- 고용노동부장관은 역학조사를 위하여 필요하면 산업안전보건법 제129조부터 제131조까지의 규정에 따른 근로자의 건강진단 결과, 국민건강보험법에 따른 요양급여기록 및 건강검진 결과, 고용보험법에 따른 고용정보, 암관리법에 따른 질병정보 및 사망원인 정보 등을 관련 기관에 요청할 수 있다. 이 경우 자료의 제출을 요청받은 기관은 특별한 사유가 없으면 이에 따라야 한다.

24

산업안전보건법령상 산업안전지도사에 관한 설명으로 옳지 않은 것은?

① 산업안전지도사는 산업보건에 관한 조사·연구의 직무를 수행한다.
② 산업안전지도사는 유해·위험의 방지대책에 관한 평가·지도의 직무를 수행한다.
③ 산업안전지도사의 업무 영역은 기계안전·전기안전·화공안전·건설안전 분야로 구분한다.
④ 산업안전지도사가 직무를 수행하려는 경우에는 고용노동부령으로 정하는 바에 따라 고용노동부장관에게 등록하여야 한다.
⑤ 산업안전보건법을 위반하여 벌금형을 선고받고 1년이 지나지 아니한 사람은 산업안전지도사 직무수행을 위해 고용노동부장관에게 등록을 할 수 없다.

해설

① 산업보건지도사의 직무이다.
산업안전지도사 등의 직무(산업안전보건법 제142조)
1. 공정상의 안전에 관한 평가·지도
2. 유해·위험의 방지대책에 관한 평가·지도
3. 1. 및 2.의 사항과 관련된 계획서 및 보고서의 작성
4. 그 밖에 산업안전에 관한 사항으로서 다음의 사항
   • 법 제36조에 따른 위험성평가의 지도
   • 법 제49조에 따른 안전보건개선계획서의 작성
   • 그 밖에 산업안전에 관한 사항의 자문에 대한 응답 및 조언

정답 24 ①

25

산업안전보건법령상 유해하거나 위험한 작업에 해당하여 근로조건의 개선을 통하여 근로자의 건강보호를 위한 조치를 하여야 하는 작업을 모두 고른 것은?

> ㄱ. 동력으로 작동하는 기계를 이용하여 중량물을 취급하는 작업
> ㄴ. 갱(坑) 내에서 하는 작업
> ㄷ. 강렬한 소음이 발생하는 장소에서 하는 작업

① ㄱ
② ㄴ
③ ㄷ
④ ㄱ, ㄷ
⑤ ㄴ, ㄷ

해설

유해 · 위험작업에 대한 근로시간 제한 등(산업안전보건법 시행령 제99조)
사업주는 다음의 유해하거나 위험한 작업에 종사하는 근로자에게 필요한 안전조치 및 보건조치 외에 작업과 휴식의 적정한 배분 및 근로시간과 관련된 근로조건의 개선을 통하여 근로자의 건강보호를 위한 조치를 하여야 한다.

- 갱(坑) 내에서 하는 작업
- 다량의 고열물체를 취급하는 작업과 현저히 덥고 뜨거운 장소에서 하는 작업
- 다량의 저온물체를 취급하는 작업과 현저히 춥고 차가운 장소에서 하는 작업
- 라듐방사선이나 엑스선, 그 밖의 유해 방사선을 취급하는 작업
- 유리 · 흙 · 돌 · 광물의 먼지가 심하게 날리는 장소에서 하는 작업
- 강렬한 소음이 발생하는 장소에서 하는 작업
- 착암기(바위에 구멍을 뚫는 기계) 등에 의하여 신체에 강렬한 진동을 주는 작업
- 인력(人力)으로 중량물을 취급하는 작업
- 납 · 수은 · 크롬 · 망간 · 카드뮴 등의 중금속 또는 이황화탄소 · 유기용제, 그 밖에 고용노동부령으로 정하는 특정 화학물질의 먼지 · 증기 또는 가스가 많이 발생하는 장소에서 하는 작업

산업위생일반

26
국내·외 산업위생의 역사에 관한 설명으로 옳지 않은 것은?
① 미국의 산업위생학자 Hamilton은 유해물질 노출과 질병과의 관계를 규명하였다.
② 1981년 우리나라는 노동청이 노동부로 승격되었고 산업안전보건법이 공포되었다.
③ 원진레이온에서 이황화탄소(CS_2) 중독이 집단적으로 발생하였다.
④ Agricola는 음낭암의 원인물질이 검댕(soot)이라고 규명하였다.
⑤ Ramazzini는 직업병의 원인을 작업장에서 사용하는 유해물질과 불안전한 작업자세나 과격한 동작으로 구분하였다.

해설
④ 음낭암의 원인물질로 검댕(soot)을 최초로 규명한 인물은 퍼시벌 포트(Percivall Pott)이다. 아그리콜라(Georgius Agricola)는 광산 노동자의 질병과 작업환경에 대해 기록하였으나 음낭암과 검댕의 관계를 규명하지는 않았다.
① 미국의 산업위생학자 앨리스 해밀턴(Alice Hamilton)은 유해물질 노출과 질병 간의 관계를 과학적으로 규명한 선구자로 인정받는다.
② 1981년 우리나라는 산업안전보건법이 공포되었고, 노동청이 노동부로 승격되었다.
③ 원진레이온에서는 이황화탄소(CS_2) 중독이 집단적으로 발생하여 직업병 문제로 큰 주목을 받았다.
⑤ 라마치니(Bernardino Ramazzini)는 직업병의 원인을 유해물질과 작업자세 및 동작의 문제로 구분하여 설명하였다.

27
망간(Mn)의 인체에 대한 실험결과 안전한 체내 흡수량은 0.1mg/kg이었다. 1일 작업시간이 8시간인 경우 허용농도(mg/m³)는 약 얼마인가?(단, 폐에 의한 흡수율은 1, 호흡률은 1.2m³/hr, 근로자의 체중은 80kg으로 계산한다)
① 0.83
② 0.88
③ 0.93
④ 0.98
⑤ 1.03

정답 26 ④ 27 ①

해설

주어진 정보
• 안전한 체내 흡수량 : 0.1mg/kg
• 근로자 체중 : 80kg
• 1일 작업시간 : 8시간
• 호흡률 : 1.2m³/hr
• 폐의 흡수율 : 1

1. 총 안전한 흡수량 계산

   총 안전한 흡수량(mg/day) = 안전한 체내 흡수량(mg/kg) × 체중(kg)
   $$= 0.1\text{mg/kg} \times 80\text{kg}$$
   $$= 8\text{mg/day}$$

2. 근로자의 하루 총호흡량 계산

   하루 총호흡량(m³/day) = 호흡률(m³/hr) × 1일 작업시간(hr)
   $$= 1.2\text{m}^3/\text{hr} \times 8\text{hr}$$
   $$= 9.6\text{m}^3/\text{day}$$

3. 허용농도 계산

   $$\text{허용농도}(\text{mg/m}^3) = \frac{\text{총 안전한 흡수량}(\text{mg/day})}{\text{하루 총호흡량}(\text{m}^3/\text{day})}$$
   $$= \frac{8\text{mg/day}}{9.6\text{m}^3/\text{day}}$$
   $$\approx 0.8333\text{mg/m}^3$$

28

작업환경측정 및 정도관리 등에 관한 고시에서 입자상 물질의 측정, 분석방법의 내용으로 옳지 않은 것은?

① 석면의 농도는 여과채취방법으로 측정하고 계수방법 또는 이와 동등 이상의 분석방법으로 분석한다.

② 광물성 분진은 여과채취방법으로 측정한다.

③ 흡입성 분진은 흡입성 분진용 분립장치 또는 흡입성 분진을 채취할 수 있는 기기를 이용한 여과채취방법으로 측정한다.

④ 용접흄은 여과채취방법으로 측정하되 용접보안면을 착용한 경우에는 그 외부에서 시료를 채취한다.

⑤ 규산염은 중량분석방법으로 분석한다.

해설

④ 용접흄은 여과채취방법으로 측정하되, 용접보안면을 착용한 경우에는 보안면 내부에서 시료를 채취해야 정확한 근로자 노출 농도를 평가할 수 있다. 외부에서 시료를 채취하면 실제 작업자가 노출되는 농도와 차이가 발생할 수 있어 적합하지 않다.

① 석면의 농도는 여과채취 후 계수법(예 위상차현미경) 또는 이와 동등 이상의 분석법으로 분석한다.

② 광물성 분진은 여과채취법으로 측정하며 일반적인 입자상 물질 측정방법과 동일하다.

③ 흡입성 분진은 흡입성 분진용 분립장치(예 사이클론)를 사용하거나, 흡입성 분진을 채취할 수 있는 기기로 여과채취한다.

⑤ 규산염(예 유리규산)은 여과채취 후 무게를 측정하는 중량분석방법으로 분석한다.

정답 28 ④

29

직경 200mm의 원형 덕트에서 측정한 후드정압(SP_h)은 100mmH₂O, 유입계수(C_e)는 0.5이었다. 후드의 필요 환기량(m³/min)은 약 얼마인가?(단, 현재의 공기는 표준공기 상태이다)

① 18.10　　② 23.10
③ 28.10　　④ 33.10
⑤ 38.10

해설

1. 덕트 직경을 미터로 변환 : 200mm = 0.2m
2. 덕트 단면적(A) 계산
$$A = \pi \times (r^2) = \pi \times (0.1m)^2$$
$$= 0.0314 m^2$$
3. 정압(SP_h)을 파스칼(Pa)로 변환
$$SP_h = 100mmH_2O \times 9.81$$
$$= 981 Pa$$
4. 속도압(VP) 계산
$$VP = SP_h \times C_e^2$$
$$= 981 \times (0.5)^2$$
$$= 245.25 Pa$$
5. 공기 속도(V) 계산
$$V = \sqrt{\frac{2 \times VP}{\rho}}$$
$$= \sqrt{\frac{2 \times 245.25}{1.2}}$$
$$\approx 20.22 m/s$$
6. 환기량(Q) 계산
$$Q = V \times A$$
$$= 20.22 \times 0.0314$$
$$\approx 0.6349 m^3/s$$
7. 환기량을 분 단위로 변환
$$Q_{min} = 0.6349 \times 60$$
$$\approx 38.10 m^3/min$$

∴ 필요 환기량은 약 38.10m³/min이다.

30

산업안전보건법 시행규칙과 산업안전보건기준에 관한 규칙상 소음발생으로 인한 건강장해 예방에 관한 설명으로 옳지 않은 것은?

① 8시간 시간가중평균 80dB 이상의 소음은 작업환경측정 대상이다.
② 1일 8시간 작업을 기준으로 소음측정 결과 85dB인 경우 청력보존 프로그램 수립 대상이다.
③ 1일 8시간 작업을 기준으로 소음측정 결과 90dB인 경우 특수건강진단 대상이다.
④ 사업주는 근로자가 강렬한 소음작업에 종사하는 경우 인체에 미치는 영향과 증상을 근로자에게 알려야 한다.
⑤ 사업주는 근로자가 충격소음작업에 종사하는 경우 근로자에게 청력보호구를 지급하고 착용하도록 하여야 한다.

해설

※ 출제 당시 정답은 ②였으나, 산업안전보건기준에 관한 규칙 개정으로 ②의 내용이 정답으로 인정되어 정답 없음 처리하였습니다.
① 작업환경측정 대상은 80dB 이상의 시간가중평균 소음(TWA)이 8시간 발생하는 경우 포함되며, 법적으로 올바른 설명이다.
② 1일 8시간 작업을 기준으로 85dB 이상(소음작업)의 소음작업에 종사하는 사업장의 경우 청력보존 프로그램 시행 대상이다.
③ 소음 기준이 90dB 이상일 경우 특수건강진단 대상이 된다(85dB 이상부터 특수건강진단 대상).
④ 산업안전보건기준에 관한 규칙에 명시된 사업주의 의무로, 적합한 설명이다.
⑤ 충격소음 작업 시 청력보호구 지급과 착용 의무는 산업안전보건기준에 관한 규칙에 명시되어 있다.

31

전리방사선에 관한 설명으로 옳은 것은?

① β입자는 그 자체가 전리적 성질을 가지고 있다.
② γ-선이 인체에 흡수되면 α입자가 생성되면서 전리작용을 일으킨다.
③ 중성자는 하전되어 있어 1차적인 방사선을 생성한다.
④ 렌트겐(R)은 방사능 단위에 해당된다.
⑤ 라드(rad)는 조사선량 단위에 해당된다.

해설

① β입자(베타입자)는 고속으로 움직이는 전자(또는 양전자)로, 직접적으로 전리작용을 일으킨다. 따라서 올바른 설명이다.
② γ-선(감마선)은 고에너지 광자로, 전리작용은 주로 전자 방출을 통해 이루어진다. 감마선 흡수 시 α입자가 생성되는 과정은 없다.
③ 중성자는 전하를 띠지 않아 직접 전리작용을 하지 않는다. 그러나 물질과 상호작용 시 2차 방사선을 유도하여 간접적으로 전리작용을 일으킨다.
④ 렌트겐(R)은 조사선량(물질 내의 전리작용)을 나타내는 단위로, 방사능 단위가 아니다. 방사능 단위는 큐리(Ci)나 베크렐(Bq)이다.
⑤ 라드(rad)는 흡수선량 단위로, 조사선량 단위가 아니다. 조사선량 단위는 렌트겐(R)이다.

32
입자상 물질의 호흡기 내 침착 및 인체 방어기전에 관한 설명으로 옳지 않은 것은?

① 입자상 물질이 호흡기 내에 침착하는 데는 충돌, 중력침강, 확산, 간섭 및 정전기 침강이 관여한다.
② 호흡성 분진(RPM)은 주로 폐포에 침착되어 독성을 나타내며 평균입자의 크기(D_{50})는 $10\mu m$이다.
③ 흡입된 공기는 기도를 거쳐 기관지와 미세기관지를 통하여 폐로 들어간다.
④ 기도와 기관지에 침착된 먼지는 점액 섬모운동에 의해 상승하고 상기도로 이동되어 제거된다.
⑤ 흡입성 분진(IPM)은 주로 호흡기계의 상기도 부위에 독성을 나타낸다.

해설
② 호흡성 분진은 주로 폐포에 침착되어 독성을 나타내지만, 평균입자 크기(D_{50})는 약 $4\mu m$이다. $10\mu m$는 흉곽성 분진(TPM)의 평균입자 크기를 의미한다.
① 호흡기 내 입자상 물질의 침착에는 충돌, 중력침강, 확산, 간섭, 정전기 침강 등의 메커니즘이 관여한다.
③ 흡입된 공기는 기도를 통해 기관지, 미세기관지를 거쳐 폐로 진입한다.
④ 기도 및 기관지에 침착된 먼지는 점액 섬모운동을 통해 상기도로 이동하여 제거된다. 이는 호흡기의 주요 방어기전이다.
⑤ 흡입성 분진은 주로 호흡기계 상기도 부위(비강, 인후두 등)에 침착되어 독성을 나타낸다.

33
산업안전보건법 시행규칙상 유해인자의 유해성·위험성 분류기준으로 옳은 것은?

① 급성 독성 물질 : 호흡기를 통하여 2시간 동안 흡입하는 경우 유해한 영향을 일으키는 물질
② 소음 : 소음성난청을 유발할 수 있는 80dB(A) 이상의 시끄러운 소리
③ 이상기압 : 게이지 압력이 m^2당 1kg 초과 또는 미만인 기압
④ 공기매개 감염인자 : 결핵·수두·홍역 등 공기 또는 비말감염 등을 매개로 호흡기를 통하여 전염되는 인자
⑤ 자연발화성 액체 : 적은 양으로도 공기와 접촉하여 10분 안에 발화할 수 있는 액체

해설
① 급성 독성 물질 : 호흡기를 통한 급성 독성 물질은 통상 4시간 흡입 기준으로 유해 영향을 평가한다.
② 소음 : 소음성 난청은 일반적으로 85dB(A) 이상의 소음에서 유발될 가능성이 높다.
③ 이상기압 : 게이지 압력이 cm^2당 1kg 초과 또는 미만인 기압으로 정의한다.
⑤ 자연발화성 액체 : 적은 양으로도 공기와 접촉하여 5분 안에 발화할 수 있는 액체를 뜻한다.
※ 산업안전보건법 시행규칙 별표 18

34

근로자 건강진단 실시기준에서 인체에 미치는 영향이 "수면방해, 행동이상, 신경증상, 발음 부정확 등"으로 기술된 유해요인은?

① 망간
② 오산화바나듐
③ 수은
④ 카드뮴
⑤ 니켈

해설

① 망간 : 신경계 장애를 유발하는 대표적인 중금속으로, 만성적으로 노출될 경우 수면방해, 행동이상, 신경증상, 발음 부정확 등의 증상이 나타날 수 있다. 이는 망간 중독(망가니즘)이라 불리며, 파킨슨증과 유사한 신경학적 증상을 포함한다.
② 오산화바나듐 : 주로 호흡기 자극(비염, 인두염, 기관지염 등)을 유발한다.
③ 수은 : 신경계에 영향을 주지만, 주요 증상으로는 기억상실, 경미한 몸 떨림, 우울증 등이 있다.
④ 카드뮴 : 신장장해 및 골격계장해와 관련이 있다.
⑤ 니켈 : 눈의 자극증상 및 코·폐 등의 암을 유발한다.

35

산업안전보건기준에 관한 규칙상 사업주의 근골격계질환 유해요인 조사에 관한 내용으로 옳은 것은?

① 신설 사업장은 신설일부터 6개월 이내에 최초 유해요인 조사를 하여야 한다.
② 근골격계부담작업 여부와 상관없이 3년마다 유해요인 조사를 하여야 한다.
③ 법에 따른 임시건강진단 등에서 근골격계질환자가 발생하였을 경우, 근골격계부담작업이 아닌 작업에서 발생한 경우라도 지체 없이 유해요인 조사를 하여야 한다.
④ 근골격계부담작업에 해당하는 새로운 작업·설비를 도입한 경우 반드시 고용노동부장관이 정하여 고시하는 방법에 따라 유해요인 조사를 하여야 한다.
⑤ 유해요인 조사 결과 근골격계질환 발생 우려가 없더라도 인간공학적으로 설계된 인력작업 보조설비 설치 등 반드시 작업환경 개선에 필요한 조치를 하여야 한다.

해설

※ 출제 당시 정답은 ③이었으나, 산업안전보건기준에 관한 규칙 개정으로 문제가 성립되지 않아 정답 없음 처리하였습니다.

유해요인 조사(산업안전보건기준에 관한 규칙 제657조)

㉠ 사업주는 근로자가 근골격계부담작업을 하는 경우에 3년마다 다음 사항에 대한 유해요인 조사를 하여야 한다. 다만, 신설되는 사업장의 경우에는 신설일부터 1년 이내에 최초의 유해요인 조사를 하여야 한다.
  1. 설비·작업공정·작업량·작업속도 등 작업장 상황
  2. 작업시간·작업자세·작업방법 등 작업조건
  3. 작업과 관련된 근골격계질환 징후와 증상 유무 등

㉡ 사업주는 다음 어느 하나에 해당하는 사유가 발생하였을 경우에 ㉠에도 불구하고 1개월 이내에 조사대상 및 조사방법 등을 검토하여 유해요인 조사를 해야 한다. 다만, 1.에 해당하는 경우로서 해당 근골격계질환에 대하여 최근 1년 이내에 유해요인 조사를 하고 그 결과를 반영하여 제659조에 따른 작업환경 개선에 필요한 조치를 한 경우는 제외한다.
  1. 법에 따른 임시건강진단 등에서 근골격계질환자가 발생하였거나 근로자가 근골격계질환으로 산업재해보상보험법 시행령 별표 3 제2호 가목·마목 및 제12호 라목에 따라 업무상 질병으로 인정받은 경우(근골격계부담작업이 아닌 작업에서 근골격계질환자가 발생하였거나 근골격계부담작업이 아닌 작업에서 발생한 근골격계질환에 대해 업무상 질병으로 인정받은 경우를 포함한다)
  2. 근골격계부담작업에 해당하는 새로운 작업·설비를 도입한 경우
  3. 근골격계부담작업에 해당하는 업무의 양과 작업공정 등 작업환경을 변경한 경우

36

작업환경 개선을 위한 공학적 관리 방안이 아닌 것은?

① 대체(substitution)
② 호흡보호구(respirator)
③ 포위(enclosure)
④ 환기(ventilation)
⑤ 격리(isolation)

해설

② 호흡보호구(respirator) : 호흡보호구는 개인보호구에 해당하며, 작업환경의 유해성을 근본적으로 제거하지 않는 개인적 보호 방안으로 분류된다. 이는 공학적 관리 방안이 아니며, 작업환경 개선의 최후 수단으로 사용된다.
① 대체(substitution) : 위험성이 높은 유해물질이나 공정 등을 덜 위험한 대체물질이나 공정으로 변경하는 것은 공학적 관리 방안에 포함된다.
③ 포위(enclosure) : 유해물질이 외부로 확산되지 않도록 공정을 밀폐하거나 덮개를 설치하는 조치는 공학적 관리 방안이다.
④ 환기(ventilation) : 국소배기장치 및 일반환기장치를 통해 유해물질 농도를 낮추는 것은 작업환경 개선을 위한 공학적 관리 방안에 해당한다.
⑤ 격리(isolation) : 유해물질 발생 공정을 별도의 장소로 분리하거나 물리적 장벽을 설치하는 것은 공학적 관리 방안의 하나다.

37

산업안전보건기준에 관한 규칙상 근로자 건강장해 예방을 위한 사업주의 조치에 관한 설명으로 옳지 않은 것은?

① 고열작업에 근로자를 새로 배치할 경우 고열에 순응할 때까지 고열작업시간을 매일 단계적으로 증가시키는 등 필요한 조치를 해야 한다.
② 근로자가 한랭작업을 하는 경우 적절한 지방과 비타민 섭취를 위한 영양지도를 해야 한다.
③ 근로자 신체 등에 방사성 물질이 부착될 우려가 있을 경우 판 또는 막 등의 방지설비를 제거해야 한다.
④ 근로자가 주사 및 채혈 작업 시 채취한 혈액을 검사 용기에 옮기는 경우에는 주사침 사용을 금지하도록 해야 한다.
⑤ 근로자가 공기매개 감염병이 있는 환자와 접촉하는 경우 면역이 저하되는 등 감염의 위험이 높은 근로자는 전염성이 있는 환자와의 접촉을 제한하도록 해야 한다.

해설

③ 근로자의 신체나 의복 등에 방사성 물질이 부착될 가능성이 있을 경우, 방사성 물질의 부착을 방지하기 위해 차폐 설비나 방지 설비를 설치해야 한다. '판 또는 막 등의 방지설비를 제거해야 한다'는 내용은 규정에 위배된다.
① 고열작업에 새로 배치된 근로자는 고열에 적응할 수 있도록 단계적으로 작업시간을 늘리는 조치를 시행해야 한다. 이는 고열로 인한 건강장해를 예방하기 위한 필수적인 조치다.
② 한랭작업을 수행하는 근로자는 지방과 비타민이 포함된 영양 섭취가 중요하다. 사업주는 이를 위한 영양지도를 시행해야 한다.
④ 주사 및 채혈 작업 시, 근로자와 환자의 안전을 위해 주사침 재사용을 금지하거나, 사용하지 않도록 조치해야 한다. 이는 교차 감염을 예방하기 위한 기본적인 방침이다.
⑤ 공기매개 감염병 환자와 근로자의 접촉을 최소화하며, 특히 면역 저하 등 감염 위험이 높은 근로자는 전염성 환자와의 접촉을 제한하도록 해야 한다.

38

물질안전보건자료(MSDS) 작성 시 포함되어야 할 항목에 해당하는 것을 모두 고른 것은?

> ㄱ. 안정성 및 반응성 ㄴ. 폐기 시 주의사항
> ㄷ. 환경에 미치는 영향 ㄹ. 운송에 필요한 정보
> ㅁ. 누출사고 시 대처방법

① ㄱ, ㄷ, ㄹ
② ㄱ, ㄷ, ㅁ
③ ㄴ, ㄹ, ㅁ
④ ㄱ, ㄴ, ㄷ, ㅁ
⑤ ㄱ, ㄴ, ㄷ, ㄹ, ㅁ

해설

물질안전보건자료(MSDS ; Material Safety Data Sheet)

물질안전보건자료는 화학물질의 안전한 취급과 관리를 위해 작성되며, 반드시 포함되어야 할 항목이 규정되어 있다. MSDS의 필수 항목 중 대표적으로는 다음과 같은 항목이 있다.
- 안정성 및 반응성 : 화학물질이 특정 조건에서 반응할 가능성과 안전성을 명시해야 한다.
- 폐기 시 주의사항 : 화학물질의 안전한 폐기방법과 주의사항을 기술한다.
- 환경에 미치는 영향 : 물질이 환경에 미치는 유해성과 관련 정보를 제공한다.
- 운송에 필요한 정보 : 물질의 운송 중 발생할 수 있는 위험 및 이에 대한 대처 방안을 기술한다.
- 누출사고 시 대처방법 : 화학물질 누출 시 적절한 대응 방법과 장비를 명시한다.

39

호흡보호구에 관한 설명으로 옳지 않은 것은?

① 대기에 대한 압력상태에 따라 음압식과 양압식 호흡보호구로 분류된다.
② 음압 밀착도 자가점검은 흡입구를 막고 숨을 들이마신다.
③ 양압 밀착도 자가점검은 배출구를 막고 숨을 내쉰다.
④ NIOSH는 발암물질에 대하여 음압식 호흡보호구를 사용하지 않도록 권고한다.
⑤ 산소가 결핍된 밀폐공간 내에서는 방독마스크를 착용하여야 한다.

해설

⑤ 산소가 결핍된 밀폐공간에서는 방독마스크가 아니라 공기공급식 호흡보호구를 착용해야 한다. 방독마스크는 산소결핍 상태에서 사용할 수 없으며, 오히려 산소 부족으로 인한 질식 위험을 초래할 수 있다.
① 대기에 대한 압력상태에 따라 호흡보호구는 음압식(사용자가 숨을 들이마실 때 음압이 형성됨)과 양압식(공기가 지속적으로 공급되어 양압 상태 유지)으로 분류된다.
② 음압 밀착도 자가점검은 흡입구를 막고 숨을 들이마셔 보호구가 밀착되었는지 확인하는 방법이다.
③ 양압 밀착도 자가점검은 배출구를 막고 숨을 내쉬어 보호구가 밀착되었는지 확인하는 방법이다.
④ NIOSH(미국 국립산업안전보건연구원)는 발암물질에 대한 노출 방지를 위해 음압식 호흡보호구 사용을 권장하지 않는다. 이는 음압식 보호구가 완벽한 밀착이 보장되지 않을 수 있기 때문이다.

40

인체 부위 중 피부에 관한 설명으로 옳지 않은 것은?

① 피부는 표피와 진피로 구분된다.
② 표피의 각질층은 전체 피부에 비하여 매우 두꺼워서 피부를 통한 화학물질의 흡수속도를 제한한다.
③ 피부의 땀샘과 모낭은 피부에 노출된 화학물질을 직접 혈관으로 흡수할 수 있는 경로를 제공한다.
④ 대부분의 화학물질이 피부를 투과하는 과정은 단순확산이다.
⑤ 피부 수화도가 크면 클수록 투과도가 증대되어 흡수가 촉진된다.

해설
② 표피의 각질층은 매우 얇고, 이는 피부의 화학물질 투과를 제한하는 주요 장벽으로 작용한다. 그러나 두께보다는 물질의 지용성과 각질층의 상태(수화도 등)에 따라 흡수속도가 달라진다.
① 피부는 표피와 진피로 구분되며, 표피는 화학물질의 흡수에서 중요한 역할을 한다.
③ 땀샘과 모낭은 피부에 노출된 화학물질이 혈관으로 흡수될 수 있는 경로를 제공한다.
④ 대부분의 화학물질은 피부를 통해 단순확산 과정을 통해 투과된다.
⑤ 피부의 수화도가 증가하면 각질층의 투과성이 증가하여 화학물질의 흡수가 촉진된다.

41

특수건강진단 대상 유해인자 중 치과검사를 치과의사가 실시해야 하는 것에 해당하지 않는 것은?

① 염소
② 과산화수소
③ 고기압
④ 이산화황
⑤ 질산

해설
특수건강진단 대상 유해인자 중 치과검사를 치과의사가 실시해야 하는 항목은 치아 또는 구강 점막에 영향을 미칠 수 있는 화학물질로 제한된다. 염소, 이산화황, 질산은 구강 점막과 치아 부식 등 치과적 건강에 영향을 미칠 수 있어 치과검사가 요구된다. 과산화수소는 일반적으로 구강 점막보다 피부, 호흡기, 눈 등에 자극을 주며, 치아와의 직접적인 관련성은 낮아 치과검사 대상이 아니다.

치과검사(근로자 건강진단 실시기준 제12조)
특수건강진단 대상 유해인자 중 불화수소, 염소, 염화수소, 질산, 황산, 이산화황, 황화수소, 고기압의 어느 하나에 해당되는 유해인자에 대한 치과검사는 별지 제4호 서식에 따라 치과의사가 실시하여야 한다.

42

산업안전보건법 시행규칙상 유해인자별 제1차 검사항목의 생물학적 노출지표 및 시료 채취시기가 옳지 않은 것은?

구분	유해인자	제1차 검사항목의 생물학적 노출지표	시료 채취시기
ㄱ	납 및 그 무기화합물	혈중 납	제한 없음
ㄴ	크실렌	소변 중 메틸마뇨산	작업 종료 시
ㄷ	1,2-디클로로프로판	소변 중 페닐글리옥실산	주말 작업 종료 시
ㄹ	카드뮴	혈중 카드뮴	제한 없음
ㅁ	디메틸포름아미드	소변 중 N-메틸포름아미드(NMF)	작업 종료 시

① ㄱ
② ㄴ
③ ㄷ
④ ㄹ
⑤ ㅁ

해설

1,2-디클로로프로판의 생물학적 노출지표는 소변 중 1,2-디클로로프로판이며, 시료 채취 시기는 작업 종료 시이다.

43

직무스트레스의 반응에 따른 행동적 결과로 나타날 수 있는 것을 모두 고른 것은?

ㄱ. 흡연	ㄴ. 약물 남용
ㄷ. 폭력 현상	ㄹ. 식욕 부진

① ㄱ, ㄹ
② ㄴ, ㄷ
③ ㄱ, ㄴ, ㄹ
④ ㄴ, ㄷ, ㄹ
⑤ ㄱ, ㄴ, ㄷ, ㄹ

해설

직무스트레스

직무스트레스는 신체적, 심리적 반응뿐만 아니라 행동적 결과로도 나타날 수 있다. 행동적 결과는 스트레스 상황에서 개인이 보이는 구체적인 행위로, 다음과 같은 반응들이 포함된다.

- 흡연 : 스트레스를 해소하려는 행동으로 흡연 빈도가 증가할 수 있다.
- 약물 남용 : 스트레스를 완화하거나 회피하려는 수단으로 약물을 남용할 가능성이 높아진다.
- 폭력 현상 : 스트레스가 극도로 높아질 경우, 폭력적인 행동이나 충동적 반응으로 나타날 수 있다.
- 식욕 부진 : 스트레스로 인해 신체 반응 중 하나로 식욕이 감소하거나 체중 감소로 이어질 수 있다.

정답 42 ③ 43 ⑤

44
직장에서의 부적응 현상으로 보기 어려운 것은?
① 타협(compromise)
② 퇴행(degeneration)
③ 고집(fixation)
④ 체념(resignation)
⑤ 구실(pretext)

해설
① 타협은 갈등 상황에서 서로 간의 입장을 조정하여 적응하려는 과정이다. 따라서 이는 부적응 현상이 아니라 적응 전략에 해당한다.
② 퇴행은 스트레스 상황에서 성숙한 행동을 포기하고 어린 시절의 행동으로 돌아가는 부적응 현상이다.
③ 고집은 특정 행동이나 사고 방식에서 벗어나지 못하는 것으로, 변화에 대한 저항으로 나타나는 부적응 현상이다.
④ 체념은 문제 해결의 의지를 잃고 수동적으로 포기하는 상태로, 부적응의 대표적인 사례이다.
⑤ 구실은 자신의 부적응을 정당화하거나 외부 요인 탓으로 돌리는 것으로, 역시 부적응 현상의 일종이다.

45
건강진단 판정에서 건강관리 구분과 그 의미의 연결이 옳은 것은?
① A – 질환 의심자로 2차 진단 필요
② C_1 – 일반질병 유소견자로 사후관리가 필요
③ D_2 – 직업병 요관찰자로 추적관찰이 필요
④ R – 건강진단 시기 부적정으로 1차 재검 필요
⑤ U – 2차 건강진단 미실시로 건강관리구분을 판정할 수 없음

해설
건강관리 구분(근로자 건강진단 실시기준 별표 4)
- A : 건강관리상 사후관리가 필요 없는 근로자(건강한 근로자)
- C_1 : 직업성 질병으로 진전될 우려가 있어 추적검사 등 관찰이 필요한 근로자(직업병 요관찰자)
- C_2 : 일반질병으로 진전될 우려가 있어 추적관찰이 필요한 근로자(일반질병 요관찰자)
- D_1 : 직업성 질병의 소견을 보여 사후관리가 필요한 근로자(직업병 유소견자)
- D_2 : 일반 질병의 소견을 보여 사후관리가 필요한 근로자(일반질병 유소견자)
- R : 건강진단 1차 검사결과 건강수준의 평가가 곤란하거나 질병이 의심되는 근로자(제2차 건강진단 대상자)
- U : 2차 건강진단 대상임을 통보하고 30일을 경과하여 해당 검사가 이루어지지 않아 건강관리 구분을 판정할 수 없는 근로자

46

산업재해의 4개 기본원인(4M) 중 Media(매체-작업)에 해당하지 않는 것은?

① 위험 방호장치의 불량
② 작업정보의 부적절
③ 작업자세의 결함
④ 작업환경 조건의 불량
⑤ 작업공간의 불량

해설

① 위험 방호장치의 불량은 설비적(Machine) 요인에 해당된다.

산업재해의 4개 기본원인(4M)
- 인적(Man) 요인 : 무의식 행동, 착오, 피로, 연령, 커뮤니케이션 등
- 설비적(Machine) 요인 : 기계·설비의 설계상 결함, 방호장치의 불량, 작업 표준화의 부족, 점검·정비의 부족 등
- 작업·환경적(Media) 요인 : 작업정보의 부적절, 작업 자세·동작의 결함, 작업방법의 부적절, 작업환경 조건의 불량 등
- 관리적(Management) 요인 : 관리조직의 결함, 규정·매뉴얼의 불비·불철저, 안전 교육의 부족, 지도 감독의 부족 등

47

재해사고 원인분석을 위한 버드(F. Bird)의 이론에 관한 설명으로 옳지 않은 것은?

① 하인리히(H. Heinrich)의 사고연쇄이론을 새로운 도미노이론으로 개선하였다.
② 새로운 도미노이론의 시간적 계열은 제어의 부족 → 기본원인 → 직접원인 → 사고 → 상해(재해)이다.
③ 불안전한 행동 등 직접원인만 제거하면 재해사고가 발생하지 않는다.
④ 기본원인은 개인적 요인과 작업상의 요인으로 분류된다.
⑤ 부적절한 프로그램은 '제어의 부족'의 예에 해당한다.

해설

③ 재해를 예방하려면 기본원인(개인적 요인, 작업상 요인) 및 제어의 부족까지 포함한 종합적인 대책이 필요하다. 따라서 직접원인만 제거하는 것으로는 재해사고를 완전히 예방할 수 없다.
① 버드(F. Bird)는 하인리히의 사고연쇄이론을 바탕으로 새로운 도미노이론을 제시하여 재해 예방에서 관리적 요인을 강조하였다.
② 새로운 도미노이론의 시간적 계열은 제어의 부족 → 기본원인 → 직접원인 → 사고 → 상해(재해)로, 사고 원인을 단계적으로 분석하였다.
④ 기본원인은 개인적 요인(부주의, 경험 부족 등)과 작업상 요인(장비 결함, 환경 불량 등)으로 나뉜다.
⑤ 부적절한 프로그램, 정책 결함 등이 '제어의 부족'에 해당한다.

48

재해 통계에 관한 설명으로 옳지 않은 것은?

① "재해율"은 근로자 100명당 발생한 재해자 수를 의미한다.
② "연천인율"은 1년간 평균 1,000명당 발생한 재해자 수를 의미한다.
③ "도수율"은 연 근로시간 10,000시간당 발생한 재해건수를 의미한다.
④ "강도율"은 연 근로시간 1,000시간당 재해로 인하여 근로를 하지 못하게 된 일수를 의미한다.
⑤ "환산도수율"과 "환산강도율"은 연 근로시간을 100,000시간으로 하여 계산한 것이다.

해설

① 재해율 : 근로자 100명당 발생하는 재해건수
② 연천인율 : 근로자 1,000명이 1년간 작업할 때, 몇 명의 비율로 산업재해가 발생하는지 나타내는 지표

$$연천인율 = \frac{연간\ 재해건수}{연\ 평균\ 근로자\ 수} \times 1,000$$

③ 도수율 : 연 근로시간 100만 시간당 산업재해가 몇 건 일어났는지 알아보는 척도

$$도수율 = \frac{재해건수}{연\ 근로시간\ 수} \times 1,000,000$$

④ 강도율 : 근로시간 1,000시간 중에 재해에 의해서 근로를 하지 못하게 된 근로손실일수

$$강도율 = \frac{근로손실일수}{연\ 근로시간\ 수} \times 1,000$$

⑤ 환산도수율 : 근로자 1인당 평생 동안 경험할 수 있는 재해 발생 빈도를 추정한 척도

$$환산도수율(F) = \frac{도수율}{10}$$

환산강도율 : 근로자 1인당 평생 동안 경험하는 근로손실일수를 추정한 값
$$환산강도율(S) = 강도율 \times 100$$

49

A 사업장 소속 근로자 중 산업재해로 사망 1명, 3일의 휴업이 필요한 부상자 3명, 4일의 휴업이 필요한 부상자 4명이 발생하였다. 산업안전보건법 시행규칙에 따라 A 사업장의 사업주가 산업재해 발생 보고를 하여야 하는 인원(명)은?

① 1
② 4
③ 5
④ 7
⑤ 8

해설

산업재해 발생 보고 등(산업안전보건법 시행규칙 제73조)에 따르면, 산업재해 발생 보고 의무는 다음과 같은 경우에 해당된다.
• 사망자가 발생한 경우
• 3일 이상의 휴업이 필요한 부상자 또는 질병자가 발생한 경우
그러므로 사망 1명, 3일의 휴업이 필요한 부상자 3명, 4일의 휴업이 필요한 부상자 4명에 대하여 모두 산업재해 발생 보고를 하여야 한다.

50

역학 용어에 관한 설명으로 옳지 않은 것은?

① 위음성률(false negative rate)과 위양성률(false positive rate)은 타당도 지표이다.
② 기여위험도(attributable risk ratio)는 어떤 위험요인에 노출된 사람과 노출되지 않은 사람 사이의 발병률 차이를 의미한다.
③ 특이도(specificity)는 해당 질병이 없는 사람들을 검사한 결과가 음성으로 나타나는 확률이다.
④ 유병률(prevalence rate)은 일정기간 동안 질병이 없던 인구에서 질병이 발생한 비율이다.
⑤ 비교위험도(relative risk ratio)가 1보다 큰 경우는 해당 요인에 노출되면 질병의 위험도가 증가함을 의미한다.

해설

④ 유병률(prevalence rate) : 특정 시점 또는 일정기간 동안의 전체 인구 중 질병이 있는 사람들의 비율을 의미한다. 이는 기존 환자와 새로운 환자를 모두 포함하는 개념으로, 질병의 발생률과는 다르다. 질병 발생률(incidence rate)은 일정기간 동안 질병이 없던 인구에서 새롭게 질병이 발생한 비율을 의미한다.
① 위음성률(false negative rate)과 위양성률(false positive rate) : 검사결과의 타당성을 평가하는 지표로 사용된다.
② 기여위험도(attributable risk ratio) : 노출된 집단과 비노출 집단의 발병률 차이를 나타내며, 특정 요인에 의해 발생한 질병의 위험성을 평가한다.
③ 특이도(specificity) : 질병이 없는 사람을 정확히 음성으로 판정하는 비율이다.
⑤ 비교위험도(relative risk ratio) : 1보다 크면 노출된 집단에서 질병 위험이 증가한 것으로 해석된다.

| 기업진단 · 지도

51
조직구조 설계의 상황요인에 해당하는 것을 모두 고른 것은?

> ㄱ. 조직의 규모 ㄴ. 표준화
> ㄷ. 전략 ㄹ. 환경
> ㅁ. 기술

① ㄱ, ㄴ, ㄷ
② ㄱ, ㄴ, ㄹ
③ ㄴ, ㄷ, ㅁ
④ ㄱ, ㄴ, ㄷ, ㄹ
⑤ ㄱ, ㄷ, ㄹ, ㅁ

해설

조직구조 설계의 상황요인
조직구조 설계의 상황요인은 조직이 특정 구조를 채택하도록 만드는 외부 및 내부 환경적 요인이다. 상황요인에 따라 조직은 유연성, 통제, 효율성 등을 달성하기 위해 구조를 조정하게 된다.
- 규모 : 조직의 크기에 따라 복잡성이나 공식화 수준 결정
- 전략 : 조직의 목표와 방법에 따라 구조 조정
- 환경 : 안정적이면 기계적 구조, 불확실하면 유기적 구조
- 기술 : 기술의 복잡성과 생산 유형에 따라 적합한 구조 채택
- 문화 : 공유된 가치와 신념이 조직구조에 영향

이 상황요인들은 조직의 효율성과 목표 달성에 가장 적합한 구조를 설계하기 위한 출발점이 된다.

52

프렌치(J. French)와 레이븐(B. Raven)의 권력의 원천에 관한 설명으로 옳지 않은 것은?

① 공식적 권력은 특정 역할과 지위에 따른 계층구조에서 나온다.
② 공식적 권력은 해당 지위에서 떠나면 유지되기 어렵다.
③ 공식적 권력은 합법적 권력, 보상적 권력, 강압적 권력이 있다.
④ 개인적 권력은 전문적 권력과 정보적 권력이 있다.
⑤ 개인적 권력은 자신의 능력과 인격을 다른 사람으로부터 인정받아 생긴다.

해설

프렌치와 레이븐의 권력이론

조직 내 권력 구조를 이해하고 리더십의 효과성을 높이는 데 중요한 프레임워크를 제공한다.
- 공식적 권력은 지위와 역할에서 나오며, 합법적, 보상적, 강압적, 정보적 권력을 포함한다.
  - 합법적 권력 : 직위와 조직 규칙에 기반한 권력
  - 보상적 권력 : 보상을 제공할 수 있는 권력
  - 강압적 권력 : 처벌이나 제재를 가할 수 있는 권력
  - 정보적 권력 : 중요한 정보를 소유하고 배포하는 권력
- 개인적 권력은 리더의 능력과 매력에서 나오며, 전문적, 준거적 권력으로 구성된다.
  - 전문적 권력 : 전문지식과 기술에서 나오는 권력
  - 준거적 권력 : 매력과 존경심에서 나오는 권력

53

직무분석과 직무평가에 관한 설명으로 옳지 않은 것은?

① 직무분석은 인력확보와 인력개발을 위해 필요하다.
② 직무분석은 교육훈련 내용과 안전사고 예방에 관한 정보를 제공한다.
③ 직무명세서는 직무수행자가 갖추어야 할 자격요건인 인적특성을 파악하기 위한 것이다.
④ 직무평가 요소비교법은 평가대상 개별직무의 가치를 점수화하여 평가하는 기법이다.
⑤ 직무평가는 조직의 목표달성에 더 많이 공헌하는 직무를 다른 직무에 비해 더 가치가 있다고 본다.

해설

직무평가 방법

- 서열법(ranking method) : 가장 오래되고 사용하기 쉬운 방법으로 해당 직무들에 대해 기업의 목표달성 관련 중요도, 직무수행 난이도, 작업환경 등을 포괄적으로 고려하여 그 상대적 가치를 기초로 순위를 결정하는 방법이다.
- 분류법(job-classification method) : 서열법의 발전된 방법으로 사전에 만들어 놓은 등급을 기반으로 각 직무를 적절히 판정하여 해당 등급에 맞추어 넣는 평가방법이다.
- 점수법(point rating method) : 직무를 평가요소로 분해하고 척도에 의해 평가요소별 점수를 부여한 후 요소별 중요도에 따른 가중치를 적용함으로써 최종 점수를 통한 직무의 가치를 평가하는 방법이다. 오늘날 직무평가방법으로 가장 많이 사용되고 있다.
- 요소비교법(factor-comparison method) : 기업이나 조직에 있어서 직무내용이 표준화되어 있고 평가요소별 기준 직무와 일반 직무를 비교함으로써 모든 직무의 상대적 가치를 결정하는 방법이다.

정답 52 ④ 53 ④

54

협상에 관한 설명으로 옳지 않은 것은?

① 협상은 둘 이상의 당사자가 희소한 자원을 어떻게 분배할지 결정하는 과정이다.
② 협상에 관한 접근방법으로 분배적 교섭과 통합적 교섭이 있다.
③ 분배적 교섭은 내가 이익을 보면 상대방은 손해를 보는 구조이다.
④ 통합적 교섭은 윈-윈 해결책을 창출하는 타결점이 있다는 것을 전제로 한다.
⑤ 분배적 교섭은 협상 당사자가 전체 자원(pie)이 유동적이라는 전제하에 협상을 진행한다.

해설

협상

협상은 둘 이상의 당사자가 희소한 자원을 어떻게 나눌지, 목표를 달성할 방법을 찾기 위해 상호 의사소통하고 조정하는 과정이며, 분배적 교섭(distributive bargaining)과 통합적 교섭(integrative bargaining)이 있다.

구분	분배적 교섭	통합적 교섭
자원 총량	고정(fixed pie)	유동(flexible pie)
결과	한쪽의 이익 ↔ 상대방의 손실	양측의 상호 이익(win-win)
관계	대립적 경쟁	협력적 상호작용
목표	자신의 몫 최대화	양측의 만족 극대화
태도	상대방의 이익 축소가 목표	상호 이해와 협력
예시	단기적 계약(가격 협상)	장기적 협력(파트너십 협상)

55

노동쟁의와 관련하여 성격이 다른 하나는?

① 파업
② 준법투쟁
③ 불매운동
④ 생산통제
⑤ 대체고용

해설

노동쟁의

노동쟁의는 노동조합의 쟁의행위와 사용자의 대응행위로 나뉘며, 각 행위는 서로의 압박 수단으로 작용한다. 다만, 쟁의행위는 노동법에 따라 합법성과 제한 조건이 정해지며, 합리적인 조정과 대화를 통해 갈등을 해결하려는 노력이 중요하다.
- 노동조합의 쟁의행위 : 파업, 준법투쟁, 불매운동, 생산통제 등이 포함된다.
- 사용자의 대응행위 : 직장폐쇄, 대체고용 등이 있다.

56

대량고객화(mass customization)에 관한 설명으로 옳지 않은 것은?

① 높은 가격과 다양한 제품 및 서비스를 제공하는 개념이다.
② 대량고객화 달성 전략의 하나로 모듈화 설계와 생산이 사용된다.
③ 대량고객화 관련 프로세스는 주로 주문조립생산과 관련이 있다.
④ 정유, 가스 산업처럼 대량고객화를 적용하기 어렵고 효과 달성이 어려운 제품이나 산업이 존재한다.
⑤ 주문접수 시까지 제품 및 서비스를 연기(postpone)하는 활동은 대량고객화 기법 중의 하나이다.

해설

① 대량고객화는 높은 가격이 아닌 대량생산의 경제성과 맞춤화의 다양성을 결합하여 합리적인 비용으로 제공하는 개념이다. 높은 가격을 전제로 하지 않는다.

57

품질경영에 관한 설명으로 옳지 않은 것은?

① 쥬란(J. Juran)은 품질삼각축(quality trilogy)으로 품질계획, 관리, 개선을 주장했다.
② 데밍(W. Deming)은 최고경영진의 장기적 관점 품질관리와 종업원 교육훈련 등을 포함한 14가지 품질경영 철학을 주장했다.
③ 종합적 품질경영(TQM)의 과제 해결 단계는 DICA(Define, Implement, Check, Act)이다.
④ 종합적 품질경영(TQM)은 프로세스 향상을 위해 지속적 개선을 지향한다.
⑤ 종합적 품질경영(TQM)은 외부 고객만족뿐만 아니라 내부 고객만족을 위해 노력한다.

해설

③ TQM 및 품질개선 활동에서 사용하는 주된 관리 사이클은 PDCA(Plan, Do, Check, Act)이다. PDCA는 문제를 계획(Plan)하고 실행(Do)하며, 결과를 점검(Check)하고 필요한 조치를 취하는(Act) 순환적 접근 방식이다.

정답 56 ① 57 ③

58

6시그마와 린을 비교 설명한 것으로 옳은 것은?

① 6시그마는 낭비 제거나 감소에, 린은 결점 감소나 제거에 집중한다.
② 6시그마는 부가가치 활동 분석을 위해 모든 형태의 흐름도를, 린은 가치흐름도를 주로 사용한다.
③ 6시그마는 임원급 챔피언의 역할이 없지만, 린은 임원급 챔피언의 역할이 중요하다.
④ 6시그마는 개선활동에 파트타임(겸임) 리더가, 린은 풀타임(전담) 리더가 담당한다.
⑤ 6시그마의 개선 과제는 전략적 관점에서 선정하지 않지만, 린은 전략적 관점에서 선정한다.

해설

6시그마와 린은 서로 보완적으로 사용할 수 있다. 6시그마는 결함과 변동성을 줄이는 데 적합하고, 린은 프로세스의 낭비 제거와 흐름 개선에 적합하다. 기업은 두 기법을 조합하여 품질과 생산성을 동시에 극대화할 수 있다.

구분	6시그마	린(Lean)
목적	불량률을 100만 개당 3.4개 이하 수준으로 축소하고, 비용 절감 및 경영 효율성 극대화	낭비 제거 및 흐름 개선
품질추구	프로세스 개선을 통한 제품 품질 및 고객 만족도 증대	효율성과 가치 중심
리더역할	전문 리더(풀타임 블랙벨트 등)	현장 리더(파트타임 리더)
주요 활동	통계적 분석 및 품질 통제	낭비 제거와 프로세스 최적화
도구	DMAIC(Define-Measure-Analyze-Improve-Control), SPC, FMEA	가치흐름도, 칸반, 5S

59

생산운영관리의 최신 경향 중 기업의 사회적 책임과 환경경영에 관한 설명으로 옳은 것을 모두 고른 것은?

ㄱ. ISO 29000은 기업의 사회적 책임에 관한 국제 인증제도이다.
ㄴ. 포터(M. Porter)와 크래머(M. Kramer)가 제안한 공유가치창출(CSV ; Creating Shared Value)은 기업의 경쟁력 강화보다 사회적 책임을 우선시 한다.
ㄷ. 지속가능성이란 미래 세대의 니즈(needs)와 상충되지 않도록 현 사회의 니즈(needs)를 충족시키는 정책과 전략이다.
ㄹ. 청정생산(cleaner production) 방법으로는 친환경 원자재의 사용, 청정 프로세스의 활용과 친환경 생산 프로세스 관리 등이 있다.
ㅁ. 환경경영시스템인 ISO 14000은 결과 중심 경영시스템이다.

① ㄱ, ㄴ
② ㄷ, ㄹ
③ ㄹ, ㅁ
④ ㄷ, ㄹ, ㅁ
⑤ ㄱ, ㄷ, ㄹ, ㅁ

> 해설

ㄱ. 사회적 책임(CSR ; Corporate Social Responsibility)에 관한 국제 인증은 ISO 26000이다.
ㄴ. CSV는 기업의 경쟁력 강화와 사회적 가치 창출을 동시에 추구하는 개념이다. CSR이 사회적 책임을 우선시한다면, CSV는 사회적 가치를 통해 기업의 경쟁력을 향상시키는 데 초점을 맞춘다.
ㅁ. ISO 14000은 환경경영시스템(EMS ; Environmental Management System)에 대한 국제 표준으로, 프로세스 중심 시스템이다. 환경 목표를 설정하고, 이를 달성하기 위한 체계적 관리에 중점을 둔다.

60

직무분석을 위해 사용되는 방법들 중 정보입력, 정신적 과정, 작업의 결과, 타인과의 관계, 직무맥락, 기타 직무특성 등의 범주로 조직화되어 있는 것은?

① 과업질문지(TI ; Task Inventory)
② 기능적 직무분석(FJA ; Functional Job Analysis)
③ 직위분석질문지(PAQ ; Position Analysis Questionnaire)
④ 직무요소질문지(JCI ; Job Components Inventory)
⑤ 직무분석시스템(JAS ; Job Analysis System)

> 해설

③ 직위분석질문지(PAQ ; Position Analysis Questionnaire) : 직무를 정보입력, 정신적 과정, 작업의 결과, 타인과의 관계, 직무맥락, 기타 직무특성 등의 범주로 세분화하여 조직화한 방법을 말한다. 194개 항목으로 구성된 구조화된 설문지를 통해 직무를 분석하며, 주로 정량적 비교와 객관적 평가를 위해 사용되고, 다양한 직무 간 비교가 가능하다.
① 과업질문지(TI ; Task Inventory) : 특정 직무에서 수행하는 과업을 나열하고, 빈도나 중요도를 평가하는 방법이다. 과업 중심 분석으로 범주화된 구조는 없다.
② 기능적 직무분석(FJA ; Functional Job Analysis) : 과업을 자료(data), 사람(people), 사물(things)로 나눠 분석한다. 정보입력, 정신적 과정 등의 세부 범주로 조직화되지는 않는다.
④ 직무요소질문지(JCI ; Job Components Inventory) : 직무수행에 필요한 능력과 특성을 파악하는 데 사용된다. 범주화된 구조가 아니라, 직무 요구사항 중심으로 설계된다.
⑤ 직무분석시스템(JAS ; Job Analysis System) : 특정한 직무요소와 이를 측정하기 위한 컴퓨터 기반 분석 도구이다. PAQ와 유사한 방식으로 사용되지만, 독립된 범주화된 구성은 아니다.

정답 60 ③

61

직업스트레스 모델 중 종단 설계를 사용하여 업무량과 이외의 다양한 직무 요구가 종업원의 안녕과 동기에 미치는 영향을 살펴보기 위한 것은?

① 요구-통제 모델(demands-control model)
② 자원보존이론(conservation of resources theory)
③ 사람-환경 적합 모델(person-environment fit model)
④ 직무 요구-자원 모델(job demands-resources model)
⑤ 노력-보상 불균형 모델(effort-reward imbalance model)

해설

④ 직무 요구-자원 모델(job demands-resources model) : 업무량과 다양한 직무 요구가 종업원의 안녕과 동기에 미치는 영향을 종단적으로 연구하는 대표적인 모델로서 직무 요구와 자원이 스트레스와 동기부여에 미치는 영향을 평가한다. 직무 요구는 스트레스와 번아웃의 원인, 직무 자원은 동기부여와 업무성과의 원인으로 작용한다고 본다.
  • 직무 요구(job demands) : 업무량, 시간 압박, 정서적 요구 등
  • 직무 자원(job resources) : 사회적 지원, 자율성, 피드백 등
① 요구-통제 모델(demands-control model) : 직무스트레스는 직무 요구와 직무 통제의 상호작용으로 결정되며, 높은 요구와 낮은 통제가 스트레스를 유발한다고 설명한다.
② 자원보존이론(conservation of resources theory) : 개인이 자신이 소유한 자원을 보존하려고 하며, 자원이 소실되면 스트레스를 얻는다고 설명한다. 종단 설계보다는 자원 소모와 보존 간의 상호작용에 초점을 둔다.
③ 사람-환경 적합 모델(person-environment fit model) : 개인의 특성과 직무 환경 간의 적합성이 스트레스와 안녕에 영향을 미친다고 설명한다. 직무와 사람 간의 적합성을 주로 다룬다.
⑤ 노력-보상 불균형 모델(effort-reward imbalance model) : 개인이 들이는 노력과 그에 따른 보상이 불균형할 때 스트레스가 발생한다고 설명한다. 특정 시점에서의 균형 또는 불균형을 평가하는 데 초점을 둔다.

62

자기결정이론(Self-Determination Theory)에서 내적동기에 영향을 미치는 세 가지 기본욕구를 모두 고른 것은?

ㄱ. 자율성	ㄴ. 관계성
ㄷ. 통제성	ㄹ. 유능성
ㅁ. 소속성	

① ㄱ, ㄴ, ㄷ
② ㄱ, ㄴ, ㄹ
③ ㄱ, ㄷ, ㅁ
④ ㄴ, ㄷ, ㅁ
⑤ ㄷ, ㄹ, ㅁ

해설

자기결정이론(SDT ; Self-Determination Theory)
데시(E. Deci)와 라이언(R. Ryan)이 제안한 이론으로, 인간의 동기부여를 설명하는 주요 이론이다. 인간의 내적 동기는 자율성(autonomy), 관계성(relatedness), 유능성(competence)이라는 세 가지 기본 욕구의 충족 여부에 영향을 받는다.

정답 61 ④ 62 ②

63

터크맨(B. Tuckman)이 제안한 팀 발달의 단계 모형에서 '개별적 사람의 집합'이 '의미 있는 팀'이 되는 단계는?

① 형성기(forming)
② 격동기(storming)
③ 규범기(norming)
④ 수행기(performing)
⑤ 휴회기(adjourning)

> 해설

터크맨(B. Tuckman)의 힘 발달 단계 모형

터크맨은 팀이 발전하는 과정을 5단계로 구분하여 제시하였으며, 각 단계는 팀 내 상호작용, 의사소통, 갈등 해결 방식 등과 관련하여 고유한 특성을 가진다. 이 모형은 팀 역학과 효과적인 팀 성과 달성에 대한 통찰을 제공한다.

- 형성기(forming) : 팀원들이 처음 모이는 단계로, 팀의 목표, 역할, 규칙 등이 명확하지 않다. 구성원들은 서로 탐색하며 예의 바른 태도를 유지한다. 리더의 주도적인 역할이 중요하며, 팀 규범과 목표 설정이 이루어진다.
- 격동기(storming) : 팀 내 갈등과 긴장이 발생하는 단계이다. 각자의 의견, 성격, 업무 방식 차이로 인해 충돌이 나타나며, 리더십에 대한 도전, 규칙에 대한 불만 등이 표출될 수 있다.
- 규범기(norming) : 팀원 간의 갈등이 해소되고, 협력적인 분위기가 형성된다. 규칙과 역할이 명확히 정의되고 팀워크가 강화되며, 팀의 공동 목표를 위한 협력과 조정이 이루어진다.
- 수행기(performing) : 팀이 고도의 협력과 생산성을 발휘하는 단계이다. 각 구성원이 자신의 역할을 잘 이해하며, 독립적이고 자율적으로 업무를 수행한다. 문제 해결과 의사결정이 효과적으로 이루어진다.
- 휴회기(adjourning) : 팀이 프로젝트 완료 또는 목표 달성으로 해산하는 단계이다. 구성원들은 성취감 또는 아쉬움을 느낄 수 있으며, 프로젝트 종료 후 결과를 평가하고, 팀원 간의 피드백과 감사를 나눈다.

64

반생산적 업무행동(CWB) 중 직·간접적으로 조직 내에서 행해지는 일을 방해하려는 의도적 시도를 의미하며 다음과 같은 사례에 해당하는 것은?

- 고의적으로 조직의 장비나 재산의 일부를 손상시키기
- 의도적으로 재료나 공급물품을 낭비하기
- 자신의 업무영역을 더럽히거나 지저분하게 만들기

① 철회(withdrawal)
② 사보타주(sabotage)
③ 직장무례(workplace incivility)
④ 생산일탈(production deviance)
⑤ 타인학대(abuse toward others)

> 해설

② 사보타주(sabotage) : 조직이나 시스템의 운영을 의도적으로 방해하거나 손상시키기 위해 행하는 행동을 의미한다. 이 용어는 노동운동이나 조직 내에서의 의도적 방해 행위를 지칭하며, 조직의 목표 달성을 저해하거나 조직 자체에 손실을 주는 것을 목적으로 한다.

반생산적 행동(CWB ; Counterproductive Work Behavior)

조직의 목표달성에 방해가 되는 조직 구성원들의 일탈행동이나 규범을 어기는 행동이다. 개인에 대한 반생산적 행동 CWB-I(동료를 괴롭히거나 방해하는 행동)과 조직에 대한 반생산적 행동 CWB-O(조직에 피해를 주는 행동, 즉 지각, 무단결근, 조직자산 훼손 등)으로 분류할 수 있다.

65

스웨인(A. Swain)과 커트맨(H. Cuttmann)이 구분한 인간오류(human error)의 유형에 관한 설명으로 옳지 않은 것은?

① 생략오류(omission error) : 부분으로는 옳으나 전체로는 틀린 것을 옳다고 주장하는 오류
② 시간오류(timing error) : 업무를 정해진 시간보다 너무 빠르게 혹은 늦게 수행했을 때 발생하는 오류
③ 순서오류(sequence error) : 업무의 순서를 잘못 이해했을 때 발생하는 오류
④ 실행오류(commission error) : 수행해야 할 업무를 부정확하게 수행하기 때문에 생겨나는 오류
⑤ 부가오류(extraneous error) : 불필요한 절차를 수행하는 경우에 생기는 오류

> **해설**
> ① 생략오류는 작업을 빠뜨리거나 누락했을 때 발생하는 오류를 의미한다.

66

아래 그림에서 (a)와 (c)가 일직선으로 보이지만 실제로는 (a)와 (b)가 일직선이다. 이러한 현상을 나타내는 용어는?

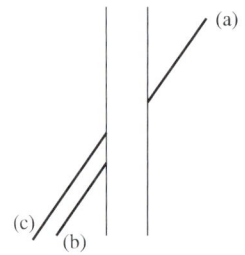

① 뮐러리어(Müller-Lyer) 착시현상
② 티치너(Titchener) 착시현상
③ 폰조(Ponzo) 착시현상
④ 포겐도르프(Poggendorf) 착시현상
⑤ 죌너(Zöllner) 착시현상

> **해설**
> ④ 포겐도르프(Poggendorff) 착시 : 평행하는 두 선분에 다른 선분(사선)을 엇갈리게 교차시킨 다음 평행선 안쪽의 사선 부분을 제거하면 평행선 바깥의 두 사선 부분이 어긋난(동일선상에 있지 않은) 것처럼 보이는 착시. 창문 밖의 전선이 블라인드에 가려져 있을 때, 전선의 조각들이 어긋나 보이는 데에서 비슷한 효과를 볼 수 있다.
> ① 뮐러리어(Müller-Lyer) 착시 : 스타일화된 화살표로 구성된 착시현상을 말한다.
> ② 티치너(Titchener circles) 착시 또는 에빙하우스 착시(Ebbinghaus illusion) : 상대적 크기 인식의 착시다. 동일한 크기의 두 개의 원이 서로 가까이 배치됐을 때, 하나는 큰 원으로 둘러싸이고 다른 하나는 작은 원으로 둘러싸여 있다. 원의 병치 결과, 큰 원으로 둘러싸인 중심 원은 작은 원으로 둘러싸인 중심 원보다 작게 보여진다.
> ③ 폰조(Ponzo) 착시 : 사다리꼴 모양에 같은 길이의 선을 수평으로 놓으면 위쪽에 있는 선이 더 길게 보이게 되는 착시현상을 말한다.
> ⑤ 죌너(Zöllner) 착시 : 긴 빗금이 나란하지 않은 것처럼 보이지만 실제로는 나란하다.

뮐러리어 착시	티치너 착시(에빙하우스 착시)	폰조 착시	죌너 착시

67

산업재해이론 중 하인리히(H. Heinrich)가 제시한 이론에 관한 설명으로 옳은 것은?

① 매트릭스 모델(matrix model)을 제안하였으며, 작업자의 긴장수준이 사고를 유발한다고 보았다.
② 사고의 원인이 어떻게 연쇄반응을 일으키는지 도미노(domino)를 이용하여 설명하였다.
③ 재해는 관리부족, 기본원인, 직접원인, 사고가 연쇄적으로 발생하면서 일어나는 것으로 보았다.
④ 재해의 직접적인 원인은 불안전 행동과 불안전 상태를 유발하거나 방치한 전술적 오류에서 비롯된다고 보았다.
⑤ 스위스 치즈 모델(Swiss cheese model)을 제시하였으며, 모든 요소의 불안전이 겹쳐져서 사고가 발생한다고 주장하였다.

해설

구분	제안자	핵심내용

도미노이론
(domino theory)
	하인리히
	(H. Heinrich)
		• 재해는 연쇄적인 원인(도미노)으로 발생하며, 한 가지 원인을 제거하면 연쇄 반응을 막을 수 있음
		• 5개의 도미노 구성
		  - 사회적/유전적 결함 : 개인의 성격, 환경적 배경 등이 문제의 기초가 됨
		  - 개인적 결함 : 개인의 주의 부족, 안전 교육 미비 등
		  - 불안전 행동/상태 : 사고를 직접적으로 유발하는 행동이나 조건
		  - 사고 : 사람이 다치거나 기계가 손상되는 사건
		  - 상해 : 사고로 인해 발생하는 신체적, 재산적 피해

매트릭스 모델 (matrix model)	하돈 (W. Haddon)	• 사고를 시간 축(사고 전, 사고 중, 사고 후)과 요소 축(사람, 장비, 환경)으로 구분하여 사고 발생과 예방을 체계적으로 분석 • 작업자의 긴장 수준, 장비의 안전성, 환경적 요인 등이 사고를 유발할 수 있음을 강조 • 사고 예방을 위해 각 단계에서의 대응책을 체계적으로 마련해야 한다고 주장

수정된 도미노이론
(management-lack theory)
	버드
	(F. Bird)
		• 하인리히의 도미노이론을 확장하여 관리 부족을 사고 발생의 근본 원인으로 추가
		• 사고연쇄 과정
		  - 관리부족 : 안전관리의 실패(교육, 감독, 장비 부족 등)
		  - 기본원인 : 작업자의 부주의, 설비 결함, 관리 시스템 부족
		  - 직접원인 : 불안전 행동이나 불안전 상태
		  - 사고 : 재해를 유발하는 사건
		  - 손실(상해) : 사고로 인해 발생한 물적, 인적 손실

사고연쇄반응이론
(accident causation model)
	아담스
	(E. Adams)
		• 불안전한 행동과 상태를 유발하거나 방치한 전술적 오류가 사고의 주요 원인
		• 사고 원인을 개인적 문제뿐만 아니라 관리, 조직적 요인으로 확대하여 분석
		• 사고는 주로 다음의 단계를 거침
		  - 기본적 원인 : 환경적, 조직적 문제
		  - 직접적 원인 : 작업자 행동 또는 작업 조건의 불안정성
		  - 사고 : 발생 사건
		  - 손실 : 물리적, 경제적, 인적 손실

스위스 치즈 모델 (Swiss cheese model)	리즌 (J. Reason)	• 사고는 시스템 내 다층적인 방어벽(치즈 조각)에 있는 구멍(약점)이 정렬될 때 발생 • 각 방어층은 개별적인 오류(예 인간 실수, 관리 실패, 설비 결함)를 막는 역할을 함 • 구멍은 조직적 요인(관리 실패), 작업환경 요인, 개인적 실수에 의해 생기며, 구멍들이 동시에 정렬될 때 사고가 발생

정답 67 ②

68

조직 스트레스원 자체의 수준을 감소시키기 위한 방법으로 옳은 것을 모두 고른 것은?

ㄱ. 더 많은 자율성을 가지도록 직무를 설계하는 것
ㄴ. 조직의 의사결정에 대한 참여기회를 더 많이 제공하는 것
ㄷ. 직원들과 더 효과적으로 의사소통할 수 있도록 관리자를 훈련하는 것
ㄹ. 갈등해결 기법을 효과적으로 사용할 수 있도록 종업원을 훈련하는 것

① ㄱ, ㄴ
② ㄷ, ㄹ
③ ㄱ, ㄴ, ㄹ
④ ㄴ, ㄷ, ㄹ
⑤ ㄱ, ㄴ, ㄷ, ㄹ

해설

조직 스트레스원 자체의 수준을 감소시키기 위한 방법은 스트레스의 근본적인 원인(직무설계, 의사결정 과정 등)을 변화시키는 것을 목표로 한다.

69

TWI(Training Within Industry) 교육훈련내용이 아닌 것은?

① JIT(Job Instruction Training)
② JMT(Job Method Training)
③ MTP(Management Training Program)
④ JST(Job Safety Training)
⑤ JRT(Job Relation Training)

해설

TWI(Training Within Industry) : 주로 제2차 세계대전 중 산업현장에서 생산성 향상과 효율적인 인력 관리를 위해 개발된 교육훈련 프로그램으로, 핵심적으로 다섯 가지 훈련 모듈을 포함한다.
- JIT(Job Instruction Training) : 작업을 표준화된 방법으로 효과적으로 가르치는 훈련이다.
- JMT(Job Method Training) : 작업 방법을 개선하여 생산성을 향상시키는 훈련이다.
- JST(Job Safety Training) : 작업장에서의 안전과 관련된 훈련이다.
- JRT(Job Relation Training) : 인간관계와 커뮤니케이션을 개선하기 위한 훈련이다.
- JP(Job Program development 또는 Job Progress training) : 전반적인 작업 훈련 프로그램을 개발하고, 이를 체계적으로 운영하기 위해 중간 관리자나 리더의 역량을 향상시키는 데 중점을 둔다.

70

산업안전보건법령상 대여자 등이 안전조치 등을 해야 하는 기계·기구·설비 및 건축물 등에 해당하는 것을 모두 고른 것은?

| ㄱ. 항발기 | ㄴ. 지게차 |
| ㄷ. 고소작업대 | ㄹ. 페이퍼드레인머신 |

① ㄹ
② ㄱ, ㄴ
③ ㄷ, ㄹ
④ ㄱ, ㄴ, ㄷ
⑤ ㄱ, ㄴ, ㄷ, ㄹ

해설

대여자 등이 안전조치 등을 해야 하는 기계·기구·설비 및 건축물 등(산업안전보건법 시행령 별표 21)
사무실 및 공장용 건축물, 이동식 크레인, 타워크레인, 불도저, 모터 그레이더, 로더, 스크레이퍼, 스크레이퍼 도저, 파워 셔블, 드래그라인, 클램셸, 버킷굴착기, 트렌치, 항타기, 항발기, 어스드릴, 천공기, 어스오거, 페이퍼드레인머신, 리프트, 지게차, 롤러기, 콘크리트 펌프, 고소작업대, 그 밖에 산업재해보상보험 및 예방심의위원회 심의를 거쳐 고용노동부장관이 정하여 고시하는 기계·기구·설비 및 건축물 등

71

보호구 안전인증 고시에서 정하고 있는 추락 및 감전 위험방지용 안전모의 성능기준에 관한 내용 중 안전모의 시험성능기준 항목이 아닌 것은?

① 내마모성
② 내전압성
③ 내수성
④ 내관통성
⑤ 난연성

해설

추락 및 감전 위험방지용 안전모의 성능기준(보호구 안전인증 고시 별표 1)
안전모의 시험성능기준

항목	시험성능기준
내관통성	AE, ABE종 안전모는 관통거리가 9.5mm 이하이고, AB종 안전모는 관통거리가 11.1mm 이하이어야 한다.
충격흡수성	최고전달충격력이 4,450N을 초과해서는 안 되며, 모체와 착장체의 기능이 상실되지 않아야 한다.
내전압성	AE, ABE종 안전모는 교류 20kV에서 1분간 절연파괴 없이 견뎌야 하고, 이때 누설되는 충전전류는 10mA 이하이어야 한다.
내수성	AE, ABE종 안전모는 질량증가율이 1% 미만이어야 한다.
난연성	모체가 불꽃을 내며 5초 이상 연소되지 않아야 한다.
턱끈풀림	150N 이상 250N 이하에서 턱끈이 풀려야 한다.

72

다음에서 설명하고 있는 위험성평가 기법은?

> FTA와 동일한 논리 기법을 이용하여 관리, 설계, 생산, 보전 등에 대해서 광범위하게 안전성을 확보하기 위한 기법으로 원자력 산업 등에 이용된다.

① ETA
② HAZOP
③ CCA
④ MORT
⑤ THERP

해설

④ MORT(Management Oversight and Risk Tree, 관리감독 및 위험 트리) : MORT는 FTA(Fault Tree Analysis)와 동일한 논리적 트리 구조를 사용하여 관리, 설계, 생산, 보전 등에서 발생할 수 있는 결함을 체계적으로 분석하고, 사고의 근본 원인과 개선 방안을 도출하는 위험성평가 기법이다.
① ETA(Event Tree Analysis, 사건수 분석) : 특정 사건(초기 사건)이 발생했을 때, 그 사건이 연속적으로 진행되는 과정에서 발생할 수 있는 결과를 분석하는 기법이다. 초기 사건을 정의하고, 발생 가능한 시나리오의 흐름을 도식화하여 각 분기점에서 가능한 결과를 나열해 시나리오의 발생 확률을 계산하면 된다.
② HAZOP(HAZard and OPerability study) : 프로세스 산업에서 설비, 공정, 시스템 설계 단계에서 발생할 수 있는 위험과 조작상의 문제를 체계적으로 분석하는 기법이다. 설비 또는 공정의 파라미터(예 압력, 온도, 유량 등)에 초점을 두고, 가이드워드(guide word, 예 more, less, reverse 등)를 활용하여 비정상적인 상황을 예측하는 특징이 있으며, 화학 공정 및 플랜트 설계의 안전성 검토를 위해 활용할 수 있다.
③ CCA(Cause-Consequence Analysis, 원인-결과 분석) : 특정 사건의 원인과 결과를 동시에 평가하여 위험 시나리오를 분석하는 기법이다. 원인분석(FTA)과 결과분석(ETA)을 결합하여 특정 초기 사건이 발생했을 때의 원인과 결과를 트리 구조로 도식화하면 된다.
⑤ THERP(Technique for Human Error Rate Prediction, 인간 오류율 예측 기법) : 인간의 오류가 시스템에 미치는 영향을 분석하고, 오류 발생 가능성을 예측하는 기법이다. 작업 단계를 분석하고, 각 단계에서 발생할 수 있는 인간 오류를 식별 및 오류 확률을 계산하여 시스템에 미치는 영향을 평가하면 된다.

73

공기 중 연소(폭발)범위가 가장 넓은 것은?

① 아세틸렌
② 에탄
③ 부탄
④ 메탄
⑤ 암모니아

해설

① 아세틸렌 폭발범위 : 2.5~100%, 폭발범위가 매우 넓어 공기 중의 농도가 다양하게 변해도 폭발 위험이 크다.
② 에탄 폭발범위 : 3~12.5%
③ 부탄 폭발범위 : 1.8~8.4%
④ 메탄 폭발범위 : 5~15%
⑤ 암모니아 폭발범위 : 15~33.6%

74
관리격자이론에서 "인간에 대한 관심은 대단히 높으나 생산에 대한 관심이 극히 낮은 리더십"의 유형은?

① (1,1)형
② (1,9)형
③ (9,1)형
④ (9,9)형
⑤ (5,5)형

해설

② 1,9형(컨트리 클럽형) : 인간에 높은 관심, 생산에는 낮은 관심. 구성원 만족과 화목한 분위기를 중시한다.
① 1,1형(무관심형) : 생산과 인간 모두에 관심이 낮은 리더십. 소극적 관리로 최소한의 노력만 기울인다.
③ 9,1형(권위형) : 생산에는 높은 관심, 인간 관계에는 낮은 관심. 엄격한 통제와 지시 중심의 리더십이다.
④ 9,9형(팀형) : 생산과 사람 모두에 높은 관심. 이상적인 리더십으로, 팀워크와 성과를 동시에 강조한다.
⑤ 5,5형(중도형) : 생산과 사람 모두에 중간 정도의 관심. 타협적인 관리 스타일로, 균형을 유지하려고 한다.

관리격자이론
생산과 사람에 대한 관심 수준을 기준으로 리더십 스타일을 분석하고, 리더가 자신의 행동을 이해하고 개선하도록 돕는 이론이다. 이를 통해 조직의 성과와 구성원의 만족도를 동시에 극대화하는 리더십 개발에 활용된다.

75
산업안전보건기준에 관한 규칙의 일부이다. (　)에 들어갈 내용으로 옳은 것은?

> 제8조(조도) 사업주는 근로자가 상시 작업하는 장소의 작업면 조도(照度)를 다음 각 호의 기준에 맞도록 하여야 한다. 다만, 갱내(坑內) 작업장과 감광재료(感光材料)를 취급하는 작업장은 그러하지 아니하다.
> 1. 초정밀작업 : (　)lx 이상
> 2. 정밀작업 : 300lx 이상

① 550
② 600
③ 650
④ 700
⑤ 750

해설

조도(산업안전보건기준에 관한 규칙 제8조)
사업주는 근로자가 상시 작업하는 장소의 작업면 조도(照度)를 다음 기준에 맞도록 하여야 한다. 다만, 갱내(坑內) 작업장과 감광재료(感光材料)를 취급하는 작업장은 그러하지 아니하다.
- 초정밀작업 : 750lx 이상
- 정밀작업 : 300lx 이상
- 보통작업 : 150lx 이상
- 그 밖의 작업 : 75lx 이상

2022년 과년도 기출문제

산업안전보건법령

01
산업안전보건법령상 관계수급인 근로자가 도급인의 사업장에서 작업하는 경우 도급인의 안전조치 및 보건조치에 관한 설명으로 옳지 않은 것은?

① 도급인은 같은 장소에서 이루어지는 도급인과 관계수급인의 작업에 있어서 관계수급인의 작업시기·내용, 안전조치 및 보건조치 등을 확인하여야 한다.
② 건설업의 경우에는 도급사업의 정기 안전·보건점검을 분기에 1회 이상 실시하여야 한다.
③ 관계수급인의 공사금액을 포함한 해당 공사의 총공사금액이 20억 원 이상인 건설업의 경우 도급인은 그 사업장의 안전보건관리책임자를 안전보건총괄책임자로 지정하여야 한다.
④ 도급인은 도급인과 수급인을 구성원으로 하는 안전 및 보건에 관한 협의체를 도급인 및 그의 수급인 전원으로 구성하여야 한다.
⑤ 도급인은 제조업 작업장의 순회점검을 2일에 1회 이상 실시하여야 한다.

해설
도급사업의 합동 안전·보건점검(산업안전보건법 시행규칙 제82조)
㉠ 법 제64조 제2항에 따라 도급인이 작업장의 안전 및 보건에 관한 점검을 할 때에는 다음 사람으로 점검반을 구성해야 한다.
  1. 도급인(같은 사업 내에 지역을 달리하는 사업장이 있는 경우에는 그 사업장의 안전보건관리책임자)
  2. 관계수급인(같은 사업 내에 지역을 달리하는 사업장이 있는 경우에는 그 사업장의 안전보건관리책임자)
  3. 도급인 및 관계수급인의 근로자 각 1명(관계수급인의 근로자의 경우에는 해당 공정만 해당한다)
㉡ 법 제64조 제2항에 따른 정기 안전·보건점검의 실시 횟수는 다음 구분에 따른다.
  1. 건설업, 선박 및 보트 건조업 : 2개월에 1회 이상
  2. 1.의 사업을 제외한 사업 : 분기에 1회 이상

| 참고 |
도급에 따른 산업재해 예방조치(산업안전보건법 제64조 제2항)
도급인은 고용노동부령으로 정하는 바에 따라 자신의 근로자 및 관계수급인 근로자와 함께 정기적으로 또는 수시로 작업장의 안전 및 보건에 관한 점검을 하여야 한다.

02
산업안전보건법령상 '대여자 등이 안전조치 등을 해야 하는 기계·기구·설비 및 건축물 등'에 규정되어 있는 것을 모두 고른 것은?(단, 고용노동부장관이 정하여 고시하는 기계·기구·설비 및 건축물 등은 고려하지 않음)

| ㄱ. 어스오거 | ㄴ. 산업용 로봇 |
| ㄷ. 클램셸 | ㄹ. 압력용기 |

① ㄱ, ㄴ
② ㄱ, ㄷ
③ ㄴ, ㄹ
④ ㄱ, ㄷ, ㄹ
⑤ ㄴ, ㄷ, ㄹ

해설
대여자 등이 안전조치 등을 해야 하는 기계·기구·설비 및 건축물 등(산업안전보건법 시행령 별표 21)
사무실 및 공장용 건축물, 이동식 크레인, 타워크레인, 불도저, 모터 그레이더, 로더, 스크레이퍼, 스크레이퍼 도저, 파워 셔블, 드래그라인, 클램셸, 버킷굴착기, 트렌치, 항타기, 항발기, 어스드릴, 천공기, 어스오거, 페이퍼드레인머신, 리프트, 지게차, 롤러기, 콘크리트 펌프, 고소작업대, 그 밖에 산업재해보상보험 및 예방심의위원회 심의를 거쳐 고용노동부장관이 정하여 고시하는 기계·기구·설비 및 건축물 등

03
산업안전보건법령상 유해하거나 위험한 기계·기구에 대한 방호조치 등에 관한 설명으로 옳은 것을 모두 고른 것은?

| ㄱ. 래핑기에는 구동부 방호 연동장치를 설치해야 한다.
| ㄴ. 원심기에는 압력방출장치를 설치해야 한다.
| ㄷ. 작동 부분에 돌기 부분이 있는 기계는 그 돌기 부분에 방호망을 설치하여야 한다.
| ㄹ. 동력전달 부분이 있는 기계는 동력전달 부분을 묻힘형으로 하여야 한다.

① ㄱ
② ㄱ, ㄴ
③ ㄴ, ㄷ
④ ㄷ, ㄹ
⑤ ㄱ, ㄷ, ㄹ

정답 2 ② 3 ①

해설

방호조치(산업안전보건법 시행규칙 제98조)
㉠ 법 제80조 제1항에 따라 영 제70조 및 영 별표 20의 기계・기구에 설치해야 할 방호장치는 다음과 같다.
  1. 예초기 : 날접촉 예방장치
  2. 원심기 : 회전체 접촉 예방장치
  3. 공기압축기 : 압력방출장치
  4. 금속절단기 : 날접촉 예방장치
  5. 지게차 : 헤드 가드, 백레스트(backrest), 전조등, 후미등, 안전벨트
  6. 포장기계(진공포장기, 래핑기로 한정한다) : 구동부 방호 연동장치
㉡ 법 제80조 제2항에서 "고용노동부령으로 정하는 방호조치"란 다음 방호조치를 말한다.
  1. 작동 부분의 돌기 부분은 묻힘형으로 하거나 덮개를 부착할 것
  2. 동력전달 부분 및 속도조절 부분에는 덮개를 부착하거나 방호망을 설치할 것
  3. 회전기계의 물림점(롤러나 톱니바퀴 등 반대방향의 두 회전체에 물려 들어가는 위험점)에는 덮개 또는 울을 설치할 것
㉢ ㉠ 및 ㉡에 따른 방호조치에 필요한 사항은 고용노동부장관이 정하여 고시한다.

04

산업안전보건법령상 사업주가 근로자의 작업내용을 변경할 때에 그 근로자에게 하여야 하는 안전보건교육의 내용으로 규정되어 있지 않은 것은?

① 사고 발생 시 긴급조치에 관한 사항
② 기계・기구의 위험성과 작업의 순서 및 동선에 관한 사항
③ 표준안전 작업방법에 관한 사항
④ 직장 내 괴롭힘, 고객의 폭언 등으로 인한 건강장해 예방 및 관리에 관한 사항
⑤ 작업 개시 전 점검에 관한 사항

해설

안전보건교육 교육대상별 교육내용(산업안전보건법 시행규칙 별표 5)
근로자 채용 시 교육 및 작업내용 변경 시 교육 내용
• 산업안전 및 산업재해 예방에 관한 사항(화재・폭발 사고 발생 시 대피에 관한 사항을 포함한다)
• 산업보건 및 건강장해 예방에 관한 사항
• 위험성평가에 관한 사항
• 산업안전보건법령 및 산업재해보상보험 제도에 관한 사항
• 직무스트레스 예방 및 관리에 관한 사항
• 직장 내 괴롭힘, 고객의 폭언 등으로 인한 건강장해 예방 및 관리에 관한 사항
• 기계・기구의 위험성과 작업의 순서 및 동선에 관한 사항
• 작업 개시 전 점검에 관한 사항
• 정리정돈 및 청소에 관한 사항
• 사고 발생 시 긴급조치에 관한 사항
• 물질안전보건자료에 관한 사항

05

산업안전보건법령상 안전검사에 관한 설명으로 옳지 않은 것은?

① 형 체결력(型 締結力) 294킬로뉴턴(kN) 이상의 사출성형기는 안전검사대상기계 등에 해당한다.
② 사업주는 자율안전검사를 받은 경우에는 그 결과를 기록하여 보존하여야 한다.
③ 안전검사기관이 안전검사 업무를 게을리하거나 업무에 차질을 일으킨 경우 고용노동부장관은 안전검사기관 지정을 취소하거나 6개월 이내의 기간을 정하여 그 업무의 정지를 명할 수 있다.
④ 곤돌라를 건설현장에서 사용하는 경우 사업장에 최초로 설치한 날부터 6개월마다 안전검사를 하여야 한다.
⑤ 안전검사대상기계 등을 사용하는 사업주와 소유자가 다른 경우에는 사업주가 안전검사를 받아야 한다.

해설

안전검사(산업안전보건법 제93조)
㉠ 유해하거나 위험한 기계·기구·설비로서 대통령령으로 정하는 것(이하 안전검사대상기계 등)을 사용하는 사업주(근로자를 사용하지 아니하고 사업을 하는 자를 포함한다. 이하 이 조, 제94조, 제95조 및 제98조에서 같다)는 안전검사대상기계 등의 안전에 관한 성능이 고용노동부장관이 정하여 고시하는 검사기준에 맞는지에 대하여 고용노동부장관이 실시하는 검사(이하 안전검사)를 받아야 한다. 이 경우 안전검사대상기계 등을 사용하는 사업주와 소유자가 다른 경우에는 안전검사대상기계 등의 소유자가 안전검사를 받아야 한다.
㉡ ㉠에도 불구하고 안전검사대상기계 등이 다른 법령에 따라 안전성에 관한 검사나 인증을 받은 경우로서 고용노동부령으로 정하는 경우에는 안전검사를 면제할 수 있다.
㉢ 안전검사의 신청, 검사 주기 및 검사합격 표시방법, 그 밖에 필요한 사항은 고용노동부령으로 정한다. 이 경우 검사 주기는 안전검사대상기계 등의 종류, 사용연한(使用年限) 및 위험성을 고려하여 정한다.

06

산업안전보건법령상 제조 또는 사용허가를 받아야 하는 유해물질을 모두 고른 것은?(단, 고용노동부장관의 승인을 받은 경우는 제외함)

ㄱ. 크롬산 아연	ㄴ. β-나프틸아민과 그 염
ㄷ. o-톨리딘 및 그 염	ㄹ. 폴리클로리네이티드 터페닐
ㅁ. 콜타르피치 휘발물	

① ㄱ, ㄴ, ㄷ
② ㄱ, ㄷ, ㅁ
③ ㄱ, ㄹ, ㅁ
④ ㄴ, ㄷ, ㄹ
⑤ ㄴ, ㄹ, ㅁ

해설

허가 대상 유해물질(산업안전보건법 시행령 제88조)

법 제118조 제1항 전단에서 "대체물질이 개발되지 아니한 물질 등 대통령령으로 정하는 물질"이란 다음 물질을 말한다.

1. α-나프틸아민[134-32-7] 및 그 염(α-naphthylamine and its salts)
2. 디아니시딘[119-90-4] 및 그 염(dianisidine and its salts)
3. 디클로로벤지딘[91-94-1] 및 그 염(dichlorobenzidine and its salts)
4. 베릴륨(beryllium ; 7440-41-7)
5. 벤조트리클로라이드(benzotrichloride ; 98-07-7)
6. 비소[7440-38-2] 및 그 무기화합물(arsenic and its inorganic compounds)
7. 염화비닐(vinyl chloride ; 75-01-4)
8. 콜타르피치[65996-93-2] 휘발물(coal tar pitch volatiles)
9. 크롬광 가공(열을 가하여 소성 처리하는 경우만 해당한다)(chromite ore processing)
10. 크롬산 아연(zinc chromates ; 13530-65-9 등)
11. o-톨리딘[119-93-7] 및 그 염(o-tolidine and its salts)
12. 황화니켈류(nickel sulfides ; 12035-72-2, 16812-54-7)
13. 1.부터 4.까지 또는 6.부터 12.까지의 어느 하나에 해당하는 물질을 포함한 혼합물(포함된 중량의 비율이 1% 이하인 것은 제외한다)
14. 5.의 물질을 포함한 혼합물(포함된 중량의 비율이 0.5% 이하인 것은 제외한다)
15. 그 밖에 보건상 해로운 물질로서 산업재해보상보험 및 예방심의위원회의 심의를 거쳐 고용노동부장관이 정하는 유해물질

07

산업안전보건법령상 중대재해에 속하는 경우를 모두 고른 것은?

> ㄱ. 사망자가 1명 발생한 재해
> ㄴ. 3개월 이상의 요양이 필요한 부상자가 동시에 2명 발생한 재해
> ㄷ. 부상자가 동시에 5명 발생한 재해
> ㄹ. 직업성 질병자가 동시에 10명 발생한 재해

① ㄱ
② ㄴ, ㄷ
③ ㄷ, ㄹ
④ ㄱ, ㄴ, ㄹ
⑤ ㄱ, ㄴ, ㄷ, ㄹ

해설

중대재해의 범위(산업안전보건법 시행규칙 제3조)
- 사망자가 1명 이상 발생한 재해
- 3개월 이상의 요양이 필요한 부상자가 동시에 2명 이상 발생한 재해
- 부상자 또는 직업성 질병자가 동시에 10명 이상 발생한 재해

7 ④

08

산업안전보건법령상 안전인증에 관한 설명으로 옳은 것은?

① 안전인증심사 중 유해·위험기계 등이 서면심사 내용과 일치하는지와 유해·위험기계 등의 안전에 관한 성능이 안전인증기준에 적합한지에 대한 심사는 기술능력 및 생산체계 심사에 해당한다.
② 거짓이나 그 밖의 부정한 방법으로 안전인증을 받은 사유로 안전인증이 취소된 자는 안전인증이 취소된 날부터 3년 이내에는 취소된 유해·위험기계 등에 대하여 안전인증을 신청할 수 없다.
③ 크레인, 리프트, 곤돌라는 설치·이전하는 경우뿐만 아니라 주요 구조 부분을 변경하는 경우에도 안전인증을 받아야 한다.
④ 안전인증기관은 안전인증을 받은 자가 최근 2년 동안 안전인증표시의 사용금지를 받은 사실이 없는 경우에는 안전인증기준을 지키고 있는지를 3년에 1회 이상 확인해야 한다.
⑤ 안전인증대상기계 등이 아닌 유해·위험기계 등을 제조하는 자는 그 유해·위험기계 등의 안전에 관한 성능을 평가받기 위하여 고용노동부장관에게 안전인증을 신청할 수 없다.

해설

안전인증(산업안전보건법 제84조)
- 유해·위험기계 등 중 근로자의 안전 및 보건에 위해(危害)를 미칠 수 있다고 인정되어 대통령령으로 정하는 것(이하 안전인증대상기계 등)을 제조하거나 수입하는 자(고용노동부령으로 정하는 안전인증대상기계 등을 설치·이전하거나 주요 구조 부분을 변경하는 자를 포함한다. 이하 이 조 및 제85조부터 제87조까지의 규정에서 같다)는 안전인증대상기계 등이 안전인증기준에 맞는지에 대하여 고용노동부장관이 실시하는 안전인증을 받아야 한다.
- 안전인증대상기계 등이 아닌 유해·위험기계 등을 제조하거나 수입하는 자가 그 유해·위험기계 등의 안전에 관한 성능 등을 평가받으려면 고용노동부장관에게 안전인증을 신청할 수 있다. 이 경우 고용노동부장관은 안전인증기준에 따라 안전인증을 할 수 있다.

안전인증의 취소 등(산업안전보건법 제86조)
- 고용노동부장관은 안전인증을 받은 자가 다음 어느 하나에 해당하면 안전인증을 취소하거나 6개월 이내의 기간을 정하여 안전인증표시의 사용을 금지하거나 안전인증기준에 맞게 시정하도록 명할 수 있다. 다만, 1.의 경우에는 안전인증을 취소하여야 한다.
  1. 거짓이나 그 밖의 부정한 방법으로 안전인증을 받은 경우
  2. 안전인증을 받은 유해·위험기계 등의 안전에 관한 성능 등이 안전인증기준에 맞지 아니하게 된 경우
  3. 정당한 사유 없이 제84조 제4항에 따른 확인을 거부, 방해 또는 기피하는 경우
- 고용노동부장관은 안전인증을 취소한 경우에는 고용노동부령으로 정하는 바에 따라 그 사실을 관보 등에 공고하여야 한다.
- 안전인증이 취소된 자는 안전인증이 취소된 날부터 1년 이내에는 취소된 유해·위험기계 등에 대하여 안전인증을 신청할 수 없다.

안전인증대상기계 등(산업안전보건법 시행규칙 제107조)
법 제84조 제1항에서 "고용노동부령으로 정하는 안전인증대상기계 등"이란 다음 기계 및 설비를 말한다.
- 설치·이전하는 경우 안전인증을 받아야 하는 기계
  - 크레인
  - 리프트
  - 곤돌라

- 주요 구조 부분을 변경하는 경우 안전인증을 받아야 하는 기계 및 설비
  - 프레스
  - 전단기 및 절곡기(折曲機)
  - 크레인
  - 리프트
  - 압력용기
  - 롤러기
  - 사출성형기(射出成形機)
  - 고소(高所)작업대
  - 곤돌라

안전인증 심사의 종류 및 방법(산업안전보건법 시행규칙 제110조)
유해·위험기계 등이 안전인증기준에 적합한지를 확인하기 위하여 안전인증기관이 하는 심사는 다음과 같다.
- 예비심사 : 기계 및 방호장치·보호구가 유해·위험기계 등 인지를 확인하는 심사(법 제84조 제3항에 따라 안전인증을 신청한 경우만 해당한다)
- 서면심사 : 유해·위험기계 등의 종류별 또는 형식별로 설계도면 등 유해·위험기계 등의 제품기술과 관련된 문서가 안전인증기준에 적합한지에 대한 심사
- 기술능력 및 생산체계 심사 : 유해·위험기계 등의 안전성능을 지속적으로 유지·보증하기 위하여 사업장에서 갖추어야 할 기술능력과 생산체계가 안전인증기준에 적합한지에 대한 심사. 다만, 다음 어느 하나에 해당하는 경우에는 기술능력 및 생산체계 심사를 생략한다.
  - 영 제74조 제1항 제2호 및 제3호에 따른 방호장치 및 보호구를 고용노동부장관이 정하여 고시하는 수량 이하로 수입하는 경우
  - 제4호 가목의 개별 제품심사를 하는 경우
  - 안전인증(제4호 나목의 형식별 제품심사를 하여 안전인증을 받은 경우로 한정한다)을 받은 후 같은 공정에서 제조되는 같은 종류의 안전인증 대상기계 등에 대하여 안전인증을 하는 경우
- 제품심사 : 유해·위험기계 등이 서면심사 내용과 일치하는지와 유해·위험기계 등의 안전에 관한 성능이 안전인증기준에 적합한지에 대한 심사. 다만, 다음 심사는 유해·위험기계 등별로 고용노동부장관이 정하여 고시하는 기준에 따라 어느 하나만을 받는다.
  - 개별 제품심사 : 서면심사 결과가 안전인증기준에 적합할 경우에 유해·위험기계 등 모두에 대하여 하는 심사(안전인증을 받으려는 자가 서면심사와 개별 제품심사를 동시에 할 것을 요청하는 경우 병행할 수 있다)
  - 형식별 제품심사 : 서면심사와 기술능력 및 생산체계 심사 결과가 안전인증기준에 적합할 경우에 유해·위험기계 등의 형식별로 표본을 추출하여 하는 심사(안전인증을 받으려는 자가 서면심사, 기술능력 및 생산체계 심사와 형식별 제품심사를 동시에 할 것을 요청하는 경우 병행할 수 있다)

확인의 방법 및 주기 등(산업안전보건법 시행규칙 제111조)
법 제84조 제4항에 따라 안전인증기관은 안전인증을 받은 자가 안전인증기준을 지키고 있는지를 2년에 1회 이상 확인해야 한다. 다만, 다음 모두에 해당하는 경우에는 3년에 1회 이상 확인할 수 있다.
- 최근 3년 동안 법 제86조 제1항에 따라 안전인증이 취소되거나 안전인증표시의 사용금지 또는 시정명령을 받은 사실이 없는 경우
- 최근 2회의 확인 결과 기술능력 및 생산체계가 고용노동부장관이 정하는 기준 이상인 경우

09

산업안전보건법령상 상시근로자 1,000명인 A 회사(상법 제170조에 따른 주식회사)의 대표이사 甲이 수립해야 하는 회사의 안전 및 보건에 관한 계획에 포함되어야 하는 내용이 아닌 것은?

① 안전 및 보건에 관한 경영방침
② 안전·보건관리 업무 위탁에 관한 사항
③ 안전·보건관리 조직의 구성·인원 및 역할
④ 안전·보건 관련 예산 및 시설 현황
⑤ 안전 및 보건에 관한 전년도 활동실적 및 다음 연도 활동계획

해설

이사회 보고·승인 대상 회사 등(산업안전보건법 시행령 제13조)

- 법 제14조 제1항에서 "대통령령으로 정하는 회사"란 다음 어느 하나에 해당하는 회사를 말한다.
  - 상시근로자 500명 이상을 사용하는 회사
  - 건설산업기본법 제23조에 따라 평가하여 공시된 시공능력(같은 법 시행령 별표 1의 종합공사를 시공하는 업종의 건설업종란 제3호에 따른 토목건축공사업에 대한 평가 및 공시로 한정한다)의 순위 상위 1천위 이내의 건설회사
- 법 제14조 제1항에 따른 회사의 대표이사(상법 제408조의2 제1항 후단에 따라 대표이사를 두지 못하는 회사의 경우에는 같은 법 제408조의5에 따른 대표집행임원을 말한다)는 회사의 정관에서 정하는 바에 따라 다음 내용을 포함한 회사의 안전 및 보건에 관한 계획을 수립해야 한다.
  - 안전 및 보건에 관한 경영방침
  - 안전·보건관리 조직의 구성·인원 및 역할
  - 안전·보건 관련 예산 및 시설 현황
  - 안전 및 보건에 관한 전년도 활동실적 및 다음 연도 활동계획

정답 9 ②

10

산업안전보건법령상 안전관리전문기관에 대해 그 지정을 취소하여야 하는 경우는?

① 업무정지 기간 중에 업무를 수행한 경우
② 안전관리 업무 관련 서류를 거짓으로 작성한 경우
③ 정당한 사유 없이 안전관리 업무의 수탁을 거부한 경우
④ 안전관리 업무수행과 관련한 대가 외에 금품을 받은 경우
⑤ 법에 따른 관계 공무원의 지도·감독을 거부·방해 또는 기피한 경우

해설

안전관리전문기관 등(산업안전보건법 제21조)
㉠ 안전관리전문기관 또는 보건관리전문기관이 되려는 자는 대통령령으로 정하는 인력·시설 및 장비 등의 요건을 갖추어 고용노동부장관의 지정을 받아야 한다.
㉡ 고용노동부장관은 안전관리전문기관 또는 보건관리전문기관에 대하여 평가하고 그 결과를 공개할 수 있다. 이 경우 평가의 기준·방법 및 결과의 공개에 필요한 사항은 고용노동부령으로 정한다.
㉢ 안전관리전문기관 또는 보건관리전문기관의 지정 절차, 업무수행에 관한 사항, 위탁받은 업무를 수행할 수 있는 지역, 그 밖에 필요한 사항은 고용노동부령으로 정한다.
㉣ 고용노동부장관은 안전관리전문기관 또는 보건관리전문기관이 다음 어느 하나에 해당할 때에는 그 지정을 취소하거나 6개월 이내의 기간을 정하여 그 업무의 정지를 명할 수 있다. 다만, 1. 또는 2.에 해당할 때에는 그 지정을 취소하여야 한다.
 1. 거짓이나 그 밖의 부정한 방법으로 지정을 받은 경우
 2. 업무정지 기간 중에 업무를 수행한 경우
 3. ㉠에 따른 지정 요건을 충족하지 못한 경우
 4. 지정받은 사항을 위반하여 업무를 수행한 경우
 5. 그 밖에 대통령령으로 정하는 사유에 해당하는 경우
㉤ ㉣에 따라 지정이 취소된 자는 지정이 취소된 날부터 2년 이내에는 각각 해당 안전관리전문기관 또는 보건관리전문기관으로 지정받을 수 없다.

안전관리전문기관 등의 지정 취소 등의 사유(산업안전보건법 시행령 제28조)
법 제21조 ㉣의 5.에서 "대통령령으로 정하는 사유에 해당하는 경우"란 다음의 경우를 말한다.
㉠ 안전관리 또는 보건관리 업무 관련 서류를 거짓으로 작성한 경우
㉡ 정당한 사유 없이 안전관리 또는 보건관리 업무의 수탁을 거부한 경우
㉢ 위탁받은 안전관리 또는 보건관리 업무에 차질을 일으키거나 업무를 게을리한 경우
㉣ 안전관리 또는 보건관리 업무를 수행하지 않고 위탁 수수료를 받은 경우
㉤ 안전관리 또는 보건관리 업무와 관련된 비치서류를 보존하지 않은 경우
㉥ 안전관리 또는 보건관리 업무수행과 관련한 대가 외에 금품을 받은 경우
㉦ 법에 따른 관계 공무원의 지도·감독을 거부·방해 또는 기피한 경우

11

산업안전보건법령상 통합공표 대상 사업장 등에 관한 내용이다. (   ) 안에 들어갈 사업으로 옳지 않은 것은?

> 고용노동부장관이 도급인의 사업장에서 관계수급인 근로자가 작업을 하는 경우에 도급인의 산업재해 발생건수 등에 관계수급인의 산업재해 발생건수 등을 포함하여 공표하여야 하는 사업장이란 (   )에 해당하는 사업이 이루어지는 사업장으로서 도급인이 사용하는 상시근로자 수가 500명 이상이고, 도급인 사업장의 사고사망만인율보다 관계수급인의 근로자를 포함하여 산출한 사고사망만인율이 높은 사업장을 말한다. 단, 여기서 사고사망만인율은 질병으로 인한 사망재해자를 제외하고 산출한 사망만인율을 말한다.

① 제조업
② 철도운송업
③ 도시철도운송업
④ 도시가스업
⑤ 전기업

해설

통합공표 대상 사업장 등(산업안전보건법 시행령 제12조)
법 제10조 제2항에서 "대통령령으로 정하는 사업장"이란 다음 어느 하나에 해당하는 사업이 이루어지는 사업장으로서 도급인이 사용하는 상시근로자 수가 500명 이상이고 도급인 사업장의 사고사망만인율(질병으로 인한 사망재해자를 제외하고 산출한 사망만인율을 말한다. 이하 같다)보다 관계수급인의 근로자를 포함하여 산출한 사고사망만인율이 높은 사업장을 말한다.
• 제조업
• 철도운송업
• 도시철도운송업
• 전기업

12

산업안전보건법령상 자율안전확인의 신고에 관한 설명으로 옳지 않은 것은?

① 자율안전확인대상기계 등을 제조하는 자가 산업표준화법 제15조에 따른 인증을 받은 경우 고용노동부장관은 자율안전확인신고를 면제할 수 있다.
② 산업용 로봇, 혼합기, 파쇄기, 컨베이어는 자율안전확인대상기계 등에 해당한다.
③ 자율안전확인대상기계 등을 수입하는 자로서 자율안전확인신고를 하여야 하는 자는 수입하기 전에 신고서에 제품의 설명서, 자율안전확인대상기계 등의 자율안전기준을 충족함을 증명하는 서류를 첨부하여 한국산업안전보건공단에 제출해야 한다.
④ 자율안전확인의 표시를 하는 경우 인체에 상해를 입힐 우려가 있는 재질이나 표면이 거친 재질을 사용해서는 안 된다.
⑤ 고용노동부장관은 신고된 자율안전확인대상기계 등의 안전에 관한 성능이 자율안전기준에 맞지 아니하게 된 경우 신고한 자에게 1년 이내의 기간을 정하여 자율안전기준에 맞게 시정하도록 명할 수 있다.

해설

자율안전확인표시의 사용 금지 등(산업안전보건법 제91조)
㉠ 고용노동부장관은 제89조 제1항 각 호 외의 부분 본문에 따라 신고된 자율안전확인대상기계 등의 안전에 관한 성능이 자율안전기준에 맞지 아니하게 된 경우에는 같은 항 각 호 외의 부분 본문에 따라 신고한 자에게 6개월 이내의 기간을 정하여 자율안전확인표시의 사용을 금지하거나 자율안전기준에 맞게 시정하도록 명할 수 있다.
㉡ 고용노동부장관은 ㉠에 따라 자율안전확인표시의 사용을 금지하였을 때에는 그 사실을 관보 등에 공고하여야 한다.
㉢ ㉡에 따른 공고의 내용, 방법 및 절차, 그 밖에 필요한 사항은 고용노동부령으로 정한다.

13

산업안전보건법령상 공정안전보고서에 포함되어야 하는 사항을 모두 고른 것은?

| ㄱ. 공정위험성 평가서 | ㄴ. 안전운전계획 |
| ㄷ. 비상조치계획 | ㄹ. 공정안전자료 |

① ㄱ
② ㄴ, ㄹ
③ ㄷ, ㄹ
④ ㄱ, ㄴ, ㄷ
⑤ ㄱ, ㄴ, ㄷ, ㄹ

해설

공정안전보고서의 내용(산업안전보건법 시행령 제44조)
㉠ 법 제44조 제1항 전단에 따른 공정안전보고서에는 다음 사항이 포함되어야 한다.
  1. 공정안전자료
  2. 공정위험성 평가서
  3. 안전운전계획
  4. 비상조치계획
  5. 그 밖에 공정상의 안전과 관련하여 고용노동부장관이 필요하다고 인정하여 고시하는 사항
㉡ ㉠의 1.부터 4.까지의 규정에 따른 사항에 관한 세부 내용은 고용노동부령으로 정한다.

14

산업안전보건법령상 사업장의 상시근로자 수가 50명인 경우에 산업안전보건위원회를 구성해야 할 사업은?

① 컴퓨터 프로그래밍, 시스템 통합 및 관리업
② 소프트웨어 개발 및 공급업
③ 비금속 광물제품 제조업
④ 정보서비스업
⑤ 금융 및 보험업

해설

산업안전보건위원회를 구성해야 할 사업의 종류 및 사업장의 상시근로자 수(산업안전보건법 시행령 별표 9)

사업의 종류	사업장의 상시근로자 수
1. 토사석 광업 2. 목재 및 나무제품 제조업 ; 가구 제외 3. 화학물질 및 화학제품 제조업 ; 의약품 제외(세제, 화장품 및 광택제 제조업과 화학섬유 제조업은 제외한다) 4. 비금속 광물제품 제조업 5. 1차 금속 제조업 6. 금속가공제품 제조업 ; 기계 및 가구 제외 7. 자동차 및 트레일러 제조업 8. 기타 기계 및 장비 제조업(사무용 기계 및 장비 제조업은 제외한다) 9. 기타 운송장비 제조업(전투용 차량 제조업은 제외한다)	상시근로자 50명 이상
10. 농업 11. 어업 12. 소프트웨어 개발 및 공급업 13. 컴퓨터 프로그래밍, 시스템 통합 및 관리업 13의2. 영상·오디오물 제공 서비스업 14. 정보서비스업 15. 금융 및 보험업 16. 임대업 ; 부동산 제외 17. 전문, 과학 및 기술 서비스업(연구개발업은 제외한다) 18. 사업지원 서비스업 19. 사회복지 서비스업	상시근로자 300명 이상
20. 건설업	공사금액 120억 원 이상(건설산업기본법 시행령 별표 1의 종합공사를 시공하는 업종의 건설업종란 제1호에 따른 토목공사업의 경우에는 150억 원 이상)
21. 1.부터 20.까지의 사업을 제외한 사업	상시근로자 100명 이상

정답 14 ③

15

산업안전보건법령상 사업주가 관리감독자에게 수행하게 하여야 하는 산업안전 및 보건에 관한 업무로 명시되지 않은 것은?

① 산업재해에 관한 통계의 기록 및 유지에 관한 사항
② 사업장 내 관리감독자가 지휘·감독하는 작업과 관련된 기계·기구 또는 설비의 안전·보건 점검 및 이상 유무의 확인
③ 관리감독자에게 소속된 근로자의 작업복·보호구 및 방호장치의 점검과 그 착용·사용에 관한 교육·지도
④ 해당 작업에서 발생한 산업재해에 관한 보고 및 이에 대한 응급조치
⑤ 해당 작업의 작업장 정리·정돈 및 통로 확보에 대한 확인·감독

해설

관리감독자의 업무 등(산업안전보건법 시행령 제15조)

㉠ 법 제16조 제1항에서 "대통령령으로 정하는 업무"란 다음 업무를 말한다.
  1. 사업장 내 법 제16조 제1항에 따른 관리감독자(이하 관리감독자)가 지휘·감독하는 작업(이하 해당 작업)과 관련된 기계·기구 또는 설비의 안전·보건 점검 및 이상 유무의 확인
  2. 관리감독자에게 소속된 근로자의 작업복·보호구 및 방호장치의 점검과 그 착용·사용에 관한 교육·지도
  3. 해당 작업에서 발생한 산업재해에 관한 보고 및 이에 대한 응급조치
  4. 해당 작업의 작업장 정리·정돈 및 통로 확보에 대한 확인·감독
  5. 사업장의 다음 어느 하나에 해당하는 사람의 지도·조언에 대한 협조
     가. 법 제17조 제1항에 따른 안전관리자(이하 안전관리자) 또는 같은 조 제5항에 따라 안전관리자의 업무를 같은 항에 따른 안전관리전문기관(이하 안전관리전문기관)에 위탁한 사업장의 경우에는 그 안전관리전문기관의 해당 사업장 담당자
     나. 법 제18조 제1항에 따른 보건관리자(이하 보건관리자) 또는 같은 조 제5항에 따라 보건관리자의 업무를 같은 항에 따른 보건관리전문기관(이하 보건관리전문기관)에 위탁한 사업장의 경우에는 그 보건관리전문기관의 해당 사업장 담당자
     다. 법 제19조 제1항에 따른 안전보건관리담당자(이하 안전보건관리담당자) 또는 같은 조 제4항에 따라 안전보건관리담당자의 업무를 안전관리전문기관 또는 보건관리전문기관에 위탁한 사업장의 경우에는 그 안전관리전문기관 또는 보건관리전문기관의 해당 사업장 담당자
     라. 법 제22조 제1항에 따른 산업보건의
  6. 법 제36조에 따라 실시되는 위험성평가에 관한 다음의 업무
     가. 유해·위험요인의 파악에 대한 참여
     나. 개선조치의 시행에 대한 참여
  7. 그 밖에 해당 작업의 안전 및 보건에 관한 사항으로서 고용노동부령으로 정하는 사항

㉡ 관리감독자에 대한 지원에 관하여는 제14조 제2항을 준용한다. 이 경우 "안전보건관리책임자"는 "관리감독자"로, "법 제15조 제1항"은 "제1항"으로 본다.

16

산업안전보건법령상 도급승인 대상 작업에 관한 것으로 "급성 독성, 피부 부식성 등이 있는 물질의 취급 등 대통령령으로 정하는 작업"에 관한 내용이다. (   )에 들어갈 내용을 순서대로 옳게 나열한 것은?

- 중량비율 (ㄱ)% 이상의 황산, 불화수소, 질산 또는 염화수소를 취급하는 설비를 개조·분해·해체·철거하는 작업 또는 해당 설비의 내부에서 이루어지는 작업. 다만, 도급인이 해당 화학물질을 모두 제거한 후 증명자료를 첨부하여 (ㄴ)에게 신고한 경우는 제외한다.
- 그 밖에 산업재해보상보험법 제8조 제1항에 따른 (ㄷ)의 심의를 거쳐 고용노동부장관이 정하는 작업

① ㄱ : 1, ㄴ : 고용노동부장관, ㄷ : 산업재해보상보험 및 예방심의위원회
② ㄱ : 1, ㄴ : 한국산업안전보건공단이사장, ㄷ : 산업재해보상보험 및 예방심의위원회
③ ㄱ : 2, ㄴ : 고용노동부장관, ㄷ : 산업재해보상보험 및 예방심의위원회
④ ㄱ : 2, ㄴ : 지방고용노동관서의 장, ㄷ : 산업안전보건심의위원회
⑤ ㄱ : 3, ㄴ : 고용노동부장관, ㄷ : 산업안전보건심의위원회

해설

도급승인 대상 작업(산업안전보건법 시행령 제51조)
법 제59조 제1항 전단에서 "급성 독성, 피부 부식성 등이 있는 물질의 취급 등 대통령령으로 정하는 작업"이란 다음 어느 하나에 해당하는 작업을 말한다.
- 중량비율 1% 이상의 황산, 불화수소, 질산 또는 염화수소를 취급하는 설비를 개조·분해·해체·철거하는 작업 또는 해당 설비의 내부에서 이루어지는 작업. 다만, 도급인이 해당 화학물질을 모두 제거한 후 증명자료를 첨부하여 고용노동부장관에게 신고한 경우는 제외한다.
- 그 밖에 산업재해보상보험법 제8조 제1항에 따른 산업재해보상보험 및 예방심의위원회(이하 산업재해보상보험 및 예방심의위원회)의 심의를 거쳐 고용노동부장관이 정하는 작업

17

산업안전보건법령상 보건관리자에 관한 설명으로 옳지 않은 것은?

① 상시근로자 300명 이상을 사용하는 사업장의 사업주는 보건관리자에게 그 업무만을 전담하도록 하여야 한다.
② 안전인증대상기계 등과 자율안전확인대상기계 등 중 보건과 관련된 보호구(保護具) 구입 시 적격품 선정에 관한 보좌 및 지도·조언은 보건관리자의 업무에 해당한다.
③ 외딴곳으로서 고용노동부장관이 정하는 지역에 있는 사업장의 사업주는 보건관리전문기관에 보건관리자의 업무를 위탁할 수 있다.
④ 보건관리자의 업무를 위탁할 수 있는 보건관리전문기관은 지역별 보건관리전문기관과 업종별·유해인자별 보건관리전문기관으로 구분한다.
⑤ 의료법에 따른 간호사는 보건관리자가 될 수 없다.

해설

보건관리자의 업무 등(산업안전보건법 시행령 제22조)

㉠ 보건관리자의 업무는 다음과 같다.
  1. 산업안전보건위원회 또는 노사협의체에서 심의·의결한 업무와 안전보건관리규정 및 취업규칙에서 정한 업무
  2. 안전인증대상기계 등과 자율안전확인대상기계 등 중 보건과 관련된 보호구(保護具) 구입 시 적격품 선정에 관한 보좌 및 지도·조언
  3. 법 제36조에 따른 위험성평가에 관한 보좌 및 지도·조언
  4. 법 제110조에 따라 작성된 물질안전보건자료의 게시 또는 비치에 관한 보좌 및 지도·조언
  5. 제31조 제1항에 따른 산업보건의의 직무(보건관리자가 별표 6의 2.에 해당하는 사람인 경우로 한정한다)
  6. 해당 사업장 보건교육계획의 수립 및 보건교육 실시에 관한 보좌 및 지도·조언
  7. 해당 사업장의 근로자를 보호하기 위한 다음의 조치에 해당하는 의료행위(보건관리자가 별표 6의 2. 또는 3.에 해당하는 경우로 한정한다)
     가. 자주 발생하는 가벼운 부상에 대한 치료
     나. 응급처치가 필요한 사람에 대한 처치
     다. 부상·질병의 악화를 방지하기 위한 처치
     라. 건강진단 결과 발견된 질병자의 요양 지도 및 관리
     마. 가.부터 라.까지의 의료행위에 따르는 의약품의 투여
  8. 작업장 내에서 사용되는 전체환기장치 및 국소배기장치 등에 관한 설비의 점검과 작업방법의 공학적 개선에 관한 보좌 및 지도·조언
  9. 사업장 순회점검, 지도 및 조치 건의
  10. 산업재해 발생의 원인조사·분석 및 재발방지를 위한 기술적 보좌 및 지도·조언
  11. 산업재해에 관한 통계의 유지·관리·분석을 위한 보좌 및 지도·조언
  12. 법 또는 법에 따른 명령으로 정한 보건에 관한 사항의 이행에 관한 보좌 및 지도·조언
  13. 업무수행 내용의 기록·유지
  14. 그 밖에 보건과 관련된 작업관리 및 작업환경관리에 관한 사항으로서 고용노동부장관이 정하는 사항
㉡ 보건관리자는 ㉠의 각 호에 따른 업무를 수행할 때에는 안전관리자와 협력해야 한다.
㉢ 사업주는 보건관리자가 ㉠에 따른 업무를 원활하게 수행할 수 있도록 권한·시설·장비·예산, 그 밖의 업무수행에 필요한 지원을 해야 한다. 이 경우 보건관리자가 별표 6의 2. 또는 3.에 해당하는 경우에는 고용노동부령으로 정하는 시설 및 장비를 지원해야 한다.
㉣ 보건관리자의 배치 및 평가·지도에 관하여는 제18조 제2항 및 제3항을 준용한다. 이 경우 "안전관리자"는 "보건관리자"로, "안전관리"는 "보건관리"로 본다.

보건관리자의 자격(산업안전보건법 시행령 별표 6)

보건관리자는 다음 어느 하나에 해당하는 사람으로 한다.
1. 법 제143조 제1항에 따른 산업보건지도사 자격을 가진 사람
2. 의료법에 따른 의사
3. 의료법에 따른 간호사
4. 국가기술자격법에 따른 산업위생관리산업기사 또는 대기환경산업기사 이상의 자격을 취득한 사람
5. 국가기술자격법에 따른 인간공학기사 이상의 자격을 취득한 사람
6. 고등교육법에 따른 전문대학 이상의 학교에서 산업보건 또는 산업위생 분야의 학위를 취득한 사람(법령에 따라 이와 같은 수준 이상의 학력이 있다고 인정되는 사람을 포함한다)

18

산업안전보건법령상 안전보건관리규정(이하 "규정"이라 함)에 관한 설명으로 옳은 것은?

① 안전 및 보건에 관한 관리조직은 규정에 포함되어야 하는 사항이 아니다.
② 규정 중 취업규칙에 반하는 부분에 관하여는 규정으로 정한 기준이 취업규칙에 우선하여 적용된다.
③ 산업안전보건위원회가 설치되어 있지 아니한 사업장의 사업주가 규정을 작성할 때에는 지방고용노동관서의 장의 승인을 받아야 한다.
④ 사업주가 규정을 작성할 때에는 산업안전보건위원회의 심의·의결을 거쳐야 하나, 변경할 때에는 심의만 거치면 된다.
⑤ 규정을 작성해야 하는 사업의 사업주는 규정을 작성해야 할 사유가 발생한 날부터 30일 이내에 작성해야 한다.

해설

안전보건관리규정의 작성(산업안전보건법 제25조)
㉠ 사업주는 사업장의 안전 및 보건을 유지하기 위하여 다음 사항이 포함된 안전보건관리규정을 작성하여야 한다.
  1. 안전 및 보건에 관한 관리조직과 그 직무에 관한 사항
  2. 안전보건교육에 관한 사항
  3. 작업장의 안전 및 보건 관리에 관한 사항
  4. 사고 조사 및 대책 수립에 관한 사항
  5. 그 밖에 안전 및 보건에 관한 사항
㉡ ㉠에 따른 안전보건관리규정(이하 안전보건관리규정)은 단체협약 또는 취업규칙에 반할 수 없다. 이 경우 안전보건관리규정 중 단체협약 또는 취업규칙에 반하는 부분에 관하여는 그 단체협약 또는 취업규칙으로 정한 기준에 따른다.
㉢ 안전보건관리규정을 작성하여야 할 사업의 종류, 사업장의 상시근로자 수 및 안전보건관리규정에 포함되어야 할 세부적인 내용, 그 밖에 필요한 사항은 고용노동부령으로 정한다.

안전보건관리규정의 작성·변경 절차(산업안전보건법 제26조)
사업주는 안전보건관리규정을 작성하거나 변경할 때에는 산업안전보건위원회의 심의·의결을 거쳐야 한다. 다만, 산업안전보건위원회가 설치되어 있지 아니한 사업장의 경우에는 근로자대표의 동의를 받아야 한다.

안전보건관리규정의 작성(산업안전보건법 시행규칙 제25조)
㉠ 법 제25조 제3항에 따라 안전보건관리규정을 작성해야 할 사업의 종류 및 상시근로자 수는 별표 2와 같다.
㉡ ㉠에 따른 사업의 사업주는 안전보건관리규정을 작성해야 할 사유가 발생한 날부터 30일 이내에 별표 3의 내용을 포함한 안전보건관리규정을 작성해야 한다. 이를 변경할 사유가 발생한 경우에도 또한 같다.
㉢ 사업주가 ㉡에 따라 안전보건관리규정을 작성할 때에는 소방·가스·전기·교통 분야 등의 다른 법령에서 정하는 안전관리에 관한 규정과 통합하여 작성할 수 있다.

19

산업안전보건법령상 고용노동부장관이 안전관리전문기관 또는 보건관리전문기관의 지정을 취소하거나 6개월 이내의 기간을 정하여 그 업무의 정지를 명할 수 있도록 하는 규정이 준용되는 기관이 아닌 것은?

① 안전보건교육기관
② 안전보건진단기관
③ 건설재해예방전문지도기관
④ 역학조사 실시 업무를 위탁받은 기관
⑤ 석면조사기관

해설

안전관리전문기관 등(산업안전보건법 제21조)
㉠ 안전관리전문기관 또는 보건관리전문기관이 되려는 자는 대통령령으로 정하는 인력·시설 및 장비 등의 요건을 갖추어 고용노동부장관의 지정을 받아야 한다.
㉡ 고용노동부장관은 안전관리전문기관 또는 보건관리전문기관에 대하여 평가하고 그 결과를 공개할 수 있다. 이 경우 평가의 기준·방법 및 결과의 공개에 필요한 사항은 고용노동부령으로 정한다.
㉢ 안전관리전문기관 또는 보건관리전문기관의 지정 절차, 업무수행에 관한 사항, 위탁받은 업무를 수행할 수 있는 지역, 그 밖에 필요한 사항은 고용노동부령으로 정한다.
㉣ 고용노동부장관은 안전관리전문기관 또는 보건관리전문기관이 다음 각 호의 어느 하나에 해당할 때에는 그 지정을 취소하거나 6개월 이내의 기간을 정하여 그 업무의 정지를 명할 수 있다. 다만, 1. 또는 2.에 해당할 때에는 그 지정을 취소하여야 한다.
  1. 거짓이나 그 밖의 부정한 방법으로 지정을 받은 경우
  2. 업무정지 기간 중에 업무를 수행한 경우
  3. ㉠에 따른 지정 요건을 충족하지 못한 경우
  4. 지정받은 사항을 위반하여 업무를 수행한 경우
  5. 그 밖에 대통령령으로 정하는 사유에 해당하는 경우
㉤ ㉣에 따라 지정이 취소된 자는 지정이 취소된 날부터 2년 이내에는 각각 해당 안전관리전문기관 또는 보건관리전문기관으로 지정받을 수 없다.
※ 안전보건교육기관(산업안전보건법 제33조), 안전보건진단기관(산업안전보건법 제48조), 건설재해예방전문지도기관(산업안전보건법 제74조), 석면조사기관(산업안전보건법 제120조) 모두 산업안전보건법 제21조 ㉣ 및 ㉤을 준용한다.

20

산업안전보건법령상 사업주가 작업환경측정을 할 때 지켜야 할 사항으로 옳은 것을 모두 고른 것은?

> ㄱ. 작업환경측정을 하기 전에 예비조사를 할 것
> ㄴ. 일출 후 일몰 전에 실시할 것
> ㄷ. 모든 측정은 지역 시료채취방법으로 하되, 지역 시료채취방법이 곤란한 경우에는 개인 시료채취방법으로 실시할 것
> ㄹ. 작업환경측정기관에 위탁하여 실시하는 경우에는 해당 작업환경측정기관에 공정별 작업내용, 화학물질의 사용실태 및 물질안전보건자료 등 작업환경측정에 필요한 정보를 제공할 것

① ㄱ, ㄹ
② ㄴ, ㄷ
③ ㄷ, ㄹ
④ ㄱ, ㄴ, ㄹ
⑤ ㄱ, ㄴ, ㄷ, ㄹ

해설

작업환경측정방법(산업안전보건법 시행규칙 제189조)

㉠ 사업주는 법 제125조 제1항에 따른 작업환경측정을 할 때에는 다음 사항을 지켜야 한다.
  1. 작업환경측정을 하기 전에 예비조사를 할 것
  2. 작업이 정상적으로 이루어져 작업시간과 유해인자에 대한 근로자의 노출 정도를 정확히 평가할 수 있을 때 실시할 것
  3. 모든 측정은 개인 시료채취방법으로 하되, 개인 시료채취방법이 곤란한 경우에는 지역 시료채취방법으로 실시할 것. 이 경우 그 사유를 별지 제83호 서식의 작업환경측정 결과표에 분명하게 밝혀야 한다.
  4. 법 제125조 제3항에 따라 작업환경측정기관에 위탁하여 실시하는 경우에는 해당 작업환경측정기관에 공정별 작업내용, 화학물질의 사용실태 및 물질안전보건자료 등 작업환경측정에 필요한 정보를 제공할 것

㉡ 사업주는 근로자대표 또는 해당 작업공정을 수행하는 근로자가 요구하면 ㉠의 1.에 따른 예비조사에 참석시켜야 한다.
㉢ ㉠에 따른 측정방법 외에 유해인자별 세부 측정방법 등에 관하여 필요한 사항은 고용노동부장관이 정한다.

21

산업안전보건법령상 같은 유해인자에 노출되는 근로자들에게 유사한 질병의 증상이 발생한 경우에 고용노동부장관은 근로자의 건강을 보호하기 위하여 사업주에게 특정 근로자에 대해 건강진단을 실시할 것을 명할 수 있다. 이에 해당하는 건강진단은?

① 일반건강진단
② 특수건강진단
③ 배치 전 건강진단
④ 임시건강진단
⑤ 수시건강진단

해설

임시건강진단 명령 등(산업안전보건법 제131조)

- 고용노동부장관은 같은 유해인자에 노출되는 근로자들에게 유사한 질병의 증상이 발생한 경우 등 고용노동부령으로 정하는 경우에는 근로자의 건강을 보호하기 위하여 사업주에게 특정 근로자에 대한 건강진단(이하 임시건강진단)의 실시나 작업전환, 그 밖에 필요한 조치를 명할 수 있다.
- 임시건강진단의 항목, 그 밖에 필요한 사항은 고용노동부령으로 정한다.

22

산업안전보건법령상 유해성·위험성 조사 제외 화학물질로 규정되어 있지 않은 것은?(단, 고용노동부장관이 공표하거나 고시하는 물질은 고려하지 않음)

① 의료기기법 제2조 제1항에 따른 의료기기
② 약사법 제2조 제4호 및 제7호에 따른 의약품 및 의약외품(醫藥外品)
③ 건강기능식품에 관한 법률 제3조 제1호에 따른 건강기능식품
④ 첨단재생의료 및 첨단바이오의약품 안전 및 지원에 관한 법률 제2조 제5호에 따른 첨단바이오의약품
⑤ 천연으로 산출된 화학물질

해설

유해성·위험성 조사 제외 화학물질(산업안전보건법 시행령 제85조)

법 제108조 제1항 각 호 외의 부분 본문에서 "대통령령으로 정하는 화학물질"이란 다음 어느 하나에 해당하는 화학물질을 말한다.
- 원소
- 천연으로 산출된 화학물질
- 건강기능식품에 관한 법률 제3조 제1호에 따른 건강기능식품
- 군수품관리법 제2조 및 방위사업법 제3조 제2호에 따른 군수품[군수품관리법 제3조에 따른 통상품(通常品)은 제외한다]
- 농약관리법 제2조 제1호 및 제3호에 따른 농약 및 원제
- 마약류 관리에 관한 법률 제2조 제1호에 따른 마약류
- 비료관리법 제2조 제1호에 따른 비료
- 사료관리법 제2조 제1호에 따른 사료
- 생활화학제품 및 살생물제의 안전관리에 관한 법률 제3조 제7호 및 제8호에 따른 살생물물질 및 살생물제품
- 식품위생법 제2조 제1호 및 제2호에 따른 식품 및 식품첨가물
- 약사법 제2조 제4호 및 제7호에 따른 의약품 및 의약외품(醫藥外品)
- 원자력안전법 제2조 제5호에 따른 방사성물질
- 위생용품 관리법 제2조 제1호에 따른 위생용품
- 의료기기법 제2조 제1항에 따른 의료기기
- 총포·도검·화약류 등의 안전관리에 관한 법률 제2조 제3항에 따른 화약류
- 화장품법 제2조 제1호에 따른 화장품과 화장품에 사용하는 원료
- 법 제108조 제3항에 따라 고용노동부장관이 명칭, 유해성·위험성, 근로자의 건강장해 예방을 위한 조치 사항 및 연간 제조량·수입량을 공표한 물질로서 공표된 연간 제조량·수입량 이하로 제조하거나 수입한 물질
- 고용노동부장관이 환경부장관과 협의하여 고시하는 화학물질 목록에 기록되어 있는 물질

22 ④

23

산업안전보건법령상 작업환경측정 또는 건강진단의 실시 결과만으로 직업성 질환에 걸렸는지를 판단하기 곤란한 근로자의 질병에 대하여 한국산업안전보건공단에 역학조사를 요청할 수 있는 자로 규정되어 있지 않은 자는?

① 사업주
② 근로자대표
③ 보건관리자
④ 건강진단기관의 의사
⑤ 산업안전보건위원회의 위원장

해설

역학조사의 대상 및 절차 등(산업안전보건법 시행규칙 제222조)

㉠ 공단은 법 제141조 제1항에 따라 다음 어느 하나에 해당하는 경우에는 역학조사를 할 수 있다.
  1. 법 제125조에 따른 작업환경측정 또는 법 제129조부터 제131조에 따른 건강진단의 실시 결과만으로 직업성 질환에 걸렸는지를 판단하기 곤란한 근로자의 질병에 대하여 사업주·근로자대표·보건관리자(보건관리전문기관을 포함한다) 또는 건강진단기관의 의사가 역학조사를 요청하는 경우
  2. 산업재해보상보험법 제10조에 따른 근로복지공단이 고용노동부장관이 정하는 바에 따라 업무상 질병 여부의 결정을 위하여 역학조사를 요청하는 경우
  3. 공단이 직업성 질환의 예방을 위하여 필요하다고 판단하여 제224조 제1항에 따른 역학조사평가위원회의 심의를 거친 경우
  4. 그 밖에 직업성 질환에 걸렸는지 여부로 사회적 물의를 일으킨 질병에 대하여 작업장 내 유해요인과의 연관성 규명이 필요한 경우 등으로서 지방고용노동관서의 장이 요청하는 경우

㉡ ㉠의 1.에 따라 사업주 또는 근로자대표가 역학조사를 요청하는 경우에는 산업안전보건위원회의 의결을 거치거나 각각 상대방의 동의를 받아야 한다. 다만, 관할 지방고용노동관서의 장이 역학조사의 필요성을 인정하는 경우에는 그렇지 않다.

㉢ ㉠에서 정한 사항 외에 역학조사의 방법 등에 필요한 사항은 고용노동부장관이 정하여 고시한다.

24

산업안전보건법령상 징역 또는 벌금에 처해질 수 있는 자는?

① 작업환경측정 결과를 해당 작업장 근로자에게 알리지 아니한 사업주
② 등록하지 아니하고 타워크레인을 설치·해체한 자
③ 석면이 포함된 건축물이나 설비를 철거하거나 해체하면서 고용노동부령으로 정하는 석면해체·제거의 작업기준을 준수하지 아니한 자
④ 역학조사 참석이 허용된 사람의 역학조사 참석을 방해한 자
⑤ 물질안전보건자료 대상물질을 양도하면서 이를 양도받는 자에게 물질안전보건자료를 제공하지 아니한 자

해설

벌칙(산업안전보건법 제169조)

석면이 포함된 건축물이나 설비를 철거하거나 해체하는 자는 고용노동부령으로 정하는 석면해체·제거의 작업기준을 준수해야 한다. 이를 위반한 자는 3년 이하의 징역 또는 3,000만 원 이하의 벌금에 처한다.

※ 산업안전보건법 제123조 제1항 참고

과태료(산업안전보건법 제175조)

- 제141조 제3항을 위반하여 역학조사 참석이 허용된 사람의 역학조사 참석을 거부하거나 방해한 자에게는 1,500만 원 이하의 과태료를 부과한다.
- 제82조 제1항 전단을 위반하여 등록하지 아니하고 타워크레인을 설치·해체하는 자에게는 1,000만 원 이하의 과태료를 부과한다.
- 다음 어느 하나에 해당하는 자에게는 500만 원 이하의 과태료를 부과한다.
  - 제111조 제1항을 위반하여 물질안전보건자료를 제공하지 아니한 자
  - 제125조 제6항을 위반하여 작업환경측정 결과를 해당 작업장 근로자에게 알리지 아니한 자

정답 24 ③

25

산업안전보건법령상 근로의 금지 및 제한에 관한 설명으로 옳은 것은?

① 사업주가 잠수 작업에 종사하는 근로자에게 1일 6시간, 1주 36시간 근로하게 하는 것은 허용된다.
② 사업주는 알코올중독의 질병이 있는 근로자를 고기압 업무에 종사하도록 해서는 안 된다.
③ 사업주가 조현병에 걸린 사람에 대해 근로를 금지하는 경우에는 미리 보건관리자(의사가 아닌 보건관리자 포함), 산업보건의 또는 건강검진을 실시한 의사의 의견을 들어야 한다.
④ 사업주는 마비성 치매에 걸릴 우려가 있는 사람에 대해 근로를 금지해야 한다.
⑤ 사업주는 전염될 우려가 있는 질병에 걸린 사람이 있는 경우 전염을 예방하기 위한 조치를 한 후에도 그 사람의 근로를 금지해야 한다.

해설

유해·위험작업에 대한 근로시간 제한 등(산업안전보건법 제139조)
㉠ 사업주는 유해하거나 위험한 작업으로서 높은 기압에서 하는 작업 등 대통령령으로 정하는 작업(잠함 또는 잠수 작업 등 높은 기압에서 하는 작업)에 종사하는 근로자에게는 1일 6시간, 1주 34시간을 초과하여 근로하게 해서는 아니 된다.
㉡ 사업주는 대통령령으로 정하는 유해하거나 위험한 작업에 종사하는 근로자에게 필요한 안전조치 및 보건조치 외에 작업과 휴식의 적정한 배분 및 근로시간과 관련된 근로조건의 개선을 통하여 근로자의 건강 보호를 위한 조치를 하여야 한다.

질병자의 근로금지(산업안전보건법 시행규칙 제220조)
㉠ 법 제138조 제1항에 따라 사업주는 다음 어느 하나에 해당하는 사람에 대해서는 근로를 금지해야 한다.
  1. 전염될 우려가 있는 질병에 걸린 사람. 다만, 전염을 예방하기 위한 조치를 한 경우는 제외한다.
  2. 조현병, 마비성 치매에 걸린 사람
  3. 심장·신장·폐 등의 질환이 있는 사람으로서 근로에 의하여 병세가 악화될 우려가 있는 사람
  4. 1.부터 3.까지의 규정에 준하는 질병으로서 고용노동부장관이 정하는 질병에 걸린 사람
㉡ 사업주는 ㉠에 따라 근로를 금지하거나 근로를 다시 시작하도록 하는 경우에는 미리 보건관리자(의사인 보건관리자만 해당한다), 산업보건의 또는 건강진단을 실시한 의사의 의견을 들어야 한다.

질병자 등의 근로 제한(산업안전보건법 시행규칙 제221조)
㉠ 사업주는 법 제129조부터 제130조에 따른 건강진단 결과 유기화합물·금속류 등의 유해물질에 중독된 사람, 해당 유해물질에 중독될 우려가 있다고 의사가 인정하는 사람, 진폐의 소견이 있는 사람 또는 방사선에 피폭된 사람을 해당 유해물질 또는 방사선을 취급하거나 해당 유해물질의 분진·증기 또는 가스가 발산되는 업무 또는 해당 업무로 인하여 근로자의 건강을 악화시킬 우려가 있는 업무에 종사하도록 해서는 안 된다.
㉡ 사업주는 다음 어느 하나에 해당하는 질병이 있는 근로자를 고기압 업무에 종사하도록 해서는 안 된다.
  1. 감압증이나 그 밖에 고기압에 의한 장해 또는 그 후유증
  2. 결핵, 급성상기도감염, 진폐, 폐기종, 그 밖의 호흡기계의 질병
  3. 빈혈증, 심장판막증, 관상동맥경화증, 고혈압증, 그 밖의 혈액 또는 순환기계의 질병
  4. 정신신경증, 알코올중독, 신경통, 그 밖의 정신신경계의 질병
  5. 메니에르씨병, 중이염, 그 밖의 이관(耳管)협착을 수반하는 귀 질환
  6. 관절염, 류마티스, 그 밖의 운동기계의 질병
  7. 천식, 비만증, 바세도우씨병, 그 밖에 알레르기성·내분비계·물질대사 또는 영양장해 등과 관련된 질병
㉢ 사업주는 다음 어느 하나에 해당하는 경우에는 미리 보건관리자(의사인 보건관리자만 해당한다), 산업보건의 또는 건강진단을 실시한 의사의 의견을 들어야 한다.
  1. ㉠ 또는 ㉡에 따라 근로를 제한하려는 경우
  2. ㉠ 또는 ㉡에 따라 근로가 제한된 근로자 중 건강이 회복된 근로자를 다시 근로하게 하려는 경우

정답 25 ②

| 산업위생일반

26
산업위생 활동에 관한 내용으로 옳은 것은?
① 관리의 최우선순위는 보호구 착용이다.
② 인지(인식)란 현재 상황에서 존재 또는 잠재하고 있는 유해인자의 파악이다.
③ 유해인자에 대한 평가는 특수건강진단의 결과만을 사용한다.
④ 처음으로 요구되는 것은 근로자 건강진단이다.
⑤ 사업장 근로자만의 건강을 보호하는 것이다.

해설
① 관리의 최우선순위는 보호구 착용이 아니라, 유해인자의 제거나 대체, 환기같은 공학적 관리이며, 보호구는 최후의 수단이다.
③ 유해인자 평가는 특수건강진단뿐 아니라 작업환경 측정결과 등 다양한 정보를 종합적으로 사용한다.
④ 처음으로 요구되는 것은 유해인자에 대한 예측과 인지 등이다. 건강진단은 그 이후 단계에 해당한다.
⑤ 산업위생 활동은 사업장 근로자뿐만 아니라 근로자 주변 환경까지 포함하여 건강을 보호하는 것을 목표로 한다.

산업위생 활동
산업위생 활동은 예측(prediction) → 인지(recognition) → 평가(evaluation) → 통제(control)의 단계로 이루어지며 근로자뿐만 아니라 지역사회나 환경의 건강도 고려해야 한다. 작업장에서 발생하는 오염물질은 외부 환경에 영향을 미칠 수 있으므로 이를 포함한 관리가 필요하다.

27
다음에서 설명하고 있는 가스크로마토그래피 검출기는?

- 원리 : 수소/공기로 시료를 태워 전하를 띤 이온 생성
- 감도 : 대부분의 화합물에 대해 높은 감도
- 특징 : 큰 범위의 직선성

① 질소인검출기(NPD)
② 전자포획검출기(ECD)
③ 열전도도검출기(TCD)
④ 불꽃광도검출기(FPD)
⑤ 불꽃이온화검출기(FID)

> **해설**

① 질소인검출기(NPD) : 질소와 인이 포함된 화합물에 민감하게 반응
② 전자포획검출기(ECD) : 전자를 포획하는 할로겐화합물 등 특정 물질에 민감
③ 열전도도검출기(TCD) : 물질의 열전도율 차이를 측정
④ 불꽃광도검출기(FPD) : 황과 인 화합물에 민감하게 반응

불꽃이온화검출기(FID)
시료를 수소/공기로 연소시켜 생성된 이온을 감지하는 방식으로 작동한다.
- 원리 : 수소/공기로 시료를 태우면 전하를 띤 이온이 생성되며, 이를 전기적으로 측정한다.
- 감도 : 대부분의 유기 화합물에 대해 높은 감도를 보인다.
- 특징 : 직선성이 넓은 범위에 걸쳐 우수하며, 유기 화합물의 정량분석에 적합하다.

28

작업환경측정에 관한 내용으로 옳지 않은 것은?

① 단위작업 장소에서 11명이 작업할 때 시료 채취 수는 3개 이상이다.
② 산화아연 분진은 호흡성 분진을 채취할 수 있는 여과채취방법으로 측정한다.
③ 시료채취 시에는 예상되는 측정대상물질의 농도, 방해물, 시료채취 시간 등을 종합적으로 고려한다.
④ 불화수소의 경우 최고노출기준(Ceiling)과 시간가중평균노출기준(TWA)에 대하여 병행 측정한다.
⑤ 관리대상 유해물질의 취급장소가 실내인 경우 공기의 최대부피를 120m^{3}로 하여 허용소비량 초과여부를 판단한다.

> **해설**

⑤ 관리대상 유해물질의 실내공기 부피 기준은 고용노동부 지침에 따라 '최대 150m^3'를 적용한다(산업안전보건기준에 관한 규칙 제421조).
① 단위작업 장소에서 작업자 수가 10명 이상인 경우, 최소한 3개 이상의 시료를 채취해야 한다.
② 산화아연 분진은 호흡성 분진으로 분류되며, 이를 채취하기 위해 호흡성 분진 여과채취방법이 적합하다.
③ 시료채취 시 농도, 방해물질, 채취 시간 등 다양한 요소를 고려하여야 정확한 측정 결과를 얻을 수 있다.
④ 불화수소는 독성이 강하고 노출기준이 엄격하므로 최고노출기준(Ceiling)과 시간가중평균노출기준(TWA) 모두를 병행하여 측정해야 한다.

29

다음은 도장 작업자들을 대상으로 한 벤젠(노출기준 0.5ppm)의 작업환경측정 결과이다. 노출기준을 초과할 확률은 약 얼마인가?(단, 정규분포곡선의 z값에 따른 확률은 다음 표와 같다)

구분	z값			
	−0.42	−0.38	0.32	1.25
확률	0.337	0.352	0.626	0.894

〈작업환경측정 결과(ppm)〉
0.03, 0.22, 1.85, 0.04, 0.1, 0.22, 7.5, 0.05, 2, 0.3

① 0.663
② 0.374
③ 0.337
④ 0.147
⑤ 0.106

해설

1. 로그 변환 : 데이터 x_i를 모두 자연로그(ln)로 변환

    $y_i = \ln(x_i)$

x_i(ppm)	0.03	0.22	1.85	0.04	0.10	0.22	7.50	0.05	2.00	0.30
$\ln(x_i)$	−3.507	−1.514	0.615	−3.219	−2.303	−1.514	2.015	−2.996	0.693	−1.204

2. 기하평균(GM)과 기하표준편차(GSD) 계산

    로그값들의 평균 계산 : $\bar{y} = \dfrac{\Sigma y_i}{n} \approx -1.294$

    기하평균 : $GM = e^{\bar{y}} \approx e^{-1.294} \approx 0.274$ppm

    로그값들의 표준편차 계산 : $s_y = \sqrt{\dfrac{\Sigma(y_i - \bar{y})^2}{n-1}} \approx 1.860$

    기하표준편차 : $GSD = e^{s_y} \approx e^{1.860} \approx 6.43$

3. Z값 계산

    노출기준(OEL) = 0.5ppm

    로그정규분포 식 : $Z = \dfrac{\ln(OEL) - \ln(GM)}{\ln(GSD)}$

    $= \dfrac{\ln(0.5) - \ln(0.274)}{\ln(6.43)}$

    $= \dfrac{-0.693 - (-1.294)}{1.860} = \dfrac{0.601}{1.860} \approx 0.32$

4. 초과 확률

    표준정규분포에서 Z = 0.32의 누적확률은 약 0.626이다.
    P(X > 0.5) = 1 − P(Z ≤ 0.32)
    = 1 − 0.626 = 0.374

∴ 약 37.4%의 확률로 노출기준을 초과한다.

정답 29 ②

30

화학물질 및 물리적 인자의 노출기준에 관한 설명으로 옳지 않은 것은?

① 발암성, 생식세포 변이원성 및 생식독성 정보는 산업안전보건법상 규제 목적으로 표시한다.
② 내화성세라믹섬유의 노출기준 표시단위는 cm^3당 개수(개/cm^3)를 사용한다.
③ 노출기준은 작업장의 유해인자에 대한 작업환경개선기준과 작업환경측정결과의 평가기준으로 사용할 수 있다.
④ "최고노출기준(C)"이란 근로자가 1일 작업시간 동안 잠시라도 노출되어서는 아니 되는 기준을 말하며, 노출기준 앞에 "C"를 붙여 표시한다.
⑤ 혼재하는 물질 간에 유해성이 인체의 서로 다른 부위에 유해작용을 하는 경우, 혼재하는 물질 중 어느 한 가지라도 노출기준을 넘을 때는 노출기준을 초과하는 것으로 한다.

해설

① 발암성, 생식세포 변이원성 및 생식독성 정보는 산업안전보건법상 규제 목적이 아닌, 작업장에서의 유해성 평가 및 관리 목적으로 주로 활용된다. 해당 정보는 작업환경개선과 노출 관리 목적으로 제공되며, 법적 규제 표시 자체의 목적과는 거리가 있다.
② 이는 입자상 물질 농도를 측정하는 데 적합한 단위다.
③ 노출기준은 작업환경에서 유해요인을 관리하기 위한 기준으로 적합하게 활용된다.
④ 최고노출기준은 노출이 즉각적인 건강 영향을 미칠 수 있는 유해인자에 적용된다.
⑤ 혼재하는 물질 간에 유해성이 인체의 서로 다른 부위에 유해작용을 하는 경우, 각각 독립적으로 노출기준을 초과했는지 평가한다. 서로 다른 부위에 영향을 미치는 유해물질은 상가작용 적용 대상이 아니다.

정답 30 ①

31

ACGIH에서 권고하고 있는 유해물질과 기준(TLV) 설정 근거가 된 건강영향의 연결로 옳지 않은 것은?

① 벤젠(TWA 0.5ppm, STEL 2.5ppm) : 백혈병
② 카본블랙(TWA 3mg/m³) : 기관지염
③ 톨루엔(TWA 20ppm) : 혈액학적 악영향
④ 이산화탄소(TWA 5,000ppm, STEL 30,000ppm) : 질식
⑤ 노말-헥산(TWA 50ppm) : 중추신경계 손상, 말초신경염, 눈 염증

해설

③ 혈액학적 악영향은 톨루엔보다는 벤젠의 주요 건강영향이다.
- 톨루엔
  - TLV : TWA 20ppm
  - 중추신경계 손상, 독성이 주요 근거로 설정된다.
- 벤젠
  - TLV : TWA 0.5ppm, STEL 2.5ppm
  - 조혈기계에 악영향을 미쳐 백혈병의 주요 원인으로 알려져 있다.
- 카본블랙
  - TLV : TWA 3mg/m³
  - 주로 폐와 상부 호흡기계에 자극을 일으켜 기관지염 등의 호흡기 질환을 유발한다.
- 이산화탄소
  - TLV : TWA 5,000ppm, STEL 30,000ppm
  - 고농도 이산화탄소는 산소결핍을 유발하여 질식을 초래할 수 있다.
- 노말-헥산
  - TLV : TWA 50ppm
  - 신경독성 물질로 말초신경염과 신경계 손상 그리고 눈 염증이 주요 건강영향이다.

32

60℃, 1기압인 탈지조에서 TCE(분자량 131.4, 비중 1.466) 2L를 사용하였다. 공기 중으로 모두 증발하였다고 가정할 때, 발생한 증기량(m^3)은 약 얼마인가?

① 0.34
② 0.50
③ 0.54
④ 0.61
⑤ 0.82

해설

|주어진 정보|
- TCE 부피 : 2L
- 비중(ρ) : 1.466g/cm^3
- 압력 : 1atm
- 분자량(M) : 131.4g/mol
- 온도 : 60℃

1. TCE의 질량 계산

    질량 = 부피 × 비중
    = 2L × 1.466g/cm^3
    = 2,932g

2. 몰 수 계산(n)

    $n = \dfrac{질량}{분자량}$

    $= \dfrac{2,932g}{131.4g/mol}$

    = 22.31mol

3. 발생한 증기 부피 계산(이상기체 상태방정식 이용)

    이상기체 상태방정식 : $PV = nRT$

    여기서, P : 압력 = 1atm
    V : 부피(m^3) = 구하려는 값
    n : 몰 수 = 22.31mol
    R : 기체상수 = 0.0821L·atm/(mol·K)
    T : 절대온도 = 60 + 273 = 333{K}

    $V = \dfrac{nRT}{P}$

    $= \dfrac{22.31 \times 0.0821 \times 333}{1}$

    = 609.9L
    = 0.61m^3

정답 32 ④

33

국소배기장치 설계에 관한 설명으로 옳지 않은 것은?

① 송풍기에서 가장 먼 쪽의 후드부터 설계한다.
② 설계 시 먼저 후드의 형식과 송풍량을 결정한다.
③ 1차 계산된 덕트 직경의 이론치보다 더 큰 크기의 시판 덕트를 선정한다.
④ 합류관 연결부에서 정압은 가능한 같아지게 한다.
⑤ 합류관 연결부의 정압비(SP_{high}/SP_{low})가 1.05 이내이면 정압 차를 무시하고 다음 단계 설계를 계속한다.

해설

③ 이론적으로 계산된 덕트 직경을 그대로 사용하는 것이 원칙이며, 시판 덕트를 과도하게 큰 크기로 선정하면 공기 속도가 감소해 배기 성능에 문제가 생길 수 있다.
① 설계는 송풍기에서 먼 쪽 후드부터 시작해 효율적이고 균등한 배기 흐름을 확보해야 한다.
② 후드의 설계와 송풍량 결정은 설계 초기 단계에서 이루어져야 한다.
④ 정압이 균일해야 에너지 손실을 줄이고 배기 효율을 높일 수 있다.
⑤ 정압비가 1.05 이내라면 정압 차는 설계에서 크게 문제되지 않는다. 일반적으로 이 값은 허용 가능한 범위로 간주된다.

34

입자상 물질에 관한 설명으로 옳은 것을 모두 고른 것은?

> ㄱ. 호흡성 분진(RPM)은 가스 교환 부위에 침착될 때 독성을 일으키는 물질이다.
> ㄴ. 석면이나 유리규산은 대식세포의 용해효소로 쉽게 제거된다.
> ㄷ. 우리나라 노출기준에는 산화규소 결정체 4종이 있으며, 모두 발암성 1A이다.
> ㄹ. 입자상 물질의 침강속도는 스토크 법칙(Stokes' law)을 따르며, 입자의 밀도와 입경에 반비례한다.

① ㄱ, ㄴ
② ㄱ, ㄷ
③ ㄴ, ㄹ
④ ㄴ, ㄷ, ㄹ
⑤ ㄱ, ㄴ, ㄷ, ㄹ

해설

ㄴ. 석면과 유리규산은 대식세포의 효소로 제거되지 않으며, 오히려 대식세포를 파괴하여 섬유증과 같은 만성질환을 유발한다.
ㄹ. 침강속도는 입자의 밀도와 입경에 비례하며, 점성계수에 반비례한다.
ㄱ. 호흡성 분진은 폐포와 같은 가스 교환 부위에 도달해 독성을 유발한다.
ㄷ. 산화규소 결정체(석영, 크리스토발라이트 등)는 발암성 1A로 분류된다.

35

화학물질 및 물리적 인자의 노출기준에서 "발암성 1A"가 아닌 중금속은?

① 비소 및 그 무기화합물
② 니켈(가용성 화합물)
③ 니켈(불용성 무기화합물)
④ 수은 및 무기형태(아릴 및 알킬 화합물 제외)
⑤ 카드뮴 및 그 화합물

해설

④ 수은 및 무기형태(아릴 및 알킬 화합물 제외) : 생식독성 1B

36

물리적 유해인자의 관리방법으로 옳지 않은 것은?

① 고압환경에서는 질소 대신 헬륨으로 대치한 공기를 흡입한다.
② 고온순화(순응)는 노출 후 4~7일부터 시작하여 12~14일에 완성된다.
③ 자유공간(점음원)에서 거리가 2배 증가하면 소음은 6dB 감소한다.
④ 진동공구 작업자는 금연하는 것이 바람직하다.
⑤ 전리방사선의 강도는 거리의 제곱근에 반비례한다.

해설

⑤ 전리방사선의 강도는 거리의 제곱에 반비례한다.
① 질소는 고압 환경에서 높은 용해도로 잠수병(감압병)을 유발할 위험이 크므로 헬륨으로 대치한다.
② 고온 환경에 적응하는 과정은 4~7일 후 시작하여 12~14일에 완성된다.
③ 점음원에서 소음은 거리가 2배 증가할 때마다 약 6dB 감소한다.
④ 진동공구는 말초혈관에 영향을 미치므로 금연이 혈관건강을 위해 권장된다.

정답 35 ④ 36 ⑤

37

다음 조건을 고려하여 공기 중 섬유상 물질의 농도(개/cm³)를 구하면 약 얼마인가?

- 직경 25mm 여과지(유효직경 22.1mm)
- 시료채취 시간 : 1시간 30분
- 공기시료 채취기의 유량보정 : 뷰렛의 용량 0.90L
  - 채취 전(초) : 15.2, 15.35, 15.6
  - 채취 후(초) : 16.3, 16.35, 16.45
- 위상차현미경을 이용하여 섬유상 물질을 계수한 결과
  - 공시료 : 0.02개/시야
  - 시료 : 150개/30시야
  (단, Walton-Beckett Field(시야)의 직경은 100μm)

① 0.2 ② 0.4
③ 0.6 ④ 0.8
⑤ 1.0

해설

1. 여과지 유효직경 : 22.1mm
2. 시료채취 시간 : 1.5시간 = 90분
3. 뷰렛의 용량보정
   - 채취 전 평균 : (15.2 + 15.35 + 15.6) / 3 = 15.38초
   - 채취 후 평균 : (16.3 + 16.35 + 16.45) / 3 = 16.37초
   - 유량 : $Q = \dfrac{0.90L}{평균시간(초)}$

   $Q = \dfrac{0.90}{15.38} \approx 0.0585L/s$ 채취 전

   $Q = \dfrac{0.90}{16.37} \approx 0.0549L/s$ 채취 후

   평균유량 $= \dfrac{0.0585 + 0.0549}{2} \approx 0.0567L/s$

4. 총채취량
   채취량(L) = 0.0567 × 60 × 90
   = 306.18L

5. 현미경 시야 계수
   - Walton-Beckett 시야 직경 : 100μm
   - 시야면적 : $A_{시야} = \pi \cdot \left(\dfrac{100}{2}\right)^2 = 7,854\mu m^2$

6. 여과지 면적
   - 유효직경 : 22.1mm
   - $A_{여과지} = \pi \cdot \left(\dfrac{22.1}{2}\right)^2 = 383.45 mm^2$
     $= 383,450 \mu m^2$

7. 시료 및 공시료 섬유계수
   - 시료 : 총계수 $= \dfrac{150}{30} = 5.0$개/시야
   - 공시료 : 0.02개/시야
     공시료 보정 : 보정계수 = 5.0 − 0.02 = 4.98개/시야

8. 농도(C)계산
   $C = \dfrac{보정계수 \cdot A_{여과지}}{시야면적 \cdot 총채취량}$
   $= \dfrac{4.98 \cdot 383,450}{7,854 \cdot 306,180}$
   ≈ 0.8개/cm^3

38

실험실로 I-131(반감기 8.04일)이 들어 있는 보관함이 배달되었으며, 방사능을 측정한 결과 500pCi였다. 30일 후 방사능(pCi)은 약 얼마인가?

① 37.6　　　　　　　　　　② 32.6
③ 27.6　　　　　　　　　　④ 22.6
⑤ 17.6

해설

1. 초기 방사능 : $A_0 = 500$pCi
2. 반감기 : $T_{1/2} = 8.04$days
3. 경과 시간 : $t = 30$days
4. 방사능 계산 공식 : $A(t) = A_0 \cdot (0.5)^{t/T_{1/2}}$
   $A(30) = 500 \cdot (0.5)^{30/8.04} \approx 37.6$pCi
∴ 30일 후 방사능은 약 37.6pCi이다.

정답 38 ①

39

개인보호구에 관한 설명으로 옳은 것을 모두 고른 것은?

> ㄱ. 유기화합물용 정화통은 습도가 높을수록 수명은 길어진다.
> ㄴ. 산소결핍 장소에서는 전동식 호흡보호구를 착용한다.
> ㄷ. 보호구 안전인증 고시에서 액체 차단 보호복은 3형식, 분진 차단 보호복은 5형식이다.
> ㄹ. 보호구 안전인증 고시에서 귀마개 등급은 1종과 2종으로 구분한다.

① ㄱ, ㄴ
② ㄷ, ㄹ
③ ㄱ, ㄷ, ㄹ
④ ㄴ, ㄷ, ㄹ
⑤ ㄱ, ㄴ, ㄷ, ㄹ

해설

ㄱ. 유기화합물용 정화통은 습도가 높을수록 정화제의 효율이 낮아지고 수명이 짧아진다. 따라서 습도가 정화 과정에 영향을 미치기 때문에 주의가 필요하다.
ㄴ. 산소결핍 장소에서는 전동식 호흡보호구가 아닌 자급식 호흡보호구(SCBA ; Self-Contained Breathing Apparatus)를 사용해야 한다. 전동식 호흡보호구는 산소 공급이 충분하지 않은 장소에서 사용이 적합하지 않다.
ㄷ. 보호구 안전인증 고시 별표 8의2에 따르면 액체 차단 보호복은 3형식, 분진 차단 보호복은 5형식으로 분류되며, 각각의 보호 목적에 따라 사용된다.
ㄹ. 보호구 안전인증 고시 별표 12에 따르면, 귀마개 등급은 1종(더 높은 차음효과)과 2종(상대적으로 낮은 차음효과)으로 구분된다.

40

톨루엔 노출 작업자의 호흡보호구에 적합한 정성적 밀착도 검사(QLFT) 방법은?

① 초산이소아밀법
② 사카린법
③ 자극성 스모그법
④ 공기 중 에어로졸법(condensation nucleus counter)
⑤ 통제음압모니터법(controlled negative-pressure monitor)

해설

① 초산이소아밀법 : 톨루엔 노출 작업자의 정성적 밀착도 검사(QLFT)에 적합한 방법으로 사용된다. 초산이소아밀(isoamyl acetate)은 특유의 바나나 냄새를 가지며, 후각이 정상인 작업자가 보호구가 적절히 밀착되지 않았을 경우 이 냄새를 감지할 수 있다.
② 사카린법 : 단맛을 느끼는지 확인하는 방법이다. 주로 입을 통해 숨을 쉬는 환경에 적합하며, 냄새와 관련 없는 경우 사용한다. 톨루엔 작업환경에서는 부적합하다.
③ 자극성 스모그법 : 자극성 연기를 사용하여 눈물이나 재채기 반응을 유발하는 방법이다. 자극성 물질에 적합하며, 톨루엔 작업환경에서는 덜 사용된다.
④ 공기 중 에어로졸법(condensation nucleus counter) : 정량적 밀착도 검사(QNFT) 방법으로, 에어로졸 농도를 측정한다. 정성적 검사에 해당하지 않는다.
⑤ 통제음압모니터법(controlled negative-pressure monitor) : 호흡보호구 내부 음압 변화를 측정하여 밀착도를 평가하는 정량적 검사 방법이다. 톨루엔 노출 정성적 검사와는 관련이 없다.

41

산업안전보건기준에 관한 규칙에서 밀폐공간과 관련된 용어의 정의로 옳지 않은 것은?

① "밀폐공간"이란 산소결핍, 유해가스로 인한 질식·화재·폭발 등의 위험이 있는 장소이다.
② "유해가스"란 탄산가스·일산화탄소·황화수소 등의 기체로서 인체에 유해한 영향을 미치는 물질을 말한다.
③ "적정공기"란 산소농도의 범위가 18% 이상 23.5% 미만, 탄산가스의 농도가 1.5% 미만, 일산화탄소의 농도가 30ppm 미만, 황화수소의 농도가 10ppm 미만인 수준의 공기를 말한다.
④ "산소결핍"이란 공기 중의 산소농도가 18% 이하인 상태를 말한다.
⑤ "산소결핍증"이란 산소가 결핍된 공기를 들이마심으로써 생기는 증상을 말한다.

해설

※ 출제 당시 정답은 ④였으나, 산업안전보건기준에 관한 규칙 개정으로 ②·③의 탄산가스가 이산화탄소로 변경되어 ②·③·④로 정답을 수정하였습니다.
② 유해가스 : 이산화탄소·일산화탄소·황화수소 등의 기체로서 인체에 유해한 영향을 미치는 물질을 말한다.
③ 적정공기 : 산소농도의 범위가 18% 이상 23.5% 미만, 이산화탄소의 농도가 1.5% 미만, 일산화탄소의 농도가 30ppm 미만, 황화수소의 농도가 10ppm 미만인 수준의 공기를 말한다.
④ 산소결핍 : 공기 중의 산소농도가 18% 미만인 상태를 말한다.
① 밀폐공간 : 산소결핍, 유해가스로 인한 질식·화재·폭발 등의 위험이 있는 장소로서 별표 18에서 정한 장소를 말한다.
⑤ 산소결핍증 : 산소가 결핍된 공기를 들이마심으로써 생기는 증상을 말한다.

42

유해화학물질 또는 공정에 적합한 호흡보호구의 연결이 옳지 않은 것은?

① 석면 : 특급 방진마스크
② 스프레이 도장작업 : 방진방독 겸용 마스크
③ 베릴륨 : 1급 방진마스크
④ 포스겐 : 송기마스크
⑤ 금속흄 : 배기밸브가 있는 안면부여과식 마스크

해설

③ 베릴륨 : 매우 독성이 강한 물질로, 특급 방진마스크가 필요하다. 1급 방진마스크는 상대적으로 낮은 독성의 분진에 적합하며, 베릴륨과 같은 고독성 물질에는 적합하지 않다.
① 석면 : 특급 방진마스크가 적합하며, 석면 분진을 효과적으로 차단 가능하다.
② 스프레이 도장작업 : 방진방독 겸용 마스크가 적합하며, 분진과 유기용제를 동시에 차단한다.
④ 포스겐 : 독성 가스이므로 송기마스크 사용이 필요하다.
⑤ 금속흄 : 배기밸브가 있는 안면부여과식 마스크는 적합하다. 금속흄은 고온 작업에서 발생하며, 효율적인 여과가 필요하다.
※ 보호구 안전인증 고시 별표 4

43

고용노동부가 발표한 「2020년 산업재해 현황분석」에서, 2020년에 발생한 직업병 중 발생자 수가 가장 많은 것은?

① 진폐
② 난청
③ 금속 및 중금속 중독
④ 유기화합물 중독
⑤ 기타 화학물질 중독

해설

② 난청 : 고용노동부의 「2020년 산업재해 현황분석」에 따르면, 직업병 중에서 소음성 난청이 발생자 수가 가장 많았다. 이는 소음 환경에 장기간 노출되는 작업자들에게서 흔히 나타나는 만성적인 직업병이기 때문이다.
① 진폐 : 과거에 비해 진폐 발생은 감소하고 있는 추세다.
③ 금속 및 중금속 중독 : 특정 작업환경에서 제한적으로 발생하며, 발생자 수가 난청에 비해 적다.
④ 유기화합물 중독 : 도장, 세척 등의 작업환경에서 주로 발생하지만 난청에 비해서는 적다.
⑤ 기타 화학물질 중독 : 여러 화학물질로 인한 중독을 포함하지만, 역시 발생자 수는 난청보다 적다.

44

호흡기계의 구조와 기능에 관한 설명으로 옳지 않은 것은?

① 폐포는 가스교환 작용이 일어나는 곳이다.
② 해부학적으로 상부와 하부 호흡기계로 구분한다.
③ 내호흡은 폐포와 혈액 사이에서 발생하는 산소와 이산화탄소의 교환작용을 말한다.
④ 비강(nasal cavity)은 호흡공기의 온·습도를 조절하고 오염물질을 제거하는 등의 기능을 한다.
⑤ 기관지는 세기관지(bronchiole)에 가까울수록 섬모세포의 수는 줄어들고 섬모가 없는 클라라세포(clara cell)가 주종을 이룬다.

해설

③ 내호흡은 세포 수준에서 조직과 혈액 간의 가스교환을 의미하며, 폐포와 혈액 사이에서의 가스교환은 외호흡에 해당한다.
① 폐포는 호흡기계의 끝부분에 위치하며, 산소와 이산화탄소의 가스교환이 이루어지는 주요 부위이다.
② 호흡기계는 해부학적으로 상부(비강, 인두, 후두)와 하부(기관, 기관지, 폐)로 구분된다.
④ 비강은 공기를 가습하고 여과하며 온도 조절 기능을 수행한다.
⑤ 기관지 말단으로 갈수록 섬모세포는 줄어들고, 클라라세포가 나타나며 점차 대체된다.

45

메탄올의 생체 내 대사과정 중 ( )에 들어갈 내용으로 옳은 것은?

> 메탄올 → (ㄱ) → (ㄴ) → 이산화탄소

① ㄱ : 포름산 ㄴ : 산화아렌
② ㄱ : 포름알데히드 ㄴ : 아세트산
③ ㄱ : 포름알데히드 ㄴ : 포름산
④ ㄱ : 아세트알데히드 ㄴ : 포름산
⑤ ㄱ : 아세트알데히드 ㄴ : 아세트산

해설

메탄올의 생체 내 대사과정은 간에서 알코올 탈수소효소(ADH) 및 알데히드 탈수소효소(ALDH) 효소에 의해 진행되며, 메탄올 → 포름알데히드 → 포름산 → 이산화탄소 순으로 대사가 이루어진다. 포름알데히드는 중간 대사산물로 독성이 강하며, 포름산은 대사 과정에서 축적될 경우 대사성 산증을 유발한다.

46

신체 부위별 동작 유형에 관한 내용으로 옳은 것을 모두 고른 것은?

> ㄱ. 굴곡(flexion) : 관절에서의 각도가 증가하는 동작
> ㄴ. 신전(extension) : 관절에서의 각도가 감소하는 동작
> ㄷ. 내전(adduction) : 몸의 중심선으로 향하는 이동 동작
> ㄹ. 외전(abduction) : 몸의 중심선에서 멀어지는 이동 동작
> ㅁ. 내선(medial rotation) : 몸의 중심선을 향하여 안쪽으로 회전하는 동작

① ㄱ, ㄴ
② ㄴ, ㄷ
③ ㄴ, ㄷ, ㅁ
④ ㄷ, ㄹ, ㅁ
⑤ ㄱ, ㄴ, ㄷ, ㄹ, ㅁ

해설

ㄱ. 굴곡(flexion) : 관절에서의 각도가 감소하는 동작
ㄴ. 신전(extension) : 관절에서의 각도가 증가하는 동작

47

재해의 직접원인 중 불안전한 행동에 해당하지 않는 것은?

① 안전장치의 부적합
② 위험장소 접근
③ 개인보호구의 잘못 착용
④ 불안전한 속도 조작
⑤ 감독 및 연락 불충분

해설

① 안전장치의 부적합 : 불안전한 상태에 해당하며, 이는 재해의 직접원인 중 환경적 요소로 분류된다. 반면, 불안전한 행동은 작업자가 작업 과정에서 부주의하거나 규정을 준수하지 않은 행동을 포함한다.
② 위험장소 접근 : 작업자가 위험지역에 불필요하게 접근하는 행위로 불안전한 행동이다.
③ 개인보호구의 잘못 착용 : 개인보호구를 착용하지 않거나 부적절하게 착용하는 행위로 불안전한 행동이다.
④ 불안전한 속도 조작 : 작업 기계나 차량을 규정 속도 이상으로 조작하는 행위로 불안전한 행동이다.
⑤ 감독 및 연락 불충분 : 적절한 작업 지시와 연락이 이루어지지 않아 작업자 행동에 영향을 미치는 행위로 불안전한 행동으로 볼 수 있다.

48

힐(A. Hill)이 주장한 인과관계를 결정하는 기준에 관한 설명으로 옳지 않은 것은?

① 어떤 원인에 대한 노출과 특정 질병 발생 간에 관련성이 보이지만, 다른 질병과의 연관성도 함께 관찰된다면 인과관계의 가능성은 작아진다.
② 원인에 대한 노출이 질병 발생 시점보다 시간적으로 앞설 때 인과관계의 가능성이 커진다.
③ 의심되는 원인에 노출되어 질병이 발생하는 기전에 대해 기존 지식이 아닌 새로운 이론으로 해석될 때 인과관계의 가능성이 커진다.
④ 원인에 대한 노출 정도가 커질수록 질병 발생 확률도 높아지는 용량-반응 관계가 나타날 경우에 인과관계의 가능성이 커진다.
⑤ 연관성의 강도가 클수록 인과관계의 가능성이 커진다.

해설

③ 힐(A. Hill)이 제시한 인과관계를 결정하는 기준에는 기존의 과학적 지식과 기전이 중요한 역할을 한다. '새로운 이론으로 해석될 때 인과관계의 가능성이 커진다'는 내용은 인과관계 판단의 기준으로 적합하지 않으며, 과학적 기전에 대한 기존 지식과 부합하는 경우에 인과관계의 가능성이 커진다는 점과 배치된다.
① 원인-질병 간 연관성이 특정 질병에 한정된다면 인과관계의 가능성이 크지만, 여러 질병과 연관된다면 특이성이 낮아 인과관계 가능성이 적어진다.
② 인과관계가 성립하려면 원인(노출)이 반드시 결과(질병)보다 시간적으로 앞서야 한다(시간적 선후성).
④ 용량-반응 관계는 원인에 대한 노출 정도가 증가할수록 질병 발생률이 높아지는 경향으로, 인과관계의 중요한 증거이다.
⑤ 연관성의 강도가 클수록(예 상대위험도나 교차비가 높을수록) 인과관계의 가능성도 커진다.

49

유해인자별 건강관리에 관한 설명으로 옳지 않은 것은?

① 도장작업자는 유기화합물에 의한 급성중독, 접촉성 피부염 등에 대해 관리하여야 한다.
② 진동작업자의 경우 정기적인 특수건강진단이 필요하다.
③ 금속가공유 취급자는 폐기능의 변화, 피부질환 등에 대해 관리하여야 한다.
④ "사후관리 조치"란 사업주가 건강관리 실시결과에 따른 작업장소 변경, 작업전환, 건강상담, 근무 중 치료 등 근로자의 건강관리를 위하여 실시하는 조치를 말한다.
⑤ 전(前) 사업장에서 황산에 대한 건강진단을 받고 6개월이 지난 작업자의 경우 배치 전 건강진단 실시를 면제할 수 있다.

해설

⑤ 배치 전 건강진단은 작업자가 유해인자에 노출되는 작업에 배치되기 전에 건강 상태를 확인하여 작업 적합성을 평가하기 위해 필수적으로 실시해야 하는 진단이다. 과거의 건강진단 기록이 있는 경우 6개월(시행규칙 별표 23의 4부터 6까지의 유해인자에 대하여 건강진단을 받은 경우에는 12개월로 한다)이 지나지 않은 근로자로서 건강진단 결과를 적은 서류 또는 그 사본을 제출한 근로자에 대하여는 배치 전 건강진단을 면제할 수 있다.

① 도장작업자는 유기화합물에 의한 급성중독과 접촉성 피부염 등의 건강 문제를 예방하기 위한 관리가 필요하다.
② 진동작업자는 진동으로 인한 말초혈관 및 신경계 장애를 예방하기 위해 특수건강진단을 정기적으로 받아야 한다.
③ 금속가공유 취급자는 폐기능 변화와 피부질환 예방을 위한 정기적인 관리가 필요하다.
④ "사후관리 조치"는 건강진단 결과에 따라 근로자의 건강을 보호하기 위한 작업환경 변경, 작업전환, 건강상담, 근무 중 치료 등의 조치를 포함한다.

배치 전 건강진단 실시의 면제(산업안전보건법 시행규칙 제203조)

다른 사업장에서 해당 유해인자에 대하여 다음 어느 하나에 해당하는 건강진단을 받고 6개월(산업안전보건법 시행규칙 별표 23의 4부터 6까지의 유해인자에 대하여 건강진단을 받은 경우에는 12개월로 한다)이 지나지 않은 근로자로서 건강진단 결과를 적은 서류(이하 건강진단개인표) 또는 그 사본을 제출한 근로자

• 법 제130조 제2항에 따른 배치 전 건강진단(이하 배치 전 건강진단)
• 배치 전 건강진단의 제1차 검사항목을 포함하는 특수건강진단, 수시건강진단 또는 임시건강진단
• 배치 전 건강진단의 제1차 검사항목 및 제2차 검사항목을 포함하는 건강진단
※ 위 내용에 따라 유해인자의 종류에 따라 12개월까지 배치 전 건강진단 실시를 면제할 수 있다.

특수건강진단의 시기 및 주기(산업안전보건법 시행규칙 별표 23)

구분	대상 유해인자	시기 (배치 후 첫 번째 특수건강진단)	주기
1	N,N-디메틸아세트아미드, 디메틸포름아미드	1개월 이내	6개월
2	벤젠	2개월 이내	6개월
3	1,1,2,2-테트라클로로에탄, 사염화탄소, 아크릴로니트릴, 염화비닐	3개월 이내	6개월
4	석면, 면 분진	12개월 이내	12개월
5	광물성 분진, 목재 분진, 소음 및 충격소음	12개월 이내	24개월
6	1부터 5까지의 대상 유해인자를 제외한 별표 22의 모든 대상 유해인자	6개월 이내	12개월

정답 49 ⑤

50

산업안전보건법 시행규칙 중 납에 대한 특수건강진단 시 제2차 검사항목에 해당하는 생물학적 노출지표를 모두 고른 것은?

> ㄱ. 혈중 납
> ㄴ. 소변 중 납
> ㄷ. 혈중 징크프로토포피린
> ㄹ. 소변 중 델타아미노레불린산

① ㄱ
② ㄴ
③ ㄱ, ㄷ
④ ㄴ, ㄷ, ㄹ
⑤ ㄱ, ㄴ, ㄷ, ㄹ

해설

ㄱ. 혈중 납 : 납 노출의 중요한 지표이지만, 제1차 검사항목으로 납 노출 초기 평가 시 사용된다.
ㄴ. 소변 중 납 : 제2차 검사항목으로 체내 배출 경로에서의 노출 평가에 사용된다.
ㄷ. 혈중 징크프로토포피린 : 납 중독의 생리적 효과를 나타내는 제2차 검사항목이다.
ㄹ. 소변 중 델타아미노레불린산(δ-ALA) : 납 노출로 인해 발생하는 대사 장애를 평가하는 제2차 검사항목이다.

특수건강진단·배치 전 건강진단·수시건강진단의 검사항목(산업안전보건법 시행규칙 별표 24)

유해인자	제1차 검사항목	제2차 검사항목

납[7439-92-1] 및 그 무기화합물	• 직업력 및 노출력 조사
	• 주요 표적기관과 관련된 병력조사
	• 임상검사 및 진찰
	  - 조혈기계 : 혈색소량, 혈구용적치, 적혈구 수, 백혈구 수, 혈소판 수, 백혈구 백분율
	  - 비뇨기계 : 요검사 10종, 혈압측정
	  - 신경계 및 위장관계 : 관련 증상 문진, 진찰
	• 생물학적 노출지표 검사 : 혈중 납
		• 임상검사 및 진찰
		  - 조혈기계 : 혈액도말검사, 철, 총철결합능력, 혈청페리틴
		  - 비뇨기계 : 단백뇨정량, 혈청 크레아티닌, 요소질소, 베타 2 마이크로글로불린
		  - 신경계 : 근전도검사, 신경전도검사, 신경행동검사, 임상심리검사, 신경학적 검사
		• 생물학적 노출지표 검사
		  - 혈중 징크프로토포피린
		  - 소변 중 델타아미노레불린산
		  - 소변 중 납

| 기업진단 · 지도

51
균형성과표(BSC ; Balanced Score Card)에서 조직의 성과를 평가하는 관점이 아닌 것은?
① 재무 관점
② 고객 관점
③ 내부 프로세스 관점
④ 학습과 성장 관점
⑤ 공정성 관점

해설

균형성과표(BSC)
- 재무, 고객, 내부 프로세스, 학습과 성장의 네 가지 관점에서 조직의 성과를 균형 있게 관리하고 평가하기 위한 도구이다.
- 관점
  - 재무 관점 : 조직의 재무적 성과를 평가하며, 주로 수익성, 비용 관리, 투자수익률 등 재무지표가 포함된다.
  - 고객 관점 : 고객 만족도, 고객 유지율, 시장점유율 등 외부 고객을 대상으로 한 성과를 측정한다.
  - 내부 프로세스 관점 : 내부 운영과 프로세스의 효율성 및 품질을 평가한다. 제품 개발, 생산, 서비스 제공과 같은 핵심 업무가 포함된다.
  - 학습과 성장 관점 : 조직 구성원의 역량 개발, 기술 혁신, 조직문화 등을 측정하며, 장기적 성장 가능성을 중점적으로 평가한다.

52
노사관계에서 숍제도(shop system)를 기본적인 형태와 변형적인 형태로 구분할 때, 기본적인 형태를 모두 고른 것은?

ㄱ. 클로즈드 숍(closed shop)	ㄴ. 에이전시 숍(agency shop)
ㄷ. 유니언 숍(union shop)	ㄹ. 오픈 숍(open shop)
ㅁ. 프레퍼렌셜 숍(preferential shop)	ㅂ. 메인티넌스 숍(maintenance shop)

① ㄱ, ㄴ, ㄷ
② ㄱ, ㄷ, ㄹ
③ ㄱ, ㄷ, ㅂ
④ ㄴ, ㄹ, ㅁ
⑤ ㄴ, ㅁ, ㅂ

해설

숍제도(shop system)
- 기본적인 형태
  - 클로즈드 숍(closed shop) : 조합원만 고용 가능하며, 조합원이 아니거나 조합원의 자격을 잃으면 고용이 불가능하다.
  - 유니언 숍(union shop) : 비조합원도 채용할 수 있지만, 일정 기간 내에 노동조합에 가입해야 한다.
  - 오픈 숍(open shop) : 조합 가입 여부와 관계없이 고용이 가능하다. 노동조합 가입이 의무가 아니다.
- 변형적인 형태
  - 에이전시 숍(agency shop) : 조합 가입은 필수가 아니지만, 조합비를 납부해야 한다.
  - 프레퍼렌셜 숍(preferential shop) : 조합원에게 고용상의 우선권이 부여되지만, 비조합원도 고용 가능하다.
  - 메인티넌스 숍(maintenance shop) : 고용 후 노동조합에 가입한 근로자는 조합 자격을 유지해야 한다.

정답 51 ⑤ 52 ②

53

홉스테드(G. Hofstede)가 국가 간 문화 차이를 비교하는 데 이용한 차원이 아닌 것은?

① 성과지향성(performance orientation)
② 개인주의 대 집단주의(individualism vs collectivism)
③ 권력 격차(power distance)
④ 불확실성 회피성향(uncertainty avoidance)
⑤ 남성적 성향 대 여성적 성향(masculinity vs feminity)

해설

홉스테드(G. Hofstede)가 제시한 문화 차원 5가지
- 개인주의 대 집단주의(individualism vs collectivism)
  - 개인주의 : 개인의 목표와 자율성을 중시
  - 집단주의 : 집단의 목표와 결속을 중시
- 권력 격차(power distance) : 권력의 불평등을 수용하는 정도
  - 높은 권력 격차 : 위계질서를 수용
  - 낮은 권력 격차 : 평등한 관계를 선호
- 불확실성 회피성향(uncertainty avoidance) : 미래의 불확실성이나 위험을 회피하려는 정도
  - 높은 불확실성 회피 : 규칙과 안전을 중시
  - 낮은 불확실성 회피 : 유연성과 변화에 적응
- 남성적 성향 대 여성적 성향(masculinity vs feminity)
  - 남성적 성향 : 성취, 경쟁, 물질적 성공 중시
  - 여성적 성향 : 협력, 관계, 삶의 질 중시
- 장기 지향성 대 단기 지향성(long-term vs short-term orientation)
  - 장기 지향성 : 미래 지향, 인내, 지속적 성장 중시
  - 단기 지향성 : 현재와 과거의 전통과 즉각적인 만족 중시

54

레윈(K. Lewin)의 조직 변화의 과정으로 옳은 것은?

① 점검(checking) - 비전(vision) 제시 - 교육(education) - 안정(stability)
② 구조적 변화 - 기술적 변화 - 생각의 변화
③ 진단(diagnosis) - 전환(transformation) - 적응(adaptation) - 유지(maintenance)
④ 해빙(unfreezing) - 변화(changing) - 재동결(refreezing)
⑤ 필요성 인식 - 전략 수립 - 실행 - 해결 - 정착

> 해설

레윈(Kurt Lewin)의 조직 변화 과정
해빙 → 변화 → 재동결의 3단계로 이루어지며, 조직변화 관리에서 가장 기본적인 모델로 널리 사용되고 있다.
- 해빙(unfreezing)
  - 변화에 대한 준비 단계로, 기존 행동이나 관행을 유지하고 있는 상태에서 이를 깨뜨리는 과정이다.
  - 변화의 필요성을 인식시켜 저항을 낮추며, 변화를 수용할 수 있는 환경을 조성한다.
  - 조직 내 불만족, 문제의식 등을 통해 새로운 변화의 필요성을 설득한다.
- 변화(changing)
  - 새로운 행동, 관행, 사고방식을 도입하는 단계이다.
  - 학습과 훈련, 새로운 아이디어 도입, 시스템 변경 등이 포함된다.
  - 변화과정에서 혼란과 불확실성이 증가할 수 있어 이를 잘 관리해야 한다.
- 재동결(refreezing)
  - 새로운 변화가 안정화되고 정착되는 단계이다.
  - 새로운 관행과 행동이 조직 내 표준이 되도록 지원한다.
  - 피드백을 제공하고 성공적인 변화를 보상하여 지속 가능성을 확보한다.

55

하우스(R. House)의 경로-목표이론(path-goal theory)에서 제시되는 리더십 유형이 아닌 것은?

① 지시적 리더십(directive leadership)
② 지원적 리더십(supportive leadership)
③ 참여적 리더십(participative leadership)
④ 성취지향적 리더십(achievement-oriented leadership)
⑤ 거래적 리더십(transactional leadership)

> 해설

하우스(R. House)의 경로-목표이론(path-goal theory)
- 하우스의 경로-목표이론은 리더가 부하의 목표 달성을 돕기 위해 어떤 리더십 스타일을 사용할 수 있는지 설명한다. 이 이론은 부하의 동기를 높이는 데 중점을 두며, 상황과 과업 특성에 따라 리더십 유형이 조정되어야 한다고 주장한다.
- 리더십 유형
  - 지시적 리더십(directive leadership) : 구체적인 지침을 제공하고, 작업 방법과 기대치를 명확히 전달한다. 과업이 구조화되지 않거나, 부하가 불확실성을 느끼는 상황에서 효과적이다.
  - 지원적 리더십(supportive leadership) : 부하의 정서적 요구를 지원하고, 친밀한 관계를 형성하며, 스트레스를 완화한다. 부하가 과업을 수행하는 데 있어 어려움을 느끼거나 환경이 힘든 경우에 유용하다.
  - 참여적 리더십(participative leadership) : 의사결정 과정에 부하를 참여시키고 의견을 수렴한다. 부하가 자신의 의견을 존중받고 싶어 하며 자율성이 중요한 경우 적합하다.
  - 성취지향적 리더십(achievement-oriented leadership) : 높은 목표를 설정하고, 부하가 도전적인 과업을 달성하도록 동기를 부여한다. 부하가 높은 성과를 추구하고, 자율적으로 일할 수 있는 능력이 있을 때 효과적이다.

정답 55 ⑤

56

재고관리에 관한 설명으로 옳은 것은?

① 재고비용은 재고유지비용과 재고부족비용의 합이다.
② 일반적으로 재고는 많이 비축할수록 좋다.
③ 경제적 주문량(EOQ) 모형에서 재고유지비용은 주문량에 비례한다.
④ 1회 주문량을 Q라고 할 때, 평균재고는 $Q/3$이다.
⑤ 경제적 주문량(EOQ) 모형에서 발주량에 따른 총재고비용선은 역U자 모양이다.

해설

① 재고비용은 재고유지비용, 재고주문비용, 재고부족비용의 합으로 정의된다.
② 재고를 많이 비축하면 수요 변동에 대응하기 쉽고, 품절 위험을 줄일 수 있지만, 재고유지비용이 급격히 증가한다.
④ 평균재고는 일반적으로 $Q/2$로 계산된다.
⑤ EOQ 모형에서 총재고비용선은 U자 모양이다. 발주비용은 주문량이 많아질수록 줄어들고, 재고유지비용은 증가하여 두 비용의 합이 U자 형태를 만든다.

57

품질경영에 관한 설명으로 옳은 것은?

① 품질비용은 실패비용과 예방비용의 합이다.
② R-관리도는 검사한 물품을 양품과 불량품으로 나누어서 불량의 비율을 관리하고자 할 때 이용한다.
③ ABC 품질관리는 품질규격에 적합한 제품을 만들어 내기 위해 통계적 방법에 의해 공정을 관리하는 기법이다.
④ TQM은 고객의 입장에서 품질을 정의하고 조직 내의 모든 구성원이 참여하여 품질을 향상하고자 하는 기법이다.
⑤ 6시그마 운동은 최초로 미국의 애플이 혁신적인 품질 개선을 목적으로 개발한 기업경영전략이다.

해설

④ TQM(Total Quality Management)은 고객 중심으로 품질을 정의하며, 전 조직 구성원의 참여를 강조한다. 품질 향상을 위한 지속적 개선과 프로세스 중심 관리를 주요 특징으로 한다.
① 품질비용은 예방비용, 평가비용, 그리고 실패비용(내부 실패비용 + 외부 실패비용)의 합이다.
② R-관리도는 공정의 변동성(범위, Range)을 관리하기 위해 사용하는 도구이다. 불량 비율을 관리하기 위한 도구는 p-관리도이다.
③ ABC 품질관리는 품목의 중요도를 기준으로 품목을 A, B, C로 구분하여 관리하는 기법으로, 재고 관리와 연관이 깊다.
⑤ 6시그마(6σ)는 1980년대 모토로라(Motorola)에서 시작된 품질경영 기법이다.

58

JIT(Just In Time) 생산시스템의 특징에 해당하지 않는 것은?

① 부품 및 공정의 표준화
② 공급자와의 원활한 협력
③ 채찍효과 발생
④ 다기능 작업자 필요
⑤ 칸반시스템 활용

해설

③ JIT는 무재고 생산방식 또는 도요타 생산방식이라고도 하며 필요한 것을 필요한 양만큼 필요한 때에 만드는 생산방식이다.
적시생산시스템(JIT ; Just In Time)의 구성요소
생산의 평준화, 납품업자·파트너와의 긴밀한 관계, 다기능공과 U라인, 칸반 방식(kanban system), 자동화와 생산라인 정지(fool proof system), 풀 시스템(pull system), 소로트 생산
※ 2016년 58번 문제 해설 참고

59

1년 중 여름에 아이스크림의 매출이 증가하고, 겨울에는 스키 장비의 매출이 증가한다고 할 때 이를 설명하는 변동은?

① 추세변동
② 공간변동
③ 순환변동
④ 계절변동
⑤ 우연변동

해설

④ 계절변동 : 계절에 따른 주기적인 변동을 나타낸다.
① 추세변동 : 시간에 따른 자료의 장기적인 증가나 감소의 패턴을 나타내는 변동이다.
　예 전자상거래 매출이 해마다 꾸준히 증가하는 현상
② 공간변동 : 지역적 차이에 따른 변동을 나타낸다.
　예 도시와 농촌 간의 매출 차이
③ 순환변동 : 경기 순환과 같은 요인으로 일정한 주기를 가지고 반복되는 변동이다.
　예 경제 호황과 불황에 따른 매출 변화
⑤ 우연변동 : 예측 불가능한 돌발적 사건으로 인해 발생하는 변동이다.
　예 자연재해로 인한 매출 감소

60

업무를 수행 중인 종업원들로부터 현재의 생산성 자료를 수집한 후 즉시 그들에게 검사를 실시하여 그 검사 점수들과 생산성 자료들과의 상관을 구하는 타당도는?

① 내적 타당도(internal validity)
② 동시 타당도(concurrent validity)
③ 예측 타당도(predictive validity)
④ 내용 타당도(content validity)
⑤ 안면 타당도(face validity)

해설

타당도(validity)

타당도는 검사가 측정하고자 하는 대상을 얼마나 정확히 측정하는지를 의미한다. 즉, 검사가 목적에 부합하는지, 측정하려는 내용을 제대로 측정하고 있는지를 평가한다.

- 동시 타당도(concurrent validity) : 현재의 기준 자료와 새로운 검사 결과 간의 상관을 측정하여 타당성을 평가한다.
- 내적 타당도(internal validity) : 연구 설계에서 원인과 결과 간의 관계를 얼마나 정확히 입증했는지의 정도를 의미한다.
- 예측 타당도(predictive validity) : 검사가 미래의 성과를 얼마나 정확히 예측하는지 평가한다.
- 내용 타당도(content validity) : 검사의 문항이 측정 대상의 모든 주요 요소를 충분히 포함하고 있는지 평가한다.
- 안면 타당도(face validity) : 검사 문항이 피검사자에게 외관상으로 타당하게 보이는 정도를 의미한다.

61

직무분석에 관한 설명으로 옳지 않은 것은?

① 직무분석가는 여러 직무 간의 관계에 관하여 정확한 정보를 주는 정보 제공자이다.
② 작업자중심 직무분석은 직무를 성공적으로 수행하는 데 요구되는 인적 속성들을 조사함으로써 직무를 파악하는 접근방법이다.
③ 작업자중심 직무분석에서 인적 속성은 지식, 기술, 능력, 기타 특성 등으로 분류할 수 있다.
④ 과업중심 직무분석 방법의 대표적인 예는 직위분석질문지(Position Analysis Questionnaire)이다.
⑤ 직무분석의 정보 수집 방법 중 설문조사는 효율적이며 비용이 적게 드는 장점이 있다.

해설

④ 직위분석질문지(PAQ ; Position Analysis Questionnaire)는 작업자중심 접근법에 속하며, 직무를 성공적으로 수행하기 위해 필요한 지식, 기술, 능력 등을 평가하는 데 사용된다.

직무분석
- 작업자중심 직무분석(worker-oriented job analysis)
  - 직위분석질문지(PAQ ; Position Analysis Questionnaire) : 194개의 문항으로 구성된 구조화된 설문지로, 지식, 기술, 작업환경 등을 분석하며 직무의 유사성 및 직무 분류에 사용된다.
  - F-JAS(Fleishman Job Analysis System) : 작업자가 필요한 능력(예 인지, 신체적 능력)을 체계적으로 평가한다.
- 과업중심 직무분석(task-oriented job analysis)
  - 기능적 직무분석(FJA ; Functional Job Analysis) : 직무를 데이터, 사람, 사물과의 상호작용으로 나눠 분석하며, 상세한 과업 묘사와 직무 요건을 제공한다.
  - 과업질문지(TI ; Task Inventory) : 직무별로 과업 목록을 작성한 후 중요도와 빈도를 평가한다.
- 혼합형 직무분석(hybrid job analysis)
  - 능력요소질문지(JCI ; Job Components Inventory) : 작업자의 요구사항과 작업환경적 요건을 모두 분석하며, 교육 및 채용에 활용된다.
  - 직무분석시스템(JAS ; Job Analysis System) : 직무와 작업자의 속성을 포괄적으로 평가할 수 있도록 설계된 종합적 시스템이다.
- 관찰법(observation method) : 실제 수행을 관찰하므로 직무가 실제로 어떻게 이루어지는지 이해할 수 있다.
- 인터뷰(면접)법(interview method) : 직무 수행자뿐만 아니라 상사, 동료 등 다양한 이해관계자의 의견을 수집할 수 있어, 직무에 대한 포괄적 이해가 가능하다. 면접을 통해 구체적 상황, 어려움, 요구사항 등을 자세히 알 수 있다.
- 설문조사(질문지)법(questionnaire method) : 다수의 응답자를 대상으로 정보를 손쉽게 수집할 수 있어 대규모 직무분석에 적합하다. 표준화된 형식의 질문지를 사용함으로써 분석의 일관성을 유지할 수 있다.
- 문헌조사법(documentation review)
- 작업표본법(work sampling)

62

리즌(J. Reason)의 불안전 행동에 관한 설명으로 옳지 않은 것은?

① 위반(violation)은 고의성 있는 위험한 행동이다.
② 실책(mistake)은 부적절한 의도(계획)에서 발생한다.
③ 실수(slip)는 의도하지 않았고 어떤 기준에 맞지 않는 것이다.
④ 착오(lapse)는 의도를 가지고 실행한 행동이다.
⑤ 불안전 행동 중에는 실제행동으로 나타나지 않고 당사자만 인식하는 것도 있다.

해설

리전(J. Reason)의 휴먼에러 분류

불완전한 행동			
비의도적 행동		의도적 행동	
숙련기반에러(skill based error)		실책(mistake)	위반(violation)
실수(slip)	착오(lapse)	규칙기반에러(rule based error), 지식기반에러(knowledge based error)	–

- 숙련기반에러 : 상황이나 자극에 자동으로 반응하여 발생함
  - 실수 : 행동의 실패, 상황이나 목표해석은 제대로 하였으나 의도와는 다르게 행동함
  - 착오 : 기억의 실패, 여러 과정이 연계적으로 일어나는 행동들 중에서 일부를 잊어버림
- 실책 : 부적합한 의도를 가지고 행동에 옮긴 것으로 발견하기가 힘들어 더 큰 위험을 초래함
  - 규칙기반에러 : 상황이나 자극에 대해서 형성된 자신만의 규칙을 사용하여 발생함
  - 지식기반에러 : 상황이나 자극에 대해서 정보가 없어 발생함
- 위반 : 지식을 갖고 있고, 이에 알맞은 행동을 할 수 있음에도 불구하고 고의로 발생시킴

63

작업동기이론에 관한 설명으로 옳은 것을 모두 고른 것은?

ㄱ. 기대이론(expectancy theory)에서 노력이 수행을 이끌어 낼 것이라는 믿음을 도구성(instrumentality)이라고 한다.
ㄴ. 형평이론(equity theory)에 의하면 개인이 자신의 투입에 대한 성과의 비율과 다른 사람의 투입에 대한 성과의 비율이 일치하지 않는다고 느낀다면, 이러한 불형평을 줄이기 위해 동기가 발생한다.
ㄷ. 목표설정이론(goal-setting theory)의 기본 전제는 명확하고 구체적이며 도전적인 목표를 설정하면 수행동기가 증가하여 더 높은 수준의 과업수행을 유발한다는 것이다.
ㄹ. 작업설계이론(work design theory)은 열심히 노력하도록 만드는 직무의 차원이나 특성에 관한 이론으로, 직무를 적절하게 설계하면 작업 자체가 개인의 동기를 촉진할 수 있다고 주장한다.
ㅁ. 2요인이론(two-factor theory)은 동기가 외부의 보상이나 직무 조건으로부터 발생하는 것이지 직무 자체의 본질에서 발생하는 것이 아니라고 주장한다.

① ㄱ, ㄴ, ㅁ
② ㄱ, ㄷ, ㄹ
③ ㄴ, ㄷ, ㄹ
④ ㄴ, ㄹ, ㅁ
⑤ ㄷ, ㄹ, ㅁ

해설

ㄱ. 브룸(V. Vroom)의 기대이론은 유인가(Valence), 수단(Instrumentality), 기대(Expectancy)의 세 요인으로 구성되며, 기대감은 노력했을 때 성과가 나타날 가능성에 대한 주관적인 인식으로 정의된다.

ㅁ. 허즈버그는 직무 만족에 영향을 미치는 요인들을 '동기요인(motivator, 직무내용에 관련한 성취감, 인정, 도전감, 책임감, 성장발전 등)', 직무 불만족에 영향을 미치는 요인들을 '위생요인(hygiene factor, 직무환경과 관련된 회사의 정책과 관리, 감독, 작업조건, 개인 상호 간의 관계, 임금, 보수, 지위, 안전 등)'으로 호칭하고 2요인이론을 주장하였다

※ 2017년 57번 문제 해설 참고

64

직업스트레스 모델에 관한 설명으로 옳지 않은 것은?

① 노력-보상 불균형 모델(effort-reward imbalance model)은 직장에서 제공하는 보상이 종업원의 노력에 비례하지 않을 때 종업원이 많은 스트레스를 느낀다고 주장한다.

② 요구-통제 모델(demands-control model)에 따르면 작업장에서 스트레스가 가장 높은 상황은 종업원에 대한 업무 요구가 높고 동시에 종업원 자신이 가지는 업무통제력이 많을 때이다.

③ 직무 요구-자원 모델(job demands-resources model)은 업무량 이외에도 다양한 요구가 존재한다는 점을 인식하고, 이러한 다양한 요구가 종업원의 안녕과 동기에 미치는 영향을 연구한다.

④ 자원보존 모델(conservation of resources model)은 자원의 실제적 손실 또는 손실의 위협이 종업원에게 스트레스를 경험하게 한다고 주장한다.

⑤ 사람-환경 적합 모델(person-environment fit model)에 의하면 종업원은 개인과 환경 간의 적합도가 낮은 업무환경을 스트레스원(stressor)으로 지각한다.

해설

② 요구-통제 모델(demands-control model) : 직무 요구와 직무 통제 간의 관계를 설명하는 이론으로, 직무 요구가 높더라도 직무 통제(의사결정 권한, 작업 조절 능력)가 높으면 스트레스가 완화된다. 업무 요구가 높고 통제력이 낮은 상황에서 스트레스가 가장 크게 발생한다.

① 노력-보상 불균형 모델(effort-reward imbalance model) : 개인이 들이는 노력과 그에 따른 보상이 불균형할 때 스트레스가 발생한다고 설명한다. 특정 시점에서의 균형 또는 불균형을 평가하는 데 초점을 둔다.

③ 직무 요구-자원 모델(job demands-resources model) : 업무량과 다양한 직무 요구가 종업원의 안녕과 동기에 미치는 영향을 종단적으로 연구하는 대표적인 모델로서 직무 요구와 자원이 스트레스와 동기부여에 미치는 영향을 평가한다. 직무 요구는 스트레스와 번아웃의 원인, 직무 자원은 동기부여와 업무성과의 원인으로 작용한다고 본다.
  - 직무 요구(job demands) : 업무량, 시간 압박, 정서적 요구 등
  - 직무 자원(job resources) : 사회적 지원, 자율성, 피드백 등

④ 자원보존 모델(conservation of resources model) : 개인이 자신이 소유한 자원을 보존하려고 하며, 자원이 소실되면 스트레스를 얻는다고 설명한다. 종단 설계보다는 자원 소모와 보존 간의 상호작용에 초점을 둔다.

⑤ 사람-환경 적합 모델(person-environment fit model) : 개인의 특성과 직무 환경 간의 적합성이 스트레스와 안녕에 영향을 미친다고 설명한다. 직무와 사람 간의 적합성을 주로 다룬다.

65
산업재해의 인적 요인이라고 볼 수 없는 것은?
① 작업환경
② 불안전 행동
③ 인간 오류
④ 사고 경향성
⑤ 직무스트레스

해설

산업재해 요인

구분	인적 요인	환경적 요인
정의	근로자 개인의 신체적, 정신적, 행동적 특성과 관련된 요인	작업환경 및 설비와 관련된 외부적 요인
요소	불안전 행동, 사고 경향성, 신체/정신적 상태, 훈련 부족	작업환경(온도, 조명, 소음), 유해인자, 기계/설비 상태, 공정 설계, 관리 시스템 부족
예시	• 안전장비 미착용 • 과도한 스트레스 • 피로 상태 작업	• 고온 다습한 환경 • 유독 가스 누출 • 불량한 장비/설비

66
인간의 일반적인 정보처리 순서에서 행동 실행 바로 전 단계에 해당하는 것은?
① 자극
② 지각
③ 주의
④ 감각
⑤ 결정

해설

인간의 일반적인 정보처리 과정의 순서
- 자극 : 외부에서 들어오는 정보나 환경 변화가 감각 기관에 입력된다.
- 감각 : 자극이 감각기관을 통해 받아들여지고, 신경 신호로 변환된다.
- 지각 : 감각 정보를 해석하여 의미 있는 형태로 변환한다.
- 주의 : 여러 자극 중에서 특정 자극에 집중한다.
- 결정 : 처리된 정보와 과거 경험을 바탕으로 행동 실행을 위한 선택을 내린다.
- 행동 실행 : 결정된 선택에 따라 신체적으로 행동을 수행한다.

67

조명의 측정단위에 관한 설명으로 옳은 것을 모두 고른 것은?

> ㄱ. 광도는 광원의 밝기 정도이다.
> ㄴ. 조도는 물체의 표면에 도달하는 빛의 양이다.
> ㄷ. 휘도는 단위 면적당 표면에서 반사 혹은 방출되는 빛의 양이다.
> ㄹ. 반사율은 조도와 광도 간의 비율이다.

① ㄱ, ㄷ
② ㄴ, ㄹ
③ ㄱ, ㄴ, ㄷ
④ ㄱ, ㄷ, ㄹ
⑤ ㄱ, ㄴ, ㄷ, ㄹ

해설

조명의 측정단위

- 반사율(reflectance) : 물체 표면에 도달한 빛(조도) 중에서 반사되는 빛의 비율을 의미한다. 조도와 광도 간의 비율이 아니라, 반사되는 빛과 입사되는 빛의 비율을 나타낸다.
- 광도(luminous intensity) : 광원이 특정 방향으로 방출하는 빛의 밝기를 나타내며, 단위는 칸델라(candela, cd)이다.
- 조도(illuminance) : 단위 면적당 도달하는 빛의 양을 의미하며, 단위는 럭스(lux, lx)이다.
- 휘도(luminance) : 표면에서 반사되거나 방출되는 빛의 밝기를 나타내며, 단위는 면적당 칸델라(cd/m^2)이다.

68

아래의 그림에서 a에서 b까지의 선분 길이와 c에서 d까지의 선분 길이가 다르게 보이지만 실제로는 같다. 이러한 현상을 나타내는 용어는?

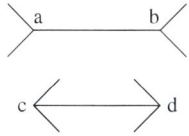

① 포겐도르프(Poggendorf) 착시현상
② 뮐러리어(Müller-Lyer) 착시현상
③ 폰조(Ponzo) 착시현상
④ 죌너(Zöllner) 착시현상
⑤ 티치너(Titchener) 착시현상

해설

② 뮐러리어(Müller-Lyer) 착시 : 스타일화된 화살표로 구성된 착시현상을 말한다.
① 포겐도르프(Poggendorff) 착시 : 평행하는 두 선분에 다른 선분(사선)을 엇갈리게 교차시킨 다음 평행선 안쪽의 사선 부분을 제거하면 평행선 바깥의 두 사선 부분이 어긋난(동일선상에 있지 않은) 것처럼 보이는 착시. 창문 밖의 전선이 블라인드에 가려져 있을 때, 전선의 조각들이 어긋나 보이는 데에서 비슷한 효과를 볼 수 있다.
③ 폰조(Ponzo) 착시 : 사다리꼴 모양에 같은 길이의 선을 수평으로 놓으면 위쪽에 있는 선이 더 길게 보이게 되는 착시현상을 말한다.
④ 죌너(Zöllner) 착시 : 긴 빗금이 나란하지 않은 것처럼 보이지만 실제로는 나란하다.
⑤ 에빙하우스 착시(Ebbinghaus illusion) 또는 티치너 원(Titchener circles) 착시 : 상대적 크기 인식의 착시다. 동일한 크기의 두 개의 원이 서로 가까이 배치되고, 하나는 큰 원으로 둘러싸이고 다른 하나는 작은 원으로 둘러싸여 있다. 원의 병치 결과, 큰 원으로 둘러싸인 중심 원은 작은 원으로 둘러싸인 중심 원보다 작게 보여진다.

포겐도르프 착시	뮐러리어 착시	폰조 착시	죌너 착시	티치너 착시 (에빙하우스 착시)

69

다음에서 설명하고 있는 기계설비의 위험점은?

서로 반대방향으로 회전하는 두 개의 회전체에 물려 들어가는 위험점

① 협착점
② 절단점
③ 끼임점
④ 물림점
⑤ 회전 말림점

해설

• 물림점(nip point) : 회전하는 두 개의 회전체가 서로 맞닿아 반대방향으로 회전할 때, 이 접점에 물체나 신체 일부가 끌려들어 가며 발생하는 위험점을 말한다.
  예) 롤러-롤러, 벨트-풀리, 체인-스프로킷 등의 기계 접점에서 발생
• 협착점(shear point 또는 crush point) : 두 물체 사이에서 신체가 눌리거나 끼이는 위험점을 말한다. 특히, 왕복운동을 하는 동작 부분과 움직임이 없는 고정 부분 사이에 형성되는 위험점이다.
  예) 금형 프레스, 인쇄기, 절단기, 성형기, 펀칭기 등에서 발생
• 절단점(cutting point) : 날카로운 도구나 기계에 의해 신체가 절단될 위험점을 말한다.
  예) 밀링의 커터, 둥근톱의 톱날, 칼날이 있는 가공기계 등에서 발생
• 끼임점(pinch point) : 두 물체가 가까워지며 사이에 신체 일부가 끼거나 눌릴 수 있는 지점을 말한다.
  예) 연삭숫돌과 작업받침대, 승강기 문턱, 리프트 암 구조물 사이
• 회전 말림점(entanglement point) : 회전체에 끈, 옷, 머리카락 등이 말려들어 가는 위험점을 말한다.
  예) 회전축, 커플링(노출 시), 드릴, 믹서 등의 회전 부품 등에서 발생

70
제조물 책임법상 결함에 해당하는 것을 모두 고른 것은?

ㄱ. 설계상의 결함　　　　　　　　　ㄴ. 제조상의 결함
ㄷ. 표시상의 결함

① ㄱ
② ㄴ
③ ㄱ, ㄷ
④ ㄴ, ㄷ
⑤ ㄱ, ㄴ, ㄷ

해설

제조물 책임법상 결함(제조물 책임법 제2조)
- 설계상의 결함 : 제조업자가 합리적인 대체설계(代替設計)를 채용하였더라면 피해나 위험을 줄이거나 피할 수 있었음에도 대체설계를 채용하지 아니하여 해당 제조물이 안전하지 못하게 된 경우를 말한다.
  예 기계의 보호장치 미설계
- 제조상의 결함 : 제조업자가 제조물에 대하여 제조상·가공상의 주의의무를 이행하였는지에 관계없이 제조물이 원래 의도한 설계와 다르게 제조·가공됨으로써 안전하지 못하게 된 경우를 말한다.
  예 조립 불량, 부품 결함
- 표시상의 결함 : 제조업자가 합리적인 설명·지시·경고 또는 그 밖의 표시를 하였더라면 해당 제조물에 의하여 발생할 수 있는 피해나 위험을 줄이거나 피할 수 있었음에도 이를 하지 아니한 경우를 말한다.
  예 제품 사용 시 주의사항을 누락하거나 부정확하게 기재

71
개인보호구의 사용 및 관리에 관한 기술지침에서 유해인자 취급 작업별 보호구 중 작업명과 보호구의 연결로 옳지 않은 것은?

① 석면 해체·제거 작업 - 송기마스크
② 환자의 가검물 처리 작업 - 보호마스크
③ 산소결핍 위험이 있는 밀폐공간 작업 - 방독마스크
④ 허가 대상 유해물질을 제조·사용하는 작업 - 방독마스크
⑤ 혈액이 분출되거나 분무될 가능성이 있는 작업 - 보호마스크

해설

③ 산소결핍 위험이 있는 밀폐공간 작업에서는 방독마스크 대신 송기마스크 또는 공기호흡기를 사용해야 한다. 방독마스크는 유해가스나 증기를 걸러내는 기능을 가지고 있지만, 산소가 결핍된 환경에서는 산소를 공급할 수 없기 때문에 적합하지 않다.

72

사업장 위험성평가에 관한 지침에서 명시하고 있는 유해·위험요인 파악의 방법이 아닌 것은?(단, 그 밖에 사업장의 특성에 적합한 방법은 고려하지 않음)

① 청취조사에 의한 방법
② 경영실적에 의한 방법
③ 안전보건자료에 의한 방법
④ 사업장 순회점검에 의한 방법
⑤ 안전보건 체크리스트에 의한 방법

해설

유해·위험요인 파악(사업장 위험성평가에 관한 지침 제10조)
사업주는 사업장 내의 제5조의2에 따른 유해·위험요인을 파악하여야 한다. 이때 업종, 규모 등 사업장 실정에 따라 다음 방법 중 어느 하나 이상의 방법을 사용하되, 특별한 사정이 없으면 1.에 의한 방법을 포함하여야 한다.
1. 사업장 순회점검에 의한 방법
2. 근로자들의 상시적 제안에 의한 방법
3. 설문조사·인터뷰 등 청취조사에 의한 방법
4. 물질안전보건자료, 작업환경측정결과, 특수건강진단결과 등 안전보건자료에 의한 방법
5. 안전보건 체크리스트에 의한 방법
6. 그 밖에 사업장의 특성에 적합한 방법

73

사업장 위험성평가에 관한 지침에 따른 사업장 위험성평가 실시에 관한 내용으로 옳은 것을 모두 고른 것은?

> ㄱ. 사업주는 관리감독자가 유해·위험요인을 파악하고 그 결과에 따라 개선조치를 시행하게 한다.
> ㄴ. 도급사업주는 수급사업주가 실시한 위험성평가 결과를 검토하여 도급사업주가 개선할 사항이 있는 경우 이를 개선하여야 한다.
> ㄷ. 사업주가 위험성 감소대책을 수립하는 경우 해당 작업에 종사하는 근로자를 참여시켜야 한다.

① ㄱ
② ㄴ
③ ㄱ, ㄷ
④ ㄴ, ㄷ
⑤ ㄱ, ㄴ, ㄷ

해설

관리감독자의 업무(산업안전보건법 시행령 제15조)

법 제36조에 따라 실시되는 위험성평가에 관한 다음의 업무

1. 유해·위험요인의 파악에 대한 참여
2. 개선조치의 시행에 대한 참여

위험성평가 실시주체(사업장 위험성평가에 관한 지침 제5조)

㉠ 사업주는 스스로 사업장의 유해·위험요인을 파악하고 이를 평가하여 관리 개선하는 등 위험성평가를 실시하여야 한다.
㉡ 법 제63조에 따른 작업의 일부 또는 전부를 도급에 의하여 행하는 사업의 경우는 도급을 준 도급인(이하 도급사업주)과 도급을 받은 수급인(이하 수급사업주)은 각각 ㉠에 따른 위험성평가를 실시하여야 한다.
㉢ ㉡에 따른 도급사업주는 수급사업주가 실시한 위험성평가 결과를 검토하여 도급사업주가 개선할 사항이 있는 경우 이를 개선하여야 한다.

74

국내 어느 사업장에서 경상이 15건 발생하였다. 이때 버드(Bird)의 재해구성 비율을 적용한다면 무상해사고는 몇 건이 발생할 수 있는가?

① 29
② 45
③ 290
④ 450
⑤ 900

해설

버드(F. Bird)의 재해구성 비율

- 산업재해 발생 빈도를 구조적으로 분석하여, 중대재해, 경상재해, 무상해사고, 잠재적 사고(위험행동 및 상태)의 비율을 체계적으로 나타낸 것이다.
- 버드의 재해구성 비율 = 1 : 10 : 30 : 600
  - 1건의 중대재해(사망, 영구 장애 등 심각한 사고)
  - 10건의 경상재해(작업은 가능하지만 부상을 입은 사고)
  - 30건의 무상해사고(부상이나 손실은 없지만 사고 발생)
  - 600건의 잠재적 사고(사고로 이어지지 않은 위험행동 또는 상태)

따라서 경상재해가 15건일 때 설정재해구성 비율은 1 : 10 : 30 : 600으로 고정되어 있으므로, 각 항목의 비율은 다음과 같다.

중대재해 = 경상재해 × 1/10
무상해사고 = 경상재해 × 30/10 = 3
잠재적 사고 = 경상재해 × 600/10 = 60

계산을 적용하면
중대재해 = 15 × 1/10 = 1.5
무상해사고 = 15 × 3 = 45
잠재적 사고 = 15 × 60 = 900이다.

75

재해조사 과정의 절차를 순서대로 옳게 나열한 것은?

ㄱ. 사실 확인　　　　　　ㄴ. 직접 원인 파악
ㄷ. 대책 수립　　　　　　ㄹ. 기본 원인 파악

① ㄱ → ㄴ → ㄹ → ㄷ
② ㄱ → ㄹ → ㄴ → ㄷ
③ ㄴ → ㄱ → ㄹ → ㄷ
④ ㄷ → ㄱ → ㄹ → ㄴ
⑤ ㄹ → ㄴ → ㄷ → ㄱ

해설

재해조사 과정의 절차
- 사실 확인 : 사고 발생 상황, 피해 규모, 사고 위치, 시간 등을 객관적으로 확인하고 기록한다.
- 직접 원인 파악 : 사고를 초래한 불안전한 행동 및 상태와 같은 직접적인 원인을 파악한다.
- 기본 원인 파악 : 사고의 근본적인 원인을 조사한다. 이는 관리 부실, 교육 부족, 작업환경 등의 요소를 포함한다.
- 대책 수립 : 조사한 원인을 바탕으로 재발방지를 위한 개선대책을 수립한다.

산업안전보건법령

01

산업안전보건법령상 산업재해 발생건수 등의 공표대상 사업장에 해당하지 않는 것은?

① 산업재해로 인한 사망자가 연간 2명 이상 발생한 사업장
② 사망만인율(死亡萬人率)이 규모별 같은 업종의 평균 사망만인율 이상인 사업장
③ 중대산업사고가 발생한 사업장
④ 사업주가 산업재해 발생 사실을 은폐한 사업장
⑤ 사업주가 산업재해 발생에 관한 보고를 최근 3년 이내 1회 이상 하지 않은 사업장

해설

공표대상 사업장(산업안전보건법 시행령 제10조)
- 산업재해로 인한 사망자(이하 사망재해자)가 연간 2명 이상 발생한 사업장
- 사망만인율(死亡萬人率 : 연간 상시근로자 1만 명당 발생하는 사망재해자 수의 비율을 말한다)이 규모별 같은 업종의 평균 사망만인율 이상인 사업장
- 법 제44조 제1항 전단에 따른 중대산업사고가 발생한 사업장(사업주는 사업장에 대통령령으로 정하는 유해하거나 위험한 설비가 있는 경우 그 설비로부터의 위험물질 누출, 화재 및 폭발 등으로 인하여 사업장 내의 근로자에게 즉시 피해를 주거나 사업장 인근 지역에 피해를 줄 수 있는 사고)
- 법 제57조 제1항을 위반하여 산업재해 발생 사실을 은폐한 사업장(사업주는 산업재해가 발생하였을 때에는 그 발생 사실을 은폐해서는 아니 된다.)
- 법 제57조 제3항에 따른 산업재해의 발생에 관한 보고를 최근 3년 이내 2회 이상 하지 않은 사업장(사업주는 고용노동부령으로 정하는 산업재해에 대해서는 그 발생 개요·원인 및 보고 시기, 재발방지 계획 등을 고용노동부령으로 정하는 바에 따라 고용노동부장관에게 보고하여야 한다.)

정답 1 ⑤

02

산업안전보건법령상 상시근로자 100명인 사업장에 안전보건관리책임자를 두어야 하는 사업을 모두 고른 것은?

> ㄱ. 식료품 제조업, 음료 제조업
> ㄴ. 1차 금속 제조업
> ㄷ. 농업
> ㄹ. 금융 및 보험업

① ㄱ, ㄴ
② ㄴ, ㄷ
③ ㄷ, ㄹ
④ ㄱ, ㄴ, ㄹ
⑤ ㄱ, ㄴ, ㄷ, ㄹ

해설

안전보건관리책임자를 두어야 하는 사업의 종류 및 사업장의 상시근로자 수(산업안전보건법 시행령 별표 2)
- 식료품 제조업, 음료 제조업 : 상시근로자 50명 이상
- 1차 금속 제조업 : 상시근로자 50명 이상
- 농업 : 상시근로자 300명 이상
- 금융 및 보험업 : 상시근로자 300명 이상

03

산업안전보건법령상 사업주가 소속 근로자에게 정기적인 안전보건교육을 실시하여야 하는 사업에 해당하는 것은?(단, 다른 감면조건은 고려하지 않음)

① 소프트웨어 개발 및 공급업
② 금융 및 보험업
③ 사업지원 서비스업
④ 사회복지 서비스업
⑤ 사진 처리업

해설

①·②·③·④ 산업안전보건법 제29조(제3항에 따른 추가교육은 제외한다) 및 제30조가 적용 제외된다.

적용범위 등(산업안전보건법 시행령 제2조)

산업안전보건법 제3조 단서에 따라 법의 전부 또는 일부를 적용하지 않는 사업 또는 사업장의 범위 및 해당 사업 또는 사업장에 적용되지 않는 법 규정은 별표 1과 같다.

법의 일부를 적용하지 않는 사업 또는 사업장 및 적용 제외 법 규정(산업안전보건법 시행령 별표 1)

대상 사업 또는 사업장	적용 제외 법 규정
다음 어느 하나에 해당하는 사업 : 소프트웨어 개발 및 공급업, 컴퓨터 프로그래밍, 시스템 통합 및 관리업, 영상·오디오물 제공 서비스업, 정보서비스업, 금융 및 보험업, 기타 전문서비스업, 건축기술, 엔지니어링 및 기타 과학기술 서비스업, 기타 전문, 과학 및 기술 서비스업(사진 처리업은 제외한다), 사업지원 서비스업, 사회복지 서비스업	제29조(제3항에 따른 추가교육은 제외한다) 및 제30조

※ 산업안전보건법 제29조(근로자에 대한 안전보건교육), 제30조(근로자에 대한 안전보건교육의 면제 등)

04

산업안전보건법령상 안전관리전문기관에 대하여 6개월 이내의 기간을 정하여 업무정지명령을 할 수 있는 사유에 해당하지 않는 것은?

① 지정받은 사항을 위반하여 업무를 수행한 경우
② 거짓이나 그 밖의 부정한 방법으로 지정을 받은 경우
③ 정당한 사유 없이 안전관리 또는 보건관리 업무의 수탁을 거부한 경우
④ 안전관리 또는 보건관리 업무와 관련된 비치서류를 보존하지 않은 경우
⑤ 안전관리 또는 보건관리 업무수행과 관련한 대가 외에 금품을 받은 경우

해설

② 거짓이나 그 밖의 부정한 방법으로 지정을 받은 경우는 지정 취소 사유이다.

안전관리전문기관 등(산업안전보건법 제21조)
고용노동부장관은 안전관리전문기관 또는 보건관리전문기관이 다음 어느 하나에 해당할 때에는 그 지정을 취소하거나 6개월 이내의 기간을 정하여 그 업무의 정지를 명할 수 있다. 다만, 1. 또는 2.에 해당할 때에는 그 지정을 취소하여야 한다.
1. 거짓이나 그 밖의 부정한 방법으로 지정을 받은 경우
2. 업무정지 기간 중에 업무를 수행한 경우
3. 지정 요건을 충족하지 못한 경우
4. 지정받은 사항을 위반하여 업무를 수행한 경우
5. 그 밖에 대통령령으로 정하는 사유(시행령 제28조)에 해당하는 경우

안전관리전문기관 등의 지정 취소 등의 사유(산업안전보건법 시행령 제28조)
1. 안전관리 또는 보건관리 업무 관련 서류를 거짓으로 작성한 경우
2. 정당한 사유 없이 안전관리 또는 보건관리 업무의 수탁을 거부한 경우
3. 위탁받은 안전관리 또는 보건관리 업무에 차질을 일으키거나 업무를 게을리한 경우
4. 안전관리 또는 보건관리 업무를 수행하지 않고 위탁 수수료를 받은 경우
5. 안전관리 또는 보건관리 업무와 관련된 비치서류를 보존하지 않은 경우
6. 안전관리 또는 보건관리 업무수행과 관련한 대가 외에 금품을 받은 경우
7. 법에 따른 관계 공무원의 지도·감독을 거부·방해 또는 기피한 경우

05

산업안전보건법령상 건설업체의 산업재해발생률 산출 계산식상 사업주의 법 위반으로 인한 것이 아니라고 인정되는 재해에 의한 사고사망자로서 '사고사망자 수' 산정에서 제외되는 경우를 모두 고른 것은?

> ㄱ. 방화, 근로자 간 또는 타인 간의 폭행에 의한 경우
> ㄴ. 태풍 등 천재지변에 의한 불가항력적인 재해의 경우
> ㄷ. 도로교통법에 따라 도로에서 발생한 교통사고로서 해당 공사의 공사용 차량·장비에 의한 사고에 의한 경우
> ㄹ. 야유회 중의 사고 등 건설작업과 직접 관련이 없는 경우

① ㄱ, ㄷ
② ㄴ, ㄹ
③ ㄱ, ㄴ, ㄷ
④ ㄱ, ㄴ, ㄹ
⑤ ㄱ, ㄴ, ㄷ, ㄹ

해설

건설업체 산업재해발생률 및 산업재해 발생 보고의무 위반건수의 산정 기준과 방법(산업안전보건법 시행규칙 별표 1)
사고사망자 중 다음의 어느 하나에 해당하는 경우로서 사업주의 법 위반으로 인한 것이 아니라고 인정되는 재해에 의한 사고사망자는 사고사망자 수 산정에서 제외한다.
- 방화, 근로자 간 또는 타인 간의 폭행에 의한 경우
- 도로교통법에 따라 도로에서 발생한 교통사고에 의한 경우(해당 공사의 공사용 차량·장비에 의한 사고는 제외한다)
- 태풍·홍수·지진·눈사태 등 천재지변에 의한 불가항력적인 재해의 경우
- 작업과 관련이 없는 제3자의 과실에 의한 경우(해당 목적물 완성을 위한 작업자 간의 과실은 제외한다)
- 그 밖에 야유회, 체육행사, 취침·휴식 중의 사고 등 건설작업과 직접 관련이 없는 경우

06

산업안전보건법령상 도급인의 안전조치 및 보건조치에 관한 설명으로 옳은 것은?

① 건설업의 도급인은 작업장의 정기 안전·보건점검을 분기에 1회 이상 실시하여야 한다.
② 토사석 광업의 도급인은 3일에 1회 이상 작업장 순회점검을 실시하여야 한다.
③ 안전 및 보건에 관한 협의체는 도급인 및 그의 수급인 전원으로 구성해야 한다.
④ 안전 및 보건에 관한 협의체는 분기별 1회 이상 정기적으로 회의를 개최하고 그 결과를 기록·보존해야 한다.
⑤ 관계수급인의 공사금액을 포함한 해당 공사의 총공사금액이 10억 원 이상인 건설업은 안전보건총괄책임자 지정 대상사업에 해당한다.

> 해설

도급에 따른 산업재해 예방조치(산업안전보건법 제64조 제2항) : 도급인은 고용노동부령으로 정하는 바에 따라 자신의 근로자 및 관계수급인 근로자와 함께 정기적으로 또는 수시로 작업장의 안전 및 보건에 관한 점검을 하여야 한다.

도급사업의 합동 안전·보건점검(산업안전보건법 시행규칙 제82조) : 법 제64조 제2항에 따른 정기 안전·보건점검의 실시 횟수
1. 건설업, 선박 및 보트 건조업 : 2개월에 1회 이상
2. 1.의 사업을 제외한 사업 : 분기에 1회 이상

도급사업 시의 안전·보건조치 등(산업안전보건법 시행규칙 제80조)
1. 건설업, 제조업, 토사석 광업, 서적·잡지 및 기타 인쇄물 출판업, 음악 및 기타 오디오물 출판업, 금속 및 비금속 원료 재생업 : 2일에 1회 이상
2. 1.의 사업을 제외한 사업 : 1주일에 1회 이상

협의체의 구성 및 운영(산업안전보건법 시행규칙 제79조)
- 법 제64조 제1항 제1호에 따른 안전 및 보건에 관한 협의체는 도급인 및 그의 수급인 전원으로 구성해야 한다.
- 협의체는 매월 1회 이상 정기적으로 회의를 개최하고 그 결과를 기록·보존해야 한다.

안전보건총괄책임자 지정 대상사업(산업안전보건법 시행령 제52조) : 법 제62조 제1항에 따른 안전보건총괄책임자를 지정해야 하는 사업의 종류 및 사업장의 상시근로자 수는 관계수급인에게 고용된 근로자를 포함한 상시근로자가 100명(선박 및 보트 건조업, 1차 금속 제조업 및 토사석 광업의 경우에는 50명) 이상인 사업이나 관계수급인의 공사금액을 포함한 해당 공사의 총공사금액이 20억 원 이상인 건설업으로 한다.

07

산업안전보건법령상 안전보건관리규정의 세부 내용 중 작업장 안전관리에 관한 사항에 해당하지 않는 것은?

① 안전·보건관리에 관한 계획의 수립 및 시행에 관한 사항
② 기계·기구 및 설비의 방호조치에 관한 사항
③ 보호구의 지급 등에 관한 사항
④ 위험물질의 보관 및 출입 제한에 관한 사항
⑤ 안전표시·안전수칙의 종류 및 게시에 관한 사항

> 해설

※ 저자의견 : 출제 당시 전항 정답 처리되었으나, 법령에 따라 ③ 보호구의 지급 등에 관한 사항은 작업장 안전관리 내용이 아닌 작업장 보건관리 내용에 포함되어 있습니다. 따라서 정답을 ③으로 수정하였습니다.

안전보건관리규정의 세부 내용(산업안전보건법 시행규칙 별표 3)

작업장 안전관리	작업장 보건관리
• 안전·보건관리에 관한 계획의 수립 및 시행에 관한 사항 • 기계·기구 및 설비의 방호조치에 관한 사항 • 유해·위험기계 등에 대한 자율검사프로그램에 의한 검사 또는 안전검사에 관한 사항 • 근로자의 안전수칙 준수에 관한 사항 • 위험물질의 보관 및 출입 제한에 관한 사항 • 중대재해 및 중대산업사고 발생, 급박한 산업재해 발생의 위험이 있는 경우 작업중지에 관한 사항 • 안전표지·안전수칙의 종류 및 게시에 관한 사항과 그 밖에 안전관리에 관한 사항	• 근로자 건강진단, 작업환경측정의 실시 및 조치절차 등에 관한 사항 • 유해물질의 취급에 관한 사항 • 보호구의 지급 등에 관한 사항 • 질병자의 근로 금지 및 취업 제한 등에 관한 사항 • 보건표지·보건수칙의 종류 및 게시에 관한 사항과 그 밖에 보건관리에 관한 사항

08

산업안전보건법 제58조(유해한 작업의 도급금지) 규정의 일부이다. (   )에 들어갈 숫자로 옳은 것은?

> 제58조(유해한 작업의 도급금지) ①~④ 〈생략〉
> ⑤ 고용노동부장관은 제4항에 따른 유효기간이 만료되는 경우에 사업주가 유효기간의 연장을 신청하면 승인의 유효기간이 만료되는 날의 다음날부터 (   )년의 범위에서 고용노동부령으로 정하는 바에 따라 그 기간의 연장을 승인할 수 있다. 〈이하 생략〉

① 1
② 2
③ 3
④ 4
⑤ 5

해설

유해한 작업의 도급금지(산업안전보건법 제58조)
고용노동부장관은 제4항에 따른 유효기간이 만료되는 경우에 사업주가 유효기간의 연장을 신청하면 승인의 유효기간이 만료되는 날의 다음날부터 3년의 범위에서 고용노동부령으로 정하는 바에 따라 그 기간의 연장을 승인할 수 있다. 이 경우 사업주는 제3항에 따른 안전 및 보건에 관한 평가를 받아야 한다.

09

산업안전보건법령상 타워크레인 설치·해체업의 등록 등에 관한 설명으로 옳지 않은 것은?

① 타워크레인 설치·해체업을 등록한 자가 등록한 사항 중 업체의 소재지를 변경할 때에는 변경등록을 하여야 한다.
② 타워크레인을 설치하거나 해체하려는 자가 국가기술자격법에 따른 비계기능사의 자격을 가진 사람 3명을 보유하였다면, 타워크레인 설치·해체업을 등록할 수 있다.
③ 송수신기는 타워크레인 설치·해체업의 장비기준에 포함된다.
④ 타워크레인 설치·해체업을 등록하려는 자는 설치·해체업 등록신청서에 관련 서류를 첨부하여 주된 사무소의 소재지를 관할하는 지방고용노동관서의 장에게 제출해야 한다.
⑤ 타워크레인 설치·해체업의 등록이 취소된 자는 등록이 취소된 날부터 2년 이내에는 타워크레인 설치·해체업으로 등록받을 수 없다.

해설

타워크레인 설치·해체업의 인력·시설 및 장비 기준(산업안전보건법 시행령 별표 22)
인력기준 : 다음 어느 하나에 해당하는 사람 **4명 이상**을 보유할 것
- 국가기술자격법에 따른 타워크레인 설치·해체기능사의 자격을 취득한 사람
- 국가기술자격법에 따른 판금제관기능사 또는 비계기능사의 자격을 취득한 사람(2025년 12월 31일까지 해당 자격을 취득한 사람으로 한정한다)
- 법 제140조 제2항에 따라 지정된 타워크레인 설치·해체작업 교육기관에서 지정된 교육을 이수하고 수료시험에 합격한 사람으로서 합격 후 5년이 지나지 않은 사람
- 법 제140조 제2항에 따라 지정된 타워크레인 설치·해체작업 교육기관에서 보수교육을 이수한 후 5년이 지나지 않은 사람

10

산업안전보건법령상 안전검사를 면제할 수 있는 경우에 해당하지 않는 것은?

① 방위사업법 제28조 제1항에 따른 품질보증을 받은 경우
② 선박안전법 제8조부터 제12조까지의 규정에 따른 검사를 받은 경우
③ 에너지이용 합리화법 제39조 제4항에 따른 검사를 받은 경우
④ 항만법 제26조 제1항 제3호에 따른 검사를 받은 경우
⑤ 화학물질관리법 제24조 제3항 본문에 따른 정기검사를 받은 경우

해설

안전검사의 면제(산업안전보건법 시행규칙 제125조)
- 건설기계관리법 제13조 제1항 제1호·제2호 및 제4호에 따른 검사를 받은 경우(안전검사 주기에 해당하는 시기의 검사로 한정한다)
- 고압가스 안전관리법 제17조 제2항에 따른 검사를 받은 경우
- 광산안전법 제9조에 따른 검사 중 광업시설의 설치·변경공사 완료 후 일정한 기간이 지날 때마다 받는 검사를 받은 경우
- 선박안전법 제8조부터 제12조까지의 규정에 따른 검사를 받은 경우
- 에너지이용 합리화법 제39조 제4항에 따른 검사를 받은 경우
- 원자력안전법 제22조 제1항에 따른 검사를 받은 경우
- 위험물안전관리법 제18조에 따른 정기점검 또는 정기검사를 받은 경우
- 전기안전관리법 제11조에 따른 검사를 받은 경우
- 항만법 제33조 제1항 제3호에 따른 검사를 받은 경우(※ 개정에 따라 제26조에서 제33조로 수정됨)
- 소방시설 설치 및 관리에 관한 법률 제22조 제1항에 따른 자체점검을 받은 경우
- 화학물질관리법 제24조 제3항 본문에 따른 정기검사를 받은 경우

11

산업안전보건법령상 유해하거나 위험한 기계·기구에 대한 방호조치에 관한 설명으로 옳지 않은 것은?

① 동력으로 작동하는 금속절단기에 날접촉 예방장치를 설치하여야 사용에 제공할 수 있다.
② 동력으로 작동하는 기계·기구로서 속도조절 부분이 있는 것은 속도조절 부분에 덮개를 부착하거나 방호망을 설치하여야 양도할 수 있다.
③ 사업주는 방호조치가 정상적인 기능을 발휘할 수 있도록 방호조치와 관련되는 장치를 상시적으로 점검하고 정비하여야 한다.
④ 동력으로 작동하는 기계·기구의 방호조치를 해체하려는 경우 사업주의 허가를 받아야 한다.
⑤ 동력으로 작동하는 진공포장기에 구동부 방호 연동장치를 설치하지 않고 대여의 목적으로 진열한 자는 3년 이하의 징역 또는 3천만 원 이하의 벌금에 처한다.

정답 10 ① 11 ⑤

해설

유해하거나 위험한 기계·기구에 대한 방호조치(산업안전보건법 제80조)

㉠ 누구든지 동력(動力)으로 작동하는 기계·기구로서 대통령령으로 정하는 것은 고용노동부령으로 정하는 유해·위험 방지를 위한 방호조치를 하지 아니하고는 양도, 대여, 설치 또는 사용에 제공하거나 양도·대여의 목적으로 진열해서는 아니 된다.

㉡ 누구든지 동력으로 작동하는 기계·기구로서 다음 어느 하나에 해당하는 것은 '고용노동부령으로 정하는 방호조치'를 하지 아니하고는 양도, 대여, 설치 또는 사용에 제공하거나 양도·대여의 목적으로 진열해서는 아니 된다.
 1. 작동 부분에 돌기 부분이 있는 것
 2. 동력전달 부분 또는 속도조절 부분이 있는 것
 3. 회전기계에 물체 등이 말려들어 갈 부분이 있는 것

㉢ 사업주는 ㉠ 및 ㉡에 따른 방호조치가 정상적인 기능을 발휘할 수 있도록 방호조치와 관련되는 장치를 상시적으로 점검하고 정비하여야 한다.

㉣ 사업주와 근로자는 ㉠ 및 ㉡에 따른 방호조치를 해체하려는 경우 등 '고용노동부령으로 정하는 경우'에는 필요한 안전조치 및 보건조치를 하여야 한다.

방호조치(산업안전보건법 시행규칙 제98조)

㉠ 법 제80조 ㉠에 따라 영 제70조 및 영 별표 20의 기계·기구에 설치해야 할 방호장치는 다음과 같다.
 1. 예초기 : 날접촉 예방장치
 2. 원심기 : 회전체 접촉 예방장치
 3. 공기압축기 : 압력방출장치
 4. 금속절단기 : 날접촉 예방장치
 5. 지게차 : 헤드 가드, 백레스트(backrest), 전조등, 후미등, 안전벨트
 6. 포장기계(진공포장기, 래핑기로 한정한다) : 구동부 방호 연동장치

㉡ 법 제80조 ㉡에서 "고용노동부령으로 정하는 방호조치"란 다음의 방호조치를 말한다.
 1. 작동 부분의 돌기 부분은 묻힘형으로 하거나 덮개를 부착할 것
 2. 동력전달 부분 및 속도조절 부분에는 덮개를 부착하거나 방호망을 설치할 것
 3. 회전기계의 물림점(롤러나 톱니바퀴 등 반대방향의 두 회전체에 물려 들어가는 위험점)에는 덮개 또는 울을 설치할 것

㉢ ㉠ 및 ㉡에 따른 방호조치에 필요한 사항은 고용노동부장관이 정하여 고시한다.

방호조치 해체 등에 필요한 조치(산업안전보건법 시행규칙 제99조)

① 법 제80조 ㉣에서 "고용노동부령으로 정하는 경우"란 다음 경우를 말하며, 그에 필요한 안전조치 및 보건조치는 다음에 따른다.
 1. 방호조치를 해체하려는 경우 : 사업주의 허가를 받아 해체할 것
 2. 방호조치 해체 사유가 소멸된 경우 : 방호조치를 지체 없이 원상으로 회복시킬 것
 3. 방호조치의 기능이 상실된 것을 발견한 경우 : 지체 없이 사업주에게 신고할 것

벌칙(산업안전보건법 제170조)

법 제80조 ㉠·㉡·㉣를 위반한 자는 1년 이하의 징역 또는 1천만 원 이하의 벌금에 처한다.

12

산업안전보건법령상 주요 구조 부분을 변경하는 경우 안전인증을 받아야 하는 기계 및 설비에 해당하지 않는 것은?

① 컨베이어
② 프레스
③ 전단기 및 절곡기
④ 사출성형기
⑤ 롤러기

> **해설**

안전인증대상기계 등(산업안전보건법 시행규칙 제107조)
주요 구조 부분을 변경하는 경우 안전인증을 받아야 하는 기계 및 설비
- 프레스
- 전단기 및 절곡기(折曲機)
- 크레인
- 리프트
- 압력용기
- 롤러기
- 사출성형기(射出成形機)
- 고소(高所)작업대
- 곤돌라

13

산업안전보건법령상 상시근로자 30명인 도매업의 사업주가 일용근로자를 제외한 근로자에게 실시해야 하는 안전보건교육 교육과정별 교육시간 중 채용 시 교육의 교육시간으로 옳은 것은?(단, 다른 감면조건은 고려하지 않음)

① 30분 이상
② 1시간 이상
③ 2시간 이상
④ 3시간 이상
⑤ 4시간 이상

> **해설**

안전보건교육 교육과정별 교육시간(산업안전보건법 시행규칙 별표 4)
근로자 안전보건교육

교육과정	교육대상	교육시간
나. 채용 시 교육	1) 일용근로자 및 근로계약기간이 1주일 이하인 기간제근로자	1시간 이상
	2) 근로계약기간이 1주일 초과 1개월 이하인 기간제근로자	4시간 이상
	3) 그 밖의 근로자	8시간 이상

※ 비고
다음 어느 하나에 해당하는 경우는 위 표의 가목부터 라목까지의 규정에도 불구하고 **해당 교육과정별 교육시간의 2분의 1 이상을 그 교육시간으로 한다.**
- 영 별표 1 제1호에 따른 사업
- **상시근로자 50명 미만의 도매업, 숙박 및 음식점업**

정답 13 ⑤

14

산업안전보건법령상 유해성·위험성 조사 제외 화학물질에 해당하는 것을 모두 고른 것은?(단, 고용노동부장관이 공표하거나 고시하는 물질은 고려하지 않음)

> ㄱ. 농약관리법 제2조 제1호 및 제3호에 따른 농약 및 원제
> ㄴ. 마약류 관리에 관한 법률 제2조 제1호에 따른 마약류
> ㄷ. 사료관리법 제2조 제1호에 따른 사료
> ㄹ. 생활주변방사선 안전관리법 제2조 제2호에 따른 원료물질

① ㄱ, ㄴ
② ㄷ, ㄹ
③ ㄱ, ㄴ, ㄷ
④ ㄴ, ㄷ, ㄹ
⑤ ㄱ, ㄴ, ㄷ, ㄹ

해설

ㄹ. 생활주변방사선 안전관리법 제2조 제2호에 따른 원료물질은 산업 안전보건법 시행령 제86조에 따라 '물질안전보건자료의 작성·제출 제외 대상 화학물질'에 해당되는 내용이다.

유해성·위험성 조사 제외 화학물질(산업안전보건법 시행령 제85조)

- 원소
- 천연으로 산출된 화학물질
- 건강기능식품에 관한 법률 제3조 제1호에 따른 건강기능식품
- 군수품관리법 제2조 및 방위사업법 제3조 제2호에 따른 군수품[군수품관리법 제3조에 따른 통상품(通常品)은 제외한다]
- **농약관리법 제2조 제1호 및 제3호에 따른 농약 및 원제**
- **마약류 관리에 관한 법률 제2조 제1호에 따른 마약류**
- 비료관리법 제2조 제1호에 따른 비료
- **사료관리법 제2조 제1호에 따른 사료**
- 생활화학제품 및 살생물제의 안전관리에 관한 법률 제3조 제7호 및 제8호에 따른 살생물물질 및 살생물제품
- 식품위생법 제2조 제1호 및 제2호에 따른 식품 및 식품첨가물
- 약사법 제2조 제4호 및 제7호에 따른 의약품 및 의약외품(醫藥外品)
- 원자력안전법 제2조 제5호에 따른 방사성물질
- 위생용품 관리법 제2조 제1호에 따른 위생용품
- 의료기기법 제2조 제1항에 따른 의료기기
- 총포·도검·화약류 등의 안전관리에 관한 법률 제2조 제3항에 따른 화약류
- 화장품법 제2조 제1호에 따른 화장품과 화장품에 사용하는 원료
- 법 제108조 제3항에 따라 고용노동부장관이 명칭, 유해성·위험성, 근로자의 건강장해 예방을 위한 조치 사항 및 연간 제조량·수입량을 공표한 물질로서 공표된 연간 제조량·수입량 이하로 제조하거나 수입한 물질
- 고용노동부장관이 환경부장관과 협의하여 고시하는 화학물질 목록에 기록되어 있는 물질

15

산업안전보건법령상 자율안전확인의 신고에 관한 설명으로 옳지 않은 것은?

① 산업표준화법 제15조에 따른 인증을 받은 경우에는 자율안전확인의 신고를 면제할 수 있다.
② 롤러기 급정지장치는 자율안전확인대상기계 등에 해당한다.
③ 자율안전확인의 표시는 국가표준기본법 시행령 제15조의7 제1항에 따른 표시기준 및 방법에 따른다.
④ 자율안전확인 표시의 사용 금지 공고내용에 사업장 소재지가 포함되어야 한다.
⑤ 고용노동부장관은 자율안전확인표시의 사용을 금지한 날부터 20일 이내에 그 사실을 관보 등에 공고하여야 한다.

해설

자율안전확인 표시의 사용 금지 공고내용 등(산업안전보건법 시행규칙 제122조)
고용노동부장관은 법 제91조 제3항에 따라 자율안전확인표시 사용을 금지한 날부터 **30일** 이내에 다음 사항을 관보나 인터넷 등에 공고해야 한다.
- 자율안전확인대상기계 등의 명칭 및 형식번호
- 자율안전확인번호
- 제조자(수입자)
- **사업장 소재지**
- 사용금지 기간 및 사용금지 사유

신고의 면제(산업안전보건법 시행규칙 제119조)
- 농업기계화촉진법 제9조에 따른 검정을 받은 경우
- **산업표준화법 제15조에 따른 인증을 받은 경우**
- 전기용품 및 생활용품 안전관리법 제5조 및 제8조에 따른 안전인증 및 안전검사를 받은 경우
- 국제전기기술위원회의 국제방폭전기기계·기구 상호인정제도에 따라 인증을 받은 경우

자율안전확인대상기계 등(산업안전보건법 시행령 제77조)
다음 어느 하나에 해당하는 방호장치
- 아세틸렌 용접장치용 또는 가스집합 용접장치용 안전기
- 교류 아크용접기용 자동전격방지기
- **롤러기 급정지장치**
- 연삭기 덮개
- 목재 가공용 둥근톱 반발 예방장치와 날접촉 예방장치
- 동력식 수동대패용 칼날접촉 방지장치
- 추락·낙하 및 붕괴 등의 위험 방지 및 보호에 필요한 가설기자재(제74조 제1항 제2호 아목의 가설기자재는 제외한다)로서 고용노동부장관이 정하여 고시하는 것

정답 15 ⑤

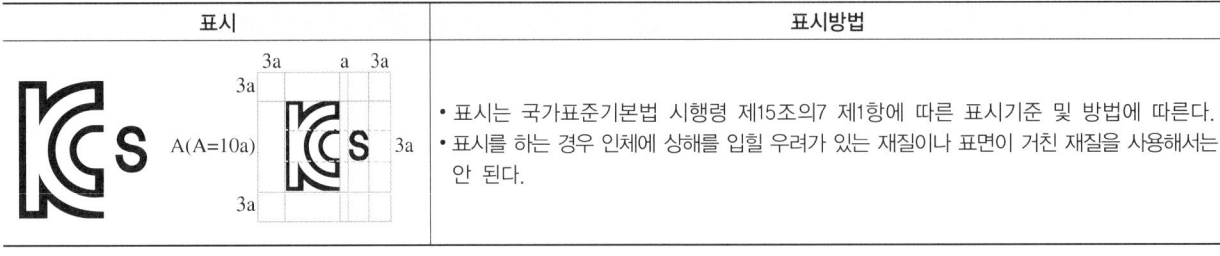

16

산업안전보건법령상 안전보건관리책임자 등에 대한 직무교육 중 신규교육이 면제되는 사람에 관한 내용이다. ( )에 들어갈 숫자로 옳은 것은?

> 고등교육법에 따른 이공계 전문대학 또는 이와 같은 수준 이상의 학교에서 학위를 취득하고, 해당 사업의 관리감독자로서의 업무를 (ㄱ)년(4년제 이공계 대학 학위 취득자는 1년) 이상 담당한 후 고용노동부장관이 지정하는 기관이 실시하는 교육(1998년 12월 31일까지의 교육만 해당한다)을 받고 정해진 시험에 합격한 사람. 다만, 관리감독자로 종사한 사업과 같은 업종(한국표준산업분류에 따른 대분류를 기준으로 한다)의 사업장이면서, 건설업의 경우를 제외하고는 상시근로자 (ㄴ)명 미만인 사업장에서만 안전관리자가 될 수 있다.

① ㄱ : 2, ㄴ : 200
② ㄱ : 2, ㄴ : 300
③ ㄱ : 3, ㄴ : 200
④ ㄱ : 3, ㄴ : 300
⑤ ㄱ : 5, ㄴ : 200

해설

직무교육의 면제(산업안전보건법 시행규칙 제30조)
법 제32조 제1항 각 호 외의 부분 단서에 따라 산업안전보건법 시행령 별표 4의 6.에 해당하는 사람에 대해서는 직무교육 중 신규교육을 면제한다.

안전관리자의 자격(산업안전보건법 시행령 별표 4)
안전관리자는 다음 어느 하나에 해당하는 사람으로 한다.
1. 법 제143조 제1항에 따른 산업안전지도사 자격을 가진 사람
2. 국가기술자격법에 따른 산업안전산업기사 이상의 자격을 취득한 사람
3. 국가기술자격법에 따른 건설안전산업기사 이상의 자격을 취득한 사람
4. 고등교육법에 따른 4년제 대학 이상의 학교에서 산업안전 관련 학위를 취득한 사람 또는 이와 같은 수준 이상의 학력을 가진 사람
5. 고등교육법에 따른 전문대학 또는 이와 같은 수준 이상의 학교에서 산업안전 관련 학위를 취득한 사람
6. 고등교육법에 따른 이공계 전문대학 또는 이와 같은 수준 이상의 학교에서 학위를 취득하고, 해당 사업의 관리감독자로서의 업무(건설업의 경우는 시공실무경력)를 3년(4년제 이공계 대학 학위 취득자는 1년) 이상 담당한 후 고용노동부장관이 지정하는 기관이 실시하는 교육(1998년 12월 31일까지의 교육만 해당한다)을 받고 정해진 시험에 합격한 사람. 다만, 관리감독자로 종사한 사업과 같은 업종(한국표준산업분류에 따른 대분류를 기준으로 한다)의 사업장이면서, 건설업의 경우를 제외하고는 상시근로자 300명 미만인 사업장에서만 안전관리자가 될 수 있다.
〈이하 생략〉

17
산업안전보건법령상 서류의 보존기간이 3년인 것을 모두 고른 것은?

ㄱ. 산업보건의의 선임에 관한 서류
ㄴ. 산업재해의 발생원인 등 기록
ㄷ. 산업안전보건위원회의 회의록
ㄹ. 신규화학물질의 유해성·위험성 조사에 관한 서류

① ㄱ, ㄷ
② ㄴ, ㄹ
③ ㄱ, ㄴ, ㄹ
④ ㄴ, ㄷ, ㄹ
⑤ ㄱ, ㄴ, ㄷ, ㄹ

해설

서류의 보존(산업안전보건법 제164조)
- 안전보건관리책임자·안전관리자·보건관리자·안전보건관리담당자 및 산업보건의의 선임에 관한 서류 : 3년
- 제24조 제3항 및 제75조 제4항에 따른 회의록 : 2년
- 안전조치 및 보건조치에 관한 사항으로서 고용노동부령으로 정하는 사항을 적은 서류 : 3년
- 제57조 제2항에 따른 산업재해의 발생원인 등 기록 : 3년
- 제108조 제1항 본문 및 제109조 제1항에 따른 화학물질의 유해성·위험성 조사에 관한 서류 : 3년
- 제125조에 따른 작업환경측정에 관한 서류 : 3년
- 제129조부터 제131조까지의 규정에 따른 건강진단에 관한 서류 : 3년

18
산업안전보건법령상 유해인자의 유해성·위험성 분류기준에 관한 설명으로 옳은 것을 모두 고른 것은?

ㄱ. 소음은 소음성난청을 유발할 수 있는 90dB(A) 이상의 시끄러운 소리이다.
ㄴ. 물과 상호작용을 하여 인화성 가스를 발생시키는 고체·액체 또는 혼합물은 물반응성 물질에 해당한다.
ㄷ. 20℃, 표준압력(101.3kPa)에서 공기와 혼합하여 인화되는 범위에 있는 가스는 인화성 가스에 해당한다.
ㄹ. 이상기압은 게이지 압력이 cm^2당 1kg 초과 또는 미만인 기압이다.

① ㄱ, ㄴ
② ㄷ, ㄹ
③ ㄱ, ㄴ, ㄷ
④ ㄴ, ㄷ, ㄹ
⑤ ㄱ, ㄴ, ㄷ, ㄹ

해설

유해인자의 유해성·위험성 분류기준(산업안전보건법 시행규칙 별표 18)
- 소음 : 소음성난청을 유발할 수 있는 85dB(A) 이상의 시끄러운 소리
- 물반응성 물질 : 물과 상호작용을 하여 자연발화되거나 인화성 가스를 발생시키는 고체·액체 또는 혼합물
- 인화성 가스 : 20℃, 표준압력(101.3kPa)에서 공기와 혼합하여 인화되는 범위에 있는 가스와 54℃ 이하 공기 중에서 자연발화하는 가스를 말한다(혼합물을 포함한다).
- 이상기압 : 게이지 압력이 cm^2당 1kg 초과 또는 미만인 기압

정답 17 ③ 18 ④

19

산업안전보건법령상 근로환경의 개선에 관한 설명으로 옳지 않은 것은?

① 도급인의 사업장에서 관계수급인 또는 관계수급인의 근로자가 작업을 하는 경우에는 도급인은 그 사업장에 소속된 사람 중 산업위생관리산업기사 이상의 자격을 가진 사람으로 하여금 작업환경측정을 하도록 하여야 한다.
② 사업주는 근로자대표가 요구하면 작업환경측정 시 근로자대표를 참석시켜야 한다.
③ 의료법에 따른 의원 또는 한의원은 작업환경측정기관으로 고용노동부장관의 승인을 받을 수 있다.
④ 한국산업안전보건공단은 작업환경측정 결과가 노출기준 미만인데도 직업병 유소견자가 발생한 경우에는 작업환경측정 신뢰성평가를 할 수 있다.
⑤ 사업주는 산업안전보건위원회 또는 근로자대표가 요구하면 작업환경측정 결과에 대한 설명회 등을 개최하여야 한다.

해설

작업환경측정기관의 지정 요건(산업안전보건법 시행령 제95조)
- 국가 또는 지방자치단체의 소속기관
- **의료법에 따른 종합병원 또는 병원**
- 고등교육법 제2조 제1호부터 제6호까지의 규정에 따른 대학 또는 그 부속기관
- 작업환경측정 업무를 하려는 법인
- 작업환경측정 대상 사업장의 부속기관(해당 부속기관이 소속된 사업장 등 고용노동부령으로 정하는 범위로 한정하여 지정받으려는 경우로 한정한다)

작업환경측정(산업안전보건법 제125조)
- 사업주는 유해인자로부터 근로자의 건강을 보호하고 쾌적한 작업환경을 조성하기 위하여 인체에 해로운 작업을 하는 작업장으로서 고용노동부령으로 정하는 작업장에 대하여 그 사업장에 소속된 사람 중 산업위생관리산업기사 이상의 자격을 가진 자로 하여금 작업환경측정을 하도록 하여야 한다.
- 상기 항목에도 불구하고 도급인의 사업장에서 관계수급인 또는 관계수급인의 근로자가 작업을 하는 경우에는 도급인이 상기 항목에 따른 자격을 가진 자로 하여금 작업환경측정을 하도록 하여야 한다.
- 사업주는 근로자대표(관계수급인의 근로자대표를 포함한다. 이하 이 조에서 같다)가 요구하면 작업환경측정 시 근로자대표를 참석시켜야 한다.
- 사업주는 산업안전보건위원회 또는 근로자대표가 요구하면 작업환경측정 결과에 대한 설명회 등을 개최하여야 한다.

작업환경측정 신뢰성평가의 대상 등(산업안전보건법 시행규칙 제194조)
공단은 다음 어느 하나에 해당하는 경우에는 법 제127조 제1항에 따른 작업환경측정 신뢰성평가(이하 신뢰성평가)를 할 수 있다.
- **작업환경측정 결과가 노출기준 미만인데도 직업병 유소견자가 발생한 경우**
- 공정설비, 작업방법 또는 사용 화학물질의 변경 등 작업 조건의 변화가 없는 데도 유해인자 노출수준이 현저히 달라진 경우
- 제189조에 따른 작업환경측정방법을 위반하여 작업환경측정을 한 경우 등 신뢰성평가의 필요성이 인정되는 경우

20

산업안전보건법령상 공정안전보고서에 관한 설명으로 옳지 않은 것은?

① 원유 정제처리업의 보유설비가 있는 사업장의 사업주는 공정안전보고서를 작성하여야 한다.
② 사업주가 공정안전보고서를 작성할 때, 산업안전보건위원회가 설치되어 있지 아니한 사업장의 경우에는 근로자대표의 의견을 들어야 한다.
③ 공정안전보고서에는 비상조치계획이 포함되어야 하고, 그 세부 내용에는 주민홍보계획을 포함해야 한다.
④ 원자력 설비는 공정안전보고서의 제출 대상인 유해하거나 위험한 설비에 해당한다.
⑤ 공정안전보고서 이행상태평가의 방법 등 이행상태평가에 필요한 세부적인 사항은 고용노동부장관이 정한다.

해설

공정안전보고서의 제출 대상(산업안전보건법 시행령 제43조)
다음 설비는 유해하거나 위험한 설비로 보지 않는다.
- **원자력 설비**
- 군사시설
- 사업주가 해당 사업장 내에서 직접 사용하기 위한 난방용 연료의 저장설비 및 사용설비
- 도매·소매시설
- 차량 등의 운송설비
- 액화석유가스의 안전관리 및 사업법에 따른 액화석유가스의 충전·저장시설
- 도시가스사업법에 따른 가스공급시설

21

산업안전보건법령상 유해위험방지계획서 제출 대상인 건설공사에 해당하지 않는 것은?(단, 자체심사 및 확인업체의 사업주가 착공하려는 건설공사는 제외함)

① 연면적 3,000m² 이상인 냉동·냉장 창고시설의 설비공사
② 최대 지간(支間)길이(다리의 기둥과 기둥의 중심 사이의 거리)가 50m 이상인 다리의 건설 등 공사
③ 지상높이가 31m 이상인 건축물의 건설 등 공사
④ 저수용량 2,000만ton 이상의 용수 전용 댐의 건설 등 공사
⑤ 깊이 10m 이상인 굴착공사

해설

유해위험방지계획서 제출 대상(산업안전보건법 시행령 제42조)
- 다음 어느 하나에 해당하는 건축물 또는 시설 등의 건설·개조 또는 해체(이하 건설 등) 공사
  - 지상높이가 31m 이상인 건축물 또는 인공구조물
  - 연면적 30,000m² 이상인 건축물
  - 연면적 5,000m² 이상인 시설로서 다음의 어느 하나에 해당하는 시설 : 문화 및 집회시설(전시장 및 동물원·식물원은 제외한다), 판매시설, 운수시설(고속철도의 역사 및 집배송시설은 제외한다), 종교시설, 의료시설 중 종합병원, 숙박시설 중 관광숙박시설, 지하도상가, 냉동·냉장 창고시설
- 연면적 5,000m² 이상인 냉동·냉장 창고시설의 설비공사 및 단열공사
- 최대 지간(支間)길이(다리의 기둥과 기둥의 중심 사이의 거리)가 50m 이상인 다리의 건설 등 공사
- 터널의 건설 등 공사
- 다목적댐, 발전용댐, 저수용량 2,000만ton 이상의 용수 전용 댐 및 지방상수도 전용 댐의 건설 등 공사
- 깊이 10m 이상인 굴착공사

22

산업안전보건법령상 건강진단 및 건강관리에 관한 설명으로 옳지 않은 것은?

① 사업주가 선원법에 따른 건강진단을 실시한 경우에는 그 건강진단을 받은 근로자에 대하여 일반건강진단을 실시한 것으로 본다.
② 일반건강진단의 제1차 검사항목에 흉부방사선 촬영은 포함되지 않는다.
③ 사업주는 특수건강진단의 결과를 근로자의 건강 보호 및 유지 외의 목적으로 사용해서는 아니 된다.
④ 일반건강진단, 특수건강진단, 배치 전 건강진단, 수시건강진단, 임시건강진단의 비용은 국민건강보험법에서 정한 기준에 따른다.
⑤ 사업주는 배치 전 건강진단을 실시하는 경우 근로자대표가 요구하면 근로자대표를 참석시켜야 한다.

> [해설]

일반건강진단의 검사항목 및 실시방법 등(산업안전보건법 시행규칙 제198조)

일반건강진단의 제1차 검사항목

- 과거병력, 작업경력 및 자각·타각증상(시진·촉진·청진 및 문진)
- 혈압·혈당·요당·요단백 및 빈혈검사
- 체중·시력 및 청력
- 흉부방사선 촬영
- AST(SGOT) 및 ALT(SGPT), γ-GTP 및 총콜레스테롤

일반건강진단 실시의 인정(산업안전보건법 시행규칙 제196조)

법 제129조 제1항 단서에서 "고용노동부령으로 정하는 건강진단"이란 다음 어느 하나에 해당하는 건강진단을 말한다.

1. 국민건강보험법에 따른 건강검진
2. 선원법에 따른 건강진단
3. 진폐의 예방과 진폐근로자의 보호 등에 관한 법률에 따른 정기 건강진단
4. 학교보건법에 따른 건강검사
5. 항공안전법에 따른 신체검사
6. 그 밖에 제198조 제1항에서 정한 법 제129조 제1항에 따른 일반건강진단의 검사항목을 모두 포함하여 실시한 건강진단

건강진단에 관한 사업주의 의무(산업안전보건법 제132조)

- 사업주는 제129조부터 제131조까지의 규정에 따른 건강진단을 실시하는 경우 근로자대표가 요구하면 근로자대표를 참석시켜야 한다.
- 사업주는 제129조부터 제131조까지의 규정에 따른 건강진단의 결과를 근로자의 건강 보호 및 유지 외의 목적으로 사용해서는 아니 된다.

건강진단비용(산업안전보건법 시행규칙 제208조)

일반건강진단, 특수건강진단, 배치 전 건강진단, 수시건강진단, 임시건강진단의 비용은 국민건강보험법에서 정한 기준에 따른다.

23

산업안전보건법령상 지도사 보수교육에 관한 설명이다. ( )에 들어갈 숫자로 옳은 것은?

> 고용노동부령으로 정하는 보수교육의 시간은 업무교육 및 직업윤리교육의 교육시간을 합산하여 총 (ㄱ)시간 이상으로 한다. 다만, 법 제145조 제4항에 따른 지도사 등록의 갱신기간 동안 시행규칙 제230조 제1항에 따른 지도실적이 (ㄴ)년 이상인 지도사의 교육시간은 (ㄷ)시간 이상으로 한다.

① ㄱ : 10, ㄴ : 1, ㄷ : 5
② ㄱ : 10, ㄴ : 2, ㄷ : 10
③ ㄱ : 20, ㄴ : 1, ㄷ : 5
④ ㄱ : 20, ㄴ : 2, ㄷ : 10
⑤ ㄱ : 20, ㄴ : 2, ㄷ : 15

> [해설]

지도사 보수교육(산업안전보건법 시행규칙 제231조)

제1항에 따른 보수교육의 시간은 업무교육 및 직업윤리교육의 교육시간을 합산하여 총 **20**시간 이상으로 한다. 다만, 법 제145조 제4항에 따른 지도사 등록의 갱신기간 동안 제230조 제1항에 따른 지도실적이 **2**년 이상인 지도사의 교육시간은 **10**시간 이상으로 한다.

정답 23 ④

24

산업안전보건법령상 안전보건진단을 받아 안전보건개선계획을 수립할 대상으로 옳은 것을 모두 고른 것은?

> ㄱ. 유해인자의 노출기준을 초과한 사업장
> ㄴ. 산업재해율이 같은 업종의 규모별 평균 산업재해율보다 높은 사업장
> ㄷ. 사업주가 필요한 안전조치 또는 보건조치를 이행하지 아니하여 중대재해가 발생한 사업장
> ㄹ. 상시근로자 1,000명 이상 사업장으로서 직업성 질병자가 연간 3명 이상 발생한 사업장

① ㄱ, ㄴ
② ㄷ, ㄹ
③ ㄱ, ㄴ, ㄷ
④ ㄴ, ㄷ, ㄹ
⑤ ㄱ, ㄴ, ㄷ, ㄹ

해설

안전보건진단을 받아 안전보건개선계획을 수립할 대상(산업안전보건법 시행령 제49조)
- 산업재해율이 같은 업종 평균 산업재해율의 2배 이상인 사업장
- 법 제49조 제1항 제2호에 해당하는 사업장
- 직업성 질병자가 연간 2명 이상(상시근로자 1,000명 이상 사업장의 경우 3명 이상) 발생한 사업장
- 그 밖에 작업환경 불량, 화재·폭발 또는 누출 사고 등으로 사업장 주변까지 피해가 확산된 사업장으로서 고용노동부령으로 정하는 사업장

안전보건개선계획의 수립·시행 명령(산업안전보건법 제49조 제1항 제2호)
사업주가 필요한 안전조치 또는 보건조치를 이행하지 아니하여 중대재해가 발생한 사업장

25

산업안전보건법령상 산업안전지도사와 산업보건지도사의 직무에 공통적으로 해당되는 것은?

① 유해·위험의 방지대책에 관한 평가·지도
② 근로자 건강진단에 따른 사후관리 지도
③ 작업환경의 평가 및 개선 지도
④ 공정상의 안전에 관한 평가·지도
⑤ 안전보건개선계획서의 작성

해설

산업안전지도사 등의 직무(산업안전보건법 제142조, 시행령 제101조)

산업안전지도사의 직무	산업보건지도사의 직무
1. 공정상의 안전에 관한 평가·지도 2. 유해·위험의 방지대책에 관한 평가·지도 3. 1. 및 2.의 사항과 관련된 계획서 및 보고서의 작성 4. 법 제36조에 따른 **위험성평가의 지도** 5. 법 제49조에 따른 **안전보건개선계획서의 작성** 6. 그 밖에 산업안전에 관한 사항의 자문에 대한 응답 및 조언	1. 작업환경의 평가 및 개선 지도 2. 작업환경 개선과 관련된 계획서 및 보고서의 작성 3. 근로자 건강진단에 따른 사후관리 지도 4. 직업성 질병 진단(의료법 제2조에 따른 의사인 산업보건지도사만 해당한다) 및 예방 지도 5. 산업보건에 관한 조사·연구 6. 법 제36조에 따른 **위험성평가의 지도** 7. 법 제49조에 따른 **안전보건개선계획서의 작성** 8. 그 밖에 산업보건에 관한 사항의 자문에 대한 응답 및 조언

산업위생일반

26
우리나라 산업보건 역사에 관한 설명으로 옳은 것을 모두 고른 것은?

> ㄱ. 1982년 : 산업안전보건법 시행규칙 제정
> ㄴ. 1986년 : 문송면 군 수은중독 사망
> ㄷ. 1990년 : 한국산업위생학회 창립
> ㄹ. 1999년 : 화학물질 및 물리적 인자의 노출기준 시행

① ㄱ, ㄴ
② ㄱ, ㄷ
③ ㄴ, ㄷ
④ ㄴ, ㄹ
⑤ ㄷ, ㄹ

해설
ㄴ. 문송면 군의 수은중독 사망 사건은 1988년에 일어났다.
ㄹ. 화학물질 및 물리적 인자의 노출기준은 1999년을 특정하여 시행된 것이 아니라, 해당 시점 이전부터 개정·보완되어 지속적으로 발전된 개념이다.

27
고용노동부의 2021년 산업보건통계 현황에 관한 내용으로 옳지 않은 것은?

① 직업병 유소견자는 소음성 난청이 가장 많았다.
② 유기화합물중독으로 인한 직업병 유소견자는 전년대비 감소하였다.
③ 직업병 유소견자에 대한 사후관리조치는 보호구 착용이 가장 많았다.
④ 일반질병 유소견자의 질병종류는 소화기질환이 가장 많았다.
⑤ 일반질병 유소견자에 대한 사후관리조치는 근무 중 치료가 가장 많았고, 보호구 착용, 추적검사 순이었다.

해설
② 유기화합물중독으로 인한 직업병 유소견자는 2021년 통계에서 전년대비 증가하였다.
① 소음성 난청이 2021년에도 가장 많이 보고된 직업병이다(소음성 난청, 금속·중금속중독, 진폐증 등, 기타 질환, 유기화합물중독, 산·알칼리·가스상 물질 순).
③ 직업병 예방 및 관리에서 보호구 착용이 가장 우선적인 조치로 권장된다(보호구 착용, 추적검사, 기타, 작업전환, 근무 중 치료 순).
④ 2021년도 건강진단 일반질병 유소견자의 질병종류는 소화기질환이 가장 많았다(소화기질환, 기타 질환, 내분비질환, 호흡기질환, 순환기질환, 신경감각기질환, 혈액조혈기질환 순).
⑤ 2021년도 일반질병 유소견자 사후관리 통계에서 가장 많이 시행된 조치는 근무 중 치료로 보고되었다(근무 중 치료, 보호구 착용, 추적검사, 기타 조치, 정상근무, 건강상담, 작업전환, 근로금지·제한, 근로시간단축 순).
※ 2021년도 근로자 건강진단 실시결과

정답 26 ② 27 ②

28

고용노동부 고시에 따라 원자흡광광도법(AAS)으로 분석할 수 있는 유해인자 중 외부 작업환경전문연구기관 등에 시료분석을 위탁할 수 있는 유해인자로 옳은 것은?

① 구리
② 수산화나트륨
③ 산화마그네슘
④ 산화아연
⑤ 주석

해설

⑤ 주석 : 원자흡광광도법(AAS)으로 분석 가능한 유해인자이며, 외부 작업환경전문연구기관 등에 위탁할 수 있는 유해인자로 명시된다.
① 구리 : 원자흡광광도법(AAS)으로 분석할 수 있는 유해인자에 해당하지만, 외부 위탁 대상 유해인자에 해당되지 않는다.
② 수산화나트륨 : 주로 화학적 적정법이나 이온 크로마토그래피로 분석하며, AAS 분석 대상이 아니다.
③ 산화마그네슘 : 일반적으로 중량법으로 분석하며, AAS 분석에 적합하지 않다.
④ 산화아연 : AAS로 분석 가능한 유해인자이지만, 외부 시료 분석 위탁 대상에 포함되지 않는다.

| 참고 |
- AAS(원자흡광광도법) : 금속 및 금속화합물의 농도를 분석하는 데 사용되는 방법이다.
- 위탁 기준 : 일부 유해인자는 복잡한 분석 장비 및 숙련된 기술이 필요하므로 외부 기관에 위탁이 가능하다.
- 측정시료의 분석의뢰 : 구리, 납, 니켈, 크롬, 망간, 산화마그네슘, 산화아연, 산화철, 수산화나트륨, 카드뮴을 제외한 유해인자에 대해 위탁측정기관이나 작업환경전문연구기관(분석수탁기관) 등에 시료의 분석을 위탁할 수 있다(작업환경측정 및 정도관리 등에 관한 고시 제43조).

29

산업보건통계에 관한 설명으로 옳지 않은 것은?

① 기하평균을 계산하는 방법 중 그래프법에서는 누적빈도 50%에 해당하는 값을 기하평균으로 한다.
② 대수정규분포의 특성은 좌측이나 우측 방향으로 비대칭꼴을 이루며 주로 우측으로 무한히 뻗어 있는 형태이다.
③ 기하표준편차를 계산하는 방법에는 대수변환법이 있다.
④ 자료가 정규분포를 이루는 경우 평균과 표준편차의 범위에 대한 면적은 정규분포 곡선에서 전체 면적의 95.0%를 차지한다.
⑤ 기하평균을 계산하는 방법 중 그래프법에서는 누적빈도 84.1%에 해당하는 값이 2.4이고 누적빈도 50%에 해당하는 값이 1.2이면 기하표준편차는 2이다.

해설

④ 평균과 표준편차의 범위에 대한 면적 : 자료가 정규분포를 이루는 경우 평균 ±표준편차는 전체 면적의 약 68%를 차지하며, 평균 ±2배 표준편차가 전체 면적의 약 95%를 차지한다. 이 설명은 범위와 면적 비율이 잘못 제시되었다.

| 참고 |
정규분포 곡선의 면적 분포
- 평균 ±1배 표준편차 : 약 68%
- 평균 ±2배 표준편차 : 약 95%
- 평균 ±3배 표준편차 : 약 99.7%

30

산업환기설비에 관한 기술지침에서 국소배기장치에 관한 설명으로 옳지 않은 것은?

① 반송속도라 함은 덕트를 이동하는 유해물질이 덕트 내에서 퇴적이 일어나지 않은 상태로 이동하기 위해 필요한 최소 속도를 말한다.
② 후드는 내마모성, 내부식성 등의 재료 또는 도포한 재질을 사용하고, 변형 등이 발생하지 않는 충분한 강도를 지닌 재질로 하여야 한다.
③ 송풍기 전후에 진동전달을 방지하기 위하여 충만실을 설치한다.
④ 주덕트와 가지덕트의 접속은 30° 이내가 되도록 한다.
⑤ 포위식 및 부스식 후드에서의 제어풍속은 후드의 개구면에서 흡입되는 기류의 풍속을 말한다.

해설

③ 송풍기 전후에 진동전달을 방지하기 위한 장치는 충만실이 아니라 플렉시블 조인트(flexible joint)나 진동방지 마운트(vibration isolator)이다.
　※ 충만실(plenum chamber) : 공기 흐름을 균일하게 분배하거나 정압을 유지하기 위해 설치되는 장치로, 진동 방지와는 관련이 없다.
① 반송속도 : 덕트를 이동하는 유해물질이 퇴적되지 않고 이동하기 위해 필요한 최소 속도를 의미한다.
　예 가벼운 가스와 무거운 분진은 요구되는 반송속도가 다르다.
② 후드 재질 : 후드는 유해물질의 특성에 따라 내마모성, 내부식성을 지닌 재료로 제작되어야 하며, 충분한 강도가 요구된다. 이는 후드의 내구성을 보장하고 유해물질의 부식성을 견디기 위한 조건이다.
④ 주덕트와 가지덕트의 접속 각도 : 공기 흐름의 효율성을 높이고 압력 손실을 줄이기 위해 30° 이내로 접속해야 한다.
⑤ 제어풍속 : 포위식 및 부스식 후드의 제어풍속은 후드 개구면에서 흡입되는 기류의 풍속을 의미한다. 이는 유해물질을 효과적으로 포집하기 위해 필요한 기본 조건이다.

31

송풍기가 설치된 덕트 내에서의 공기 압력에 관한 설명으로 옳지 않은 것은?

① 송풍기 앞 덕트 내 정압은 음압을 유지한다.
② 송풍기 뒤 덕트 내 정압은 양압을 유지한다.
③ 송풍기 앞 덕트 내 동압(속도압)은 음압을 유지한다.
④ 송풍기 뒤 덕트 내 동압(속도압)은 양압을 유지한다.
⑤ 송풍기 앞과 뒤의 덕트 내 전압은 정압과 동압(속도압)의 합으로 나타낸다.

해설

③ 동압(속도압)은 공기의 속도에 따라 발생하며, 항상 양의 값을 가진다. 음압이 될 수 없으므로 틀린 설명이다.
① 송풍기 앞쪽 덕트에서는 공기가 빨려 들어가는 과정에서 정압이 낮아져 음압이 유지된다.
② 송풍기 뒤쪽 덕트에서는 공기가 밀려나가면서 정압이 증가해 양압이 유지된다.
④ 송풍기 뒤에서도 공기가 흐르는 속도에 의해 동압은 양압으로 유지된다.
⑤ 전압(total pressure)은 정압+동압(속도압)의 합으로 정의되며, 송풍기 앞과 뒤 모두 해당된다.

| 참고 |
- 정압(static pressure) : 공기가 덕트 내에서 정지 상태일 때의 압력
- 동압(속도압, velocity pressure) : 공기가 흐를 때 발생하는 속도에 의한 압력
- 전압(total pressure) : 정압과 동압의 합

32

고온 노출에 따른 건강장해 유형과 그 설명이 옳은 것은?

① 열경련 : 지나친 발한에 의한 당분 소실이 원인이다.
② 열사병 : 조기에 적절한 조치가 없어도 사망까지는 이르지 않는다.
③ 열피로 : 심박출량의 증가가 그 원인이다.
④ 열발진 : 고온다습한 대기에 오랫동안 노출 시 발생한다.
⑤ 열쇠약 : 고온에 의한 급성 건강장해이다.

해설

④ 열발진 : 고온다습한 환경에서 땀이 제대로 증발하지 못할 때 발생한다. 땀샘이 막혀 피부에 작은 물집이나 발진이 나타나는 상태이다.
① 열경련 : 열경련은 지나친 발한에 의한 전해질(특히 나트륨) 소실이 원인이다. 당분 소실이 주요 원인은 아니다.
② 열사병 : 열사병은 체온조절기능의 상실로 조기에 적절한 조치가 없으면 사망에 이를 수 있다. 사망 위험이 높은 중증 상태이다.
③ 열피로 : 열피로는 심박출량 감소가 주요 원인이다. 체내 수분과 염분 부족으로 인해 혈액량 감소가 발생한다.
⑤ 열쇠약 : 열쇠약은 고온 환경에 장기간 노출로 인한 만성적인 건강장해이다. 급성 장해로 분류되지 않는다.

| 참고 |
- 열경련 : 근육 경련(주로 나트륨 부족)
- 열사병 : 체온 40℃ 이상, 생명 위협 가능
- 열피로 : 탈수로 인한 피로, 저혈압
- 열발진 : 피부 표면의 땀샘 폐쇄
- 열쇠약 : 반복적 고온 노출로 인한 체력 소진

32 ④ **정답**

33
전리방사선에 해당하는 것은?

① 알파(α)선
② 자외선
③ 극저주파
④ 레이저(laser)
⑤ 마이크로파(microwave)

해설
① 알파(α)선 : 알파선은 전리방사선에 속하며, 물질과 상호작용하여 이온화를 유발한다. 방사성 원소의 붕괴에서 주로 발생하며 높은 에너지를 가진 입자방사선이다.
② 자외선 : 전리방사선이 아닌 비전리방사선에 해당한다. 주로 화학적, 생물학적 변화를 유발하며 이온화를 직접적으로 일으키지 않는다.
③ 극저주파 : 비전리방사선에 해당하며 전자기장을 생성한다. 주로 전력선, 전기기기 등에서 발생한다.
④ 레이저(laser) : 레이저는 비전리방사선으로, 특정 파장의 빛 에너지를 고도로 집중시킨 형태이다. 열, 광학적 손상을 유발할 수 있다.
⑤ 마이크로파(microwave) : 비전리방사선으로 분류되며 주로 열작용(예 전자레인지)으로 생물학적 영향을 미친다.

34
입자상 물질에 관한 설명으로 옳지 않은 것은?

① 흡입성 입자상 물질은 호흡기계 어느 부위에 침착하더라도 독성을 나타내는 물질이다.
② 흡입성 입자상 물질의 입경 범위는 0~100μm이다.
③ 흉곽성 입자상 물질의 평균 입경(D_{50})은 10μm이다.
④ 호흡성 입자상 물질은 폐포에 침착할 때 독성을 유발하는 물질을 말한다.
⑤ 호흡성 입자상 물질의 포집은 IOM sampler를 사용하여 포집한다.

해설
⑤ 호흡성 입자상 물질의 포집은 사이클론 샘플러 또는 캐스케이드 임팩터를 사용한다. IOM 샘플러는 주로 흡입성 입자상 물질의 포집에 사용된다.
※ 흉곽성 입자상 물질이란 기도 이하의 폐 조직에 도달할 가능성이 있는 입자로 평균 입경(D_{50})은 10μm로 정의된다.
※ 호흡성 입자상 물질이란 공기역학적 직경이 작아 폐포까지 도달하여 독성을 유발하는 물질을 뜻한다.

정답 33 ① 34 ⑤

35

입자의 가장자리를 이등분할 때의 직경으로 과대평가의 위험성이 있는 입경(입자의 크기)은?

① 마틴(Martin) 직경
② 페렛(Feret) 직경
③ 등면적(projected area) 직경
④ 공기역학적(aerodynamic) 직경
⑤ 질량 중위(mass median) 직경

해설

② 페렛(Feret) 직경 : 입자의 가장자리에서 가장 먼 두 점 사이의 직선거리를 측정하여 계산하는 방법이다. 입자의 모양이 불규칙한 경우, 특히 길쭉하거나 비대칭적인 입자의 경우 직경이 실제보다 과대평가될 가능성이 있다.
① 마틴(Martin) 직경 : 입자를 이등분하는 선의 길이로, 입자의 모양이 불규칙할 경우에도 평균적인 크기를 반영한다.
③ 등면적(projected area) 직경 : 입자의 투영면적과 동일한 면적을 가진 원의 직경으로, 입자의 2차원 투영면적을 기준으로 측정한다.
④ 공기역학적(aerodynamic) 직경 : 입자의 공기 중 침강 속도와 동일한 속도를 가진 단위 밀도의 구형 입자의 직경으로, 실제 입자의 모양과 밀도를 고려한 입경이며, 물리적인 공기 흐름에 따른 거동을 잘 반영한다.
⑤ 질량 중위(mass median) 직경 : 총질량 중 50%에 해당하는 입자 크기를 기준으로 하는 지표로, 입자 크기의 분포를 나타내는 데 적합하다.

> **참고**
> - 페렛 직경은 비대칭 또는 비정형 입자에서 가장 큰 거리를 측정하기 때문에 과대평가될 위험이 있다.
> - 다른 방법들은 특정 조건에서 평균적인 크기를 나타내기 위해 설계되어 과대평가의 위험성이 상대적으로 낮다.

36

자극제에 관한 설명으로 옳은 것은?

① 피부 또는 눈과 접촉 시에만 자극을 유발하는 물질이다.
② 상기도 점막을 자극하는 물질들은 대부분이 비수용성을 나타낸다.
③ 산화에틸렌은 상기도 점막을 자극하는 물질에 해당된다.
④ 염화수소는 중기도(폐조직)를 자극하는 물질에 해당된다.
⑤ 오존은 종말기관지 및 폐포점막을 자극하는 물질에 해당된다.

해설

③ 산화에틸렌은 휘발성이 강하고 수용성이 있어 상기도 점막을 자극할 수 있다. 산화에틸렌은 코와 인두 부위의 점막 자극과 더불어 피부, 눈에 대한 자극성도 나타낸다.
① 자극제는 피부나 눈뿐만 아니라 호흡기 점막, 소화기계 등 다양한 부위를 자극할 수 있다.
② 상기도 점막을 자극하는 물질들은 대부분 수용성이 높아 빠르게 상기도에서 작용한다.
  예 암모니아, 염화수소.
④ 염화수소는 수용성이 높아 상기도 점막을 주로 자극하며, 중기도 자극과의 직접적 연관성은 낮다.
⑤ 오존은 주로 수용성이 낮아 자극제의 설명으로는 적합하지 않다.

37

고용노동부 고시의 생식독성 정보물질에 관한 설명으로 옳지 않은 것은?

① 생식독성 정보물질은 성적기능, 생식능력 또는 태아의 발생·발육에 유해한 영향을 주는 물질이다.
② 흡수, 대사, 분포 및 배설에 대한 연구에서 해당물질이 잠재적으로 유독한 수준으로 모유에 존재할 가능성을 보이는 물질은 "수유독성"으로 표기한다.
③ 동물에 대한 1세대 또는 2세대 연구결과에서 모유를 통해 전이되어 자손에게 유해영향을 주는 물질은 "생식독성 1B"로 표기한다.
④ 납 및 그 무기화합물, 2-브로모프로판은 모두 '생식독성 1A' 표기물질이다.
⑤ 이황화탄소는 "생식독성 2" 표기물질이다.

해설

③ 동물 연구 결과에서 모유를 통해 자손에게 유해 영향을 주는 물질은 '생식독성 1B'로 표기하지 않으며, 생식독성 1B는 사람에서 생식독성이 강하게 의심되는 경우 또는 동물 실험 결과로 유해성이 입증되었으나 사람에서의 데이터가 충분하지 않을 때 사용한다. 모유 전이로 자손에 영향을 미치는 경우는 "수유독성"으로 표기한다.
① 생식독성 정보물질은 성적 기능, 생식능력, 태아의 발생·발육에 유해한 영향을 주는 물질을 의미한다.
② 흡수, 대사, 분포 및 배설 연구에서 모유를 통해 유독 물질이 존재할 가능성이 보이는 경우, "수유독성"으로 표기한다.
④ 납 및 그 무기화합물, 2-브로모프로판은 생식독성 1A에 해당하는 물질로, 사람에서 생식독성이 입증된 물질이다.
⑤ 이황화탄소는 생식독성 2에 해당하며, 이는 동물 실험에서 생식독성 영향이 입증되었으나, 사람에서는 입증되지 않은 물질을 뜻한다.
※ 화학물질의 분류·표시 및 물질안전보건자료에 관한 기준 별표 1, 화학물질 및 물리적 인자의 노출기준 별표 1

38

비소(As)에 관한 설명으로 옳지 않은 것은?

① 비금속으로서 가열하면 녹지 않고 승화된다.
② 독성 작용은 3가보다 5가의 비소화합물이 강하다.
③ 체내에서 3가 비소는 5가 상태로 산화되며 그 반대 현상도 가능하다.
④ 피부 장해가 나타날 수 있다.
⑤ 노출 시 체내 저감 대책으로 설사약을 투여한다.

해설

② 비소(As) 화합물의 독성은 일반적으로 3가 비소화합물이 5가 비소화합물보다 독성이 더 강하다. 이는 3가 비소화합물이 세포 내 효소 작용을 방해하는 능력이 더 강하기 때문이다.
① 비소는 비금속으로 승화가 가능하며, 가열 시 녹지 않고 승화하는 특성이 있다.
③ 체내에서 비소는 3가에서 5가로 산화되거나 5가에서 3가로 환원되는 상호 변환이 가능하다.
④ 피부 노출 시 피부 장해(각질화, 색소 침착 등)가 나타날 수 있다.
⑤ 비소 중독 시 설사약 사용이 저감 대책으로 활용될 수 있다.

39

교대근무자의 보건관리지침에서 교대근무작업에 관한 설명으로 옳지 않은 것은?

① 야간작업이란 오후 10시부터 익일 오전 6시까지 사이의 시간이 포함된 교대작업을 말한다.
② 야간작업자란 야간작업시간마다 적어도 2시간 이상 정상적 업무를 하는 근로자를 말한다.
③ 야간작업은 연속하여 3일을 넘기지 않도록 한다.
④ 교대작업일정을 계획할 때 가급적 근로자 개인이 원하는 바를 고려하도록 한다.
⑤ 근무반 교대방향은 아침반 → 저녁반 → 야간반으로 바뀌도록 정방향으로 순환하도록 한다.

해설

② 야간작업자란 야간작업시간(오후 10시부터 익일 오전 6시까지) 중 3시간 이상 정상적인 업무를 수행하는 근로자로 정의되어 있다. 따라서 2시간 이상 정상적 업무를 하는 것을 기준으로 야간작업자를 정의하는 것은 잘못된 설명이다.
① 오후 10시부터 익일 오전 6시까지 포함되는 작업이 야간작업이다.
③ 야간작업이 장기간 지속되지 않도록 일정 조정을 권장하며, 3일 이상의 연속 야간작업은 피하는 것이 바람직하다.
④ 교대작업일정 계획 시, 근로자의 생활 패턴과 선호를 최대한 반영해야 한다.
⑤ 아침반 → 저녁반 → 야간반 순으로 정방향 순환하는 것이 생체리듬에 적합하다.
※ 교대작업자의 보건관리지침

40

충돌기(impactor)를 이용하여 사무실 내 총부유세균을 포집하여 배양한 결과, 배지에 100개의 집락(colony)이 계수(counting)되었다. 충돌기의 유량을 20L/min으로 가정하고 5분간 공기 시료 채취 시 농도(CFU/m³)와 사무실 실내공기질 관리기준 초과 여부로 옳은 것은?(단, 공시료는 고려하지 않는다)

① 500 - 초과되지 않음
② 500 - 초과됨
③ 1,000 - 초과되지 않음
④ 1,000 - 초과됨
⑤ 1,500 - 초과되지 않음

해설

| 주어진 정보 |
- 집락수 : 100CFU
- 유량 : 20L/min
- 채취시간 : 5분

1. 농도 계산

$$\text{농도}(CFU/m^3) = \frac{\text{집락수}(CFU)}{\text{채취유량}(L/min) \times \text{채취시간}(분)} \times 1,000$$

$$= \frac{100}{20 \times 5} \times 1,000 = \frac{100}{100} \times 1,000 = 1,000 CFU/m^3$$

2. 사무실 실내공기질 관리기준
   총부유세균의 관리기준 : 800CFU/m³ 이하
   ∴ 1,000CFU/m³ > 800CFU/m³ → 초과됨

41

고용노동부 고시에 따른 물질안전보건자료에 관한 설명이다. (   )에 들어갈 내용으로 옳은 것은?

> 물질안전보건자료대상물질을 (   )·(   )하는 자는 해당 물질안전보건자료대상물질의 용기 및 포장에 한글로 작성한 경고표지를 부착하거나 인쇄하는 등 유해·위험 정보가 명확히 나타나도록 하여야 한다.

① 양도, 제공
② 수입, 제공
③ 가공, 수입
④ 제조, 양도
⑤ 제조, 가공

해설

경고표지의 부착(화학물질의 분류·표시 및 물질안전보건자료에 관한 기준 제5조)
물질안전보건자료대상물질을 양도·제공하는 자는 해당 물질안전보건자료대상물질의 용기 및 포장에 한글로 작성한 경고표지(같은 경고표지 내에 한글과 외국어가 함께 기재된 경우를 포함한다)를 부착하거나 인쇄하는 등 유해·위험 정보가 명확히 나타나도록 하여야 한다. 다만, 실험실에서 시험·연구목적으로 사용하는 시약으로서 외국어로 작성된 경고표지가 부착되어 있거나 수출하기 위하여 저장 또는 운반 중에 있는 완제품은 한글로 작성한 경고표지를 부착하지 아니할 수 있다.

42

산업안전보건기준에 관한 규칙상 유해인자 취급 작업별 보호구에 관한 설명으로 옳지 않은 것은?

구분	유해인자	작업명	보호구
ㄱ	관리대상 유해물질	관리대상 유해물질이 흩날리는 업무	보안경
ㄴ	허가대상 유해물질	허가대상 유해물질을 제조·사용하는 작업	방진마스크 또는 방독마스크
ㄷ	관리대상 유해물질	금속류, 가스상태 물질류를 취급하는 작업	호흡용보호구
ㄹ	혈액매개감염	혈액 또는 혈액오염물을 취급하는 작업	보호앞치마
ㅁ	소음	소음작업, 강렬한 소음작업 또는 충격소음 작업	청력보호구

① ㄱ
② ㄴ
③ ㄷ
④ ㄹ
⑤ ㅁ

해설

환자의 가검물 등에 의한 오염 방지 조치(산업안전보건기준에 관한 규칙 제596조)
사업주는 근로자가 환자의 가검물을 처리(검사·운반·청소 및 폐기를 말한다)하는 작업을 하는 경우에 보호앞치마, 보호장갑 및 보호마스크 등의 보호구를 지급하고 착용하도록 하는 등 오염 방지를 위하여 필요한 조치를 하여야 한다.

개인보호구의 지급 등(산업안전보건기준에 관한 규칙 제600조)
사업주는 근로자가 혈액노출이 우려되는 작업을 하는 경우 다음에 따른 보호구를 지급하고 착용하도록 하여야 한다.
- 혈액이 분출되거나 분무될 가능성이 있는 작업 : 보안경과 보호마스크
- 혈액 또는 혈액오염물을 취급하는 작업 : 보호장갑
- 다량의 혈액이 의복을 적시고 피부에 노출될 우려가 있는 작업 : 보호앞치마

43

고용노동부 고시에 따른 안전인증 방독마스크의 정화통 외부 측면에 표시하는 종류별 표시색으로 옳지 않은 것은?

① 유기화합물용 : 갈색
② 할로겐용 : 회색
③ 아황산용 : 노랑색
④ 암모니아용 : 녹색
⑤ 복합용 및 겸용 : 흑색

해설

방독마스크의 성능기준(보호구 안전인증 고시 별표 5)
정화통 외부 측면의 표시색

종류	표시색
유기화합물용 정화통	갈색
할로겐용 정화통	회색
황화수소용 정화통	회색
시안화수소용 정화통	회색
아황산용 정화통	노랑색
암모니아용 정화통	녹색
복합용 및 겸용의 정화통	• 복합용 : 해당가스 모두 표시(2층 분리) • 겸용 : 백색과 해당가스 모두 표시(2층 분리)

44

특수건강진단 시 유해인자별 제2차 검사항목 생물학적 노출지표의 시료채취시기로 옳은 것은?

구분	유해인자	제2차 검사항목 생물학적 노출지표	시료채취시기
ㄱ	디클로로메탄	혈중 카복시헤모글로빈	주말 작업종료 시
ㄴ	메탄올	혈중 또는 소변 중 메탄올	주말 작업종료 시
ㄷ	2-에톡시에탄올	소변 중 2-에톡시초산	주말 작업종료 시
ㄹ	이소프로필알코올	혈중 또는 소변 중 아세톤	주말 작업종료 시
ㅁ	클로로벤젠	소변 중 총클로로카테콜	주말 작업종료 시

① ㄱ
② ㄴ
③ ㄷ
④ ㄹ
⑤ ㅁ

해설

ㄷ. 주말 작업종료 시 소변 중 2-에톡시초산의 농도가 최대로 나타나는 시점이다.
ㄱ. 디클로로메탄은 일산화탄소로 대사되며, 당일 작업종료 직후 시료를 채취하는 것이 적합하다.
ㄴ. 메탄올은 빠르게 대사되므로 당일 작업종료 직후가 적합하다.
ㄹ. 아세톤은 작업 중 또는 당일 작업 종료 직후 채취가 적합하다.
ㅁ. 클로로카테콜은 당일 작업종료 직후가 적합하며, 주말 작업종료 시를 최적이라고 보기 어렵다.
※ 특수건강진단의 제2차 검사항목에서 생물학적 노출지표의 시료채취시기는 해당 유해인자의 대사산물이 체내에서 최대 농도를 보이는 시점을 기준으로 설정된다.

45
직무스트레스 평가에 관한 지침에서 직무스트레스 요인의 영역 중 직무 자율에 속하는 것은?

① 책임감
② 업무 다기능
③ 시간적 압박
④ 기술적 재량
⑤ 조직 내 갈등

해설

④ 기술적 재량 : 업무를 수행하는 데 있어 근로자가 자신의 기술이나 방법을 자유롭게 활용할 수 있는 정도와 관련된 요인으로, 직무 자율에 해당한다.
  ※ 직무스트레스 평가에서 '직무 자율' 요인은 근로자가 자신의 직무를 수행하면서 의사결정, 재량권, 자율성 등을 발휘할 수 있는 정도와 관련된 영역이다.
① 책임감 : 업무수행 시 맡은 역할과 책임의 무게와 관련된 요인으로, 직무 요구에 해당한다.
② 업무 다기능 : 다양한 업무를 동시에 수행해야 하는 상황과 관련된 요인으로, 직무 요구에 해당한다.
③ 시간적 압박 : 주어진 시간 안에 업무를 수행해야 하는 압박감과 관련된 요인으로, 직무 요구에 해당한다.
⑤ 조직 내 갈등 : 조직 구성원 간의 갈등과 관련된 요인으로, 대인관계 영역에 해당한다.

46
인듐 및 그 화합물에 대한 특수건강진단 시 제2차 검사항목에 해당하는 것은?(단, 근로자는 해당 작업에 처음 배치되는 것은 아니다)

① 호흡기계 : 폐활량검사
② 주요 표적장기와 관련된 질병력 조사
③ 임상진찰 및 검사 : 흉부방사선(측면)
④ 생물학적 노출 지표검사 : 혈청 중 인듐
⑤ 직업력·노출력 조사

해설

① 인듐 노출의 주요 표적 장기가 폐이므로, 폐활량검사는 제2차 검사항목으로 포함될 수 있다.
② 주요 표적장기와 관련된 질병력 조사는 초기 문진(제1차 검사항목)에 해당한다.
③ 기본적인 방사선 검사는 제1차 검사항목으로 포함되며, 제2차 검사항목으로 보기 어렵다.
④ 생물학적 노출 지표검사는 보조적인 평가 도구로 사용되며, 제1차 검사항목에 해당한다.
⑤ 직업력 및 노출력 조사는 초기 평가(제1차)에 해당한다.
※ 산업안전보건법 시행규칙 별표 24

47
산업재해 중 업무상 부상에 해당하지 않는 것은?

① 출장 중 발생한 교통사고
② 사업장 시설에 의해 발생한 손 베임
③ 회사 행사 중 발생한 발목 골절
④ 분진 노출에 의해 발생한 비염
⑤ 출퇴근 중 넘어져 발생한 손목 염좌

해설

④ 업무상 부상에 해당하지 않는다. 분진 노출로 인한 비염은 업무상 질병에 해당한다. 업무상 부상은 갑작스럽고 외부적인 요인(사고)으로 인해 발생한 신체적 손상을 말하며, 만성적인 유해요소(분진 등)에 의한 질병은 업무상 질병으로 분류된다.
① 근로자가 출장 중 업무수행과 관련해 발생한 사고는 업무상 부상으로 인정된다.
② 사업장에서 작업 중 발생한 사고는 업무와 직접적으로 연관되므로 업무상 부상에 해당한다.
③ 회사가 주최한 공식 행사(체육대회, 워크숍 등)에서 발생한 사고는 업무와 연관된 것으로 보아 업무상 부상에 해당한다.
⑤ 출퇴근 재해로 인정되지만, 산업재해보상보험법 제37조에 따르면 업무상 재해에 포함되므로 업무상 부상에 해당한다.

48

역학에 관한 설명으로 옳은 것을 모두 고른 것은?

ㄱ. 지역사회의 건강인과 환자를 포함한 인구집단이 대상이다.
ㄴ. 질병과 요인 간의 연관성을 이론적 근거로 한다.
ㄷ. 진단결과는 정상 혹은 이상 여부로 한다.
ㄹ. 개인의 건강수준 향상을 목적으로 한다.

① ㄱ, ㄴ
② ㄱ, ㄷ
③ ㄴ, ㄷ
④ ㄱ, ㄷ, ㄹ
⑤ ㄴ, ㄷ, ㄹ

해설

ㄷ. 이는 개인의 임상 진단 과정에 해당하며, 역학에서는 집단의 질병 분포와 연관성을 파악한다.
ㄹ. 역학의 주된 목적은 집단의 건강 수준을 향상시키는 것이며, 개인보다는 공중보건 및 예방에 초점이 맞춰져 있다.
ㄱ. 역학은 특정 개인이 아니라 인구집단을 대상으로 질병 발생 및 분포를 연구하는 학문이다. 건강인과 환자 모두를 포함한다.
ㄴ. 역학은 질병과 환경적, 행동적, 생물학적 요인 간의 연관성을 파악하여 질병 예방 및 건강 증진 방안을 마련한다.

49

근로자건강진단 실무지침에서 "n-부탄올(1-부틸알코올)" 노출근로자에 대한 업무수행 적합 여부 평가 시 고려해야 할 건강상태에 해당되지 않는 것은?

① 중추 및 말초신경장해가 중한 자
② 피부질환이 중한 자
③ 심한 회화음역의 청력저하로 청력보호가 필요한 자
④ 알코올 중독
⑤ 위장질환자

> 해설

⑤ 위장질환자 : n-부탄올 노출과 위장질환 간의 직접적 관련성은 미미하며, 업무 적합성 평가의 주요 고려 대상이 아니다.

근로자 건강진단 실무지침에서 'n-부탄올(1-부틸알코올)' 노출 근로자의 업무 적합 여부를 평가할 때 주요 고려사항
- 중추 및 말초신경장해 : n-부탄올은 중추신경계 억제 작용이 있어, 신경계 손상이 중한 경우 업무 부적합으로 평가될 수 있다.
- 피부질환 : n-부탄올은 피부 자극성이 강하므로 피부질환이 중한 근로자는 업무 적합성 평가 시 주의가 필요하다.
- 청력보호 필요성 : n-부탄올은 이독성(ototoxicity) 물질로 알려져 있어, 청력보호가 중요한 고려사항이다.
- 알코올 중독 : n-부탄올과 같은 유기용제는 신경계에 영향을 미치므로, 알코올 중독자는 추가적인 중독 위험이 있어 업무 적합성 평가 시 중요한 요인이다.

50

여성화를 제조하는 A 사업장에서 작업환경을 측정하였더니 노말-헥산 10ppm, 크실렌 15ppm, 톨루엔 20ppm, 메틸에틸케톤 40ppm이 검출되었다. 이 물질들이 상가작용을 한다고 할 때, 노출지수로 옳은 것은?

① 0.90
② 0.95
③ 1.00
④ 1.05
⑤ 1.15

> 해설

- 노출농도(C)
  - 노말-헥산 : 10ppm
  - 크실렌 : 15ppm
  - 톨루엔 : 20ppm
  - 메틸에틸케톤(MEK) : 40ppm
- 노출기준(OEL)
  - 노말-헥산 : 50ppm
  - 크실렌 : 100ppm
  - 톨루엔 : 50ppm
  - MEK : 200ppm
- 상가작용 가정

  노출지수(E) 계산식 : $E = \sum \left(\dfrac{C_i}{OEL_i} \right)$

  - 노말-헥산 : $\dfrac{C}{OEL} = \dfrac{10}{50} = 0.2$
  - 크실렌 : $\dfrac{C}{OEL} = \dfrac{15}{100} = 0.15$
  - 톨루엔 : $\dfrac{C}{OEL} = \dfrac{20}{50} = 0.4$
  - 메틸에틸케톤(MEK) : $\dfrac{C}{OEL} = \dfrac{40}{200} = 0.2$

∴ 노출지수(E) = 0.2 + 0.15 + 0.4 + 0.2
  = 0.95

기업진단 · 지도

51

인사평가의 방법을 상대평가법과 절대평가법으로 구분할 때 상대평가법에 하는 기법을 모두 고른 것은?

> ㄱ. 서열법　　　　　　　　　ㄴ. 쌍대비교법
> ㄷ. 평정척도법　　　　　　　ㄹ. 강제할당법
> ㅁ. 행위기준척도법

① ㄱ, ㄴ, ㄷ
② ㄱ, ㄴ, ㄹ
③ ㄱ, ㄷ, ㄹ
④ ㄴ, ㄷ, ㅁ
⑤ ㄴ, ㄹ, ㅁ

해설

인사평가의 방법
- 상대평가법(relative evaluation method) : 평가 대상자를 서로 비교하여 서열이나 등급을 부여하는 방식이다.
  - 서열법 : 평가 대상자를 순위별로 나열하는 방식으로, 가장 간단한 상대평가 방법이다.
  - 쌍대비교법 : 두 사람씩 비교하여 상대적으로 우수한 사람을 선정하고, 그 결과로 순위를 결정하는 방법이다.
  - 강제할당법 : 평가 대상자들을 미리 정해진 비율(예 상위 10%, 중간 70%, 하위 20%)에 따라 강제로 할당하는 방식이다. 이는 비교를 통해 상대적 순위를 결정한다.
- 절대평가법(absolute evaluation method) : 기준에 따라 개별적으로 평가 대상자의 성과를 측정하는 방식이다.
  - 평정척도법 : 특정 기준에 따라 평가 대상자의 성과나 행동을 척도로 측정하는 방식이다. 상대적 비교 없이 평가한다.
  - 행위기준척도법(BARS) : 구체적인 행동 사례를 기준으로 평가척도를 작성하여 평가하는 방법이다. 개별적 평가에 초점이 맞춰져 있다.

정답 51 ②

52

기능별 부문화와 제품별 부문화를 결합한 조직구조는?

① 가상 조직(virtual organization)
② 하이퍼텍스트 조직(hypertext organization)
③ 애드호크라시(adhocracy)
④ 매트릭스 조직(matrix organization)
⑤ 네트워크 조직(network organization)

해설

④ 매트릭스 조직 : 조직환경이 복잡해지면서, 기능부서의 기술적 전문성이 요구되는 동시에 사업부서의 신속한 대응성의 필요가 증대되며 등장한 조직형태이다. 과거의 기능 중심적 구조와 현대의 업무 중심구조(프로젝트팀)의 이중적 구조를 말하며, 하나의 조직 내에서의 수직적 및 수평적 권한의 결합을 특징으로 한다.
① 가상 조직 : 기업환경이 수시로 바뀌기 때문에 핵심기능만 존재하고 본사사무실 위치마저도 언제 어디로 바뀔지 모르니 정해 놓을 필요도 없다. 어느 것 하나 확실하지 않기 때문에 임시의 기업형태만 갖추어 놓고 수시로 떼었다 붙였다 하도록 설계한 조직이다.
② 하이퍼텍스트 조직 : 학습자로 하여금 정보를 쉽고 융통성 있게 접근할 수 있도록 하는 방법 중의 하나가 하이퍼텍스트원리이다. 관료제와 태스크포스형 조직구조를 역동적으로 통합한 하이퍼텍스트형 조직은 양자의 강점을 이용할 수 있다. 즉 관료제의 효율성과 안정성이 태스크포스형의 유효성, 기동성과 결합되는 것이다. 즉 수직적 계층 조직의 장점인 효율성과 수평적 조직구조의 창의성을 모두 보유하여 지식의 창조, 축적, 활용에 적합한 조직구조를 의미한다.
③ 애드호크라시 : 관료제의 경직성, 대응성 부족, 변화에 무감각 등의 현상을 탈피하여 환경변화에 적응하고 신속하게 대응하는 체제로서의 임시적, 동태적, 유기적 조직을 총칭하는 개념이다.
⑤ 네트워크 조직 : 네트워크 조직은 기업경영의 핵심인 지식과 정조의 소통, 공유, 창조를 정보통신기술을 이용하여 조직구성원들이나 각 부서가 가지고 있는 정보와 지식을 전달, 공유시키거나 또 축적시켜 새롭게 창조되도록 하는 것이 중요하다. 조직구성원들은 서로 유기적인 연계를 위해 최대한의 연결망을 가진 조직으로서 물리적인 공간이나 장벽이 없어지는 가상 조직 형태를 취하기도 한다. 가상 조직의 경우 협력업체와 갈등해결 및 관계유지에 시간과 비용이 많이 소요된다.

53

아담스(J. Adams)의 공정성이론에서 투입과 산출의 내용 중 투입이 아닌 것은?

① 시간
② 노력
③ 임금
④ 경험
⑤ 창의성

해설

아담스(Adams)의 형평이론(equity theory)
공정성이론이라고도 부르며 조직 내의 개인이 자신이 업무에 투입한 것과 산출된 것이 준거 기준과 비교하여 차이가 있음을 인지하면 그 차이를 줄이기 위해 동기부여가 이루어진다는 이론이다. 여기서 투입(input)은 노력, 기술, 지식, 경험, 창의성 등과 같은 생산요소이며, 산출(output)은 일한 결과로 얻게 된 보상(대가)인 임금, 승진, 인정, 지위 등을 말한다.

54

집단의사결정 기법에 관한 설명으로 옳지 않은 것은?

① 델파이법(delphi technique)은 의사결정 시간이 짧아 긴박한 문제의 해결에 적합하다.
② 브레인스토밍(brainstorming)은 다른 참여자의 아이디어에 대해 비판할 수 없다.
③ 프리모텀(premortem) 기법은 어떤 프로젝트가 실패했다고 미리 가정하고 그 실패의 원인을 찾는 방법이다.
④ 지명반론자법은 악마의 옹호자(devil's advocate) 기법이라고도 하며, 집단사고의 위험을 줄이는 방법이다.
⑤ 명목집단법은 참여자들 간에 토론을 하지 못한다.

해설

① 델파이법(delphi technique)은 전문가 집단을 대상으로 의견을 서면으로 수집하고 반복적으로 피드백하여 합의된 결론을 도출하는 기법이다. 시간이 오래 걸리는 특징이 있어 긴박한 문제 해결에는 적합하지 않다.

55

부당노동행위 중 근로자가 어느 노동조합에 가입하지 아니할 것 또는 탈퇴할 것을 고용조건으로 하거나 특정한 노동조합의 조합원이 될 것을 고용조건으로 하는 행위는?

① 불이익대우
② 단체교섭거부
③ 지배·개입 및 경비원조
④ 정당한 단체행동참가에 대한 해고 및 불이익대우
⑤ 황견계약

해설

⑤ 황견계약 : 근로자가 특정 노동조합에 가입하지 않거나 탈퇴할 것을 고용조건으로 요구하거나, 특정 노동조합에 가입하도록 강요하는 행위를 말한다. 이는 부당노동행위로 간주되며, 노동자의 자유로운 단결권을 침해한다.
① 불이익대우 : 노동조합 활동을 이유로 근로자에게 불이익을 주는 행위이다. 승진 차별, 임금 삭감 등이 해당된다.
② 단체교섭거부 : 사용자가 노동조합과 정당한 이유 없이 단체교섭을 거부하거나 회피하는 행위를 말한다.
③ 지배·개입 및 경비원조 : 사용자가 노동조합의 설립이나 운영에 부당하게 개입하거나, 경비를 지원하는 등의 행위로 노동조합의 독립성을 침해하는 것을 말한다.
④ 정당한 단체행동참가에 대한 해고 및 불이익대우 : 노동자가 정당한 단체행동(파업 등)에 참여했다는 이유로 해고하거나 불이익을 주는 행위를 말한다.

56

식스 시그마(six sigma) 분석도구 중 품질 결함의 원인이 되는 잠재적인 요인들을 체계적으로 표현해 주며, fishbone diagram으로도 불리는 것은?

① 린 차트
② 파레토 차트
③ 가치흐름도
④ 원인결과 분석도
⑤ 프로세스 관리도

해설

④ 원인결과 분석도(cause and effect diagram) : 원인과 결과의 관계를 체계적으로 분석하여 결함이나 문제의 원인을 도출하는 도구이다. 주로 Ishikawa diagram(이시카와 다이어그램) 또는 fishbone diagram(생선뼈 다이어그램)이라고도 불린다. 품질 관리 및 문제 해결 과정에서 잠재적 원인을 분류하고 시각적으로 표현하는 데 유용하다.
① 린 차트(lean chart) : 린 생산에서 사용하는 도구로, 프로세스의 낭비를 제거하고 가치를 창출하는 데 초점을 둔다. 시간, 흐름, 자원 활용 등을 시각적으로 나타낸다.
② 파레토 차트(pareto chart) : 80 : 20 법칙(파레토 법칙)에 기반하여 주요 문제를 시각적으로 나타내는 차트이다. 품질 결함이나 문제를 빈도순으로 정렬하여 우선순위를 결정하는 데 사용된다.
③ 가치흐름도(value stream mapping) : 제품 또는 서비스가 고객에게 전달되기까지의 모든 프로세스를 시각적으로 나타내는 도구이다. 린 생산에서 흐름과 낭비를 분석하는 데 활용된다.
⑤ 프로세스 관리도(control chart) : 공정이 안정적으로 운영되고 있는지를 통계적 기법을 통해 모니터링하는 도구이며, 이상치나 변동성을 식별하여 품질을 관리한다.

57

수요를 예측하는 데 있어 과거 자료보다는 최근 자료가 더 중요한 역할을 한다는 논리에 근거한 지수평활법을 사용하여 수요를 예측하고자 한다. 다음 자료의 수요 예측값(F_t)은?

- 직전 기간의 지수평활 예측값(F_{t-1}) = 1,000
- 평활상수(α) = 0.05
- 직전 기간의 실제값(A_{t-1}) = 1,200

① 1,005
② 1,010
③ 1,015
④ 1,020
⑤ 1,200

해설

지수평활법의 수요예측값

당기예측치 = 전기예측치 + α(전기실적치 − 전기예측치) = (F_{t-1}) + $\alpha[(A_{t-1}) − (F_{t-1})]$
여기서, α : 평활상수
∴ 수요 예측값(F_t) = 1,000 + 0.05(1,200 − 1,000) = 1,010
※ 지수평활법 : 가중이동평균법의 일종, 단기예측에 적합하며 가장 최근의 실적치에 가장 큰 가중치를 부여하고 오래된 데이터의 가중치는 지수함수적으로 적게 적용한다.

정답 56 ④ 57 ②

58
재고량에 관한 의사결정을 할 때 고려해야 하는 재고유지 비용을 모두 고른 것은?

> ㄱ. 보관설비 비용
> ㄴ. 생산준비 비용
> ㄷ. 진부화 비용
> ㄹ. 품절 비용
> ㅁ. 보험 비용

① ㄱ, ㄴ, ㄷ
② ㄱ, ㄴ, ㄹ
③ ㄱ, ㄷ, ㅁ
④ ㄱ, ㄹ, ㅁ
⑤ ㄴ, ㄷ, ㄹ

해설

ㄱ. 보관설비 비용 : 재고를 저장하기 위해 필요한 창고 공간, 설비 사용료 등 물리적 보관과 관련된 비용이다.
ㄷ. 진부화 비용 : 재고가 시간이 지나면서 시장 가치가 하락하거나 쓸모없게 되는 비용을 의미한다. 특히 기술 변화가 빠른 산업에서 중요하게 고려된다.
ㅁ. 보험 비용 : 재고에 대한 보험료로, 재고 손실에 대비하여 드는 비용이다.
ㄴ. 생산준비 비용 : 주문을 실행하거나 생산을 준비하는 데 드는 비용으로, 재고유지 비용이 아닌 주문 비용이다.
ㄹ. 품절 비용 : 재고부족 비용에 해당하며, 고객 주문을 처리하지 못하거나, 생산이 중단될 때 발생하는 기회 비용이다.

59
서비스 수율관리(yield management)가 효과적으로 나타나는 경우가 아닌 것은?

① 변동비가 높고 고정비가 낮은 경우
② 재고가 저장성이 없어 시간이 지나면 소멸하는 경우
③ 예약으로 사전에 판매가 가능한 경우
④ 수요의 변동이 시기에 따라 큰 경우
⑤ 고객특성에 따라 수요를 세분화할 수 있는 경우

해설

서비스 수율관리(yield management)
주로 고정비가 높은 산업에서 수익을 극대화하기 위해 사용되는 기법이다. 고정비가 높은 산업, 시간에 따라 소멸하는 재고, 예약 가능성, 변동하는 수요, 고객 세분화 등과 같은 조건에서 가장 효과적이다. 예를 들어 항공업, 호텔업 등에서는 고정비(비행기 유지비, 호텔 건물 운영비)가 높기 때문에 좌석이나 객실의 사용률을 최대화하여 수익성을 높이는 것이 중요하다.

60

오건(D. Organ)이 범주화한 조직시민행동의 유형에서 불평, 불만, 험담 등을 하지 않고, 있지도 않은 문제를 과장해서 이야기하지 않는 행동에 해당하는 것은?

① 시민덕목(civic virtue)
② 이타주의(altruism)
③ 성실성(conscientiousness)
④ 스포츠맨십(sportsmanship)
⑤ 예의(courtesy)

해설

④ 스포츠맨십(sportsmanship) : 조직 내에서 불평, 불만, 험담 등을 하지 않고 긍정적인 태도를 유지하는 행동을 말한다. 사소한 문제나 불편을 과도하게 강조하지 않으며, 있지도 않은 문제를 과장하지 않는 태도를 포함한다. 조직의 조화를 깨뜨리지 않고 건설적인 태도를 보이는 것을 강조한다.
① 시민덕목(civic virtue) : 조직의 발전과 관련된 중요한 활동에 자발적으로 참여하거나 조직 전체의 이익을 위한 행동을 말한다.
② 이타주의(altruism) : 동료나 조직 구성원에게 도움을 제공하는 행동을 말한다.
③ 성실성(conscientiousness) : 조직의 규정을 자발적으로 준수하고 기대 이상으로 책임감 있는 행동을 하는 것이다.
⑤ 예의(courtesy) : 다른 사람에게 폐를 끼치지 않기 위해 사전에 배려하거나 주의를 기울이는 행동을 말한다.

61

직업 스트레스에 관한 설명으로 옳지 않은 것은?

① 비르(T. Beehr)와 프랜즈(T. Franz)는 직업 스트레스를 의학적 접근, 임상·상담적 접근, 공학심리학적 접근, 조직심리학적 접근 등 네 가지 다른 관점에서 설명할 수 있다고 제안하였다.
② 요구-통제 모델(demands-control model)은 업무량 이외에도 다양한 요구가 존재한다는 점을 인식하고, 이러한 다양한 요구가 종업원의 안녕과 동기에 미치는 영향을 연구한다.
③ 자원보존이론(conservation of resources theory)은 종업원들은 시간에 걸쳐 자원을 축적하려는 동기를 가지고 있으며, 자원의 실제적 손실 또는 손실의 위협이 그들에게 스트레스를 경험하게 한다고 주장한다.
④ 셀리에(H. Selye)의 일반적 적응증후군 모델은 경고(alarm), 저항(resistance), 소진(exhaustion)의 세 가지 단계로 구성된다.
⑤ 직업 스트레스 요인 중 역할 모호성(role ambiguity)은 종업원이 자신의 직무 기능과 책임이 무엇인지 불명확하게 느끼는 정도를 말한다.

해설

② 요구-통제 모델(demands-control model) : 직무 요구와 직무 통제 간의 관계를 설명하는 이론으로, 직무 요구가 높더라도 직무 통제(의사결정 권한, 작업 조절 능력)가 높으면 스트레스가 완화된다.

요구-자원 모델(demands-resources model) : 직무스트레스와 관련된 주요 이론으로, 직무 요구와 직무 자원이 어떻게 스트레스와 직무 만족에 영향을 미치는지 설명한다.
- 직무 요구(job demands) : 업무수행 시 에너지를 소모하게 하는 심리적·신체적 요구
  예 과도한 작업량, 시간 압박, 복잡한 업무
- 직무 자원(job resources) : 직무 요구를 관리하거나 심리적 성장 및 동기를 촉진하는 자원
  - 외적 자원 : 조직의 지원, 의사결정 참여, 상사의 피드백
  - 내적 자원 : 종업원의 심리적 대응 방식, 자기 효능감
- 완충 역할 : 직무 자원이 스트레스 요인(직무 요구)으로 인한 부정적 영향을 감소시키고, 개인의 동기와 직무수행력을 향상시키는 완충 효과(buffering effect)를 제공한다.

62

직무 만족을 측정하는 대표적인 척도인 직무기술지표(JDI ; Job Descriptive Index)의 하위 요인이 아닌 것은?

① 업무
② 동료
③ 관리 감독
④ 승진 기회
⑤ 작업 조건

해설

직무기술지표(JDI ; Job Descriptive Index)는 스미스(P.C. Smith), 켄달(L.M. Kendall), 훌린(C.L. Hulin)에 의해 1969년에 개발되었다. JDI는 직무 만족을 측정하기 위한 대표적인 도구로, 직무에 대한 구체적인 측면들을 평가한다. 이들은 직무 만족을 다차원적으로 평가하는 필요성을 인식하고, 5개의 주요 하위 요인을 체계화하여 측정 가능한 척도로 개발하였다. 직무에 대한 만족도를 구성하는 하위 요인으로 업무, 동료, 관리 감독, 승진 기회, 급여가 포함된다.

63

해크만(J. Hackman)과 올드햄(G. Oldham)의 직무특성이론은 5개의 핵심직무특성이 중요 심리상태라고 불리는 다음 단계와 직접적으로 연결된다고 주장하는데, '일의 의미감(meaningfulness) 경험'이라는 심리상태와 관련 있는 직무특성을 모두 고른 것은?

ㄱ. 기술 다양성	ㄴ. 과제 피드백
ㄷ. 과제 정체성	ㄹ. 자율성
ㅁ. 과제 중요성	

① ㄱ, ㄷ
② ㄱ, ㄷ, ㅁ
③ ㄴ, ㄹ, ㅁ
④ ㄷ, ㄹ, ㅁ
⑤ ㄴ, ㄷ, ㄹ, ㅁ

> [해설]

해크만(J. Hackman)과 올드햄(G. Oldham)의 직무특성이론(job characteristics theory)
- 직무 설계가 직원의 동기, 만족도, 성과에 미치는 영향을 설명하는 이론으로, 직무의 특정 특성이 중요 심리상태를 형성하고, 이로 인해 긍정적인 결과가 나타난다고 주장한다. 이 이론은 5개의 핵심직무특성(core job dimensions), 중요 심리상태(critical psychological states), 결과(outcomes), 그리고 개인적 조정 변수(personal and work outcomes)로 구성된다.
- 5개의 핵심직무특성(core job dimensions)
  - 기술 다양성(skill variety) : 직무수행에 요구되는 기술이나 활동의 다양성. 다양한 기술을 사용할수록 직원은 자신의 일을 더 흥미롭고 의미 있게 느낄 가능성이 높아진다.
  - 과제 정체성(task identity) : 직무가 완성된 전체 결과물로 이어지는 정도. 완전한 과정을 경험할수록 일에 대한 성취감을 느낄 가능성이 증가한다.
  - 과제 중요성(task significance) : 직무가 조직, 다른 사람, 또는 사회에 미치는 영향력의 정도. 일이 중요하다고 느낄수록 동기와 만족도가 높아진다.
  - 자율성(autonomy) : 직원이 직무를 수행하는 방법과 절차를 스스로 결정할 수 있는 정도. 자율성이 높을수록 책임감을 느끼며 동기와 성과가 향상된다.
  - 피드백(feedback) : 직무수행 결과에 대한 명확한 정보 제공. 자신이 잘하고 있는지 여부를 알게 되면 동기와 수행능력이 증가한다.

64

브룸(V. Vroom)의 기대이론(expectancy theory)에서 일정 수준의 행동이나 수행이 결과적으로 어떤 성과를 가져올 것이라는 믿음을 나타내는 것은?

① 기대(expectancy)
② 방향(direction)
③ 도구성(instrumentality)
④ 강도(intensity)
⑤ 유인가(valence)

> [해설]

브룸(V. Vroom)의 기대이론 : 유인가(valence), 수단(instrumentality), 기대(expectancy) 세 요인으로 구성되며, 그 첫 글자를 따서 VIE 모형이라고도 한다.

$$동기부여 = 기대감 \times 수단성 \times 유인가$$

- 기대감 : 노력했을 때 성과가 나타날 가능성에 대한 주관적인 인식으로 정의된다. 기대감은 노력과 성과 간의 관계이며, 전혀 성과가 나타나지 않는 기대치 0과 확실히 성과가 얻어지는 기대치 1 사이의 값으로 정해진다.
- 수단성(도구성) : 성과가 있을 때 보상이 주어질 가능성에 대한 주관적 인식을 말한다. 수단성은 성과로부터 보상을 얻을 수 있는 주관적인 확률로, 전혀 가능성이 없는 0의 값으로부터 확실하게 보상받을 수 있는 1의 값 사이에서 결정된다.
- 유인가(가치성) : 보상에 대한 욕구의 정도를 가리키는 것으로 개인에게 있어서 제공되는 보상의 중요성이나 가치를 의미한다. 따라서 가치성은 음의 값, 0, 양의 값을 모두 가질 수 있으며, −1에서 +1까지의 범위를 갖는다. 가치성이 양의 값을 가지는 경우는 보상을 좋아한다는 의미이고, 가치성이 0의 값인 경우는 보상에 관심이 없다는 뜻이다. 가치성이 음의 값인 경우는 보상을 싫어한다는 의미를 갖는다.

[정답] 64 ① · ③

65

라스무센(J. Rasmussen)의 수행수준이론에 관한 설명으로 옳은 것은?

① 실수(slip)의 기본적인 분류는 3가지 주제에 대한 것으로 의도형성에 따른 오류, 잘못된 활성화에 의한 오류, 잘못된 촉발에 의한 오류이다.
② 인간의 행동을 숙련(skill)에 바탕을 둔 행동, 규칙(rule)에 바탕을 둔 행동, 지식(knowledge)에 바탕을 둔 행동으로 분류한다.
③ 오류의 종류로 인간공학적 설계오류, 제작오류, 검사오류, 설치 및 보수오류, 조작오류, 취급오류를 제시한다.
④ 오류를 분류하는 방법으로 오류를 일으키는 원인에 의한 분류, 오류의 발생 결과에 의한 분류, 오류가 발생하는 시스템 개발단계에 의한 분류가 있다.
⑤ 사람들의 오류를 분석하고 심리수준에서 구체적으로 설명할 수 있는 모델이며 욕구체계, 기억체계, 의도체계, 행위체계가 존재한다.

해설
라스무센의 행동기반오류를 기반으로 한 휴먼에러(3개 수준으로 분류)
- 숙련기반행동(skill-based behavior) : 숙련되지 못해 발생하는 착오
- 규칙기반행동(rule-based behavior) : 규칙을 알지 못해 발생하는 착오
- 지식기반행동(knowledge-based behavior) : 무지로 발생하는 착오

66

착시를 크기 착시와 방향 착시로 구분하는 경우, 동일한 물리적인 길이와 크기를 가지는 선이나 형태를 다르게 지각하는 크기 착시에 해당하지 않는 것은?

① 뮐러리어(Müller-Lyer) 착시
② 폰조(Ponzo) 착시
③ 에빙하우스(Ebbinghaus) 착시
④ 포겐도르프(Poggendorf) 착시
⑤ 델뵈프(Delboeuf) 착시

해설

④ 포겐도르프(Poggendorff) 착시 : 평행하는 두 선분에 다른 선분(사선)을 엇갈리게 교차시킨 다음 평행선 안쪽의 사선 부분을 제거하면 평행선 바깥의 두 사선 부분이 어긋난(동일선상에 있지 않은) 것처럼 보이는 착시이다.
① 뮐러리어(Müller-Lyer) 착시 : 스타일화된 화살표로 구성된 착시현상을 말한다.
② 폰조(Ponzo) 착시 : 사다리꼴 모양에 같은 길이의 선을 수평으로 놓으면 위쪽에 있는 선이 더 길게 보이게 되는 착시현상을 말한다.
③ 에빙하우스 착시(Ebbinghaus illusion) 또는 티치너 원(Titchener circles) 착시 : 상대적 크기 인식의 착시다. 동일한 크기의 두 개의 원이 서로 가까이 배치되고, 하나는 큰 원으로 둘러싸이고 다른 하나는 작은 원으로 둘러싸여 있다. 원의 병치 결과, 큰 원으로 둘러싸인 중심 원은 작은 원으로 둘러싸인 중심 원보다 작게 보인다.
⑤ 델뵈프(Delboeuf) 착시 : 상대적 크기 인식의 착시현상이다. 가장 잘 알려진 유형의 착시현상에는 동일한 크기의 디스크가 서로 가까이 배치되어 있고 링으로 둘러싸여 있을 때 링이 가까울수록 둘러싸인 디스크가 다른 디스크보다 커 보이고 링이 멀면 다른 디스크보다 작아 보이는 것이 있다.

뮐러리어 착시	폰조 착시	에빙하우스 착시 (티치너 착시)	포겐도르프 착시	델뵈프 착시

67

집단(팀)에 관한 다음 설명에 해당하는 모델은?

- 집단이 발전함에 따라 다양한 단계를 거친다는 가정을 한다.
- 집단발달의 단계로 5단계(형성, 폭풍, 규범화, 성과, 해산)를 제시하였다.
- 시간의 경과에 따라 팀은 여러 단계를 왔다 갔다 반복하면서 발달한다.

① 캠피온(Campion)의 모델
② 맥그래스(McGrath)의 모델
③ 그래드스테인(Gladstein)의 모델
④ 해크만(Hackman)의 모델
⑤ 터크만(Tuckman)의 모델

해설

⑤ 터크만(Bruce Tuckman)의 집단발달 단계 모델(group development model) : 터크만은 집단(팀)이 발전하면서 형성(forming), 폭풍(storming), 규범화(norming), 성과(performing), 해산(adjourning)이라는 5단계를 거친다고 주장하였다.
① 캠피온(Campion)의 모델 : 주로 팀의 설계와 운영 효율성에 초점을 맞춘다. 팀의 구조적 요인들이 성과에 미치는 영향을 분석하였다.
② 맥그래스(McGrath)의 모델 : 팀의 작업과정이 성과를 결정짓는 주요 요인이라고 주장한다. 팀 내 작업 및 대인관계가 중요하다.
③ 그래드스테인(Gladstein)의 모델 : 팀의 작업환경과 팀원 간 상호작용이 성과에 중요한 영향을 미치며, 팀의 효과성은 입력(input), 과정(process), 결과(output)에 따라 결정된다고 주장하였다.
④ 해크만(Hackman)의 모델 : 팀이 효과적으로 작동하기 위한 필수 조건을 제시하며, 팀의 지속적 성장을 강조한다. 팀의 성공은 5가지 조건에 의해 결정된다고 보았다.
- 명확한 방향(compelling direction) : 명확하고 도전적인 목표 설정
- 적합한 팀 구성(enabling team structure) : 역할 분담 및 적절한 기술 구성
- 지원적 맥락(supportive context) : 충분한 자원과 보상 체계
- 효율적인 팀 코칭(effective coaching) : 팀원 간 피드백 및 격려
- 집단노력(team effort) : 성과와 팀원 만족도 간 균형 유지

68

산업재해이론 중 아담스(E. Adams)의 사고연쇄이론에 관한 설명으로 옳은 것은?

① 관리구조의 결함, 전술적 오류, 관리기술 오류가 연속적으로 발생하게 되며 사고와 재해로 이어진다.
② 불안전 상태와 불안전 행동을 어떻게 조절하고 관리할 것인가에 관심을 가지고 위험해결을 위한 노력을 기울인다.
③ 긴장 수준이 지나치게 높은 작업자가 사고를 일으키기 쉽고 작업수행의 질도 떨어진다.
④ 작업자의 주의력이 저하하거나 약화될 때 작업의 질은 떨어지고 오류가 발생해서 사고나 재해가 유발되기 쉽다.
⑤ 사고나 재해는 사고를 낸 당사자나 사고발생 당시의 불안전 행동, 그리고 불안전 행동을 유발하는 조건과 감독의 불안전 등이 동시에 나타날 때 발생한다.

해설

아담스의 사고연쇄이론
- 하인리히(H. Heinrich)의 도미노이론을 확장하여, 사고와 재해가 발생하는 과정을 더 세부적으로 분석한 이론이다. 이 이론은 사고가 불안전 행동, 불안전 상태, 그리고 이를 방치하거나 유발하는 관리적 결함에 의해 연쇄적으로 발생한다고 설명한다. 아담스는 특히 관리적 결함과 조직적인 안전관리의 중요성을 강조하며, 재해예방을 위한 관리자의 역할을 더욱 부각시켰다.
- 아담스는 사고 발생의 연쇄 과정은 다음의 과정을 통해 발생한다고 설명하였다.
  - 관리 결함 : 안전 시스템의 설계나 운영 과정에서 관리상의 결함이 발생
    예 안전 정책 미비, 지도 감독 부재, 안전 장비 미지급 등
  - 불안전 행동 및 상태 : 관리 결함은 작업자의 불안전 행동을 조장하거나 작업환경에 불안전 상태를 유발
    예 부주의한 행동, 장비 결함, 위험한 작업 조건 등
  - 사고 발생 : 불안전 행동이나 불안전 상태로 인해 사고가 발생
    예 미끄러짐, 충돌, 화재, 기계 사고 등
  - 재해 발생 : 사고로 인해 작업자가 부상을 입거나 사망하는 등의 재해가 발생
- 아담스 이론과 다른 재해이론 비교

이론	주요 초점	강조점
아담스의 사고연쇄이론	관리적 결함과 감독의 중요성	관리적 요소가 불안전 행동과 상태를 유발함
하인리히의 도미노이론	불안전 행동과 상태	행동과 상태의 제거를 통해 사고를 예방
리전의 스위스 치즈모델	시스템적 결함과 중첩된 위험	조직과 시스템에서의 다층적 보호 장치 필요

69

물체의 낙하 또는 비래 및 추락에 의한 위험을 방지 또는 경감하고, 머리 부위 감전에 의한 위험을 방지하기 위한 안전모의 종류(기호)는?

① A
② AB
③ AE
④ ABE
⑤ ABF

해설

추락 및 감전 위험방지용 안전모의 성능기준(보호구 안전인증 고시 별표 1)
안전모의 종류

종류(기호)	사용구분	비고
AB	물체의 낙하 또는 비래 및 추락에 의한 위험을 방지 또는 경감시키기 위한 것	
AE	물체의 낙하 또는 비래에 의한 위험을 방지 또는 경감하고, 머리 부위 감전에 의한 위험을 방지하기 위한 것	내전압성 (주1)
ABE	물체의 낙하 또는 비래 및 추락에 의한 위험을 방지 또는 경감하고, 머리 부위 감전에 의한 위험을 방지하기 위한 것	내전압성

(주1) 내전압성이란 7,000V 이하의 전압에 견디는 것을 말한다.

70

산업재해발생의 기본 원인 4M에 해당하지 않는 것은?

① Man
② Media
③ Machine
④ Mechanism
⑤ Management

해설

4M 분석

4M 분석은 산업재해의 원인을 다각도로 평가하여 재발방지대책을 수립하기 위한 중요한 방법론으로 널리 사용된다.
- Man(인간) : 작업자의 불안전한 행동, 부주의, 숙련 부족, 피로 등이 해당된다.
  예 안전규칙 위반, 작업자의 신체적·심리적 요인
- Machine(기계) : 기계의 고장, 설계 결함, 유지보수 부족, 보호장치 미비 등이 해당된다.
  예 정비 불량, 노후화된 기계
- Media(작업환경) : 작업환경의 위험요소로 소음, 온도, 조명, 환기 부족 등이 해당된다.
  예 소음으로 인한 집중력 저하, 작업장의 열악한 조명
- Management(관리) : 안전관리 미흡, 작업계획 부실, 감독 부족 등 조직적·관리적 문제가 해당된다.
  예 안전교육 미실시, 불충분한 위험 평가

71

안전보건경영시스템의 적용 범위 결정방법에 관한 지침상 안전보건경영시스템의 범위(경계) 결정의 핵심 과정을 모두 고른 것은?

> ㄱ. 핵심 작업 활동 관련 이슈를 파악하는 과정
> ㄴ. 안전·보건 관련 내부 및 외부 이슈를 파악하는 과정
> ㄷ. 근로자 및 기타 이해관계자의 니즈와 기대를 파악하는 과정

① ㄱ
② ㄱ, ㄴ
③ ㄱ, ㄷ
④ ㄴ, ㄷ
⑤ ㄱ, ㄴ, ㄷ

해설

안전보건경영시스템의 적용 범위 결정방법에 관한 지침

안전보건경영시스템의 범위(경계) 결정의 핵심 과정은 안전·보건 관련 내부 및 외부 이슈를 파악하는 과정, 근로자 및 기타 이해관계자의 니즈와 기대를 파악하는 과정, 그리고 핵심 작업 활동 관련 이슈이다.

72
fail-safe 기능면에서의 분류에 관한 설명으로 옳은 것을 모두 고른 것은?

> ㄱ. fail-active : 부품이 고장 났을 경우 통상 기계는 정지하는 방향으로 이동
> ㄴ. fail-passive : 부품이 고장 났을 경우 경보를 울리는 가운데 짧은 시간 동안 운전 가능
> ㄷ. fail-operational : 부품에 고장이 있더라도 기계는 추후 보수가 이루어질 때까지 안전한 기능 유지

① ㄱ
② ㄴ
③ ㄷ
④ ㄱ, ㄴ
⑤ ㄱ, ㄴ, ㄷ

해설

fail-safe 설계
다양한 상황에서 시스템의 신뢰성과 안전성을 확보하는 데 필수적이며, 각 분류는 적용되는 환경과 시스템의 위험 수준에 따라 선택된다.

분류	동작 특징	구체적 예시
fail-active	경고가 발생하며 안전한 상태로 제한 작동 또는 정지	자동차 ABS, 엘리베이터
fail-passive	경고와 함께 일부 기능 유지, 사용자 대응 가능	항공기 자동 조종, 배터리 관리 시스템
fail-operational	고장 후에도 완전한 기능 유지, 후속 보수 가능	항공기 이중 시스템, 전자식 스티어링

73
산업안전보건기준에 관한 규칙상 위험물질의 종류에 관한 내용이다. ( )에 들어갈 것으로 옳은 것은?

> • 부식성 산류 : 농도가 (ㄱ)% 이상인 인산, 아세트산, 불산, 그 밖에 이와 같은 정도 이상의 부식성을 가지는 물질
> • 부식성 염기류 : 농도가 (ㄴ)% 이상인 수산화나트륨, 수산화칼륨, 그 밖에 이와 같은 정도 이상의 부식성을 가지는 염기류

① ㄱ : 20, ㄴ : 40
② ㄱ : 40, ㄴ : 20
③ ㄱ : 50, ㄴ : 50
④ ㄱ : 50, ㄴ : 60
⑤ ㄱ : 60, ㄴ : 40

해설

위험물질의 종류(산업안전보건기준에 관한 규칙 별표 1)
부식성 물질
• 부식성 산류
 - 농도가 20% 이상인 염산, 황산, 질산, 그 밖에 이와 같은 정도 이상의 부식성을 가지는 물질
 - 농도가 60% 이상인 인산, 아세트산, 불산, 그 밖에 이와 같은 정도 이상의 부식성을 가지는 물질
• 부식성 염기류 : 농도가 40% 이상인 수산화나트륨, 수산화칼륨, 그 밖에 이와 같은 정도 이상의 부식성을 가지는 염기류

정답 72 ③ 73 ⑤

74

감전 시 응급조치에 관한 기술지침상 통전전류에 의한 영향에 관한 내용이다. ( )에 들어갈 것으로 옳은 것은?

종류	인체반응	전류치
(ㄱ)	짜릿함을 느끼는 정도	1~2mA
(ㄴ)	참을 수 있거나 고통스럽다	2~8mA

① ㄱ : 최소 감지전류 ㄴ : 고통전류
② ㄱ : 최소 감지전류 ㄴ : 가수전류
③ ㄱ : 가수전류 ㄴ : 고통전류
④ ㄱ : 불수전류 ㄴ : 가수전류
⑤ ㄱ : 심실세동전류 ㄴ : 고통전류

해설

통전전류에 의한 영향(감전 시 응급조치에 관한 기술지침)

종류	인체반응	전류치
최소 감지전류	찌릿함을 느끼는 정도	1~2mA
고통전류	참을 수 있거나 고통스럽다	2~8mA
가수전류	안전하게 스스로 접촉된 전원으로부터 떨어질 수 있는 최대한도의 전류	8~15mA
불수전류	전격을 받았음을 느끼면서 스스로 그 전원으로부터 떨어질 수 없는 전류	15~50mA
심실세동전류	심장의 기능을 잃게 되어 전원으로부터 떨어져도 수분 이내 사망	$\frac{155}{\sqrt{t}}$ mA (체중 57kg) $\frac{165}{\sqrt{t}}$ mA (체중 57kg)

75

인간공학적 동작경제원칙 내용으로 옳지 않은 것은?

① 양팔의 동작은 동시에 서로 반대방향으로 대칭적으로 움직이도록 한다.
② 손과 신체동작은 작업을 원만하게 수행할 수 있는 범위 내에서 가장 높은 동작 등급을 사용하도록 한다.
③ 가능하다면 낙하식 운반 방법을 사용한다.
④ 양손은 동시에 시작하고 동시에 끝나도록 한다.
⑤ 휴식시간을 제외하고는 양손이 동시에 쉬지 않도록 한다.

해설

인간공학적 동작경제원칙
작업 효율성을 높이고 피로를 줄이기 위해 고안된 원칙이다. 작업자는 가능한 에너지를 적게 소비하며 작업을 수행해야 하므로, 최소한의 힘과 동작으로 작업을 수행하도록 설계되어야 한다. 따라서 가장 높은 동작 등급이 아니라 최소한의 노력으로 동작이 이루어지는 범위에서 작업이 이루어져야 한다.
- 양손 동작의 동시성 : 양손을 효율적으로 사용
- 자연스러운 동작 범위 : 최소한의 에너지로 작업
- 중력 활용 : 중력을 활용한 운반 및 이동
- 불필요한 동작 제거 : 단순화와 반복적 동작 최소화

산업안전보건법령

01
산업안전보건법령상 산업안전보건위원회에 관한 내용으로 옳지 않은 것은?

① 사업주는 사업장의 안전 및 보건에 관한 중요 사항을 심의·의결하기 위하여 사업장에 근로자위원과 사용자위원이 같은 수로 구성되는 산업안전보건위원회를 구성·운영하여야 한다.
② 사업주는 공정안전보고서를 작성할 때 산업안전보건위원회가 설치되어 있지 아니한 사업장의 경우에는 근로자대표의 의견을 들어야 한다.
③ 산업안전보건위원회의 회의는 근로자위원 및 사용자위원 각 과반수의 출석으로 개의(開議)하고 출석위원 과반수의 찬성으로 의결한다.
④ 사업주는 산업안전보건위원회 또는 근로자대표가 요구하면 작업환경측정 결과에 대한 설명회 등을 개최하여야 한다.
⑤ 사업주는 산업안전보건위원회가 요구할 때에는 개별 근로자의 건강진단 결과를 본인의 동의가 없어도 공개할 수 있다.

해설

건강진단에 관한 사업주의 의무(산업안전보건법 제132조)
㉠ 사업주는 제129조부터 제131조까지의 규정에 따른 건강진단을 실시하는 경우 근로자대표가 요구하면 근로자대표를 참석시켜야 한다.
㉡ 사업주는 산업안전보건위원회 또는 근로자대표가 요구할 때에는 직접 또는 제129조부터 제131조까지의 규정에 따른 건강진단을 한 건강진단기관에 건강진단 결과에 대하여 설명하도록 하여야 한다. 다만, 개별 근로자의 건강진단 결과는 본인의 동의 없이 공개해서는 아니 된다.
㉢ 사업주는 제129조부터 제131조까지의 규정에 따른 건강진단의 결과를 근로자의 건강 보호 및 유지 외의 목적으로 사용해서는 아니 된다.
㉣ 사업주는 제129조부터 제131조까지의 규정 또는 다른 법령에 따른 건강진단의 결과 근로자의 건강을 유지하기 위하여 필요하다고 인정할 때에는 작업장소 변경, 작업 전환, 근로시간 단축, 야간근로(오후 10시부터 다음 날 오전 6시까지 사이의 근로를 말한다)의 제한, 작업환경측정 또는 시설·설비의 설치·개선 등 고용노동부령으로 정하는 바에 따라 적절한 조치를 하여야 한다.
㉤ ㉣에 따라 적절한 조치를 하여야 하는 사업주로서 고용노동부령으로 정하는 사업주는 그 조치 결과를 고용노동부령으로 정하는 바에 따라 고용노동부장관에게 제출하여야 한다.

산업안전보건위원회(산업안전보건법 제24조)
사업주는 사업장의 안전 및 보건에 관한 중요 사항을 심의·의결하기 위하여 사업장에 **근로자위원과 사용자위원이 같은 수로 구성**되는 산업안전보건위원회를 구성·운영하여야 한다.

공정안전보고서의 작성·제출(산업안전보건법 제44조)
사업주는 공정안전보고서를 작성할 때 산업안전보건위원회의 심의를 거쳐야 한다. 다만, 산업안전보건위원회가 설치되어 있지 아니한 사업장의 경우에는 근로자대표의 의견을 들어야 한다.

정답 1 ⑤

산업안전보건위원회의 회의 등(산업안전보건법 시행령 제37조)
회의는 근로자위원 및 사용자위원 각 과반수의 출석으로 개의(開議)하고 출석위원 과반수의 찬성으로 의결한다.

작업환경측정(산업안전보건법 제125조)
사업주는 산업안전보건위원회 또는 근로자대표가 요구하면 작업환경측정 결과에 대한 설명회 등을 개최하여야 한다. 이 경우 제3항에 따라 작업환경측정을 위탁하여 실시한 경우에는 작업환경측정기관에 작업환경측정 결과에 대하여 설명하도록 할 수 있다.

02

산업안전보건법령상 산업재해 발생에 관한 설명으로 옳지 않은 것은?

① 고용노동부장관은 산업재해로 인한 사망자가 연간 2명 이상 발생한 사업장의 경우 산업재해를 예방하기 위하여 산업재해 발생건수 등을 공표하여야 한다.
② 중대재해가 발생한 사실을 알게 된 사업주가 사업장 소재지를 관할하는 지방 고용노동관서의 장에게 보고하는 방법에는 전화·팩스가 포함된다.
③ 사업주는 산업재해조사표에 근로자대표의 확인을 받아야 하지만, 근로자대표가 없는 경우에는 재해자 본인의 확인을 받아 산업재해조사표를 제출할 수 있다.
④ 고용노동부장관은 중대재해가 발생하였을 때에는 그 원인 규명 또는 산업재해 예방대책 수립을 위하여 그 발생원인을 조사할 수 있다.
⑤ 사업주는 산업재해로 사망자가 발생한 경우에는 지체 없이 산업재해조사표를 작성하여 한국산업안전보건공단에 제출해야 한다.

해설

산업재해 발생 보고 등(산업안전보건법 시행규칙 제73조)
㉠ 사업주는 산업재해로 사망자가 발생하거나 3일 이상의 휴업이 필요한 부상을 입거나 질병에 걸린 사람이 발생한 경우에는 법 제57조 제3항에 따라 해당 산업재해가 발생한 날부터 1개월 이내에 별지 제30호 서식의 산업재해조사표를 작성하여 관할 지방고용노동관서의 장에게 제출(전자문서로 제출하는 것을 포함한다)해야 한다.
㉡ ㉠에도 불구하고 다음 모두에 해당하지 않는 사업주가 법률 제11882호 산업안전보건법 일부개정법률 제10조 제2항의 개정규정의 시행일인 2014년 7월 1일 이후 해당 사업장에서 처음 발생한 산업재해에 대하여 지방고용노동관서의 장으로부터 별지 제30호 서식의 산업재해조사표를 작성하여 제출하도록 명령을 받은 경우 그 명령을 받은 날부터 15일 이내에 이를 이행한 때에는 ㉠에 따른 보고를 한 것으로 본다. ㉠에 따른 보고기한이 지난 후에 자진하여 별지 제30호 서식의 산업재해조사표를 작성·제출한 경우에도 또한 같다.
  1. 안전관리자 또는 보건관리자를 두어야 하는 사업주
  2. 법 제62조 제1항에 따라 안전보건총괄책임자를 지정해야 하는 도급인
  3. 법 제73조 제2항에 따라 건설재해예방전문지도기관의 지도를 받아야 하는 건설공사도급인(법 제69조 제1항의 건설공사도급인을 말한다. 이하 같다)
  4. 산업재해 발생사실을 은폐하려고 한 사업주
㉢ 사업주는 ㉠에 따른 산업재해조사표에 근로자대표의 확인을 받아야 하며, 그 기재 내용에 대하여 근로자대표의 이견이 있는 경우에는 그 내용을 첨부해야 한다. 다만, 근로자대표가 없는 경우에는 재해자 본인의 확인을 받아 산업재해조사표를 제출할 수 있다.
㉣ ㉠부터 ㉢까지의 규정에서 정한 사항 외에 산업재해발생 보고에 필요한 사항은 고용노동부장관이 정한다.
㉤ 산업재해보상보험법 제41조에 따라 요양급여의 신청을 받은 근로복지공단은 지방고용노동관서의 장 또는 공단으로부터 요양신청서 사본, 요양업무 관련 전산입력자료, 그 밖에 산업재해예방업무 수행을 위하여 필요한 자료의 송부를 요청받은 경우에는 이에 협조해야 한다.

03

산업안전보건법령상 상시근로자 수가 200명인 경우에 안전보건관리규정을 작성해야 하는 사업의 종류에 해당하는 것은?

① 농업
② 정보서비스업
③ 부동산 임대업
④ 금융 및 보험업
⑤ 사업지원 서비스업

해설

안전보건관리규정을 작성해야 할 사업의 종류 및 상시근로자 수(산업안전보건법 시행규칙 별표 2)

사업의 종류	상시근로자 수
1. 농업 2. 어업 3. 소프트웨어 개발 및 공급업 4. 컴퓨터 프로그래밍, 시스템 통합 및 관리업 4의2. 영상·오디오물 제공 서비스업 5. 정보서비스업 6. 금융 및 보험업 7. 임대업 ; 부동산 제외 8. 전문, 과학 및 기술 서비스업(연구개발업은 제외한다) 9. 사업지원 서비스업 10. 사회복지 서비스업	300명 이상
11. 1.부터 10.까지의 사업을 제외한 사업	100명 이상

04

산업안전보건법령상 근로자의 안전 및 보건에 유해하거나 위험한 작업으로서 사업주가 이를 도급하여 자신의 사업장에서 수급인의 근로자가 그 작업을 하도록 해서는 아니 되는 작업을 모두 고른 것은?(단, 제시된 내용 외의 다른 상황은 고려하지 않음)

> ㄱ. 도금작업
> ㄴ. 수은을 제련, 주입, 가공 및 가열하는 작업
> ㄷ. 카드뮴을 제련, 주입, 가공 및 가열하는 작업
> ㄹ. 망간을 제련, 주입, 가공 및 가열하는 작업

① ㄱ
② ㄹ
③ ㄱ, ㄴ, ㄷ
④ ㄴ, ㄷ, ㄹ
⑤ ㄱ, ㄴ, ㄷ, ㄹ

정답 3 ③ 4 ③

해설

유해한 작업의 도급금지(산업안전보건법 제58조)
㉠ 사업주는 근로자의 안전 및 보건에 유해하거나 위험한 작업으로서 다음 어느 하나에 해당하는 작업을 도급하여 자신의 사업장에서 수급인의 근로자가 그 작업을 하도록 해서는 아니 된다.
  1. 도금작업
  2. 수은, 납 또는 카드뮴을 제련, 주입, 가공 및 가열하는 작업
  3. 제118조 제1항에 따른 허가대상물질을 제조하거나 사용하는 작업
㉡ 사업주는 ㉠에도 불구하고 다음의 어느 하나에 해당하는 경우에는 ㉠ 각 호에 따른 작업을 도급하여 자신의 사업장에서 수급인의 근로자가 그 작업을 하도록 할 수 있다.
  1. 일시·간헐적으로 하는 작업을 도급하는 경우
  2. 수급인이 보유한 기술이 전문적이고 사업주(수급인에게 도급을 한 도급인으로서의 사업주를 말한다)의 사업 운영에 필수 불가결한 경우로서 고용노동부장관의 승인을 받은 경우

05

산업안전보건법령상 안전보건표지에 관한 설명으로 옳은 것은?

① 지시표지의 색채는 바탕은 파란색, 관련 그림은 흰색으로 한다.
② 방사성물질 경고의 경고표지는 바탕은 무색, 기본모형은 빨간색으로 한다.
③ 안전보건표지의 성질상 설치하거나 부착하는 것이 곤란한 경우에도 해당 물체에 직접 도색할 수 없다.
④ 외국인근로자의 고용 등에 관한 법률 제2조에 따른 외국인근로자를 사용하는 사업주는 안전보건표지를 고용노동부장관이 정하는 바에 따라 해당 외국인근로자의 모국어와 영어로 작성하여야 한다.
⑤ 안전보건표지의 표시를 명확히 하기 위하여 필요한 경우에는 그 안전보건표지의 주위에 표시사항을 글자로 덧붙여 적을 수 있으며, 이 경우 그 글자는 검정색 바탕에 노란색 한글고딕체로 표기해야 한다.

해설

안전보건표지의 설치·부착(산업안전보건법 제37조)
- 사업주는 유해하거나 위험한 장소·시설·물질에 대한 경고, 비상시에 대처하기 위한 지시·안내 또는 그 밖에 근로자의 안전 및 보건 의식을 고취하기 위한 사항 등을 그림, 기호 및 글자 등으로 나타낸 표지(이하 안전보건표지)를 근로자가 쉽게 알아볼 수 있도록 설치하거나 붙여야 한다. 이 경우 외국인근로자의 고용 등에 관한 법률 제2조에 따른 외국인근로자(같은 조 단서에 따른 사람을 포함한다)를 사용하는 사업주는 안전보건표지를 고용노동부장관이 정하는 바에 따라 해당 외국인근로자의 모국어로 작성하여야 한다.
- 안전보건표지의 종류, 형태, 색채, 용도 및 설치·부착 장소, 그 밖에 필요한 사항은 고용노동부령으로 정한다.

안전보건표지의 종류·형태·색채 및 용도 등(산업안전보건법 시행규칙 제38조)
- 법 제37조 제2항에 따른 안전보건표지의 종류와 형태는 별표 6과 같고, 그 용도, 설치·부착 장소, 형태 및 색채는 별표 7과 같다.
- 안전보건표지의 표시를 명확히 하기 위하여 필요한 경우에는 그 안전보건표지의 주위에 표시사항을 글자로 덧붙여 적을 수 있다. 이 경우 글자는 흰색 바탕에 검은색 한글고딕체로 표기해야 한다.
- 안전보건표지에 사용되는 색채의 색도기준 및 용도는 별표 8과 같고, 사업주는 사업장에 설치하거나 부착한 안전보건표지의 색도기준이 유지되도록 관리해야 한다.
- 안전보건표지에 관하여 법 또는 법에 따른 명령에서 규정하지 않은 사항으로서 다른 법 또는 다른 법에 따른 명령에서 규정한 사항이 있으면 그 부분에 대해서는 그 법 또는 명령을 적용한다.

안전보건표지의 설치 등(산업안전보건법 시행규칙 제39조)
- 사업주는 법 제37조에 따라 안전보건표지를 설치하거나 부착할 때에는 별표 7의 구분에 따라 근로자가 쉽게 알아볼 수 있는 장소·시설 또는 물체에 설치하거나 부착해야 한다.
- 사업주는 안전보건표지를 설치하거나 부착할 때에는 흔들리거나 쉽게 파손되지 않도록 견고하게 설치하거나 부착해야 한다.
- 안전보건표지의 성질상 설치하거나 부착하는 것이 곤란한 경우에는 해당 물체에 직접 도색할 수 있다.

안전보건표지의 종류별 용도, 설치·부착 장소, 형태 및 색채(산업안전보건법 시행규칙 별표 7)

분류	종류	색채
금지표지	출입금지, 보행금지, 차량통행금지, 사용금지, 탑승금지, 금연, 화기금지, 물체이동금지	바탕은 흰색, 기본모형은 빨간색, 관련 부호 및 그림은 검은색
경고표지	인화성물질 경고, 산화성물질 경고, 폭발성물질 경고, 급성독성물질 경고, 부식성물질 경고, 방사성물질 경고, 고압전기 경고, 매달린 물체 경고, 낙하물체 경고, 고온 경고, 저온 경고, 몸균형 상실 경고, 레이저광선 경고, 발암성·변이원성·생식독성·전신독성·호흡기과민성 물질 경고, 위험장소 경고	바탕은 노란색, 기본모형, 관련 부호 및 그림은 검은색 다만, 인화성물질 경고, 산화성물질 경고, 폭발성물질 경고, 급성독성물질 경고, 부식성물질 경고 및 발암성·변이원성·생식독성·전신독성·호흡기과민성 물질 경고의 경우 바탕은 무색, 기본모형은 빨간색(검은색도 가능)
지시표지	보안경 착용, 방독마스크 착용, 방진마스크 착용, 보안면 착용, 안전모 착용, 귀마개 착용, 안전화 착용, 안전장갑 착용, 안전복 착용	바탕은 파란색, 관련 그림은 흰색
안내표지	녹십자표지, 응급구호표지, 들것, 세안장치, 비상용기구, 비상구, 좌측비상구, 우측비상구	바탕은 흰색, 기본모형 및 관련 부호는 녹색, 바탕은 녹색, 관련 부호 및 그림은 흰색
출입금지표지	허가대상유해물질 취급, 석면취급 및 해체·제거, 금지유해물질 취급	글자는 흰색바탕에 흑색 다음 글자는 적색 • ○○○제조/사용/보관 중 • 석면취급/해체 중 • 발암물질 취급 중

06

산업안전보건법령상 안전보건관리책임자에 관한 설명으로 옳지 않은 것은?

① 안전보건관리책임자는 안전관리자와 보건관리자를 지휘·감독한다.
② 사업주가 안전보건관리책임자에게 총괄하여 관리하도록 하여야 하는 사항에는 해당 사업장의 산업안전보건법 제36조(위험성평가의 실시)에 따른 위험성평가의 실시에 관한 사항도 포함된다.
③ 상시근로자 수가 100명인 1차 금속 제조업의 사업장에는 안전보건관리책임자를 두어야 한다.
④ 건설업의 경우 공사금액이 10억 원인 사업장에는 안전보건관리책임자를 두어야 한다.
⑤ 사업주는 안전보건관리책임자의 선임에 관한 서류를 3년 동안 보존하여야 한다.

해설

안전보건관리책임자를 두어야 하는 사업의 종류 및 사업장의 상시근로자 수(산업안전보건법 시행령 별표 2)

사업의 종류	사업장의 상시근로자 수
1. 토사석 광업 2. 식료품 제조업, 음료 제조업 3. 목재 및 나무제품 제조업 ; 가구 제외 4. 펄프, 종이 및 종이제품 제조업 5. 코크스, 연탄 및 석유정제품 제조업 6. 화학물질 및 화학제품 제조업 ; 의약품 제외 7. 의료용 물질 및 의약품 제조업 8. 고무 및 플라스틱제품 제조업 9. 비금속 광물제품 제조업 10. 1차 금속 제조업 11. 금속가공제품 제조업 ; 기계 및 가구 제외 12. 전자부품, 컴퓨터, 영상, 음향 및 통신장비 제조업 13. 의료, 정밀, 광학기기 및 시계 제조업 14. 전기장비 제조업 15. 기타 기계 및 장비 제조업 16. 자동차 및 트레일러 제조업 17. 기타 운송장비 제조업 18. 가구 제조업 19. 기타 제품 제조업 20. 서적, 잡지 및 기타 인쇄물 출판업 21. 해체, 선별 및 원료 재생업 22. 자동차 종합 수리업, 자동차 전문 수리업	상시근로자 50명 이상
23. 농업 24. 어업 25. 소프트웨어 개발 및 공급업 26. 컴퓨터 프로그래밍, 시스템 통합 및 관리업 26의2. 영상·오디오물 제공 서비스업 27. 정보서비스업 28. 금융 및 보험업 29. 임대업 ; 부동산 제외 30. 전문, 과학 및 기술 서비스업(연구개발업은 제외한다) 31. 사업지원 서비스업 32. 사회복지 서비스업	상시근로자 300명 이상
33. 건설업	공사금액 20억 원 이상
34. 1.부터 33.까지의 사업을 제외한 사업	상시근로자 100명 이상

07

산업안전보건법령상 안전관리자 및 보건관리자 등에 관한 설명으로 옳지 않은 것은?

① 지방고용노동관서의 장은 보건관리자가 질병으로 1개월 이상 직무를 수행할 수 없게 된 경우에는 사업주에게 보건관리자를 정수 이상으로 증원하게 할 것을 명할 수 있다.
② 건설업을 제외한 사업으로서 상시근로자 300명 미만을 사용하는 사업장의 사업주는 안전관리전문기관에 안전관리자의 업무를 위탁할 수 있다.
③ 전기장비 제조업 중 상시근로자 300명 이상을 사용하는 사업장의 사업주는 보건관리자에게 보건관리자의 업무만을 전담하도록 하여야 한다.
④ 식료품 제조업 중 상시근로자 300명 이상을 사용하는 사업장의 사업주는 안전관리자에게 안전관리자의 업무만을 전담하도록 하여야 한다.
⑤ 안전관리자와 보건관리자가 수행하는 업무에는 산업안전보건위원회 또는 안전 및 보건에 관한 노사협의체에서 심의·의결한 업무도 포함된다.

해설

안전관리자 등의 증원·교체임명 명령(산업안전보건법 시행규칙 제12조)
㉠ 지방고용노동관서의 장은 다음 어느 하나에 해당하는 사유가 발생한 경우에는 법 제17조 제4항·제18조 제4항 또는 제19조 제3항에 따라 사업주에게 안전관리자·보건관리자 또는 안전보건관리담당자(이하 관리자)를 정수 이상으로 증원하게 하거나 교체하여 임명할 것을 명할 수 있다. 다만, 4.에 해당하는 경우로서 직업성 질병자 발생 당시 사업장에서 해당 화학적 인자(因子)를 사용하지 않은 경우에는 그렇지 않다.
  1. 해당 사업장의 연간재해율이 같은 업종의 평균재해율의 2배 이상인 경우
  2. 중대재해가 연간 2건 이상 발생한 경우. 다만, 해당 사업장의 전년도 사망만인율이 같은 업종의 평균 사망만인율 이하인 경우는 제외한다.
  3. 관리자가 질병이나 그 밖의 사유로 3개월 이상 직무를 수행할 수 없게 된 경우
  4. 별표 22 제1호에 따른 화학적 인자로 인한 직업성 질병자가 연간 3명 이상 발생한 경우. 이 경우 직업성 질병자의 발생일은 산업재해보상보험법 시행규칙 제21조 제1항에 따른 요양급여의 결정일로 한다.
㉡ ㉠에 따라 관리자를 정수 이상으로 증원하게 하거나 교체하여 임명할 것을 명하는 경우에는 미리 사업주 및 해당 관리자의 의견을 듣거나 소명자료를 제출받아야 한다. 다만, 정당한 사유 없이 의견진술 또는 소명자료의 제출을 게을리한 경우에는 그렇지 않다.
㉢ ㉠에 따른 관리자의 정수 이상 증원 및 교체임명 명령은 별지 제4호 서식에 따른다.

08

산업안전보건법령상 관계수급인 근로자가 도급인의 사업장에서 작업을 하는 경우 도급인이 이행해야 하는 사항에 해당하는 것을 모두 고른 것은?

> ㄱ. 작업장 순회점검
> ㄴ. 관계수급인이 산업안전보건법 제29조(근로자에 대한 안전보건교육) 제1항에 따라 근로자에게 정기적으로 하는 안전보건교육을 위한 장소 및 자료의 제공 등 지원
> ㄷ. 도급인과 수급인을 구성원으로 하는 안전 및 보건에 관한 협의체의 구성 및 운영
> ㄹ. 작업장소에서 발파작업을 하는 경우에 대비한 경보체계 운영과 대피방법 등 훈련

① ㄱ
② ㄴ, ㄹ
③ ㄷ, ㄹ
④ ㄱ, ㄴ, ㄷ
⑤ ㄱ, ㄴ, ㄷ, ㄹ

해설

도급에 따른 산업재해 예방조치(산업안전보건법 제64조)

㉠ 도급인은 관계수급인 근로자가 도급인의 사업장에서 작업을 하는 경우 다음 사항을 이행하여야 한다.
　1. 도급인과 수급인을 구성원으로 하는 안전 및 보건에 관한 협의체의 구성 및 운영
　2. 작업장 순회점검
　3. 관계수급인이 근로자에게 하는 제29조 제1항부터 제3항까지의 규정에 따른 안전보건교육을 위한 장소 및 자료의 제공 등 지원
　4. 관계수급인이 근로자에게 하는 제29조 제3항에 따른 안전보건교육의 실시 확인
　5. 다음 어느 하나의 경우에 대비한 경보체계 운영과 대피방법 등 훈련
　　가. 작업장소에서 발파작업을 하는 경우
　　나. 작업장소에서 화재·폭발, 토사·구축물 등의 붕괴 또는 지진 등이 발생한 경우
　6. 위생시설 등 고용노동부령으로 정하는 시설의 설치 등을 위하여 필요한 장소의 제공 또는 도급인이 설치한 위생시설 이용의 협조
　7. 같은 장소에서 이루어지는 도급인과 관계수급인 등의 작업에 있어서 관계수급인 등의 작업시기·내용, 안전조치 및 보건조치 등의 확인
　8. 7.에 따른 확인 결과 관계수급인 등의 작업 혼재로 인하여 화재·폭발 등 대통령령으로 정하는 위험이 발생할 우려가 있는 경우 관계수급인 등의 작업시기·내용 등의 조정
㉡ ㉠에 따른 도급인은 고용노동부령으로 정하는 바에 따라 자신의 근로자 및 관계수급인 근로자와 함께 정기적으로 또는 수시로 작업장의 안전 및 보건에 관한 점검을 하여야 한다.
㉢ ㉠에 따른 안전 및 보건에 관한 협의체 구성 및 운영, 작업장 순회점검, 안전보건교육 지원, 그 밖에 필요한 사항은 고용노동부령으로 정한다.

09

산업안전보건법령상 주요 구조 부분을 변경하는 경우 안전인증을 받아야 하는 기계 및 설비에 해당하지 않는 것은?(단, 안전인증을 면제받는 경우는 고려하지 않음)

① 원심기
② 프레스
③ 롤러기
④ 압력용기
⑤ 고소작업대

해설

안전인증대상기계 등(산업안전보건법 시행규칙 제107조)
법 제84조 제1항에서 "고용노동부령으로 정하는 안전인증대상기계 등"이란 다음 기계 및 설비를 말한다.
- 설치·이전하는 경우 안전인증을 받아야 하는 기계 : 크레인, 리프트, 곤돌라
- 주요 구조 부분을 변경하는 경우 안전인증을 받아야 하는 기계 및 설비 : 프레스, 전단기 및 절곡기(折曲機), 크레인, 리프트, 압력용기, 롤러기, 사출성형기(射出成形機), 고소(高所)작업대, 곤돌라

10

산업안전보건법령상 용어의 정의로 옳은 것은?

① "작업환경측정"이란 작업환경 실태를 파악하기 위하여 해당 근로자 또는 작업장에 대하여 사업주가 유해인자에 대한 측정계획을 수립한 후 시료(試料)를 채취하고 분석·평가하는 것을 말한다.
② "중대재해"란 근로자가 사망하거나 부상을 입을 수 있는 설비에서의 누출·화재·폭발 사고를 말한다.
③ "건설공사발주자"란 건설공사를 도급하는 자로서 건설공사의 시공을 주도하여 총괄·관리하는 자를 말한다.
④ "산업재해"란 근로자가 업무에 관계되는 건설물·설비·원재료·가스·증기·분진 등에 의하거나 작업 또는 그 밖의 업무로 인하여 사망 또는 3일 이상의 휴업이 필요한 질병에 걸리는 것을 말한다.
⑤ "위험성평가"란 산업재해를 예방하기 위하여 잠재적 위험성을 발견하고 그 개선대책을 수립할 목적으로 조사·평가하는 것을 말한다.

해설

정의(산업안전보건법 제2조)
- "산업재해"란 노무를 제공하는 사람이 업무에 관계되는 건설물·설비·원재료·가스·증기·분진 등에 의하거나 작업 또는 그 밖의 업무로 인하여 사망 또는 부상하거나 질병에 걸리는 것을 말한다.
- "중대재해"란 산업재해 중 사망 등 재해 정도가 심하거나 다수의 재해자가 발생한 경우로서 고용노동부령으로 정하는 재해를 말한다.
- "근로자"란 근로기준법 제2조 제1항 제1호에 따른 근로자를 말한다.
- "사업주"란 근로자를 사용하여 사업을 하는 자를 말한다.
- "근로자대표"란 근로자의 과반수로 조직된 노동조합이 있는 경우에는 그 노동조합을, 근로자의 과반수로 조직된 노동조합이 없는 경우에는 근로자의 과반수를 대표하는 자를 말한다.
- "도급"이란 명칭에 관계없이 물건의 제조·건설·수리 또는 서비스의 제공, 그 밖의 업무를 타인에게 맡기는 계약을 말한다.
- "도급인"이란 물건의 제조·건설·수리 또는 서비스의 제공, 그 밖의 업무를 도급하는 사업주를 말한다. 다만, 건설공사발주자는 제외한다.
- "수급인"이란 도급인으로부터 물건의 제조·건설·수리 또는 서비스의 제공, 그 밖의 업무를 도급받은 사업주를 말한다.
- "관계수급인"이란 도급이 여러 단계에 걸쳐 체결된 경우에 각 단계별로 도급받은 사업주 전부를 말한다.
- "건설공사발주자"란 건설공사를 도급하는 자로서 건설공사의 시공을 주도하여 총괄·관리하지 아니하는 자를 말한다. 다만, 도급받은 건설공사를 다시 도급하는 자는 제외한다.
- "건설공사"란 다음의 어느 하나에 해당하는 공사를 말한다.
  - 건설산업기본법 제2조 제4호에 따른 건설공사
  - 전기공사업법 제2조 제1호에 따른 전기공사
  - 정보통신공사업법 제2조 제2호에 따른 정보통신공사
  - 소방시설공사업법에 따른 소방시설공사
  - 국가유산수리 등에 관한 법률에 따른 국가유산 수리공사
- "안전보건진단"이란 산업재해를 예방하기 위하여 잠재적 위험성을 발견하고 그 개선대책을 수립할 목적으로 조사·평가하는 것을 말한다.
- "작업환경측정"이란 작업환경 실태를 파악하기 위하여 해당 근로자 또는 작업장에 대하여 사업주가 유해인자에 대한 측정계획을 수립한 후 시료(試料)를 채취하고 분석·평가하는 것을 말한다.

정의(사업장 위험성평가에 관한 지침 제3조)
- "유해·위험요인"이란 유해·위험을 일으킬 잠재적 가능성이 있는 것의 고유한 특징이나 속성을 말한다.
- "위험성"이란 유해·위험요인이 사망, 부상 또는 질병으로 이어질 수 있는 가능성과 중대성 등을 고려한 위험의 정도를 말한다.
- "위험성평가"란 사업주가 스스로 유해·위험요인을 파악하고 해당 유해·위험요인의 위험성 수준을 결정하여, 위험성을 낮추기 위한 적절한 조치를 마련하고 실행하는 과정을 말한다.

11

산업안전보건법령상 유해하거나 위험한 기계·기구에 대한 방호조치 등에 관한 설명으로 옳은 것을 모두 고른 것은?

> ㄱ. 진공포장기·래핑기를 제외한 포장기계에는 구동부 방호 연동장치를 설치해야 한다.
> ㄴ. 회전기계에 물체 등이 말려들어 갈 부분이 있는 기계는 물림점을 묻힘형으로 하여야 한다.
> ㄷ. 예초기 및 금속절단기에는 날접촉 예방장치를 설치해야 하고, 원심기에는 회전체 접촉 예방장치를 설치해야 한다.
> ㄹ. 근로자가 방호조치를 해체하려는 경우에는 사업주의 허가를 받아야 한다.

① ㄱ
② ㄱ, ㄴ
③ ㄴ, ㄷ
④ ㄷ, ㄹ
⑤ ㄱ, ㄷ, ㄹ

해설

방호조치(산업안전보건법 시행규칙 제98조)

㉠ 법 제80조 제1항에 따라 영 제70조 및 영 별표 20의 기계·기구에 설치해야 할 방호장치는 다음과 같다.
 1. 영 별표 20 제1호에 따른 예초기 : 날접촉 예방장치
 2. 영 별표 20 제2호에 따른 원심기 : 회전체 접촉 예방장치
 3. 영 별표 20 제3호에 따른 공기압축기 : 압력방출장치
 4. 영 별표 20 제4호에 따른 금속절단기 : 날접촉 예방장치
 5. 영 별표 20 제5호에 따른 지게차 : 헤드 가드, 백레스트(backrest), 전조등, 후미등, 안전벨트
 6. 영 별표 20 제6호에 따른 포장기계 : 구동부 방호 연동장치
㉡ 법 제80조 제2항에서 "고용노동부령으로 정하는 방호조치"란 다음 방호조치를 말한다.
 1. 작동 부분의 돌기 부분은 묻힘형으로 하거나 덮개를 부착할 것
 2. 동력전달 부분 및 속도조절 부분에는 덮개를 부착하거나 방호망을 설치할 것
 3. 회전기계의 물림점(롤러나 톱니바퀴 등 반대방향의 두 회전체에 물려 들어가는 위험점)에는 덮개 또는 울을 설치할 것
㉢ ㉠ 및 ㉡에 따른 방호조치에 필요한 사항은 고용노동부장관이 정하여 고시한다.

방호장치(위험기계·기구 방호조치 기준 제21조)

진공포장기 및 랩핑기의 다음 부위에는 개방 시 기계의 작동이 정지되는 구조의 구동부 방호 연동장치를 설치하여야 한다. 다만, 연동회로의 구성이 곤란한 부위에는 고정식 방호가드를 설치하여야 한다.
- 릴 풀림장치 등 구동부
- 열 봉합장치 등 고열발생 부위
- 포장 릴(릴 풀림장치 포함) 주변
- 자동 스플라이싱 장치 주변
- 포장재 절단용 칼날 주변

정답 11 ④

12

산업안전보건법 시행규칙의 일부이다. ( )에 들어갈 숫자로 옳은 것은?

■ 산업안전보건법 시행규칙 [별표 4]
안전보건교육 교육과정별 교육시간(제26조 제1항 등 관련)
1. 근로자 안전보건교육(제26조 제1항, 제28조 제1항 관련)

교육과정	교육대상	교육시간
마. 건설업 기초안전·보건교육	건설 일용근로자	( )시간 이상

① 1
② 2
③ 4
④ 6
⑤ 8

해설

안전보건교육 교육과정별 교육시간(산업안전보건법 시행규칙 별표 4)
근로자 안전보건교육

교육과정	교육대상		교육시간
가. 정기교육	사무직 종사 근로자		매 반기 6시간 이상
	그 밖의 근로자	판매업무에 직접 종사하는 근로자	매 반기 6시간 이상
		판매업무에 직접 종사하는 근로자 외의 근로자	매 반기 12시간 이상
나. 채용 시 교육	일용근로자 및 근로계약기간이 1주일 이하인 기간제 근로자		1시간 이상
	근로계약기간이 1주일 초과 1개월 이하인 기간제근로자		4시간 이상
	그 밖의 근로자		8시간 이상
다. 작업내용 변경 시 교육	일용근로자 및 근로계약기간이 1주일 이하인 기간제근로자		1시간 이상
	그 밖의 근로자		2시간 이상
라. 특별교육	일용근로자 및 근로계약기간이 1주일 이하인 기간제 근로자 : 별표 5 제1호 라목(제39호는 제외한다)에 해당하는 작업에 종사하는 근로자에 한정한다.		2시간 이상
	일용근로자 및 근로계약기간이 1주일 이하인 기간제근로자 : 별표 5 제1호 라목 제39호에 해당하는 작업에 종사하는 근로자에 한정한다.		8시간 이상
	일용근로자 및 근로계약기간이 1주일 이하인 기간제근로자를 제외한 근로자 : 별표 5 제1호 라목에 해당하는 작업에 종사하는 근로자에 한정한다.		• 16시간 이상(최초 작업에 종사하기 전 4시간 이상 실시하고 12시간은 3개월 이내에서 분할하여 실시 가능) • 단기간 작업 또는 간헐적 작업인 경우에는 2시간 이상
마. 건설업 기초안전·보건교육	건설 일용근로자		4시간 이상

13

산업안전보건법령상 보건관리자에 대한 직무교육에 관한 내용이다. (   )에 들어갈 내용을 순서대로 옳게 나열한 것은? (단, 직무교육을 면제받는 경우는 고려하지 않음)

> 사업주가 보건관리자에게 안전보건교육기관에서 직무와 관련한 안전보건 교육을 이수하도록 하여야 하는 경우, 의사인 보건관리자는 해당 직위에 선임된 후 (ㄱ) 이내에 직무를 수행하는 데 필요한 신규교육을 받아야 하며, 신규교육을 이수한 후 매 (ㄴ)이 되는 날을 기준으로 전후 (ㄷ) 사이에 고용노동부장관이 실시하는 안전보건에 관한 보수교육을 받아야 한다.

① ㄱ : 3개월   ㄴ : 1년   ㄷ : 3개월
② ㄱ : 3개월   ㄴ : 1년   ㄷ : 6개월
③ ㄱ : 3개월   ㄴ : 2년   ㄷ : 6개월
④ ㄱ : 1년   ㄴ : 1년   ㄷ : 3개월
⑤ ㄱ : 1년   ㄴ : 2년   ㄷ : 6개월

해설

안전보건관리책임자 등에 대한 직무교육(산업안전보건법 시행규칙 제29조)

㉠ 법 제32조 제1항 각 호 외의 부분 본문에 따라 다음 어느 하나에 해당하는 사람은 해당 직위에 선임(위촉의 경우를 포함한다. 이하 같다)되거나 채용된 후 3개월(보건관리자가 의사인 경우는 1년을 말한다) 이내에 직무를 수행하는 데 필요한 신규교육을 받아야 하며, 신규교육을 이수한 후 매 2년이 되는 날을 기준으로 전후 6개월 사이에 고용노동부장관이 실시하는 안전보건에 관한 보수교육을 받아야 한다.
  1. 법 제15조 제1항에 따른 안전보건관리책임자
  2. 법 제17조 제1항에 따른 안전관리자(기업활동 규제완화에 관한 특별조치법 제30조 제3항에 따라 안전관리자로 채용된 것으로 보는 사람을 포함한다)
  3. 법 제18조 제1항에 따른 보건관리자
  4. 법 제19조 제1항에 따른 안전보건관리담당자
  5. 법 제21조 제1항에 따른 안전관리전문기관 또는 보건관리전문기관에서 안전관리자 또는 보건관리자의 위탁 업무를 수행하는 사람
  6. 법 제74조 제1항에 따른 건설재해예방전문지도기관에서 지도업무를 수행하는 사람
  7. 법 제96조 제1항에 따라 지정받은 안전검사기관에서 검사업무를 수행하는 사람
  8. 법 제100조 제1항에 따라 지정받은 자율안전검사기관에서 검사업무를 수행하는 사람
  9. 법 제120조 제1항에 따른 석면조사기관에서 석면조사 업무를 수행하는 사람
㉡ ㉠에 따른 신규교육 및 보수교육(이하 직무교육)의 교육시간은 별표 4와 같고, 교육내용은 별표 5와 같다.
㉢ 직무교육을 실시하기 위한 집체교육, 현장교육, 인터넷원격교육 등의 교육 방법, 직무교육 기관의 관리, 그 밖에 교육에 필요한 사항은 고용노동부장관이 정하여 고시한다.

14

산업안전보건법령상 기계 등을 대여받은 자가 그 설치·해체 작업이 이루어지는 동안 작업과정 전반(全般)을 영상으로 기록하여 대여기간 동안 보관하여야 하는 기계 등에 해당하는 것은?

① 파워 셔블
② 타워크레인
③ 고소작업대
④ 버킷굴착기
⑤ 콘크리트 펌프

해설

기계 등을 대여받는 자의 조치(산업안전보건법 시행규칙 제101조)

㉠ 법 제81조에 따라 기계 등을 대여받는 자는 그가 사용하는 근로자가 아닌 사람에게 해당 기계 등을 조작하도록 하는 경우에는 다음 조치를 해야 한다. 다만, 해당 기계 등을 구입할 목적으로 기종(機種)의 선정 등을 위하여 일시적으로 대여받는 경우에는 그렇지 않다.
  1. 해당 기계 등을 조작하는 사람이 관계 법령에서 정하는 자격이나 기능을 가진 사람인지 확인할 것
  2. 해당 기계 등을 조작하는 사람에게 다음 사항을 주지시킬 것
     가. 작업의 내용
     나. 지휘계통
     다. 연락·신호 등의 방법
     라. 운행경로, 제한속도, 그 밖에 해당 기계 등의 운행에 관한 사항
     마. 그 밖에 해당 기계 등의 조작에 따른 산업재해를 방지하기 위하여 필요한 사항
㉡ 타워크레인을 대여받은 자는 다음 조치를 해야 한다.
  1. 타워크레인을 사용하는 작업 중에 타워크레인 장비 간 또는 타워크레인과 인접 구조물 간 충돌위험이 있으면 충돌방지장치를 설치하는 등 충돌방지를 위하여 필요한 조치를 할 것
  2. 타워크레인 설치·해체 작업이 이루어지는 동안 작업과정 전반(全般)을 영상으로 기록하여 대여기간 동안 보관할 것
㉢ 해당 기계 등을 대여하는 자가 제100조 제2호 각 목의 사항을 적은 서면을 발급하지 않는 경우 해당 기계 등을 대여받은 자는 해당 사항에 대한 정보 제공을 요구할 수 있다.
㉣ 기계 등을 대여받은 자가 기계 등을 대여한 자에게 해당 기계 등을 반환하는 경우에는 해당 기계 등의 수리·보수 및 점검 내역과 부품교체 사항 등이 있는 경우 해당 사항에 대한 정보를 제공해야 한다.

15

산업안전보건법령상 안전검사대상기계 등에 대해 안전검사를 면제할 수 있는 경우가 아닌 것은?

① 고압가스 안전관리법 제17조 제2항에 따른 검사를 받은 경우
② 원자력안전법 제22조 제1항에 따른 검사를 받은 경우
③ 에너지이용 합리화법 제39조 제4항에 따른 검사를 받은 경우
④ 전기용품 및 생활용품 안전관리법 제8조에 따른 안전검사를 받은 경우
⑤ 위험물안전관리법 제18조에 따른 정기점검 또는 정기검사를 받은 경우

해설

안전검사의 면제(산업안전보건법 시행규칙 제125조)

법 제93조 제2항에서 "고용노동부령으로 정하는 경우"란 다음 어느 하나에 해당하는 경우를 말한다.
- 건설기계관리법 제13조 제1항 제1호·제2호 및 제4호에 따른 검사를 받은 경우(안전검사 주기에 해당하는 시기의 검사로 한정한다)
- 고압가스 안전관리법 제17조 제2항에 따른 검사를 받은 경우
- 광산안전법 제9조에 따른 검사 중 광업시설의 설치·변경공사 완료 후 일정한 기간이 지날 때마다 받는 검사를 받은 경우
- 선박안전법 제8조부터 제12조까지의 규정에 따른 검사를 받은 경우
- 에너지이용 합리화법 제39조 제4항에 따른 검사를 받은 경우
- 원자력안전법 제22조 제1항에 따른 검사를 받은 경우
- 위험물안전관리법 제18조에 따른 정기점검 또는 정기검사를 받은 경우
- 전기안전관리법 제11조에 따른 검사를 받은 경우
- 항만법 제33조 제1항 제3호에 따른 검사를 받은 경우
- 소방시설 설치 및 관리에 관한 법률 제22조 제1항에 따른 자체점검을 받은 경우
- 화학물질관리법 제24조 제3항 본문에 따른 정기검사를 받은 경우

16
산업안전보건법령상 일반건강진단을 실시한 것으로 보는 건강진단에 해당하지 않는 것은?

① 선원법에 따른 건강진단
② 학교보건법에 따른 건강검사
③ 항공안전법에 따른 신체검사
④ 국민건강보험법에 따른 건강검진
⑤ 교육공무원법에 따른 신체검사

해설

일반건강진단 실시의 인정(산업안전보건법 시행규칙 제196조)

법 제129조 제1항 단서에서 "고용노동부령으로 정하는 건강진단"이란 다음 어느 하나에 해당하는 건강진단을 말한다.
- 국민건강보험법에 따른 건강검진
- 선원법에 따른 건강진단
- 진폐의 예방과 진폐근로자의 보호 등에 관한 법률에 따른 정기 건강진단
- 학교보건법에 따른 건강검사
- 항공안전법에 따른 신체검사
- 그 밖에 제198조 제1항에서 정한 법 제129조 제1항에 따른 일반건강진단의 검사항목을 모두 포함하여 실시한 건강진단

정답 16 ⑤

17

산업안전보건법령상 자율안전확인대상기계 등에 해당하는 것을 모두 고른 것은?

> ㄱ. 용접용 보안면
> ㄴ. 고정형 목재가공용 모떼기 기계
> ㄷ. 롤러기 급정지장치
> ㄹ. 추락 및 감전 위험방지용 안전모
> ㅁ. 휴대형 연마기
> ㅂ. 차광(遮光) 및 비산물(飛散物) 위험방지용 보안경

① ㄱ, ㅁ
② ㄴ, ㄷ
③ ㄱ, ㄹ, ㅁ, ㅂ
④ ㄴ, ㄷ, ㄹ, ㅂ
⑤ ㄱ, ㄴ, ㄷ, ㄹ, ㅁ, ㅂ

해설

자율안전확인대상기계 등(산업안전보건법 시행령 제77조)

㉠ 법 제89조 제1항 각 호 외의 부분 본문에서 "대통령령으로 정하는 것"이란 다음 어느 하나에 해당하는 것을 말한다.
  1. 다음 어느 하나에 해당하는 기계 또는 설비
     가. 연삭기(硏削機) 또는 연마기. 이 경우 휴대형은 제외한다.
     나. 산업용 로봇
     다. 혼합기
     라. 파쇄기 또는 분쇄기
     마. 식품가공용 기계(파쇄·절단·혼합·제면기만 해당한다)
     바. 컨베이어
     사. 자동차정비용 리프트
     아. 공작기계(선반, 드릴기, 평삭·형삭기, 밀링만 해당한다)
     자. 고정형 목재가공용 기계(둥근톱, 대패, 루타기, 띠톱, 모떼기 기계만 해당한다)
     차. 인쇄기
  2. 다음 어느 하나에 해당하는 방호장치
     가. 아세틸렌 용접장치용 또는 가스집합 용접장치용 안전기
     나. 교류 아크용접기용 자동전격방지기
     다. 롤러기 급정지장치
     라. 연삭기 덮개
     마. 목재 가공용 둥근톱 반발 예방장치와 날접촉 예방장치
     바. 동력식 수동대패용 칼날접촉 방지장치
     사. 추락·낙하 및 붕괴 등의 위험 방지 및 보호에 필요한 가설기자재(제74조 제1항 제2호 아목의 가설기자재는 제외한다)로서 고용노동부장관이 정하여 고시하는 것
  3. 다음 어느 하나에 해당하는 보호구
     가. 안전모(추락 및 감전 위험방지용 안전모는 제외한다)
     나. 보안경[차광(遮光) 및 비산물(飛散物) 위험방지용 보안경은 제외한다]
     다. 보안면(용접용 보안면은 제외한다)

㉡ 자율안전확인대상기계 등의 세부적인 종류, 규격 및 형식은 고용노동부장관이 정하여 고시한다.

18

산업안전보건법령상 유해인자의 유해성·위험성 분류기준 중 물리적 인자의 분류기준으로 옳지 않은 것은?

① 소음 : 소음성난청을 유발할 수 있는 85dB(A) 이상의 시끄러운 소리
② 진동 : 착암기, 손망치 등의 공구를 사용함으로써 발생되는 백랍병·레이노 현상·말초순환장애 등의 국소 진동 및 차량 등을 이용함으로써 발생되는 관절통·디스크·소화장애 등의 전신 진동
③ 방사선 : 직접·간접으로 공기 또는 세포를 전리하는 능력을 가진 알파선·베타선·감마선·엑스선·중성자선 등의 전자선
④ 에어로졸 : 재충전이 가능한 금속·유리 또는 플라스틱 용기에 압축가스·액화 가스 또는 용해가스를 충전하고 내용물을 가스에 현탁시킨 고체나 액상입자로, 액상 또는 가스상에서 폼·페이스트·분말상으로 배출되는 분사장치를 갖춘 것
⑤ 이상기온 : 고열·한랭·다습으로 인하여 열사병·동상·피부질환 등을 일으킬 수 있는 기온

해설

유해인자의 유해성·위험성 분류기준(산업안전보건법 시행규칙 별표 18)
화학물질의 분류기준 – 물리적 위험성 분류기준
에어로졸 : 재충전이 불가능한 금속·유리 또는 플라스틱 용기에 압축가스·액화가스 또는 용해가스를 충전하고 내용물을 가스에 현탁시킨 고체나 액상입자로, 액상 또는 가스상에서 폼·페이스트·분말상으로 배출되는 분사장치를 갖춘 것

19

산업안전보건법령상 제조 등이 금지되는 유해물질로서 대체물질이 개발되지 아니하여 고용노동부장관의 허가를 받아서 제조·사용할 수 있는 '허가 대상 유해물질'에 해당하는 것은?(단, 제시된 내용 외의 다른 상황은 고려하지 않음)

① β-나프틸아민[91-59-8]과 그 염(β-naphthylamine and its salts)
② 4-니트로디페닐[92-93-3]과 그 염(4-nitrodiphenyl and its salts)
③ 염화비닐(vinyl chloride ; 75-01-4)
④ 폴리클로리네이티드 터페닐(polychlorinated terphenyls ; 61788-33-8 등)
⑤ 황린(黃燐)[12185-10-3] 성냥(yellow phosphorus match)

정답 18 ④ 19 ③

해설

허가 대상 유해물질(산업안전보건법 시행령 제88조)
법 제118조 제1항 전단에서 "대체물질이 개발되지 아니한 물질 등 대통령령으로 정하는 물질"이란 다음 물질을 말한다.
1. α-나프틸아민[134-32-7] 및 그 염(α-naphthylamine and its salts)
2. 디아니시딘[119-90-4] 및 그 염(dianisidine and its salts)
3. 디클로로벤지딘[91-94-1] 및 그 염(dichlorobenzidine and its salts)
4. 베릴륨(beryllium ; 7440-41-7)
5. 벤조트리클로라이드(benzotrichloride ; 98-07-7)
6. 비소[7440-38-2] 및 그 무기화합물(arsenic and its inorganic compounds)
7. 염화비닐(vinyl chloride ; 75-01-4)
8. 콜타르피치[65996-93-2] 휘발물(coal tar pitch volatiles)
9. 크롬광 가공(열을 가하여 소성 처리하는 경우만 해당한다)(chromite ore processing)
10. 크롬산 아연(zinc chromates ; 13530-65-9 등)
11. o-톨리딘[119-93-7] 및 그 염(o-tolidine and its salts)
12. 황화니켈류(nickel sulfides ; 12035-72-2, 16812-54-7)
13. 1.부터 4.까지 또는 6.부터 12.까지의 어느 하나에 해당하는 물질을 포함한 혼합물(포함된 중량의 비율이 1% 이하인 것은 제외한다)
14. 5.의 물질을 포함한 혼합물(포함된 중량의 비율이 0.5% 이하인 것은 제외한다)
15. 그 밖에 보건상 해로운 물질로서 산업재해보상보험 및 예방심의위원회의 심의를 거쳐 고용노동부장관이 정하는 유해물질

20
산업안전보건법령상 작업환경측정기관으로 지정받을 수 있는 자에 해당하지 않는 것은?
① 지방자치단체의 소속기관
② 의료법에 따른 종합병원
③ 고등교육법 제2조 제1호에 따른 대학
④ 작업환경측정 업무를 하려는 법인
⑤ 산업안전보건법에 따라 자격증을 취득한 산업보건지도사

해설

작업환경측정기관의 지정 요건(산업안전보건법 시행령 제95조)
법 제126조 제1항에 따라 작업환경측정기관으로 지정받을 수 있는 자는 다음 어느 하나에 해당하는 자로서 작업환경측정기관의 유형별로 별표 29에 따른 인력·시설 및 장비를 갖추고 법 제126조 제2항에 따라 고용노동부장관이 실시하는 작업환경측정기관의 측정·분석능력 확인에서 적합 판정을 받은 자로 한다.
- 국가 또는 지방자치단체의 소속기관
- 의료법에 따른 종합병원 또는 병원
- 고등교육법 제2조 제1호부터 제6호까지의 규정에 따른 대학 또는 그 부속기관
- 작업환경측정 업무를 하려는 법인
- 작업환경측정 대상 사업장의 부속기관(해당 부속기관이 소속된 사업장 등 고용노동부령으로 정하는 범위로 한정하여 지정받으려는 경우로 한정한다)

21

산업안전보건법령상 휴게실 설치·관리기준 준수대상 사업장에 관한 규정의 일부이다. ( )에 들어갈 숫자를 옳게 나열한 것은?

> 시행령 제96조의2(휴게시설 설치·관리기준 준수 대상 사업장의 사업주)
> 법 제128조의2 제2항에서 "사업의 종류 및 사업장의 상시근로자 수 등 대통령령으로 정하는 기준에 해당하는 사업장"이란 다음 각 호의 어느 하나에 해당하는 사업장을 말한다.
> 1. 상시근로자(관계수급인의 근로자를 포함한다. 이하 제2호에서 같다) (ㄱ)명 이상을 사용하는 사업장(건설업의 경우에는 관계수급인의 공사금액을 포함한 해당 공사의 총공사금액이 (ㄴ)억 원 이상인 사업장으로 한정한다)
> 2. 생략

① ㄱ : 10, ㄴ : 20
② ㄱ : 10, ㄴ : 120
③ ㄱ : 20, ㄴ : 10
④ ㄱ : 20, ㄴ : 20
⑤ ㄱ : 20, ㄴ : 120

해설

휴게시설 설치·관리기준 준수 대상 사업장의 사업주(산업안전보건법 시행령 제96조의2)

법 제128조의2 제2항에서 "사업의 종류 및 사업장의 상시근로자 수 등 대통령령으로 정하는 기준에 해당하는 사업장"이란 어느 하나에 해당하는 사업장을 말한다.

1. 상시근로자(관계수급인의 근로자를 포함한다. 이하 2.에서 같다) 20명 이상을 사용하는 사업장(건설업의 경우에는 관계수급인의 공사금액을 포함한 해당 공사의 총공사금액이 20억 원 이상인 사업장으로 한정한다)
2. 다음 어느 하나에 해당하는 직종(한국표준직업분류에 따른다)의 상시근로자가 2명 이상인 사업장으로서 상시근로자 10명 이상 20명 미만을 사용하는 사업장(건설업은 제외한다)

> 전화 상담원, 요양보호사 및 간병인, 노인 및 장애인 돌봄 종사자, 텔레마케터, 배달원, 청소 관련 종사자, 아파트 경비원, 그 외 건물 관리원 중 건물 경비원

정답 21 ④

22

산업안전보건법령상 1일 6시간을 초과하여 근무할 수 없는 작업은?

① 갱(坑) 내에서 하는 작업
② 잠함(潛函) 또는 잠수 작업 등 높은 기압에서 하는 작업
③ 현저히 덥고 뜨거운 장소에서 하는 작업
④ 강렬한 소음이 발생하는 장소에서 하는 작업
⑤ 라듐방사선이나 엑스선, 그 밖의 유해 방사선을 취급하는 작업

해설

유해·위험작업에 대한 근로시간 제한 등(산업안전보건법 제139조)

㉠ 사업주는 유해하거나 위험한 작업으로서 높은 기압에서 하는 작업 등 대통령령으로 정하는 작업에 종사하는 근로자에게는 1일 6시간, 1주 34시간을 초과하여 근로하게 해서는 아니 된다.
㉡ 사업주는 대통령령으로 정하는 유해하거나 위험한 작업에 종사하는 근로자에게 필요한 안전조치 및 보건조치 외에 작업과 휴식의 적정한 배분 및 근로시간과 관련된 근로조건의 개선을 통하여 근로자의 건강 보호를 위한 조치를 하여야 한다.

유해·위험작업에 대한 근로시간 제한 등(산업안전보건법 시행령 제99조)

㉠ 법 제139조 ㉠에서 "높은 기압에서 하는 작업 등 대통령령으로 정하는 작업"이란 잠함(潛函) 또는 잠수 작업 등 높은 기압에서 하는 작업을 말한다.
㉡ ㉠에 따른 작업에서 잠함·잠수 작업시간, 가압·감압방법 등 해당 근로자의 안전과 보건을 유지하기 위하여 필요한 사항은 고용노동부령으로 정한다.
㉢ 법 제139조 ㉡에서 "대통령령으로 정하는 유해하거나 위험한 작업"이란 다음 어느 하나에 해당하는 작업을 말한다.
  1. 갱(坑) 내에서 하는 작업
  2. 다량의 고열물체를 취급하는 작업과 현저히 덥고 뜨거운 장소에서 하는 작업
  3. 다량의 저온물체를 취급하는 작업과 현저히 춥고 차가운 장소에서 하는 작업
  4. 라듐방사선이나 엑스선, 그 밖의 유해 방사선을 취급하는 작업
  5. 유리·흙·돌·광물의 먼지가 심하게 날리는 장소에서 하는 작업
  6. 강렬한 소음이 발생하는 장소에서 하는 작업
  7. 착암기(바위에 구멍을 뚫는 기계) 등에 의하여 신체에 강렬한 진동을 주는 작업
  8. 인력(人力)으로 중량물을 취급하는 작업
  9. 납·수은·크롬·망간·카드뮴 등의 중금속 또는 이황화탄소·유기용제, 그 밖에 고용노동부령으로 정하는 특정 화학물질의 먼지·증기 또는 가스가 많이 발생하는 장소에서 하는 작업

23

산업안전보건법령상 1년 이하의 징역 또는 1,000만 원 이하의 벌금에 처해질 수 있는 자는?

① 물질안전보건자료대상물질을 양도하면서 양도받는 자에게 물질안전보건자료를 제공하지 아니한 자
② 자격대여행위의 금지를 위반하여 다른 사람에게 지도사자격증을 대여한 사람
③ 중대재해 발생 사실을 보고하지 아니하거나 거짓으로 보고한 사업주
④ 정당한 사유 없이 역학조사를 거부·방해하거나 기피한 근로자
⑤ 물질안전보건자료의 일부 비공개 승인 신청 시 영업비밀과 관련되어 보호사유를 거짓으로 작성하여 신청한 자

해설

벌칙(산업안전보건법 제170조)
다음 어느 하나에 해당하는 자는 1년 이하의 징역 또는 1,000만 원 이하의 벌금에 처한다.
- 제41조 제3항(제166조의2에서 준용하는 경우를 포함한다)을 위반하여 해고나 그 밖의 불리한 처우를 한 자
- 제56조 제3항(제166조의2에서 준용하는 경우를 포함한다)을 위반하여 중대재해 발생 현장을 훼손하거나 고용노동부장관의 원인조사를 방해한 자
- 제57조 제1항(제166조의2에서 준용하는 경우를 포함한다)을 위반하여 산업재해 발생 사실을 은폐한 자 또는 그 발생 사실을 은폐하도록 교사(敎唆)하거나 공모(共謀)한 자
- 제65조 제1항, 제80조 제1항·제2항·제4항, 제85조 제2항·제3항, 제92조 제1항, 제141조 제4항 또는 제162조를 위반한 자
- 제85조 제4항 또는 제92조 제2항에 따른 명령을 위반한 자
- 제101조에 따른 조사, 수거 또는 성능시험을 방해하거나 거부한 자
- 제153조 제1항을 위반하여 다른 사람에게 자기의 성명이나 사무소의 명칭을 사용하여 지도사의 직무를 수행하게 하거나 자격증·등록증을 대여한 사람
- 제153조 제2항을 위반하여 지도사의 성명이나 사무소의 명칭을 사용하여 지도사의 직무를 수행하거나 자격증·등록증을 대여받거나 이를 알선한 사람

| 참고 |

과태료(산업안전보건법 제175조)
- 제54조 제2항(제166조의2에서 준용하는 경우를 포함한다)을 위반하여 중대재해 발생 사실을 보고하지 아니하거나 거짓으로 보고한 자에게는 3,000만 원 이하의 과태료를 부과한다.
- 제141조 제2항을 위반하여 정당한 사유 없이 역학조사를 거부·방해하거나 기피한 자에게는 1,500만 원 이하의 과태료를 부과한다.
- 다음 어느 하나에 해당하는 자에게는 500만 원 이하의 과태료를 부과한다.
  - 제111조 제1항을 위반하여 물질안전보건자료를 제공하지 아니한 자
  - 제112조 제1항 또는 제5항에 따른 비공개 승인 또는 연장승인 신청 시 영업비밀과 관련되어 보호사유를 거짓으로 작성하여 신청한 자

정답 23 ②

24

산업안전보건법령상 근로감독관 등에 관한 설명으로 옳지 않은 것은?

① 근로감독관은 기계·설비 등에 대한 검사에 필요한 한도에서 무상으로 제품·원재료 또는 기구를 수거할 수 있다.
② 근로감독관은 산업안전보건법에 따른 명령의 시행을 위하여 근로자에게 출석을 명할 수 있다.
③ 근로자는 사업장의 산업안전보건법 위반 사실을 근로감독관에게 신고할 수 있다.
④ 한국산업안전보건공단 소속 직원이 지도업무 등을 하였을 때에는 그 결과를 근로감독관 및 사업주에게 즉시 보고하여야 한다.
⑤ 의료법에 따른 한의사는 5일의 입원치료가 필요한 부상이 환자의 업무와 관련성이 있다고 판단할 경우 치료과정에서 알게 된 정보를 고용노동부장관에게 신고할 수 있다.

해설

공단 소속 직원의 검사 및 지도 등(산업안전보건법 제156조)
㉠ 고용노동부장관은 제165조 제2항에 따라 공단이 위탁받은 업무를 수행하기 위하여 필요하다고 인정할 때에는 공단 소속 직원에게 사업장에 출입하여 산업재해 예방에 필요한 검사 및 지도 등을 하게 하거나, 역학조사를 위하여 필요한 경우 관계자에게 질문하거나 필요한 서류의 제출을 요구하게 할 수 있다.
㉡ ㉠에 따라 공단 소속 직원이 검사 또는 지도업무 등을 하였을 때에는 그 결과를 고용노동부장관에게 보고하여야 한다.
㉢ 공단 소속 직원이 ㉠에 따라 사업장에 출입하는 경우에는 제155조 제4항을 준용한다. 이 경우 "근로감독관"은 "공단 소속 직원"으로 본다.

정답 24 ④

25

산업안전보건법령상 지도사의 위반행위에 대해서 지도사 등록을 필수적으로 취소하여야 하는 경우를 모두 고른 것은?

> ㄱ. 부정한 방법으로 갱신등록을 한 경우
> ㄴ. 업무정지 기간 중에 업무를 수행한 경우
> ㄷ. 업무 관련 서류를 거짓으로 작성한 경우
> ㄹ. 직무의 수행과정에서 고의로 인하여 중대재해가 발생한 경우
> ㅁ. 보증보험에 가입하지 아니하거나 그 밖에 필요한 조치를 하지 아니한 경우

① ㄱ, ㅁ
② ㄷ, ㄹ
③ ㄱ, ㄴ, ㄷ
④ ㄴ, ㄹ, ㅁ
⑤ ㄱ, ㄴ, ㄷ, ㄹ, ㅁ

해설

등록의 취소 등(산업안전보건법 제154조)

고용노동부장관은 지도사가 다음 어느 하나에 해당하는 경우에는 그 등록을 취소하거나 2년 이내의 기간을 정하여 그 업무의 정지를 명할 수 있다. 다만, 1.부터 3.까지의 규정에 해당할 때에는 그 등록을 취소하여야 한다.
1. 거짓이나 그 밖의 부정한 방법으로 등록 또는 갱신등록을 한 경우
2. 업무정지 기간 중에 업무를 수행한 경우
3. 업무 관련 서류를 거짓으로 작성한 경우
4. 제142조에 따른 직무의 수행과정에서 고의 또는 과실로 인하여 중대재해가 발생한 경우
5. 제145조 제3항 제1호부터 제5호까지의 규정 중 어느 하나에 해당하게 된 경우
6. 제148조 제2항에 따른 보증보험에 가입하지 아니하거나 그 밖에 필요한 조치를 하지 아니한 경우
7. 제150조 제1항을 위반하거나 같은 조 제2항에 따른 기명·날인 또는 서명을 하지 아니한 경우
8. 제151조, 제153조 제1항 또는 제162조를 위반한 경우

산업위생일반

26
다음에서 설명하는 역학조사 연구방법은?

- 특정요인에 노출된 집단과 노출되지 않은 집단의 질병 발생률 또는 사망률을 비교하기 위해 추적 조사하는 연구방법이다.
- 한 가지의 노출에 의하여 발생하는 다양한 결과를 검정할 수 있다.
- 오랜 기간 동안 많은 사람을 추적하므로 연구대상자 탈락문제, 시간과 비용이 많이 드는 문제점이 있다.

① 단면 연구
② 환자군 연구
③ 코호트 연구
④ 실험 연구
⑤ 사례 연구

해설

① 단면 연구 : 특정 시점에서 노출과 질병의 유병률을 조사하는 연구로 시간적 순서 확인이 어렵다.
② 환자군 연구 : 질병이 있는 집단(환자)과 없는 집단(대조군)의 과거 노출력을 비교하는 관찰연구이다.
④ 실험 연구 : 연구자가 변인을 통제하거나 개입하는 연구로 임상시험이 대표적이다.
⑤ 사례 연구 : 특정 개인이나 소수의 환자를 대상으로 특성을 연구하는 방법이다.

코호트 연구
- 특정 요인에 노출된 집단과 노출되지 않은 집단을 장기간 추적하여 질병 발생률 또는 사망률을 비교하는 전향적 연구방법이다.
- 한 가지 노출에 의한 여러 질병의 발생을 동시에 검정할 수 있고, 인과관계 추정에 유리하다.
- 시간과 비용이 많이 들고, 연구기간 동안 대상자 탈락 등의 문제점이 발생 가능하다.

27
비가역적(irreversible)인 건강상태에 관한 설명으로 옳은 것은?

① 인체의 방어기전에 의해 다시 회복할 수 있는 상태이다.
② 과학적인 방법을 이용하여 유해인자에 대한 양, 정도, 중요성, 상태를 근거로 노출의 타당성을 결정하는 것이다.
③ 유해인자에 노출되면 일시적인 불쾌감과 작업능률 저하가 일어난다.
④ 다시 회복할 수 없는 건강상태로서 인체의 조직이나 기관에 기능상 장해가 일어난 경우이다.
⑤ 유해인자 노출에 대하여 적응할 수 있는 항상성 유지 단계이다.

해설

④ 비가역적 건강상태는 조직이나 기관에 심각한 손상이 발생하여 회복이 불가능한 상태를 의미한다.
　예 만성 폐질환, 간경변증, 직업성 암 등
① 가역적(reversible)인 건강상태에 해당하며, 비가역적 상태와는 반대 개념이다.
② 위험성평가(risk assessment) 또는 노출평가(exposure assessment)에 대한 설명으로, 건강상태와는 직접적인 관련이 없다.
③ 경미한 노출로 인한 가역적 반응이며, 비가역적 상태를 설명하지 않는다.
⑤ 초기 노출 단계에서의 적응 단계를 설명하는 것으로, 비가역적 상태와는 무관하다.

28

화학물질 및 물리적 인자의 노출기준에서 'skin' 표시 물질의 의미로 옳은 것은?

① 피부자극성이 있는 물질이다.
② TLV-STEL이나 TLV-Ceiling이 미설정되어 있는 물질에 적용한다.
③ 소화기 흡수에 대한 급성독성 유발물질이다.
④ 호흡기 노출에 주의하라는 것이다.
⑤ 점막과 눈 그리고 경피로 흡수되어 전신 영향을 일으킬 수 있는 물질을 말한다.

해설

⑤ 'skin' 표시는 물질이 점막과 눈 그리고 경피로 흡수되어 전신에 영향을 미칠 수 있음을 의미한다. 이는 주로 피부를 통한 경피 흡수가 중요한 노출 경로가 되는 물질에 적용된다. 따라서 단순한 피부자극성만을 의미하지 않으며, 전신 독성 가능성을 경고하는 것이다.
① 피부자극성에 대한 내용은 'skin' 표시의 의미와 다르다.
② TLV-STEL(단시간 노출기준)이나 TLV-Ceiling(최고노출기준)은 미설정된 물질과 관련이 없다.
③ 소화기 흡수에 대한 급성독성과는 관련이 없다.
④ 호흡기 노출은 별도의 기준으로 다루어진다.

29

반감기($T_{1/2}$)가 87.5일인 S-35가 0.5mg이 있을 때, 방사능은 약 몇 Ci인가?(단, $A_i = A_0 \times 0.693 / T_{1/2}$, 아보가드로수 $= 6.023 \times 10^{23}$, 1Ci $= 3.7 \times 10^{10}$ dps)

① 21.3
② 26.3
③ 32.2
④ 36.4
⑤ 41.7

해설

|주어진 정보|
- 반감기($T_{1/2}$) : 87.5일
- 물질량(m) : 0.5mg = 0.5×10^{-3}g
- 아보가드로수(N_A) : 6.023×10^{23}
- 1Ci = 3.7×10^{10}dps
- $A = \lambda N \left(여기서, \lambda = \dfrac{0.693}{T_{1/2}}\right)$
- $T_{1/2}$의 단위는 초로 변환 필요(1day = 86,400seconds)

1. 반감기를 초 단위로 변환
    $T_{1/2}$ = 87.5days × 86,400seconds/day
    = 7.56×10^6 seconds

2. 붕괴상수(λ) 계산
    $\lambda = \dfrac{0.693}{T_{1/2}} = \dfrac{0.693}{7.56 \times 10^6}$
    ≈ 9.16×10^{-8} seconds^{-1}

3. S-35의 몰 질량(M)
    M = 35g/mol

4. 원자 수(N) 계산
    $N = \dfrac{m}{M} \times N_A = \dfrac{0.5 \times 10^{-3}}{35} \times 6.023 \times 10^{23}$
    ≈ 8.60×10^{18} atoma

5. 방사능(A) 계산
    $A = \lambda N$
    = $(9.16 \times 10^{-8}) \times (8.60 \times 10^{18})$
    ≈ 7.88×10^{11} dps

6. Ci로 변환
    1Ci = 3.7×10^{10} dps
    $A = \dfrac{7.88 \times 10^{11}}{3.7 \times 10^{10}}$
    ≈ 21.3Ci

∴ 21.3

30

ACGIH TLV의 종류가 아닌 것은?

① TLV-C
② TLV-SL
③ TLV-STEL
④ TLV-CA
⑤ TLV-TWA

> 해설

ACGIH TLV의 주요 종류
- TLV-TWA(Time-Weighted Average) : 8시간 작업 기준으로 시간가중평균을 산출한 허용 농도
  - 특징 : 근로자가 매일 8시간씩, 주 40시간 동안 노출되었을 때 건강에 유해하지 않은 농도. 만성적(장기적) 건강 영향을 방지하기 위해 설정
  - 적용 물질 : 대부분의 화학물질과 일반적인 작업환경에서 사용 예 벤젠, 톨루엔 등
- TLV-STEL(Short-Term Exposure Limit) : 15분 동안의 단기 노출 한계치
  - 특징 : 단기 노출로도 발생할 수 있는 급성 독성이나 자극을 방지하기 위해 설정. 하루 4회 초과 노출 금지 및 노출 간 최소 1시간 간격 유지
  - 적용 물질 : 자극성, 급성 독성이 있는 물질 예 암모니아, 이산화황 등
- TLV-C(Ceiling) : 노출 농도가 순간적으로도 초과해서는 안 되는 절대적 한계치
  - 특징 : 급성 독성이나 자극성이 매우 강한 물질에 적용. 작업 중 어느 순간에도 초과하지 않아야 함
  - 적용 물질 : 즉각적이고 심각한 영향을 미칠 수 있는 물질 예 염소(chlorine), 포름알데히드(formaldehyde) 등
- TLV-BEIs(Biological Exposure Indices) : 혈액, 소변, 호기 등 생체 지표를 기준으로 설정된 허용치
  - 특징 : 유해물질의 체내 흡수량을 직접 측정하여 평가, 공기 중 농도뿐만 아니라 피부, 소화기를 통한 흡수량까지 반영
  - 적용 물질 : 체내 축적 가능성이 있는 물질 예 톨루엔(소변 내 히포루산), 벤젠(소변 내 페놀) 등
- TLV-SL(Threshold Limit Value-Short-term Limit) : 단기 노출 한계치
  - 특징 : 작업자가 짧은 시간 동안 특정 농도에 노출될 수 있는 최대 허용치로, 건강에 유해한 영향을 미치지 않는 한계를 정의

31

고온의 조리과정에서 발생되는 조리흄(emissions from high-temperature frying)에 관한 국제암연구소(IARC)의 분류로 옳은 것은?

① group 1(carcinogenic to humans)
② group 2A(probably carcinogenic to humans)
③ group 2B(possibly carcinogenic to humans)
④ group 3(not classifiable as to its carcinogenicity to humans)
⑤ group 4(carcinogenic to animals)

> 해설

② 조리흄(emissions from high-temperature frying)은 IARC(International Agency for Research on Cancer)에 의해 group 2A로 분류되었다. 이는 인체발암성 가능성(probably carcinogenic to humans)이 있는 물질로, 동물실험에서 발암성이 확인되었으며, 인체에서 제한적인 증거가 존재함을 의미한다.

IARC 분류 기준
- group 1 : 인체발암성 물질로 충분한 증거가 있음
- group 2A : 인체발암성 가능성이 높은 물질로, 동물실험에서 충분한 증거가 있으나, 인체에서 제한적 증거가 있음
- group 2B : 인체발암성 의심이 있는 물질로 인체에 대한 제한적인 증거와 동물실험에서 발암성에 대한 충분하지 않은 증거가 있음
- group 3 : 인체발암성 분류가 불확실한 물질로, 증거가 부족함
- group 4 : 인체 및 동물에서 발암성이 없는 것으로 간주함

정답 31 ②

32

직경 30cm인 원형덕트의 유량이 93.26m³/min, 정압 −59.58mmH₂O일 때, 전압(TP, mmH₂O)은 약 얼마인가?

① −45
② −30
③ −15
④ 30
⑤ 45

> **해설**
>
> | 주어진 정보 |
> - 원형덕트직경(d) : 30cm = 0.3m
> - 유량(Q) : 93.26m³/min = $\frac{93.26}{60}$ ≈ 1.5543m³/s
> - 정압(SP) : −59.58mmH₂O

1. 공식 : 전압(TP) = 정압(SP) + 동압(VP)
   동압(VP) 계산을 위해 속도(v)를 구해야 한다.
   $$v = \frac{Q}{A}, \quad A = \frac{\pi d^2}{4}$$

2. 속도(v) 계산
   $$A = \frac{\pi(0.3)^2}{4} \approx 0.0707 \text{m}^2$$
   $$v = \frac{1.5543}{0.0707} \approx 21.98 \text{m/s}$$

3. 동압(VP) 계산
   $$VP = \frac{\rho \cdot v^2}{2} \quad [여기서, \rho(공기밀도) = 1.2\text{kg/m}^3]$$
   $$= \frac{1.2 \cdot (21.98)^2}{2} \approx 289.9 \text{Pa}$$

   1mmH₂O = 9.80665Pa이므로
   $$VP \approx \frac{289.9}{9.80665} \approx 29.56 \text{mmH}_2\text{O}$$

4. 전압(TP) 계산
   $TP = SP + VP$
   $= -59.58 + 29.56$
   ≈ −30.02mmH₂O

∴ −30.02mmH₂O

33

입자상 물질에 관한 설명으로 옳지 않은 것은?

① 입자상 물질의 크기를 표시하는 데는 공기역학적(유체역학적) 직경과 물리적(기하학적) 직경 등이 있다.
② 공기 중 입자상 물질의 시료 채취 시 주된 메커니즘은 차단, 간섭, 관성 충돌 및 확산이다.
③ 방진마스크의 여과효율을 검정할 때는 국제적으로 $1.0\mu m$의 먼지를 사용한다.
④ 흉곽성 입자상 물질의 평균 입경(D_{50})은 $10\mu m$이다.
⑤ 흡입성 입자상 물질은 호흡기에 침착하면 독성을 나타낸다.

해설

③ 방진마스크의 여과효율을 검정할 때 국제적으로 사용되는 먼지 크기는 $0.3\mu m$로, 이는 여과하기 가장 어려운 크기로 여겨진다.
① 입자상 물질의 크기는 공기역학적 직경(입자가 공기 중에서의 운동에 미치는 영향)과 물리적 직경(기하학적 크기)으로 표시한다.
② 공기 중 입자상 물질의 시료 채취는 차단, 간섭, 관성 충돌, 확산 등의 메커니즘으로 이루어진다.
④ 흉곽성 입자상 물질은 D_{50}(50%가 통과하는 크기)이 $10\mu m$이다.
⑤ 흡입성 입자상 물질은 호흡기에 침착할 경우 독성을 나타낼 수 있다.

34

유해화학물질에 관한 설명으로 옳지 않은 것은?

① 공기 중 유해화학물질의 주된 침입경로는 호흡기이다.
② 물리적 성상과 화학적 성질 또는 생물학적 작용에 따라 분류한다.
③ 인체 대사과정을 거쳐 배출 및 축적되는 속도에 따라 생체시료의 채취시기를 적절히 정해야 한다.
④ Hatch의 양-반응 관계에서 유해인자가 인체에 미치는 장애는 기관장애가 먼저 오고 기능장애가 나타난다.
⑤ 흡입된 유해화학물질의 폐흡수율은 공기/혈액(물) 분배계수가 클수록 증가한다.

해설

⑤ 공기/혈액 분배계수가 클수록 물질이 혈액에 용해되지 않고 공기에 남아 있기 때문에 폐흡수율이 낮아진다. 반대로, 분배계수가 작을수록 물질이 혈액으로 더 쉽게 이동하여 폐흡수율이 증가한다.
① 호흡기는 유해화학물질의 주요 침입경로로 공기 중 유해물질의 흡입이 가장 흔한 노출 경로이다.
② 유해화학물질은 물리·화학적 성상과 생물학적 작용에 따라 분류되며, 이는 물질의 특성을 파악하는 데 중요한 기준이 된다.
③ 화학물질의 반감기나 대사속도를 고려해 적절한 채취시기를 설정해야 정확한 결과를 얻을 수 있다.
④ Hatch의 양-반응 관계는 유해인자의 작용 강도와 노출량 간의 관계를 설명하는 것으로, 기관장애가 기능장애보다 먼저 나타난다는 것은 과학적으로 옳은 설명이다.

35

니켈화합물에 관한 설명으로 옳은 것을 모두 고른 것은?

> ㄱ. 직업적 노출로 인하여 알레르기성 접촉성 피부염과 폐암을 포함한 호흡기계에 악영향이 나타난다.
> ㄴ. 인체에 흡수되면 혈액에서 주로 단백질과 결합된 상태로 발견되며, 신장 기능에 악영향을 준다.
> ㄷ. 국내 노출기준은 불용성 무기화합물 1.0mg/m^3, 수용성 무기화합물 5.0mg/m^{3}로 규정한다.

① ㄷ
② ㄱ, ㄴ
③ ㄱ, ㄷ
④ ㄴ, ㄷ
⑤ ㄱ, ㄴ, ㄷ

해설

ㄷ. 국내 니켈화합물의 노출기준은 불용성 무기화합물 0.2mg/m^3, 수용성 무기화합물 0.1mg/m^{3}로 규정되어 있다.
ㄱ. 니켈화합물은 직업적 노출로 인해 알레르기성 접촉성 피부염을 유발할 수 있으며, 폐암 등 호흡기계에 심각한 악영향을 미친다.
ㄴ. 니켈화합물은 인체에 흡수되면 혈액 내 단백질과 결합한 형태로 발견되며, 신장 기능 손상을 유발할 수 있다.

36

사업장 근로자의 업무적합성평가 기본지침에 관한 설명으로 옳지 않은 것은?

① 해당 업무 근로자 및 동료 근로자들의 건강에 악영향을 미치지 않으면서 평가하는 것이다.
② 직무를 확인하고, 신체 및 심리적 기능을 평가한다.
③ 기능평가는 노동능력평가로도 불리며, 질병진단과 관련하여 평가한다.
④ 업무수행 적합여부 판정은 고용노동부고시에 따라 가/나/다/라로 판정한다.
⑤ 사후관리조치는 평가 완료 후 사업주가 제시하며, 개인중재와 작업중재가 있다.

해설

⑤ 사후관리조치는 사업주가 아닌 직업환경의학전문의가 제안하며, 개인중재(근로자의 개인적 조치)와 작업중재(작업환경 개선)가 포함된다.
① 업무적합성평가는 근로자 및 동료 근로자의 건강 보호를 목표로 하며, 업무 수행으로 인한 악영향을 최소화하기 위해 진행된다.
② 직무분석과 근로자의 신체적, 심리적 기능 평가가 업무적합성평가의 핵심 과정이다.
③ 기능평가(질병진단)는 노동능력평가로도 불리며, 질병진단과 관련하여 평가한다.
④ 업무수행 적합여부는 고용노동부의 기준에 따라 가/나/다/라 4단계로 판정한다.

37

피로에 관한 설명으로 옳지 않은 것은?

① 전신피로와 국소피로로 구분할 수 있다.
② 국소피로는 지속적이고 반복적인 일부 근육의 운동으로 인하여 주관적 및 객관적 변화가 초래된 상태이다.
③ 근육 운동에 필요한 에너지는 호기성 및 혐기성 대사를 통해서 얻어진다.
④ 근육 운동이 시작된 직후에는 주로 호기성 대사에 의해 에너지가 공급된다.
⑤ 혐기성 대사의 최종 분해산물은 젖산(lactate)이다.

해설

④ 운동이 시작된 직후에는 산소 공급이 충분하지 않기 때문에 주로 혐기성 대사를 통해 에너지가 공급된다. 시간이 지나면서 산소가 충분히 공급되면 호기성 대사가 주 에너지 공급원이 된다.
① 피로는 신체 전반에 걸쳐 나타나는 전신피로와 특정 근육 부위에 국한된 국소피로로 구분할 수 있다.
② 지속적이고 반복적인 근육 사용으로 인해 피로가 발생하며, 이는 주관적(통증, 불편감) 및 객관적(근육 강도 감소 등) 변화로 나타난다.
③ 근육 운동 시 에너지는 호기성 대사(산소 이용) 및 혐기성 대사(산소 비이용)를 통해 생성된다.
⑤ 혐기성 대사의 최종 산물은 젖산(lactate)으로, 이는 피로와 관련된 주요 대사산물이다.

38

유해물질의 체내흡수량(absorbed dose)을 결정하는 요소가 아닌 것은?

① 공기 중 농도
② 노출시간
③ 폐환기율
④ 체내잔류율
⑤ 반수치사량

해설

⑤ 반수치사량(LD_{50})은 물질을 생물체에 적용했을 때의 치사량 기준으로, 유해물질의 독성을 평가하는 지표다. 체내흡수량을 직접 결정하는 요소는 아니다.
① 공기 중 유해물질 농도는 체내흡수량에 직접적으로 영향을 미치는 중요한 요소다. 농도가 높을수록 체내로 흡수되는 양이 증가한다.
② 유해물질에 노출되는 시간이 길수록 체내흡수량이 증가한다. 흡수량 결정에 중요한 변수다.
③ 폐환기율은 호흡을 통해 유해물질이 체내로 흡수되는 양에 영향을 미친다. 폐환기율이 높으면 흡수량도 증가한다.
④ 체내에 흡수된 물질 중 배출되지 않고 체내에 잔류하는 비율을 뜻하며, 잔류율이 높을수록 체내에 남아 있는 유해물질의 양이 증가한다.

39

화학물질의 분류·표시 및 물질안전보건자료에 관한 기준에서 정하는 물질안전보건자료의 작성원칙에 관한 설명으로 옳지 않은 것은?

① 물질안전보건자료는 한글로 작성하는 것을 원칙으로 하되 화학물질명, 외국기관명 등의 고유명사는 영어로 표기할 수 있다.
② 실험실에서 시험·연구목적으로 사용하는 시약으로서 물질안전보건자료가 외국어로 작성된 경우에는 한국어로 번역하지 아니할 수 있다.
③ 각 작성항목은 빠짐없이 작성하여야 하나 부득이 어느 항목에 대해 관련 정보를 얻을 수 없는 경우에는 작성란에 "해당 없음"이라고 기재한다.
④ 물질안전보건자료 작성에 필요한 용어, 작성에 필요한 기술지침은 한국산업안전보건공단이 정할 수 있다.
⑤ 작성 시 시험결과를 반영하고자 하는 경우에는 해당 국가의 우수실험실기준(GLP) 및 국제공인시험기관 인정(KOLAS)에 따라 수행한 시험결과를 우선적으로 고려하여야 한다.

해설

③ 작성항목 중 관련 정보를 얻을 수 없는 경우에는 "자료 없음"으로 기재해야 하며, "해당 없음"이라는 표현은 적용이 불가능하거나 대상이 되지 않는 경우에 사용한다.

40

호흡보호구의 선정·사용 및 관리에 관한 지침에서 사용하는 용어의 정의로 옳지 않은 것은?

① "방독마스크"라 함은 흡입공기 중 가스·증기상 유해물질을 막아주기 위해 착용하는 호흡보호구를 말한다.
② "보호계수(PF ; Protection Factor)"란 잘 훈련된 착용자가 보호구를 착용했을 때 각 호흡보호구가 제공할 수 있는 보호계수의 기대치를 말한다.
③ "송기식 마스크"라 함은 작업장이 아닌 장소의 공기를 호스 등을 통하여 공급하여 흡입할 수 있도록 만들어진 호흡보호구를 말한다.
④ "즉시위험건강농도(IDLH)"라 함은 생명 또는 건강에 즉각적으로 위험을 초래하는 농도로서 그 이상의 농도에서 30분간 노출되면 사망 또는 회복 불가능한 건강장해를 일으킬 수 있는 농도를 말한다.
⑤ "유해비"라 함은 공기 중 오염물질 농도와 노출기준과의 비로 호흡보호구 착용 장소의 오염 정도를 나타내는 척도를 말한다.

해설

② 할당보호계수(APF ; Assigned Protection Factor)에 대한 설명이다.

> **참고**
> 용어의 정의(호흡보호구의 선정·사용 및 관리에 관한 지침)
> - "호흡보호구"라 함은 산소결핍공기의 흡입으로 인한 건강장해예방 또는 유해물질로 오염된 공기 등을 흡입함으로써 발생할 수 있는 건강장해를 예방하기 위한 보호구를 말한다.
> - "방진마스크"라 함은 흡입공기 중 입자상(분진, 흄, 미스트 등) 유해물질을 막아주기 위해 착용하는 호흡보호구를 말한다.
> - "자급식 마스크"란 착용자의 몸에 지닌 압력공기실린더, 압력산소실린더 또는 산소발생장치가 작동되어 호흡용 공기가 공급되도록 만들어진 호흡보호구를 말한다.
> - "밀착도 검사(fit test)"라 함은 착용자의 얼굴에 호흡보호구가 효과적으로 밀착되는지 확인하기 위한 검사를 말한다.
> - "보호계수(PF ; Protection Factor)"라 함은 호흡보호구 바깥쪽에서의 공기 중 오염물질 농도와 안쪽에서의 오염물질 농도비로 착용자 보호의 정도를 나타내는 척도를 말한다.
> - "할당보호계수(APF ; Assigned Protection Factor)"란 잘 훈련된 착용자가 보호구를 착용했을 때 각 호흡보호구가 제공할 수 있는 보호계수의 기대치를 말한다.
> - "밀폐공간"이라 함은 산업안전보건기준에 관한 규칙 제618조에서 정한 내용을 말한다.
> - "밀착형 호흡보호구"란 호흡보호구의 안면부가 얼굴이나 두부에 직접 닿는 호흡보호구를 말한다.

41

직무스트레스 예방을 위한 국내의 근로시간 관련 지침에 관한 설명으로 옳지 않은 것은?

① 근무 중 적정한 휴식시간을 제공한다.
② 1일 11시간 이상의 연장 근로와 야간 근로는 최소한으로 한다.
③ 주 7일 근무를 해야 하는 상황에서도 한 달에 두 번은 이틀의 휴일을 제공한다.
④ 1개월간 주당 평균근로시간이 52시간 이상인 경우 근로자의 신청을 받아 보건관리자에 의한 면접지도를 실시한다.
⑤ 최소한 하루에 5시간 이상의 수면시간을 확보한다.

해설

⑤ 국내 건강 관련 지침에서는 최소 하루 6시간 이상의 수면시간 확보를 권장한다. 하루 5시간의 수면은 불충분하며, 건강에 부정적인 영향을 미칠 수 있다.
① 근로자의 피로 회복과 건강 관리를 위해 적정한 휴식시간 제공은 필수적이다.
② 과도한 연장 근로와 야간 근무는 건강과 스트레스에 영향을 미치므로 최소화해야 한다.
③ 일주일 7일의 근무를 해야 하는 상황에서도 한 달에 두 번은 이틀을 충분히 쉴 수 있는 휴일을 제공해야 한다.
④ 주당 평균근로시간이 52시간을 초과하면, 보건관리자에 의한 면접지도를 통해 근로자의 건강을 관리해야 한다.
※ 장시간 근로자 보건관리 지침

42

유해인자에 관한 생물학적 노출지표의 연결이 옳지 않은 것은?

① 디클로로메탄 : 혈중 메트헤모글로빈
② 메틸 n-부틸케톤 : 소변 중 2,5-헥산디온
③ 2-에톡시에탄올 : 소변 중 2-에톡시초산
④ 일산화탄소 : 혈중 카복시헤모글로빈 또는 호기 중 일산화탄소
⑤ 아세톤 : 소변 중 아세톤

해설
① 디클로로메탄 : (당일) 혈중 카복시헤모글로빈
② 메틸 n-부틸케톤 : (당일) 소변 중 2,5-헥산디온
③ 2-에톡시에탄올 : (주말) 소변 중 2-에톡시초산
④ 일산화탄소 : 혈중 카복시헤모글로빈(당일 작업 종료 후 10~15분 이내에 채취) 또는 호기 중 일산화탄소 농도(당일 작업 종료 후 10~15분 이내, 마지막 호기 채취)
⑤ 아세톤 : (당일) 소변 중 아세톤

43

인체의 부위 중 하지부가 아닌 것은?

① 삼각근부
② 대퇴부
③ 슬부
④ 하퇴부
⑤ 둔부

해설
① 삼각근(deltoid muscle)은 팔의 어깨 부분에 위치한 근육으로, 하지부(다리 부위)가 아니라 상지부(팔 부위)에 해당한다.
② 대퇴부는 허벅지 부분으로, 하지부에 포함된다.
③ 슬부는 무릎 부분을 뜻하며, 하지부에 속한다.
④ 하퇴부는 종아리 부분으로, 하지부에 포함된다.
⑤ 둔부는 엉덩이 부분으로, 하지부에 속한다.

44

인체의 계(system)에 관한 설명으로 옳지 않은 것은?

① 호흡계는 코, 인·후두, 기관, 기관지, 폐 등으로 구성되어 신체의 호흡을 담당한다.
② 근육계는 뼈대근, 심장근, 평활근, 근막, 건(힘줄), 건초(힘줄집), 윤활낭 등으로 구성된 능동적 운동장치이다.
③ 감각계는 눈, 코, 귀, 혀 등으로 구성되어 신체의 감각을 받아들인다.
④ 소화계는 위, 소장, 대장의 소화를 담당하는 장기와 간, 췌장, 담낭 등으로 구성된다.
⑤ 내분비계는 심장, 혈액, 혈관, 림프, 비장, 흉선으로 구성되어 영양분을 운반하고 림프구 및 항체를 생산한다.

해설

⑤ 내분비계는 호르몬을 분비하는 갑상선, 부신, 뇌하수체 등으로 구성된다. 심장, 혈액, 혈관, 림프, 비장, 흉선 등은 순환계에 속하며, 영양분 운반과 림프구 및 항체 생산은 내분비계의 기능이 아니다.
① 호흡계는 코, 인·후두, 기관, 기관지, 폐 등으로 구성되며, 산소를 공급하고 이산화탄소를 제거하는 신체의 호흡을 담당한다.
② 근육계는 뼈대근, 심장근, 평활근, 근막, 건(힘줄), 건초(힘줄집), 윤활낭 등으로 구성되어 신체의 능동적인 움직임을 담당한다.
③ 감각계는 눈, 코, 귀, 혀 등으로 구성되며, 시각, 후각, 청각, 미각 등 외부 자극을 받아들이는 역할을 한다.
④ 소화계는 위, 소장, 대장 등의 소화장기와 간, 췌장, 담낭 등으로 구성되어 음식물의 소화 및 흡수를 담당한다.

45

산업재해조사에 관한 설명으로 옳지 않은 것은?

① 산업재해발생의 책임 소재를 밝히고 산업재해가 발생한 날로부터 60일 이내에 산업재해조사표를 작성하여 제출하여야 한다.
② 사람의 불안전한 행동유무에 대하여 육하원칙에 의거 기술한다.
③ 산업재해 발생 과정에서 관련 있었던 물질, 재료를 확인한다.
④ 산업재해 조사 중 파악된 사실에서 재해의 직접원인을 확정하고 원인과 연관된 제반 기준에 어긋난 문제점 유무와 이유를 분명히 한다.
⑤ 재발방지대책을 수립하기 위함이다.

해설

① 사업주는 산업재해로 사망자가 발생하거나 3일 이상의 휴업이 필요한 부상을 입거나 질병에 걸린 사람이 발생한 경우에는 해당 산업재해가 발생한 날부터 1개월 이내에 산업재해조사표를 작성하여 관할 지방고용노동관서의 장에게 제출(전자문서로 제출하는 것을 포함한다)해야 한다(산업안전보건법 시행규칙 제73조).
② 재해 발생원인을 분석할 때, 육하원칙(누가, 언제, 어디서, 무엇을, 왜, 어떻게)을 적용해 불안전한 행동을 파악한다.
③ 재해 발생원인을 조사할 때, 물질 및 재료 등 관련 요인을 확인한다.
④ 재해 원인분석에서 직접원인을 확정하고, 기준 위반 여부와 문제점을 명확히 한다.
⑤ 산업재해조사는 재발방지대책 수립을 위해 실시하는 것이 주요 목적이다.

46

재해의 발생형태에 따른 원인분석 방법에 관한 설명으로 옳지 않은 것은?

① 파레토도는 좌표의 가로축에 중요도가 높은 순서로 요인을 기재하고, 세로축에 각 요인의 도수를 고려한 누적치로 막대형 그래프를 작성한다.
② 특성요인도는 재해특성과 요인 관계를 도표로 그려 어골상으로 세분화하여 연쇄관계를 나타내는 형태로 표현한다.
③ 웨버의 사고연쇄반응이론은 직업성 질환과 역학조사를 위하여 개발한 기법이다.
④ 크로스분석은 불안전한 상태와 불안전한 행동이 서로 밀접한 관계를 유지할 때 사용하는 방법이다.
⑤ 관리도(control chart)는 월별 재해추이 등을 그래프로 그려 관리구역을 설정하고 대책을 수립하는 데 활용한다.

해설

③ 웨버의 사고연쇄반응이론 : 직업성 질환이나 역학조사를 위한 기법이 아닌 사고가 불안전한 행동 및 상태와 연쇄적으로 이어지는 과정을 설명하는 데 중점을 둔다.
① 파레토도 : 파레토 분석은 80 : 20 법칙에 기반하며, 좌표의 가로축에 중요도가 높은 순서로 요인을 기재하고, 세로축에 도수를 누적하여 표현한다.
② 특성요인도 : 문제의 원인과 결과를 시각적으로 나타내기 위해 사용되며, 어골 형태(물고기 뼈 모양)로 그려 연쇄관계를 세분화하여 표현한다.
④ 크로스분석 : 불안전한 상태와 행동이 상호 밀접한 관계를 가질 때, 이들 간의 상관성을 도출하기 위해 사용하는 분석기법이다.
⑤ 관리도(control chart) : 재해 발생의 월별 추이를 시각적으로 나타내고, 관리한계를 설정하여 이상치 또는 패턴을 확인하고 대책을 수립하는 데 활용한다.

47

산업재해통계업무처리규정상 산업재해통계의 산출방법에 관한 설명으로 옳지 않은 것은?

① 총요양근로손실일수는 재해자의 총요양기간을 합산하여 산출하되 사망, 부상 또는 질병이나 장애자의 요양근로손실일수는 등급별로 차이를 두지 아니한다.
② 도수율(빈도율) = (재해건수 / 연근로시간 수) × 1,000,000
③ 임금근로자 수는 통계청의 경제활동인구조사상 임금근로자 수이다.
④ 고혈압 등 개인지병, 방화 등에 의한 재해 중 재해원인이 사업주의 법 위반 등에 기인하지 아니한 것이 명백한 경우에는 산업재해조사 대상 사고사망자 수에서 제외한다.
⑤ 휴업재해율 = (휴업재해자 수 / 임금근로자 수) × 100

해설

① 총요양근로손실일수 : 사망, 부상, 질병, 장애자의 요양 근로손실일수는 산업재해통계업무처리규정에서 등급별 기준에 따라 차등적으로 계산한다. 예를 들어, 사망자에 대해서는 정해진 손실일수(통상 7,500일)를 적용한다. 따라서 등급별로 차이를 두지 않는다는 설명은 잘못되었다.
② 도수율(빈도율, 연근로시간당 재해 빈도를 계산하는 방식) : 도수율 = (재해건수/연근로시간 수) × 1,000,000
③ 임금근로자 수 : 산업재해통계에서 사용하는 임금근로자 수는 통계청의 경제활동 인구조사를 기준으로 한다.
④ 고혈압 등 개인지병, 방화 등에 의한 재해 : 고혈압 등 개인적 원인이나 방화로 인한 재해도 산업재해조사 대상 사고에 포함된다. 다만, 사업주의 법 위반에 기인하지 않은 경우에는 추가적인 처벌은 면할 수 있다.
⑤ 휴업재해율(산업재해로 인해 휴업한 근로자의 비율을 나타내는 지표) : 휴업재해율 = (휴업재해자 수/임금근로자 수) × 100

48

직업성 질환 역학조사 실시 사례가 아닌 것은?

① 핸드폰 부품을 생산하는 사업장에서 CNC 절삭작업과 검사작업을 하는 근로자가 고농도의 메탄올 증기를 흡입하여 급성 중독을 일으킴에 따라 역학조사를 실시하였다.
② 2-브로모프로판을 포함한 화학물질을 사용하는 전자사업장 근로자에서 생식기계, 조혈기계, 건강장해가 집단 발생하여 이에 따른 역학조사를 실시하였다.
③ 주민이 집단적으로 원인 모를 피부병과 암에 시달린다는 주장이 제기되어 역학 조사를 실시하였다.
④ 반도체 제조공장에서 다양한 종류의 암이 발생하여 취급화학물질과 작업환경에 대한 역학조사를 실시하였다.
⑤ 의료용 금속부품을 도장하는 사업장 근로자가 세척조 내부에서 청소작업을 하다가 TCE 증기에 중독되어 사망하였고 이에 따라 역학조사를 실하였다.

해설

③ 주민의 집단적인 피부병 및 암 사례 : 직업성 질환이 아닌 환경성 질환 사례로, 역학조사의 주체와 범위가 다르다. 산업보건 영역이 아니라 환경보건 및 공중보건 영역에 해당한다. 역학조사 사례로 적합하지 않다.
① 핸드폰 부품 생산 사업장에서 메탄올 급성 중독 사례 : 직업성 질환에 해당하며, 역학조사를 통해 작업환경 및 유해물질 노출 원인을 분석하는 사례다.
② 전자사업장에서 2-브로모프로판 관련 건강장해 사례 : 직업성 질환으로, 생식기계 및 조혈기계 질환 발생에 따른 역학조사 사례다.
④ 반도체 제조공장에서 암 발생 사례 : 작업환경 및 화학물질 노출과 관련된 직업성 암에 대한 역학조사 사례다.
⑤ 의료용 금속부품 도장 작업 중 TCE 중독 사례 : 직업성 화학물질 중독 사례로, 근로자의 건강장해에 대해 역학조사를 실시한 사례다.

49

산업안전보건법령상 사업주가 근로자를 고기압 업무에 종사하도록 해서는 안 되는 질병에 해당하지 않는 것은?

① 감압증에 의한 장해 또는 그 후유증
② 만성전립선염, 요로감염 등 비뇨기계의 질병
③ 빈혈증, 심장판막증, 관상동맥경화증, 고혈압증, 그 밖의 혈액 또는 순환기계의 질병
④ 정신신경증, 알코올중독, 신경통, 그 밖의 정신신경계의 질병
⑤ 메니에르씨병, 중이염, 그 밖의 이관(耳管)협착을 수반하는 귀 질환

해설

② 고기압 업무(예 잠수 작업, 고압실 작업 등)에 종사하는 근로자는 특정 질병이 있을 경우 작업 중 위험이 증가하기 때문에 사업주는 해당 근로자를 고기압 업무에 배치해서는 안 된다. 하지만 비뇨기계 질병은 고기압 업무의 직접적인 금기 질환으로 지정되어 있지 않다. 따라서, 작업 금지 대상이 아니다.
① 감압증은 고기압 작업에서 발생할 수 있는 대표적인 질환으로, 후유증이 남아 있는 경우 작업 금지 대상이다.
③ 고기압 상태에서는 혈액 순환에 부담이 가중되므로 금기 대상에 해당한다.
④ 정신신경계 질환은 고기압 작업에서 사고 발생 위험을 높일 수 있어 작업 금지 대상이다.
⑤ 고기압 상태에서는 귀 내부 압력 조절이 중요하므로, 이관협착 및 관련 질환은 작업 금지 대상이다.

질병자 등의 근로 제한(산업안전보건법 시행규칙 제221조)
사업주는 다음 어느 하나에 해당하는 질병이 있는 근로자를 고기압 업무에 종사하도록 해서는 안 된다.
• 감압증이나 그 밖에 고기압에 의한 장해 또는 그 후유증
• 결핵, 급성상기도감염, 진폐, 폐기종, 그 밖의 호흡기계의 질병
• 빈혈증, 심장판막증, 관상동맥경화증, 고혈압증, 그 밖의 혈액 또는 순환기계의 질병
• 정신신경증, 알코올중독, 신경통, 그 밖의 정신신경계의 질병
• 메니에르씨병, 중이염, 그 밖의 이관(耳管)협착을 수반하는 귀 질환
• 관절염, 류마티스, 그 밖의 운동기계의 질병
• 천식, 비만증, 바세도우씨병, 그 밖에 알레르기성·내분비계·물질대사 또는 영양장해 등과 관련된 질병

50

산업보건통계에 관한 설명으로 옳은 것을 모두 고른 것은?

> ㄱ. 비(ratio)는 하나의 측정값을 다른 측정값으로 나눈 것으로, 분자는 분모에 포함된다.
> ㄴ. 중앙값은 자료를 작은 것부터 큰 것으로 나열했을 때, 가운데에 위치한 값이다.
> ㄷ. 분율(proportion)은 분자가 분모에 포함되는 것으로 비율 또는 구성비라고도 한다.
> ㄹ. 명목형 자료는 각 범주들 간에 어떤 방식으로든 순서가 매겨진다.

① ㄱ, ㄴ
② ㄱ, ㄷ
③ ㄴ, ㄷ
④ ㄱ, ㄴ, ㄹ
⑤ ㄴ, ㄷ, ㄹ

해설

ㄱ. 비(ratio)는 두 값의 상대적 크기를 비교하기 위한 지표로, 분자는 분모에 포함되지 않는다.
　예 남녀 성비는 남성 수를 여성 수로 나눈 값이다.
ㄹ. 명목형 자료는 범주 간에 순서가 없는 자료를 말한다.
　예 혈액형(A, B, AB, O)처럼 순서가 없는 범주형 자료이다. 순서가 있는 범주형 자료는 서열형 자료(ordinal data)라고 한다.
ㄴ. 중앙값은 데이터의 크기 순서에 따라 중간에 위치한 값이다. 데이터가 짝수 개일 경우, 가운데 두 값의 평균을 중앙값으로 한다.
ㄷ. 분율은 전체 중에서 특정 부분이 차지하는 비율로, 분자는 항상 분모에 포함된다.
　예 전체 근로자 중 여성이 차지하는 비율

정답 50 ③

기업진단 · 지도

51

테일러(F. Taylor)의 과학적 관리법(scientific management)에 관한 설명으로 옳은 것을 모두 고른 것은?

ㄱ. 고임금 고노무비	ㄴ. 개방체계
ㄷ. 차별 성과급 제도	ㄹ. 시간연구
ㅁ. 작업장의 사회적 조건	ㅂ. 과업의 표준

① ㄱ
② ㄴ, ㅁ
③ ㄱ, ㄷ, ㅂ
④ ㄴ, ㄹ, ㅁ
⑤ ㄷ, ㄹ, ㅂ

해설

테일러(Frederick Taylor)의 과학적 관리법(과학적 관리론)

- 동작연구(motion study)와 시간연구(time study)라는 개념을 도입하여, 어떤 작업을 수행하는 데 필요한 동작을 하나하나 분석함으로써 그 작업을 가장 효율적으로 수행하는 방법을 찾고자 하였다. 시간연구와 동작연구를 기초로 노동의 표준량을 정하고 임금을 작업량에 따라 지급하는 등의 방법으로 기존의 문제점을 극복한 현대적 관리의 개념으로 전환하는 계기가 된 관리 기법이다.
- 특징
  - 과업관리 : 과업을 과학적으로 설정하여 노동자의 태업을 방지
  - 작업량에 따른 차별적 성과급제
  - 고임금 · 저노무비 달성
  - 시간연구와 동작연구(작업의 표준화)
  - 직능식 직장제도
  - 과학적 인사관리

정답 51 ⑤

52

조직에서 생산적 행동(productive behavior)과 반생산적 행동(CWB ; Counterproductive Work Behavior)에 관한 설명으로 옳지 않은 것은?

① 조직시민행동(OCB ; Organizational Citizenship Behavior)은 생산적 행동에 속한다.
② OCB는 친사회적 행동이며 역할 외 행동이라고도 한다.
③ 일탈행동(deviance)은 CWB에 속하지만 조직에 해로운 행동은 아니다.
④ 조직시민행동은 OCB-I(Individual)와 OCB-O(Organizational)로 분류되기도 한다.
⑤ CWB는 개인적 범주와 조직적 범주로 분류할 수 있다.

해설

조직
- 생산적 행동(productive behavior)
  - 조직과 개인의 목표달성을 촉진하는 행동 : 조직시민행동(OCB)이 대표적이다.
  - 직무성과와 관련된 활동이며, 직무기술서에 명시된 역할을 충실히 수행하는 활동이다.
- 반생산적 행동(CWB ; Counterproductive Work Behavior)
  - 조직의 목표달성에 방해가 되는 조직 구성원들의 일탈행동이나 규범을 어기는 행동이다.
  - 개인에 대한 반생산적 행동 CWB-I(동료를 괴롭히거나 방해하는 행동)과 조직에 대한 반생산적 행동 CWB-O(조직에 피해를 주는 행동, 즉 지각, 무단결근, 조직자산 훼손 등)으로 분류할 수 있다.

조직시민행동(OCB ; Organizational Citizenship Behavior)
- 조직이 공식적으로 규정한 직무행동도 아니며 그 행동이 조직으로부터의 공식적인 보상체계와 관련성도 없지만 조직구성원이 조직의 효율성 증진을 위해 자발적으로 행한 자유재량행동을 말한다(Organ, 1988).
- 조직시민운동은 급변하는 환경 변화에 능동적으로 대처하고, 조직이 생존하기 위해서 조직구성원의 자발성과 역할 외 행동들이 중요하게 인식되면서 조직에서는 중요하게 생각하는 개념이다. 조직시민행동은 개인에 대한 시민행동인 OCB-I(Individual)와 조직에 대한 시민행동 OCB-O(Organizational)로 분류되기도 한다.
- 조직시민행동과 유사한 개념인 친사회적 조직행동(prosocial organizational behavior)과 조직에서 부가한 역할 외 행동(extra-role behavior)이 있다.

53

직무평가에 관한 설명으로 옳은 것을 모두 고른 것은?

ㄱ. 직무평가 대상은 직무 자체임
ㄴ. 다른 직무들과의 상대적 가치를 평가
ㄷ. 직무수행자를 평가
ㄹ. 종업원의 기업목표달성 공헌도 평가
ㅁ. 직무의 중요성, 난이도, 위험도의 반영

① ㄱ, ㄷ
② ㄱ, ㄴ, ㄹ
③ ㄱ, ㄴ, ㅁ
④ ㄷ, ㄹ, ㅁ
⑤ ㄴ, ㄷ, ㄹ, ㅁ

해설

직무평가(job evaluation)

- 직무평가란 조직에서 각 직무가 지니는 상대적 가치를 결정하는 과정이다. 직무평가는 직무분석에 의한 직무기술서와 직무명세서를 기초로 하여 개별적인 직무를 전체 조직 내의 다른 직무와 연계시키는 종합적인 방법을 말한다.
- 직무평가 요소
  - 직무평가의 핵심은 무엇을 기준으로 평가할 것인가를 결정하며, 평가의 기준은 객관성, 합리성, 공정성을 확보하여야 한다.
  - 직무평가 시 고려해야 할 변수는 기능, 책임, 노력, 작업환경 등이다.
- 직무평가 방법
  - 서열법(ranking method)
    ⓐ 의의 : 가장 오래되고 사용하기 쉬운 방법으로 해당 직무들에 대해 기업의 목표달성 관련 중요도, 직무수행 난이도, 작업환경 등을 포괄적으로 고려하여 그 상대적 가치를 기초로 순위를 결정하는 방법이다.
    ⓑ 장점 : 신속·간변하게 직무등급을 설정할 수 있다.
    ⓒ 단점 : 직무의 수가 많고 복잡하면 적용이 어렵다.
  - 분류법(job-classification method)
    ⓐ 의의 : 서열법의 발전된 방법으로 사전에 만들어 놓은 등급을 기반으로 각 직무를 적절히 판정하여 해당 등급에 맞추어 넣는 평가방법이다.
    ⓑ 장점 : 간단하고 이해가 쉬우며, 비용이 적게 든다.
    ⓒ 단점 : 직무의 수가 많고 복잡하면 적용이 어려우며, 개별 등급에 대한 정의를 내리기 어렵다.
  - 점수법(point rating method)
    ⓐ 의의 : 직무를 평가요소로 분해하고 척도에 의해 평가요소별 점수를 부여한 후 요소별 중요도에 따른 가중치를 적용함으로써 최종 점수를 통한 직무의 가치를 평가하는 방법이다. 오늘날 직무평가방법으로 가장 많이 사용되고 있다.
    ⓑ 장점 : 수량적, 분석적인 가치표현을 하게 되므로 직무의 상대적 차등을 명확하게 정할 수 있으며, 종업원들에게 평가결과에 대한 이해와 신뢰를 얻기에 용이하다.
    ⓒ 단점 : 평가요소 및 가중치 선정이 매우 어려워 고도의 숙련도가 요구되며, 많은 준비시간과 비용이 소요된다.
  - 요소비교법(factor-comparison method)
    ⓐ 의의 : 기업이나 조직에 있어서 직무내용이 표준화되어 있고 평가요소별 기준 직무와 일반 직무를 비교함으로써 모든 직무의 상대적 가치를 결정하는 방법이다.
    ⓑ 장점 : 직무평가의 결과가 바로 임금수준과 연결되어 임금의 공정성 확보에 기여할 수 있으며, 평가과정 다른 평가방법에 비해 매우 정교하며 타당도와 신뢰도가 높다.
    ⓒ 단점 : 기준직무의 평가에 정확성을 기하기 어려우며 기준직무에 대한 직무평가의 정확성이 결여되면 전체 직무평가까지 영향을 미친다. 그리고 시간과 비용이 많이 든다.

53 ③ **정답**

54

노동쟁의조정에 관한 설명으로 옳지 않은 것은?

① 노동쟁의조정은 노동위원회가 담당한다.
② 노동쟁의조정은 조정, 중재, 긴급조정 등이 있다.
③ 노동쟁의조정 방법에 있어서 임의조정제도는 허용되지 않는다.
④ 확정된 중재내용은 단체협약과 동일한 효력을 갖는다.
⑤ 노동쟁의조정 중 조정은 노동위원회에서 조정안을 작성하여 관계 당사자들에게 제시하는 방법이다.

해설

③ 우리나라의 노동쟁의조정 방법으로는 조정, 중재, 긴급조정, 임의조정제도로 구분된다.

노동쟁의

- 노동조합과 사용자 또는 사용자단체 사이에 임금, 근로시간, 복지, 해고 기타 등 근로조건의 결정에 관한 주장의 불일치로 인하여 발생한 분쟁상태로써 이익분쟁으로 한정된다.
- 노동쟁의 조정 : 노사 간에 노동쟁의를 자주적으로 해결하지 못하는 경우, 다른 기관을 통해 조력을 받아 노동쟁의를 해결하려는 제도이다. 우리나라의 노동쟁의 조정제도는 조정전치주의를 택하고 있어 현행법상 쟁의행위를 개시하기 전에 조정절차를 거치도록 되어 있다.
- 노동쟁의조정의 종류
  - 조정 : 조정은 노동위원회의 조정위원회에서 담당하며 노사 쌍방의 동의가 있을 경우 노동위원회 위원 중에서 단독 조정인으로 지명할 수도 있다. 조정위원회 또는 단독조정인은 기일을 정하여 관계 당사자 쌍방을 출석하게 하여 주장의 요점을 확인하여야 하며 조정안을 작성하여 이를 관계 당사자에게 제시하고 그 수락을 권고한다.
  - 중재 : 조정으로 협상이 이루어지지 않을 경우 중재에 들어갈 수 있는데 이는 법적구속력이 있어 중재가 개시되면 노사당사자는 15일간 쟁의행위를 할 수 없다. 중재위원회의 중재가 결정되면 효력 발생 기일을 명시하여 서면으로 작성하게 되어 있는데 이를 '중재재정'이라고 한다. 중재재정의 내용은 단체협약과 동일한 효력을 가지며 노사 쌍방은 이에 따라야 한다.
  - 긴급조정 : 긴급조정은 노동쟁의행위가 공익사업장에서 행해지거나 일반사업장에서 일어나는 쟁의행위라 하더라도 그 규모와 성질이 중대한 것이어서 국가경제를 해치고 국민의 일상생활을 위태롭게 할 위험이 있을 때 고용노동부장관의 결정에 따라 중앙노동위원회가 행하는 강제쟁의조정이다.
  - 임의조정 : 임의조정제도는 노사쌍방이 합의에 의해 또는 단체협약이 정하는 바에 따라 제3의 인물에게 알선, 조정, 중재를 맡기는 것이다. 즉, 노동조합과 사용자가 합의하기만 하면 노동운동 단체나 노동운동 선배 또는 양심적인 변호사, 학자 등 제3의 인물에게 조정, 중재를 맡길 수 있다.

55

조직설계에 영향을 미치는 기술유형을 학자들이 제시한 것이다. ( )에 들어갈 내용으로 옳은 것은?

- 우드워드(J. Woodward) : 소량단위 생산기술, (ㄱ), 연속공정 생산기술
- 페로우(C. Perrow) : 일상적 기술, 비일상적 기술, (ㄴ), 공학적 기술
- 톰슨(J. Thompson) : (ㄷ), 연속형 기술, 집약형 기술

① ㄱ : 대량 생산기술 ㄴ : 장인 기술   ㄷ : 중개형 기술
② ㄱ : 대량 생산기술 ㄴ : 중개형 기술 ㄷ : 장인기술
③ ㄱ : 중개형 기술   ㄴ : 장인 기술   ㄷ : 대량 생산기술
④ ㄱ : 장인기술   ㄴ : 중개형 기술 ㄷ : 대량 생산기술
⑤ ㄱ : 장인기술   ㄴ : 대량 생산기술 ㄷ : 중개형 기술

해설

조직의 기술유형론
- 우드워드(J. Woodward)의 기술유형 : 소량 생산기술, 대량 생산기술, 복합적(연속공정) 생산기술
- 페로우(C. Perrow)의 기술유형 : 일상적 기술, 비일상적 기술, 기능(장인적) 기술, 공학적 기술
- 톰슨(J. D. Thompson)의 기술유형 : 중개형 기술, 길게 연계된 기술(연속형 기술), 집약형(집중형) 기술
※ 2016년 54번 문제 해설 참고

56

수요예측 방법 중 주관적(정성적) 접근방법에 해당하지 않는 것은?

① 델파이법   ② 이동평균법
③ 시장조사법   ④ 자료유추법
⑤ 판매원 의견종합법

해설

수요예측
- 정성적 기법 : 소비자조사법, 중역의견법, 판매원 의견종합법, 역사적 유추법, 델파이법, 패널법
- 정량적 기법 : 이동평균법, 지수평활법, 최소자승법, 추세분석법, 전기수요법
※ 2017년 58번 문제 해설 참고

57

총괄생산계획 기법 중 휴리스틱 계획기법에 해당하지 않는 것은?

① 선형계획법
② 매개변수에 의한 생산계획
③ 생산전환 탐색법
④ 서치 디시즌 룰(search decision rule)
⑤ 경영계수이론

해설

총괄생산계획

- 생산시스템의 운영에서 첫 번째로 하는 일은 총괄생산계획을 세우는 일이다. 일반적으로 2개월에서 1년까지의 기간에 대하여 기업 전체의 총괄적이고 개략적인 생산계획을 말한다.
- 총괄생산계획 기법
  - 도표기법(도시법) : 그래프나 차트를 이용하는 기법으로 전문지식이 없어도 사용할 수 있는 총괄계획 기법이다. 이 기법은 먼저 총괄계획의 여러 가지 대안을 개발한 다음 이들의 총비용을 계산, 비교하여 최선의 대안을 선택하는 것으로 시행착오적 방법 또는 최소 비용 대안 발견법이라고도 한다.
  - 휴리스틱(heuristic) 기법 : 탐색적 또는 발견적 기법이라고 볼 수 있는데 모든 해결과정을 수학적 풀이에만 의존하지 않고 인간의 경험을 바탕으로 하는 직관력과 판단력을 함께 활용할 수 있도록 하는 방법이다. 휴리스틱 기법에는 경영계수법, 탐색결정규칙, 매개변수 생산계획법, 생산전환 탐색법 등이 있다.
    ⓐ 경영계수법(management coefficient method) : 1963년 보우만(Bowman)에 의하여 제안된 대표적인 휴리스틱 기법으로서 총괄계획에 관해 경영자들이 과거에 내린 의사결정을 분석하여 생산율과 작업자 수를 결정하고 규칙의 계수를 추정하는 기법이다.
    ⓑ 탐색 결정규칙(search decision rule) : 1968년 터버트(Taubert)에 의해 개발된 휴리스틱 기법으로 수학적 최적 해를 보장하지 않지만 현실 상황을 더 많이 반영할 수 있는 기법이다.

정답 57 ①

58

다음은 신 QC 7가지 도구 중 무엇에 관한 설명인가?

> 문제를 해결하는 활동에 필요한 실시사항을 시계열적인 순서에 따라 네트워크로 나타낸 화살표 그림을 이용하여 최적의 일정계획을 위한 진척도를 관리하는 방법

① 친화도
② 계통도
③ PDPC법(Process Decision Program Chart)
④ 애로우 다이어그램
⑤ 매트릭스 다이어그램

해설

생산 중에 있는 제품과 공정의 상태를 분석하고 관리하기 위해서 통계적인 도구를 사용한다. 그리고 이러한 도구의 사용은 공정상태 분석에 필요한 자료를 수집하는 것이 전제가 되며, 통계적 품질관리에서 데이터를 정리하기 위한 도구들이 사용된다.

- 전통적 품질개선도구 QC 7가지 도구 : 히스토그램, 그래프, 체크시트, 특성요인도, 산포도, 파레토그림, 관리도
- 신 QC 7가지 도구

기법	개요	용도
연관도법 (relation diagram)	복잡하게 얽힌 원인, 결과, 목적, 수단 등 요인에 대한 인과관계의 명확화로 적절한 해결책을 유도하는 방법	QA 방침전개 결정 및 TQC 추진계획 입안
KJ법, 친화도법 (affinity diagram)	혼돈된 상태에서 수집한 언어 데이터를 상호친화성으로 통합하고 이를 그림으로 시각화하여 문제를 해결하는 방법	• 신규사업, 신제품, 신기술에 대한 QC방침 • 신시장 개척을 위한 시장조사
계통도법 (systematic diagram)	목적, 목표 달성을 위해 필요한 최적의 수단 및 방책의 계통화로 중점문제의 명확화 및 최적수단 방책을 추구하는 방법	• 신제품의 설계품질전개 및 QA의 전개 • 문제해결을 위한 아이디어 전개
매트릭스도법 (matrix diagram)	다원적 사고에 의해 문제가 되는 항목 중 결합되는 요소를 찾아 행과 열로 배치해 그 교점에서 '연관유무와 정도'를 통해 문제점을 해결하는 방법	• 시스템의 개발, 개량의 착안점 설정 • 품질평가체제의 강화 및 효율화 • 제조공정의 불량원인 탐색
매트릭스 데이터 해석법 (matrix data analysis)	매트릭스도에서 요소 간의 관련이 정량화된 경우, 이것을 계산으로 알아보기 쉽게 정리하는 방법	• 복잡하게 얽힌 요인의 공정해석 • 다량의 자료에서 산출되는 불량요인 해석 • 시장조사자료에서 요구품질파악
PDPC (Process Decision Program Chart)	사태의 진전과 더불어 여러 결과가 상정되는 문제에 대해 바람직한 결과에 이르는 과정을 결정하는 방법	• 목표관리의 실시계획 책정 • 기술개발과제의 실시계획 책정 • 시스템의 중대사고 예측과 대응책 책정
애로우 다이어그램 (arrow diagram)	• PERT/CPM에서 쓰는 일정계획을 위한 네트워크도로 최적의 일정계획 수립 및 효율적인 진도관리 방법 • 문제를 해결하는 활동에 필요한 실시사항을 시계열적인 순서에 따라 네트워크로 나타낸 화살표 그림을 이용하여 최적의 일정계획을 위한 진척도를 관리하는 방법	• 신제품개발 및 제품개량 계획과 진도관리 • 양산품의 일정계획과 진척관리 • 공장 이전 및 정기보전, 공정해석과 효율화

59

도요타 생산방식의 주축을 이루는 JIT(Just In Time) 시스템의 장점에 해당되지 않는 것은?

① 한정된 수의 공급자와 친밀한 유대관계를 구축한다.
② 미래의 수요예측에 근거한 기본일정계획을 달성하기 위해 종속품목의 양과 시기를 결정한다.
③ JIT 생산으로 원자재, 재공품, 제품의 재고수준을 줄인다.
④ 유연한 설비 배치와 다기능공으로 작업자 수를 줄인다.
⑤ 생산성의 낭비제거로 원가를 낮추고 생산성을 향상시킨다.

해설

② 무재고 생산방식 또는 도요타 생산방식이라고도 하며 필요한 것을 필요한 양만큼 필요한 때에 만드는 생산방식이다.
① JIT는 무재고 시스템을 지향하므로 납품업자들은 생산라인에 하루에도 여러 번 배달해야 한다. 이를 위해 납품업자들은 모기업의 공장 근처에 입지하여 장기적인 거래 관계를 갖게 된다.
③ 재고자산회전률, 노동생산성의 향상, 재고-로트 크기 최소화, 안전재고 최소화를 추구한다.
④ 다기능공은 생산환경 변화에 신속히 대응하며, U라인은 보행의 낭비 최소화와 산출물의 완벽한 품질확보가 가능한 생산흐름을 만들 수 있다.
⑤ 낮은 원가와 일관성을 확보한 품질을 실현한다.

※ 2016년 58번 문제 해설 참고

60

유용성이 높은 인사선발도구에 관한 설명으로 옳지 않은 것은?

① 예측변인(predictor)의 타당도가 커질수록 전체 집단의 평균적인 준거수행(criterion)에 비해 합격한 집단의 평균적인 준거수행은 높아진다.
② 선발률(selection ratio)이 낮을수록 예측변인의 가치는 커진다.
③ 기초율(base rate)이 높을수록 사용한 선발도구의 유용성 수준은 높아진다.
④ 선발률과 기초율의 상관은 0이다.
⑤ 예측변인의 점수와 준거수행으로 이루어진 산점도(scatter plot)가 1사분면은 높고 3사분면은 낮은 타원형을 이룬다.

해설

기초율과 선발률

- 기초율은 성공적 직무수행자를 총지원자 수로 나눈 값으로 50%일 때 가장 많은 변별력을 가진다. 기초율이 100%이면 새로운 선발도구는 의미가 없으며, 기초율이 동일하다면 선발률이 감소할수록 선발 효과성은 증가한다.

> 기초율(BR) = 성공적 직무수행자 / 총응모자 수

- 선발률은 최종합격인원을 총지원자 수로 나눈 값으로 최댓값은 1이며, 선발률이 낮을수록 예측변인의 가치는 커진다.

> 선발비율(SR) = 선발예정자 수 / 총응모자 수

※ 2018년 62번 해설 참고

61

집단 또는 팀(team)에 관한 설명으로 옳지 않은 것은?

① 교차기능팀(cross functional team)은 조직 내의 다양한 부서에 근무하는 사람들로 이루어진 팀이다.
② '남만큼만 하기 효과(sucker effect)'는 사회적 태만(social loafing)의 한 현상이다.
③ 제니스(Janis)의 모형에서 집단사고(groupthink)의 선행요인 중 하나는 구성원들 간 낮은 응집성과 친밀성이다.
④ 다른 사람의 존재가 개인의 성과에 부정적 영향을 미치는 것을 사회적 억제(social inhibition)라고 한다.
⑤ 높은 집단 응집성은 그 집단에 긍정적 효과와 부정적 효과를 준다.

해설

③ 제니스의 집단사고 : 집단 내 비판적 사고 없이 다수 의견에 동조하는 현상을 말한다. 집단사고의 원인으로 높은 집단 응집력, 구조적 결함(외부 의견으로부터의 단절, 지시적 리더, 대안 평가 절차 부재 등), 상황적 요인(높은 스트레스, 외부 위협, 낮은 자존감)을 들 수 있다. 제니스는 집단사고의 원인 중 가장 중요한 요소로 집단의 응집력을 꼽았다. 응집력이 강한 집단에서는 내집단 압력이 강해져 비판적 사고를 억압하기 쉽다. 내집단 압력이 강해지면 집단 구성원들은 의사 결정 과정에서 결정에 반대하는 발언을 자제하고, 언쟁을 피하며, 우호적이고 좋은 관계를 유지하려 한다(긍정적 효과). 이 경우 논쟁이나 의견 충돌이 없으므로 겉보기에는 분위기가 매우 좋고 아무런 문제도 없어 보이지만, 실상은 집단사고에 취약하기 쉽다(부정적 효과).

① 교차기능팀 : 다양한 직무와 역할을 가진 구성원들로 이루어져 있으며, 유연한 구조로 특정 프로젝트나 문제 해결을 위해 일시적으로 구성될 수 있다(창의적 문제 해결 가능, 의사결정 속도 빠름).
② 남만큼만 하기 효과 : 팀 구성원 중 일부가 일을 적게 하거나 게으르게 행동할 때, 나머지 구성원들도 '나만 열심히 해봐야 소용없다'는 생각으로 자신의 기여도를 낮추는 현상이다. 팀 전체의 성과가 떨어지고, 사회적 태만현상을 더욱 강화시킨다.
④ 사회적 촉진(social facilitation)과 사회적 억제 : 사회적 촉진은 다른 사람들이 있을 때 쉬운 과제를 더 잘 하는 현상을 말한다. 즉, 사람들은 이미 잘하는 일을 남들이 볼 때는 더 잘하게 된다(Strauss, 2001). 사회적 억제는 반대로 다른 사람들이 있을 때 어려운 과제의 수행 능력이 떨어지는 현상을 가리킨다.

62

내적(intrinsic) 동기와 외적(extrinsic) 동기의 특징과 관계를 체계적으로 다루는 동기이론으로 옳은 것은?

① 알더퍼(Alderfer)의 ERG이론
② 아담스(Adams)의 형평이론(equity theory)
③ 로크(Locke)의 목표설정이론(goal-setting theory)
④ 맥클랜드(McClelland)의 성취동기이론(need for achievement theory)
⑤ 라이언(Ryan)과 데시(Deci)의 자기결정이론(self-determination theory)

해설

⑤ 라이언(Ryan)과 데시(Deci)의 자기결정이론(self-determination theory) : 자기결정성이론은 사람들의 타고난 성장경향과 심리적 욕구에 대한 사람들의 동기부여와 성격에 대해 설명해 주는 이론으로 사람들이 외부의 영향과 간섭 없이 선택하는 것에 대한 동기부여와 관련되어 있는 것으로 본다. 따라서 자기결정성이론은 개인의 행동에 스스로 동기부여되고 스스로 결정된다는 것에 초점을 둔다. 1970년대에 자기결정성이론은 내재적 및 외재적 동기를 비교한 연구 그리고 개인의 행동에서 지배적인 역할을 하는 주체적 동기부여에 대한 이해 증진으로부터 발전했다.

① 알더퍼(Alderfer)의 ERG이론 : 매슬로(A. Maslow)의 5단계 욕구이론을 수정해서 개인의 욕구 단계를 생존욕구, 관계욕구, 성장욕구 3단계로 단순화하였다. ERG이론은 욕구가 충족되면 상위욕구로 진행되는 '충족 진행의 원리'와 욕구가 좌절되면 하위욕구로 퇴행하는 '좌절-퇴행의 원리'에 기초하고 있다.

② 아담스(Adams)의 형평이론(equity theory) : 공정성이론이라고도 부르며 조직 내의 개인이 자신이 업무에 투입한 것과 산출된 것이 준거 기준과 비교하여 차이가 있음을 인지하면 그 차이를 줄이기 위해 동기부여가 이루어진다는 이론이다. 여기서 투입(input)은 노력, 기술, 지식 등과 같은 생산요소이며, 산출(output)은 일한 결과로 얻게 된 보상(대가)인 임금, 승진, 인정, 지위 등을 말한다.

③ 로크(Locke)의 목표설정이론(goal-setting theory) : 1968년 로크에 의하여 개념화된 인지과정이론의 일종으로 목표를 실제행위나 성과를 결정하는 요인으로 보는 이론을 말한다. 인간은 두 가지 인지, 즉 가치와 의도에 의해 결정된다고 주장하고 목표 그 자체의 특성과 성과에 영향을 주는 상황변수들을 제시하였다. 실무적으로는 목표에 의한 관리(MBO)의 이론적 토대가 되고 있다.

④ 맥클랜드(McClelland)의 성취동기이론(need for achievement theory) : 매슬로의 욕구단계이론이나 알더퍼의 ERG이론과 마찬가지로 인간의 욕구에 기초한 동기부여이론이다. 맥클랜드는 매슬로의 5가지 욕구 중에서 상위 3가지를 대상으로 성취욕구, 친화욕구, 권력욕구로 구분하여 성취동기이론을 전개하였다. 이들 3가지 욕구는 조직행동에서 특히 중요하다.

욕구	선호하는 일	적절한 업무
높은 성취욕구	• 개인적 책임감을 느끼는 일 • 피드백이 주어지는 일	보너스가 주어지는 세일즈맨
높은 친화욕구	대인접촉이 많은 일	고객업무 담당자
높은 권력욕구	다른 사람에게 영향력을 행사할 수 있는 일	감독 책임자

정답 62 ⑤

63

산업심리학의 연구방법에 관한 설명으로 옳은 것은?

① 내적 타당도는 실험에서 종속변인의 변화가 독립변인과 가외변인(extraneous variable)의 영향에 따른 것이라고 신뢰하는 정도이다.
② 검사-재검사 신뢰도를 구할 때는 역균형화(counterbalancing)를 실시한다.
③ 쿠더 리처드슨 공식 20(Kuder-Richardson formula 20)은 검사 문항들 간의 내적 일관성 정도를 알려준다.
④ 내용 타당도와 안면 타당도는 동일한 타당도이다.
⑤ 실험실 실험(laboratory experiment)보다 준실험(quasi experiment)에서 통제를 더 많이 한다.

해설

③ 쿠더 리처드슨 공식 20(Kuder-Richardson formula 20)은 이분법적 선택을 가진 측정에 대한 내적 일관성 신뢰성의 척도이다.
① 내적 타당도는 실험연구에서 강조되며 독립변인 또는 처치변인의 종속변인에 대한 효과 또는 영향에 따른 잡음변인의 개입 가능성을 적절히 통제하였는가로 판단한다. 실험처치가 정말로 그와 같은 실험의 결과를 가져왔다고 확인되면 실험의 내적 타당도가 인정되는 것이다. 따라서 실험의 내적 타당도를 확보하려면 독립변인 이외의 다른 조건이나 요인이 종속변인에 영향을 미치지 못하게 철저하게 통제하고, 오직 독립변인만이 영향을 줄 수 있도록 실험설계를 구안해야 한다.
② 검사-재검사 신뢰도는 동일한 검사를 다른 두 시기에 실시하여 그간에 얻어진 상관 계수. 오차는 다른 두 시기에 같은 검사를 같은 개인에게 실시했을 때 점수의 차를 가져오는 모든 것이라는 견지에서 얻어진 신뢰도가 된다.
④ 타당도는 측정하고자 하는 변인을 검사가 제대로 측정하였는지에 대한 정도이다.
  • 내용 타당도(content validity)는 객관적 근거에 의하지 않고 논리적 사고에 입각한 주관적인 타당도로서, 검사가 측정하고자 하는 분야의 전문가에 의해 이루어진다. 내용 타당도는 단순히 내용 분석이나 논리적 사고를 통하여 평가하는 것이기 때문에 수량적으로 표시되지 않는다.
  • 안면 타당도(face validity)는 검사문항이 그 검사가 측정하고자 하는 바를 충실하게 재어 주고 있다고 피검사자의 입장에서 파악하는 정도를 뜻한다. 흔히 내용 타당도와 혼동되고 있으나, 안면 타당도는 그 검사에 관한 검사자의 피상적인 관찰에 의해서 결정되며, 그 문항이 재고자 하는 것이 무엇인지 명료하게 판단될 수 있는 내용에 국한된다.
⑤ 엄격한 실험절차를 밟지 않더라도 실험설계와 유사한 방법을 적용하여 연구에 필요한 자료를 수집할 수 있는 자연적 상황이 많다. 이렇게 실험실에서처럼 실험조건을 충분히 통제할 수 없지만 자연적 상황을 이용해서 실험연구를 할 수 있는 방안이 바로 준실험설계다.

64
라스무센(Rasmussen)의 인간행동 분류에 관한 설명으로 옳은 것을 모두 고른 것은?

> ㄱ. 숙련기반행동(skill-based behavior)은 사람이 충분히 습득하여 자동적으로 하는 행동을 말한다.
> ㄴ. 지식기반행동(knowledge-based behavior)은 입력된 정보를 그때마다 의식적이고 체계적으로 처리해서 나타난 행동을 말한다.
> ㄷ. 규칙기반행동(rule-based behavior)은 친숙하지 않은 상황에서 기억 속의 규칙에 기반한 무의식적 행동을 말한다.
> ㄹ. 수행기반행동(commission-based behavior)은 다수의 시행착오를 통해 학습한 행동을 말한다.

① ㄱ, ㄴ
② ㄴ, ㄹ
③ ㄷ, ㄹ
④ ㄱ, ㄴ, ㄷ
⑤ ㄱ, ㄷ, ㄹ

해설
휴먼에러(행위적 에러와 원인적 에러로 분류)
- 라스무센의 행동기반 오류를 기반으로 한 휴먼에러(3개 수준으로 분류)
  - 지식기반행동(knowledge-based behavior) : 무지로 발생하는 착오
  - 규칙기반행동(rule-based behavior) : 규칙을 알지 못해 발생하는 착오
  - 숙련기반행동(skill-based behavior) : 숙련되지 못해 발생하는 착오
- Swain과 Guttman의 행위에 의한 분류
  - 실행에러(commission error) : 작업 내지 단계는 수행하였으나 잘못한 에러
  - 생략에러(omission error) : 필요한 작업 내지 단계를 수행하지 않은 에러
  - 순서에러(sequential error) : 작업수행의 순서를 잘못한 에러
  - 시간에러(timing error) : 주어진 시간 내에 동작을 수행하지 못하거나 너무 빠르게 또는 너무 느리게 수행하였을 때 생긴 에러
  - 불필요한 행동에러(extraneous act error) : 해서는 안 될 불필요한 작업의 행동을 수행한 에러
- 리전(J. Reason)의 휴먼에러 분류

불완전한 행동			
비의도적 행동	의도적 행동		
숙련기반에러(skill based error)	실책(mistake)		위반(violation)
실수(slip)	착오(lapse)	규칙기반에러(rule based error), 지식기반에러(knowledge based error)	-

  - 숙련기반에러 : 상황이나 자극에 자동으로 반응하여 발생함
    ⓐ 실수 : 행동의 실패, 상황이나 목표해석은 제대로 하였으나 의도와는 다르게 행동함
    ⓑ 착오 : 기억의 실패, 여러 과정이 연계적으로 일어나는 행동들 중에서 일부를 잊어버림
  - 실책 : 부적합한 의도를 가지고 행동에 옮긴 것으로, 발견하기가 힘들어 더 큰 위험을 초래함
    ⓐ 규칙기반에러 : 상황이나 자극에 대해서 형성된 자신만의 규칙을 사용하여 발생함
    ⓑ 지식기반에러 : 상황이나 자극에 대해서 정보가 없어 발생함
  - 위반 : 지식을 갖고 있고, 이에 알맞은 행동을 할 수 있음에도 나쁜 의도를 가지고 발생시킴
- 원인에 의한 분류
  - primary error : 작업자 자신으로부터 발생한 오류
  - secondary error : 작업조건 중에 문제가 생겨 발생한 오류
  - command error : 작업자가 움직이려 해도 움직일 수 없어 발생한 오류(정보, 에너지, 물건 공급이 안 됨)

정답 64 ①

65

스웨인(Swain)이 분류한 휴먼에러 유형에 해당하는 것을 모두 고른 것은?

> ㄱ. 조작에러(performance error)
> ㄴ. 시간에러(time error)
> ㄷ. 위반에러(violation error)

① ㄱ
② ㄴ
③ ㄱ, ㄷ
④ ㄴ, ㄷ
⑤ ㄱ, ㄴ, ㄷ

해설

Swain과 Guttman의 행위에 의한 분류
- 실행에러(commission error) : 작업 내지 단계를 수행하였으나 잘못한 에러
- 생략에러(omission error) : 필요한 작업 내지 단계를 수행하지 않은 에러
- 순서에러(sequential error) : 작업수행의 순서를 잘못한 에러
- 시간에러(timing error) : 주어진 시간 내에 동작을 수행하지 못하거나 너무 빠르게 또는 너무 느리게 수행하였을 때 생긴 에러
- 불필요한 행동에러(extraneous act error) : 해서는 안 될 불필요한 작업의 행동을 수행한 에러

66

인간의 뇌파에 관한 설명으로 옳지 않은 것은?

① 델타(δ)파는 무의식, 실신 상태에서 주로 나타나는 뇌파이다.
② 세타(θ)파는 피로나 졸림 등의 상태에서 주로 나타나는 뇌파이다.
③ 알파(α)파는 편안한 휴식 상태에서 주로 나타나는 뇌파이다.
④ 베타(β)파는 적극적으로 활동할 때 주로 나타나는 뇌파이다.
⑤ 오메가(Ω)파는 과도한 집중과 긴장 상태에서 주로 나타나는 뇌파이다.

해설

인간의 뇌파
- 델타(δ)파 : 주파수 0.5~4Hz, 깊은 수면이나 무의식 상태에서 나타난다.
- 세타(θ)파 : 주파수 4~8Hz, 졸리거나 피로한 상태, 얕은 수면 또는 몽상 상태에서 나타난다.
- 알파(α)파 : 주파수 8~13Hz, 편안하고 안정된 휴식 상태에서 나타나며, 스트레스 해소와 이완 효과가 있다.
- 베타(β)파 : 주파수 13~30Hz, 적극적인 사고, 문제 해결, 긴장 상태에서 나타나며, 집중력 향상과 관련이 있다.
- 감마(γ)파 : 주파수 30Hz 이상, 높은 수준의 인지 활동과 학습, 기억력과 관련이 있으며, 문제 해결, 통합적 사고에 도움을 준다.

67
면적에 관련한 착시현상으로 옳은 것은?

① 뮐러리어(Müller-Lyer) 착시　　② 폰조(Ponzo) 착시
③ 포겐도르프(Poggendorf) 착시　　④ 에빙하우스(Ebbinghaus) 착시
⑤ 죌너(Zöllner) 착시

해설

④ 에빙하우스(Ebbinghaus) 착시 : 동일한 크기의 두 개의 원이 서로 가까이 배치되고, 하나는 큰 원으로 둘러싸이고 다른 하나는 작은 원으로 둘러싸여 있다. 원의 병치 결과, 큰 원으로 둘러싸인 중심 원은 작은 원으로 둘러싸인 중심 원보다 작게 보인다.
① 뮐러리어(Müller-Lyer) 착시 : 스타일화된 화살표로 구성된 착시현상을 말한다.
② 폰조(Ponzo) 착시 : 사다리꼴 모양에 같은 길이의 선을 수평으로 놓으면 위쪽에 있는 선이 더 길게 보이게 되는 착시현상을 말한다.
③ 포겐도르프(Poggendorff) 착시 : 평행하는 두 선분에 다른 선분(사선)을 엇갈리게 교차시킨 다음 평행선 안쪽의 사선 부분을 제거하면 평행선 바깥의 두 사선 부분이 어긋난(동일선상에 있지 않은) 것처럼 보이는 착시이다. 창문 밖의 전선이 블라인드에 가려져 있을 때, 전선의 조각들이 어긋나 보이는 데에서 비슷한 효과를 볼 수 있다.
⑤ 죌너(Zöllner) 착시 : 긴 빗금이 나란하지 않은 것처럼 보이지만 실제로는 나란하다.

뮐러리어 착시	폰조 착시	포겐도르프 착시	에빙하우스 착시 (티치너 착시)	죌너 착시

68
신체와 환경의 열교환 종류에 관한 설명으로 옳지 않은 것은?

① 대류(convection)는 피부와 공기의 온도 차이로 생긴 기류를 통해서 열을 교환하는 것이다.
② 반사(reflection)는 피부에서 열이 혼합되면서 열전달이 발생하는 것이다.
③ 증발(evaporation)은 땀이 피부의 열로 가열되어 수증기로 변하면서 열교환이 발생하는 것이다.
④ 복사(radiation)는 전자파에 의해 물체들 사이에서 일어나는 열전달 방법이다.
⑤ 전도(conduction)는 신체가 고체나 유체와 직접 접촉할 때 열이 전달되는 방법이다.

해설

열손실 및 열평형 : 인체 내 근육조직에서 생산된 열은 피부표면으로 운반되며 대류, 복사, 증발, 전도에 의하여 주위로 방출
- 전도에 의한 열손실이 없는 경우 인체의 열손실 : 복사 45%, 대류 30%, 증발 25%
- 열평형 : $S = M - W \pm Cnd \pm Cnv \pm R - E$(여기서, S : 열축적, M : 대사, W : 일, Cnd : 전도, Cnv : 대류, R : 복사, E : 증발)
  - 열평형 : $S = 0$
  - 열이득 : $S > 0$
  - 열손실 : $S < 0$

69

다음은 하인리히(H. Heinrich)의 재해예방이론 4원칙과 사고예방원리 5단계이다. ( )에 들어갈 내용으로 옳은 것은?

- 재해예방이론 4원칙
  (ㄱ), 원인계기의 원칙, (ㄴ), 대책선정의 원칙
- 사고예방원리 5단계
  1단계 : 안전관리조직
  2단계 : 사실의 발견
  3단계 : (ㄷ)
  4단계 : 시정책의 선정
  5단계 : 시정책의 적용

① ㄱ : 손실가능의 원칙, ㄴ : 예방불가의 원칙, ㄷ : 위험성 파악
② ㄱ : 손실우연의 원칙, ㄴ : 예방가능의 원칙, ㄷ : 분석·평가
③ ㄱ : 손실가능의 원칙, ㄴ : 예방가능의 원칙, ㄷ : 위험성 파악
④ ㄱ : 손실우연의 원칙, ㄴ : 예방불가의 원칙, ㄷ : 분석·평가
⑤ ㄱ : 손실가능의 원칙, ㄴ : 예방불가의 원칙, ㄷ : 분석·평가

해설

하인리히(H. Heinrich)의 재해예방이론 4원칙과 사고예방원리 5단계

- 재해예방이론 4원칙
  - 손실우연의 원칙 : 재해로 인해 손실이 발생할 가능성이 항상 존재한다는 것을 의미한다.
  - 원인계기의 원칙 : 재해는 항상 원인이 있으며 이를 제거하면 예방 가능하다.
  - 예방가능의 원칙 : 적절한 대책을 통해 재해를 예방할 수 있다.
  - 대책선정의 원칙 : 올바른 대책의 수립과 적용이 재해 예방의 핵심이다.
- 사고예방원리 5단계
  - 1단계(안전관리조직) : 사고를 예방하기 위해 체계적인 안전조직을 구성한다.
  - 2단계(사실의 발견) : 사고에 대한 원인과 문제를 탐색한다.
  - 3단계(분석·평가) : 발견된 사실을 통해 위험요소를 식별하고 평가한다.
  - 4단계(시정책의 선정) : 적절한 대책을 결정한다.
  - 5단계(시정책의 적용) : 선정된 대책을 실행한다.

70
보호구의 구비요건에 관한 내용으로 옳은 것을 모두 고른 것은?

ㄱ. 겉모양과 보기가 좋을 것
ㄴ. 유해・위험요인에 대한 방호성능이 충분할 것
ㄷ. 착용이 간편할 것
ㄹ. 금속성 재료는 내식성이 없는 것

① ㄱ
② ㄴ, ㄹ
③ ㄱ, ㄴ, ㄷ
④ ㄴ, ㄷ, ㄹ
⑤ ㄱ, ㄴ, ㄷ, ㄹ

해설

보호구의 구비요건
- 금속성 재료는 내식성이 높고 쉽게 녹슬지 않을 것
- 외관이 양호할 것
- 유해・위험요소에 대한 방호성능이 충분할 것
- 착용이 간편할 것
- 착용 시 작업이 용이할 것
- 재료의 품질이 우수할 것
- 구조 및 표면 가공성이 좋을 것
- 안전인증을 받은 제품

71
사업장 위험성평가에 관한 지침에서 위험성 감소를 위한 대책 수립의 고려 순서로 옳은 것은?

ㄱ. 개인용 보호구의 사용
ㄴ. 위험한 작업의 폐지・변경, 유해・위험물질 대체 등의 조치 또는 설계나 계획 단계에서 위험성을 제거 또는 저감하는 조치
ㄷ. 사업장 작업절차서 정비 등의 관리적 대책
ㄹ. 연통장치, 환기장치 설치 등의 공학적 대책

① ㄱ → ㄴ → ㄹ → ㄷ
② ㄴ → ㄷ → ㄹ → ㄱ
③ ㄴ → ㄹ → ㄷ → ㄱ
④ ㄷ → ㄹ → ㄴ → ㄱ
⑤ ㄹ → ㄷ → ㄴ → ㄱ

해설

위험성 감소를 위한 대책은 근본적 제거 → 공학적 대책 → 관리적 대책 → 개인 보호구의 순서로 시행된다.

72

안전보건경영시스템 이해를 위한 지침상 안전보건경영시스템의 관리체계의 흐름을 나타낸 그림이다. A 단계의 활동에 관한 설명으로 옳지 않은 것은?

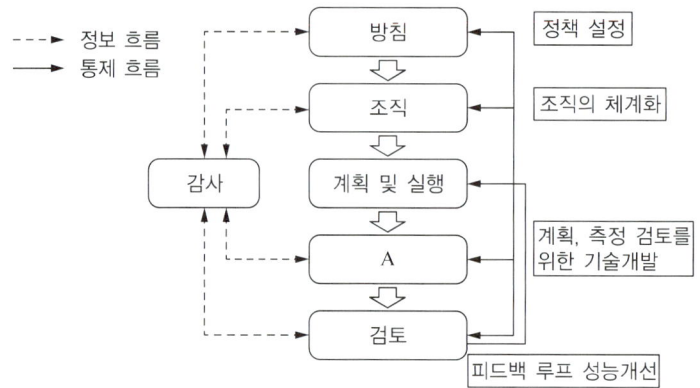

① 안전보건의 문제점이 발생한 때에는 재해, 아차사고 등에 대한 사례를 통하여 잘못된 점을 확인하여야 한다.
② 위험성이 가장 큰 부분을 우선적으로 해결하여야 한다.
③ 잠재적으로 심각한 피해를 미치는 사건을 자세히 살펴보아야 한다.
④ 발생한 일과 원인에 대하여 조사하고 기록하여야 한다.
⑤ 안전보건 실적을 측정할 수 있는 기준을 설정하여야 한다.

해설

⑤ 안전보건 실적을 측정할 수 있는 기준을 설정하는 단계는 3단계인 계획 설정 및 실행단계에 해당되는 내용이다.

안전보건경영시스템 5단계(안전보건경영시스템 이해를 위한 지침)
- 안전보건 방침 설정
- 조직의 체계화
- 계획 설정 및 실행
- 성과측정
  - 재정, 생산, 판매, 재해손실일수 등을 통하여 안전보건의 성과를 측정하여야 한다.
  - 안전보건의 문제점이 발생한 때에는 재해, 아차사고 등에 대한 사례를 통하여 잘못된 점을 확인하여야 한다.
  - 위험성이 가장 큰 부분을 우선적으로 해결하여야 한다.
  - 잠재적으로 심각한 피해를 미치는 사건을 자세히 살펴보아야 한다.
  - 발생한 일과 원인에 대하여 조사하고, 기록하여야 한다.
- 검토 및 감사

정답 72 ⑤

73

사업장 위험성평가에 관한 지침에서 위험성평가의 실시에 관한 내용으로 옳지 않은 것은?

① 사업주는 사업이 성립된 날로부터 3개월이 되는 날까지 위험성평가의 대상이 되는 유해·위험요인에 대한 최초 위험성평가의 실시에 착수하여야 한다.
② 사업주는 사업장 건설물의 설치·이전·변경 또는 해체로 추가적인 유해·위험요인이 생기는 경우에는 해당 유해·위험요인에 대한 수시 위험성평가를 실시하여야 한다.
③ 사업주는 중대산업사고 발생 작업을 대상으로 작업을 재개하기 전에 수시 위험성평가를 실시하여야 한다.
④ 사업주는 실시한 위험성평가의 결과에 대한 적정성을 기계·기구, 설비 등의 기간 경과에 의한 성능 저하를 고려하여 1년마다 정기적으로 재검토하여야 한다.
⑤ 사업주는 1개월 미만의 기간 동안 이루어지는 작업 또는 공사의 경우에는 특별한 사정이 없는 한 작업 또는 공사 개시 후 지체 없이 최초 위험성평가를 실시하여야 한다.

해설

위험성평가의 실시(사업장 위험성평가에 관한 지침 제15조)

㉠ 사업주는 사업이 성립된 날(사업 개시일을 말하며, 건설업의 경우 실착공일을 말한다)로부터 1개월이 되는 날까지 제5조의2 제1항에 따라 위험성평가의 대상이 되는 유해·위험요인에 대한 최초 위험성평가의 실시에 착수하여야 한다. 다만, 1개월 미만의 기간 동안 이루어지는 작업 또는 공사의 경우에는 특별한 사정이 없는 한 작업 또는 공사 개시 후 지체 없이 최초 위험성평가를 실시하여야 한다.
㉡ 사업주는 다음 어느 하나에 해당하여 추가적인 유해·위험요인이 생기는 경우에는 해당 유해·위험요인에 대한 수시 위험성평가를 실시하여야 한다. 다만, 5.에 해당하는 경우에는 재해발생 작업을 대상으로 작업을 재개하기 전에 실시하여야 한다.
  1. 사업장 건설물의 설치·이전·변경 또는 해체
  2. 기계·기구, 설비, 원재료 등의 신규 도입 또는 변경
  3. 건설물, 기계·기구, 설비 등의 정비 또는 보수(주기적·반복적 작업으로서 이미 위험성평가를 실시한 경우에는 제외)
  4. 작업방법 또는 작업절차의 신규 도입 또는 변경
  5. 중대산업사고 또는 산업재해(휴업 이상의 요양을 요하는 경우에 한정한다) 발생
  6. 그 밖에 사업주가 필요하다고 판단한 경우
㉢ 사업주는 다음 사항을 고려하여 ㉠에 따라 실시한 위험성평가의 결과에 대한 적정성을 1년마다 정기적으로 재검토(이때, 해당 기간 내 ㉡에 따라 실시한 위험성평가의 결과가 있는 경우 함께 적정성을 재검토하여야 한다)하여야 한다. 재검토 결과 허용 가능한 위험성 수준이 아니라고 검토된 유해·위험요인에 대해서는 제12조에 따라 위험성 감소대책을 수립하여 실행하여야 한다.
  1. 기계·기구, 설비 등의 기간 경과에 의한 성능 저하
  2. 근로자의 교체 등에 수반하는 안전·보건과 관련되는 지식 또는 경험의 변화
  3. 안전·보건과 관련되는 새로운 지식의 습득
  4. 현재 수립되어 있는 위험성 감소대책의 유효성 등
㉣ 사업주가 사업장의 상시적인 위험성평가를 위해 다음 사항을 이행하는 경우 ㉡과 ㉢의 수시평가와 정기평가를 실시한 것으로 본다.
  1. 매월 1회 이상 근로자 제안제도 활용, 아차사고 확인, 작업과 관련된 근로자를 포함한 사업장 순회점검 등을 통해 사업장 내 유해·위험요인을 발굴하여 제11조의 위험성결정 및 제12조의 위험성 감소대책 수립·실행을 할 것
  2. 매주 안전보건관리책임자, 안전관리자, 보건관리자, 관리감독자 등(도급사업주의 경우 수급사업장의 안전·보건 관련 관리자 등을 포함한다)을 중심으로 1.의 결과 등을 논의·공유하고 이행상황을 점검할 것
  3. 매 작업일마다 1.과 2.의 실시결과에 따라 근로자가 준수하여야 할 사항 및 주의하여야 할 사항을 작업 전 안전점검회의 등을 통해 공유·주지할 것

74

다음은 정전작업의 5대 안전수칙이다. 정전작업 절차를 순서대로 옳게 나열한 것은?

> ㄱ. 전원 투입의 방지
> ㄴ. 작업 전 전원차단
> ㄷ. 작업장소의 보호
> ㄹ. 단락접지 시행
> ㅁ. 작업장소의 무전압 여부 확인

① ㄱ → ㄴ → ㄹ → ㅁ → ㄷ
② ㄱ → ㄴ → ㅁ → ㄷ → ㄹ
③ ㄴ → ㄱ → ㄷ → ㄹ → ㅁ
④ ㄴ → ㄱ → ㅁ → ㄹ → ㄷ
⑤ ㄴ → ㅁ → ㄱ → ㄷ → ㄹ

해설

정전작업 절차

작업 전 전원차단 → 전원 투입 방지 → 무전압 여부 확인 → 단락접지 시행 → 작업장소 보호

- 작업 전 전원차단 : 작업 시작 전에 해당 회로의 전원을 차단하여 작업자가 감전사고를 당하지 않도록 한다.
- 전원 투입의 방지 : 전원이 재투입되지 않도록 잠금장치(lockout)와 표지(tagout)를 설치하여 작업 중 전원이 켜지지 않도록 조치한다.
- 작업장소의 무전압 여부 확인 : 작업자가 안전하게 작업할 수 있도록 해당 작업장소에 전압이 없는지 확인한다. 이 과정은 전기시험기를 사용하여 진행된다.
- 단락접지 시행 : 전기적 사고를 방지하기 위해 접지를 시행한다. 단락접지를 통해 작업 중에 발생할 수 있는 잔류 전하나 우발적인 전류흐름을 안전하게 차단한다.
- 작업장소의 보호 : 작업장소를 안전하게 보호하기 위해 적절한 차단벽 설치나 보호조치를 시행하여 최종적으로 작업자가 안전하게 작업할 수 있도록 한다.

75

산업안전보건법령상 인화성 가스의 정의에 관한 내용이다. ( )에 들어갈 것으로 옳은 것은?

> "인화성 가스"란 인화한계 농도의 최저한도가 (ㄱ)% 이하 또는 최고한도와 최저한도의 차가 (ㄴ)% 이상인 것으로서 표준압력(101.3kPa)에서 20℃에서 가스 상태인 물질을 말한다.

① ㄱ : 12, ㄴ : 10
② ㄱ : 12, ㄴ : 11
③ ㄱ : 13, ㄴ : 11
④ ㄱ : 13, ㄴ : 12
⑤ ㄱ : 15, ㄴ : 12

해설

인화성 가스의 정의(산업안전보건법 시행령 별표 13)

- "인화성 가스"란 인화한계 농도의 최저한도가 13% 이하 또는 최고한도와 최저한도의 차가 12% 이상인 것으로서 표준압력(101.3kPa)에서 20℃에서 가스 상태인 물질을 말한다.
- 인화성 가스 중 사업장 외부로부터 배관을 통해 공급받아 최초 압력조정기 후단 이후의 압력이 0.1MPa(계기압력) 미만으로 취급되는 사업장의 연료용 도시가스(메탄 중량성분 85% 이상으로 이 표에 따른 유해·위험물질이 없는 설비에 공급되는 경우에 한정한다)는 취급 규정량을 50,000kg으로 한다.

2025년 최근 기출문제

| 산업안전보건법령

01
산업안전보건법령상 용어에 관한 설명으로 옳지 않은 것은?

① 국가유산수리 등에 관한 법률에 따른 국가유산 수리공사는 "건설공사"에 해당한다.
② 근로자의 과반수로 조직된 노동조합이 없는 경우 근로자의 과반수를 대표하는 자가 "근로자대표"이다.
③ "관계수급인"이란 도급이 여러 단계에 걸쳐 체결된 경우에 각 단계별로 도급받은 사업주 전부를 말한다.
④ 도급받은 건설공사를 다시 도급하는 자는 "건설공사발주자"가 아니다.
⑤ 건설공사발주자는 "도급인"에 해당한다.

해설

⑤ "건설공사발주자"란 건설공사를 도급하는 자로서 건설공사의 시공을 주도하여 총괄·관리하지 아니하는 자를 말한다. 다만, 도급받은 건설공사를 다시 도급하는 자는 제외한다.

정의(산업안전보건법 제2조)

"건설공사"란 다음 어느 하나에 해당하는 공사를 말한다.
- 건설산업기본법 제2조 제4호에 따른 건설공사
- 전기공사업법 제2조 제1호에 따른 전기공사
- 정보통신공사업법 제2조 제2호에 따른 정보통신공사
- 소방시설공사업법에 따른 소방시설공사
- 국가유산수리 등에 관한 법률에 따른 국가유산 수리공사

정답 1 ⑤

02
산업안전보건법령상 산업재해 중 중대재해에 해당하는 것을 모두 고른 것은?

> ㄱ. 사망자가 1명 이상 발생한 재해
> ㄴ. 직업성 질병자가 동시에 5명 이상 발생한 재해
> ㄷ. 3개월 이상의 요양이 필요한 부상자가 동시에 2명 이상 발생한 재해

① ㄱ
② ㄴ
③ ㄱ, ㄷ
④ ㄴ, ㄷ
⑤ ㄱ, ㄴ, ㄷ

해설

중대재해의 범위(산업안전보건법 시행규칙 제3조)
- 사망자가 1명 이상 발생한 재해
- 3개월 이상의 요양이 필요한 부상자가 동시에 2명 이상 발생한 재해
- 부상자 또는 직업성 질병자가 동시에 10명 이상 발생한 재해

03
산업안전보건법령상 산업재해 발생건수 등의 공표대상 사업장이 아닌 것은?
① 사망재해자가 연간 1명 발생한 사업장
② 산업안전보건법 제44조 제1항 전단에 따른 중대산업사고가 발생한 사업장
③ 산업안전보건법 제57조 제1항을 위반하여 산업재해 발생 사실을 은폐한 사업장
④ 사망만인율(死亡萬人率)이 규모별 같은 업종의 평균 사망만인율 이상인 사업장
⑤ 산업안전보건법 제57조 제3항에 따른 산업재해의 발생에 관한 보고를 최근 3년 이내 2회 하지 않은 사업장

해설

공표대상 사업장(산업안전보건법 시행령 제10조)
- 산업재해로 인한 사망자(이하 사망재해자)가 연간 2명 이상 발생한 사업장
- 사망만인율(死亡萬人率 : 연간 상시근로자 1만 명당 발생하는 사망재해자 수의 비율을 말한다)이 규모별 같은 업종의 평균 사망만인율 이상인 사업장
- 법 제44조 제1항 전단에 따른 중대산업사고가 발생한 사업장
- 법 제57조 제1항을 위반하여 산업재해 발생 사실을 은폐한 사업장
- 법 제57조 제3항에 따른 산업재해의 발생에 관한 보고를 최근 3년 이내 2회 이상 하지 않은 사업장

04

산업안전보건법령상 안전보건관리책임자에 관한 설명으로 옳은 것은?

① 안전보건교육에 관한 사항 중 안전에 관한 기술적인 사항에 관하여 안전관리자가 지도·조언하는 경우 안전보건관리책임자는 이에 상응하는 적절한 조치를 하여야 한다.
② 안전장치 및 보호구 구입 시 적격품 여부 확인에 관한 사항은 안전보건관리책임자의 업무가 아니다.
③ 안전보건관리책임자가 있는 경우 건설기술 진흥법에 따른 안전관리책임자 및 안전관리담당자를 각각 둔 것으로 본다.
④ 안전관리자와 보건관리자는 안전보건관리책임자의 지휘·감독을 받지 아니한다.
⑤ 안전 및 보건에 관하여 사업주를 보좌하고 관리감독자에게 지도·조언하는 업무를 수행하는 것은 안전보건관리책임자의 업무에 해당한다.

해설

③ 관리감독자가 있는 경우에 대한 설명이다(산업안전보건법 제16조).
⑤ 안전보건관리담당자의 업무이다(산업안전보건법 제19조).

안전보건관리책임자(산업안전보건법 제15조)

㉠ 사업주는 사업장을 실질적으로 총괄하여 관리하는 사람에게 해당 사업장의 다음 업무를 총괄하여 관리하도록 하여야 한다.
  1. 사업장의 산업재해 예방계획의 수립에 관한 사항
  2. 제25조 및 제26조에 따른 안전보건관리규정의 작성 및 변경에 관한 사항
  3. **제29조에 따른 안전보건교육에 관한 사항**
  4. 작업환경측정 등 작업환경의 점검 및 개선에 관한 사항
  5. 제129조부터 제132조까지에 따른 근로자의 건강진단 등 건강관리에 관한 사항
  6. 산업재해의 원인조사 및 재발방지대책 수립에 관한 사항
  7. 산업재해에 관한 통계의 기록 및 유지에 관한 사항
  8. **안전장치 및 보호구 구입 시 적격품 여부 확인에 관한 사항**
  9. 그 밖에 근로자의 유해·위험 방지조치에 관한 사항으로서 고용노동부령으로 정하는 사항

㉡ ㉠ 각 호의 업무를 총괄하여 관리하는 사람(이하 안전보건관리책임자)은 제17조에 따른 안전관리자와 제18조에 따른 보건관리자를 지휘·감독한다.

안전관리자(산업안전보건법 제17조)

사업주는 사업장에 산업안전보건법 제15조 ㉠의 각 호의 사항 중 안전에 관한 기술적인 사항에 관하여 사업주 또는 안전보건관리책임자를 보좌하고 관리감독자에게 지도·조언하는 업무를 수행하는 사람(안전관리자)을 두어야 한다.

05

산업안전보건법령상 산업안전보건위원회에 관한 설명으로 옳은 것은?

① 명예산업안전감독관이 위촉되어 있는 사업장의 경우 근로자대표가 지명하는 1명 이상의 명예산업안전감독관을 포함하여 사용자위원을 구성할 수 있다.
② 해당 사업장에 선임되어 있지 않은 산업보건의도 사용자위원이 될 수 있다.
③ 상시근로자 50명을 사용하는 사업장에서는 '해당 사업의 대표자가 지명하는 9명 이내의 해당 사업장 부서의 장'을 제외하고 사용자위원을 구성할 수 있다.
④ 산업안전보건위원회는 취업규칙에 구속받지 않고 심의·의결할 수 있다.
⑤ 산업재해에 관한 통계의 기록 및 유지에 관한 사항은 산업안전보건위원회의 심의·의결사항이 아니다.

[해설]

① 명예산업안전감독관은 근로자위원에 해당한다(산업안전보건법 시행령 제35조).
② 해당 사업장에 선임되어 있는 산업보건의만 가능하다(산업안전보건법 시행령 제35조).
④ 산업안전보건위원회는 이 법, 이 법에 따른 명령, 단체협약, 취업규칙 및 제25조에 따른 안전보건관리규정에 반하는 내용으로 심의·의결해서는 아니 된다(산업안전보건법 제24조).
⑤ 산업재해에 관한 통계의 기록 및 유지에 관한 사항은 산업안전보건위원회의 심의·의결사항이다.

산업안전보건위원회의 구성(산업안전보건법 시행령 제35조)

㉠ 산업안전보건위원회의 근로자위원은 다음의 사람으로 구성한다.
  1. 근로자대표
  2. 명예산업안전감독관이 위촉되어 있는 사업장의 경우 근로자대표가 지명하는 1명 이상의 명예산업안전감독관
  3. 근로자대표가 지명하는 9명(근로자인 2.의 위원이 있는 경우에는 9명에서 그 위원의 수를 제외한 수를 말한다) 이내의 해당 사업장의 근로자

㉡ 산업안전보건위원회의 사용자위원은 다음의 사람으로 구성한다. 다만, 상시근로자 50명 이상 100명 미만을 사용하는 사업장에서는 5.에 해당하는 사람을 제외하고 구성할 수 있다.
  1. 해당 사업의 대표자(같은 사업으로서 다른 지역에 사업장이 있는 경우에는 그 사업장의 안전보건관리책임자를 말한다. 이하 같다)
  2. 안전관리자(제16조 제1항에 따라 안전관리자를 두어야 하는 사업장으로 한정하되, 안전관리자의 업무를 안전관리전문기관에 위탁한 사업장의 경우에는 그 안전관리전문기관의 해당 사업장 담당자를 말한다) 1명
  3. 보건관리자(제20조 제1항에 따라 보건관리자를 두어야 하는 사업장으로 한정하되, 보건관리자의 업무를 보건관리전문기관에 위탁한 사업장의 경우에는 그 보건관리전문기관의 해당 사업장 담당자를 말한다) 1명
  4. 산업보건의(해당 사업장에 선임되어 있는 경우로 한정한다)
  5. 해당 사업의 대표자가 지명하는 9명 이내의 해당 사업장 부서의 장

㉢ ㉠ 및 ㉡에도 불구하고 법 제69조 제1항에 따른 건설공사도급인(이하 건설공사도급인)이 법 제64조 제1항 제1호에 따른 안전 및 보건에 관한 협의체를 구성한 경우에는 산업안전보건위원회의 위원을 다음의 사람을 포함하여 구성할 수 있다.
  1. 근로자위원 : 도급 또는 하도급 사업을 포함한 전체 사업의 근로자대표, 명예산업안전감독관 및 근로자대표가 지명하는 해당 사업장의 근로자
  2. 사용자위원 : 도급인 대표자, 관계수급인의 각 대표자 및 안전관리자

06

산업안전보건법령상 관계수급인 근로자가 도급인의 사업장에서 작업을 하는 경우 도급인이 이행하여야 할 사항이 아닌 것은?

① 작업장 순회점검
② 보호구 착용의 지시 등 관계수급인 근로자의 작업행동에 관한 직접적인 조치
③ 작업장소에서 지진 등이 발생한 경우에 대비한 경보체계 운영과 대피방법 등 훈련
④ 관계수급인이 근로자에게 하는 산업안전보건법 제29조 제3항에 따른 안전보건교육의 실시 확인
⑤ 같은 장소에서 이루어지는 도급인과 관계수급인 등의 작업에 있어서 관계수급인 등의 작업시기·내용, 안전조치 및 보건조치 등의 확인

해설

② 보호구 착용의 지시 등 관계수급인 근로자의 작업행동에 관한 직접적인 조치는 제외된다.

도급인의 안전조치 및 보건조치(산업안전보건법 제63조)
도급인은 관계수급인 근로자가 도급인의 사업장에서 작업을 하는 경우에 자신의 근로자와 관계수급인 근로자의 산업재해를 예방하기 위하여 안전 및 보건 시설의 설치 등 필요한 안전조치 및 보건조치를 하여야 한다. 다만, 보호구 착용의 지시 등 관계수급인 근로자의 작업행동에 관한 직접적인 조치는 제외한다.

도급에 따른 산업재해 예방조치(산업안전보건법 제64조)
㉠ 도급인은 관계수급인 근로자가 도급인의 사업장에서 작업을 하는 경우 다음 사항을 이행하여야 한다.
  1. 도급인과 수급인을 구성원으로 하는 안전 및 보건에 관한 협의체의 구성 및 운영
  2. 작업장 순회점검
  3. 관계수급인이 근로자에게 하는 제29조 제1항부터 제3항까지의 규정에 따른 안전보건교육을 위한 장소 및 자료의 제공 등 지원
  4. 관계수급인이 근로자에게 하는 제29조 제3항에 따른 안전보건교육의 실시 확인
  5. 다음 어느 하나의 경우에 대비한 경보체계 운영과 대피방법 등 훈련
     가. 작업장소에서 발파작업을 하는 경우
     나. 작업장소에서 화재·폭발, 토사·구축물 등의 붕괴 또는 지진 등이 발생한 경우
  6. 위생시설 등 고용노동부령으로 정하는 시설의 설치 등을 위하여 필요한 장소의 제공 또는 도급인이 설치한 위생시설 이용의 협조
  7. 같은 장소에서 이루어지는 도급인과 관계수급인 등의 작업에 있어서 관계수급인 등의 작업시기·내용, 안전조치 및 보건조치 등의 확인
  8. 7.에 따른 확인 결과 관계수급인 등의 작업 혼재로 인하여 화재·폭발 등 대통령령으로 정하는 위험이 발생할 우려가 있는 경우 관계수급인 등의 작업시기·내용 등의 조정
㉡ ㉠에 따른 도급인은 고용노동부령으로 정하는 바에 따라 자신의 근로자 및 관계수급인 근로자와 함께 정기적으로 또는 수시로 작업장의 안전 및 보건에 관한 점검을 하여야 한다.
㉢ ㉠에 따른 안전 및 보건에 관한 협의체 구성 및 운영, 작업장 순회점검, 안전보건교육 지원, 그 밖에 필요한 사항은 고용노동부령으로 정한다.

07

산업안전보건법령상 도급인과 수급인을 구성원으로 하는 안전 및 보건에 관한 협의체에 관한 설명으로 옳은 것은?

① 도급인 및 그의 수급인 대표로 구성해야 한다.
② 수급인 상호 간의 작업공정의 조정은 협의사항이다.
③ 사업주와 수급인 간의 연락 방법은 협의사항이 아니다.
④ 작업의 시작 시간은 협의사항이 아니다.
⑤ 분기별 1회 이상 정기적으로 회의를 개최하고 그 결과를 기록·보존해야 한다.

> 해설

협의체의 구성 및 운영(산업안전보건법 시행규칙 제79조)
- 법 제64조 제1항 제1호에 따른 안전 및 보건에 관한 협의체(이하 협의체)는 도급인 및 그의 수급인 전원으로 구성해야 한다.
- 협의체는 다음 사항을 협의해야 한다.
  - 작업의 시작 시간
  - 작업 또는 작업장 간의 연락방법
  - 재해발생 위험이 있는 경우 대피방법
  - 작업장에서의 법 제36조에 따른 위험성평가의 실시에 관한 사항
  - 사업주와 수급인 또는 수급인 상호 간의 연락 방법 및 작업공정의 조정
- 협의체는 매월 1회 이상 정기적으로 회의를 개최하고 그 결과를 기록·보존해야 한다.

08

산업안전보건법령상 안전관리전문기관 또는 보건관리전문기관의 지정을 취소하여야 하는 경우는?

① 지정받은 사항을 위반하여 업무를 수행한 경우
② 안전관리 또는 보건관리 업무와 관련된 비치서류를 보존하지 않은 경우
③ 정당한 사유 없이 안전관리 또는 보건관리 업무의 수탁을 거부한 경우
④ 업무정지 기간 중에 업무를 수행한 경우
⑤ 안전관리 또는 보건관리 업무수행과 관련한 대가 외에 금품을 받은 경우

해설

안전관리전문기관 등(산업안전보건법 제21조, 시행령 제28조)
고용노동부장관은 안전관리전문기관 또는 보건관리전문기관이 다음 어느 하나에 해당할 때에는 그 지정을 취소하거나 6개월 이내의 기간을 정하여 그 업무의 정지를 명할 수 있다. 다만, 1. 또는 2.에 해당할 때에는 그 지정을 취소하여야 한다.
1. 거짓이나 그 밖의 부정한 방법으로 지정을 받은 경우
2. 업무정지 기간 중에 업무를 수행한 경우
3. 지정 요건을 충족하지 못한 경우
4. 지정받은 사항을 위반하여 업무를 수행한 경우
5. 안전관리 또는 보건관리 업무 관련 서류를 거짓으로 작성한 경우
6. 정당한 사유 없이 안전관리 또는 보건관리 업무의 수탁을 거부한 경우
7. 위탁받은 안전관리 또는 보건관리 업무에 차질을 일으키거나 업무를 게을리한 경우
8. 안전관리 또는 보건관리 업무를 수행하지 않고 위탁 수수료를 받은 경우
9. 안전관리 또는 보건관리 업무와 관련된 비치서류를 보존하지 않은 경우
10. 안전관리 또는 보건관리 업무수행과 관련한 대가 외에 금품을 받은 경우
11. 법에 따른 관계 공무원의 지도·감독을 거부·방해 또는 기피한 경우

09

산업안전보건법령상 안전보건교육에 관한 설명으로 옳지 않은 것은?

① 사업주는 소속 근로자에게 고용노동부령으로 정하는 바에 따라 정기적으로 안전보건교육을 하여야 한다.
② 건설 일용근로자에 대한 건설업 기초안전보건교육의 교육시간은 4시간 이상이다.
③ 사업주가 건설업 기초안전보건교육을 이수한 건설 일용근로자를 채용하는 경우에는 해당 작업에 필요한 안전보건교육을 하지 않아도 된다.
④ 사업주가 근로자에 대한 안전보건교육을 자체적으로 실시하는 경우에 해당 사업장의 산업보건의는 교육을 할 수 있는 사람에 해당되지 않는다.
⑤ 관리감독자에 대한 안전보건교육 중 정기교육의 교육시간은 연간 16시간 이상이다.

해설
④ 산업안전보건법 시행규칙 제26조
① 산업안전보건법 제29조
②·⑤ 산업안전보건법 시행규칙 별표 4
③ 산업안전보건법 제31조

정답 9 ④

10

산업안전보건법령상 안전보건교육기관에 관한 설명으로 옳은 것은?

① 보건관리자가 고용노동부장관이 정하여 고시하는 안전·보건에 관한 교육을 이수한 경우에는 직무교육 중 신규교육을 면제한다.
② 안전보건교육기관이 해당 업무를 폐지한 경우 지체 없이 근로자안전보건교육기관 등록증 또는 직무교육기관 등록증을 지방고용노동청장에게 반납해야 한다.
③ 고용노동부장관은 안전보건교육기관이 등록한 사항을 위반하여 업무를 수행한 경우에는 그 등록을 취소하여야 한다.
④ 지방고용노동관서의 장은 건설업 기초안전·보건교육기관 등록 취소 등을 한 경우에는 그 사실을 한국산업인력공단에 통보해야 한다.
⑤ 안전보건교육기관 등록이 취소된 자는 등록이 취소된 날부터 3년 이내에는 해당 안전보건교육기관으로 등록할 수 없다.

해설

① 보수교육 면제에 대한 내용이다(산업안전보건법 시행규칙 제30조).
③ 등록한 사항을 위반하여 업무를 수행한 경우에는 6개월 이내의 기간을 정하여 그 업무의 정지를 명할 수 있다(산업안전보건법 시행규칙 별표 26).
④ 지방고용노동관서의 장은 법 제33조 제4항에 따라 등록 취소 등을 한 경우에는 그 사실을 한국산업안전보건공단에 통보해야 한다(산업안전보건법 시행규칙 제34조).
⑤ 등록이 취소된 자는 등록이 취소된 날부터 2년 이내에는 각각 해당 안전보건교육기관으로 지정받을 수 없다(산업안전보건법 제33조).

11

산업안전보건법령상 유해·위험 방지를 위한 방호조치가 필요한 기계·기구가 아닌 것은?

① 절곡기(折曲機)
② 공기압축기
③ 지게차
④ 금속절단기
⑤ 원심기

해설

유해·위험 방지를 위한 방호조치가 필요한 기계·기구(산업안전보건법 시행령 별표 20)
예초기, 원심기, 공기압축기, 금속절단기, 지게차, 포장기계(진공포장기, 래핑기로 한정한다)

12

산업안전보건법령상 '대여자 등이 안전조치 등을 해야 하는 기계·기구·설비 및 건축물 등'에 해당하는 것을 모두 고른 것은?(단, 고용노동부장관이 정하여 고시하는 기계·기구·설비 및 건축물 등은 고려하지 않음)

ㄱ. 압력용기	ㄴ. 어스드릴
ㄷ. 사출성형기(射出成形機)	ㄹ. 파워 셔블

① ㄱ, ㄷ
② ㄱ, ㄹ
③ ㄴ, ㄹ
④ ㄱ, ㄴ, ㄷ
⑤ ㄴ, ㄷ, ㄹ

해설

대여자 등이 안전조치 등을 해야 하는 기계·기구·설비 및 건축물 등(산업안전보건법 시행령 별표 21)
사무실 및 공장용 건축물, 이동식 크레인, 타워크레인, 불도저, 모터 그레이더, 로더, 스크레이퍼, 스크레이퍼 도저, **파워 셔블**, 드래그라인, 클램셸, 버킷굴착기, 트렌치, 항타기, 항발기, **어스드릴**, 천공기, 어스오거, 페이퍼드레인머신, 리프트, 지게차, 롤러기, 콘크리트 펌프, 고소작업대, 그 밖에 산업재해보상보험 및 예방심의위원회 심의를 거쳐 고용노동부장관이 정하여 고시하는 기계·기구·설비 및 건축물 등

13

산업안전보건법령상 유해성·위험성 조사 제외 화학물질이 아닌 것은?(단 고용노동부장관이 공표하거나 고시하는 물질은 고려하지 않음)

① 천연으로 산출된 화학물질
② 마약류 관리에 관한 법률 제2조 제1호에 따른 마약류
③ 군수품관리법 제3조에 따른 통상품
④ 총포·도검·화약류 등의 안전관리에 관한 법률 제2조 제3항에 따른 화약류
⑤ 약사법 제2조 제4호 및 제7호에 따른 의약품 및 의약외품(醫藥外品)

해설

유해성·위험성 조사 제외 화학물질(산업안전보건법 시행령 제85조)
- 원소
- 천연으로 산출된 화학물질
- 건강기능식품에 관한 법률 제3조 제1호에 따른 건강기능식품
- 군수품관리법 제2조 및 방위사업법 제3조 제2호에 따른 군수품[**군수품관리법 제3조에 따른 통상품(痛常品)은 제외**한다]
- 농약관리법 제2조 제1호 및 제3호에 따른 농약 및 원제
- 마약류 관리에 관한 법률 제2조 제1호에 따른 마약류
- 비료관리법 제2조 제1호에 따른 비료
- 사료관리법 제2조 제1호에 따른 사료
- 생활화학제품 및 살생물제의 안전관리에 관한 법률 제3조 제7호 및 제8호에 따른 살생물물질 및 살생물제품
- 식품위생법 제2조 제1호 및 제2호에 따른 식품 및 식품첨가물
- 약사법 제2조 제4호 및 제7호에 따른 의약품 및 의약외품(醫藥外品)
- 원자력안전법 제2조 제5호에 따른 방사성물질
- 위생용품 관리법 제2조 제1호에 따른 위생용품
- 의료기기법 제2조 제1항에 따른 의료기기
- 총포·도검·화약류 등의 안전관리에 관한 법률 제2조 제3항에 따른 화약류
- 화장품법 제2조 제1호에 따른 화장품과 화장품에 사용하는 원료
- 법 제108조 제3항에 따라 고용노동부장관이 명칭, 유해성·위험성, 근로자의 건강장해 예방을 위한 조치 사항 및 연간 제조량·수입량을 공표한 물질로서 공표된 연간 제조량·수입량 이하로 제조하거나 수입한 물질
- 고용노동부장관이 환경부장관과 협의하여 고시하는 화학물질 목록에 기록되어 있는 물질

14

산업안전보건법령상 유해인자의 유해성·위험성 분류기준 중 물리적 위험성 분류기준에 관한 설명으로 옳지 않은 것은?

① 자연발화성 고체는 적은 양으로도 공기와 접촉하여 5분 안에 발화할 수 있는 고체이다.
② 20℃, 200킬로파스칼(kPa) 이상의 압력하에서 용기에 충전되어 있는 가스는 고압가스에 해당한다.
③ 20℃, 표준압력(101.3kPa)에서 공기와 혼합하여 인화되는 범위에 있는 가스는 인화성 가스에 해당한다.
④ 유기과산화물은 2개의 −O−O− 구조를 가지고 5개의 수소 원자가 유기라디칼에 의하여 치환된 과산화수소의 유도체를 포함한 고체 유기물질이다.
⑤ 인화성 액체는 표준압력(101.3kPa)에서 인화점이 93℃ 이하인 액체이다.

해설

유해인자의 유해성·위험성 분류기준(산업안전보건법 시행규칙 별표 18)
유기과산화물 : 2가의 −O−O−구조를 가지고 1개 또는 2개의 수소 원자가 유기라디칼에 의하여 치환된 과산화수소의 유도체를 포함한 액체 또는 고체 유기물질

15

산업안전보건법령상 자율안전확인에 관한 설명으로 옳지 않은 것은?

① 자율안전확인의 표시를 하는 경우 인체에 상해를 입힐 우려가 있는 재질이나 표면이 거친 재질을 사용해서는 안 된다.
② 농업기계화촉진법 제9조에 따른 검정을 받은 경우에도 자율안전확인의 신고를 하여야 한다.
③ 한국산업안전보건공단은 자율안전확인대상기계 등에 대한 자율안전확인의 신고를 받은 날부터 15일 이내에 자율안전확인 신고증명서를 신고인에게 발급해야 한다.
④ 연구·개발을 목적으로 자율안전확인대상기계 등을 제조·수입하는 경우에는 자율안전확인의 신고를 면제할 수 있다.
⑤ 자동차정비용 리프트와 컨베이어는 자율안전확인대상기계 등에 해당한다.

해설

신고의 면제(산업안전보건법 시행규칙 제119조)
법 제89조 제1항 제3호에서 "고용노동부령으로 정하는 경우"란 다음 어느 하나에 해당하는 경우를 말한다.
- 농업기계화촉진법 제9조에 따른 검정을 받은 경우
- 산업표준화법 제15조에 따른 인증을 받은 경우
- 전기용품 및 생활용품 안전관리법 제5조 및 제8조에 따른 안전인증 및 안전검사를 받은 경우
- 국제전기기술위원회의 국제방폭전기기계·기구 상호인정제도에 따라 인증을 받은 경우

16
산업안전보건법령상 안전인증에 관한 설명으로 옳지 않은 것은?

① 프레스 및 전단기 방호장치는 안전인증대상기계 등에 해당한다.
② 안전인증을 받은 유해·위험기계 등을 제조·수입·양도·대여하는 자는 안전인증표시를 임의로 변경하거나 제거해서는 아니 된다.
③ 안전인증이 취소된 자는 안전인증이 취소된 날부터 1년 이내에는 취소된 유해·위험기계 등에 대하여 안전인증을 신청할 수 없다.
④ 곤돌라는 설치·이전하는 경우뿐만 아니라 주요 구조 부분을 변경하는 경우에도 안전인증을 받지 않아도 된다.
⑤ 제품심사의 경우 처리기간 내에 심사를 끝낼 수 없는 부득이한 사유가 있을 때에는 안전인증기관은 15일의 범위에서 심사기간을 연장할 수 있다.

해설

안전인증(산업안전보건법 제84조)
유해·위험기계 등 중 근로자의 안전 및 보건에 위해(危害)를 미칠 수 있다고 인정되어 대통령령으로 정하는 것(이하 안전인증대상기계 등)을 제조하거나 수입하는 자(고용노동부령으로 정하는 안전인증대상기계 등을 설치·이전하거나 주요 구조 부분을 변경하는 자를 포함한다)는 안전인증대상기계 등이 안전인증기준에 맞는지에 대하여 고용노동부장관이 실시하는 안전인증을 받아야 한다.

안전인증대상기계 등(산업안전보건법 시행규칙 제107조)
법 제84조 제1항에서 "고용노동부령으로 정하는 안전인증대상기계 등"이란 다음 기계 및 설비를 말한다.
- 설치·이전하는 경우 안전인증을 받아야 하는 기계 : 크레인, 리프트, 곤돌라
- 주요 구조 부분을 변경하는 경우 안전인증을 받아야 하는 기계 및 설비 : 프레스, 전단기 및 절곡기(折曲機), 크레인, 리프트, 압력용기, 롤러기, 사출성형기(射出成形機), 고소(高所)작업대, 곤돌라

정답 ④

17

산업안전보건법령상 안전검사대상기계 등에 대한 안전검사를 면제할 수 있는 경우를 모두 고른 것은?

> ㄱ. 광산안전법에 따른 검사 중 광업시설의 설치·변경공사 완료 후 일정한 기간이 지날 때마다 받는 검사를 받은 경우
> ㄴ. 소방시설 설치 및 관리에 관한 법률에 따른 자체점검을 받은 경우
> ㄷ. 화학물질관리법에 따른 정기검사를 받은 경우
> ㄹ. 위험물안전관리법에 따른 정기점검 또는 정기검사를 받은 경우

① ㄱ, ㄴ
② ㄷ, ㄹ
③ ㄱ, ㄴ, ㄷ
④ ㄴ, ㄷ, ㄹ
⑤ ㄱ, ㄴ, ㄷ, ㄹ

해설

안전검사의 면제(산업안전보건법 시행규칙 제125조)
- 건설기계관리법 제13조 제1항 제1호·제2호 및 제4호에 따른 검사를 받은 경우(안전검사 주기에 해당하는 시기의 검사로 한정한다)
- 고압가스 안전관리법 제17조 제2항에 따른 검사를 받은 경우
- 광산안전법 제9조에 따른 검사 중 광업시설의 설치·변경공사 완료 후 일정한 기간이 지날 때마다 받는 검사를 받은 경우
- 선박안전법 제8조부터 제12조까지의 규정에 따른 검사를 받은 경우
- 에너지이용 합리화법 제39조 제4항에 따른 검사를 받은 경우
- 원자력안전법 제22조 제1항에 따른 검사를 받은 경우
- 위험물안전관리법 제18조에 따른 정기점검 또는 정기검사를 받은 경우
- 전기안전관리법 제11조에 따른 검사를 받은 경우
- 항만법 제33조 제1항 제3호에 따른 검사를 받은 경우
- 소방시설 설치 및 관리에 관한 법률 제22조 제1항에 따른 자체점검을 받은 경우
- 화학물질관리법 제24조 제3항 본문에 따른 정기검사를 받은 경우

18

산업안전보건법령상 작업환경측정 및 작업환경측정기관에 관한 설명으로 옳은 것은?

① 사업주는 작업환경측정 중 시료의 분석만을 작업환경측정기관에 위탁할 수는 없다.
② 사업주는 근로자대표가 요구하더라도 작업환경측정의 예비조사에 그를 참석시키지 아니할 수 있다.
③ 사업주는 작업환경측정 결과에 대한 신뢰성을 평가한 후 그 결과를 관할 지방고용노동관서의 장에게 보고하여야 한다.
④ 의료법에 따른 병원이 종합병원이 아닌 경우 작업환경측정기관으로 지정받을 수 없다.
⑤ 작업환경측정기관에 대한 평가는 서면조사 및 방문조사의 방법으로 실시한다.

> **해설**

⑤ 산업안전보건법 시행규칙 제191조
① 사업주(제2항에 따른 도급인을 포함한다)는 제1항에 따른 작업환경측정을 제126조에 따라 지정받은 기관(작업환경측정기관)에 위탁할 수 있다. 이 경우 필요한 때에는 작업환경측정 중 시료의 분석만을 위탁할 수 있다(산업안전보건법 제125조).
② 사업주는 근로자대표 또는 해당 작업공정을 수행하는 근로자가 요구하면 예비조사에 참석시켜야 한다(산업안전보건법 시행규칙 제189조).
③ 작업환경측정 및 시료분석 능력과 그 결과의 신뢰도는 공단이 작업환경측정기관을 평가하는 기준이다(산업안전보건법 시행규칙 제191조).
④ 의료법에 따른 종합병원 또는 병원은 작업환경측정기관으로 지정받을 수 있다(산업안전보건법 시행령 제95조).

19

산업안전보건법령상 상시근로자 수 300명 이상의 사업 중 안전보건관리규정을 작성해야 하는 사업이 아닌 것은?

① 부동산임대업
② 정보서비스업
③ 금융 및 보험업
④ 사업지원 서비스업
⑤ 사회복지 서비스업

> **해설**

안전보건관리규정을 작성해야 할 사업의 종류 및 상시근로자 수(산업안전보건법 시행규칙 별표 2)

사업의 종류	상시근로자 수
1. 농업 2. 어업 3. 소프트웨어 개발 및 공급업 4. 컴퓨터 프로그래밍, 시스템 통합 및 관리업 4의2. 영상·오디오물 제공 서비스업 5. 정보서비스업 6. 금융 및 보험업 7. 임대업 ; 부동산 제외 8. 전문, 과학 및 기술 서비스업(연구개발은 제외한다) 9. 사업지원 서비스업 10. 사회복지 서비스업	300명 이상
11. 1.부터 10.까지의 사업을 제외한 사업	100명 이상

19 ①

20

특수건강진단의 시기 및 주기에 관한 산업안전보건법 시행규칙 별표 23의 일부이다. ( )에 들어갈 숫자로 옳은 것은?(단, 특수건강진단 주기의 예외 규정은 고려하지 않음)

대상유해인자	시기(배치 후 첫 번째 특수건강진단)	주기
벤젠	(ㄱ)개월 이내	6개월
석면, 면 분진	12개월 이내	(ㄴ)개월

① ㄱ : 1, ㄴ : 12
② ㄱ : 2, ㄴ : 12
③ ㄱ : 2, ㄴ : 24
④ ㄱ : 3, ㄴ : 12
⑤ ㄱ : 3, ㄴ : 24

해설

특수건강진단의 시기 및 주기(산업안전보건법 시행규칙 별표 23)

구분	대상 유해인자	시기 (배치 후 첫 번째 특수건강진단)	주기
1	N,N-디메틸아세트아미드 디메틸포름아미드	1개월 이내	6개월
2	벤젠	2개월 이내	6개월
3	1,1,2,2-테트라클로로에탄 사염화탄소 아크릴로니트릴 염화비닐	3개월 이내	6개월
4	석면, 면 분진	12개월 이내	12개월
5	광물성 분진 목재 분진 소음 및 충격소음	12개월 이내	24개월
6	1.부터 5.까지의 대상 유해인자를 제외한 별표 22의 모든 대상 유해인자	6개월 이내	12개월

정답 20 ②

21

산업안전보건법령상 작업환경측정 또는 건강진단의 실시 결과만으로 직업성 질환에 걸렸는지를 판단하기 곤란한 근로자의 질병에 대하여 한국산업안전보건공단에 역학조사를 요청할 수 있는 자로 규정되어 있지 않은 자는?

① 사업주
② 근로자대표
③ 건강진단기관의 의사
④ 역학조사평가위원회 위원장
⑤ 보건관리자(보건관리전문기관 포함)

해설

역학조사의 대상 및 절차 등(산업안전보건법 시행규칙 제222조)

㉠ 공단은 법 제141조 제1항에 따라 다음 어느 하나에 해당하는 경우에는 역학조사를 할 수 있다.
  1. 법 제125조에 따른 작업환경측정 또는 법 제129조부터 제131조에 따른 건강진단의 실시 결과만으로 직업성 질환에 걸렸는지를 판단하기 곤란한 근로자의 질병에 대하여 사업주·근로자대표·보건관리자(보건관리전문기관을 포함한다) 또는 건강진단기관의 의사가 역학조사를 요청하는 경우
  2. 산업재해보상보험법 제10조에 따른 근로복지공단이 고용노동부장관이 정하는 바에 따라 업무상 질병 여부의 결정을 위하여 역학조사를 요청하는 경우
  3. 공단이 직업성 질환의 예방을 위하여 필요하다고 판단하여 제224조 제1항에 따른 역학조사평가위원회의 심의를 거친 경우
  4. 그 밖에 직업성 질환에 걸렸는지 여부로 사회적 물의를 일으킨 질병에 대하여 작업장 내 유해요인과의 연관성 규명이 필요한 경우 등으로서 지방고용노동관서의 장이 요청하는 경우

㉡ ㉠의 1.에 따라 사업주 또는 근로자대표가 역학조사를 요청하는 경우에는 산업안전보건위원회의 의결을 거치거나 각각 상대방의 동의를 받아야 한다. 다만, 관할 지방고용노동관서의 장이 역학조사의 필요성을 인정하는 경우에는 그렇지 않다.

㉢ ㉠에서 정한 사항 외에 역학조사의 방법 등에 필요한 사항은 고용노동부장관이 정하여 고시한다.

22

산업안전보건법령상 산업안전지도사(이하 "지도사"라 함)에 관한 설명으로 옳지 않은 것은?

① 산업안전에 관한 사항으로서 안전보건개선계획서의 작성은 지도사의 직무에 해당한다.
② 직무수행을 위하여 지도사 등록을 한 자는 5년마다 등록을 갱신하여야 한다.
③ 지도사는 직무수행과 관련하여 보증보험금으로 손해배상을 한 경우에는 그날부터 15일 이내에 다시 보증보험에 가입해야 한다.
④ 금고 이상의 실형을 선고받고 그 집행이 끝난 날부터 2년이 지나지 아니한 사람은 지도사 등록을 할 수 없다.
⑤ 지도사가 직무의 조직적·전문적 수행을 위하여 설립하는 법인에 관하여는 상법 중 합명회사에 관한 규정을 적용한다.

해설

손해배상을 위한 보증보험 가입 등(산업안전보건법 시행령 제108조)

㉠ 법 제145조 제1항에 따라 등록한 지도사(같은 조 제2항에 따라 법인을 설립한 경우에는 그 법인을 말한다. 이하 이 조에서 같다)는 법 제148조 제2항에 따라 보험금액이 2천만 원(법 제145조 제2항에 따른 법인인 경우에는 2천만 원에 사원인 지도사의 수를 곱한 금액) 이상인 보증보험에 가입해야 한다.

㉡ 지도사는 ㉠의 보증보험금으로 손해배상을 한 경우에는 그날부터 10일 이내에 다시 보증보험에 가입해야 한다.

㉢ 손해배상을 위한 보증보험 가입 및 지급에 관한 사항은 고용노동부령으로 정한다.

23

산업안전보건법령상 질병자의 근로 금지·제한 및 유해·위험작업에 대한 근로시간 제한에 관한 설명으로 옳은 것을 모두 고른 것은?

> ㄱ. 사업주는 마비성 치매에 걸린 사람에 대해서 의료법에 따른 의사의 진단에 따라 근로를 금지해야 한다.
> ㄴ. 사업주는 의료법에 따른 의사의 진단에 따라 정신신경증의 질병이 있는 근로자를 고기압 업무에 종사하도록 해서는 안 된다.
> ㄷ. 사업주는 유해하거나 위험한 작업으로서 잠함(潛函) 또는 잠수 작업 등 높은 기압에서 하는 작업에 종사하는 근로자에게는 1일 6시간, 1주 30시간을 초과하여 근로하게 해서는 아니 된다.

① ㄱ
② ㄷ
③ ㄱ, ㄴ
④ ㄴ, ㄷ
⑤ ㄱ, ㄴ, ㄷ

해설

질병자의 근로금지(산업안전보건법 시행규칙 제220조)
㉠ 법 제138조 제1항에 따라 사업주는 다음 어느 하나에 해당하는 사람에 대해서는 근로를 금지해야 한다.
  1. 전염될 우려가 있는 질병에 걸린 사람. 다만, 전염을 예방하기 위한 조치를 한 경우는 제외한다.
  2. 조현병, 마비성 치매에 걸린 사람
  3. 심장·신장·폐 등의 질환이 있는 사람으로서 근로에 의하여 병세가 악화될 우려가 있는 사람
  4. 1.부터 3.까지의 규정에 준하는 질병으로서 고용노동부장관이 정하는 질병에 걸린 사람
㉡ 사업주는 ㉠에 따라 근로를 금지하거나 근로를 다시 시작하도록 하는 경우에는 미리 보건관리자(의사인 보건관리자만 해당한다), 산업보건의 또는 건강진단을 실시한 의사의 의견을 들어야 한다.

유해·위험작업에 대한 근로시간 제한 등(산업안전보건법 제139조)
㉠ 사업주는 유해하거나 위험한 작업으로서 '높은 기압에서 하는 작업 등 대통령령으로 정하는 작업'에 종사하는 근로자에게는 1일 6시간, 1주 34시간을 초과하여 근로하게 해서는 아니 된다.
㉡ 사업주는 '대통령령으로 정하는 유해하거나 위험한 작업'에 종사하는 근로자에게 필요한 안전조치 및 보건조치 외에 작업과 휴식의 적정한 배분 및 근로시간과 관련된 근로조건의 개선을 통하여 근로자의 건강 보호를 위한 조치를 하여야 한다.

유해·위험작업에 대한 근로시간 제한 등(산업안전보건법 시행령 제99조)
㉠ 법 제139조 ㉠에서 "높은 기압에서 하는 작업 등 대통령령으로 정하는 작업"이란 잠함(潛函) 또는 잠수 작업 등 높은 기압에서 하는 작업을 말한다.
㉡ ㉠에 따른 작업에서 잠함·잠수 작업시간, 가압·감압방법 등 해당 근로자의 안전과 보건을 유지하기 위하여 필요한 사항은 고용노동부령으로 정한다.
㉢ 법 제139조 ㉡에서 "대통령령으로 정하는 유해하거나 위험한 작업"이란 다음 어느 하나에 해당하는 작업을 말한다.
  1. 갱(坑) 내에서 하는 작업
  2. 다량의 고열물체를 취급하는 작업과 현저히 덥고 뜨거운 장소에서 하는 작업
  3. 다량의 저온물체를 취급하는 작업과 현저히 춥고 차가운 장소에서 하는 작업
  4. 라듐방사선이나 엑스선, 그 밖의 유해 방사선을 취급하는 작업
  5. 유리·흙·돌·광물의 먼지가 심하게 날리는 장소에서 하는 작업
  6. 강렬한 소음이 발생하는 장소에서 하는 작업
  7. 착암기(바위에 구멍을 뚫는 기계) 등에 의하여 신체에 강렬한 진동을 주는 작업
  8. 인력(人力)으로 중량물을 취급하는 작업
  9. 납·수은·크롬·망간·카드뮴 등의 중금속 또는 이황화탄소·유기용제, 그 밖에 고용노동부령으로 정하는 특정 화학물질의 먼지·증기 또는 가스가 많이 발생하는 장소에서 하는 작업

정답 23 ③

24

산업안전보건법령상 공정안전보고서에 포함해야 할 비상조치계획의 세부 내용으로 규정된 것은?

① 주민홍보계획
② 변경요소 관리계획
③ 도급업체 안전관리계획
④ 각종 건물·설비의 배치도
⑤ 자체감사 및 사고조사계획

해설

공정안전보고서의 세부 내용 등(산업안전보건법 시행규칙 제50조)
영 제44조에 따라 공정안전보고서에 포함해야 할 세부내용은 다음과 같다.

- 공정안전자료

  취급·저장하고 있거나 취급·저장하려는 유해·위험물질의 종류 및 수량, 유해·위험물질에 대한 물질안전보건자료, 유해하거나 위험한 설비의 목록 및 사양, 유해하거나 위험한 설비의 운전방법을 알 수 있는 공정도면, 각종 건물·설비의 배치도, 폭발위험장소 구분도 및 전기단선도, 위험설비의 안전설계·제작 및 설치 관련 지침서

- 공정위험성평가서 및 잠재위험에 대한 사고예방·피해 최소화 대책(공정위험성평가서는 공정의 특성 등을 고려하여 다음의 위험성평가 기법 중 한 가지 이상을 선정하여 위험성평가를 한 후 그 결과에 따라 작성해야 하며, 사고예방·피해최소화 대책은 위험성평가 결과 잠재위험이 있다고 인정되는 경우에만 작성한다)

  체크리스트(check list), 상대위험순위 결정(dow and mond indices), 작업자 실수 분석(HEA), 사고 예상 질문 분석(what-if), 위험과 운전 분석(HAZOP), 이상위험도 분석(FMECA), 결함 수 분석(FTA), 사건 수 분석(ETA), 원인결과 분석(CCA), 앞선 규정과 같은 수준 이상의 기술적 평가 기법

- 안전운전계획

  안전운전지침서, 설비점검·검사 및 보수계획·유지계획 및 지침서, 안전작업허가, 도급업체 안전관리계획, 근로자 등 교육계획, 가동 전 점검지침, 변경요소 관리계획, 자체감사 및 사고조사계획, 그 밖에 안전운전에 필요한 사항

- 비상조치계획

  비상조치를 위한 장비·인력 보유현황, 사고발생 시 각 부서·관련 기관과의 비상연락체계, 사고발생 시 비상조치를 위한 조직의 임무 및 수행 절차, 비상조치계획에 따른 교육계획, 주민홍보계획, 그 밖에 비상조치 관련 사항

정답 24 ①

25
산업안전보건법령상 위반행위에 대한 과태료 금액이 다른 하나는?(단, 가중 및 감경규정은 고려하지 않음)

① 산업안전보건법 제137조 제3항을 위반하여 건강관리카드를 타인에게 양도하거나 대여한 경우
② 산업안전보건법 제17조 제1항을 위반하여 안전관리자를 선임하지 않은 경우
③ 산업안전보건법 제68조 제1항을 위반하여 안전보건조정자를 두지 않은 경우
④ 산업안전보건법 제109조 제1항에 따른 유해성·위험성 조사 결과 또는 유해성·위험성평가에 필요한 자료를 제출하지 않은 경우
⑤ 산업안전보건법 제10조 제3항 후단을 위반하여 관계수급인에 관한 자료를 거짓으로 제출한 경우

해설

①·②·③·④ 해당 위반행위는 500만 원 이하의 과태료를 부과한다.
⑤ 제10조 제3항 후단을 위반하여 관계수급인에 관한 자료를 제출하지 아니하거나 거짓으로 제출한 자에게는 1,000만 원 이하의 과태료를 부과한다(산업안전보건법 제175조).

|참고|
건강관리카드(산업안전보건법 제137조 제3항)
건강관리카드를 발급받은 사람은 그 건강관리카드를 타인에게 양도하거나 대여해서는 아니 된다.

안전관리자(산업안전보건법 제17조 제1항)
사업주는 사업장에 안전에 관한 기술적인 사항에 관하여 사업주 또는 안전보건관리책임자를 보좌하고 관리감독자에게 지도·조언하는 업무를 수행하는 사람(안전관리자)을 두어야 한다.

안전보건조정자(산업안전보건법 제68조 제1항)
2개 이상의 건설공사를 도급한 건설공사발주자는 그 2개 이상의 건설공사가 같은 장소에서 행해지는 경우에 작업의 혼재로 인하여 발생할 수 있는 산업재해를 예방하기 위하여 건설공사 현장에 안전보건조정자를 두어야 한다.

중대한 건강장해 우려 화학물질의 유해성·위험성 조사(산업안전보건법 제109조 제1항)
고용노동부장관은 근로자의 건강장해를 예방하기 위하여 필요하다고 인정할 때에는 고용노동부령으로 정하는 바에 따라 암 또는 그 밖에 중대한 건강장해를 일으킬 우려가 있는 화학물질을 제조·수입하는 자 또는 사용하는 사업주에게 해당 화학물질의 유해성·위험성 조사와 그 결과의 제출 또는 제105조 제1항에 따른 유해성·위험성 평가에 필요한 자료의 제출을 명할 수 있다.

정답 25 ⑤

산업위생일반

26
고용노동부 고시에서 규정하는 "용접흄 및 분진"에 관한 설명으로 옳지 않은 것은?

① 시간가중평균(TWA) 노출기준은 5mg/m³이며, 여과재를 이용해 시료를 채취해야 한다.
② 용접보안면 착용 시 내부에서 시료를 채취하고, 중량분석법과 GC-FID로 분석한다.
③ 시간가중평균(TWA) 노출기준이 설정된 물질로 1일 작업시간 동안 6시간 이상 연속 측정을 한다.
④ 발암성에 대해 사람이나 동물에 제한된 증거가 있으나, 구분 1로 분류하기에는 증거가 충분하지 않다.
⑤ 1일 작업시간이 8시간 초과 시 보정노출기준을 산출해 측정값과 비교한다.

해설
② 용접보안면을 착용한 경우 그 내부에서 시료를 채취하며, 중량분석법과 원자흡광광도계(AAS) 또는 유도결합플라즈마(ICP)를 이용한 방법으로 분석한다. GC-FID(가스크로마토그래피-불꽃이온화검출기)는 주로 휘발성 유기화합물(VOCs) 분석에 사용되며, 용접흄 분석에는 적합하지 않다.
① 용접흄의 TWA 노출기준은 5mg/m³이다. 이는 여과재를 이용하여 시료를 채취하고, 중량분석법을 통해 분석한다.
③ TWA 노출기준이 설정된 물질은 1일 작업시간 동안 6시간 이상 연속 측정하여야 한다.
④ 용접흄은 사람이나 동물에 대한 제한된 증거가 있으나, 구분 1로 분류하기에는 증거가 충분하지 않다(발암성 2).
⑤ 1일 작업시간이 8시간을 초과하는 경우, 보정노출기준을 산출하여 측정값과 비교한다.
※ 작업환경측정 및 정도관리 등에 관한 고시, 화학물질 및 물리적 인자의 노출기준 별표 1

27
작업장에서의 소음측정 및 평가방법 지침상 누적소음노출량 측정기에 의한 작업환경측정에 관한 설명으로 옳지 않은 것은?

① 누적소음노출량 측정기는 작업자의 이동성이 크거나 소음의 강도가 불규칙적으로 변동하는 소음의 측정에 이용한다.
② 1일 작업시간 동안 6시간 이상 연속 측정, 소음 발생시간이 6시간 이내인 경우나 발생시간이 간헐적인 경우에는 발생시간 동안 연속 측정한다.
③ 측정결과는 dose(%)나 dB(A)로 표시한다.
④ 마이크로폰은 작업자의 청각영역 내의 옷깃에 부착시키며 마이크로폰의 손상을 방지하기 위하여 보호구나 의복 등으로 차단시키도록 한다.
⑤ 부착 시 작업자에게 소음기를 떼어낼 시간과 장소를 알려주며 임의로 뛰거나 조작해서는 안 된다는 것을 사전에 충분히 주지시킨다.

해설

④ 마이크로폰은 작업자의 청각영역 가까이, 가능한 한 귀 가까이에 노출되도록 부착해야 하며, 보호구나 의복 등으로 차단시키지 않아야 한다. 마이크로폰이 의복 등에 가려지면 실제 소음보다 낮게 측정되는 오류가 생기므로, 차단시키는 것은 지침에 어긋난다.
① 누적소음노출량 측정기는 작업자가 자주 이동하거나 소음이 일정하지 않은 경우 유용하므로 옳다.
② 작업시간이 6시간 이상이면 연속 측정, 6시간 이내이거나 간헐적일 경우 해당 시간만 측정하므로 옳다.
③ 측정결과는 일반적으로 dose(%) 또는 등가소음레벨인 dB(A)로 표현하므로 옳다.
⑤ 측정의 정확성을 위해 작업자에게 사전 안내를 하고, 측정기 조작 금지를 주지시키는 것은 필수 절차로 옳다.

28

베르누이 정리에 따른 속도압에 관한 설명으로 옳은 것은?

① 속도압은 표준상태에서의 공기 밀도가 커지면 증가한다.
② 속도압은 표준상태에서의 증기압이 커지면 감소한다.
③ 속도압은 중력가속도가 커지면 증가한다.
④ 속도압은 속도가 커지면 감소한다.
⑤ 속도압은 속도 제곱으로 커지면 감소한다.

해설

② 증기압은 속도압 공식에 직접 영향을 주지 않는다.
③ 중력가속도는 속도압과 무관하다.
④ 속도가 커지면 속도압은 증가한다.
⑤ 속도압은 속도의 제곱에 비례하여 증가한다.
베르누이 정리에 따른 속도압(dynamic pressure)
$$q = \frac{1}{2}pv^2$$
여기서, q : 속도압
p : 유체의 밀도(공기 밀도 등)
v : 유속
∴ 속도압은 밀도 p가 클수록, 그리고 속도 v가 클수록 증가한다.

정답 28 ①

29

산업안전보건기준에 관한 규칙상 온도·습도에 의한 건강장해의 예방에 관한 설명으로 옳지 않은 것은?

① "고열"이란 열에 의하여 근로자에게 열경련·열탈진 또는 열사병 등의 건강 장해를 유발할 수 있는 온도를 말한다.
② "고열작업"이란 체감온도가 32℃ 이상인 장소에서의 작업을 말한다.
③ "한랭"이란 냉각원에 의하여 근로자에게 동상 등의 건강장해를 유발할 수 있는 차가운 온도를 말한다.
④ "한랭작업"이란 다량의 액체공기, 드라이아이스 등을 취급하는 장소에서의 작업을 말한다.
⑤ "다습"이란 습기로 인하여 근로자에게 피부질환 등의 건강장해를 유발할 수 있는 습한 상태를 말한다.

> **해설**
> 산업안전보건기준에 관한 규칙에서는 고열작업의 체감온도 수준을 별도로 규정하고 있지 않다. 다만, 개정으로 '폭염작업이란 폭염으로 인해 별표 13의2에 따라 측정한 온도(이하 체감온도라 한다)가 31℃ 이상이 되는 작업장소에서의 장시간 작업을 말한다'라는 내용이 추가되었다.

30

석면 해체·제거 작업 지침상 음압기와 음압기록장치에 관한 설명으로 옳지 않은 것은?

① 음압기에는 전처리 필터를 고성능 필터 앞쪽에 반드시 설치해야 한다.
② 음압기에는 필터 차압게이지를 장착해야 한다.
③ 음압기의 송풍기는 필터 뒤쪽에 설치해야 한다.
④ 음압기록장치는 0.01mmH$_2$O 이하의 측정 감도를 가져야 한다.
⑤ 음압기록장치는 압력 차가 0.508mmH$_2$O 이상이면 경보가 울려야 한다.

> **해설**
> ⑤ 석면 해체·제거 작업 지침에 따르면 음압기록장치는 차압이 '0.508mmH$_2$O 이하'로 떨어질 경우 경보가 울리도록 설정해야 한다. 이는 작업구역의 음압 유지 실패를 조기에 알리기 위한 기준이다.
> ① 전처리 필터는 고성능(HEPA) 필터 앞단에 설치해 큰 입자를 걸러준다.
> ② 필터의 막힘 정도를 확인하기 위한 차압게이지는 필수 장비이다.
> ③ 송풍기를 필터 뒤에 두는 것은 오염공기의 필터링 후 배출을 위해 필요하다.
> ④ 기록장치는 미세한 압력 차이를 감지해야 하므로 0.01mmH$_2$O 이하 감도를 가져야 한다.

31

우리나라에서 발생한 급성 중독 사례이다. 해당 화학물질로 옳은 것은?

> • 사례 1 : 도장공정에서 사용하는 금속 지그에 묻은 페인트를 제거하는 작업 중 작업자가 디핑 세척조(높이 1.5m) 내부 슬러지를 제거하다가 화학물질에 노출되어 중독사고가 발생하였다(KOSHA Alert 2014-02호).
> • 사례 2 : 전자제품 분체도장 사업장에서 작업자가 세척조 청소작업 중 잔류 화학물질에 급성중독되어 사망하였다(KOSHA Alert 2022-02호).

① 디클로로메탄
② 아크릴로니트릴
③ 메틸클로로포름
④ 트리클로로메탄
⑤ 노말헥산

해설

① 제시된 사례는 모두 KOSHA Alert 2014-02호 및 2022-02호에 실린 실제 중독사고 사례로, 디클로로메탄(dichloromethane, 메틸렌클로라이드)에 의한 급성중독사고이다. 디클로로메탄은 도장공정에서 페인트 제거용 세척제로 사용되며, 밀도가 공기보다 높고 기화 속도가 빨라 세정조(디핑조)의 하부에 증기가 고여 있을 수 있다. 작업자가 세척조 내부에 들어가 청소하는 과정에서 증기에 흡입 또는 피부 노출되면, 중추신경계 억제 및 의식 소실, 사망에 이를 수 있다. 두 사례 모두 청소작업 중 잔류 증기에 의한 중독 또는 질식으로 보고되었으며, 원인 물질은 디클로로메탄이다.
② 아크릴로니트릴 : 합성섬유 및 고무 제조에 사용되며, 해당 사례와 관련 없다.
③ 메틸클로로포름 : 세척제로 사용되기도 하나, 해당 사고의 원인 물질은 아니다.
④ 트리클로로메탄(클로로포름) : 마취제 및 용제로 사용되나, 해당 사례와 관련 없다.
⑤ 노말헥산 : 혼합탄화수소계 용제이나, 이 사고와 무관하다.

32

고용노동부 고시에서 제시하는 건강장해 예방을 위한 국소배기장치 안전검사 대상 유해화학물질로 옳은 것은?

① 황화수소
② 암모니아
③ 면분진
④ 트리클로로메탄
⑤ 크실렌

해설

① 황화수소(H_2S)는 강한 독성과 급성중독 위험이 있어 국소배기장치 안전검사 대상 유해물질로 지정되어 있다.
②·③·④·⑤ 유해물질이기는 하나 국소배기장치 안전검사 대상 유해물질로 고시에 명시되어 있지 않다.
※ 고용노동부 고시 안전검사 절차에 관한 고시 별표 1에서는 건강장해 예방을 위한 국소배기장치 안전검사 대상 유해화학물질을 규정하고 있다. 이 물질들은 인체에 급성 독성, 피부 흡수, 발암성, 생식독성 등이 있는 물질로, 작업장 내 노출을 줄이기 위해 국소배기장치의 설치와 정기적인 안전검사가 법적으로 요구된다.

33

근로자건강진단 실무지침에 따른 생물학적 노출지표의 검사방법으로 옳은 것은?

① 일산화탄소의 1차 생물학적 노출지표는 작업 종료 후 10~15분 이내 마지막 호기를 채취하여 일산화탄소측정기로 분석한다.
② 납 및 그 무기화합물의 1차 생물학적 노출지표는 혈액 내 납 농도를 기준으로 하며, AAS로 분석한다.
③ 메탄올의 1차 생물학적 노출지표는 소변을 이용하여 평가하며, 작업 종료 시 채취한 시료를 HS GC-FID로 분석한다.
④ 1,2-디클로로프로판의 2차 생물학적 노출지표는 소변을 이용하여 평가하며, 작업 종료 시 채취한 시료를 GC-MSD로 분석한다.
⑤ 톨루엔의 2차 생물학적 노출지표는 소변을 이용하여 평가하며, 작업 종료 시 채취한 시료를 HS GC-FID로 분석한다.

해설

② 각 화학물질에 대한 생물학적 노출지표는 근로자의 노출 정도를 평가하는 중요한 방법이다. 주어진 보기에서 옳은 설명은 납 및 그 무기화합물에 대한 설명이다. 납 및 그 무기화합물의 1차 생물학적 노출지표는 혈액 내 납 농도를 기준으로 하며, 분석 방법으로 AAS(원자흡광법)이 사용된다. 이는 납 중독을 평가하는 중요한 생물학적 지표이다.
① 일산화탄소의 생물학적 노출지표 검사는 2차에서 이루어진다.
③ 메탄올의 생물학적 노출지표 검사는 2차에서 이루어진다.
④ 1,2-디클로로프로판의 생물학적 노출지표 검사는 1차에서 이루어진다.
⑤ 톨루엔의 생물학적 노출지표 검사는 1차에서 이루어진다.

34

작업환경측정·분석 기술지침에 따라 초산(acetic acid)에 대한 측정을 실시하였을 때, 시료채취에 사용할 흡착관으로 옳은 것은?

① 활성탄관(100mg/50mg)
② 실리카겔관(100mg/50mg)
③ 실리카겔관(150mg/75mg)
④ XAD-7(100mg/50mg)
⑤ 2,4-DNPH coating silica gel(300mg/150mg)

해설

① 고용노동부의 초산에 대한 작업환경측정·분석 기술지침에 따르면, 초산(acetic acid)의 시료 채취 시 사용되는 흡착관은 활성탄관(100mg/50mg)이다. 활성탄은 다양한 유기화합물을 흡착할 수 있는 특성으로, 초산과 같은 휘발성 화합물의 시료 채취에 적합하다.
②·③ 실리카겔관(100mg/50mg, 150mg/75mg) : 일반적으로 극성 화합물의 흡착에 사용되며, 초산 측정에는 적합하지 않다.
④ XAD-7(100mg/50mg) : 주로 휘발성 유기 화합물(VOCs) 시료 채취에 사용되지만, 초산 측정에는 활성탄관이 더 적합하다.
⑤ 2,4-DNPH coating silica gel(300mg/150mg) : 알데히드류 측정에 사용되며, 초산 측정에는 적합하지 않다.

35

원심형 송풍기(centrifugal fan)에 해당하지 않는 것은?

① sirocco fan
② air foil fan
③ turbo fan
④ radial fan
⑤ axial fan

> 해설

⑤ axial fan은 공기가 축 방향(회전축을 따라)으로 이동하는 구조로, 축류형 송풍기에 해당하며 원심형 송풍기와는 다른 종류이다.
원심형 송풍기(centrifugal fan) : 회전하는 임펠러에 의해 공기가 방사상(회전축에 수직 방향)으로 이동하는 방식이다. 이에 해당하는 팬은 다음과 같다.
- sirocco fan : 전향형 블레이드를 사용하는 원심형 팬
- air foil fan : 후향형 블레이드를 갖는 고효율 원심 팬
- turbo fan : 고정압용 원심형 팬
- radial fan : 직선 블레이드를 갖는 원심형 팬

36

소음의 특수건강진단 및 청력보존 프로그램에 관한 설명으로 옳지 않은 것은?

① 특수건강진단 시 2,000Hz에서 30dB 이상의 청력손실을 보이면 양쪽 귀에 대한 정밀 청력검사(2차)를 실시한다.
② 특수건강진단 시 2,000, 3,000, 4,000Hz의 주파수에서 기도 청력검사를 실시한다.
③ 배치 전 건강진단 시 500, 1,000, 2,000, 3,000, 4,000 및 6,000Hz의 주파수에서 기도 청력검사를 실시한다.
④ 소음성 난청의 업무상 질병에 대한 인정기준 적용 시 6분법으로 판정한다.
⑤ 청력보존 프로그램을 시행해야 하는 소음작업이란 1일 8시간 작업을 기준으로 90dB 이상의 소음이 발생하는 작업을 말한다.

> 해설

청력보존 프로그램 시행 등(산업안전보건기준에 관한 규칙 제517조)
사업주는 다음 어느 하나에 해당하는 경우에 청력보존 프로그램을 수립하여 시행해야 한다.
- 근로자가 소음작업(1일 8시간 작업을 기준으로 85dB 이상의 소음이 발생하는 작업), 강렬한 소음작업 또는 충격소음작업에 종사하는 사업장
- 소음으로 인하여 근로자에게 건강장해가 발생한 사업장

37
다음 중 화학적 질식제에 해당하는 것은?
① 아산화질소
② 헬륨
③ 메탄
④ 일산화탄소
⑤ 질소

해설

④ 화학적 질식제(chemical asphyxiant)는 혈액 내 산소 운반 능력을 저해하거나 세포의 산소 이용을 방해하는 물질이다. 일산화탄소(CO)는 헤모글로빈과의 결합력이 산소보다 200~250배 강하여 조직에 산소운반을 방해하므로 대표적인 화학적 질식제이다.
① 아산화질소(N_2O)는 산소결핍 위험은 있으나 주로 마취 작용을 하여 마취제로 쓰인다.
②・③・⑤ 산소를 대체하여 기도 내 산소 농도를 낮추는 단순 질식제이다.

38
근골격계부담작업 및 유해요인조사에 관한 설명으로 옳은 것은?
① "단기간 작업"이란 1개월 이내에 종료되는 1회성 작업을 말한다.
② "간헐적인 작업"이란 연간 총작업일수가 30일을 초과하지 않는 작업을 말한다.
③ 신설되는 사업장의 경우에는 신설일부터 1년 이내에 최초의 유해요인조사를 실시해야 한다.
④ 하루 2시간 이상 지지되지 않은 상태에서 1kg 이상에 상응하는 힘을 가하여 한 손의 손가락으로 물건을 쥐는 작업은 근골격계부담작업이다.
⑤ 하루 총 2시간 이상, 시간당 2회 이상 4.5kg 이상의 물체를 드는 작업은 근골격계부담작업이다.

해설

① "단기간 작업"은 2개월 이내 종료되는 1회성 작업을 말한다.
② "간헐적인 작업"은 연간 총작업일수가 60일을 초과하지 않는 작업이다.
④ 하루에 총 2시간 이상 지지되지 않은 상태에서 1kg 이상의 물건을 한손의 손가락으로 집어 옮기거나, 2kg 이상에 상응하는 힘을 가하여 한 손의 손가락으로 물건을 쥐는 작업이 근골격계부담작업이다.
⑤ 하루에 총 2시간 이상, 분당 2회 이상 4.5kg 이상의 물체를 드는 작업이 근골격계부담작업이다.
※ 근골격계부담작업의 범위 및 유해요인조사 방법에 관한 고시

39

고용노동부 고시에서 제시하는 방진마스크 여과재의 포집효율에 관한 시험 성능기준으로 옳은 것은?

① 안면부 여과식 특급 : 95.0% 이상
② 안면부 여과식 1급 : 90.0% 이상
③ 분리식 특급 : 99.95% 이상
④ 분리식 1급 : 90.0% 이상
⑤ 분리식 2급 : 75.0% 이상

해설

보호구 안전인증 고시에 따라 방진마스크 여과재의 포집효율 기준은 다음과 같다.
- 안면부 여과식
  - 특급 : 99.0% 이상
  - 1급 : 94.0% 이상
  - 2급 : 80.0% 이상
- 분리식
  - 특급 : 99.95% 이상
  - 1급 : 94.0% 이상
  - 2급 : 80.0% 이상

40

화학물질의 분류·표시 및 물질안전보건자료에 관한 기준에 따른 경고표지 작성 시 옳지 않은 것은?

① 물질안전보건자료대상물질의 내용량이 100g 이하는 경고표지에 명칭, 그림문자, 신호어 및 공급자 정보만을 표시할 수 있다.
② "해골과 X자형 뼈" 그림문자와 "감탄부호(!)" 그림문자에 모두 해당되는 경우에는 "해골과 X자형 뼈" 그림문자만을 표시한다.
③ 5개 이상의 그림문자에 해당하는 경우에는 4개의 그림문자만을 표시할 수 있다.
④ 물질안전보건자료대상물질이 "위험"과 "경고"에 모두 해당되는 경우에는 2가지 모두를 표시한다.
⑤ 경고표지 전체의 바탕은 흰색으로, 글씨와 테두리는 검정색으로 하여야 한다.

해설

④ 물질안전보건자료대상물질이 "위험"과 "경고"에 모두 해당되는 경우에는 "위험"만을 표시한다(화학물질의 분류·표시 및 물질안전보건자료에 관한 기준 제6조의2).

41

중추신경에 주요 건강장해를 일으키는 유기화합물질이 아닌 것은?

① 디클로로메탄
② 글루타르알데히드
③ 아세트알데히드
④ 메틸 노말-부틸케톤
⑤ 디에틸에테르

해설

중추신경에 주요 건강장해를 일으키는 유기화합물질들은 대체로 신경독성 물질로 작용하는 화학물질들이다. 최초 정답은 ② 글루타르알데히드였으나 최종적으로 전항 정답 처리되었다.

42

산업재해의 재해손실 비용 산정 시 직접비와 간접비의 비율로 옳은 것은?

① 1:2
② 1:3
③ 1:4
④ 1:5
⑤ 1:10

해설

산업재해 발생 시 직접비는 재해로 인한 치료비, 의료비, 손상된 자산 수리비 등 실제로 지출된 비용을 의미하고, 간접비는 생산성 감소, 업무 중단, 보험료 증가 등 사고 후에 발생하는 부수적인 비용을 의미한다. 간접비는 보통 직접비보다 더 큰 영향을 미치므로, 비율이 1(직접비) : 4(간접비)로 산정된다.

43

화학물질 및 물리적인자의 노출기준에서 벤젠의 정보물질 표기에 관한 내용으로 옳은 것을 모두 고른 것은?

> ㄱ. 사람에게 충분한 발암성 증거가 있는 물질
> ㄴ. 생식세포 변이원성(1B)에 해당하는 물질
> ㄷ. 생식능력이나 발육에 악영향을 주는 물질
> ㄹ. 점막과 눈 그리고 경피로 흡수되어 전신 영향을 일으킬 수 있는 물질

① ㄱ, ㄹ
② ㄴ, ㄷ
③ ㄱ, ㄴ, ㄷ
④ ㄱ, ㄴ, ㄹ
⑤ ㄱ, ㄴ, ㄷ, ㄹ

해설

벤젠은 발암성(ㄱ) 1A 물질로 충분한 증거가 있는 물질로 분류된다. 또한, 생식세포 변이원성(ㄴ) 1B로 분류되며, 경피로 흡수되어 전신 영향을 일으킬 수 있는 물질(ㄹ)인 skin 표시 물질로 알려져 있다. 그러나 생식능력이나 발육에 악영향을 주는 물질(ㄷ)은 벤젠의 특성 중 하나로 명시되지 않는다.

44

2023년 산업재해 현황에서 제조업 중 재해자 수가 가장 많은 업종과 재해율이 가장 높은 업종으로 묶은 것은?

	재해자 수	재해율
ㄱ	선박건조 및 수리업	금속제련업
ㄴ	목재 및 종이제품 제조업	선박건조 및 수리업
ㄷ	화학 및 고무제품 제조업	금속제련업
ㄹ	금속제련업	기계기구·금속·비금속광물제품 제조업
ㅁ	기계기구·금속·비금속광물제품 제조업	선박건조 및 수리업

① ㄱ
② ㄴ
③ ㄷ
④ ㄹ
⑤ ㅁ

해설

2023년 산업재해 현황(제조업)

	업종	재해자 수(명)	재해율(%)
1	기계기구·금속·비금속광물제품 제조업	**15,601**	1.03
2	선박건조 및 수리업	3,754	**2.95**
3	화학 및 고무제품 제조업	3,464	0.79
4	식료품 제조업	3,400	0.98
5	전기기계기구·정밀기구·전자제품 제조업	1,939	0.21
6	목재 및 종이제품 제조업	1,590	1.37
7	섬유 및 섬유제품 제조업	1,082	0.68
8	수제품 및 기타제품 제조업	1,046	0.79
9	출판·인쇄·제본업	387	0.37
10	의약품·화장품·연탄·석유제품 제조업	354	0.31
11	금속제련업	350	0.84

정답 44 ⑤

45

국내의 산업보건 역사에 관한 내용으로 옳은 것을 모두 고른 것은?

ㄱ. 1995년 : 작업환경측정 및 정도관리규정 제정
ㄴ. 1996년 : 화학물질의 분류·표시 및 물질안전보건자료에 관한 기준 제정
ㄷ. 1997년 : 영상표시단말기(VDT) 취급근로자 작업관리지침 제정
ㄹ. 2014년 : 사업장 위험성평가에 관한 지침 제정

① ㄱ, ㄴ
② ㄱ, ㄷ
③ ㄱ, ㄹ
④ ㄴ, ㄷ
⑤ ㄷ, ㄹ

해설

제도에 따른 제정 연도

제도명	제정 연도
작업환경측정 및 정도관리규정	1992년 4월 16일(노동부고시 제92-17호)
화학물질의 분류·표시 및 물질안전보건자료에 관한 기준	1996년 4월 9일(노동부고시 제96-12호)
영상표시단말기(VDT) 취급근로자 작업관리지침	1997년 5월 12일(노동부고시 제1997-8호)
사업장 위험성평가에 관한 지침	2012년 9월 26일(고용노동부고시 제2012-104호)

46

근로자건강진단 실무지침에서 인체에 미치는 영향이 "접촉성 피부염, 비중격 점막의 괴사, 다발성 신경염 등"으로 기술된 물질은?

① 납
② 석면
③ 비소
④ 니켈
⑤ 카드뮴

해설

③ 비소는 접촉성 피부염, 비중격 점막의 괴사, 다발성 신경염 등을 유발할 수 있는 물질로, 비소의 노출이 피부 및 신경계에 영향을 미칠 수 있다(근로자 건강진단 실시기준 제1권 별지 제5호 서식).

47

역학에 관한 설명으로 옳지 않은 것은?

① 역학의 내용에는 발생빈도의 측정, 분포의 기술, 결정요인의 규명 등이 있다.
② 역학연구에서 발생빈도는 인구집단의 크기를 고려하여 분율(proportion)이나 비율(rate)로 나타낸다.
③ 유병률은 비율(rate)로 나타낸다.
④ 발생률은 분율(proportion) 또는 비율(rate)로 나타낼 수 있다.
⑤ 역학연구에서 건강 관련 사건이나 상태에 영향을 미칠 수 있는 인자들을 결정 요인이라고 한다.

해설

유병률과 발생률

구분	유병률(prevalence)	발생률(incidence rate)
정의	특정 시점 또는 기간에 존재하는 모든 환자 분율(proportion)	일정 기간 동안 새롭게 발생한 환자 비율(rate)
측정시점	한 시점(시점 유병률) 또는 일정 기간(기간 유병률)	일정 기간(연, 월 등)
분자	특정 시점 또는 기간의 전체 환자 수	새롭게 발생한 환자 수
분모	전체 인구(또는 위험에 노출된 인구)	위험에 노출된 인구
의미	인구 집단 내 질병의 '규모'와 '부담'	인구 집단 내 질병의 '발생 위험'
활용예시	만성질환(고혈압, 당뇨 등) 관리, 자원 배분	감염병 유행 감시, 위험요인 연구
영향요인	질병의 발생률, 유병기간, 치료율 등	질병의 원인, 위험요인, 예방 효과 등
해석	질병의 '존재양상' 파악에 유용	질병의 '발생원인' 파악에 유용

48

피로의 기여요인 중 작업 관련 요인으로 옳지 않은 것은?

① 소음
② 직무스트레스
③ 근육작업
④ 작업관리의 엄격성
⑤ 신체활동 부족

해설

⑤ 신체활동 부족은 일반적으로 작업과 관련된 요인이라기보다는 생활습관이나 건강상태에 영향을 미치는 요인으로 분류된다. 반면, 소음, 직무스트레스, 근육작업, 작업관리의 엄격성은 모두 작업환경과 관련된 피로의 기여요인에 해당된다.

정답 47 ③ 48 ⑤

49

야간작업으로 인한 수면장애 근로자의 작업환경 관리에 관한 지침의 내용으로 옳지 않은 것은?

① 연속적인 교대근무는 사고 위험을 높일 수 있다.
② 교대 주기는 느린 경우(근무 시간대 변경 주기가 4일 이상인 경우)가 빠른 경우보다 적응하기 쉽다.
③ 12시간 이상의 근무는 건강 및 사고 위험을 높일 수 있으며, 가수면이 확보되지 않는 24시간의 근무는 권장하지 않는다.
④ 야간작업은 연속하여 5일을 넘기지 않도록 한다.
⑤ 역방향 교대근무(저녁-오전-오후)는 순방향 교대근무보다 수면 적응에 부정적이다.

해설

교대작업자의 작업설계를 할 때 고려해야 할 권장사항(교대작업자의 보건관리 지침)
- 야간작업은 연속하여 3일을 넘기지 않도록 한다.
- 야간반 근무를 모두 마친 후 아침반 근무에 들어가기 전 최소한 24시간 이상 휴식을 하도록 한다.
- 가정생활이나 사회생활을 배려할 때 주중에 쉬는 것보다는 주말에 쉬도록 하는 것이 좋으며 하루씩 띄어 쉬는 것보다는 주말에 이틀 연이어 쉬도록 한다.
- 교대작업자 특히 야간작업자는 주간작업자보다 연간 쉬는 날이 더 많이 있어야 한다.
- 근무반 교대방향은 아침반 → 저녁반 → 야간반으로 정방향 순환이 되게 한다.
- 아침반 작업은 너무 일찍 시작하지 않도록 한다.
- 야간반 작업은 잠을 조금이라도 더 오래 잘 수 있도록 가능한 한 일찍 작업을 끝내도록 한다.
- 교대작업일정을 계획할 때 가급적 근로자 개인이 원하는 바를 고려하도록 한다.
- 교대작업일정은 근로자들에게 미리 통보되어 예측할 수 있도록 한다.

※ 야간작업 특수건강진단 수면장애 사후관리 지침 참고

50

청력보호구의 착용방법 및 관리에 관한 지침의 내용으로 옳지 않은 것은?

① 덥고 습기 찬 곳에서는 일회용 귀마개를 착용한다.
② 귀마개 중 EP-1형은 고음만을 차단시키므로 대화가 필요한 작업에서 착용한다.
③ 귀덮개는 중심주파수 4,000Hz에서 차음성능이 35dB 이상이어야 한다.
④ 귀마개 중 EP-1형은 중심주파수 4,000Hz에서 차음성능이 25dB 이상이어야 한다.
⑤ 소음성 난청 유소견자나 유의한 역치 변동이 있는 근로자에 대해서는 청력보호구의 착용 효과로 소음노출 수준이 최소한 8시간 시간가중평균 85dB(A) 이하가 되어야 한다.

해설

② 귀마개 중 EP-1형은 고음뿐만 아니라 저음도 차단할 수 있도록 설계된 귀마개이다. 따라서 대화가 필요한 작업에서 착용하는 것은 부적절하다. 대화가 필요한 작업에서는 EP-2 귀마개가 적합하며, 사용환경에 따라 적합한 귀마개를 선정하여 사용하여야 한다.

방음용 귀마개 또는 귀덮개의 성능기준(보호구 안전인증 고시 별표 12)

방음용 귀마개 또는 귀덮개의 종류·등급 등

종류	등급	기호	성능	비고
귀마개	1종	EP-1	저음부터 고음까지 차음하는 것	귀마개의 경우 재사용 여부를 제조특성으로 표기
	2종	EP-2	주로 고음을 차음하고 저음(회화음영역)은 차음하지 않는 것	
귀덮개	-	EM	-	-

귀마개·귀덮개 차음성능 기준

	중심주파수(Hz)	차음치(dB)		
		EP-1	EP-2	EM
차음성능	125	10 이상	10 미만	5 이상
	250	15 이상	10 미만	10 이상
	500	15 이상	10 미만	20 이상
	1,000	20 이상	20 미만	25 이상
	2,000	25 이상	20 이상	30 이상
	4,000	25 이상	25 이상	35 이상
	8,000	20 이상	20 이상	20 이상

※ 청력보호구의 착용방법 및 관리에 관한 지침

기업진단 · 지도

51
해크만과 올드햄(J. Hackman & G. Oldham)이 제시한 직무특성모형에서 작업성과에 대한 경험적 책임(experienced responsibility)에 영향을 미치는 핵심직무차원은?

① 자율성
② 피드백
③ 과업정체성
④ 과업의 결합
⑤ 종업원의 성장욕구

해설

해크만과 올드햄(J. Hackman & G. Oldham)의 핵심직무특성(job characteristics model) 모델
해크만과 올드햄의 핵심직무특성 모델은 직무가 근로자에게 내재적 동기를 부여하는 방식과 이를 구성하는 직무의 핵심 차원을 설명한다. 모델의 주요 요소는 5가지 핵심직무차원(core job dimensions), 이들 차원이 동기를 유발하는 과정을 설명하는 중간매개변수와 개인적·직무적 결과로 이루어져 있다.
- 기술다양성(skill variety) : 직무수행에 요구되는 다양한 기술과 능력의 범위. 높은 기술다양성은 직무를 더 흥미롭게 만든다.
- 과업정체성(task identity) : 직무가 완전하고 전체적인 작업으로, 시작부터 끝까지 하나의 결과를 만들어내는 정도. 높은 과업정체성은 작업의 중요성과 만족도를 증가시킨다.
- 과업중요성(task significance) : 직무가 다른 사람이나 조직에 얼마나 중요한 영향을 미치는지에 대한 정도. 높은 과업중요성은 직무의 가치와 목적을 더 강하게 느끼게 한다.
- 자율성(autonomy) : 직무수행에 있어 근로자가 독립적으로 결정할 수 있는 자유와 재량권의 정도. 높은 자율성은 근로자의 책임감을 증가시킨다.
- 피드백(feedback) : 직무수행의 결과에 대해 근로자가 명확하고 직접적인 정보를 받는 정도. 효과적인 피드백은 개선과 성과 향상에 기여한다.

52
인력의 수요와 공급을 예측하는 기법들 중에서 수요예측 기법을 모두 고른 것은?

| ㄱ. 회귀분석 | ㄴ. 기능목록 분석 |
| ㄷ. 대체도 분석 | ㄹ. 델파이법 |

① ㄱ, ㄴ
② ㄱ, ㄷ
③ ㄱ, ㄹ
④ ㄴ, ㄷ
⑤ ㄴ, ㄹ

> **해설**

수요예측 기법

인력의 수요예측은 조직이 미래에 필요한 직무별·직급별 인력 규모와 구성을 사전에 파악하여 적절한 인사계획을 수립하는 핵심 도구이다. 수요예측 기법은 크게 정량적 기법과 정성적 기법으로 나뉘며, 실제 현장에서는 두 가지를 함께 활용하는 경우가 많다.

- 정량적 기법
  - 추세분석법 : 과거 일정 기간 동안 인력 규모의 변화를 분석해 선형적 추세를 미래에도 지속된다고 가정하고 예측하는 기법
  - 회귀분석법 : 인력 수요와 관련 있는 독립 변수(예 생산량, 매출, 고객 수 등)와의 관계를 수학적으로 분석하는 기법
  - 생산성 분석법 : 인당 산출량(생산성)을 기준으로 필요한 인력을 계산하는 기법
    예 필요 인력 수 = 총목표 산출량 ÷ 1인당 생산성
  - 인력 대체율 분석법 : 조직 내 자연 감소(퇴직, 이직, 휴직 등)와 내부 이동(승진, 전환배치) 등을 기반으로 향후 결원 발생 가능성을 예측하고, 이를 보충하기 위한 충원인력 수요를 산정하는 기법
  - 마르코프 분석법(Markov analysis) : 직무 간 이동 확률을 행렬로 분석하여 미래의 인력 수요를 예측하는 기법
- 정성적 기법
  - 델파이 기법 : 전문가 집단의 익명 의견 수렴과 피드백 반복을 통해 합의된 예측을 도출하는 기법
  - 시나리오 기법 : 미래 발생 가능한 상황들을 가정해 각각의 경우에 필요한 인력을 예측하는 기법
  - 상향식 또는 하향식 판단법 : 각 부서에서 요구 인력을 예측하여 본사에서 집계(상향식), 최고 경영진이 목표에 따라 인력 계획 수립(하향식)하는 기법

53

단체교섭의 유형 중 특정 기업 또는 사업장 단위로 조직된 노동조합이 해당 기업의 사용자 대표와 교섭하는 것은?

① 통일교섭
② 공동교섭
③ 집단교섭
④ 대각선 교섭
⑤ 기업별 교섭

> **해설**

⑤ 기업별 교섭 : 가장 보편적인 교섭방식으로 기업단위노조와 사용자 간에 단체교섭이 행해지는 것이다. 노조의 교섭력이 취약하다는 지적이 있지만 개별 기업의 특수한 설정이 잘 반영될 수 있는 장점이 있다.
① 통일교섭 : 산업별 노조나 교섭권을 위임받은 연합체노조와 이에 대항하는 산업별 혹은 지역별 사용자 단체 간의 단체교섭으로 산업별, 지역별 교섭이라고도 부른다. 노동조합이 산업별, 직종별로 전국적, 지역적인 노동시장을 지배하고 강력한 통제력을 가지고 있는 경우 이와 같은 교섭구조를 취한다.
② 공동교섭 : 지부의 교섭에 산업별 노동조합이 참가하는 것이다. 즉 산업별 노동조합과 지부가 공동으로 사용자와 교섭하는 형태이다.
③ 집단교섭 : 여러 개의 단위노조와 사용자가 집단으로 연합전선을 형성하여 교섭하는 방식으로 연합교섭, 집합교섭이라고도 부른다.
④ 대각선 교섭 : 단위노조가 소속하는 상부단체와 각 단위노조에 대응하는 개별 기업의 사용자 간에 이루어지는 교섭방식을 말한다. 사용자 측에 사용자단체가 조직되어 있지 않거나 조직되어 있는 경우라도 각 기업에 특수한 사정이 있는 경우 채택된다.

54

민쯔버그(H. Mintzberg)가 제시한 조직의 5가지 구성부문(parts)으로 옳지 않은 것은?

① 핵심운영 부문(operating core)
② 매트릭스 부문(matrix)
③ 전략 부문(strategic apex)
④ 기술전문가 부문(technostructure)
⑤ 지원스테프 부문(support staff)

해설

② 매트릭스 부문(matrix)은 민쯔버그의 분류가 아니라, 조직구조 유형(예 기능별·제품별 이중구조)에서 나오는 개념이다.
민쯔버그의 조직구조 6가지 구성요소 : 민쯔버그는 조직을 구성하는 주요 부문을 체계적으로 분석하여 조직의 설계와 기능을 설명하였으며, 이를 바탕으로 조직구조의 5가지 기본 구성요소(전략적 정점, 중간 관리자, 운영핵심, 기술구조, 지원부서)를 제시하였다. 이후 그는 조직을 하나로 묶어 주는 이념을 추가하여, 가치·규범·문화가 조직 유지와 정체성 형성에 핵심적인 역할을 한다는 점을 강조하였다.

- 전략적 정점(strategic apex) : 최고경영층(CEO, 이사회 등)으로, 조직 전체 방향·전략·목표를 설정하고 외부 환경과 연결(회사의 '두뇌'에 해당)
- 중간 관리자(middle line) : 전략적 정점과 운영 핵심을 이어 주고 부서장, 팀장처럼 지시 전달 및 실행 성과를 보고(조직의 '신경'에 해당)
- 운영핵심(operating core) : 실제 제품·서비스를 생산하거나 고객에게 직접 가치를 제공하는 사람들(회사의 '손'과 '발')
- 기술구조(technostructure) : 절차·시스템·규칙을 설계하고 표준화하는 분석가, 기획부서, 품질관리 담당자로서 일이 효율적으로 돌아가도록 프로세스를 만드는 역할(조직의 '설계자')
- 지원직원(support staff) : 직접 생산과는 관련 없지만, 조직 운영에 필요한 지원을 제공. 인사, 법무, 홍보, IT 지원 등(회사의 '생활지원팀')
- 이념(ideology) : 조직의 역사, 전통, 문화, 가치관, 신념 등으로 구성원들을 묶어 주는 힘(조직의 '영혼')

55

피들러(F. Fiedler)의 상황적합이론에 관한 설명으로 옳지 않은 것은?

① 상황요인 3가지는 리더-부하관계, 과업구조, 리더의 직위권력이다.
② LPC(Least Preferred Coworker) 척도는 함께 일하기가 가장 싫었던 동료를 평가하는 것이다.
③ 리더에게 호의적인 상황에서는 과업지향적 리더십이 효과적이다.
④ LPC 점수가 낮으면 관계지향적 리더로 여겨진다.
⑤ 상황에 따라 효과적인 리더십 스타일이 다를 수 있음을 보여준다.

해설

피들러(Fred Fiedler)의 상황적합이론(contingency theory)
- 가장 효과적인 리더십 스타일은 상황에 따라 달라진다는 관점을 기반으로 한 고전적인 상황이론이다. 이 이론은 리더의 고정된 성향과 상황의 특성이 적합할 때 높은 성과가 나타난다고 주장한다. 피들러의 상황적합이론은 다음과 같은 요소로 구성된다.
- LPC 척도 : 리더가 선호하지 않는 동료를 평가하도록 하여 리더의 성향(과업지향 vs 관계지향)을 파악한다.
    - LPC 점수 높음 → 관계지향적 리더
    - LPC 점수 낮음 → 과업지향적 리더

56
수요예측 기법에 관한 설명으로 옳지 않은 것은?

① 시계열분석법은 수요의 과거 패턴이 미래에도 그대로 지속된다는 가정에 근거를 두는 정량적 기법이다.
② 시계열분석법의 4가지 변동요소는 추세(trend), 주기(cycle), 계절성(seasonality), 불규칙성(randomness)이다.
③ 자료유추법은 유사제품의 수요를 참고하여 예측하는 정량적 기법이다.
④ 인과형 예측법은 수요에 영향을 미치는 원인변수를 분석하여 예측값을 추정하는 정량적 기법이다.
⑤ 델파이법은 전문가의 식견과 경험을 기초로 하는 정성적 기법이다.

해설

③ 자료유추법은 기존의 유사한 제품이나 시장에 대한 주관적 판단 또는 유사사례기반 예측을 의미하며 정성적 기법에 해당된다.
수요예측
- 정성적 기법
  - 델파이법 : 여러 전문가의 판단을 조직적으로 수렴시켜 일치된 의견이나 예측을 도출하는 기법이다.
  - 패널법 : 여러 사람들이 의견을 사용하므로 한사람의 의견보다는 더 낫다고 하는 가정하에 전문가, 담당자 및 소비자 등으로 위원회를 구성하여 의견을 모아 결론을 유도하는 방법이다.
- 정량적 기법
  - 추세분석법 : 시계열의 장기적 변동 경향(추세선)을 도출하여 미래의 수요를 예측하는 방법으로 추세선의 형태를 선정하는 것이 가장 중요하다. 시계열분석법의 4가지 변동요소는 추세(trend), 주기(cycle), 계절성(seasonality), 불규칙성(randomness)이다.
  - 인과형 예측법 : 정량적 기법으로 회귀분석, 상관분석 등을 통해 원인변수와 수요 간 관계를 분석하여 예측하는 기법이다.

※ 2017년 58번 문제 해설 참고

57
자재소요계획(Material Requirement Planning)의 입력 자료를 모두 고른 것은?

ㄱ. 자재명세서(Bill Of Material)
ㄴ. 계획발주량(planned order release)
ㄷ. 주생산일정계획(Master Production Scheduling)
ㄹ. 재고기록철(inventory record file)
ㅁ. 예외보고서(exception report)

① ㄱ, ㄴ, ㅁ
② ㄱ, ㄷ, ㄹ
③ ㄱ, ㄹ, ㅁ
④ ㄴ, ㄷ, ㄹ
⑤ ㄴ, ㄷ, ㅁ

정답 56 ③ 57 ②

> 해설

자재소요계획(MRP ; Material Requirement Planning)
- 자재소요계획은 생산계획에 따라 필요한 자재를 적시에, 적정 수량만큼, 효율적으로 조달하기 위한 시스템이다. MRP는 입력 자료(input)를 바탕으로 연산을 통해 출력 자료(output)를 산출한다. 이 구조를 정확히 이해하는 것이 생산관리 및 자재관리의 핵심이다.
- MRP의 입력 자료
  - 자재명세서(BOM ; Bill Of Material) : 완제품을 구성하는 모든 부품, 재료, 조립 단계를 명시
  - 주생산일정계획(MPS ; Master Production Schedule) : 어떤 제품을 언제 얼마나 생산할 것인지 계획
  - 재고기록철(inventory record file) : 현재 재고 수준, 입고예정량, 소요예정량 등 자재정보 관리
- MRP의 출력 자료
  - 순소요량(net requirements) : 총필요수량에서 현재 재고와 입고 예정 수량을 차감한 실제 필요한 수량
  - 계획발주량(planned order releases) : 언제, 어떤 자재를, 몇 개 발주해야 할지를 나타내는 자료
  - 계획입고량(planned order receipts) : 발주한 자재가 언제 입고될지 예측한 자료
  - 예외보고서(exception report) : 시스템 실행 후 발생하는 오류나 이상 상황을 보고하는 자료

58

6시그마에 관한 설명으로 옳지 않은 것은?

① 품질수준을 높이기 위해 공정의 산포보다 평균에 더 초점을 맞춘다.
② 6시그마의 시그마는 데이터의 산포를 나타내는 표준편차를 의미한다.
③ 통계 기법을 사용하여 품질혁신을 달성하기 위한 전사적 품질경영 활동이다.
④ 추진 로드맵은 정의(define), 측정(measure), 분석(analyze), 개선(improve), 통제(control)의 5단계로 구성된다.
⑤ 제조업 중심으로 개발된 기법이나 서비스업에도 적용 가능하다.

> 해설

① 6시그마는 산포(variability, 분산)를 최소화하는 데 중점을 둔다. 평균값 중심이 아니라 산포를 줄여 공정 안정성 확보에 집중한다.
6시그마(six sigma) : 통계적 기법을 활용하여 공정 내 결함률을 줄이는 품질혁신 기법으로, 데이터 중심의 경영 전략이다.

59

공급사슬관리에 관한 설명으로 옳은 것은?

① 채찍효과(bullwhip effect)는 수요변동이 공급사슬의 상류(공급자)에서 하류(최종소비자)로 이동하면서 증폭되는 현상이다.
② 크로스도킹(cross-docking)은 물류창고에 입고되는 상품을 장기간 보관하여 소매점에 배송하는 물류시스템이다.
③ 공급자 재고관리(vendor managed inventory)는 공급자의 재고 보충책임을 구매자에게 이전하는 전략이다.
④ CPFR(Collaborative Planning, Forecasting, and Replenishment)은 공급자와 구매자가 제품의 수요예측과 판매 및 재고 보충계획까지 함께 수립하는 방법이다.
⑤ 지연 차별화(delayed differentiation)는 제품의 세부사양을 결정짓는 부품을 먼저 생산한 다음 공통부품을 생산하는 전략이다.

해설

① 채찍효과 : 소비자의 작은 수요변동이 공급사슬을 따라 상류(제조사, 공급자)로 갈수록 점점 더 큰 수요변동으로 증폭되는 현상이다.
② 크로스도킹 : 상품을 보관하지 않고 입고 즉시 분류하여 바로 출고하는 시스템이다.
③ 공급자 재고관리 : 공급자가 구매자의 재고를 책임지고 관리하는 전략이다.
⑤ 지연 차별화 : 공통부품을 먼저 생산하고, 고객 요구에 따라 세부 사양을 결정하는 전략이다.

60

직업스트레스 과정을 여러 개의 요소(facet)로 나눌 수 있다고 제안한 비어와 뉴먼(T. Beehr & J. Newman) 모델의 구성 요소가 아닌 것은?

① 개인요소(personal facet)
② 시간요소(time facet)
③ 환경요소(environment facet)
④ 과정요소(process facet)
⑤ 경제요소(economy facet)

해설

비어와 뉴먼(T. Beehr & J. Newman) 모델의 구성 요소 : 비어와 뉴먼은 직업스트레스의 복잡성을 체계적으로 분석하기 위해 직무스트레스 과정을 다차원적 요소(facet)로 구성한 통합 모델을 제안하였다. 이 모델은 직업스트레스가 단일한 요인이 아닌 여러 상호작용적 요소에 의해 발생하고, 이 요소들이 서로 영향을 주고받는다는 것을 강조하였다. 이들은 직업스트레스 과정을 6가지 주요 구성 요소(facets)로 구분하였다.
- 환경요소(environment facet) : 물리적·사회적·조직적 환경 조건
- 개인요소(personal facet) : 성격, 가치관, 경험 등 개인 내적 요인
- 과정요소(process facet) : 스트레스 유발자(stressor), 지각된 스트레스(perceived stress)로 세분화하여 재구성되기도 함
- 인간적 결과(human consequences facet) : 단기적 반응(short-term responses)에 해당(불안, 피로, 집중력 저하 등 심리·생리적 반응)
- 조직적 결과(organizational consequences facet) : 장기적 결과(long-term consequences)에 해당(결근, 이직, 생산성 저하 등 조직차원의 결과)
- 시간요소(time facet) : 개입 전략(coping/intervention strategies)으로서 개인·조직 차원의 스트레스 대처 및 관리

61

직무분석에서 사용하는 직위분석 설문지(Position Analysis Questionnaire)의 주요 차원이 아닌 것은?

① 신체 과정(body processes)
② 정보 입력(information input)
③ 타인과의 관계(relationships with other persons)
④ 작업 결과(work output)
⑤ 직무 맥락(job context)

해설

PAQ(Position Analysis Questionnaire)
- 직무를 구조적으로 분석하기 위한 대표적인 설문 도구이다.
- 주요 차원 6가지
  - 정보 입력(information input)
  - 정신적 과정(mental processes)
  - 작업 결과(work output)
  - 타인과의 관계(relationships with other persons)
  - 직무 상황/맥락(job context)
  - 기타 직무 관련 특성(other job characteristics)

62

동기에 관한 이론적 접근 중에서 알더퍼(C. Alderfer)의 ERG이론이 해당되는 것은?

① 행동적이론(behavioral theory)
② 인지과정이론(cognitive process theory)
③ 욕구기반이론(need-based theory)
④ 자기결정이론(self-determination theory)
⑤ 직무기반이론(job-based theory)

해설

ERG이론
매슬로의 5단계 욕구이론을 세 범주로 재구성한 욕구이론 중 하나이다.
- E(Existence) : 생존욕구 - 생리적 욕구 및 안전욕구
- R(Relatedness) : 관계욕구 - 타인과의 관계에서 비롯되는 욕구
- G(Growth) : 성장욕구 - 자아실현, 자기개발 등 개인의 성장 관련

63

다음의 설문 문항들이 측정하고자 하는 것은?

- 이 조직은 나에게 개인적 의미를 많이 부여해 준다.
- 가까운 미래에 이 조직을 그만두게 된다면 이는 나에게 비용이 너무 많이 드는 일이다.
- 내가 지금 이 조직을 그만둔다면 죄책감을 느끼게 될 것이다.

① 직무 만족(job satisfaction)
② 조직 몰입(organizational commitment)
③ 조직 정의(organizational justice)
④ 조직 동일시(organizational identification)
⑤ 조직지지 지각(perceived organizational support)

해설

② 조직 몰입(organizational commitment)은 조직 구성원이 조직에 대해 느끼는 심리적 애착, 충성심, 남고자 하는 의지를 나타낸다.
Meyer와 Allen의 3요소 이론에 따른 조직 몰입의 분류 세 가지
- 정서적 몰입(affective commitment) : "이 조직은 나에게 개인적 의미를 준다" → 정서적 애착
- 지속적 몰입(continuance commitment) : "그만두면 나에게 비용이 크다" → 떠나기 어려운 이유
- 규범적 몰입(normative commitment) : "그만두면 죄책감을 느낀다" → 남아야 한다는 의무감

64

다음 그림이 제시하는 집단효과성 모델은?

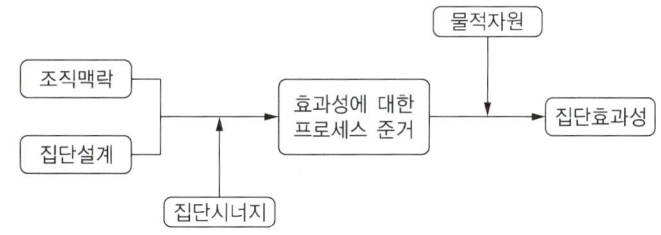

① 캠피온(Campion) 모델
② 그래드스테인(Gladstein) 모델
③ 터크만(Tuckman) 모델
④ 맥그래스(McGrath) 모델
⑤ 해크만(Hackman) 모델

해설

제시된 그림은 해크만(Hackman)의 집단효과성 모델을 시각화한 구조로, 집단의 효과성을 결정짓는 핵심요인들과 그 관계를 설명하고 있다. 해크만은 단순히 결과 성과만 보는 것이 아닌, 과정 중심의 집단설계 및 시너지 창출을 통한 지속 가능한 성과를 강조했다.

※ 해크만 모델(Hackman & Oldham의 직무특성이론)은 직무 설계가 개인의 동기, 만족, 성과에 어떤 영향을 주는지를 설명하기 위한 대표적인 조직심리학이론이다.

정답 63 ② 64 ⑤

65

제니스(I. Janis)가 제시한 집단사고(groupthink)가 발생할 가능성이 높은 상황을 모두 고른 것은?

> ㄱ. 집단이 외부로부터 고립되어 있을 때
> ㄴ. 리더가 민주적일 때
> ㄷ. 집단의 응집력이 낮을 때
> ㄹ. 외부로부터 위협이 있을 때

① ㄱ, ㄴ
② ㄱ, ㄹ
③ ㄷ, ㄹ
④ ㄱ, ㄴ, ㄷ
⑤ ㄴ, ㄷ, ㄹ

해설

집단사고(groupthink)
- 집단사고는 집단의 응집력이 지나치게 높을 경우, 비판적 사고 없이 만장일치에 집착하여 비합리적인 결정을 내리는 경향을 말한다.
- Janis가 제시한 집단사고 발생 조건
  - 집단의 고립 : 외부 의견 차단 → 비판적 검토 결여
  - 강한 응집력 : 응집력이 낮을 때는 오히려 집단사고 가능성 낮음
  - 지도자의 독재적 리더십 : 민주적일 때는 비판과 토론이 가능하므로 집단사고 발생 가능성이 낮음
  - 외부적 위협 : 방어적 사고, 집단 결속력 증가 → 비판적 사고 억제 → 집단사고 유발

66

위험감수성(danger sensitivity)에 영향을 미치는 주된 요인으로 옳지 않은 것은?

① 체험적 경험
② 인지적 정보
③ 지각적 경험
④ 교육적 정보
⑤ 정서적 경험

해설

※ 해당 문제는 위험감수성에 영향을 미치는 주된 요인으로 옳지 않은 것을 묻고 있지만, 보기 모두 위험감수성에 영향을 미치는 요인이기 때문에 전항 정답 처리되었다.

위험감수성(danger sensitivity)
개인이 위험을 인식하고, 이에 반응하려는 민감성 또는 심리적 민감도를 의미한다. 이는 단순한 지식뿐 아니라 지각, 감정, 경험, 학습 등을 모두 포함한 복합적 인지구조에 영향을 받는다.

67

특정 상황과 부분적으로 결합되는 친근한 정보에 사로잡히면서 발생하는 인간 오류는?

① 포획 오류(capture error)
② 양식 오류(mode error)
③ 연합 오류(associative error)
④ 완료 후 오류(post-completion error)
⑤ 연상활성화 오류(association activation error)

해설

① 포획 오류 : 익숙한 행동이 더 강해서 새로운 행동을 덮어버리는 실수 예 처음엔 프린터실에 가려고 했는데 늘 가던 화장실 쪽으로 발길이 옮겨짐
③ 연합 오류 : 기억 속에 연관된 것이 뒤섞여서 잘못 불러내는 오류 예 이름이 비슷한 동료를 이름 바꿔 부름
⑤ 연상활성화 오류 : 현재 상황에서 떠오른 친숙한 정보가 엉뚱한 행동을 불러내는 오류 예 회의에서 '안건'이라는 말이 나오자, 실제 안건이 아니라 최근 했던 보고서를 착각해 꺼냄
② 양식 오류 : 장치나 시스템이 여러 모드를 가질 때, 현재 모드를 착각해 잘못 입력하는 오류 예 휴대폰을 '무음모드'로 설정한 줄 모르고 소리 안 난다며 당황함
④ 완료 후 오류 : 주요 일을 끝내고 나서 마무리 절차를 빼먹는 오류 예 현금인출기에서 현금은 챙겼지만, 카드를 두고 옴

68

노만(D. Norman)의 스키마이론에서 실수(slip)의 기본적 분류에 해당하는 것을 모두 고른 것은?

| ㄱ. 의도형성에 따른 오류 | ㄴ. 잘못된 활성화에 의한 오류 |
| ㄷ. 제어방식에 기인한 오류 | ㄹ. 잘못된 촉발에 의한 오류 |

① ㄱ, ㄷ
② ㄴ, ㄹ
③ ㄱ, ㄴ, ㄷ
④ ㄱ, ㄴ, ㄹ
⑤ ㄴ, ㄷ, ㄹ

해설

※ 해당 문제는 ㄷ를 제외한 ㄱ, ㄴ, ㄹ이 해당된 선택지를 모두 정답 처리하였다.
ㄷ. 제어방식에 기인한 오류(errors in executing or monitoring) : '제어방식'은 실행의 정확성, 근육조절, 반응속도 등의 물리적 수행 능력을 의미할 수 있는데, 이는 스키마의 인지적 구조에 기초한 오류보다는 생리적 실수나 기술적 결함과 더 관련된다.

노만(D. Norman)의 실수(slip) 오류 분류
- 의도형성에 따른 오류(formation error) : 목표를 설정하는 과정에서 잘못 형성되는 오류
- 잘못된 활성화에 의한 오류(activation error) : 기억 속 스키마 중 잘못된 행동 패턴이 활성화되어 다른 행동을 실행
- 잘못된 촉발에 의한 오류(faulty triggering) : 의도는 맞았지만 행동 실행단계에서 잘못된 행동이 촉발됨. 보통 주변 자극에 의해 발생

정답 67 ①·③·⑤ 68 ②·④

69

안전관찰 훈련과정인 STOP(Safety Training Observation Program)을 순서대로 옳게 나열한 것은?

ㄱ. 정지
ㄴ. 조치
ㄷ. 결심
ㄹ. 관찰
ㅁ. 보고

① ㄱ-ㄴ-ㄷ-ㄹ-ㅁ
② ㄱ-ㄹ-ㄷ-ㄴ-ㅁ
③ ㄷ-ㄱ-ㄹ-ㄴ-ㅁ
④ ㄷ-ㄱ-ㄹ-ㅁ-ㄴ
⑤ ㄹ-ㄱ-ㄷ-ㅁ-ㄴ

해설

STOP(Safety Training Observation Program)
현장의 안전행동을 강화하고 위험을 사전에 통제하기 위한 행동관찰 중심의 안전 훈련과정이다. 이 훈련은 단순히 위험을 보는 것을 넘어서 의식적 결단 → 행동 전 객관적으로 상황을 보기 위해 잠시 멈춤(정지) → 의도적 관찰 → 즉각적 개입 또는 개선 조치 → 피드백(보고)이라는 순차적 행동 사이클을 통해 자율적 안전문화 정착을 목표로 한다.

70

다음 (   )에 들어갈 것으로 옳은 것은?

제조물 책임법에서 제조업자가 제조물의 결함을 알면서도 그 결함에 대해 필요한 조치를 취하지 아니한 결과로 생명 또는 신체에 중대한 손해를 입은 자가 있는 경우에는 그 자에게 발생한 손해의 (   )배를 넘지 아니하는 범위에서 배상책임을 진다.

① 3
② 4
③ 5
④ 6
⑤ 7

해설

제조물 책임(제조물 책임법 제3조)
㉠ 제조업자는 제조물의 결함으로 생명·신체 또는 재산에 손해(그 제조물에 대하여만 발생한 손해는 제외한다)를 입은 자에게 그 손해를 배상하여야 한다.
㉡ ㉠에도 불구하고 제조업자가 제조물의 결함을 알면서도 그 결함에 대하여 필요한 조치를 취하지 아니한 결과로 생명 또는 신체에 중대한 손해를 입은 자가 있는 경우에는 그 자에게 발생한 손해의 3배를 넘지 아니하는 범위에서 배상책임을 진다. 〈이하 생략〉

71

FMEA에서 고장의 발생확률을 β라 하고, β의 값이 0.10 ≤ β < 1.00일 때 고장의 영향분류는?

① 실제의 손실
② 예상되는 손실
③ 가능한 손실
④ 불가능한 손실
⑤ 영향 없음

해설

FMEA

FMEA는 제품이나 공정의 잠재적인 고장 모드(failure mode)를 파악하고, 이 고장이 시스템이나 고객에게 미치는 영향(effect)을 평가하여 위험을 줄이는 예방 중심 도구이다. 여기서 고장의 발생확률을 나타내는 지표 중 하나로 β값이 사용된다. β값은 고장이 특정 시간 내 발생할 확률로서 0에서 1 사이의 실수이며, 수치가 클수록 고장이 발생할 가능성이 높음을 의미한다.

β값 범위	고장 영향(손실)분류	설명
β ≥ 1.00	실제의 손실	실제로 고장이 빈번히 발생하여 확실히 손실이 일어나는 수준
0.10 ≤ β < 1.00	예상되는 손실	**고장이 발생할 확률이 충분히 존재하므로 손실이 예상되는 수준**
0.01 ≤ β < 0.10	가능한 손실	가능성은 낮지만 무시할 수 없는 수준의 손실 가능성
0.00 < β < 0.01	불가능한 손실	이론적으로는 가능하지만 실제 발생 가능성은 거의 없는 수준
β = 0.00	영향 없음	고장이 일어나지 않음 → 손실 없음

72

보호구 안전인증 고시에서 정하고 있는 중작업용 안전화의 정의에 관한 내용이다. ( )에 들어갈 것으로 옳은 것은?

> "중작업용 안전화"란 (ㄱ)mm의 낙하높이에서 시험했을 때 충격과 (ㄴ)kN의 압축하중에서 시험했을 때 압박에 대하여 보호해 줄 수 있는 선심을 부착하여, 착용자를 보호하기 위한 안전화를 말한다.

① ㄱ : 250, ㄴ : 4.4±0.1
② ㄱ : 500, ㄴ : 10.0±0.1
③ ㄱ : 750, ㄴ : 20.0±0.1
④ ㄱ : 1,000, ㄴ : 15.0±0.1
⑤ ㄱ : 1,500, ㄴ : 10.0±0.1

해설

정의(보호구 안전인증 고시 제5조)

- "중작업용 안전화"란 1,000mm의 낙하높이에서 시험했을 때 충격과 (15.0 ±0.1)킬로뉴턴(KN)의 압축하중에서 시험했을 때 압박에 대하여 보호해 줄 수 있는 선심을 부착하여, 착용자를 보호하기 위한 안전화를 말한다.
- "보통작업용 안전화"란 500mm의 낙하높이에서 시험했을 때 충격과 (10.0 ±0.1)킬로뉴턴(KN)의 압축하중에서 시험했을 때 압박에 대하여 보호해 줄 수 있는 선심을 부착하여, 착용자를 보호하기 위한 안전화를 말한다.
- "경작업용 안전화"란 250mm의 낙하높이에서 시험했을 때 충격과 (4.4 ±0.1)킬로뉴턴(KN)의 압축하중에서 시험했을 때 압박에 대하여 보호해 줄 수 있는 선심을 부착하여, 착용자를 보호하기 위한 안전화를 말한다.

73

산업안전보건기준에 관한 규칙상 전기기계·기구에 대하여 누전에 의한 감전위험을 방지하기 위하여 해당 전로의 정격에 적합하고 감도가 양호하며 확실하게 작동하는 감전방지용 누전차단기를 설치해야 하는 것이 아닌 것은?

① 대지전압이 150V를 초과하는 이동형 또는 휴대용 전기기계·기구
② 물 등 도전성이 높은 액체가 있는 습윤장소에서 사용하는 저압(1.5천V 이하 직류전압이나 1천V 이하의 교류전압을 말한다)용 전기기계·기구
③ 철판·철골 위 등 도전성이 높은 장소에서 사용하는 이동형 또는 휴대형 전기기계·기구
④ 임시배선의 전로가 설치되는 장소에서 사용하는 이동형 또는 휴대형 전기기계·기구
⑤ 절연대 위 등과 같이 감전위험이 없는 장소에서 사용하는 전기기계·기구

해설

누전차단기에 의한 감전방지(산업안전보건기준에 관한 규칙 제304조)
㉠ 사업주는 다음 전기기계·기구에 대하여 누전에 의한 감전위험을 방지하기 위하여 해당 전로의 정격에 적합하고 감도(전류 등에 반응하는 정도)가 양호하며 확실하게 작동하는 감전방지용 누전차단기를 설치해야 한다.
 1. 대지전압이 150V를 초과하는 이동형 또는 휴대형 전기기계·기구
 2. 물 등 도전성이 높은 액체가 있는 습윤장소에서 사용하는 저압(1.5천V 이하 직류전압이나 1천V 이하의 교류전압을 말한다)용 전기기계·기구
 3. 철판·철골 위 등 도전성이 높은 장소에서 사용하는 이동형 또는 휴대형 전기기계·기구
 4. 임시배선의 전로가 설치되는 장소에서 사용하는 이동형 또는 휴대형 전기기계·기구
㉡ 사업주는 ㉠에 따라 감전방지용 누전차단기를 설치하기 어려운 경우에는 작업시작 전에 접지선의 연결 및 접속부 상태 등이 적합한지 확실하게 점검하여야 한다.
㉢ 다음 어느 하나에 해당하는 경우에는 ㉠과 ㉡을 적용하지 않는다.
 1. 전기용품 및 생활용품 안전관리법이 적용되는 이중절연 또는 이와 같은 수준 이상으로 보호되는 구조로 된 전기기계·기구
 2. **절연대 위 등과 같이 감전위험이 없는 장소에서 사용하는 전기기계·기구**
 3. 비접지방식의 전로

74

폭발을 기상폭발과 응상폭발로 분류하는 경우, 응상폭발에 해당하는 것을 모두 고른 것은?

> ㄱ. 가스폭발
> ㄴ. 전선(도선)폭발
> ㄷ. 혼합위험성 물질폭발

① ㄱ
② ㄴ
③ ㄷ
④ ㄴ, ㄷ
⑤ ㄱ, ㄴ, ㄷ

해설

폭발
- '압력의 급격한 발생 또는 해방의 결과로서 굉음을 발생하며 파괴하기도 하고, 팽창하기도 하는 것', '화학변화에 동반해 일어나는 압력의 급격한 상승현상으로 파괴 작용을 수반하는 현상' 등으로 설명할 수 있다.
- 폭발물질의 물리적 상태에 따라서 기상폭발과 응상폭발로 구분하며, 일반적으로 응상이란 고상 및 액상의 것을 말하고, 응상은 기상에 비하여 밀도가 102~103배 크므로 그 폭발의 양상이 다르다.
  - 기상폭발 : 가스폭발(혼합가스폭발), 가스의 분해폭발, 분무폭발 및 분진폭발로 분류
  - 응상폭발 : 혼합위험성 물질에 의한 폭발, 폭발성 화합물의 폭발, 증기폭발(보일러 폭발, 수증기 폭발, 극저온 액화가스의 증기폭발, 전선폭발)로 분류

75

산업안전보건기준에 관한 규칙상 기계의 원동기 · 회전축 · 기어 · 풀리 · 플라이휠 · 벨트 및 체인 등 근로자가 위험에 처할 우려가 있는 부위에 설치하는 위험 방지에 관한 설명으로 옳지 않은 것은?

① 기계의 원동기 · 회전축 · 기어 · 풀리 · 플라이휠 · 벨트 및 체인 등 근로자가 위험에 처할 우려가 있는 부위에 덮개 · 울 · 슬리브 및 건널다리 등을 설치하여야 한다.
② 회전축 · 기어 · 풀리 · 플라이휠 등에 부속되는 키 · 핀 등의 기계요소는 돌출형으로 설치하여야 한다.
③ 벨트의 이음 부분에 돌출된 고정구를 사용해서는 아니 된다.
④ 건널다리에는 안전난간 및 미끄러지지 아니하는 구조의 발판을 설치하여야 한다.
⑤ 연삭기(研削機) 또는 평삭기(平削機)의 테이블, 형삭기(形削機) 램 등의 행정끝이 근로자에게 위험을 미칠 우려가 있는 경우에 해당 부위에 덮개 또는 울 등을 설치하여야 한다.

해설

② 사업주는 회전축 · 기어 · 풀리 및 플라이휠 등에 부속되는 키 · 핀 등의 기계요소는 묻힘형으로 하거나 해당 부위에 덮개를 설치하여야 한다(산업안전보건기준에 관한 규칙 제87조).

교육은 우리 자신의 무지를 점차 발견해 가는 과정이다.

– 윌 듀란트 –

참 / 고 / 문 / 헌

- 고용노동부(2021). **2020년 산업재해 현황분석**. 고용노동부.
- 고용노동부(2022). **2021년 산업재해 현황분석**. 고용노동부.
- 고용노동부(2024). **2023년 산업재해 현황분석**. 고용노동부.
- 김용철(2017). **생산관리실무**. 도서출판서훈.
- 김훈(2023). **Win-Q 인간공학기사 필기 단기합격**. 시대고시기획 시대교육.
- 남승규 외(2018). **산업심리학**. 학지사.
- 목연수 외(2002). **산업심리학**. 다솜.
- 박동욱 외(2010). **작업환경측정**. 한국방송통신대학교출판문화원.
- 박동욱 외(2017). **산업보건학**. 한국방송통신대학교출판문화원.
- 박동욱 외(2018). **산업독성학**. 한국방송통신대학교출판문화원.
- 박동욱 외(2024). **작업환경관리**. 한국방송통신대학교출판문화원.
- 박상범, 길종구(2016). **품질관리**. 탑북스.
- 산업안전보건연구원(2018). **국소배기장치 설계 및 유지관리**. 산업안전보건연구원.
- 산업안전보건연구원(2025). **2024 근로자건강진단 실무지침 제1권 특수건강진단 개요**. 산업안전보건연구원.
- 산업안전보건연구원(2025). **2024 근로자건강진단 실무지침 제2권 유해인자별 특수건강진단 방법**. 산업안전보건연구원.
- 산업안전보건연구원(2025). **2024 근로자건강진단 실무지침 제3권 유해인자별 건강장해**. 산업안전보건연구원.
- 서상원(2009). **인적 자원 관리**. 이담북스.
- 서상원(2009). **조직관리론**. 이담북스.
- 서창호 외(2012). **산업위생관리기술사**. 한솔아카데미.
- 이문호(2024). **기출이 답이다 산업안전지도사 1차**. 시대고시기획 시대교육.
- 정형일 외(2020). **기업진단지도 1**. 대명출판사.

참/고/사/이/트

- 고용노동부 한국산업안전보건공단 산업안전포털(https://portal.kosha.or.kr)
- 네이버 블로그 대상노무법인(https://blog.naver.com/nomusa0925)
- 네이버 블로그 미르 건설안전 컨설팅(https://blog.naver.com/jkcivil)
- 네이버 블로그 SAFETY PLUS(https://blog.naver.com/iamsafetyplus)
- 네이버 지식백과(https://terms.naver.com)
- 법제처 국가법령정보센터(https://www.law.go.kr)
- 요다위키(https://yoda.wiki)
- 위키백과(https://ko.wikipedia.org)

기출이 답이다 산업보건지도사 1차

초 판 발 행	2026년 01월 05일(인쇄 2025년 09월 30일)
발 행 인	박영일
책 임 편 집	이해욱
편 저	최신애・신성일
편 집 진 행	윤진영・오현석
표지디자인	권은경・길전홍선
편집디자인	정경일
발 행 처	(주)시대고시기획
출 판 등 록	제10-1521호
주 소	서울시 마포구 큰우물로 75 [도화동 538 성지 B/D] 9F
전 화	1600-3600
팩 스	02-701-8823
홈 페 이 지	www.sdedu.co.kr
I S B N	979-11-434-0029-1(13530)
정 가	40,000원

※ 저자와의 협의에 의해 인지를 생략합니다.
※ 이 책은 저작권법에 의해 보호를 받는 저작물이므로 동영상 제작 및 무단전재와 복제를 금합니다.
※ 잘못된 책은 구입하신 서점에서 바꾸어 드립니다.

안전이 곧 경쟁력! 산업안전 시리즈

산업안전(산업)기사란?

제조 및 서비스업 등 각 산업현장에 소속되어 산업재해 예방계획 수립에 관한 사항을 수행하여 작업환경의 점검 및 개선에 관한 사항, 사고사례 분석 및 개선에 관한 사항, 근로자의 안전교육 및 훈련 등을 수행하는 직무이다.

산업보건/산업안전지도사란?

외부전문가인 지도사의 객관적이고도 전문적인 지도·조언을 통하여 사업장 내에서의 기존의 위생·보건과 안전상의 문제점을 규명하여 개선하고 생산라인 관계자에게 생산현장의 생산방식이나 공법 도입에 따른 위생·보건과 안전대책 수립에 도움을 주는 직무이다.

무단뽀 산업안전기사 필기
+무료 동영상(기출) 강의

단기합격을 위한 핵심요약 이론
실제 기출 선지를 활용한 OX/빈칸문제
과년도+최근 기출(복원)문제 및 상세한 해설

기출이 답이다 산업안전산업기사
필기 9개년 기출문제집

최근 9개년 기출(복원)문제 수록
2025년 최신 출제기준 반영
개정 산업안전보건법 반영

기출이 답이다 산업보건지도사 1차
10개년 기출문제집

시험에 자주 나오는 문제를 분석한 핵심이론
최근 10개년 기출문제 수록
기출문제를 집중분석한 해설 수록

기출이 답이다 산업안전지도사 1차
10개년 기출문제집

시험에 자주 나오는 문제를 분석한 핵심이론
최근 10개년 기출문제 수록
이론서가 필요 없는 자세한 해설 수록

※ 도서의 구성 및 이미지는 변경될 수 있습니다.

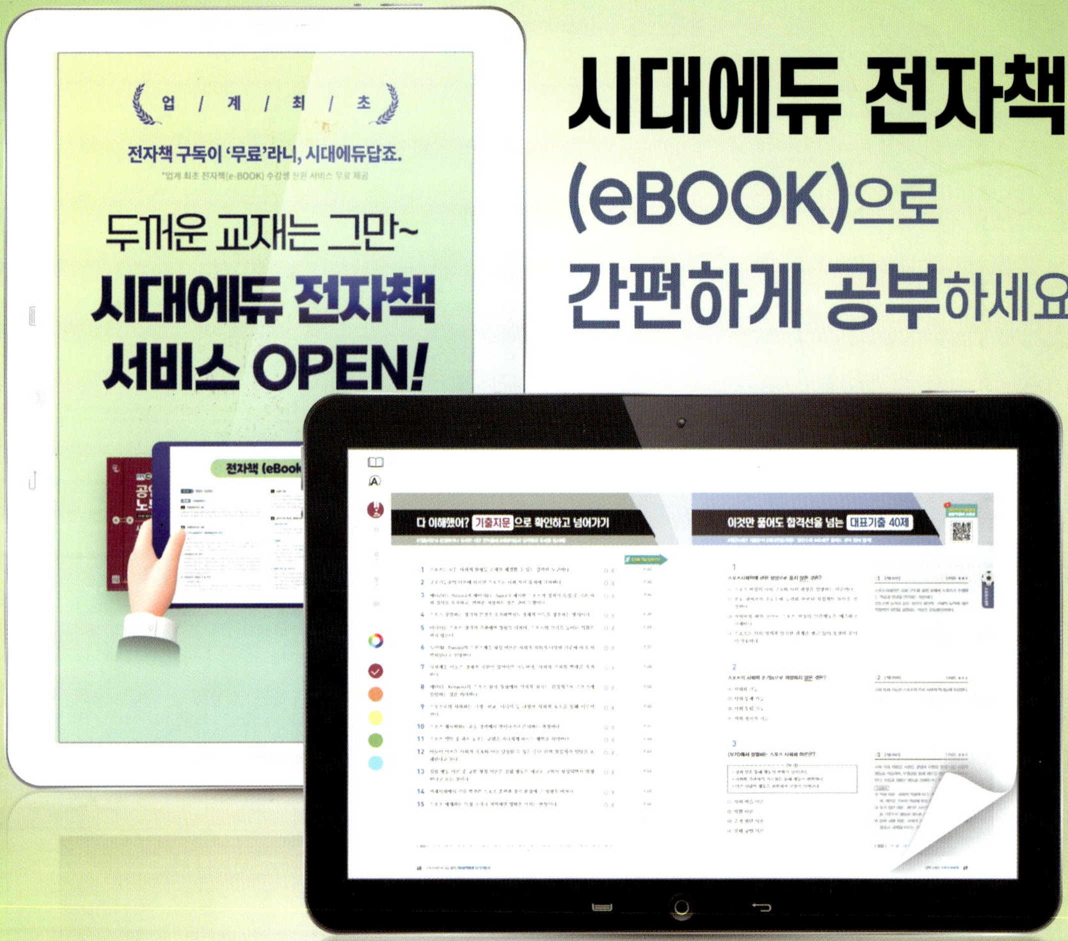

시대에듀 전자책 (eBOOK)으로 간편하게 공부하세요

학습 효율은 높아지고, 불편함은 사라지는 합리적 선택!

#활용성 #편의성 #올인원 학습

늘어나는 학습량만큼 쌓여가는 교재 그 무게를 덜기 위해, 시대에듀가 먼저 바꿨습니다.
가방은 가볍게, 공부는 더 똑똑하게 이제, 시대에듀 전자책으로 새로운 학습을 시작해보세요.

시대에듀(eBOOK)전자책 이용방법

1. 시대에듀 회원가입
2. 전자책(eBOOK) 신청
3. 무료로 이용 시작

시대에듀 전자책 무료구독 GO!

* 업계 최초 전자책(eBOOK) 수강생 전원 서비스 무료 제공